U0323737

岩土锚固技术的新发展与工程应用

向　建　陈旭东　李正兵　蒋万江　廖　军　主编

人民交通出版社股份有限公司
China Communications Press Co.,Ltd.

内 容 提 要

本书为中国施工企业管理协会岩土锚固工程专业委员会第二十七次全国岩土锚固工程学术研讨会论文集,共编入论文68篇。内容包括:岩土锚固技术专题综述、理论研究与工程试验、工程设计与施工技术、国际主要锚杆专项标准浅析,以及在边坡加固与滑坡治理工程、基坑支护与抗浮抗倾覆工程和隧道与地下工程等领域采用锚固技术的创新成果和工程应用经验。

本书内容丰富,涵盖了近年来岩土锚固技术取得的最新研究成果及锚固施工技术和工程应用的成功实例,实用性强,可供铁路、公路、交通、水利、水电、城建、国土、地矿、高校等部门从事岩土锚固工程科研、设计、施工、检测、教学的技术人员参考。

图书在版编目(CIP)数据

岩土锚固技术的新发展与工程应用 / 向建等主编
. — 北京 : 人民交通出版社股份有限公司, 2018.10
ISBN 978-7-114-15061-6

Ⅰ. ①岩… Ⅱ. ①向… Ⅲ. ①岩土工程—锚固—文集
Ⅳ. ①TU753.8-53

中国版本图书馆 CIP 数据核字(2018)第224816号

书　　名: 岩土锚固技术的新发展与工程应用
著 作 者: 向　建　陈旭东　李正兵　蒋万江　廖　军
责任编辑: 王海南　王景景
责任校对: 刘　芹
责任印制: 张　凯
出版发行: 人民交通出版社股份有限公司
地　　址: (100011)北京市朝阳区安定门外外馆斜街3号
网　　址: http://www.ccpress.com.cn
销售电话: (010)59757973
总 经 销: 人民交通出版社股份有限公司发行部
经　　销: 各地新华书店
印　　刷: 北京市密东印刷有限公司
开　　本: 787×1092　1/16
印　　张: 30.5
字　　数: 774千
版　　次: 2018年10月　第1版
印　　次: 2018年10月　第1次印刷
书　　号: ISBN 978-7-114-15061-6
定　　价: 150.00元
(有印刷、装订质量问题的图书,由本公司负责调换)

《岩土锚固技术的新发展与工程应用》
编审委员会

前　　言

中国施工企业管理协会岩土锚固专业委员会将于2018年10月在成都市召开第二十七次全国岩土锚固工程学术研讨会，并由人民交通出版社有限公司出版发行本次学术研讨会论文集。从2016年年底开始广泛征集学术论文，经编审委员会认真审查，68篇论文入选论文集，论文集定名为"岩土锚固技术的新发展与工程应用"。本论文集涵盖了近年来我国岩土锚固工程技术的新成果、新技术、新工艺及新设备和新材料，主要表现在以下5个方面：

（1）预应力锚杆的理论研究和现场试验研究更加深入，对预应力锚杆承载机理的认识更加全面深刻。如囊式扩体锚杆的承载机制与工程应用，预应力锚索结构形式受力特点及自适应锚索的研究，岩土抗浮锚杆的承载机理、设计中的若干问题探讨，BFRP锚杆锚固系统界面应力传递试验研究，压力分散型锚索锚固强卸荷拉裂岩体的群锚效应模型试验研究，旋喷搅拌加劲桩锚体系的工作原理与破坏形态分析等。

（2）较全面系统地介绍了国外最新锚杆专项标准，涵盖了预应力锚杆的设计、施工、抗浮、防腐、试验和维护与管理等内容，有益于了解和把握国外锚杆专项标准。

（3）锚固技术在各类工程建设中广泛推广应用，成绩显著。复杂特殊条件下锚杆及锚固工程成功应用的设计方法、施工技术、质量控制、安全对策，对基坑、边坡、抗浮、隧道、地灾防治、滑坡抢险、地下工程建设提供了强有力的技术支持。

（4）声波钻机、混凝土湿喷机和自控注浆泵、树脂锚固剂、玻璃纤维锚杆等新型设备和材料的应用日趋广泛，推动了锚固技术更快更好的发展。

（5）地质雷达、无损检测、监控量测、环境监测等技术在锚固工程中的应用，对于隧道超前地质预报和控制锚固工程质量起到了保障作用。

本论文集的出版，一方面得益于广大作者的踊跃撰稿、投稿，另一方面得益于中国水利水电第七工程局成都水电建设工程有限公司的鼎力支持，特此表示衷心感谢！

编　者

2018年8月

目　录

四、国际主要锚杆专项标准浅析

五、边坡加固与滑坡治理工程

六、基坑支护与抗浮抗倾覆工程

七、隧道与地下工程

同舟共济三十载

徐祯祥

（中国铁道科学研究院）

1 前言

中国施工企业管理协会岩土锚固专业委员会于1988年在广西柳州成立，1998年在南国海景如画的滨海城市——海口举办了庆祝岩土锚固专业委员会成立10周年的聚会；同时，大家都不会忘怀，在那魅力无限的特区城市——深圳举办了祝福专委会成立20周年的盛会。今天，在这秋风送爽，万物升华的美好时节，我们又在我国天府之国重镇——成都召开了专委会成立30周年的盛大庆典。

岩土锚固专业委员会成立以来30年的历程，是在克服了诸多困难的基础上不断发展壮大的历程。这里，首先是在全体会员单位的支持和我国广大岩土锚固技术工作者共同努力下，一步一个脚印地砥砺前行获得了如今的成就。同时，是在上级协会——中国施工企业管理协会30年来的引领和帮助下，由一个仅有二十余个会员的组织发展到目前已有150多个会员单位的较大的专业委员会。

为了说明三十年来作为支承专委会发展的学术和技术基础，在此，简单地回顾一下岩土工程-岩土锚固技术的发展历程和路径。大家都知道，岩土工程作为一门技术学科被国际学术界公认至今只有六十余年的历史。它作为一门工程专业学科被引入我国并广泛应用发展也只有三十余年的时间。但是可以毫不夸张地说，目前我国岩土工程的实践和发展水平在世界上是名列前茅的，其应用领域也是最广泛的。大量的岩土工程设计和施工的实例证明，在保证岩土工程成功和安全的所有措施中，岩土锚固技术无疑是可供选择的最成熟和最经济可靠的技术之一。正因为如此，对于正在立项和在建大型工程中的高边坡、深基坑、大跨度地下工程来说，岩土锚固技术已经发展成为一项具有重要意义的关键技术。与传统的各类加固支护技术相比，岩土锚固工程技术的主要优势是：由于锚固力学机理的本质是改造和利用岩体自身的力学性能，将原来作为单纯外荷的岩体改变为部分自承载体，从而保证了工程整体稳定性和安全性，改善了周围环境和工程质量，大幅度地节约了工程材料并缩短了工期。这些优点已被大量的工程实践所证明。从某种意义上说，本专委会在成立时，它的名称确定为“岩土锚固工程”也和它在当代岩土工程中的优势和重要作用相关。

以下所展开叙述的，是专委会和各会员单位最近几年来的主要成绩和在岩土锚固工程、技术开发、学术研讨、新型机械设备、实用工法、监控技术、规程规范等领域的一些典型实例和最新进展。

2 基坑工程的锚固技术

城市建筑地下室开挖施工时，桩锚支护结构是最经济快捷和安全可靠的。全国范围内多数基坑支护采用了预应力锚杆支护技术，多种形式锚杆支护结构得到广泛应用，极大地提高了预应力锚杆的设计、施工、监测水平，促进了锚固技术的发展。国内不少地区的基坑维护深度已达30m以上。

2018年完成的北京中石化科学技术研究中心（北区）能源中心楼基坑工程，深度达31.6m，采用上部复合土钉墙+下部桩锚支护结构，护坡桩直径为1200mm，设计桩长39.00m，嵌固段长15.99m，预应力锚杆布置8排，锚杆长度自上而下分别为26.0～28m，自由段长度分别为12.0～7.0m，锚杆轴向力设计值为320～550kN，锚杆锁定拉力值240～400kN。下部四排预应力锚杆采用了分散拉力型锚杆，典型设计剖面图见图1，施工完成后的基坑见图2。

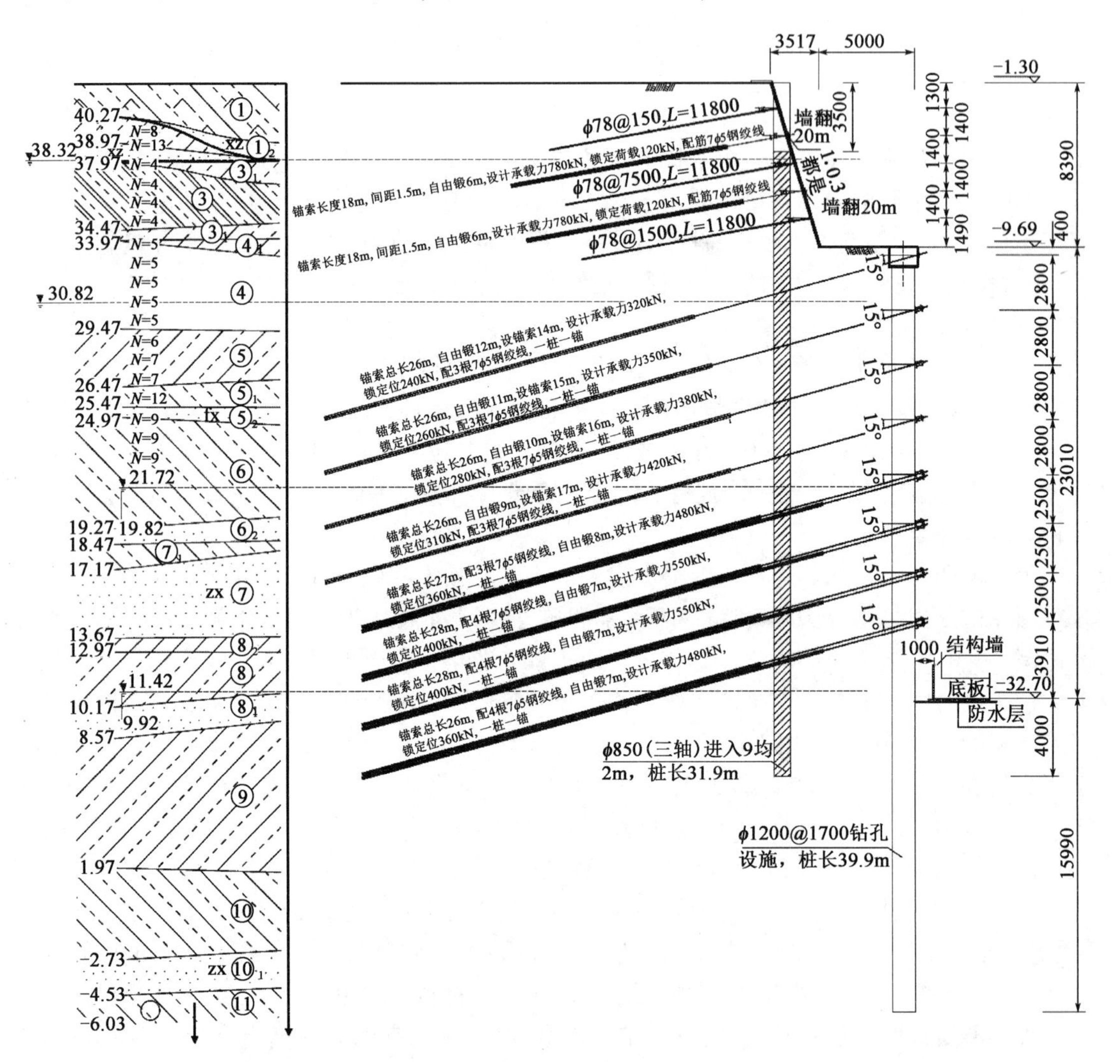

图1 北京中石化科学技术研究中心（北区）能源中心楼典型剖面图

上海天马深坑酒店是在一处废弃的采石坑的基础上设计建造的。采石坑近似圆形，上宽下窄，坡度较陡，坡角约80°，采石坑面积约为36800m²，坑深约80m，长约240m，宽160m左右，其下部形成内湖（见图3、图4）。酒店的建筑结构是和周壁岩石（约半周岩壁）相互连接的，为保证岩壁的稳定、坚固和耐久，按设计要求，该半周岩壁的岩体须采用锚固—网护—喷射混凝土三措施合一作为永久支护。设计剖面图见图5、施工作业见图6。采用眼镜工法暗挖施工的地铁车站见图7。

图2　北京中石化科学技术研究中心(北区)能源中心楼基坑支护

图3　深坑酒店效果图(航拍角度)

图4　深坑(采石坑)原状航拍照片

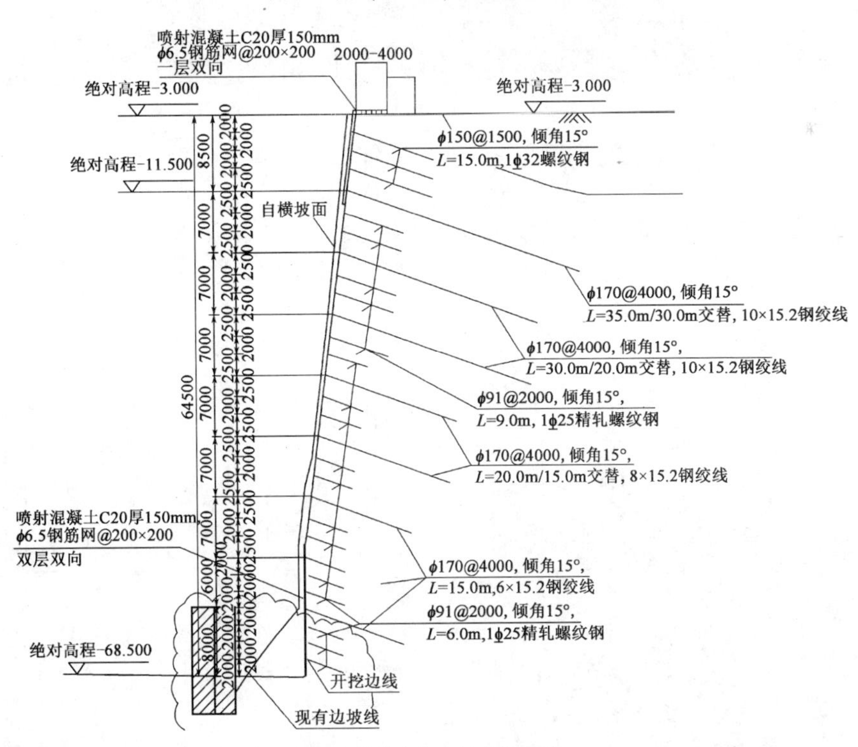

图5　岩体永久支护参数设计

图6　岩体永久支护实施照片(待喷混凝土)

图7　采用眼镜工法暗挖施工的地铁车站

3　地铁工程中的施工技术

自20世纪90年代后期开始，我国城市建设和轨道交通建设进入了高速发展时期，截至2017年底，已有运营地铁的城市和在建地铁的城市总共达81个，目前全国已建成运营地铁总线路长度已达4712km。

岩土工程技术和各类施工工法的正确选用对于地铁的成功修建起到关键作用。以下是我国轨道交通建设中目前较常采用的主要有效支护施工技术。

3.1　地铁车站暗挖工法施工技术

我国城市修建地铁时，特别是在中心城区修建时，由于地面建筑物和繁忙交通的影响，很少数能采用明挖法技术施工，大多数能选用的工法为暗挖挖、盖挖法和下面要介绍的盾构法。采用洞桩工法暗挖施工的地铁车站如图8所示。

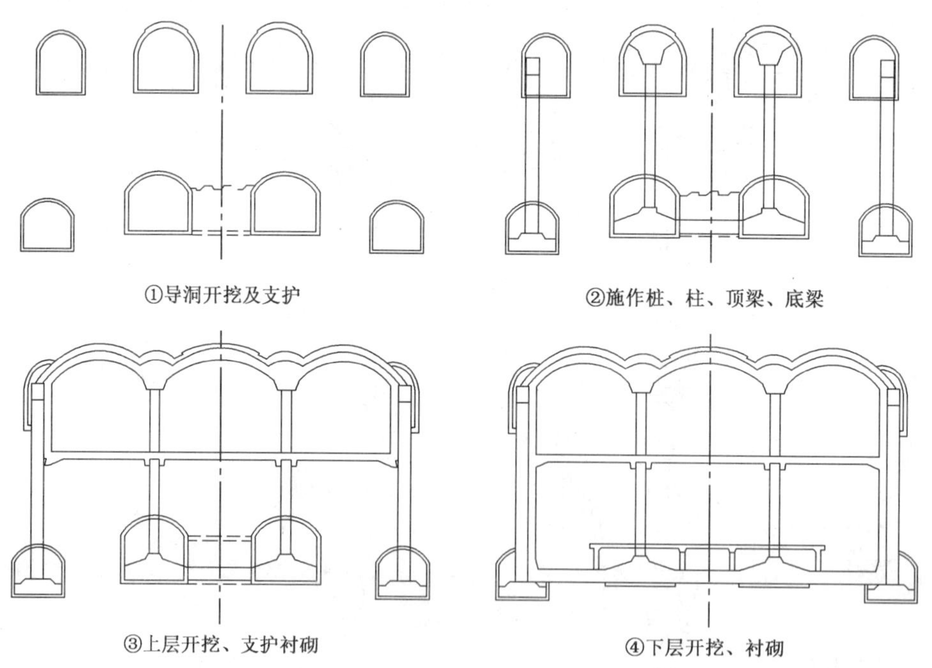

图8　采用洞桩工法暗挖施工的地铁车站

3.2　地铁车站盖挖工法施工技术

盖挖工法是介于明挖法和暗挖法之间的一种工法。为了减少由于开挖基坑而长时间占用交通路面，利用短时间施工的明挖法桩基和短时间挖开路面修建与桩连接的地铁顶板，随即恢复路面和交通。利用路侧不影响交通的地方修建的竖井通道，修成地下的车站其余所有部分。这就是盖挖法的全部过程(见图9)。

图9　采用盖挖工法施工的地铁车站

3.3　地铁车站大型盾构扩挖工法施工技术

大型盾构的直径为10m，在地层中推进并首先形成圆形结构，然后按设计要求向两侧扩挖，最终建成车站结构(见图10、图11)。

3.4　特大型盾构工法修建过江隧道

采用直径为15m的特大型盾构在武汉长江下修建了两条平行的隧道。隧道的中部为两条公路，下部为两条地铁和站台，上部为各类设备、通风道和其他管路(见图12)。

图10　大型盾构准备推进扩挖

图11　盾构推进后向两侧扩挖

图12　特大型盾构工法修建过江隧道

3.5 泥水平衡盾构工法首次穿越黄河修建地铁隧道

兰州地铁1号线采用泥水平衡盾构成功穿越黄河。穿越段地层属于低含砂率、强透水性、卵石含量高的砂卵石极困难地层。经反复试验研究,应用了以膨润土和泡沫剂为主要成分的改良剂,在盾构施工的同时对地层进行了改良,使刀盘克服阻力、顺利出渣,最终数次成功地穿越黄河(见图13、图14)。

图13 泥水盾构刀盘图

盾构穿越的地层:低砂率、强渗透性、含漂石的砂卵石层

图14 盾构穿越黄河河底的地层情况

3.6 我国目前是TBM生产能力强国

中国目前约有10家TBM(含掘进机和盾构)生产厂家,是生产能力最强的国家。目前中国共有约2000台TBM保有量。而且我国近几年在马蹄形盾构、矩形盾构的生产和应用方面取得较大进展(见图15)。但是我国在制造特大断面TBM以及复杂地质条件下应用的TBM方面,与发达国家相比还有差距。

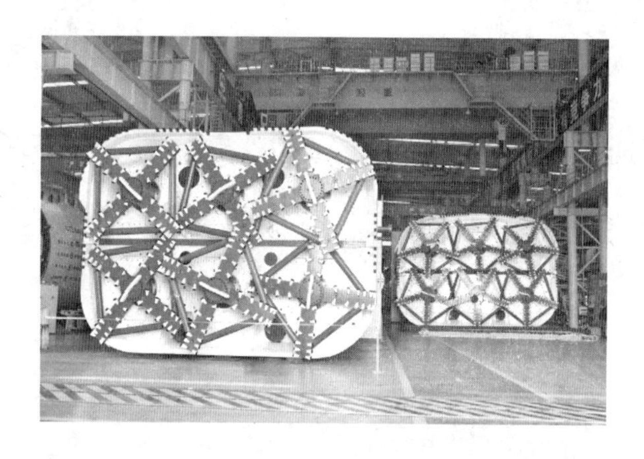

图15 我国生产的矩形盾构机

3.7 我国目前是世界的隧道大国

我国目前已经建成约4万公里隧道,此外还分别有约2万公里隧道在建,约2万公里隧道拟建。已经建成的最长铁路隧道是32km的新关角铁路隧道,正在施工的最长铁路隧道是34km长的高黎贡山隧道,已建最长公路隧道是18km长的秦岭终南山隧道。此外,我国修建了一批长大水下隧道,其中港珠澳大桥海底隧道全长6.7km(见图16),是目前世界唯一最长的公路沉管隧道,技术处于世界领先水平。

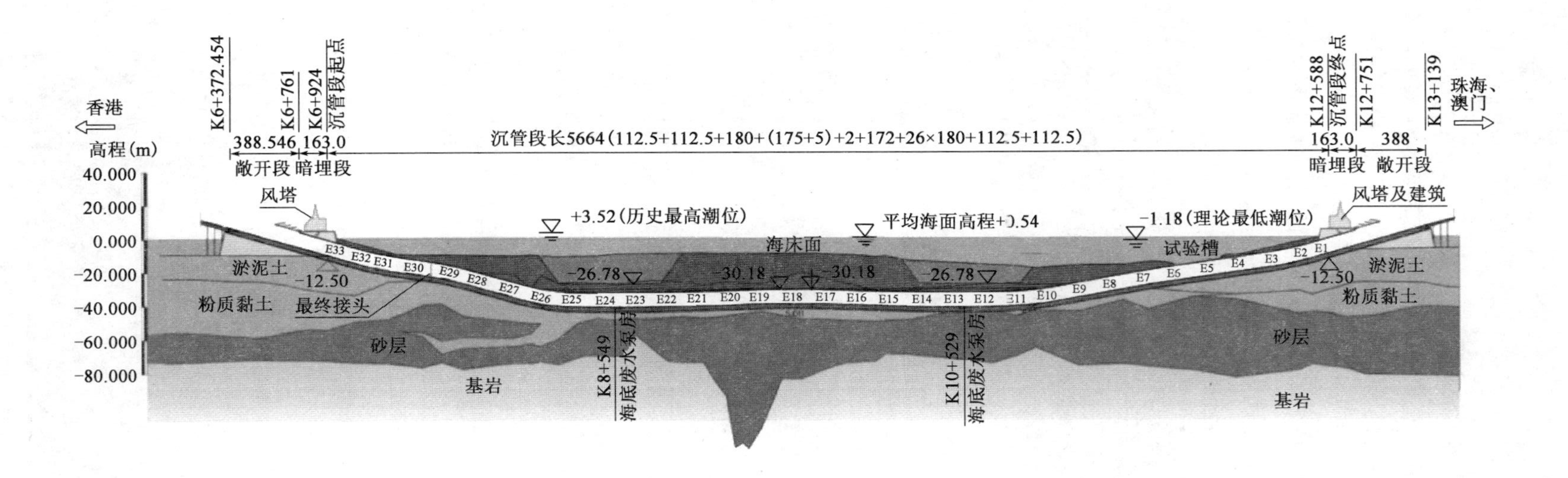

图16　港珠澳大桥中的海底隧道(尺寸单位：m)

4 锚固新技术及实例

4.1 囊式扩体锚杆技术及其工程应用

囊式扩体锚杆技术体系是由等直径锚杆与扩体锚杆技术体系演化发展而来，根据大量的模型试验、有限元计算分析、颗粒流数值仿真和现场足尺试验，提出深埋扩体锚杆由于带有大直径扩体锚固段，其承载力学机制与等直径锚杆完全不同。该技术经多年来200余项工程的实际应用，充分证明了其安全性和耐久性。目前已广泛用于地下空间抗浮、深基坑支护、高边坡防护以及高耸建筑物抗倾等工程中（图17、图18）。

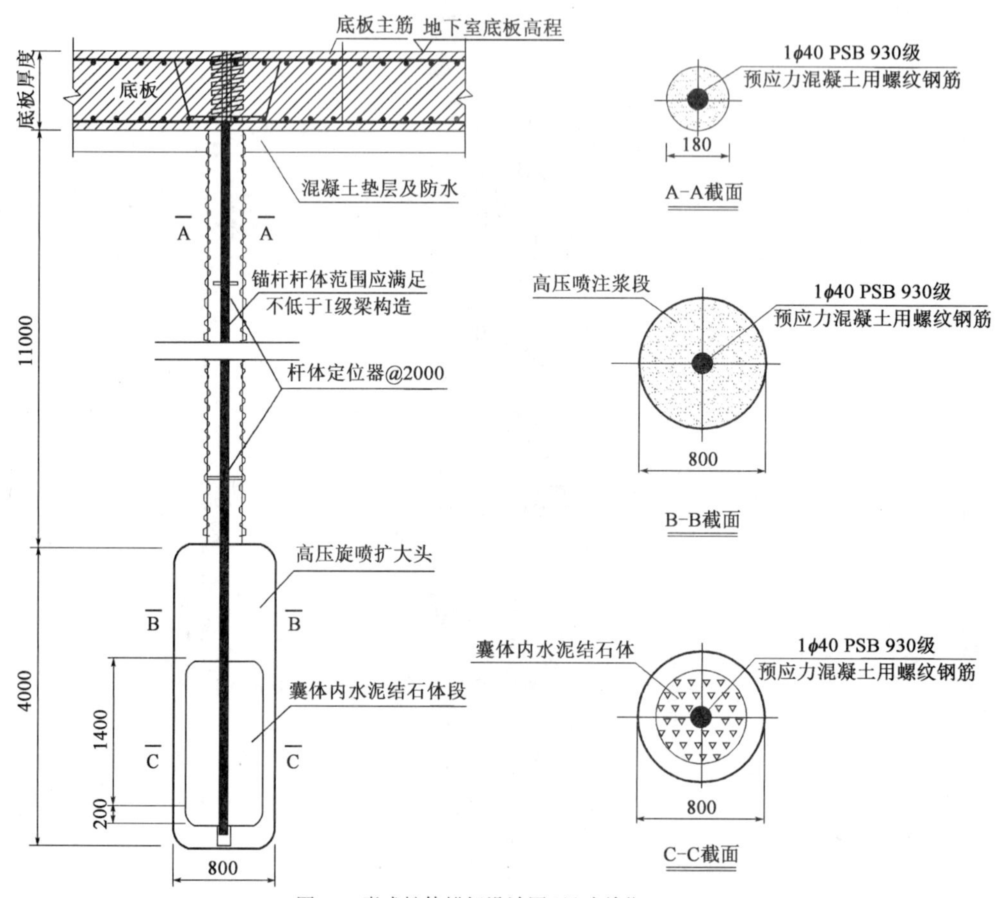

图17　囊式扩体锚杆设计图（尺寸单位：mm）

图18　某工程锚杆多机械施工现场

4.2 旋喷搅拌加筋桩+刚性桩联合基坑支护技术

旋喷搅拌加筋桩锚技术是针对软土地层中的基坑护坡施工。按设计要求,该桩群的外侧应增加钻孔灌注桩或SMW桩,以联合受力形式既保证了在无横撑情况下基坑的受力安全,又确保了整个土体的稳定。例如图19中基坑开挖深度10~12.5m,地层为粉质黏土,采用SMW桩和3-4排旋喷搅拌加筋桩,最大位移32mm;图20中基坑开挖深度16m,地层为淤泥质黏土,采用钻孔灌注桩和5排旋喷搅拌加筋桩,最大位移68mm。该两项工程的实例说明了该项技术的可靠性和安全性,目前已完成的200余项同类工程的实例均成功使用了该项技术。

图19 上海临港新城基坑支护施工

图20 温州国际大厦基坑支护施工

4.3 复合土钉墙与钻孔灌注桩加支撑结合型的基坑支护技术

复合土钉墙与钻孔灌注桩加支撑结合型的支护技术是一项适用范围很广泛的支护技术,尤其是对于土质地层中的基坑支护或边坡支护加固等。图21中的杭州运河广场基坑采用了该项结合型支护,上部的复合土钉墙提供了基坑上部土体的稳定,在其保护下完成了下部钻孔灌注桩的施工。由于基坑跨度大,桩的横撑中间设置支撑立柱,保证了支护系统的整体稳定。

图21 杭州运河广场结合型基坑支护施工现场

4.4 高填方区采用抗滑桩加锚索桩板墙支护技术

工程所在区域是软岩地层,最大高填方大于40m,除采用抗滑桩和板墙支护之外,还采用了较大承载力的锚索,其最大承载力为1000kN,见图22。

图22 高填方区采用抗滑桩加锚索桩板墙支护施工

4.5 可拆芯(可回收)锚杆(索)技术

国内越来越重视岩土锚杆对地下环境的影响及锚杆(索)的可回收的利用技术研究和应用。目前应用比较成熟的可拆芯锚杆有机械拉拔式、解锁式两种锚杆形式。

(1)机械拉拔式——"U"形可拆芯锚杆

拉拔式可拆锚杆典型的有日本的JCE、英国的SMBA和我国基坑工程最早使用的"U"形可拆芯锚杆,它们基本上是在具有"U"形锚固端的压力分散型锚杆的基础上发展而成的。我国的"U"形可拆锚杆的筋体为无黏结钢绞线,绕承载体(聚酯与纤维的复合而成)弯曲成"U"形构成单元锚杆。根据锚杆设计拉力的大小,每根可拆芯锚杆可由若干个单元锚杆组装而成。"U"形可拆芯锚杆结构构造如图23所示,加工完成后的单元锚杆锚固端如图24所示。

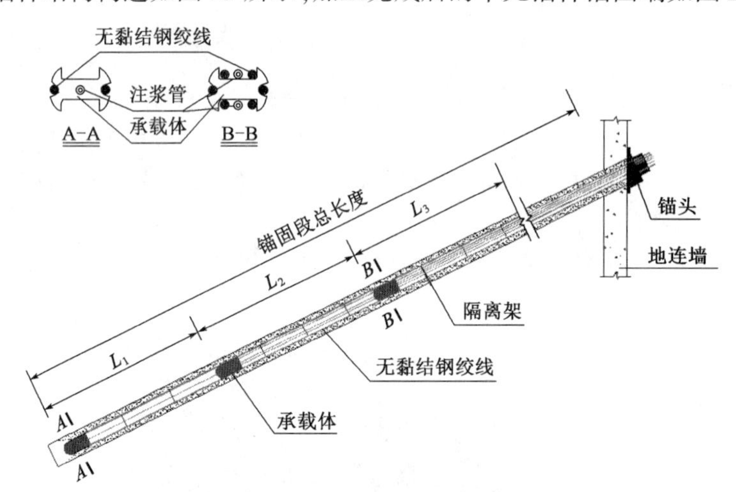

图23 "U"形可拆芯锚杆结构构造简图

图24 加工完成的"U"形可拆芯单元锚杆锚固端

北京地铁宋家庄站—肖村站明挖段基坑南侧盾构接收井基坑位于盾构接收一侧的第三排锚杆采用6根ϕ15.2mm、1860钢绞线的“U”形可拆锚杆，抽芯率达100%。

(2)解锁式

①热熔解锁回收锚索

热熔式可拆芯锚杆采用热熔锚具通过低压通电将锚具内部结构熔化破坏，解除夹片对钢绞线的束缚，从而给钢绞线卸荷，实现回收钢绞线并可重复实用。热熔型可拆芯锚固端见图25。自动回收设备见图26。

图25 热熔型可拆芯锚固端

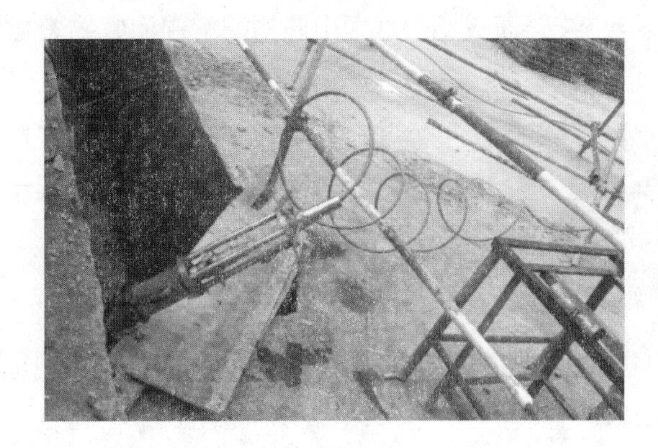

图26 自动回收设备工作状态图

②主、副工作索解锁回收锚索

此种可拆式锚索是由主、副工作索组成，主工作索承担工作拉力，副工作索不承担工作拉力只为拆除主工作索而准备，主、副工作索之间及承载体之间，靠一些套筒插销相互约束，当要拆除时，需要先将副工作索用力拔出，解除主、副索套筒、插销、承载体之间的相互约束，才能拔出主工作索。此种可拆除式锚索的缺点是必须在主副工作索内端部固定一个P形锚具，这就需要在钢绞线外套一根直径比P形锚具直径更大的外套管，才能将钢绞线抽出来。该种主副工作索回收锚索结构图和实体图分别见图27和图28。

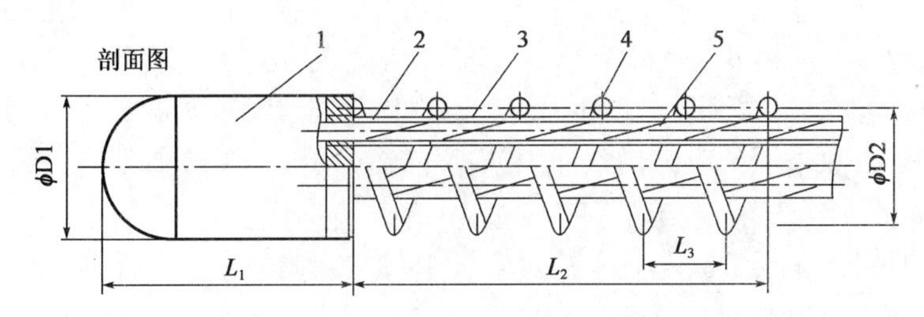

图27 主副工作索解锁回收锚索结构图

1-承载体；2-连接头；3-塑料管；4-螺旋盘筋；5-钢绞线

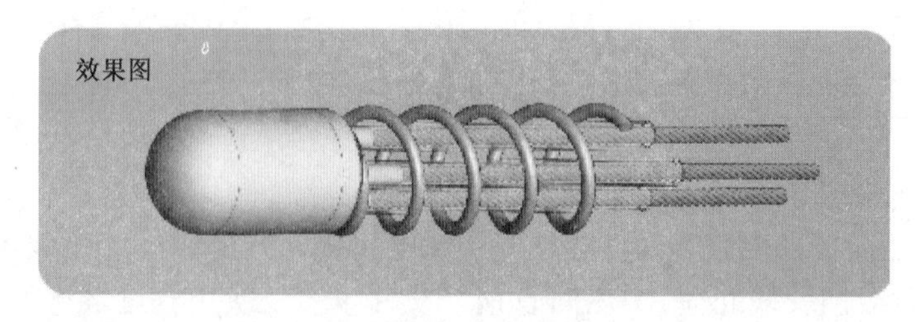

图 28　主副工作索解锁回收锚索实体图

③转动解锁回收锚索

这种可拆除回收式锚索通过顺时针转动钢绞线的解锁方式，解除可拆芯锚具套筒内钢绞线的夹片，可顺利由人工拔出钢绞线。转动解锁回收锚索锚固端见图 29。这种回收锚索可方便组装成分散压力型锚杆，钢绞线的根数也不受限制。

④中芯切割解锁回收锚索

中芯切割解锁回收锚索是在详细研究钢绞线组成的基础上研发而成的可拆芯锚索，通常直径 15.24mm 的钢绞线，是由 7 支直径为 5mm 的钢丝绞合而成的。在这 7 支钢丝中，位于钢绞线中心的那支称为“中丝”，另外 6 支钢丝以中丝为中心缠绕绞合，这 6 支钢丝称为边丝，由 6 支边丝围绕 1 支中丝缠绕绞合而成钢绞线。中芯切割解锁回收锚索锚固端结构简图如图 30 所示。

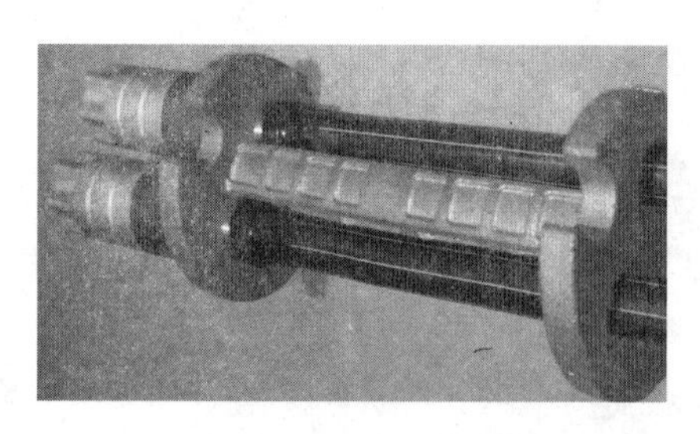

图 29　转动解锁锚固头

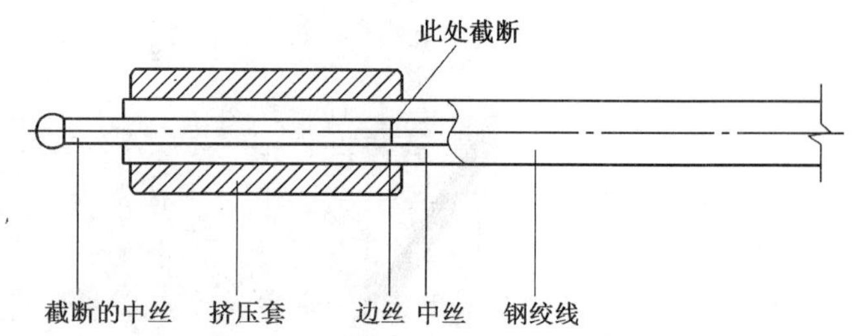

图 30　中芯切割解锁回收锚索锚固端结构简图

5　高边坡预应力锚固技术

5.1　我国西南某水电站边坡预应力锚索锚固工程

该水电站位于云南省师宗县境内的南盘江下游干流河段(图 31、图 32)，电站设计为重力式挡水坝，最大坝高 65m，装机容量为 2×50MW。由于左岸导流明渠及右岸厂房及坝基开挖，分别在河床左岸形成了 63m 及右岸 148m 的高边坡。两岸边坡上出露的地层主要为中三叠统兰木组(T_2l^a)，岩性以深灰—灰黑色钙质泥岩为主，夹有粉砂质泥岩、钙质粉细砂岩，岩体软弱，节理发育。右岸边坡开挖高度较大，在开挖过程中发生塌滑，边坡经治理后采用节点锚杆框架梁防护，共设置了长度 9～12m 节点锚杆 3700 根。边坡下部布置有电站厂房及尾水渠等重要建筑物，设计开挖坡比为 1:0.5～1:0.75，且岩体软弱、破碎，如果发生变形直接影响到厂房及尾水渠的施工，故采用预应力锚索加固，右岸布置了 1000kN 级的预应力锚索 276 根，锚索长度为 30～40m。

为了监测边坡的安全状况，左右岸共设置了 18 根监测锚索与 25 个地表位移监测点进行长期监测，到目前为止电站已经运行八年，左右岸边坡未出现变形失稳，保证了电站的运行安全。

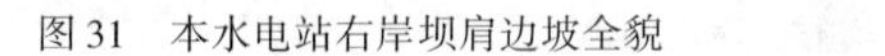

图 31　本水电站右岸坝肩边坡全貌

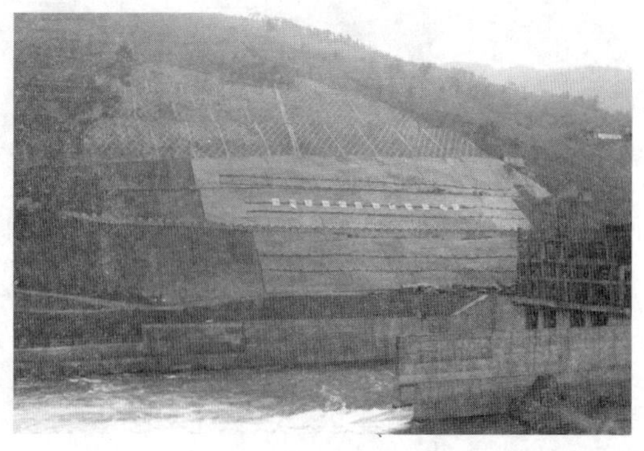

图 32　本水电站完工后的右岸坝肩边坡

5.2　锦屏一级水电站高边坡预应力锚索锚固技术

电站大坝左岸开挖边坡高达 540m。边坡断层破碎带、节理裂隙发育、卸荷强烈，地质条件复杂。针对高陡边坡开挖规模大、稳定性差、安全风险较高特点，边坡预应力岩锚采用深孔、大吨位压力分散型全防腐锚固结构体系，锚固工程规模宏大(单排距 4m×4m、长度 60～80m、承载力 2000～3000kN、数量合计约 4600 束)，施工中新技术、新工艺应用广泛，高陡边坡锚固中体现了对复杂岩层的适应性、耐久性、科学性及先进性等特点。见图 33。

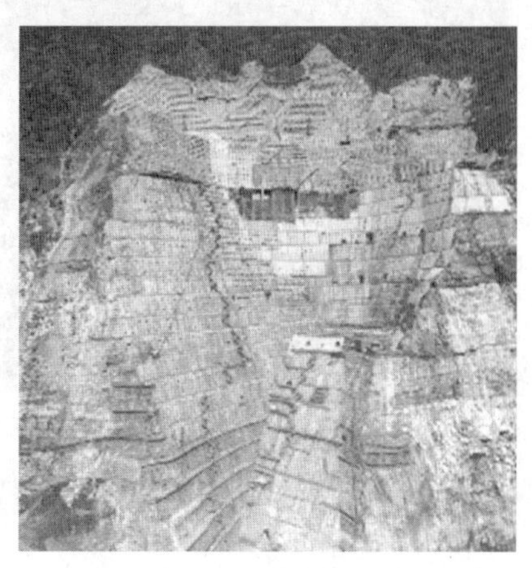

图 33　大坝左岸锚索施工现场

本电站在预应力锚固工程中，采用了若干创新的技术：①锚索钻孔采用钻孔反吹扶正碾碎装置机具，对变形拉裂及破碎采取黏度时变性灌浆材料进行破碎岩体固结灌浆，并通过优化钻进参数形成适应性强的钻进工艺与方法，克服了岩层破碎掉块、卡钻、埋钻不返渣，孔故频繁的难题，显著提高了钻孔工效，解决了破碎岩体最大孔深 80m 水平锚索孔的钻孔施工难题。②对锚索体结构进行了改进与优化，使承载体尺寸与结构、对中与隔离支架尺寸与结构很好地适应于地层与钻孔孔径的要求；锚束体实现了承载体注防腐油脂加保护罩、孔道注浆体握裹 PE 套包裹下的钢绞线的全长防腐；③开发出了压力分散型锚索单根分组分级对称循环张拉、整体分组分级张拉、差异补偿张拉等多个张拉工艺，并根据边坡地质条件及群锚效应特征，形成了钢筋面板混凝土或钢筋框格式混凝土上加锚索的被覆式锚固体系，成功实现对 500m 级高边坡的锚固治理。

6　现场监控量测技术

6.1　摄影测量系统在工程监测中的应用

利用摄影测量系统，在工程监测中对地表或建筑物的测点作沉降监测时，可使用测量专用数码相机，在不同的位置和方向，对同一物体进行拍摄获取图像，软件自动处理图像，通过图像匹配等处理及相关数学计算后得到点的三维坐标。第一次获取的所有三维坐标是所有相应测点的初始数据，也就是监测过程的计算依据。如图 34～图 37 所示。

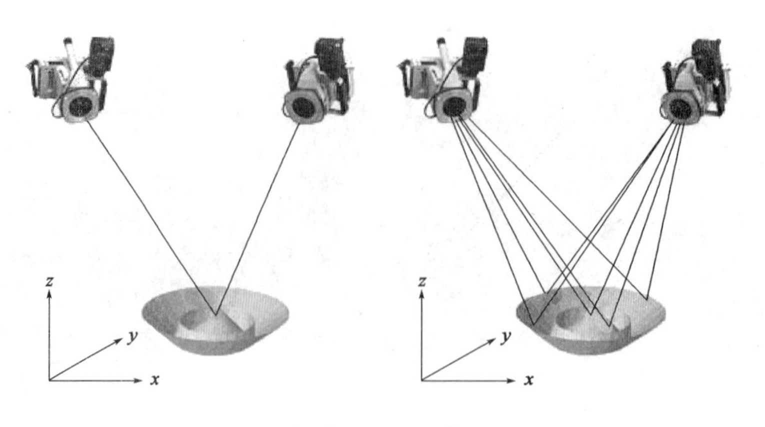

图 34　利用数码测量相机作测点摄影

图 35　相机作多点自动数据摄影并记录

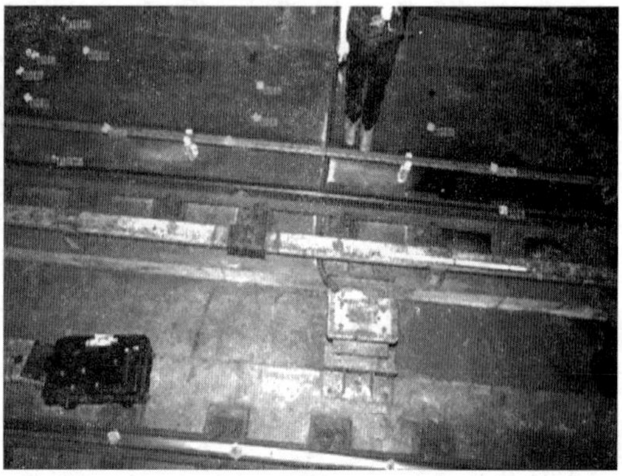

图 36　地铁底板结构与轨道沉降监测

摄影测量系统进行工程监测的主要优点是：

点名称	DZ
TARGET17	-0.265
TARGET18	0.009
TARGET19	0.096
TARGET20	0.063
TARGET33	0.148
TARGET34	-0.086
TARGET35	0.086
TARGET36	0.007
TARGET37	-0.055
TARGET38	0.010
TARGET39	0.009
TARGET40	-0.039
TARGET41	-0.010
TARGET43	0.002
TARGET44	-0.049
TARGET45	-0.056
TARGET46	-0.024
TARGET47	0.100
TARGET48	0.115
TARGET49	-0.018
TARGET50	0.084
TARGET51	0.149
TARGET52	0.020
TARGET53	-0.174
TARGET54	0.018
TARGET55	0.097
TARGET57	0.090

图 37　底板沉降监测数据监测记录

高精度：绝对精度最高可达 0.1mm；

非接触测量；

测量速度快；

可以在不稳定的环境中测量（温度，震动）；

特别适合复杂空间的测量；

数据率高，可以方便获取大量数据；

适应性好（被测物尺寸从几十厘米到几十米），便携性好。

6.2　北斗卫星导航系统及其在工程安全监测中的运用

北斗卫星导航系统（BeiDou Navigation Satellite System，BDS）是中国自行研制的全球卫星导航系统，是继美国全球定位系统（GPS）、俄罗斯格洛纳斯卫星导航系统（GLONASS）之后第三个投入运营的全球卫星导航系统。在工程安全监测领域，中国从 20 世纪 90 年代开始就运用全球卫星导航系统进行实时或周期性变形监测，取得了良好的效果。近年随着所发射的导航卫星的增加，我国北斗卫星系统开始运用于精密定位，目前的国产接收机和大多数进口接收机，可以同时接收

GPS、GLONASS和北斗系统的信号，三者联合解算，有助于提高可用卫星数，改善特殊地形或某一时段的卫星空间分布图形强度，提高监测成果的可靠性。如图38～图40所示。

图38　北斗卫星导航系统BNSS基准站

图39　大坝现场监测点

图40　边坡现场监测点

7　岩土锚固施工新机具

7.1　YGL-S系列声波钻机

声波钻机广泛应用于工程勘察、环境调查、岩土锚固、地源热泵孔、地质勘探、大坝尾矿检测孔、海洋工程勘察及水井孔等工程。声波钻机特别适应在各种复杂地层的钻进：砂土、粉砂土、黏土、砾石、冰碛物、碎石堆以及软硬岩石，能有效、快速地进行连续原状取样钻进，以及全套管成孔,钻进速度是常规钻机的 5 ~ 10 倍。声波钻机是以振动、回转和加压 3 种钻进力的有效叠加,特别是振动作用,不仅有效破碎岩石,同时也使岩石排开和液化,从而获得较高的钻进速度。图 41a) 及图 41b) 是该类钻机在三板溪水电站隔水幕墙的深水地锚施工情况。

a)

b)

图 41　YGL-S200 声波钻机进行深水地锚施工

7.2　潜孔冲击高压旋喷钻机及 DJP 低净空钻机

图 42 所示为 DJP 工法中的钻机采用高塔架设备(高度 40m),设备尺寸为 12.0m × 7.5m 的施工情况。其主要用途为:旋喷形成地下工程底板为工程的防水和加固的施工;潜孔冲击形成基础桩或地锚桩;高压冲击旋喷可以较顺利穿越大直径卵砾石和坚硬岩石等。

图 43 所示为 DJP 工法中的低净空钻机采用低净空设备(高度 4.5m),设备尺寸为 6.0m × 2.5m 的施工情况,可满足隧道、洞内等有高度限制的各类钻制工程要求。

7.3　锚杆钻机的升级与履带式顶部冲击钻机

近年来国内众多厂家生产了不同型号,满足不同要求的全液压多功能锚固钻机和钻具。该类钻机不仅可以螺旋钻进也可配备潜孔冲击器进行冲击钻进,还可配备同心套管或偏心套管潜孔锤钻进或双管钻机,更有配备顶部液压冲击的钻机。不仅适用于土层锚杆成孔,也适用于岩层锚杆成孔,在松散堆积层、卵石层和破碎岩层也有良好的钻凿效率,基本解决了复杂地层锚杆孔的钻凿难题。

分体式液压锚杆钻机适用于边坡脚手架平台上进行锚杆成孔,履带式液压锚杆钻机适用于分步开挖的土层或岩层锚杆成孔。为减轻工人劳动强度,提高拆装钻杆效率,带自动装卸钻杆功能的钻机应运而生。

在砂层、砂卵石层、松散覆盖层及破碎地层钻凿锚杆孔最有效的方法是采用全液压顶部冲击回转多功能履带钻机,该型钻机配备大扭矩、高钻速、大功率冲击功液压冲击动力头,可多角度多方位钻孔,又可采用液压顶驱钻进、液压锤跟管钻进、潜孔锤基岩钻进、潜孔锤偏心跟管钻进、潜孔锤对心跟管钻进等钻进方式,钻进速度快,成孔质量好,效率高。国内众多设备制造商在消化吸收国外液压锚固钻机的先进技术的同时,并结合国内实际情况而设计制造的顶驱履带式多功能全液压钻机,已成为国内锚固钻机的主力机型。如图 44、图 45 所示。

图42　DJP工法进行地下工程防水加固处理

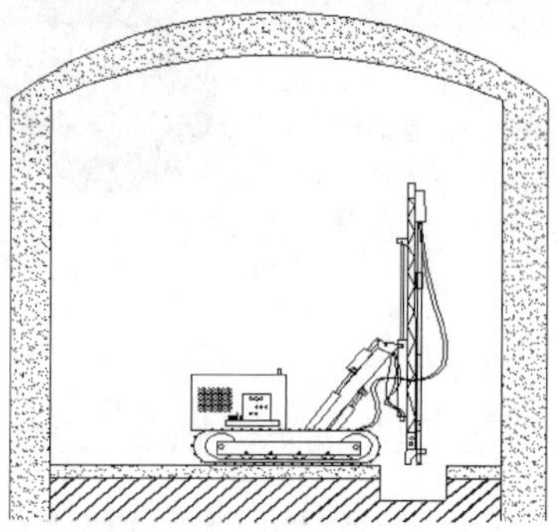

图43　DJP低净空钻机进行地下工程底板防水加固处理

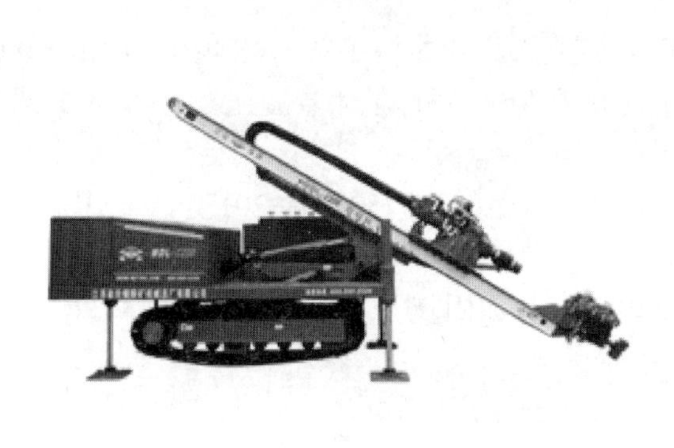

a)

b)

图44　顶驱式多功能钻机

图45　履带式多功能钻机

7.4 转子活塞式湿喷混凝土机

图46所示的湿喷混凝土机具有我国自主知识产权，采用转子活塞-凸轮喂料机构，形成了独具特色的均匀稀薄流湿喷技术，获得国家技术发明奖。本机具在亚洲、非洲、欧洲等三十余个国家得到推广应用，为湿喷技术发展做出了突出贡献。

图46 转子活塞式湿喷混凝土机

8 岩土锚固设计施工规范的编制与修编

近十年来，为总结我国岩土锚固技术的科研、设计、施工、检测、监测等方面的成果和工程建设的需求，不同行业制定或修订了相关的岩土锚固(锚杆)技术标准，以适应我国工程建设的需要。

中华人民共和国国家标准《岩土锚杆与喷射混凝土支护工程技术规范》(GB 50086—2015)已于2016年2月1日正式实施，该规范在原《锚杆喷射混凝土支护技术规范》GB 50086—2001的基础上修订完成的。

中华人民共和国国家标准《建筑边坡工程技术规范》(GB 50330—2013)已于2014年6月1日正式实施。

中华人民共和国国家标准《建筑边坡工程鉴定与加固技术规范》(GB 50843—2013)已于2013年5月1日正式实施。

中华人民共和国国家标准《建筑基坑工程监测技术规范》(GB 50497—2009)已于2009年9月1日正式实施，该规范明确了基坑工程中锚杆的监测等内容。

中华人民共和国国家标准《煤矿巷道锚杆支护技术规范》(GB/T 35056—2018)已于2018年12月1日正式实施。

中华人民共和国电力行业标准《水利水电工程预应力锚索施工规范》(DL/T 5083—2010)已于2011年5月1日正式实施。

中华人民共和国行业标准《高压喷射扩大头锚杆技术规程》(JGJ/T 282—2012)已于2012年11月1日正式实施。

中华人民共和国行业标准《建筑基坑支护技术规程》(JGJ 120—2012)已于2012年10月1日颁布实施。

中华人民共和国黑色冶金行业标准《抗浮锚杆技术规程》(YB/T 4659—2018)已经完成报批，将于2018年9月1日实施。中国工程建设标准化协会标准《囊式扩体锚杆技术标准》正在编制中，将于2019年颁布实施。

9 结语

从以上叙述看出,我国在岩土工程领域,包括高边坡、深基坑、隧道与地下工程以及与之相关的技术领域,均取得了重大的成就和技术进步。这些成就和进步无疑是令人感到极其欣慰的事。但是,在获得成绩的同时,我们更要看到,在我们周围在很多方面还存在的令人遗憾的缺陷和短板。

比如,在一些大型工程中采用的某些新技术和新材料,经不起使用和时间的考验。在实用中,当事人往往只看重一次评审过程给予的所谓"国际先进"甚至"国际领先"的评语,却不重视实践应用的结果。在时间的检验下,证明了它们和世界最前沿最先进的水平相比,有着很大的差距。例如,有些重要工程的防水技术和治水材料出现明显的漏水事故就是一个典型实例。另外还可以举出不少其他类似的实例。

因此,为了使以上的事件不再发生,从源头上解决关键的技术难点,使专委会为事业做出一些实在的贡献,我们一定要瞄准在自己领域中世界上最先进的水平,在踏实和虚心学习的基础上,一步一个脚印地做出自己的先进水平来。我坚信,在我们的会员单位中有很多聪明且有才华的实干家,一定能在属于自己的研究领域中创造出奇迹,做出真正的国际先进的成绩来!年轻的人们,加油!

最后,在庆贺岩土锚固专委会成立30周年的同时,预祝各位会员在今后的技术创新的康庄大道上获得圆满成功!

参考资料

[1] 贺长俊. 当前地铁工程新技术的发展状况. 2018.

[2] 严金秀. 我国隧道及地下工程技术发展成就. 2018.

[3] 刘钟. 囊式扩体锚杆的承载机制与工程应用. 2018.

[4] 徐国民. 锚固工程技术应用简况. 2018.

[5] 刘喜林. 天马深坑酒店岩壁锚固永久支护设计施工. 2018.

[6] 刘全林. 软土地层锚固与旋喷搅拌加劲桩锚技术. 2018.

[7] 丁文其. 锚喷支护相关研究的主要进展. 2018.

[8] 罗强. YGL-S 系列声波钻机及 YGL-C 系列全液压顶部冲击回转履带钻机. 2018. 5

[9] 何伟. 西南某水电站边坡锚固工程. 2018.

[10] 贺少辉. 我国首条穿越黄河的地铁隧道. 2018.

[11] 柳志云. 北斗卫星导航系统及其在工程安全监测中的应用. 2018.

[12] 魏建华. 基坑工程锚固技术发展简况. 2018.

[13] 张亮,刘宏运,郇盼. 潜孔冲击高压旋喷钻机及 DJP 低净空钻机. 2018.

[14] 高爱林. 摄影监测系统在工程施工中的应用. 基坑变形监测的先进技术应用研究. 2018.

[15] 张成平. 中国铁路隧道及地铁建设统计资料. 2018.

[16] 李正兵. 锦屏一级水电站高边坡预应力锚固技术. 雅砻江杨房沟水电站高边坡预应力锚固技术. 2018.

[17] 罗朝廷. 转子活塞式湿式喷射混凝土机. 2018.
[18] 童利红. 地铁工程堵水治水技术措施研究. 2018.
[19] 程良奎,范景伦. 岩土锚固与喷射混凝土支护工程指南. 2018.
[20] 徐祯祥. 岩土锚固技术成就之今昔[A]. 见:本书编委会. 岩土锚固工程[C]. 北京:人民交通出版社,2008.

一、专题综述

囊式扩体锚杆的承载机制与工程应用

刘 钟[1,2] 张 义[1,2] 罗利锐[1,2] 卢璟春[1,2] 薛子洲[1,2]

（1. 中冶建筑研究总院有限公司 2. 中国京冶工程技术有限公司）

摘 要 囊式扩体锚杆属于一种安全性与经济性突出的新型锚固技术，为充分展示该技术体系，对其核心装置、关键技术、工艺工法的结构、功能与应用进行了全面介绍。基于模型试验实测数据和图像分析，本文提出深埋扩体锚杆承载变形的加工硬化规律，并阐述了深埋扩体锚杆的荷载传递内在机理、承载力学机制以及渐进式局部破坏模式。在7组模型扩体锚杆深径比影响因素研究基础上，明确指出扩体锚固段端承力对锚杆承载力的贡献率大于80%。结合典型工程应用案例，讨论了新型锚杆的技术、经济、环保优势，以及组合式施工技术与施工参数；44根锚杆验收试验结果充分验证了囊式扩体锚杆承载力学机制的合理性、核心结构装置的可靠性和组合式施工技术的可控性。

关键词 锚杆 囊式 扩体锚杆 新技术 新装置 力学性能 工法

1 引言

在国内外岩土锚固工程技术领域，追求岩土锚杆高承载力的技术途径主要有三个：①单孔复合锚固技术体系[1]，②可重复注浆锚固技术体系[2]与③扩体锚固技术体系[3]。三者比较，扩体锚固技术体系因其在复杂地质条件下的应用具有更为卓越的承载力、耐久性和安全度，并获得了多样化发展，具有代表性的包括英国 Fondedile 扩体锚杆[4]，台湾 Cone-Shape 扩体锚杆[5]，瑞典 Atlas Soilex 扩体锚杆[6]，法国 Soletanche 扩体锚杆[7]，捷克斯洛伐克 Blasting 扩体锚杆[4]，欧洲 Jet-Grouting 扩体锚杆[8]，日本 Soil Mixing 扩体锚杆[9]以及中国囊式扩体锚杆[10]。

虽然扩体锚杆工程应用优势突出，但某些扩体锚固体系尚存在明显技术缺陷。文献[10,11]曾客观地指出某些扩体锚杆技术在工程实践中存在的重大风险，以及因技术方法、岩土性质、机械设备与施工参数的不确定性引发锚杆承载力降低，导致整体锚固结构存在发生失稳的可能性。为了突破国外扩体锚固体系存在的技术瓶颈，中国京冶工程技术有限公司另辟蹊径，于2008年创新开发出囊式扩体锚杆技术[12]，这种新型扩体锚杆的发展演化路径以及囊式扩体锚杆的现场开挖形态照片如图1所示。

笔者通过大量的模型试验、有限元计算分析、颗粒流数值仿真和足尺试验发现了深埋扩体锚杆的独特承载力学机制[13-14]。图2揭示了深埋扩体锚杆荷载与位移特征曲线的单调上升性状，该曲线无荷载峰值，其随拉拔位移增加而稳步升高，展现出鲜明的应变硬化特征，这与等直径锚杆的载荷—位移曲线具有的荷载峰值与应变软化特征有着本质区别，这种应变硬化的力学特性清楚揭示了囊式扩体锚杆具有更高安全度的内在原因。

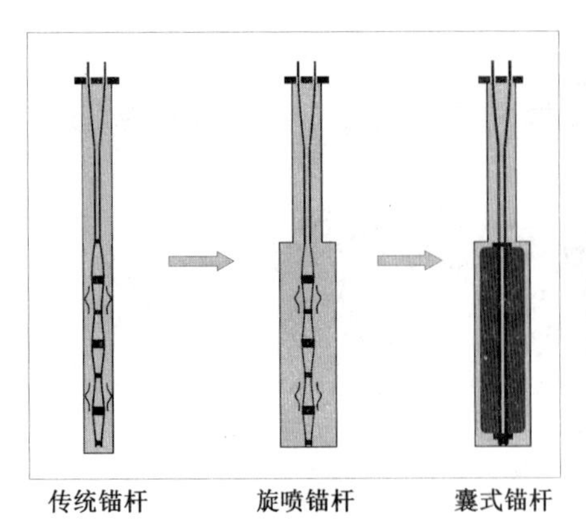

图1　囊式扩体锚固技术体系的演化发展路径示意图与囊式扩体锚杆的现场开挖形态照片

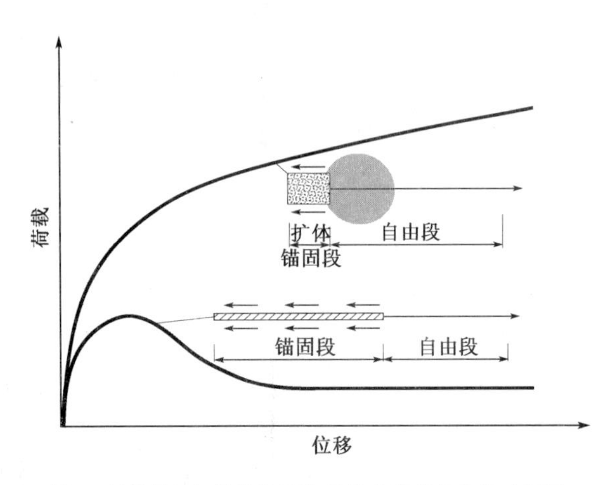

图2　扩体锚杆与传统锚杆的荷载-位移特征曲线对比图

2　核心结构装置与施工工艺工法

2.1　基本结构装置

新型囊式扩体锚杆核心装置的基本结构如图3所示，作为承压型全封闭扩体锚固装置，其主要特征如下：

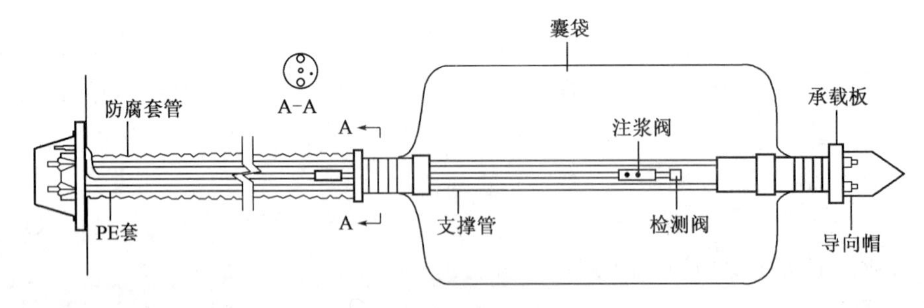

图3　囊式扩体锚杆的核心装置结构示意图

（1）采用压力型承载结构且拥有多重防腐措施；

（2）由检测阀、排气阀、注浆阀、支撑管和囊袋等关键部件构成；

（3）囊袋折叠后的最小直径为120mm，在施工过程中可以通过注浆膨胀实现设定的囊仓直径与空间形态；

(4)筒织囊袋材料满足抗拉、抗压、抗刺破、防渗浆等功能性要求；

(5)全封闭囊仓在定量压力注浆后能够维持囊内注浆体的体积与压力；

(6)核心装置由工厂制造并能够通过现场快速组装工艺实现快捷施工。

锚杆核心装置主要包括柔性防渗浆囊袋、排气通道、承载筒板、支撑管、注浆阀与检测阀和封闭导向帽。为提高锚力、限制变形、控制质量，确保锚杆的安全耐久性与施工高效性，基本结构装置还拥有控压排气、止回保压、隔绝管道等重要功能，为囊内控压排气、浆液止回保压、囊仓封闭固定与多重防腐措施提供了关键技术。在工程实践中，应用检测阀核查核心装置质量的完好性，通过囊仓控压排气提高囊内注浆体饱满度，利用止回保压机构维持囊仓注浆体体积与压力，采用隔绝管道技术实施锚筋的现场快速封装。从而全面解决了囊仓质量完好性检测、囊内气体残留、浆液渗漏减压、装置全封闭和尾端局部承压五大技术难题。为保障囊式扩体锚杆胜任锚固功能与控制施工质量打下了坚实基础。

2.2 施工工艺工法

与国外扩体锚杆施工采用的单一机械扩孔、旋喷扩孔、爆炸扩孔、胀压扩孔工艺不同，囊式扩体锚杆在工程施工过程中采用了两种组合式施工新技术：

高压喷射流扩孔 + 囊仓胀压组合式工艺工法

机械铰刀扩孔 + 囊仓胀压组合式工艺工法

应用组合式施工方法能够破解澳、英等国单一旋喷工艺产生的旋喷扩孔段注浆体空间形态与体积大小不确定以及水泥土抗压强度远小于20MPa的技术难题，应用囊仓定量压力注浆方法使施工质量的可控性和尾端囊内水泥结石体抵抗局部承压破坏的能力显著提升。同样也有效解决了美、英、德等国单一机械铰刀扩孔工艺易引发的扩孔坍塌与孔内清渣不净的隐患，从而保证了囊式扩体锚杆的设计承载力和工程质量的可靠性与安全度。

应用组合式施工技术进行囊式扩体锚杆施工的重要技术参数包括：锚杆钻孔直径150～180mm，杆体采用钢绞线或预应力螺纹钢筋，现场组装的内锚头最大外径为130mm，囊仓展开外径为300～1000mm，囊内水泥注浆体的水灰比为0.4～0.45，注浆压力为0.5～2MPa，囊内水泥结石体的7天抗压强度大于30MPa，完全满足在扩体锚固段尾端设置承压机构的技术要求。

3 扩体锚杆的承载机制

与等直径锚杆的锚固机理不同，扩体锚杆因尾部设有大直径锚固段，其承载力由端承力与侧阻力共同承担，英国岩土锚杆技术标准BS8081[15]和我国行业标准《高压喷射扩大头锚杆技术规程》(JGJ/T 282—2012)[16]表达了相同观点。在囊式扩体锚杆设计中，锚杆极限承载力由扩体锚固段端阻力和普通锚固段与扩体锚固段侧阻力共同分担。基于岩土锚固计算数据大量积累与经验，工程设计人员对锚杆侧阻力计算参数的选取较为准确，但国内外学术界与工程界对于扩体锚固段端承力的计算方法及其在锚杆承载力中的荷载分担尚存疑问。为此，笔者采用室内模型试验方法对扩体锚杆端承力与承载力学机制进行了探索性研究。

3.1 扩体锚杆的锚固段端承力模型试验研究

垂直扩体锚杆全模型试验采用长0.8m、宽0.7m、高1.2m的分层组装式砂箱，均质模拟地基应用分层砂雨法制备[17]，石英干砂模拟地基的物理力学参数见表1。模型试验考虑了几何相似，相似比取1:10。模型锚杆的扩体锚固段采用钢制圆柱筒，为增加表面摩阻力，其周边车制了浅螺纹。扩体锚固段长150mm，直径100mm，非扩体段采用直径为8mm的螺纹钢筋，并通过螺母与扩体锚固段底端板固定连接。

为探索垂直扩体锚杆承载机制以及锚固段端承力荷载分担,先行定义深埋扩体锚杆:扩体锚固段顶面至地基土表面的埋深为 T,锚杆总长度为 $T+L$,扩体锚固段长度为 L,直径为 D,根据文献[11],当深径比 $T/D \geqslant 9.5$ 时,定义为深埋扩体锚杆,反之为浅埋扩体锚杆。模型试验施加的锚杆拉拔力为 Q,对应的端承力为 q,对应的锚杆顶部位移为 s。

石英干砂匀质模拟地基的物理力学参数表 表 1

密度 $(g\cdot cm^{-3})$	干密度 $(g\cdot cm^{-3})$	比重	最大干密度 $(g\cdot cm^{-3})$	最小干密度 $(g\cdot cm^{-3})$	相对密度 $(g\cdot cm^{-3})$	黏聚力 $(kN\cdot m^{-2})$	内摩擦角 (°)	泊松比 (υ)	不均匀系数
1.49	1.49	2.67	1.6	1.3	0.673	0	40	0.26	1.9

为在全模型试验中准确测定扩体锚固段端承力,特制了带有中心孔的压力环,压力环与筒式锚固段顶部平面固定连接,并用顶盖封闭。环形压力量测元件与筒式锚固段设有中心孔,直径为 8mm 的螺纹钢筋穿过中心孔锁定于锚固段底端板(参见图 4)。模型试验加载采用手摇式锚杆试验台车,通过匀速手摇方法对锚杆分级加载,并利用量程为 5kN 的锚杆测力计和精度为 0.01mm 电子位移计来量测锚杆拉拔荷载 Q 与锚杆顶部位移 s。在锚杆拉拔试验中,逐级量测与记录扩体锚固段顶部压应力,以及各级加载量 Q 与对应位移 s。扩体锚杆模型试验现场照片见图 5。

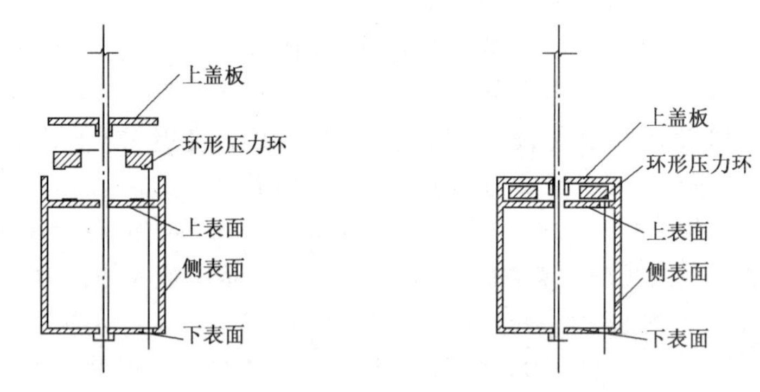

图 4 带有压力环的扩体锚固段模型

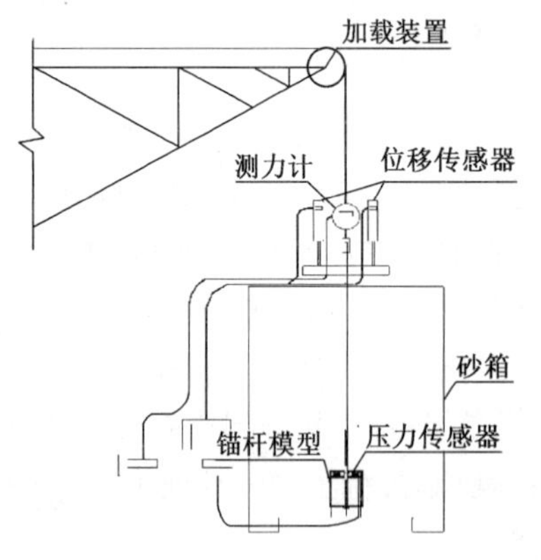

图 5 模型试验装置示意图与试验设备现场照片

针对相同尺寸扩体锚固段的不同埋深的 7 组模型试验,获取了相关试验实测数据,据此绘制了锚杆拉拔荷载与位移 $Q-s$ 曲线、锚杆端承力与位移 $q-s$ 曲线以及锚杆端承力占比与位移 $q/Q-s$ 曲线。因篇幅所限,图 6 仅展示了埋深为 950mm,即深径比为 9.5 的深埋扩体锚杆全模型试验结果,而 7 组试验实测数据汇总于表 2。

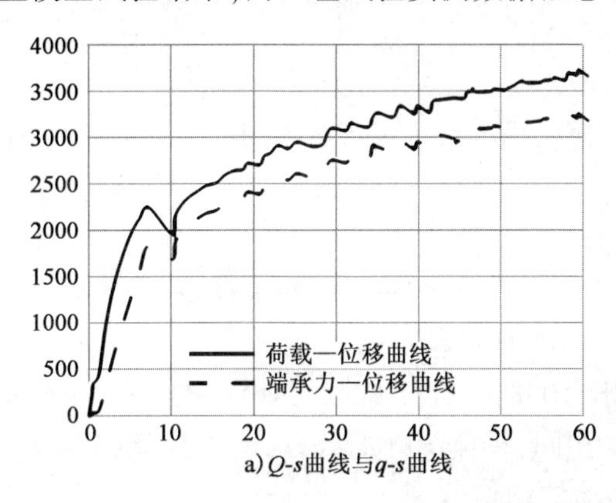

a) Q-s曲线与q-s曲线

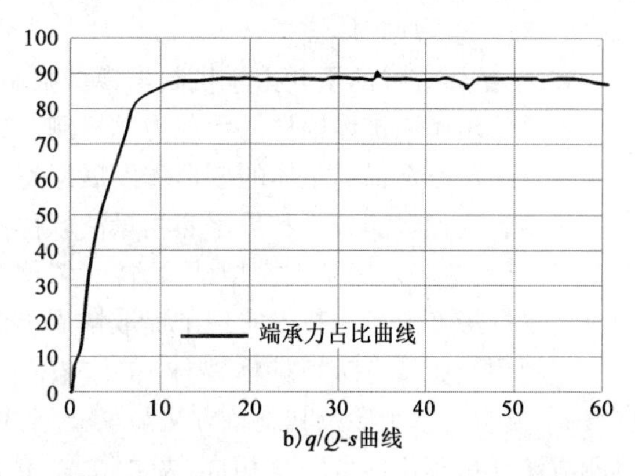

b) q/Q-s曲线

图 6　模型锚杆 1 的试验实测曲线图($T/D=9.5$)

扩体锚杆 7 组模型试验实测数据汇总表　　表 2

锚杆编号 No.	扩体段长度 L (mm)	扩体段直径 D (mm)	扩体段埋深 T (mm)	深径比 T/D	端承力占比 q/Q(%)	极限承载力 Q (N)	对应位移 s (mm)
1	150	100	950	9.5	88.34	3725.96	60.00
2	150	100	850	8.5	85.99	2888.06	60.00
3	150	100	750	7.5	85.22	2370.28	60.00
4	150	100	650	6.5	85.18	2056.04	60.00
5	150	100	550	5.5	84.69	1408.72	60.00
6	150	100	450	4.5	84.56	998.62	41.48
7	150	100	350	3.5	56.25	729.12	25.36

模型锚杆 1 为深埋扩体锚杆,图 6a) 的 $Q-s$ 曲线可视为两部分,前段 $Q-s$ 曲线在拉拔位移小于 10mm(0.1D) 区段内,荷载从零迅速上升到 2000N;当拉拔位移大于 10mm(0.1D) 时,$Q-s$曲线仍然随着位移增加而升高,荷载增长速率变小,但无荷载峰值出现,这是深埋扩体锚杆典型的应变硬化特征。曲线发展变化趋势表明:在加载初期,锚杆抗力由锚杆侧阻力和端承力共同组成,当拉拔位移趋近 $0.05D$ 时,锚杆侧阻力已充分发挥,其后的锚杆荷载增量依靠锚杆端承力的增量来承担。因此,在模型试验条件下,锚杆拉拔荷载的减速升值性态是必然的。再仔细观察 $q-s$ 曲线,可以发现锚固段端承力-位移 $q-s$ 曲线的发展变化趋势与 $Q-s$ 曲线极为相似,只是荷载数值略低,这说明扩体锚杆的侧阻力的贡献率相对很小。图 6b) 展示了锚杆端承力与总拉拔荷载之比随位移的变化规律,先观察 $q/Q-s$ 曲线在 0 至 10mm 位移区段,加载初期,当拉拔位移小于 3mm 时,锚杆侧阻力占据总拉拔荷载的主要份额,但当拉拔位移接近 7mm 时,锚杆端承力提高到总拉拔荷载的 80% 以上,而当试验实测位移大于 10mm 时,端承力的贡献率稳定在总拉拔荷载的 88% 左右。

从分析表 2 中的 7 根不同埋深锚杆试验实测数据可知,当锚杆埋深为 650 ~ 950mm,深径比为 6.5 ~ 9.5,深径比越大锚杆承载力增长幅度也越显著,其极限承载力从 2056N 升至 3725N,提升级差分别为 314N、518N 和 837N。与此同时,锚杆端承力对于总拉拔荷载之比却仅有极小幅度上升,例如 $T=650$ 时为 85.18%,$T=950$ 时为 88.34%。模型试验实测数据分析结果揭示出:深埋扩体锚杆的承载力远大于浅埋扩体锚杆,且端承力占比也高于浅埋扩体锚杆。作为引申推论,笔者认为在均质砂土地层中深埋扩体锚杆的端承力占比可能在 80% 左右，因此，扩体锚杆端承力在锚杆设计与工程应用中占有决定性地位，这也提示我们在工程实践中应该优选深埋扩体锚杆。

3.2 扩体锚杆的承载力学机制半模型试验研究

为进一步阐明扩体锚杆的承载力学机制，需要观察分析在拉拔荷载作用下，锚杆与锚周土体的相互作用以及锚周土体的变形场发展形态。针对岩土工程模型试验，李元海[18]提供了数字近景摄影变形量测方法和数字照相量测软件。为获取扩体锚杆在加载条件下的锚周土体变形全场图像，笔者采用了半模型试验方法，依据对称性原理，设置钢化平板玻璃垂直面，再利用数字近景摄影变形量测技术实现了提取锚周土体变形场的试验目的。

半模型试验针对深埋扩体锚杆，扩体锚固段长100mm，直径60mm，埋深850mm，深径比14.16。模拟地基用砂及其制备方法与全模型试验相同，扩体锚杆加载方法、拉拔荷载与位移量测方法与量测仪器也完全相同（见图7）。位移场的图像数据采集设备包含数码单反照相机、星形标志点、三脚架与室影灯。图像数据处理与分析采用李元海等[18]开发的PhotoInfor以及Post Viewer商用软件。为分析深埋扩体锚杆在各级荷载作用下的锚周土体位移场形态，半模型试验针对每级加载采集了荷载值 Q 与位移值 s，并拍摄了该级图像。图8展示了经过软件Post Viewer图像处理后的各级荷载下的锚周土体位移云图。

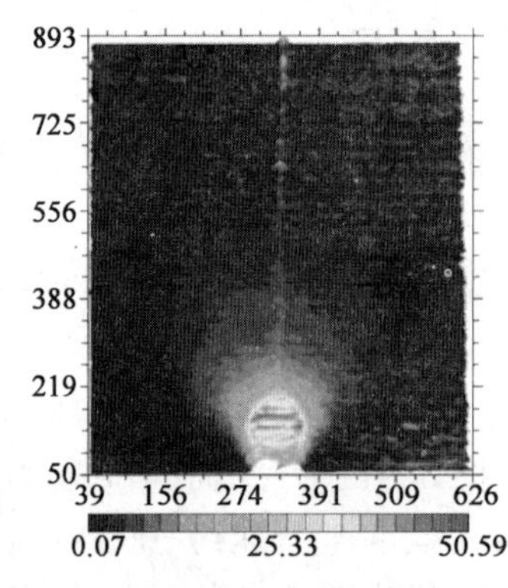

图7　扩体锚杆半模型试验装置与试验图像分析结果照片

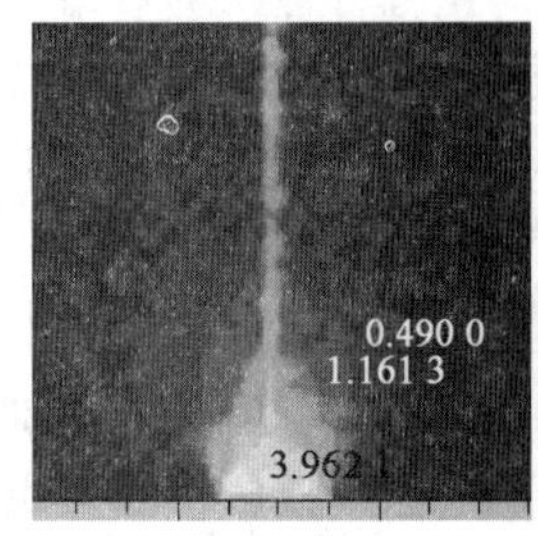

a) s=5.8mm

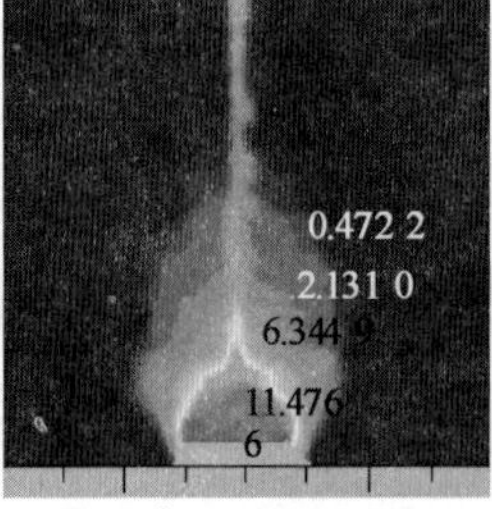

b) s=13.8mm

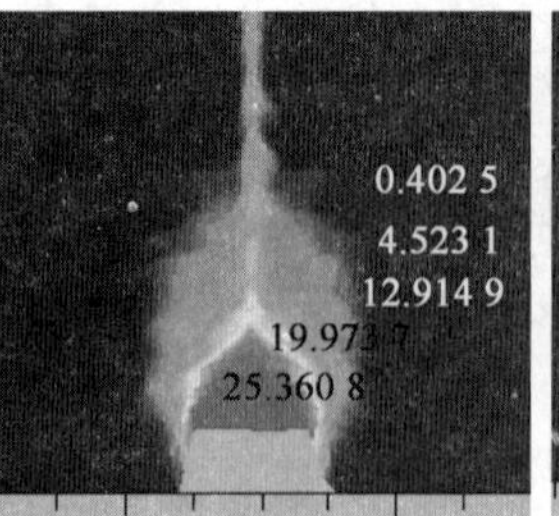

c) s=27.8mm

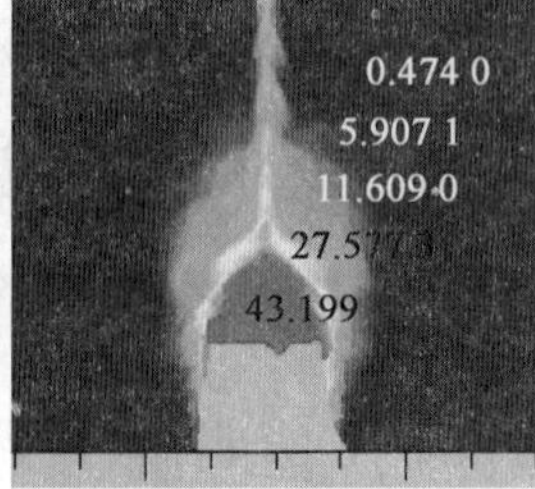

d) s=44.8mm

图8　深埋扩体锚杆的锚周土体位移场局部放大图

从半模型试验获取的4个加载步的位移云图能够全面反映锚周土体位移场的发展变化规律以及变形与荷载的相互关系。观察图8a）与b）可见，锚周土体变形区位于扩体锚固段上方与周侧，近似呈椭球体，且扩体锚固段上方的变形区高度大于宽度，图b）显示在扩体锚固段顶部出现了圆锥形压密核。聚焦图a），当锚杆位移 $s=5.8\text{mm}$，$s/D=9.6\%$ 时，锚杆荷载为790N，锚杆抗力主要由侧阻力与端承力分担。当荷载升至1090N时，观察图b），$s=13.8\text{mm}$，$s/D=23\%$ 时，由于扩体锚固段产生较大竖向位移而生成了圆锥形压密核，这说明在该级荷载作用下,锚杆的抗力已主要转由锚杆端承力来承担。此时锚杆处于稳定状态,锚周土体未发生整体破坏。当锚杆荷载增至1160N,$s=27.8\text{mm}$,$s/D=46.3\%$时,从图c)可以发现扩体锚固段上移显著,圆锥形压密核密度与体积也明显增大。此时锚周土体塑形变形区的外包络面面积达到了极大值,似椭球体的最大高度为291mm(4.85D),最大直径为227mm(3.78D),荷载步3相比荷载步2仅增加了70N荷载,增长幅度只有6.4%。当$s/D=46.3\%$时,由于锚周土体塑性变形区的形态趋于稳定,因此锚杆已趋近于承载力极限状态,值得注意的是,此时锚杆的位移已接近扩体锚固段直径的一半。从图d)的图像数据也能够验证这一判断,荷载步4的荷载增量为100N,总荷载为1260N,$s=44.8\text{mm}$,$s/D=74.7\%$,位移场图像显示出扩体锚固段竖向位移大幅增加,似椭球形塑性变形区也随之整体上移,但是塑性变形区的高度、直径和体积并未继续拓展,这也是深埋扩体锚杆后极限状态的特征。

从岩土力学角度分析,当扩体锚固段顶部产生圆锥形压密核之后,随着锚杆荷载进一步加大,作用于圆锥形压密核周侧的空间土压力会挤压其外侧土体,使之发生渐进性塑性屈服并产生斜向上位移。与此同步,似椭球体塑性变形区外周的稳定土体会对其提供相应的抵抗力以达到与锚杆荷载的动态平衡。对于深埋扩体锚杆来说,这种锚周土体渐进性塑性变形可以视为连续的土体局部破坏。从工程角度考虑,在均质地层中,若深埋扩体锚杆的塑性变形椭球体上方覆盖有稳定土层,虽然锚周土体不会发生整体剪切破坏,但锚杆位移量有可能超过锚固结构的允许变形量,这是深埋扩体锚杆与传统锚杆完全不同的传力特征与破坏模式。根据上述分析可以从另一个侧面推断深埋扩体锚杆具有更高的安全度,其许用拉拔荷载往往取决于锚固结构的容许位移。囊式扩体锚杆承载机制的优越性还表现为:在永久性工程中锚固结构不会发生瞬间整体失稳,即使锚固结构出现了较大变形,也有机会进行结构加固补强,规避重大工程事故的发生。

4 工程应用案例

近5年来,囊式扩体锚杆新技术体系已在我国10多个省市自治区获得了广泛的工程应用,已经完成的地下空间抗浮、深基坑支护、边坡防护、高耸构筑物抗倾的囊式扩体锚杆工程项目超过了200多项;并且取得了良好的社会效益与经济效益。下面详细介绍一个工程应用案例。

囊式扩体锚杆抗浮工程项目案例位于河南开封市,项目建设用地110亩,包括多栋14、22、27、32层建筑物,其连体地下空间设有2~3层地下室。工程场地为黄河冲积平原,抗浮设计水位为-0.5m,地下水对混凝土和钢筋具有弱腐蚀性,场地地层结构与岩性特征见表3,典型地质剖面和囊式扩体抗浮锚杆埋设位置如图9所示。

场地地层分布、岩性特征与岩土参数表 表3

地 层	SPT标贯	γ(kN/m^3)	C_u(kPa)	φ'(°)
⑥粉土	6.80	19.40	6.50	16.40
⑦粉土	6.50	19.40	7.00	17.50
⑧粉质黏土	3.30	18.20	11.00	9.50
⑨粉质黏土	9.80	19.00	15.50	9.50
⑩粉土	19.40	19.60	7.00	23.00
⑪细砂	39.90	20.00	0.00	36.00
⑫粉质黏土	25.80	19.40	20.00	26.20
⑬细砂	80.40	20.00	0.00	41.00

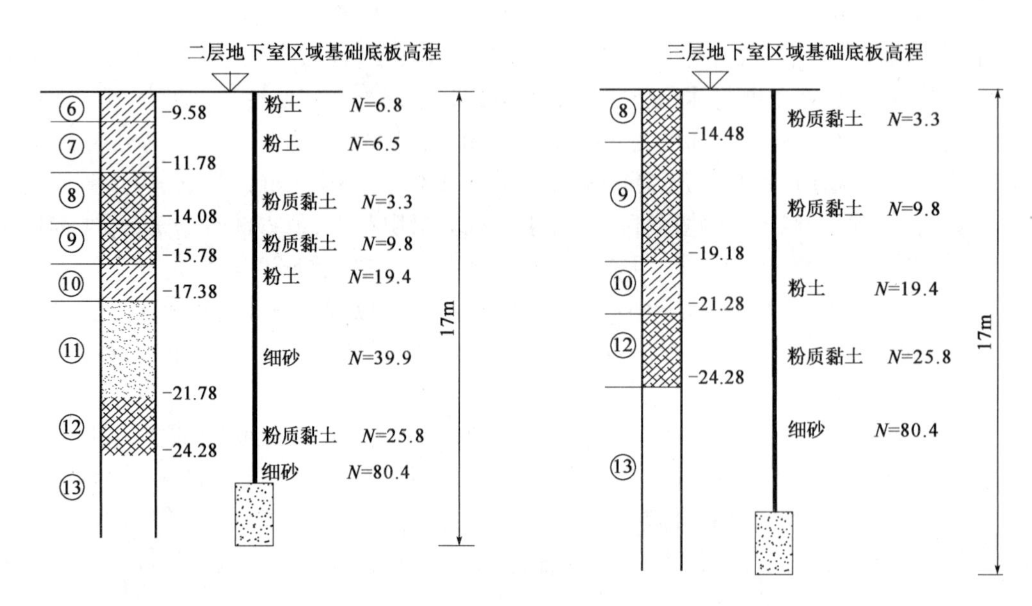

图9 囊式扩体抗浮锚杆设计位置与地层分布关系图

工程项目原结构抗浮设计为抗拔桩方案，拟采用桩长16m的ϕ600mm长螺旋钻孔灌注桩。经过优化设计方案的技术、经济、环保、工期比选，囊式扩体抗浮锚杆设计方案胜出，原因如下：

(1)建筑结构抗浮区域为纯受拉区，囊式扩体锚杆为受拉构件，采用压力型承载机构，锚杆杆体周围的水泥结石体在荷载作用下处于受压状态，能够有效防止水泥结石体开裂，利用PE套、防腐油、全封闭囊仓等措施进一步提高了整体抗浮结构的施工质量可靠性与结构防腐耐久性。而抗拔桩技术方案的混凝土灌注桩在拉拔荷载作用下易产生开裂，不利于结构防腐，降低了锚固结构的耐久性，且建筑材料使用量大。

(2)囊式扩体抗浮锚杆应用具有间距小、布设灵活的优点，通过平面均匀布锚能够有效降低基础底板的弯矩和配筋量。应用预应力技术，项目设计对囊式扩体抗浮锚杆施加设计抗拔力的60%～70%作为锁定拉力值，减少了因地下水位变化和基础底板埋置深度不同而产生的板中应力变化，使底板各部位受力变得相对均匀，并能够平衡部分水浮力和建筑荷载在基础底板中引起的弯矩，实现弯矩消峰效果，进而降低钢筋混凝土底板的微裂缝出现概率，提高地下结构的防水防渗效果。

(3)通过取消桩承台、减少水泥与钢材使用量、免除灌注桩施工的渣土排放与外运以及施工高效，新方案替换原抗拔桩方案能够降低工程造价30%以上，最终节约综合造价近2000万元。

(4)采用新技术方案，能够明显降低工程碳排放量，有效促进节能减排与环境保护。

(5)施工效率高，施工工期能够从原方案的100天减少为45天。

基于上述分析对比，业主及设计院最后选用了囊式扩体抗浮锚杆设计方案，方案要点如下：

(1)总计4454根锚杆的平面按边长2.8m正方形布置，并根据主跨尺寸灵活调整。

(2)锚杆长11～17m，扩体锚固段长3m，直径0.6m，扩体锚固段设置于第⑬细砂层中。

(3)单锚极限承载力1200kN，特征值600kN，安全系数取2，锚杆张拉锁定荷载为400kN。

(4)锚杆杆体采用4根ϕ17.8mm的1860级低松弛预应力无黏结钢绞线,扩体锚固段采用承压型囊式多重防腐扩体锚头。

(5)采用旋喷扩孔+囊仓胀压组合式施工方法及高效塔式锚杆钻机。囊仓定量压力注浆采用水灰比0.4~0.45的水泥浆,囊仓注浆压力0.5~2MPa,使用42.5级普通硅酸盐水泥,囊内水泥结石体7天抗压强度>30MPa。

正式施工前,首先进行了囊式扩体锚杆的现场工艺试验与基本试验,目的包括:①确定组合式施工工艺在本场地的适用性,②选取适宜的旋喷与注浆施工参数,③检验锚杆的极限抗拔力。基本试验共施工了2根试锚,由于试验时基坑尚未开挖,因此试验锚杆总长度为27m。基本试验的锚杆几何参数和检测结果见表4,从中可知2根试验锚杆的最大拉拔力为1200kN,均达到了锚杆设计极限承载力。

囊式扩体抗浮锚杆基本试验结果汇总表 表4

试锚编号	扩体段长度(mm)	扩体段直径(mm)	锚杆长度(m)	非扩体段孔径(mm)	极限荷载(kN)	对应位移(mm)	弹性位移(mm)	塑性位移(mm)	$Q-s$曲线形态
1	3	0.6	27	180	1200	207.4	120.4	87	单调上升
2	3	0.6	27	180	1200	153.1	125.9	27.2	单调上升

图10为基本试验试锚1的荷载-位移曲线图以及$Q-s_e$曲线和$Q-s_p$曲线图。试锚1的荷载-位移曲线图清楚显示出深埋扩体锚杆的变形加工硬化特性,而荷载-弹性位移和荷载-塑性位移图给出了锚杆的弹性位移与塑性位移随各级荷载的增加而加大的变化趋势。当锚杆达到极限荷载时,锚杆的总位移为207.4mm,其中弹性位移为120.4mm,占比58%,塑性位移为87mm,占比42%。若以锚杆特征值600kN为参考点,所产生的塑性位移仅为18mm。

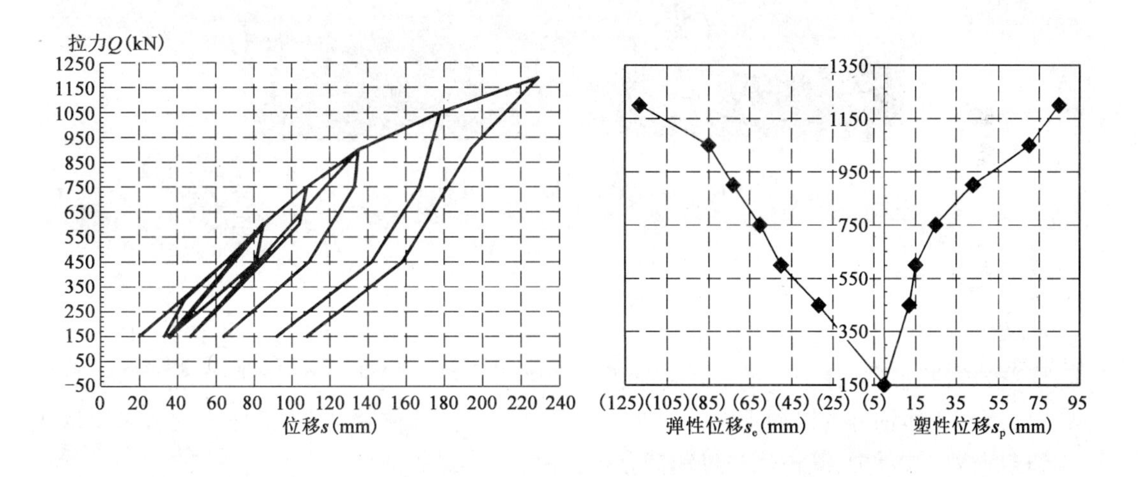

图10 试锚1的荷载—位移曲线和$Q-s_e$曲线与$Q-s_p$曲线图

4454根锚杆施工结束后,由工程总包单位委托第三方检测公司随机抽检了44根锚杆进行验收试验。依据《高压喷射扩大头锚杆技术规程》(JGJ/T 282—2012)规定,永远性锚杆验收试验的最大试验荷载可取特征值的1.5倍,考虑到工程重要性,全部验收试验采用了1.8倍的锚杆承载力特征值,最大拉拔荷载取1080kN。验收试验结果见表5,44根锚杆抗拔验收试验结果优良,锚杆实测拉拔位移值都很小。

44 根囊式扩体锚杆验收试验结果汇总表(最大荷载 = 1080kN)　　表 5

No.	总位移(mm)	No.	总位移(mm)	No.	总位移(mm)	No.	总位移(mm)
1	80.71	12	89.91	23	55.47	34	80.82
2	129.42	13	53.92	24	57.22	35	76.59
3	63.56	14	79.58	25	76.21	36	88.56
4	56.50	15	63.02	26	64.85	37	61.17
5	71.67	16	64.03	27	78.61	38	70.11
6	67.51	17	71.90	28	64.25	39	61.67
7	58.76	18	81.65	29	66.67	40	61.90
8	68.53	19	58.12	30	73.55	41	59.67
9	62.62	20	57.06	31	73.73	42	77.36
10	76.94	21	64.57	32	85.65	43	55.18
11	77.89	22	77.61	33	74.05	44	63.91

作为大型抗浮锚杆工程项目,全部锚杆验收试验获得如此良好的实测数据有力证明了囊式扩体锚杆技术体系的技术先进性以及施工质量的可控可靠性,同时也从侧面验证了新型扩体锚杆具有出色的承载力学机制。

囊式扩体抗浮锚杆工程施工使用了 20 台高效塔式锚杆钻机及 2 台小型锚杆钻机,施工工期为 45 天,高质量完成了 4454 根囊式扩体抗浮锚杆,现场工程施工照片见图 11。

图 11　囊式扩体抗浮锚杆施工现场照片

5　结语

(1)深埋扩体锚杆的荷载-位移曲线的力学性状具有单调上升的应变硬化特征,其独特的荷载传递方式决定了扩体锚杆的承载力学机制和渐进式破坏模式。在模型试验条件下,试验结果表明深埋扩体锚杆的锚周土体的塑性变形区近似呈椭球体状,实测锚杆承载力主要取决于扩体锚固段的端承力,其占比超过锚杆总拉拔荷载的 80% 。

(2)囊式扩体锚杆的新型结构装置采用了柔性可折叠防渗浆囊袋、控压排气、止回保压、隔绝管道等关键技术,能够保障扩体锚杆的施工质量、高承载性能、防腐耐久性。组合式施工方法也有效克服了国内外单一施工工艺所导致的技术缺陷,全面保证了施工质量的可控可靠性,并且拓展了新技术体系的岩土地层适用范围。

(3)囊式扩体锚杆工程应用案例及其验收试验数据有力证明了这种新型扩体锚杆技术体系具有极为出色的先进性、安全性和经济性,其在未来岩土锚固市场应用前景十分光明。

参考文献

[1] BARLEY A D. (1995). Theory and practice of the single bore multiple anchor system [C]. Anchors in Theory and Practice, Proceedings of the International Symposium on Anchors in Theory and Practice, Salzburg, Austria, pp. 293-301.

[2] SMOLTCZYK U. (1991). Grundbau-Taschenbuch [M]. Berlin: Ernst & Sohn, Vierte Auflage Teil 2, pp. 138-146.

[3] XANTHAKOS P P. (1991). Ground anchors and anchored structures [M]. Canada: John Wiley & Sons, pp. 106-122.

[4] HOBST L, ZAJIC J. (1986). 岩层和土层的锚固技术 [M]. 翻译陈宗严和王绍基, 北京, 冶金部建筑研究总院, pp. 109-110.

[5] LIAO H J, WU K W and SHU S C. (1997). Uplift behaviour of a cone-shape anchor in sand [C]. Ground Anchorages and Anchored Structures, Proceedings of the International Conference Organized by the Institution of Civil Engineers and held in London, UK, pp. 401-410.

[6] MASSARSCH K R, OIKAWA K, ICHIHASHI Y, et al. (1997). Design and practical application of soilex anchors [C]. Ground Anchorages and Anchored Structures, Proceedings of the International Conference Organized by the Institution of Civil Engineers and held in London, UK, pp. 217-227.

[7] XANTHAKOS P P. (1991). Ground anchors and anchored structures [M]. Canada: John Wiley & Sons, pp. 106-107.

[8] Anon. (1988). Jet grouted anchors put to the test [J]. Ground Engineering, pp. 16-17.

[9] 程良奎,范景伦,韩军,等. 岩土锚固 [M]. 北京: 中国建筑工业出版社,2003:(35-45).

[10] 刘钟,郭钢,张义等. 囊式扩体锚杆施工技术与工程应用 [J]. 岩土工程学报,2014,36 (S2): pp. 205-211.

[11] 刘钟,郭钢,张义,等. 抗浮扩体锚杆的力学性状与施工新技术[C]. 第十一届海峡两岸隧道与地下工程学术与技术研讨会论文集 (C15),隧道协会、岩石力学与工程学会地下工程分会、土木工程学会隧道与地下工程分会: 2012:8, pp. C-15-1-C-15-8.

[12] 刘钟,杨松,张义,等. ZL200810117836.4: 岩土工程用可控膨胀挤压土体装置 [P]. 2008.

[13] 郭钢,刘钟,李永康,等. 扩体锚杆拉拔破坏机制模型试验研究[J]. 岩石力学与工程学报,2013,32(08): 1677-1684.

[14] 郭钢,刘钟,邓益兵等. 砂土中扩体锚杆承载特性模型试验研究 [J]. 岩土力学,2012,33 (12): 3645-3652.

[15] The British standards institution 2015. BS8081:2015. Code of practice for grouted anchors [S]. BSI Standards Limited. pp. 68-71.

[16] 中华人民共和国住房和城乡建设部. 高压喷射扩大头锚杆技术规程 JGJ/T282—2012 [S]. 北京: 中国建筑工业出版社,2012.

[17] Walz B, 1982. Bodenmechanische Modelltechnik als Mittel Zur Bemessung von Grundbauwerken [R]. Universitaet-GH Wuppertal Fachbereich Bautechnik, Deutschland, pp. 45-90.

[18] 李元海,靖洪文,曾庆有. 岩土工程数字照相量测软件系统研发与应用 [J]. 岩石力学与工程学报,2006,25 (增2): 3859-3866.

预应力锚索结构型式受力特点及自适应锚索的研究

沈　简　王建松　刘庆元　聂　彪

（中铁西北科学研究院有限公司深圳南方分院）

摘　要　对目前应用较广的几种预应力锚索的结构型式和应力分布特点进行了比较分析，得出了“拉力型、压力型预应力锚索存在应力集中问题。拉力分散型、压力分散型、拉压复合型预应力锚索的锚固段应力分布均匀，能提高地层强度和钢绞线材料强度的利用率。预应力锚索的锚固荷载受孔口段地层强度制约”的结论。介绍了一种新型的“端头分段自锁型预应力锚索”，新型锚索的锚固荷载由自锚荷载和外锚头荷载共同承担，克服了传统锚索的缺陷。

关键词　预应力锚索　应力分布　自锁器　端头分段自锚

岩土锚固是通过埋设在地层中的锚筋体，将结构物与地层紧紧地联锁在一起，依赖锚筋体与周围地层的抗剪强度传递结构物的拉力使地层得到加固，以保持结构物和岩土体的稳定[1]。

岩土锚固工程技术应用起源于20世纪初前后，世界上最早应用钢筋加固岩层的是1890年北威尔士的煤矿加固工程。我国锚杆的工程应用开始于20世纪50年代后期，并随着地下工程中锚杆技术的逐步应用，与喷射混凝土及其他岩土加固技术（如注浆、桩板墙等）相结合，形成了一整套使用广泛的岩土锚固工程技术[2]。

与传统的各类加固支护技术相比，岩土锚固工程技术的主要优势是：能改造和利用岩土体自身的力学性能，将原来作为单纯外荷载的岩体改变为部分自承载体；改善了周围环境和工程质量；大幅度地节约了工程材料并缩短工期[3]。预加应力的岩土锚固工程是岩土锚固工程中应用较为广泛的一种，其主要特点如下[4]：

（1）在地层开挖后，能快速提供支护抗力，有利于保护地层的固有强度，阻止对地层的进一步扰动，控制地层变形的发展，提高施工过程的安全性。

（2）提高地层软弱结构面、潜在滑移面的抗剪强度，改善地层的力学性能。

（3）改善岩土体的应力状态，使其向有利于稳定的方向转化。

（4）锚筋体的作用部位、方向、结构参数、密度和施作时机可以根据需要方便地设定和调整，适用性强。

（5）将结构物—地层有机地结合成耦合体，形成共同工作的体系。

（6）结构物体积小，显著节约工程材料，有效地提高土地的利用率，提高综合经济效益。

（7）对预防、整治滑坡，加固、抢修因地质灾害影响的边坡具有较高的效率。

本文对目前应用较广的预应力锚索的结构形式进行了介绍，从结构受力特点出发，对几种锚索进行了比较分析。此外，还介绍了一种新型的“端头分段自锁型预应力锚索”，并将它与传统预应力锚索进行了对比。

1 预应力锚索的主要结构类型

1.1 拉力型预应力锚索

拉力型预应力锚索的主要特点是锚固段钢绞线裸露以提供与注浆体之间足够的黏结强度，张拉段钢绞线设置防腐隔离结构以保证在张拉荷载作用下自由变形。

拉力型预应力锚索的典型结构及锚固段应力分布图如图1、图2所示。

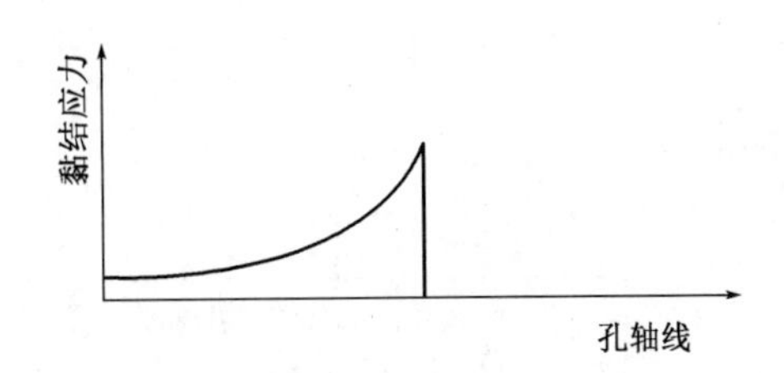

图1 注浆体与孔壁黏结应力分布曲线

拉力型预应力锚索的作用机理是张拉荷载通过张拉段传递至锚固段，并由锚固段锚索与注浆体之间的黏结应力平衡，同时该部分应力通过注浆体传递至其与孔壁地层之间的黏结应力，张拉荷载取决于锚固段锚索与注浆体之间的黏结强度和注浆体与孔壁地层之间黏结强度两者中的较小值。

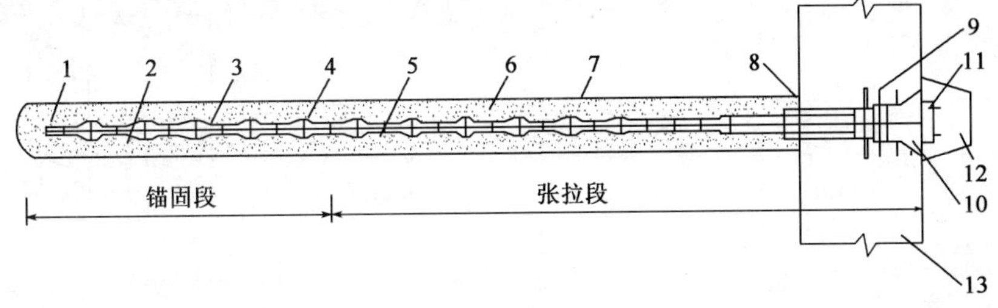

图2 锚索结构示意图

1-导向帽；2-钢绞线；3-注浆管；4-扩张环；5-紧箍环；6-注浆体；7-孔壁；8-隔离套管；9-螺旋筋；10-锚垫板；11-锚具；12-锚头防腐结构物；13-反力结构物

1.2 压力型预应力锚索

压力型预应力锚索的主要特点是钢绞线全长段都设置防腐隔离结构，在孔底位置加设承载体。压力型预应力锚索的典型结构及锚固段应力分布图如图3、图4所示。

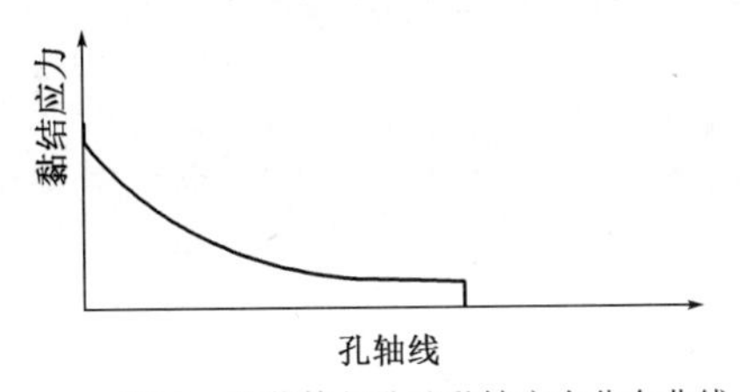

图3 注浆体与孔壁黏结应力分布曲线

压力型预应力锚索的作用机理是张拉荷载由钢绞线直接传递至孔底承载体，由承载体施加在锚固段注浆体上的压力来平衡，同时该压力通过注浆体传递至其与孔壁地层之间的黏结应力，张拉荷载取决于注浆体的抗压强度和注浆体与孔壁地层之间黏结强度两者中的较小值。

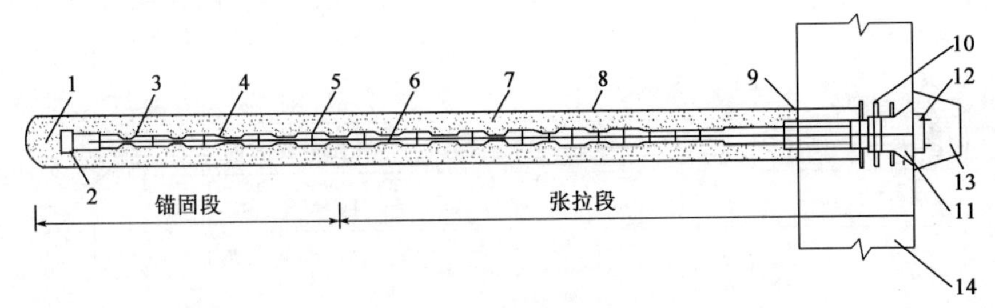

图4 锚索结构示意图

1-导向帽；2-承载体；3-钢绞线；4-注浆管；5-扩张环；6-紧箍环；7-注浆体；8-孔壁；9-隔离套管；10-螺旋筋；11-锚垫板；12-锚具；13-锚头防腐结构物；14-反力结构物

1.3 拉力分散型预应力锚索

拉力分散型预应力锚索的主要特点是将每束锚索分成多个单元,每个单元的钢绞线根数相同,并将锚固段也按相同的单元数分段,自孔底端开始逐渐按分段增加锚固段单元,即孔底段设置一个单元的锚固段,紧邻段设置两个单元的锚固段,依次类推。所有单元的锚固段钢绞线裸露,而张拉段则都设置防腐隔离结构。

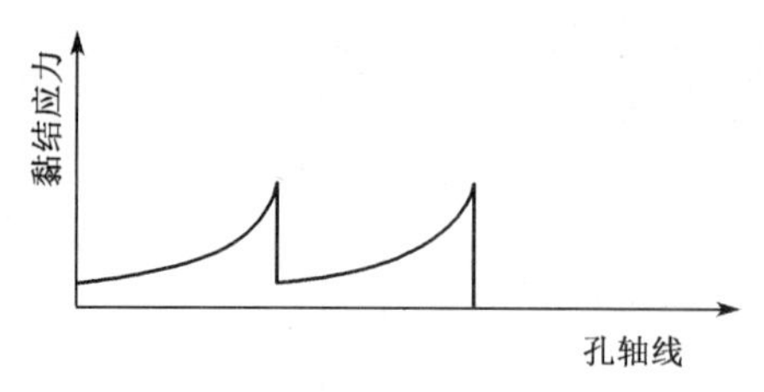

图5 注浆体与孔壁黏结应力分布曲线

拉力分散型预应力锚索的典型结构及锚固段应力分布图如图5、图6所示。

拉力分散型预应力锚索的作用机理是每个单元锚杆的张拉荷载分别由该单元的张拉段钢绞线传递至锚固段,并由锚固段锚索与注浆体之间的黏结应力平衡,同时该部分应力通过注浆体传递至其与孔壁地层之间的黏结应力,张拉荷载取决于锚固段锚索与注浆体之间的黏结强度和注浆体与孔壁地层之间黏结强度两者中的较小值。

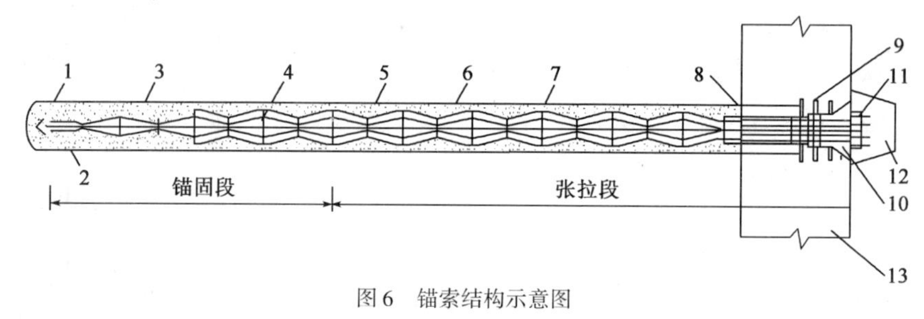

图6 锚索结构示意图

1-导向帽;2-钢绞线;3-注浆管;4-扩张环;5-紧箍环;6-注浆体;7-孔壁;8-隔离套管;9-螺旋筋;10-锚垫板;11-锚具;12-锚头防腐结构物;13-反力结构物

1.4 压力分散型预应力锚索

压力分散型预应力锚索的主要特点是将每束锚索分成多个单元,每个单元的钢绞线根数相同,并将锚固段也按相同的单元数分段,自孔底端开始逐渐按分段增加锚固段单元,即孔底段设置一个单元的锚固段,紧邻段设置两个单元的锚固段,依次类推。所有单元的锚固段和张拉段钢绞线都设置防腐隔离结构。

压力分散型预应力锚索的典型结构及锚固段应力分布图如图7、图8所示。

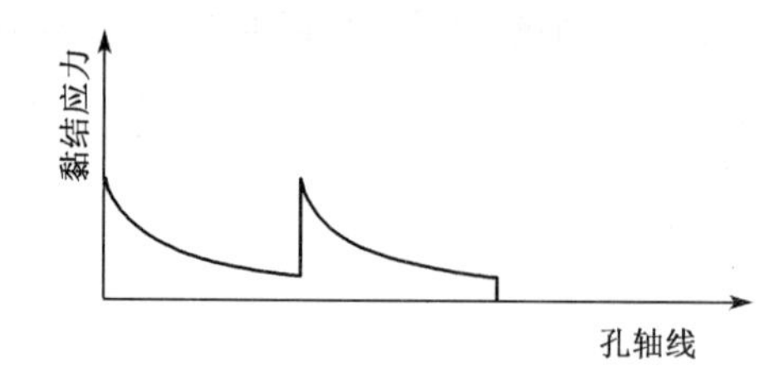

图7 注浆体与孔壁黏结应力分布曲线

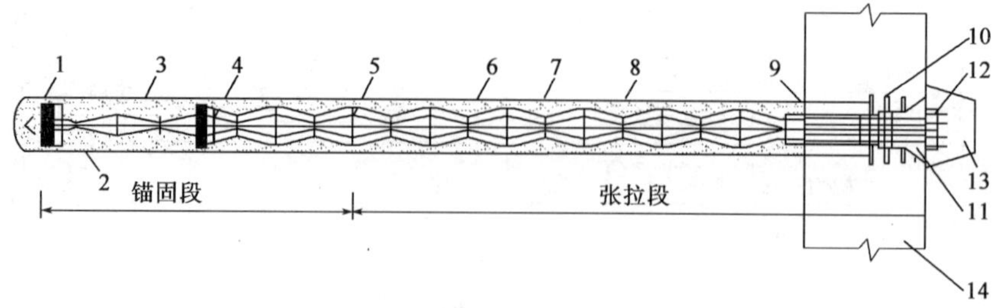

图8 锚索结构示意图

1-导向帽;2-钢绞线;3-注浆管;4-承载体;5-扩张环;6-紧箍环;7-注浆体;8-孔壁;9-隔离套管;10-螺旋筋;11-锚垫板;12-锚具;13-锚头防腐结构物;14-反力结构物

压力分散型预应力锚索的作用机理是每个单元的张拉荷载分别由该单元的钢绞线(包括张拉段和锚固段)传递至端部承载体,并由承载体与注浆体之间的压应力平衡,同时该部分压应力通过注浆体传递至其与孔壁地层之间的黏结应力,张拉荷载取决于承载体自身的抗压强度、钢绞线与承载体的联结强度、端部注浆体的抗压强度和注浆体与孔壁地层之间黏结强度等四者中的较小值。

1.5 拉压复合型预应力锚索

拉压复合型预应力锚索的主要特点是将每束锚索分成多个单元,每个单元的钢绞线根数相同,并将锚固段也按相同的单元数分段,自孔底端开始逐渐按分段增加锚固段单元,即孔底段设置一个单元的锚固段,紧邻段设置两个单元的锚固段,依次类推。所有单元的锚固段钢绞线裸露,而张拉段则都设置防腐隔离结构。

拉压复合型预应力锚索典型结构及锚固段应力分布图如图9、图10所示。

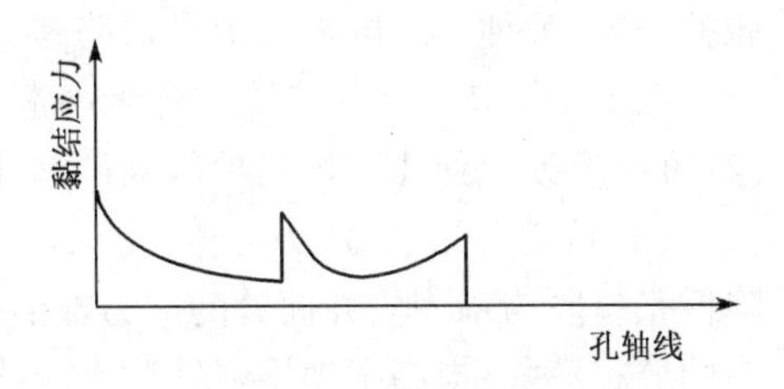

图9 注浆体与孔壁黏结应力分布曲线

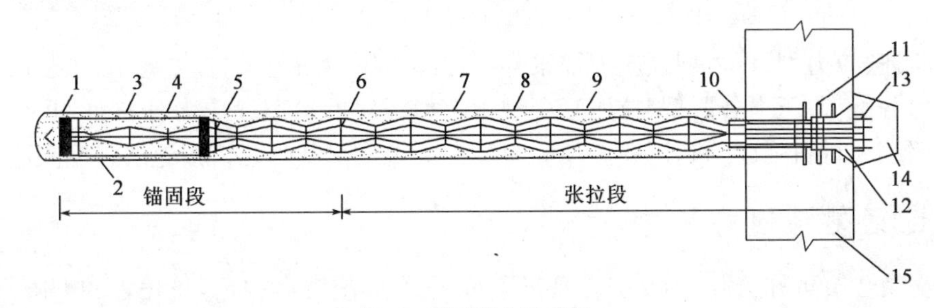

图10 锚索结构示意图

1-导向帽;2-钢绞线;3-弹性连接件;4-注浆管;5-承载体;6-扩张环;7-紧箍环;8-注浆体;9-孔壁;10-隔离套管;11-螺旋筋;12-锚垫板;13-锚具;14-锚头防腐结构物;15-反力结构物

拉压复合型预应力锚索的作用机理是每个单元的张拉荷载分别由该单元的张拉段钢绞线传递至锚固段,在锚固段范围内,一部分张拉荷载由裸露的钢绞线与注浆体之间的黏结强度来平衡;另一部分张拉荷载则由承载体与注浆体之间的压应力平衡,所有提供张拉荷载的平衡荷载均通过注浆体传递至其与孔壁地层之间的黏结应力,张拉荷载取决于承载体自身的抗压强度、钢绞线与承载体的联结强度、端部注浆体的抗压强度、钢绞线和注浆体之间的黏结强度和注浆体与孔壁地层之间黏结强度等五者中的对应权重分配的较小值。

1.6 全长黏结型预应力锚索

上述所有预应力锚索结构均是一次注浆完成,即锚固段和自由段一起注浆,并通过张拉实现对岩土层的锚固加固。该类型预应力锚索在运营期间,因张拉段地层强度较低,蠕变量较大而容易引起张拉荷载的损失。针对该类问题,有学者提出了全长黏结型预应力锚索。

全长黏结型锚索的实质是锚固段结构形式不限(目前应用的主要为普通拉力型的锚固段结构),而自由段全部采用裸露钢绞线结构,并在锚固段和张拉段之间设置注浆隔离装置。先对锚固段进行注浆,要求浆液不能溢出到张拉段,待锚固段浆液体凝固并满足强度要求后,对预应力锚索进行张拉,然后再通过预留的注浆管对张拉段进行注浆。

1.7 其他新型锚固结构

随着工程应用的推广和科学技术的进步,各种新型锚固结构不断研制成功,综合统计主要有以下新技术：①传力可控型锚杆，②FRP（纤维增强聚合物）锚杆结构，③屈服锚杆，④扩头地锚，⑤柔性注压锚杆，⑥自承载式预应力锚索，⑦可回收锚杆，⑧可回收锚索，⑨螺旋锚，⑩塑料锚杆，⑪抗震锚索等[5]。

2 预应力锚索的特点分析

对本文第1节的各个预应力锚索结构类型及锚固段应力分布特点进行分析，可得结论：

（1）拉力型预应力锚索的张拉段与锚固段的接触界面处应力值最大，该处注浆体易出现张拉裂缝，为地下水的渗入提供通路，防腐性能差。

（2）压力型预应力锚索孔底承载体与注浆体接触界面处应力值最大，若孔内沉渣清理不净，可能导致该处注浆体出现压缩裂缝，降低防腐性能。

（3）拉力分散型、压力分散型、拉压复合型预应力锚索将张拉荷载分解为多个单元，显著降低张拉段与锚固段界面处的应力峰值（拉压复合型效果最佳），使锚固段的应力趋于比较均匀的分布模式，提高了地层强度和钢绞线材料强度的利用率。

（4）预应力锚索的张拉荷载需要全部由反力结构承担，张拉荷载水平受孔口段地层的强度制约影响明显。

综上所述，拉力型、压力型预应力锚索都存在应力集中问题，注浆体易出现裂缝，防腐性能较差。拉力分散型、压力分散型、拉压复合型预应力锚索的锚固段应力分布更均匀，能提高地层强度和钢绞线材料强度的利用率。预应力锚索的抗拔荷载受孔口段地层强度限制。

3 自锁型预应力锚索

由本文第2节可知，预应力孔口段地层强度限制了锚索所能提供抗拔力的上限，遇到孔口段地质条件较差的加固工程，锚索的加固效果将大打折扣，这是目前预应力锚索的主要缺陷。

笔者所在单位独立研发的自锁器，改变了现有预应力锚索张拉段的被动传力机制，使张拉段锚索在保证自由伸长的前提下，能主动分担张拉荷载或锚固荷载。该结构设置于锚索张拉段，实现预应力锚索张拉段主动分担锚固荷载，克服传统预应力锚索张拉段仅能自由变形而与注浆体之间无黏结强度的特点（全长黏结型预应力锚索属于被动加强保护，而且注浆黏结后无法实现钢绞线自由伸长），将传统的“锚固荷载＝外锚头荷载”转化为“锚固荷载＝自锚荷载＋外锚头荷载”，有效解决了“预应力孔口段地层强度限制了锚索所能提供抗拔力的上限”的问题[6,7]。自锁器结构如图11所示。

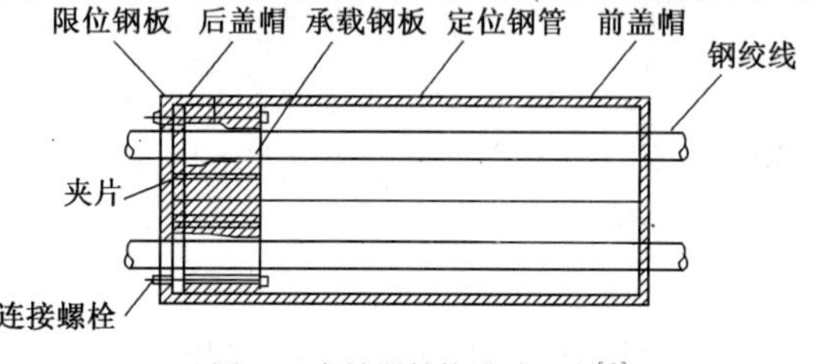

图11　自锁器结构设计示意[6]

自锁型预应力锚索主要是利用张拉段孔周岩（土）层的黏结强度提供的锚固抗力，部分或全部平衡锚固荷载，从而降低反力结构所承担的荷载或取消反力结构，使预应力锚索的整体应力场更趋均匀分布，避免应力集中所引起的安全隐患，达到锚固段、张拉段和反力结构共同实现力系平衡的效果。自锁型预应力锚索结构如图12所示。

经过数年研究改进与应用，目前自锁型预应力锚索已改进为端头分段自锚预应力锚索。较之传统自锁型预应力锚索，优越性为端头分段自锚预应力锚索将单纯传递荷载的传统预应力锚索的自由段改变为一个或多个独立承受反向自锁荷载的单元体，不但使岩土体应力场分布均匀，而且在极端不利条件下，各自锁单元仍能独立发挥作用，防止因外锚头破坏或失效引起的锚固结构突发破坏事故。

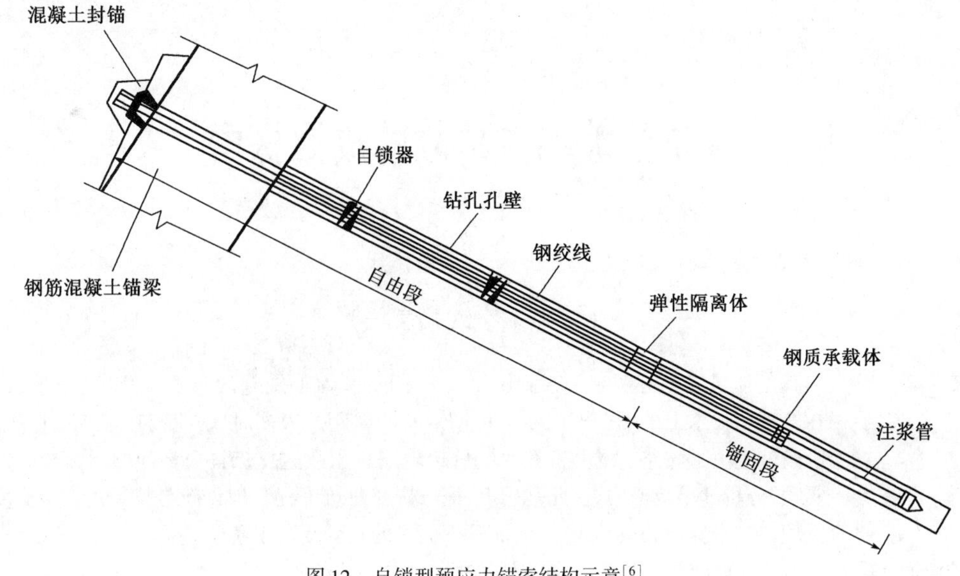

图12　自锁型预应力锚索结构示意[6]

4　结语

(1)拉力型、压力型预应力锚索都存在应力集中问题,易导致注浆体出现裂缝,降低锚索防腐性能。

(2)拉力分散型、压力分散型、拉压复合型预应力锚索锚固段的应力分布更均匀,能提高地层强度和钢绞线材料强度的利用率,其中拉压复合型预应力锚索效果最好。

(3)预应力锚索的抗拔荷载受孔口段地层强度限制,当孔口段地质条件较差时,锚索的加固效果将大打折扣。

(4)自锁器将传统的"锚固荷载=外锚头荷载"转化为"锚固荷载=自锚荷载+外锚头荷载",解决了"预应力孔口段地层强度限制了锚索所能提供抗拔力的上限"的问题。

(5)端头分段自锚预应力锚索应力分布均匀,各自锁单元独立发挥作用,能防止因外锚头破坏或失效引起的锚固结构突发破坏事故。

参考文献

[1]　王恭先. 滑坡学与滑坡防治技术[M]. 北京:中国铁道出版社,2004.

[2]　蒋树屏. 岩土锚固技术研究与工程应用[M]. 北京:人民交通出版社,2010.

[3]　王建松,朱本珍,刘庆元,等. 锚固工程质量及长期安全检测新技术在公路建设中的应用[J]. 公路交通科技(应用技术版),2010(3):65-68.

[4]　罗强. 岩土锚固新技术的工程应用[M]. 北京:人民交通出版社,2014.

[5]　侯育森. 抗震预应力锚索性能研究及应用[D]. 重庆:重庆交通大学,2014.

[6]　刘庆元,朱本珍. 自锁型预应力锚索的试验研究[J]. 铁道建筑,2011(7):91-93.

[7]　吴志刚,刘庆元,王建松,等. 自锁型预应力锚索设计原理及试验研究[J]. 四川建筑,2009,29(4):71-72.

基坑边坡塌方事故的成因探索

曹瑞冬

（温州大学人文学院）

摘　要　建筑工程的质量安全问题是关系到民生与经济的重大问题，它的凸显与上升态势直接反映了我国在管理与技术上的不合理判断与贯彻落实的差距。很多时候，我国在基坑边坡施工这一初始阶段就走上了歧路。本文旨在对基坑边坡塌方事故这一工程质量问题，结合具体案例与亲身实践，分析其事故原因，在此基础上，深入研究建筑工程管理创新与技术落实的必要性，并结合管理与技术提出相应解决方案，而管理的目的是变复杂于简单。

关键词　建筑工程　管理创新　基坑边坡塌方事故　工程质量安全

1　我国基坑边坡塌方事故状况概述

基坑开挖是土方施工准备工作，是保证房屋基础能够稳定的最基础活动，与建筑工程质量安全联系最为紧密。基坑开挖时必须保证有及时排除雨水、地面水的施工降水措施，也要有防止坡顶集中堆载、振动和保持土壁稳定的方法和措施，应防止对基础持力层的扰动。基坑开挖是从测量放线开始，直到业主、设计、勘察、监理四方参与的基坑验槽，并报质监站验证，符合要求后方可进入下一道工序。这是建筑工程施工第一道严谨的施工工序。而保证基坑开挖施工正常进行的重要手段是基坑支护体系的建立，必须根据基坑周边环境，土层结构、工程地质、水文情况、基坑形状、开挖深度、施工拟采用的挖方、排水方法、施工作业设备条件、安全等级和工期要求及技术经济效果综合全面地考虑基坑支护方案。

基坑支护是为了进行护坡，以防边坡发生滑动。而边坡发生滑动将会导致基坑边坡塌陷。这类事故是建筑工程质量事故的常见现象。

基坑边坡塌方事故是一种恶劣的工程质量事故，它不仅出现在居民住宅，也开始在建筑工程的其他领域萌芽。边坡塌方这类事故，可以避免，关键是需要严格落实基坑开挖的程序，注重基坑支护方案。

2　我国基坑边坡塌方事故案例简介

2.1　基坑边坡塌方事故举例

(1)南京市鼓楼区姜家圩 52 号，一幢 6 层高的住宅楼，由于年久失修，整幢楼向一边倾斜，随时有倒塌可能。同时，表面的混凝土被风化，经常有人走在楼道上，被突然落下的混凝土砸伤，而此时这栋住宅楼由于其“产权不清”，而使其出现了无人问津的局面。鉴定结论显示，姜家圩 52 号楼存在多处安全隐患。为此，南京市房屋安全鉴定处提出 3 条整改意见：对整幢楼进行纠偏；对墙体预制板进行加固；对房屋大梁进行加固补强。目前，街道已为这件事做了预案，一方面继续积极与南京起重机械厂沟通，另一方面，让所在社区每天派人前往观察，尤其是雨天，一旦发现险情，立即组织居民疏散[1]。

(2)宁波5年内3次塌楼,宁波三幢楼房均建立在20世纪80年代初,而开发商均为政府背景,建筑商均已转制,责任主体待查。在事发前,楼房被反映有多项质量问题,均处于问责处理中。不同的是,一居民楼粉碎性倒塌,一居民楼垂直性倒塌,一居民楼倒塌。在奉化市房管中心一份4页的"在册危险房屋安全汇总登记表中",前3页共记载着奉化市一共35处危房,其中"D级危房"危房12处,其余为"C级危房"。2012年4月4日,浙江奉化一幢建成仅20年的住宅楼,发生"粉碎性"坍塌,目前事故已造成1死6伤,小区居民被迫离家疏散。

"粉碎性"坍塌的背后,是曾经的"样板工程",曾经的"19年反映"房屋质量问题,曾经的"C级危房"鉴定结果(只需加固,不用搬离)。这是"有猫腻的"样板工程,"不了了之"的居民反映和"害人"的C级危房鉴定[2]。

(3)上述案例中南京和宁波居民住房出现的倒塌事故都是基坑边坡塌方所致的事故。南京和宁波都是江南多雨城市,并且地下水资源较丰富,而其事故发生的共性原因是年久失修,而事故发生前的共性现象是居民反映情况的驳回或者是求助无门,而事故发生后的共同结果是与政府和建筑施工单位的责任有关,并且都存在严重的质量问题。所存在的不同结果是南京相关部门已经意识到这类现象,并且开始及时采取措施来保障居民的生命财产安全。而宁波的三次倒塌事故都造成了经济的损失和人员的伤亡。

南京和宁波都属于经济相对发达的城市,虽然地理条件不利于基坑的开挖和支护,但是,其房屋寿命不应当只有短暂的20年,而其房屋更不应该出现边坡塌陷这样恶劣的工程事故。因此,南京和宁波都要彻底追究倒楼的责任链,需要将调查提级,由上一级政府全面接管,对坍塌房屋的设计、施工质量、错误鉴定的出炉,以及当地政府可能的行政责任做出全面彻底的调查。很显然,这两个例子都存在共同的建筑工程质量问题和施工单位对房屋居民的虚与委蛇,也都折射出政府需要对城市危房作出及时的调整与改进。

2.2 基坑边坡支护方案举例——南京大观天地MALL和杭州地铁一号线龙翔站

(1)南京大观天地MALL工程位于南京市建宁路300号,静海寺边。工程占地面积较大,开挖深度较深,地下三层。基坑围护体系采用SMW工法搅拌桩内插型钢外加三层钢筋混凝土内支撑的形式,SMW工法深层搅拌约29m,内插型钢3000t采用24~27m不等规格。该工程从地面-1.6m处插打型钢,标高、垂直度很难控制。

(2)杭州地铁一号线龙翔站需要进行的是复杂场地的基坑支护以及施工降水技术存在很大的难点。由于工程地处深厚的软黏土地区,且周边有大量需要重点保护的市政设施,在无法清除原有一层地下结构的情况下,如何顺利并有效地进行基坑围护施工是工程成败的关键。杭州地铁一号线的基坑开挖充分考虑到场地及周边环境条件,根据场地的环境条件,除了地下连续墙"二墙合一"的方案,其他的围护形式没有实施的空间。因此,最后选定的支护结构为0.8m厚地下连续墙结合三道钢筋混凝土内支撑。地下连续墙既作为基坑支护挡土结构兼防渗帷幕,同时作为地下室外墙和大部分范围的上部承重结构。同时对地铁设施和浣纱渠进行了相应的环境保护措施。还有对原地下结构的处理,包括了原地下室夹层板和地下室外墙的拆除,保证地下连续墙的施工,原地下室底板的拆除,原有工程桩的拆除,对基坑变形进行数值模拟及所得出的监测结果。

杭州地铁一号线龙翔站的建设根据周边环境的情况,确定是否有可能先行清障;其次利用原地下室的一些结构来替代,同样可以达到围护的效果,最后整体宜采取分阶段、分区块的施工方法,有效地确保周边环境的安全[3]。

(3)南京大观天地 MALL 和杭州地铁一号线龙翔站的建设都是建筑工程基坑边坡支护方案的成功案例。两者都面临着相对复杂的地理区位和土质状况,建设过程同样会遇到需要重点保护的市政设施,他们都作为深基坑复杂工程的支护,都面临着施工降水的问题。

南京大观天地 MALL 建设的核心词汇是"统一",它采用钢板桩支撑,当基坑较深、地下水位较高且未施工降水时,采用板桩作为支护结构,既可挡土、防水,还可防止流砂的发生。它的建设是以先进的企业观念来管理,参与建设的人群较广,实现了这个工程的高效管理与有序建设,它将制度定义为"统一"。杭州地铁一号线龙翔站建设的核心词汇是"细致"。地铁的建设是复杂工程,又由于杭州城市本身的历史文化底蕴与地理基础条件,在面对施工降水的难点问题上,充分考虑到基坑开挖和支护对于周边环境的影响,将环境保护放在了突出的位置,充分利用固有设施实现围护,更是有效地管理下实现支护进程的分段有序进行。

南京大观天地 MALL 和杭州地铁一号线龙翔站的建设都是高新技术与有效管理共同作用的结果,实现了两者的统一。与之前的两个案例相比,更重视工程质量安全,也更关注建筑工程建设所带来的社会影响和环境变化,这是一种精益求精的管理模式,而前者是一种偷工减料的恶性竞争。

2.3 个人工地实习调查——以南京市六合区竹镇民族小区安置房二期为例

关于南京市六合区民族小区安置房二期施工安全状况的实地考察主要是从亲身尝试实习,包括施工放线、砌墙等方面实施,并且对工地的安全状况实地考察,掌握关于这个工地安全施工的状况以及相应的防范措施,并且如实反映在报告中。竹镇民族小区安置房二期大多数房屋已经完成基坑开挖和基础设施建设工作,进行第一层的建设,其中大约有 2 个区正在进行基础建设,一个区正在进行基坑开挖。以下是我个人对基坑开挖和支护方案的发现:

(1)首先,由于地下水资源较丰富,再者由于南京在夏初梅雨天气比较强烈,第一天是雨后的基坑。由于雨水或地面水渗入土中,地下水渗流产生,裂缝中的积水产生,从而引起下滑力增加。在地下水位以下挖土,应在基坑内设置排水沟、集水井或其他施工降水措施,降水工作应持续到基础施工完成。而雨季施工时分段开挖,挖好一段浇筑一段垫层。在工地中,我所看到的积水处理方式是直接通过抽水的方式将坑中的积水抽出,这样的效率很慢,同时,由于抽水设施未处理得很完善,一部分水流由于地势再度流回坑中。而有的基坑存在排水井,其质量难以承受水流,有的时候会有水流渗出。

(2)其次,基坑开挖时,应进行测量定位、抄平放线,定出开挖宽度,根据土质和水文情况确定在四侧或两侧、直立或放坡开挖,坑底宽度应注意预留施工操作面。这个工地预留了施工操作面,但预留工作面相对较小。但是,在基础建设时,至少经过两次规模较大的放线和测量定位。

(3)再者,应根据开挖深度、土体类别及工程性质等综合因素确定保持土壁稳定的方法和措施。挖土应自上而下水平分段分层进行,边挖边检查坑底宽度及坡度,每 3m 左右修一次坡,至设计标高再统一进行一次修坡清底。其实,工地的基坑并不算太深,大约在地面以下 1 ~ 2m,而这个基坑的建设是分段分步骤进行的,也同时进行修坡清底。但是,对于保持坑壁稳定的方法和措施几乎没有,或者是基础建设过程中增添的。

(4)最后,为缩小工作面,减少土方开挖,或受场地的限制不能放坡时,则考虑基坑支护体系。作为一般基坑,它应当采用的方法是斜柱支撑法、锚拉支撑法、短柱横隔板支撑法、临时挡土墙支撑法等,施工时按适用条件进行选择。而根据其地形地貌,应当采用斜柱支撑,而其中的支护在接近坑底时存在一部分,其余的部分几乎没有支护。

南京市六合区民族小区安置房二期项目是由南京市六合区竹镇镇人民政府发包,由中国建筑第八工程局有限公司作为承包人。为了加快南京市六合区基础设施和“万顷良田”建设,甲方同意乙方竹镇民族小区一地块、二地块、竹镇镇民族小区二期工程、国有林场职工异地安置房、民族小区中心道路建设工程桩基、土建、水电安装、室外道路、管网及道路、桥梁等全部工程的投资,按照甲方的要求建设该项目,并在建成后移交给甲方。这类工程作为居民安置房,其楼层有六、七层。根据上述发现,其目前的基坑建设主要存在施工降水和基坑支护等问题。由于南京降水以及地下水资源丰富为基坑开挖增加了难度,虽然施工单位进行了一部分施工排水工作,但很多方面仍旧很不到位。而基坑支护上未能够充分考虑到周边环境和综合要素,未采用最有效的基坑支护体系。由于其项目位置偏僻,加之操作人员资质力量欠缺,这个工地尽管采取了一定的安全保护措施,但力度仍有待加强。

3 我国基坑边坡塌方事故成因探索

3.1 基坑边坡塌方事故案例解读

南京和宁波与南京和杭州关于基坑边坡塌方失败与成功的案例,它们从正反两面揭示出建筑工程质量安全事故的共同问题。

前者的失败案例都是居民建筑住宅,而后者的成功案例都是国家重点建设项目,其参与的人群基数就不是一个数量级别。但是,在规定的设计年限中保证其工程质量安全是所有建筑工程都应当实现的永恒目标。南京“楼歪歪”和宁波5年内3次塌楼事故存在的共同原因是年久失修而导致质量问题暴露出来,而问题暴露出来后相关部门共同反映是不予理睬,而使塌方事故存在隐患大体上都是原建设施工单位造成的。

边坡塌方是建筑护坡工程的一大常见病害,边坡设计方案和边坡质量对边坡稳定性起决定性作用,在护坡工程中发生塌方事故的原因多与边坡的地形地貌、地层岩性、暴雨影响、施工方法和施工质量有密切的关系[4]。上述两个案例的城市地理区位导致施工降水排水增添难度,但其地质变动不是很大,故其发生事故的最主要原因在施工方法和施工质量上。这两类工程存在很大的质量安全隐患,都是由原建设施工单位的偷工减料和减少相应的防护措施所导致的,而相关部门对于这一类现象未能够实现及时的处理,从宁波奉化市便可窥知一二。

相反,南京大观天地MALL和杭州地铁一号线龙翔站对于边坡塌方而进行的琥珀工程,采取相对明确的基坑支护体系,而且其所考虑的范围不仅涵盖了基坑本身所存在的因素,还包括了对周遭环境的影响和历史重点市政设施的保护,充分利用固有的建筑设施,来尽量避免基坑开挖对城市建设的影响。一正一反,一成一败,在不同的建筑工程上反映出来。他们彼此由于施工方法和施工质量上的成败造成了彼此之间的差距。而这些差距的造成虽然自然地理环境起到一部分作用,更关键的影响是建筑施工单位的低水平管理和相关部门对居民住宅的建设缺乏重视和有效管理。

正如前面所论述的建筑企业的“管人制度”,建筑施工单位的整体管理等同于个人管理,企业缺乏明确的规章制度来明确个人的工作职责,这样低效的管理是一个弊端,而在更多时候,无法及时创新管理模式,创新企业制度,以及在制度创新的背景下创新技术,这是更重要的原因。而社会对工程质量事故的管理应当从工程建设开始,而不是当事故发生后的处置。而对这类事故的处置在很大程度上都无法实现有效管理,归根结底是由于我们始终固守着传统的管理模式,而积极性是需要通过及时创新管理来实现的。

3.2 个人工地实习调查解读

南京市六合区竹镇民族小区安置房二期的基坑开挖和支护体系的建立不能说不存在，只能说不够好，或者是不够完善。这个工地状况也大致反映了全国大多数工地所存在的缺陷。

工程质量事故的表现形式多种多样，但究其原因，可归纳如下：违背基本建设程序、工程地质勘察原因、设计计算原因、建筑材料及制品不合格、施工管理原因、自然条件影响。而其中的施工管理问题主要是指不熟悉图纸，盲目施工；不按图纸施工；不按有关施工验收规范施工。这个工地的施工程序还是比较符合规范的，放线员会陪同基坑建设和基础建设的全过程，而每天都会有专门人员进行现场监督，但是，其建筑技术始终是遵循传统技术的老路。虽然存在施工降水排水设施，但效果并不是很好。或许，这类工程属于经济适用房的建设，对工程质量和技术要求不是很高。

而在整个建筑工地的管理上，拥有统一的规定，规定了工地的相关设施的使用规则以及安全帽、工作服的要求，更安排了相应的作息时间，避免了疲劳作业。对于施工安全，工地上的工人践行得很完善。然而，对于建筑工程质量的实现，则存在着瑕疵和很不完善的地方。这些未在对建筑单位施工人员体现，但在基坑和基础的建设上体现了。我们沿用了传统建筑技术，也在传统建筑企业的管理模式下进行施工建设。我曾经去过日本留学，在日本东京大学观察到其图书馆的施工建设，当时也正在进行基坑开挖工程，其在施工场地设置了专门的防护栏。而其中的支护体系也相当严格。日本人在企业管理中形成的是一种精益求精的思想，而我们却是在偷工减料的基础上不断寻求更大的经济利益。

南京市六合区竹镇民族小区安置房二期的工地反映了一个重要的社会现实，我国建筑企业在工程质量上不能达到有效的保证，而这一切的根源是中国落实技术上的失误。我们在质量问题上得过且过，主要体现在施工建设的生产效率上。国家将建设重心投放在国家重点建设工程项目上，但有些人对居民住宅的质量安全并未体现足够的重视。虽然这类工程符合国家规定，但是，其存在的质量安全隐患终有一天会暴露出来。

3.3 创新管理与落实技术关系解读

管理创新与技术落实是所有产业寻求长远发展和提升企业竞争力的重要指标，它不仅体现在以现代服务业为主的第三产业的高速发展，更彰显在以建筑业为主的传统工业的转型上。

管理既需要落实，也需要创新；技术既能够创新，也需要落实。但根据对上述案例中基坑边坡塌方事故的分析解读，管理需要放在建筑工程的核心位置，技术需要放在建筑工程的突出位置，即为创新管理引导落实技术。

我们在建筑工程上的小小瑕疵在长期演变下就会成为重大的安全事故隐患。相比之下，日本的地震灾害是全世界最严重的，它们的房屋倒塌和边坡塌陷事故基本上都是由自然灾害造成的。而中国的工程质量事故大多数是人为的结果。现代信息技术的快速发展导致管理及管理科学发生了深刻的变革，使管理在功能、组织、方法和理念上产生根本性变化，呈现出新的管理趋势，表现为信息化渗透企业管理各个层面、创新成为管理的主旋律、风险管理成为未来管理的重要组成部分、知识管理日趋重要、“硬”管理为主向“软”管理为主转化、没有管理的管理是未来管理的最高境界。日本在精益求精管理思想上取得卓著成效，中国也需要在一定程度上借鉴这种思想，在保证质量的基础上追求生产效率的提高和更高的质量。因此，需要创新管理。

在中国目前的建筑工程质量状况下，落实技术比创新技术更需要成为重点话题。落实技术是创新技术的基础条件，也是建筑工程大厦的最基本奠基石。落实技术不仅需要一个人为单位对本职工作专门负责,更要对整个企业、社会、消费者尽责,保证建筑工程在正常条件下不会因为质量问题而出现事故,因此,关系到各项施工制度和技术的落实。创新技术是在落实技术的基础上不断实现和巩固的,但是,中国目前状况暂时还存在一定差距。

创新管理需要站在前沿的位置,因为它关系到建筑企业的转型与生存,而创新管理更需要站在技术不断落实的基础上,因为它关系到管理的实施与创新管理的进步,而两者之间的相互协调与相互促进将是保证建筑企业实现高效管理和技术革新,不断提升品牌效应和行业竞争力的重要标准。

4 我国建筑工程事故的解决方案

4.1 落实技术与工程事故的解决

基坑边坡塌方事故是建筑工程事故的一个重要方面,但也能折射出我国在建筑工程领域的问题。而关于基坑边坡塌方事故的技术层面也不是完全没有办法解决。

首先,建筑边坡防护工程施工期间应当做好土石方开挖与支挡加固工程的有机结合和进度协调,做到"分级开挖、分级支护",自上而下,开挖一级,加固防护一级,严禁一挖到底再进行支挡防护。

其次,施工降水和和排水是必须要落实的基坑开挖项目。雨季施工时基坑槽应分段开挖,挖好一段浇筑一段垫层,在地下水位以下挖土,应在基坑内设置排水沟、集水井或其他施工降水措施,降水工作应持续到基础施工完成。这些措施必须落实到位。

边坡塌方治理应当针对塌方的特点,边坡的工程地质条件,从实际出发,因地制宜,采取治坡与治水相结合,合理的有效治理措施。而其中措施最关键的是选择合适的基坑支护方案,应根据基坑周边环境,土层结构、工程地质、水文情况、基坑形状、开挖深度、施工拟采用的挖方、排水方法、施工作业设备条件、安全等级和工期要求及技术经济效果综合全面地考虑。总而言之,是一种较全面的方案选择。

基坑边坡塌方事故始终是以预防为主,整治为辅。基坑挖完后,应组织有业主、设计、勘察、监理四方参与的基坑验槽,并报质监站验证,符合要求后方可进入下一道工序。基坑开挖是层层把关,层层设防,每一个细节都是需要经过深思和审视的,对于其质量标准的验收必须严格按照更高的要求和标准来进行。

上述的方案总结起来即是对基坑开挖的技术落实,其从测量放线到切线分层开挖,再到排降水和修坡,再到整平和留足预留土层,最后是到施工验收,全过程都是由在建筑工程中扮演各式各样角色的人物对本职工作的敬业、负责与技术水平的提升而实现的,他们在这个工程中细微的失误也都有可能造成大厦的倾覆。一项工程的建设是包括相关部门在内全体人员的共同职责,也必须以精益求精的思想保证技术的全面落实、高度落实。

4.2 创新管理与工程事故的解决

无论是落实技术,或者是创新管理,其目的都是希望能将工程质量安全事故的苗头扼杀在摇篮里。但是,创新管理它的覆盖面相较落实技术而言,涉及包含建筑工程之内的方方面面。建筑工程虽属于第二产业的范畴,但是其发展潜力仍存在较大的空间。而我们管理的实施和创新,其本质目的是通过建立企业与社会的有效制度在充分调动生产积极性的基础上,实现其企业的长远发展。而对于工程事故的解决,是在指导技术落实下实现的。

首先,我们要创建新型建设工程质量监督模式,转变监督模式和实现全过程监督,创建有预见性、主动性的监督模式,完善工程质量保证机制,实施差别化管理模式,建立健全数字信息化机制，完善质量管理信用评价机制，创新商品住宅竣工验收制度，建立质量投诉处理过程闭合机制[5]。上述机制都是建筑工程企业创新建设工程质量监督模式的体现，虽然在一定程度上借鉴了西方关于质量管理的思想，但是也注重保留了创新精神。在强有力监督制度下，对于施工人员的技术落实具有很大的保障。

其次，建筑企业是与社会相互关联的主体，工程质量事故的频发与整个社会的法律制度与道德风气存在很大的联系。相关部门也更需要站在突出的位置对建筑工程施工进行一定的管理，主要体现在完善法律法规，明确责任主体，严格管理从业组织和人员资质，加大监督执法和处罚的力度，加强社会监督与监理企业管理，开展创优评优活动，加强监督人员的业务培训。

最后，对于建筑工程质量事故的预防与整治，不仅要体现在监督体系的建立上，而是要体现在整个建筑企业的有效管理中，其需要根据企业特点、建筑工程特点、施工地理条件特点、施工人员和组织特点、资源条件、其他竞争企业的发展以及来自社会各方面对建筑工程施工的影响等多种因素，创新有效的管理，并且保证其能够在企业组织和个人中广泛开展起来，建立能够提升企业竞争力的规章制度，从而预防建筑工程事故的发生。

创新管理放置在核心的位置，落实技术放置在突出的位置，我们依赖适合企业发展的管理模式来建立相应制度，并且依赖制度来实现对施工个人和组织的积极引导，从而保证其在建筑工程质量上的技术落实。这也就是建筑工程实现长远发展和提升企业竞争力的重要战略方针。

参考文献

[1] 殷学兵，苏钟. 南京出现“楼歪歪”居民称随时可能倒塌[EB/OL]. 南京晚报，2014.

[2] 郭涛. 宁波5年内3次塌楼的雷同细节[EB/OL]. 浙江日报数字采编中心，2014.

[3] 钱俊锋. 复杂条件下地铁上盖综合体基坑支护设计与施工[EB/OL]. 浙江省地质矿产研究所，2012.

[4] 郑朝炜. 某护坡工程边坡塌方成因浅析及处治措施[J]. 城市道桥与防洪，2013.

[5] 王春生，王淞，刘宁. 对我国建筑工程质量管理现状及发展趋势的思考[J]. 沈阳建筑工程学院学报(社会科学版)，2000.

岩土抗浮锚杆的承载机理、设计中若干问题的探索

翁功伟[1]　肖　婷[2]

(1. 宁波旗逸市政绿化有限公司　2. 中天建设集团有限公司)

摘　要　现行的相关规范中对地下室抗浮锚杆设计没有统一规定。通过对相关规范的比较,详细论述了锚杆的设计方法及参数选用,并对工程抗浮锚杆计算方法的选择给出了适当的建议。

关键词　抗浮锚杆　承载机理　设计计算　参数

1　引言

随着城市建设的高速发展,大量带有地下室的高层建筑物、地下车库、下层式广场以及地铁、地下商场等地下建(构)筑物不断向地下深空间、大空间、复杂地质等方向发展。在地下土层含水丰富的地区如深圳、大连以及青岛等,由于地下水浮力所造成的建(构)筑物等上部结构发生倾斜、倒塌的事故屡见不鲜,使得抗浮问题日益突出。

然而,迄今为止在抗浮锚杆的实际应用过程中,存在着规范规定不统一、重要参数计算不一致、相关细节构造不明确以及施工过程中大量依赖经验等现象。针对这些问题,本文对应用较多的嵌岩抗浮锚杆(拉力型锚杆)从承载机理、设计计算参数选用展开,对若干问题进行分析。结构抗浮锚杆以进入岩层嵌固居多,本文在分析过程中并不包括土层锚杆。

2　岩石锚杆的锚固机理

抗浮锚杆主要以承受拉力为主,通过锚杆的抗拔作用(锚固力)实现,它是指锚杆固定段的锚固体与其周围岩石体相互接触作用后抵抗外力。

取锚杆上一段锚固段来分析受力状态下锚固的作用原理(图1),假设该锚固段不受任何外约束,那么它的作用机理为:

当抗浮锚受到上拔力作用时,拉力 T 首先是由杆体锚杆转移到注浆体中,要想实现这种力的转移必须通过两者之间的握裹力实现,然后再通过灌浆体与周围岩石体之间的摩阻力传递到周围岩石地基当中。

大量研究表明,锚固体与孔壁的黏结力、岩土地基的挤压力、摩擦角等方面是抗拔作用力发挥效果的主要影响因素,此外锚杆锚固体的强度、补偿能力、形状和耐腐蚀能力以及地层岩土的结构、强度、应力状态、含水率等也是抗拔力的重要影响因素[1,7]。

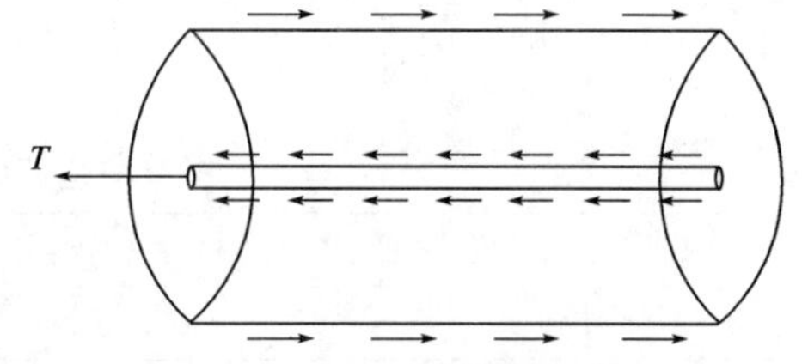

图1　锚杆锚固受力简图

3　岩石抗浮锚杆的破坏形式

在实际工程中,岩石锚杆可能有以下一种或几种的破坏形式:

(1)沿着杆体与灌浆体之间的结合面发生破坏；

(2)沿着灌浆体与周边岩石体之间的胶结面发生破坏；

(3)从锚杆杆体底部或某一定深度处沿着一定的扩散角，在土体内部发生破坏；

(4)锚杆杆体发生断裂；

(5)锚杆群发生整体性破坏。

鉴于岩土体及杆体的强度特性较易掌握，破坏形式(3)在工程应用过程中也比较容易解决，破坏形式(5)可根据岩土体性质控制锚杆间距长度而得到有限的控制，破坏形式(1)、(4)主要由杆体或灌浆体的材料强度决定，相对而言也比较容易控制。破坏形式(2)主要由孔壁周边的抗剪强度控制，受诸多因素影响，所以灌浆体与岩石层的破坏研究显得更为重要。

针对上述几种破坏形式，在进行锚杆初步设计时需注意以下几点要求：杆件若受到拉力作用，除杆件材料本身需要具备足够抗拉强度外，锚杆的抗拔作用还需要同时满足以下 3 个条件：

(1)锚固段的灌浆体对杆件的握裹力、摩阻力需能够承受极限拉力；

(2)锚固段岩土层对灌浆体的摩阻力需能承受极限拉力；

(3)锚固岩土体在最不利条件下仍能保持整体稳定性。

4 规范中对岩土锚杆抗拔力计算的规定

鉴于抗浮锚杆已经开始成规模地应用于建筑抗浮工程中，《建筑地基基础设计规范》(GB 50007—2011)、《高层建筑岩土工程勘察标准》(JGJ/T 72—2017)中对抗拔承载力的计算方法进行了相关规定，《建筑边坡工程技术规范》(GB 50330—2013)、《岩石锚杆(索)技术规程》(CEC S22:2005)以及《岩土锚杆与喷射混凝土支护工程技术规范》(GB 50086—2015)并未给出对抗拔承载力的具体计算方法。下面就各类规范中对抗拔承载力计算做一些比较说明。

(1)文献[2]《建筑地基基础设计规范》(GB 50007—2011)中第 8.6.3 条规定："对设计等级为甲级的建筑物，单根锚杆抗拔承载力特征值 R_t 应通过现场试验确定；对于其他建筑物应符合下式规定："

$$R_t \geqslant \xi f U_r h_r \tag{1}$$

式中：R_t——锚杆抗拔承载力特征值(kN)；

ξ——经验系数，对于永久性锚杆取 0.8，对于临时性锚杆取 1.0；

f——砂浆与岩石间的黏结强度特征值(kPa)，由试验确定，当缺乏试验资料时，可按表 1 选用；

U_r——锚杆的周长(m)；

h_r——锚杆锚固段嵌入岩层中的长度(m)，当长度超过 13 倍锚杆直径时，按 13 倍直径计算。

砂浆与岩石间的黏结强度特征值(MPa) 表 1

岩石坚硬程度	软岩	较软岩	硬质岩
黏结强度	<0.2	0.2~0.4	0.4~0.6

注：水泥砂浆强度为 30MPa 或细石混凝土强度等级为 C30。

(2)文献[3]《高层建筑岩土工程勘察标准》(JGJ/T 72—2017)中第 8.6.11 条规定："抗浮锚杆承载力特征值可按下式估算："

$$F_a = \sum q_{si} u_i l_i \tag{2}$$

式中：F_a——抗浮锚杆抗拔承载力特征值(kN)；

u_i——锚固体周长(m)，对于等直径锚杆取 $u_i = \pi d$（d 为锚固体直径）；

q_{si}——第 i 层岩土体与锚固体黏结强度特征值(kPa)，可按现行国家标准《建筑边坡工程技术规范》取值，见表2。

岩石与锚固体极限黏结强度标准值(kPa) 表2

岩 石 类 别	f_{rbk}值(kPa)	岩 石 类 别	f_{rbk}值(kPa)
极软岩	270～360	较硬岩	1200～1800
软岩	360～760	坚硬岩	1800～2600
较软岩	760～1200		

注：1. 适用于注浆强度等级为M30。

2. 仅适用于初步设计，施工时应通过试验检验。

3. 岩体结构面发育时，取表中下限值。

4. 岩石类别根据天然单轴抗压强度 f_r 划分：$f_r < 5$MPa为极软岩，5MPa$\leqslant f_r < 15$MPa为软岩，15MPa$\leqslant f_r < 30$MPa为较软岩，30MPa$\leqslant f_r < 60$MPa为较硬岩，$f_r \geqslant 60$MPa为坚硬岩。

上述有关国内规范对锚杆的极限承载力的计算都是基于以前相似岩土层条件下的施工经验、部分实验所得。公式(1)、公式(2)均是考虑以黏结强度特征值(极限值)进行计算，以岩土体与灌浆体的剪切强度进行控制，所不同的只是安全储备与黏结强度特征值差异，但相差并不大，在进行承载力初步设计时宜采用公式(1)、公式(2)计算。

5 规范中对锚固长度方面计算的规定

在进行初步设计及施工图设计阶段不但需确定对单根抗浮锚杆的抗拔承载力特征值，还需对锚固长度进行估算。下面就各种规范中对锚固长度的计算做若干比较说明。

(1)《岩石锚杆(索)技术规程》(CECS 22:2005)

锚杆(索)锚固体与岩土层间的锚固长度：

$$L_a \geqslant \frac{KN_t}{\pi D f_{mg} \varphi} \tag{3}$$

式中：K——锚杆锚体的抗拔安全系数；

N_t——锚杆的轴向拉力标准值(kN)；

f_{mg}——锚固段注浆体与土层间的黏结强度标准值(kPa)，见表3、表4；

D——锚杆锚固段的直径(m)；

φ——锚固长度对黏结强度的影响系数。

岩石与水泥砂浆或水泥结石体的黏结强度标准值(推荐) 表3

岩 石 类 别	岩石单轴饱和抗压强度值(MPa)	黏结强度标准值(MPa)
极软岩	<5	0.2～0.3
软岩	5～15	0.3～0.8
较软岩	>15～30	0.8～1.2
较硬岩	>30～60	1.2～1.6
硬岩	>60	1.6～3.0

注：1. 表中数据适用于水泥砂浆或水泥结石体，强度等级为M30。

2. 在岩体结构面发育时，黏结强度取表中下限值。

钢筋、钢绞线与水泥砂浆或水泥结石体的黏结强度标准值(推荐) 表4

黏 结 材 料	黏结强度标准值(MPa)
水泥砂浆或水泥结石体与螺纹钢筋	2.0～3.0
水泥砂浆或水泥结石体与钢绞线	3.0～0.4

注:本表适用于水泥砂浆或水泥结石体(强度等级 M25～M40),M25 取表中下限值,M40 取表中上限值。

锚杆(索)杆体与锚固砂浆间的锚固长度:

$$L_a \geqslant \frac{KN_t}{n\pi d\xi f_{ms}\varphi} \tag{4}$$

式中:f_{ms}——锚固段注浆体与筋体间的黏结强度标准值(kPa);

d——钢筋或钢绞线的直径(mm);

ξ——采用2根或2根以上钢筋或钢绞线时,界面的黏结强度降低系数,取0.6～0.85;

n——钢筋或钢绞线根数。

(2)《建筑边坡工程技术规程》(GB 50330—2013)

锚杆(索)锚固体与岩土层间的锚固长度:

$$L_a \geqslant \frac{KN_{ak}}{\pi D f_{rtk}} \tag{5}$$

式中:K——锚杆锚固体抗拔安全系数,按表5取值;

L_a——锚杆锚固段长度(m);

f_{rtk}——岩土层与锚固体极限黏结强度标准值(kPa),应通过试验确定;当无试验资料时可按表2取值;

D——锚杆锚固段钻孔直径(mm)。

岩土锚杆锚固体抗拔安全系数 表5

边坡工程安全等级	安 全 系 数	
	临时性锚杆	永久性锚杆
一级	2.0	2.6
二级	1.8	2.4
三级	1.6	2.2

锚杆(索)杆体与锚固砂浆间的锚固长度:

$$L_a \geqslant \frac{KN_{ak}}{nd\pi f_b} \tag{6}$$

式中:L_a——锚筋与砂浆间的锚固长度(m);

d——锚筋直径(m);

n——杆件(钢筋、钢绞线)根数(根);

f_b——钢筋与锚固砂浆间的黏结强度设计值(kPa),应由试验确定,当缺乏试验资料时可按表6取值。

(3)《建筑地基基础设计规范》(GB 50007—2011)

锚杆(索)锚固体与岩土层间的锚固长度:

钢筋、钢绞线与砂浆之间的黏结强度设计值f_b　　表6

锚 杆 类 型	水泥浆或水泥砂浆强度等级		
	M25	M30	M35
水泥砂浆与螺纹钢筋间的黏结强度设计值	2.10	2.40	2.70
水泥砂浆与钢绞线、高强钢丝间的黏结强度设计值	2.75	2.95	3.40

注:1. 当采用二根钢筋点焊成束的做法时,黏结强度应乘以0.85折减系数。

2. 当采用三根钢筋点焊成束的做法时,黏结强度应乘以0.7折减系数。

3. 成束钢筋的根数不应超过三根,钢筋截面总面积不应超过锚孔面积的20%,当锚固段钢筋和注浆材料采用特殊设计,并经试验验证锚固效果良好时,可适当增加锚筋用量。

$$R_t \leqslant 0.8\pi d L_f \Rightarrow L \geqslant \frac{Rt}{0.8\pi df} \tag{7}$$

式中:R_t——单根锚杆抗拔承载力特征值(kN);

d——锚杆锚固段钻孔直径(mm);

f——砂浆与岩石间的黏结强度特征值(kPa),可按表7选用。

砂浆与岩石间的黏结强度特征值(MPa)　　表7

岩石坚硬程度	软岩	硬质岩
黏结强度	<0.2	0.4~0.6

注:水泥砂浆等级为30MPa或细石混凝土强度等级为C30。

(4)文献[6]《岩土锚杆与喷射混凝土支护工程技术规范》(GB 50086—2015)中第4.6.10条规定:锚杆及单元锚杆锚固段的抗拔承载力应按下列公式计算,锚固段的设计长度应取设计长度的较大值:

$$N_d \leqslant \frac{f_{mg}}{K} \cdot \pi \cdot D \cdot L_a \cdot \psi$$

$$\Rightarrow L_a \geqslant \frac{N_d \cdot K}{\pi \cdot D \cdot f_{mg} \cdot \psi} \tag{8}$$

$$N_d \leqslant f_{ms} \cdot n \cdot \pi \cdot d \cdot L_a \cdot \xi$$

$$\Rightarrow L_a \geqslant \frac{N_d}{f_{ms} \cdot n \cdot \pi \cdot d \cdot \xi} \tag{9}$$

式中:N_d——锚杆或单元锚杆轴向拉力设计值(kN);

L_a——锚固段长度(m);

f_{mg}——锚固段注浆体与地层间极限黏结强度标准值(MPa或kPa),应通过试验确定,当无试验资料时,可按表8取值;

f_{ms}——锚固段灌浆体与筋体间黏结强度设计值(MPa),可按表9取值;

D——锚杆锚固段钻孔直径(mm);

d——钢筋或钢绞线直径(mm);

K——锚杆注浆体与地层间的黏结抗拔安全系数,可按表10取值;

ξ——采用2根或2根以上钢筋或钢绞线时,界面黏结强度降低系数,取0.70~0.85;

ψ——锚固段长度对极限黏结强度的影响系数;

n——钢筋或钢绞线根数。

锚杆锚固段注浆体与周边地层间的极限黏结强度标准值(N/mm²)　表8

岩石类别	极限黏结强度标准值 f_{mg}	岩石类别	极限黏结强度标准值 f_{mg}
坚硬岩	1.5~2.5	软岩	0.6~1.2
较硬岩	1.0~1.5	极软岩	0.6~1.0

锚杆锚固段灌浆料与杆体间黏结强度设计值(MPa)　表9

锚杆类型	灌浆体抗压强度(MPa)			
	20	25	30	40
预应力螺纹钢筋	—	1.2	1.4	1.6
钢绞线、普通钢筋	—	0.8	0.9	1.0

6　规范中几个重要参数的比较

6.1　针对安全系数的比较(表10)

各类规范中规定安全系数比较　表10

规范名称	安全系数(均为永久性,≥2年)		
	一级	二级	三级
《建筑地基基础设计规范》(GB 50007—2011)		2.0	
《建筑边坡工程技术规程》(GB 50330—2013)	2.6	2.4	2.2
《岩石锚杆(索)技术规程》(CECS 22:2005)	2.2	2.0	2.0
《岩土锚杆与喷射混凝土支护工程技术规范》(GB 50086—2015)	2.2	2.0	2.0

6.2　针对砂浆或砂浆结合体与岩石间的黏结强度特征值(MPa)的比较(表11)

砂浆或砂浆结合体与岩石间的黏结强度特征值(MPa)比较　表11

规范名称	岩石坚硬程度				
	极软岩	软岩	较软岩	较硬岩	坚硬岩
《建筑地基基础设计规范》(GB 50007—2011)	<0.2		0.2~0.4	0.4~0.6	
《建筑边坡工程技术规程》(GB 50330—2013)	0.27~0.36	0.36~0.76	0.76~1.2	1.2~1.8	1.8~2.6
《岩石锚杆(索)技术规程》(CECS 22:2005)	0.2~0.3	0.3~0.8	0.8~1.2	1.2~1.6	1.6~3.0
《高层建筑岩土工程勘察标准》(JGJ/T 72—2017)	0.27~0.36	0.36~0.76	0.76~1.2	1.2~1.8	1.8~2.6
《岩土锚杆与喷射混凝土支护工程技术规范》(GB 50086—2015)	0.6~1.0	0.6~1.2	—	1.0~1.5	1.5~2.5

6.3 根据工程实例进行计算(计算过程略)(表12)

工程实例计算结果比较　　表12

工程名称	规 范 名 称	锚杆长度(m)	锚筋面积(mm^2)
舟山某住宅安置工程	岩石锚杆(索)技术规程	2.85(100%)	816(100%)
	建筑边坡工程技术规程	1.82(63%)	742(91%)
	建筑地基基础设计规范	2.1(74%)	680(83%)
	岩土锚杆与喷射混凝土支护工程技术规范	2.62(92%)	723(89%)
东阳横店某工程	岩石锚杆(索)技术规程	6.86(100%)	2006(100%)
	建筑边坡工程技术规程	4.39(64%)	2800(140%)
	建筑地基基础设计规范	5.49(80%)	1400(70%)
	岩土锚杆与喷射混凝土支护工程技术规范	6.30(92%)	1880(94%)

注:1. 表中括号内部分是指各工程相应结果与《岩石锚杆(索)技术规程》计算出的结果的比值。
2. 针对《建筑边坡工程技术规范》中第7.4.1条规定,岩石锚杆的锚固段长度不应小于3m。但便于比较,上表均采用计算结果。

7 规范条文比较及结果分析

(1)《岩石锚杆(索)技术规程》与《建筑边坡工程技术规范》在进行锚固长度计算时均考虑了破坏形式为杆体与灌浆体、灌浆体与周边岩石体两种情况,之后对锚固长度取大值进行计算,这是比较合理的;《建筑地基基础设计规范》只按照灌浆体与周边岩石体的破坏形式下考虑锚固长度的计算,还有待商榷。

(2)对于锚固长度的计算,《岩石锚杆(索)技术规程》的计算长度最长;对于锚杆的截面面积计算,《岩石锚杆(索)技术规程》与《岩土锚杆与喷射混凝土支护工程技术规范》结果比较相近,计算也较为合理,也是最大的。

(3)《建筑边坡工程技术规范》的安全系数取值较大,但砂浆或砂浆结合体与岩石间的黏结强度特征值的取值明显小于其他规范。《岩石锚杆(索)技术规程》与《建筑地基基础设计规范》在安全系数与砂浆或砂浆结合体与岩石间的黏结强度特征值的取值比较相近。

8 建议

采用锚杆进行抗浮其方法比较简单,经济性较高,但由于锚杆受力机理受到诸多因素影响,还未彻底研究清楚,而且不能够全面地考虑所有情况下的锚杆承载力情况。所以一般在实际工程中,均需要在施工现场进行一定数量的现场试验来确定岩土层性质及锚杆的极限抗拔承载力并留足安全储备,以便指导锚杆最终设计。

在进行抗浮锚杆初步设计中,承载力计算建议目前宜采用《高层建筑岩土工程勘察规程》,锚杆长度计算建议目前宜采用《岩石锚杆(索)技术规程》进行计算,其计算结果偏于安全,不宜采用《建筑边坡工程技术规范》的计算锚杆长度。

希望有关行业主管部门抓紧制定抗浮锚杆设计及施工规范,以指导目前越来越广泛应用的结构永久性抗浮锚杆的设计、施工及检测。

参考文献

[1] R B Weersinghe, G S Little john. Load transfer and failure of anchorages in weak mudstone

[J]. Proc. Of Int. Conf On Ground anchorages and anchored structures,1997.
[2] 中华人民共和国国家标准. GB 50007—2011 建筑地基基础设计规范[S]. 北京:中国计划出版社,2012.
[3] 中华人民共和国行业标准. JGJ/T 72—2017 高层建筑岩土工程勘察标准[S]. 北京:中国计划出版社,2012.
[4] 中华人民共和国国家标准. GB 50330—2013 建筑边坡工程技术规范[S]. 北京:中国建筑工业出版社,2014.
[5] 中华工程建设标准化协会标准. 岩土锚杆(索)技术规程:CECS 22—2005[S]. 北京:中国计划出版社,2015.
[6] 中华人民共和国国家标准. GB 50086—2015 岩土锚杆与喷射混凝土支护工程技术规范[S]. 北京:中国计划出版社,2016.
[7] 袁鹏博. 岩土地质抗浮锚杆的试验研究与理论分析[D]. 青岛:青岛理工大学,2013.
[8] 赵洪福. 岩石抗浮锚杆工作机理的试验研究与有限元分析[D]. 青岛:青岛理工大学,2008.

白鹤滩水电站左岸层间错动带加固处理技术研究

廖　军　贺子英　甘全坤

（中国水利水电第七工程局成都水电建设工程有限公司）

摘　要　水利水电建设中，无论如何选择坝址，都会遇到错动带处理相关问题。针对错动带的处理，根据不同的岩层，出露于不同的部位而处理的方案也不尽相同。在大型地下洞室群内遇到错动带，严重影响洞室围岩稳定，一般采用综合的处理技术进行加固。本文从白鹤滩水电站左岸地下厂房 C_2 错动带的地质构造、成因及产状的分析着手，分析对白鹤滩左岸地下厂房上下边墙稳定的影响程度，再分别从开挖回填混凝土置换、高压对穿冲洗、预应力锚杆、钢筋桩、固结灌浆及深层锚索支护加固方法论述了对错动带的加固处理技术，最后对处理措施及方法所取得的效果进行验证，所述加固处理技术可以运行于类似工程，具有一定的借鉴意义。

关键词　白鹤滩　左岸地下厂房　错动带　预应力锚索　预应力锚杆　固结灌浆　钢筋桩

1　概述

白鹤滩水电站位于金沙江下游四川省宁南县和云南省巧家县境内，是金沙江下游干流河段梯级开发的第二个梯级电站，具有以发电为主，兼有防洪、拦沙、改善下游航运条件和发展库区通航等综合效益。该电站正常蓄水位为825.0m，水库总库容206.27亿m^3，左、右岸地下厂房各布置8台单机容量1000MW的水轮发电机组，总装机容量16000MW，建成后将仅次于三峡水电站，成为中国第二大水电站。左岸地下厂房水平洞长438m，厂房宽度及高程分别达到34m、88.7m，尾水调下室边墙高度达100m，这样超大规模的地下洞室群在国内外的地下工程中都是罕见的，其水平埋深800～1050m，垂直埋深260～330m，施工过程中出现过涌水、断层破碎带、层间（内）错动带、柱状节理密集带、高地应力等不良地质段。而对于白鹤滩水电站两岸地下洞室群出现的错动带，影响是致命的，施工过程的安全风险明显大得多，再加上白鹤滩水电站整体为柱状玄武岩，岩石地应力高，开挖过程经常出现洞室下游边墙应力变形不对称而导致上游边墙掉块、塌方等现象非常严重；影响白鹤滩水电站左右岸地下洞室群安全的错动带主要为 C_2、C_3、C_4、C_5 错动带及其影响带，前期勘探过程中探明的错动带基本贯穿整体厂房地下洞室群，成为施工过程中关注重点。

2　白鹤滩左岸错动带地质情况

从目前电站左岸进水口，出线竖井、主厂房、主变洞、调压室、置换洞及截渗洞开挖情况来看，贯穿地下洞室群的层间错动带是影响地下洞室群围岩稳定的主要地质构造，分布于左岸的错动带主要为 C_5、C_4、C_3 和 C_2 错动带，而 C_5、C_4、C_3 错动带在电站进水口边坡出露，对工程影响最大的为 C_2 错动带。C_2 错动带从上游最低处的第6层防渗帷幕体至厂房上游边墙，再到厂房下游边墙，过母线洞，再到主变洞，尾水管检修闸门室，尾水扩散段、尾水连接管及尾水调压室。对工程建筑影响最大的部位为主厂房，C_2 错动带在主厂房出露产状为：层间错动带 C_2 在厂房部位主要斜穿厂房边墙中下部，沿 $P_2\beta_2^4$ 层凝灰岩中部发育，宽一般 10 ~ 30cm，产状为 N42° ~ 45°E，SE∠14° ~ 17°，缓倾角，性状较差，岩性软弱，泥夹岩屑型（软弱物质模量仅为0.04GPa，综合模量为0.12GPa），遇水易软化，在渗透水流的作用下，易产生塑性变形、剪切变形（抗剪强度 0.04MPa）和渗透变形（临界水力坡降地质建议值 $J_{cr}=1.99$，允许水力坡降地质建议值 $J_{允}=0.8$）。从直观上看整体倾向上游，即下游出露点高于上游，厂北出露点比厂南高；C_2 错动带对厂房影响尤为突出的为渗透变形，尤其是洞室开挖后，地下渗流场改变，在洞室内形成排泄通道，渗透路径短，容易产生渗透变形，进而影响洞室稳定。

3 错动带的成因及组成

白鹤滩错动带主要是发育于各岩流层顶部凝灰岩层中的缓倾角、贯穿性的错动构造。它是由于火山间歇性喷发造成，上一次火山喷发冷凝之后，在岩体表面覆盖了一定厚度的凝灰岩碎屑岩层，下一次喷发的熔岩在凝灰岩层上冷却形成新的岩层。经过多次喷发之后形成了被多条错动带切割的地质情况，并且在后期地应力的作用下，各岩流层沿凝灰岩产生错动。同时在地下水的侵蚀作用下，凝灰岩夹层出现了风化，形成了夹泥、夹碎岩和空腔等不同情况。对于这种特殊的地质构造必须在设计前期分析错动带对地下洞室群围岩稳定的影响，同时对局部加固方案进行分析研究。

从置换洞开挖出露的 C_2 错动带呈现紫红色，上盘为全风化紫红色凝灰岩，下盘为强风化的紫红色角砾熔岩。整体干燥情况下成块状，无泥化现象，成团，硬度大。遇有水时软化，泥化严重，硬度小。从现场取回的原料（图 1）进行分析后，其在不同位置出露的组成成分有所不同。组成成分分析见表 1。

图 1 C_2 错动带出露于厂房北侧下游边墙实物图

C_2 错动带组成成分分析 表 1

部 位	砾 岩	岩 屑	泥	岩 块	角 砾
厂房下游北侧	56%	41%	3%	0%	—
厂房上游南侧	—	25%	4%	44%	27%

4 加固处理技术方案

4.1 置换加固处理方案

在厂房上下游边墙未开挖至 C_2 错动带出露高程时，分别在距离主厂房上游、下游边墙 13m 处外布置 1 号置换洞和 2 号置换洞及置换支洞。洞室开挖采用跟踪开挖，顺着错动带在平行厂房边墙方向的倾角开挖。开挖断面6.0m×6.0m，在一定间距布置支洞开挖，使支洞贯通至厂房边墙。开挖支护结束后，置换主洞采用混凝土进行衬砌，利用衬砌后的洞室对错动带进行固结灌浆加固处理，处理完成达标后再二次回填混凝土；支洞采用一次性回填混凝土，采用引管固结灌浆的方法对错动带进行加固处理。洞室布置如图2所示。

由于是采用跟踪开挖，错动带位于开挖洞室边墙中部，为保证安全，按最大开挖距离不超过10m就必须支护的原则进行锚喷支护。其中Ⅳ类围岩支护方式为系统砂浆锚杆 $\phi25$，$L=4.5m$，入岩4.4m，按1.5m×1.5m梅花形布置，初喷5cm厚C25混凝土，挂钢筋网 $\phi6.5$，@15cm×15cm，再复喷10cm厚C25混凝土。

4.2 高压对穿冲洗＋回填混凝土加固方案

白鹤滩左岸地下厂房 C_2 错动带地质性状与锦屏一级水电站左岸基础处理工程中的 F_5 断层在1730m高程以下性状相似，均为遇水易软化，成条带分布。错动带宽度10～30cm、遇水易软化、倾角等情况为高压对穿冲洗提供了施工条件。利用置换兼施工支洞与置换洞之间存在高程差，保证排渣顺利，确保冲洗效果。利用冲洗后形成的空腔回填混凝土，再结合置换洞的固结灌浆，对冲洗部位进行补强固结灌浆，提高浇筑混凝土与 C_2 错动带两侧结合部位及影响带的物理力学性能，起到整体加固处理的目的。高压冲洗具有施工速度快，工期短，加固效果明显等优点，因此建议采用“高压对穿冲洗回填自密实细石混凝土”施工方法对 C_2 错动带进行处理，最后结合置换洞固结灌浆，对回填后的部位进行固结灌浆，提高整体加固质量，但该方案由于某些原因未实施。

4.3 固结灌浆加固处理方案

洞室浇筑衬砌混凝土时，跟仓进行灌浆埋管作为部分固结及回填灌浆混凝土段灌浆通道，顶拱120°范围固结兼做回填灌浆，回填灌浆检查合格后再进行固结灌浆施工，固结灌浆按每环12个孔均匀布置，单孔入基岩2.0m(层间错动带上下盘入岩4.5m)，环间距为2.5m，灌浆压力为1.0MPa，灌浆水灰比为1∶1及0.5∶1两个比级，开灌水灰比1∶1，主管固结灌浆采用孔内卡塞循环灌浆法，其他参数按灌浆规范实施。

4.4 普通砂浆锚杆＋预应力锚杆＋钢筋桩锁口

随着厂房开挖逐渐揭露出 C_2 错动带，表现出来的性状不理想。特别是下游边墙，位于主厂房与主变洞之间，相当于在主厂房与主变洞之间的边墙上斜切了一刀，使得边墙上部是一个大的斜切面坐落在下部一个斜切面上，上部边墙沿 C_2 错动带有向厂房侧发生相对位移的趋势。所以在下游边墙 C_2 出露部位出现大的掉块，现场采取的措施：①为避免开挖出来的 C_2 错动长时间暴露，开挖后立即人工清除表面夹泥及松动岩块，喷钢纤维混凝土至设计开挖边线。开挖线以外先采用初喷8cm厚C30钢纤维混凝土，再挂钢筋网 $\phi8$@15cm×15cm，挂龙骨筋 $\phi16$@1.2m×1.2m，再复喷12cm厚C25混凝土；②喷混凝土后再在 C_2 错动带上盘布置2排锚筋束（$3\phi32$，$L=9.0m$@1.2m×1.2m，下倾10°），从上盘穿过错动带至下盘；③在 C_2 错动带出露点两侧采用6排预应力锚杆（$\phi32$，$L=9.0m$，$T=100kN$@1.2m(0.3)×1.2m，下倾10°）；④在 C_2 错动带下盘布置排水孔（$\phi65$@3.6m，上倾35°，穿过错动带至少1.0m，孔内布置排水盲管及土工布）。

4.5 压力分散型锚索

上述浅层支护处理外，各监测数据仍然异常，仍然不能保证洞室稳定，需采取深层次锚固措施。

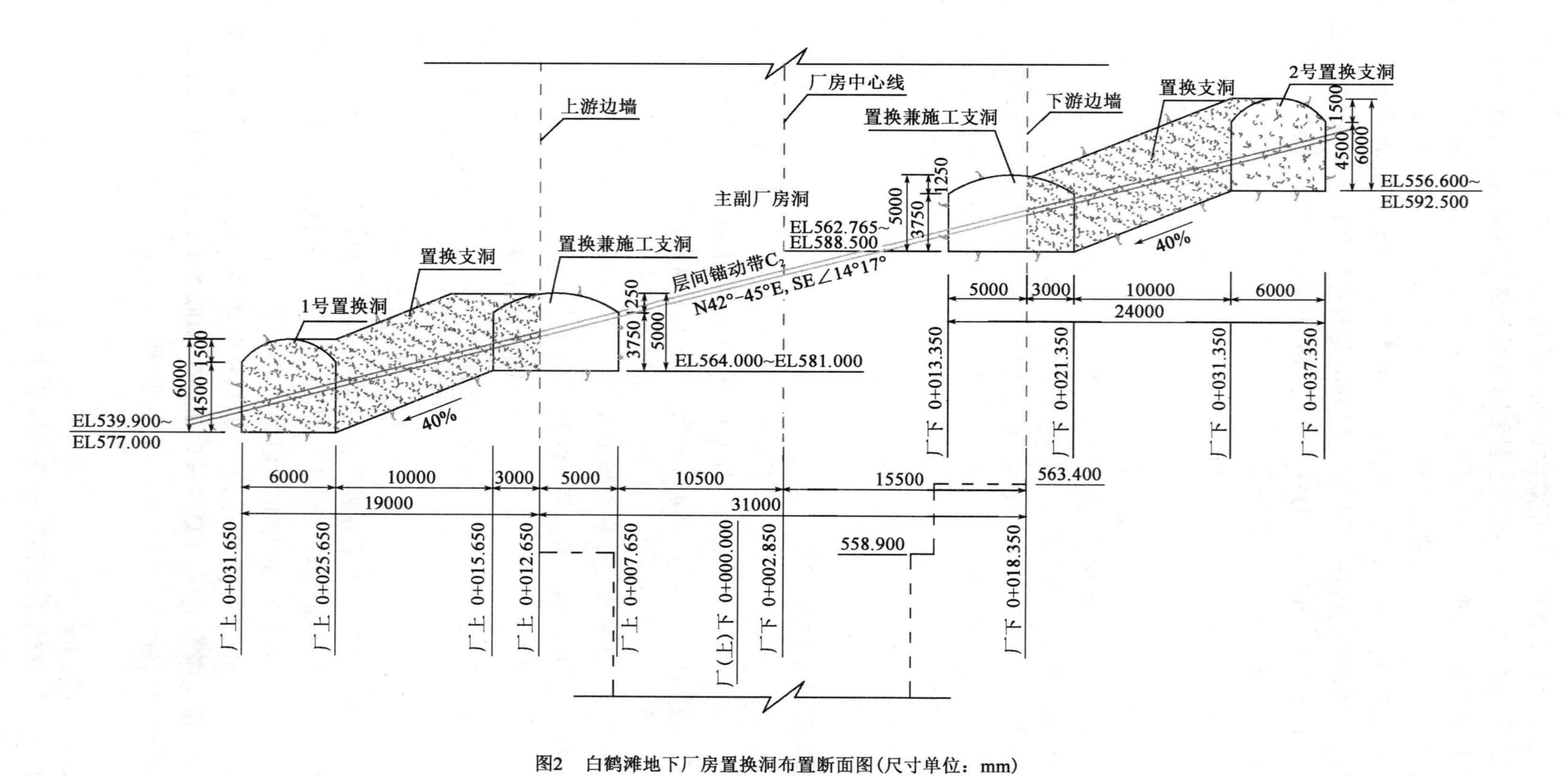

图2　白鹤滩地下厂房置换洞布置断面图(尺寸单位：mm)

针对 C_2 错动带采取压力分散型锚索进行深层锚固，主要分为两种布置形式。其一，沿 C_2 错动带上盘布置2排压力分散型预应力锚索（$T=2500$kN，$L=35$m，上倾10°，间距2.4m），保证 C_2 错动带上盘影响区围岩减小卸荷对其的影响；其二，沿 C_2 错动带上盘斜向下布置2排压力分散型预应力锚索（$T=2500$kN，$L=35$m/25m，下倾10°/下倾20°，间距2.4m/2.0m），穿过 C_2 错动带，锚固段位于稳定围岩中，很大程度上减少 C_2 错动带上、下盘相对位移。

5 加固技术成果分析

5.1 监测数据分析

从左岸地下厂房下游岩锚梁高程处锚杆多点位移计变化过程线如图3所示。由此可以看出，随着开挖高程不断向下延伸，多点位移计应力增加，特别是Ⅳ层及以下开挖。

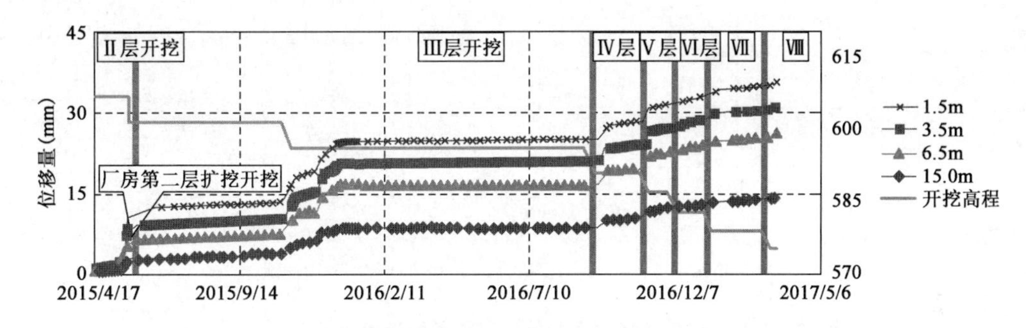

图3 左地厂0-052断面Mzc0-052-3围岩变形时序过程线

目前左岸地下厂房开挖至第Ⅷ层，开挖至高程575.0m处。开挖后，3号母线洞监测数据见表2、图4。INzmd3-0+024-1孔口主方向位移是4.97mm，INzmd3-0+024-1测斜管9.5m处 C_2 错动带主方向位移量是3.65mm，INzmd3-0+024-1测斜管13m处 C_2 错动带主方向位移量是3.28mm；INzmd3-0+024-1沿孔深指向厂房方向的位移空间分布主要受 C_2 错动带地质结构面控制作用（内因），加之岩流层产状小角度倾向上游（下游侧边墙为顺坡），开挖致使围岩松弛卸荷（诱因）。目前，孔口至13.0m深度围岩呈现出向厂房临空面位移量增长趋势；INzmd3-0+054-1测斜管9.5m处 C_2 错动带主方向位移量是0.84mm，INzmd3-0+054-1孔口主方向位移周变化量是0.92mm，呈现出平稳状态。

3号母线洞024-1测斜监测成果表 表2

测点编号	观测时间	C_2 错动带部(9.5m)指向厂房方向位移(mm)	C_2 错动带部13m指向厂房方向位移(mm)	孔口0.5m处指向厂房方向位移(mm)
INzmd3-0+024-1	2017/3/16	28.12	17.44	30.84
	2017/3/19	30.56	19.65	34.13
	2017/3/22	31.77	20.72	35.81
	变化量	3.65	3.28	4.97

5.2 固结灌浆成果分析

置换洞全洞段进行固结灌浆施工，固结灌浆结束后7天进行压水试验及14天进行声波检测，检查全部满足设计要求，经过对过程灌浆资料进行整理分析，各序孔单位注灰量规律符合一般灌浆规律，灌浆质量满足设计要求。各次序孔平均单位注灰量见表3。固结灌浆单位注灰量累积曲线图见图5。

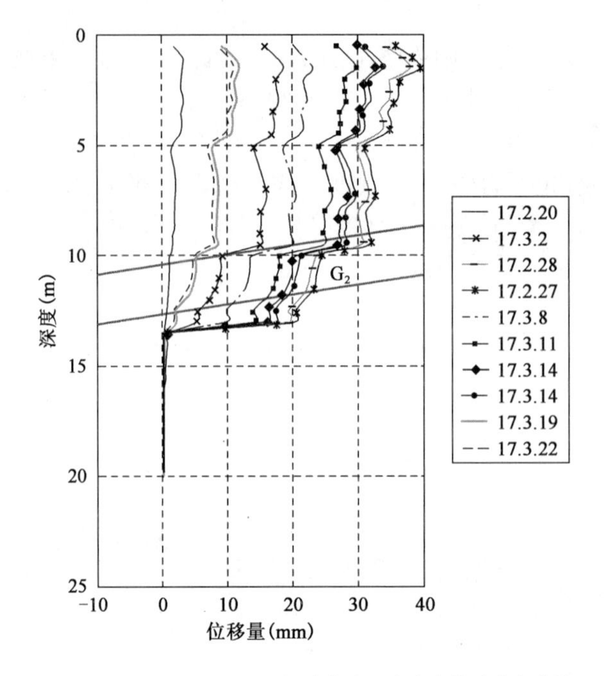

图4　INzmd3－0＋024－1 深度指向厂房方向位移分布曲线

各次序孔平均单位注灰量统计表　　表3

灌浆次序	平均单位注灰量(kg/m)	单位注灰量段数/频率(%)												
		总段数	<10		10～50		50～100		100～300		300～600		>600	
			段数	频率	段数	频率	段数	频率	段数	频率	段数	频率	段数	频率
Ⅰ	132.77	51	30	59	7	14	2	4	4	8	7	14	1	2
Ⅱ	39.79	51	34	67	10	20	2	4	4	8	1	2	0	0
合计	86.28	102	64	63	17	17	4	4	8	8	8	8	1	1

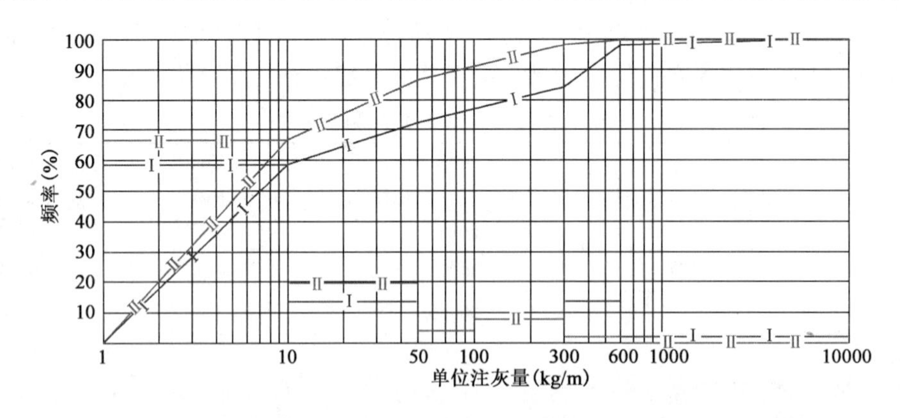

图5　固结灌浆单位注灰量累积曲线图

5.3　声波检测

岩体的完整性和岩体的波速相关,同种岩性的岩体波速越高,其完整程度也越好。岩体的完整性依据岩体的完整性系数 k_v 来判断。根据《水电水利工程物探规程》(DL/T 5010—

2005)，岩体完整性系数 k_v 的计算公式为：

$$k_v = \left(\frac{v_p}{v_{pr}}\right)^2$$

式中：v_p——实测岩体声波纵波速度(m/s)；

v_{pr}——新鲜完整岩块的声波纵波速度(m/s)。

各岩性新鲜完整岩块声波速度：柱状节理玄武岩为6300m/s，隐晶质玄武岩为6200m/s，斜斑玄武岩为6100m/s，杏仁状玄武岩为5950m/s，角砾熔岩为5800m/s。依据声波速度进行岩体完整性分类的结果详见表4。

岩体完整性分类表 表4

k_v	$1 \geqslant k_v > 0.75$	$0.75 \geqslant k_v > 0.55$	$0.55 \geqslant k_v > 0.35$	$0.35 \geqslant k_v > 0.15$	$k_v \leqslant 0.15$
柱状节理玄武岩	$6300 \geqslant v_p > 5456$	$5456 \geqslant v_p > 4672$	$4672 \geqslant v_p > 3727$	$3727 \geqslant v_p > 2440$	$v_p \leqslant 2440$
隐晶质玄武岩	$6200 \geqslant v_p > 5369$	$5369 \geqslant v_p > 4598$	$4598 \geqslant v_p > 3668$	$3668 \geqslant v_p > 2401$	$v_p \leqslant 2401$
斜斑玄武岩	$6100 \geqslant v_p > 5283$	$5283 \geqslant v_p > 4524$	$4524 \geqslant v_p > 3609$	$3609 \geqslant v_p > 2363$	$v_p \leqslant 2363$
杏仁状玄武岩	$5950 \geqslant v_p > 5153$	$5153 \geqslant v_p > 4413$	$4413 \geqslant v_p > 3520$	$3520 \geqslant v_p > 2304$	$v_p \leqslant 2304$
角砾熔岩	$5800 \geqslant v_p > 5023$	$5023 \geqslant v_p > 4301$	$4301 \geqslant v_p > 3431$	$3431 \geqslant v_p > 2246$	$v_p \leqslant 2246$
岩体评价	完整	较完整	完整性差	较破碎	破碎

各孔灌后波速均值提高范围为4.8%～26.2%。该部位灌前平均波速为4139m/s，灌后为4473m/s，灌后较灌前提高8.1%；从波速分布分析，灌前和灌后波速均呈近正态分布特征，小于4200m/s波速灌前占比为47.7%，灌后占比为12.8%，通过灌浆低波速值占比有所降低，说明灌浆取得了较好效果。

灌浆前后声波速度统计见表5。波速分布直方图见图6。

灌浆前后声波速度统计对比表 表5

灌序	声速(m/s)		各区间所占比例(%)					
	范围	均值	<3400	3400～3800	3800～4200	4200～4600	4600～5000	>5000
灌前	2985～5479	4210	14	16.3	17.4	18.6	24.4	9.3
灌后	3636～5714	4774	0	2.3	10.5	31.4	12.8	43

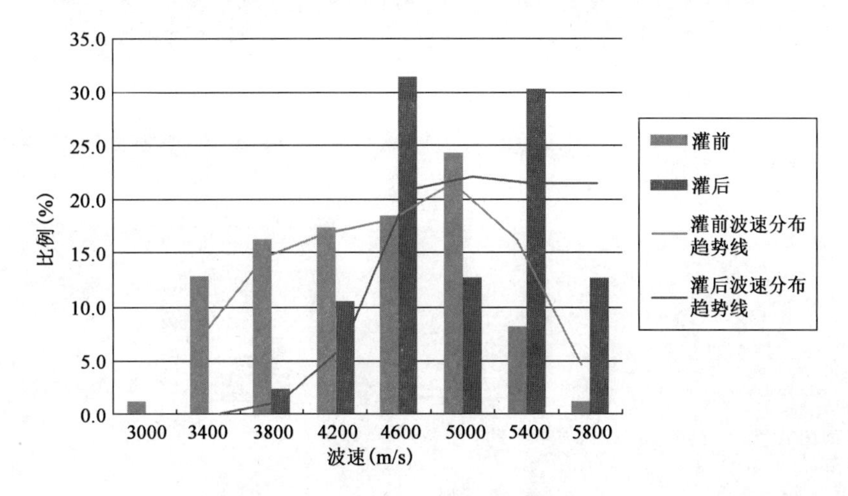

图6 该部位灌浆前后波速分布直方图

从灌前灌后波速分布直方图可以看出,低于3400的全部消除,声波低于3800的由30.3%降低至2.3%,减少了28%;声波低于4200的由47.7%降低至12.8%,减少了34.9%;而声波在4200~4600的大幅上升,由灌前的18.6%升至31.7%,而声波大于4200的由灌前的52.3%升于87.2%,灌浆效果明显。但从单孔声波来分析,灌浆对错动带上下盘影响区灌浆效果明显,对于错动带本身改善效果不明显。

6 错动带加固处理结论

(1)大型洞室边墙开挖前针对错动带采用开挖回填混凝土进行置换的方法效果明显,比较容易施工,且影响较小,但工程造价整体偏高。即采用置换的方法可以有效解决错动带缺陷的一部分问题。

(2)采用高压对穿冲洗再回填混凝土进行置换的方法,在实施时有一定局限性,且占关键线路。但工程投资较小,效果明显,在一些工期不紧张的项目或部位可以实施推广。

(3)作为普通洞室开挖支护所采用的普通砂浆锚杆、预应力锚杆、挂网喷混凝土及钢筋桩针对错动带开挖出露前期有一定作用。但由于错动带变形的延后,保证前期施工安全是非常必要的,锚杆在后期支护中有局限性,对支护效果也不明显。

(4)固结灌浆对于改善岩体整体性有着明显的作用。针对错动带在采取其他措施保证变形稳定的情况下,再采用固结灌浆进行处理,能从系统上解决错动带稳定问题,同时起到一定防渗作用,有效防止了遇水软化等问题。

(5)锚索加固为深层支护的主要手段,大型洞室群边墙加固处理必须采用大吨位的预应力锚索或压力分散型锚索对错动带的加固尤其重要,能有效地防止沿滑移面的变形,防止岩体整体失稳,效果明显。

参考文献

[1] 金长宇,张春生,冯夏庭.错动带对超大型地下洞室群围岩稳定影响研究[J].岩土力学,2010,31(4):1283-1288.

二、理论研究与工程试验

囊式扩体锚杆在宁波地区的足尺试验研究

刘　钟[1]　张楚福[2]　张　义[1]　吕美东[2]　许国平[3]　陈天雄[2]

（1. 中冶建筑研究总院有限公司　2. 浙江坤德创新岩土工程有限公司
3. 宁波市建筑设计研究院有限公司）

摘　要　囊式扩体锚杆技术是一项具有技术、经济、环保优势的新型扩体锚固技术，应用该技术体系能够大幅度提升锚固结构体系的安全性与耐久性。经过大量的试验研究和工程实践，岩土锚固工程界逐渐认识了深埋囊式扩体锚杆的承载变形性状所特有的加工硬化特征，且扩体锚固段端承力对锚杆承载力拥有决定性的贡献。结合宁波工程项目进行了囊式扩体锚杆现场足尺试验研究，并分析讨论了这种新型扩体锚杆的试验结果及其工作特性。

关键词　新技术　囊式　扩体锚杆　力学性能　试验研究　施工方法

1　引言

作为“国家财政部重点施工新技术研究项目”成果——新型扩体锚固技术[1]，囊式扩体锚杆已经在我国10多个省市自治区获得了广泛的工程应用，200多个工程项目，取得了显著的社会和经济效益。为了将这项具有市场竞争力的岩土锚固新技术引入宁波地区，科研、设计与施工三企业联手合作进行了这项足尺试验研究工作。

针对囊式扩体锚杆技术体系，文献[2]阐明了囊式扩体锚杆技术体系是由等直径锚杆与扩体锚杆技术体系演化发展而来（图1），根据大量的模型试验、有限元计算分析、颗粒流数值仿真和现场足尺试验，提出深埋扩体锚杆由于带有大直径扩体锚固段，其承载力学机制与等直径锚杆完全不同，图2展示对比了深埋扩体锚杆与传统锚杆的荷载—位移性状的差异性，曲线图揭示了深埋扩体锚杆荷载—位移特征曲线的单调上升性状及其应变硬化特征，这与等直径锚杆的载荷—位移曲线存在荷载峰值与应变软化特征有着本质区别，而这种应变硬化力学特

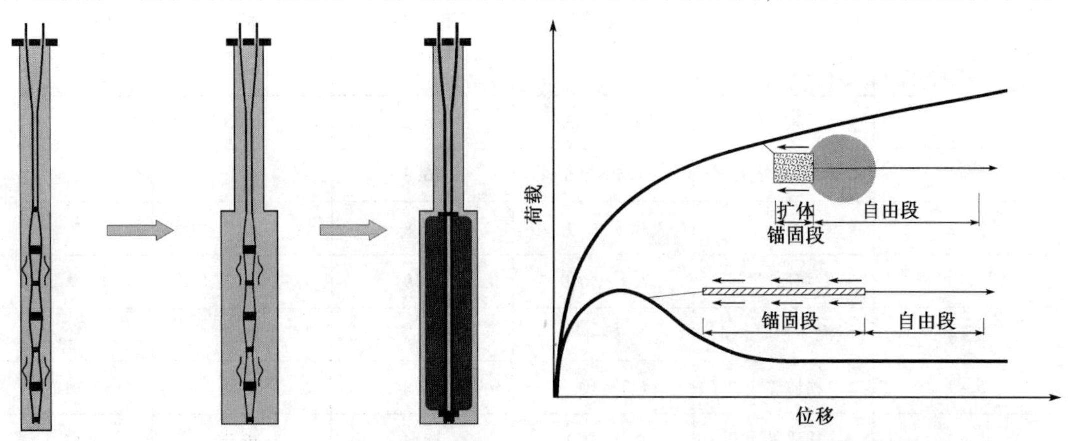

图1　囊式扩体锚固技术体系的演化发展

图2　扩体锚杆与传统锚杆 Q-s 曲线图

性决定了囊式扩体锚杆拥有更大的承载力与更高的安全度[3]。

目前,浙江省宁波市的地下空间抗浮结构设计主要采用钻孔灌注抗拔桩方案,钻孔灌注桩在施工速度、建造成本、环境保护等方面存在许多弊病,亟待寻找替代解决方案。而囊式扩体抗浮锚杆可以有效克服这些弊病,这种新技术除了适用于受拉构件并且防腐耐久性更佳之外,还能够完全避免泥浆排放、渣土外运和环境污染,同时施工速度快、节省建筑原材料,抗浮工程项目的建设成本还可以降低15% ~20%。为了能够在宁波地区尽早推广应用这项绿色岩土锚固新技术,笔者结合宁波市泛迪广场项目,在宁波地区进行了囊式扩体抗浮锚杆的现场足尺试验,以期通过这项试验研究工作进一步探索囊式扩体锚杆的基本特性及其在宁波地区相对软弱地层应用的适用性。

2 足尺试验场区地质条件

宁波市泛迪广场项目,工程用地面积15054m^2,总建筑面积81837m^2,由1幢23层办公楼和1幢4层商业用房及3层地下室组成,基坑开挖深度为15m,地下室基础底板埋深为-15m。

根据《岩土工程勘察报告》,试验场区地貌为海相沉积平原,地形平坦。在场地勘探深度81m范围内分为9个大层、16个亚层,主要由黏土、淤泥质黏土、淤泥质粉质黏土、粉质黏土、粉夹砂粉质黏土、细砂等组成。锚杆足尺试验涉及地层分述如下:

黏土:灰黄色,软塑,高压缩性。含氧化铁锈斑,层上部具腐殖物根茎,层下部土体渐变软、呈软塑状,切面有光泽、高干强度、高韧性。

淤泥质黏土:灰色,流塑,高压缩性。含云母及有机质,局部下部夹粉土薄层,切面有光泽、高干强度、高韧性。

淤泥质粉质黏土:灰色,流塑,高压缩性。含云母及有机质,层中部及下部局部夹粉土薄层,切面稍有光泽、中等干强度、中等韧性。

粉质黏土:灰绿、褐黄色,可塑,中压缩性。含铁锰质结核,偶含钙质结核,层上部为黏土,切面稍有光泽、中等干强度、中等韧性。

根据表1的地层情况与地基土物理力学参数,选取第5-2粉质黏土层作为囊式扩体锚杆的扩体锚固段埋置土层,参见图3。

试验场地地层与地基土物理力学参数汇总表 表1

土层编号	土层名称	土层厚度 (m)	土的重度 γ (kN/m^3)	黏聚力 c (kPa)	内摩擦角 φ (°)
1-2	黏土	0.4~1.3	18.2	27.5	12.5
2-1	淤泥质黏土	1.5~2.6	16.8	9.1	8.4
2-2	黏土	0.5~1.1	17.8	26.7	10.6
2-3	淤泥质黏土	7.4~10.9	16.9	12.3	9.2
2-4	淤泥质粉质黏土	1.7~4.0	17.7	15.3	12.2
5-1	粉质黏土	4.7~10.3	18.8	30.4	14.9
5-2	粉质黏土	2.9~9.1	18.4	26.7	14.1

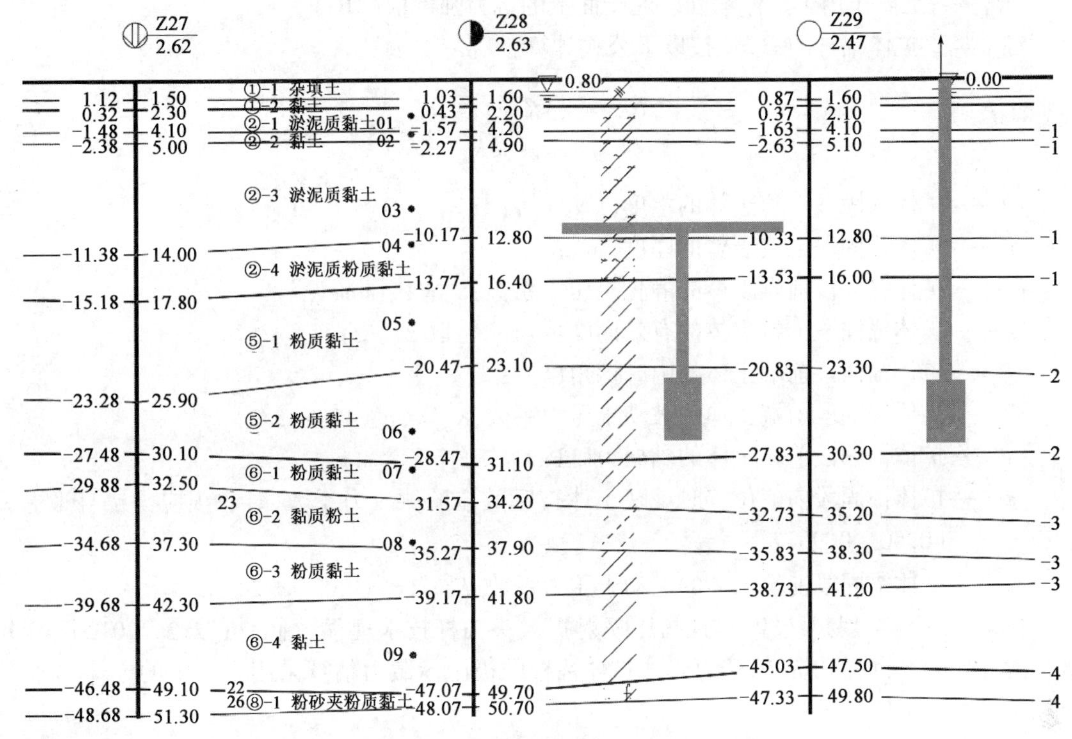

图3　囊式扩体锚杆设计位置与地层分布关系图

3　锚杆试验方案与锚杆抗拔力估算

3.1　锚杆足尺试验方案

由于开展现场试验工作时，基坑尚未开挖，足尺试验在地表实施。试验囊式扩体锚杆总长度30m，普通锚固段长度11m，扩体锚固段长度4m，空孔自由段长度15m。其中，空孔段与普通锚固段直径180mm，扩体锚固段直径800mm，扩体锚固段埋置于第5－2粉质黏土层中。扩体锚固段采用由工厂制造的多重防腐的囊式扩体结构装置，锚杆杆体采用1×ϕ40的PSB930级预应力螺纹钢筋，外锚头利用承压板与高强螺栓进行张拉与锁定。

3.2　试验锚杆极限抗拔力估算

3.2.1　锚杆极限拉拔力估算

试验开始前，对锚杆极限抗拔力进行了估算，依据《高压喷射扩大头锚杆技术规程》（JGJ/T 282—2012）[4]，囊式扩体锚杆的极限抗拔力按以下公式估算：

$$T_{uk} = \pi D_1 L_d f_{mg1} + \pi D_2 L_D f_{mg2} + \pi (D_2^2 - D_1^2) P_D / 4 \tag{1}$$

式中：T_{uk}——锚杆极限抗拔力（kN）；

D_1——非扩体锚固段直径（m）；

L_d——非扩体锚固段长度（m）；

f_{mg1}——非扩体锚固段注浆体与地层间的黏结强度标准值（kPa）；

D_2——扩体锚固段直径（m）；

L_D——扩体锚固段长度（m）；

f_{mg2}——扩体锚固段注浆体与地层间的黏结强度标准值（kPa）；

P_D——土体作用于扩体锚固段前端面上的抗力强度值(kPa)。

对于竖直扩体锚杆的 P_D 值按以下公式计算：

$$P_D = \frac{(K_0 - \xi)K_p\gamma h + 2c\sqrt{K_p}}{1 - \xi K_p} \tag{2}$$

式中：γ——扩体锚固段上覆土体的重度(kN/m^3)；

h——扩体锚固段上覆土体的厚度(m)；

K_0——扩体锚固段前端土体的静止土压力系数，$K_0 = 1 - \sin\varphi'$；

φ'——扩体锚固段前端土体的有效内摩擦角(°)，取 $\varphi' = \varphi$；

ξ——扩体锚固段前端土体的内摩擦角(°)；

K_p——扩体锚固段前端土体的被动土压力系数，$K_p = \tan^2(45° + \varphi/2)$；

c——扩体锚固段前端土体的黏聚力(kPa)；

φ——扩体锚固段向前位移时反映土体挤密效应的侧压力系数，对非预应力锚杆取 $\xi = (0.50 \sim 0.90)K_a$；

K_a——扩体锚固段前端土体的主动土压力系数，$K_a = \tan^2(45° - \varphi/2)$。

根据《岩土工程勘察报告》与《高压喷射扩大头锚杆技术规程》(JGJ/T 282—2012)，参考试锚附近的 Z28 勘探孔资料，竖直囊式扩体锚杆的极限承载力估算采用表 2 中的土体与水泥土黏结强度标准值。

单锚极限承载力设计的地层参数汇总表 表 2

土层编号	土层名称	土体厚度(m)	土体与水泥土黏结强度标准值(kPa)
1-2	黏土	0.4~1.3	31.6
2-1	淤泥质黏土	1.5~2.6	18.0
2-2	黏土	0.5~1.1	33.2
2-3	淤泥质黏土	7.4~10.9	18.0
2-4	淤泥质粉质黏土	1.7~4.0	26.0
5-1	粉质黏土	4.7~10.3	68.0
5-2	粉质黏土	2.9~9.1	50.0

注：土体与水泥土黏结强度标准值是按照《岩土工程勘察报告》的土层液性指数与《高压喷射扩大头锚杆技术规程》表 4.6.3 中的参数进行中间差值得到的。

依据扩体锚固段埋置于第 5-2 粉质黏土层条件，估算锚杆抗拔力极限值与特征值：

$K_0 = 1 - \sin\varphi' = 1 - \sin 14.1° = 0.757$，$K_a = \tan^2(45° - \varphi'/2) = 0.607$

$K_p = \tan^2(45° + \varphi'/2) = 1.641$

$\xi = (0.5 \sim 0.9)K_a = 0.80 \times 0.607 = 0.486$；$h = 26m$；$\gamma' = 18.4 - 10 = 8.4kN/m^3$

$P_D = 816.26kPa$

锚杆的普通锚固段埋置于各土层中的长度：第 2-4 淤泥质粉质黏土层 1.2m，第 5-1 粉质黏土层 8m，第 5-2 粉质黏土层 1.8m。计算数据与结果见表 3。

$D_1 = 0.18m$，$D_2 = 0.8m$，$L_d = 11m$，$L_D = 4m$

$\pi D_1 L_d f_{mg1} = 3.1416 \times 0.18 \times (11.0 - 2 \times 0.8) \times 60.47 = 321.43\text{kN}$

$\pi D_2 L_D f_{mg2} = 3.1416 \times 0.8 \times 4.0 \times 50.0 = 502.66\text{kN}$

$\pi(D_2^2 - D_1^2)P_D/4 = 3.1416 \times (0.8^2 - 0.18^2) \times 816.26/4 = 389.53\text{kN}$

囊式扩体锚杆的抗拔力极限值为：

$T_{uk} = D_1 L_d f_{mg1} + \pi D_2 L_D f_{mg2} + \pi(D_2^2 - D_1^2)P_D/4 = 1213.62\text{kN}$

囊式扩体锚杆的抗拔力特征值为：

$T_{ak} = T_{uk}/2 = 606.81\text{kN}$

囊式扩体抗浮锚杆的计算极限承载力与许用承载力汇总表　　表3

锚杆长度(m)	扩体锚固段土层编号	锚杆几何参数(m)			计算极限承载力(kN)	安全系数 K	许用承载力(kN)
		h	L_d/D_1	L_D/D_2			
30	5-2	26	11/0.18	4/0.8	1213.62	2	606.81

3.2.2　锚杆杆体强度验算

锚杆杆体强度验算依据《高压喷射扩大头锚杆技术规程》(JGJ/T 282—2012)进行：

$$A_S \geqslant \frac{K_t T_{ak}}{f_y} \tag{3}$$

式中：K_t——锚杆杆体的抗拉断安全系数，永久性锚杆取 $K_t = 1.5 \sim 1.6$；

T_{ak}——锚杆的抗拔力特征值(kN)；

f_y——预应力螺纹钢筋的抗拉强度设计值(MPa)。

$\phi40$ 的 PSB930 级预应力螺纹钢筋抗拉强度设计值 $f_y = 930/1.2 = 775\text{MPa}$，因此，$1 \times \phi40$ 的 PSB930 级预应力螺纹钢筋制作的锚杆杆体设计抗拉力为：

$$T = 1 \times 1256.6 \times 10^{-3} \times 775/1.55 = 628\text{kN} > T_{ak} = 606.81\text{kN}$$

由于本次足尺试验是囊式扩体锚杆在宁波地区的首次应用与试验，因此，在正式试验前，笔者主动降低了锚杆极限抗拔力的估算值，暂时选取锚杆极限抗拔力为1050kN，选取锚杆抗拔力特征值为525kN。

4　施工流程及施工工艺

施工前对施工场地进行了平整，以满足旋喷钻机组装与施工对场地的要求。之后进行了施工附属设备与旋喷钻机连接、调试。进行旋喷钻机高压试喷时，保持高压喷射状态5min，且喷射压力超过施工要求最大压力5MPa，即为35MPa，同时检查两级水泥浆搅拌质量、高压泥浆泵性能、高压管路密封性等。

锚杆施工主要包括以下步骤(图4)：

(1)钻机成孔

启动高压泥浆泵为旋喷钻机的钻具供应高压水(或水泥浆)，观察钻头喷射情况。当钻头低压喷射稳定且钻杆转动平稳后下旋钻进成孔至设计深度。

(2)旋喷扩孔

当钻孔深度达到设计要求后进行高压旋喷扩孔，增大喷射压力至30MPa，以15cm/min的提升速度及 15r/min 的转速进行水泥浆高压喷射扩孔。为了确保扩体段直径满足设计要求，对扩孔段进行一次复喷，喷射浆液采用水灰比 1:1 的水泥浆，水泥采用 42.5 级普通硅酸盐水泥。

(3)锚杆杆体编锚

足尺试验采用的囊式锚头均由工厂生产，产品运抵现场后，由工人进行快速组装，将预应力螺纹钢筋与囊式锚头底部的承压板进行螺栓固定连接，再安装导向帽。

(4)锚杆杆体安放

下锚采用旋喷钻机附配吊装机构，将组装好的囊式扩体锚杆垂直吊放到锚孔中，下锚过程中要求匀速将锚杆杆体下放至设计深度位置；安放锚杆时应防止杆体扭转和弯曲，注浆管随杆体一同放入锚孔。

(5)囊内压力注浆

注浆工艺采用两级注浆液搅拌，利用水泥添加剂配制无泌水水泥浆，水泥采用 42.5 级普通硅酸盐水泥，水灰比为 0.4 ~ 0.45；水泥浆的流动度控制在 200 ~ 220mm。待锚杆杆体下放到锚孔中的设计位置后，尽快利用注浆泵以 0.5 ~ 2.0MPa 的压力，将制备好的水泥浆压力灌入囊体内。囊内水泥浆压力注浆采用双指标标准控制灌注压力与总注浆量。常用注浆压力为 0.5 ~ 1.5MPa，囊内注浆量则根据囊式锚头产品说明确定，囊袋灌注饱满度宜控制在 0.98 ~ 1.0范围内。囊内压力注浆完毕后，及时拆除注浆管并立即在临近扩体锚固段顶端处进行锚孔内压力注浆，锚孔内注浆采用水灰比为 0.4 ~ 0.5 的水泥净浆。

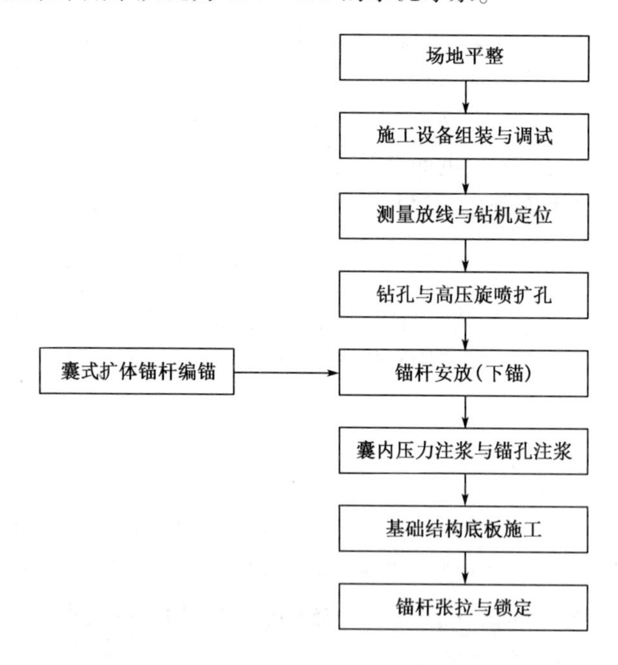

图 4　囊式扩体抗浮锚杆施工工艺流程图

图 5 展示了囊式扩体抗浮锚杆设计大样图和基础底板连接设计示意图，结构基础底板施工时，锚杆外锚头通过承压板与高强螺栓锁定于基础底板的上层钢筋之上。由于对囊式扩体抗浮锚杆施加预应力有利于地下结构变形控制与岩土体承载能力的发挥，因此，笔者建议对于采用无黏结钢绞线或预应力螺纹钢筋作为杆体的囊式扩体抗浮锚杆应在基础底板完成施工工序之前施加预应力。

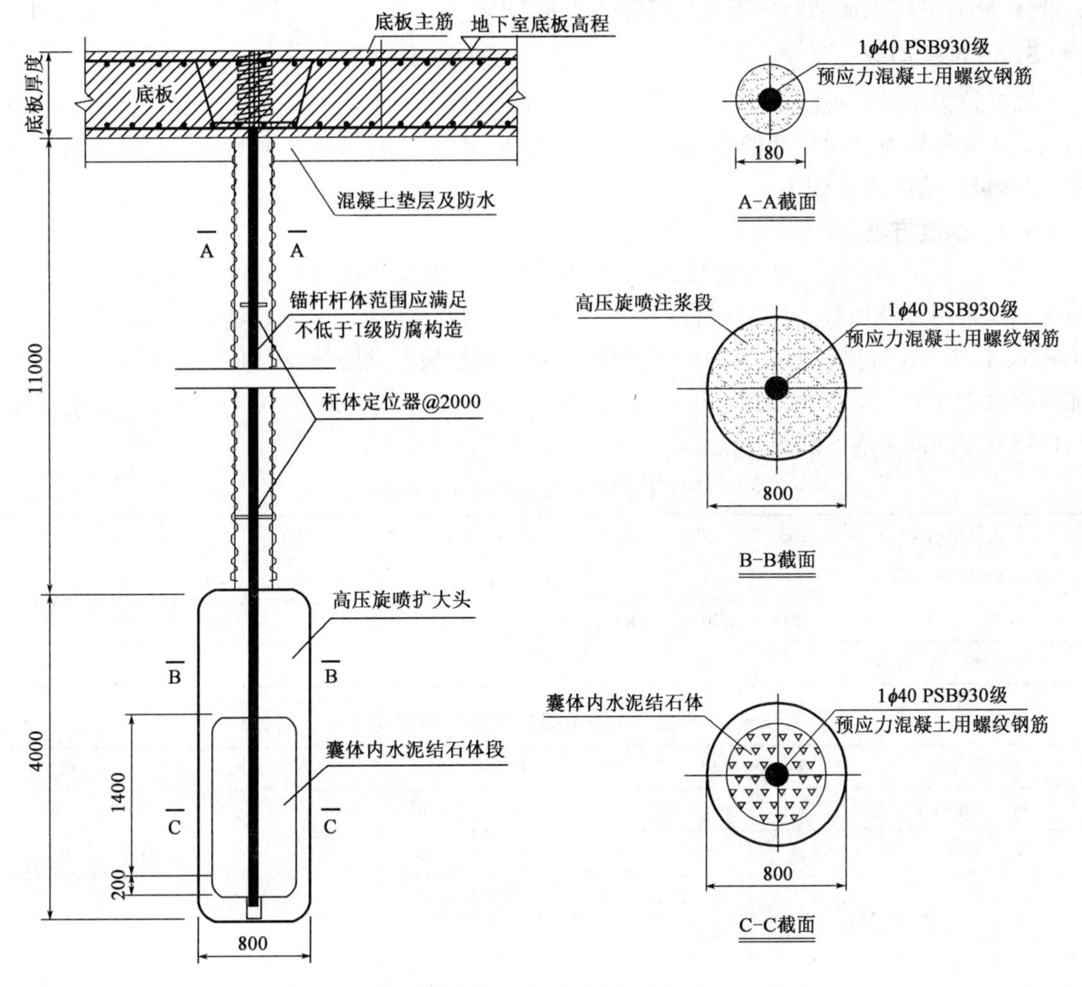

图5　囊式扩体抗浮锚杆设计大样图(尺寸单位:mm)

5　囊式扩体抗浮锚杆拉拔试验

足尺试验包括1组3根囊式扩体抗浮锚杆,其设计与拉拔试验要求详见表4。

试验锚杆设计与拉拔试验要求汇总表　　表4

试锚编号	钢筋型号	锚杆总长(m)	普通锚固段长度(m)/直径(mm)	扩体锚固段长度(m)/直径(mm)	自由段长度(m)	单锚承载力特征值(kN)	最大试验荷载(kN)
1	PSB930	30	11/180	4/800	15	525	1400
2	PSB930	30	11/180	4/800	15	525	1400
3	PSB930	30	11/180	4/800	15	525	1400

5.1　试验目的与要求

足尺试验的目的是要确定囊式扩体抗浮锚杆在试验项目场地的极限抗拔力,因此锚杆最大试验荷载选择1400kN,大于锚杆的估算极限抗拔力,且试验用压力表、测力计、位移计等计量仪表均满足测量要求的量程和精度。试验加载装置(荷载钢梁、千斤顶、油泵)的承载能力和额定压力也能够满足最大试验荷载的加载要求。拉拔试验在锚杆水泥结石体达到28d龄期后进行,此时囊内水泥结石体的抗压强度大于40MPa。

5.2 试验加载装置

锚杆拉拔试验与检测采用150t穿心式千斤顶,加载采用电动油泵。锚杆位移量测和分级加载采用武汉岩海公司生产的静载荷测试分析仪RS-JYB进行自动加载和自动记录荷载与位移,位移量测精度为0.01mm。

5.3 加载方案

锚杆足尺试验的最大试验荷载1400kN为锚杆估算极限抗拔力1050kN的1.33倍。锚杆拉拔试验采用分级加载法,1号锚杆加载分为13级,初始荷载取200 kN,其后每级荷载增量为100kN。2号和3号锚杆加载分为9级,初始荷载取锚杆最大试验荷载值1400kN的20%,分级加荷取最大试验荷载值的20%、30%、40%、50%、60%和70%、80%、90%、100%。加荷等级和位移观测时间见表5和表6。

1号锚杆试验分级加荷等级和观测时间 表5

荷载大小(kN)	200	300	400	500	600	700	800	900	1000	1100
本级观测时间(min)	21	31	31	31	41	41	46	46	51	51
荷载大小(kN)	1200	1300	1400	1200	1000	800	600	400	200	0
本级观测时间(min)	56	56	61	5	5	5	5	5	5	10

2号、3号锚杆试验分级加荷等级和观测时间 表6

荷载等级	20%	30%	40%	50%	60%	70%	80%	90%	100%
荷载大小(kN)	280	420	560	700	840	980	1120	1260	1400
本级观测时间(min)	26	26	31	41	41	41	51	51	61
荷载等级	80%	60%	40%	20%	0				
荷载大小(kN)	1120	840	560	280	0				
本级观测时间(min)	5	5	5	5	10				

5.4 锚杆位移量测

锚杆拉拔试验中的每级荷载的稳定时间均不小于5min,最后一级荷载的稳定时间为10min。在试验过程中记录每级荷载下的位移增量,如在稳定时间内该级锚头位移增量不超过0.1mm,可以认为在该级荷载作用下的锚杆位移收敛稳定;否则该级荷载再维持50min以上,并在20、30、40、50和60min时记录锚杆位移增量。

5.5 锚杆破坏判断标准

(1)后一级荷载产生的锚头位移增量达到或超过前一级荷载产生的位移增量的2倍;

(2)锚头位移持续增长;

(3)锚杆杆体破坏。

6 锚杆拉拔试验结果与分析

锚杆拉拔试验由第三方试验检测公司负责实施,并提供检测数据。笔者根据囊式扩体锚杆拉拔试验得到的荷载、位移实测数据绘制并制作了图形与表格,见表7与图6、图7、图8,在此基础上对囊式扩体抗浮锚杆的试验结果以及锚杆荷载—位移曲线基本特性进行了分析讨论。

锚杆抗拔试验实测基础数据汇总表　　表7

试锚编号	最大拉拔力(kN)	最大位移量(mm)	抗拔极限承载力(kN)	最大位移量(mm)	弹性位移量(mm)	塑性位移量(mm)
1	1400	148.52	1400	148.52	120.20	28.32
2	1400	139.66	1400	139.66	113.16	26.50
3	1400	147.22	1400	147.22	117.66	29.56

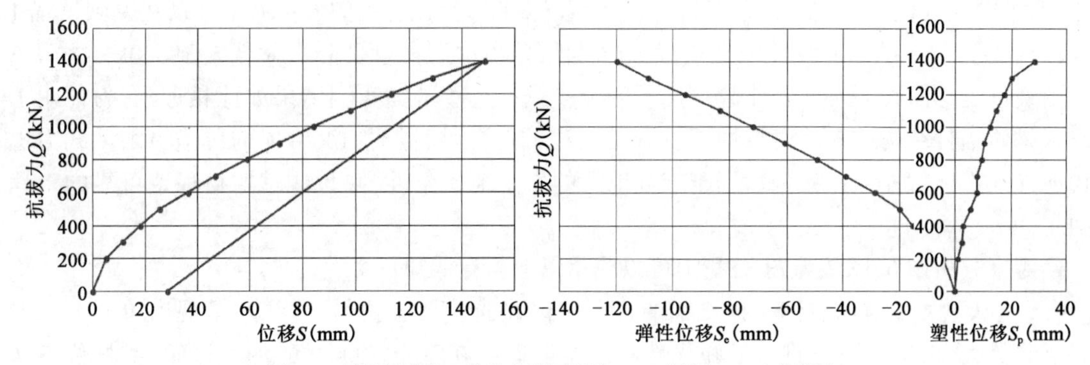

图6　1号锚杆荷载—位移曲线图以及 Q-S_e 曲线与 Q-S_p 曲线图

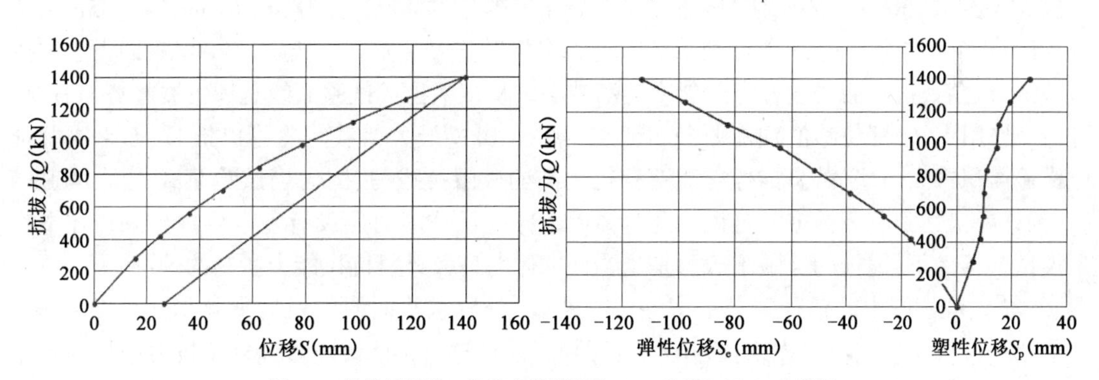

图7　2号锚杆荷载—位移曲线图以及 Q-S_e 曲线与 Q-S_p 曲线图

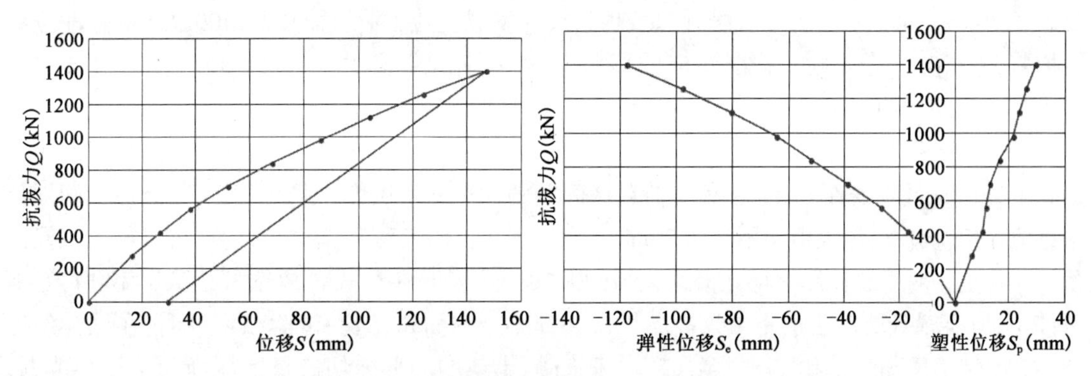

图8　3号锚杆荷载—位移曲线图以及 Q-S_e 曲线与 Q-S_p 曲线图

根据第三方"泛迪广场项目囊式扩大头抗浮锚杆抗拔试验"检测报告所提供的实测数据，可以清楚地看到3根试锚在最大试验荷载1400kN作用下均未发生破坏，此时，3根试锚的对应最大位移为139.66~148.52mm，量值十分接近。从表7可以获知，在最大荷载作用下，3根试锚的塑性位移量为26.50~29.56mm，未超过30mm，约占锚杆最大位移量的20%。试验实测结果表明：

（1）囊式扩体锚杆在1400kN最大荷载作用下并未发生锚周土体整体破坏，由于1400kN已达到了1×ϕ40PSB930级预应力螺纹钢筋的抗拉极限值，因此，锚杆的破坏荷载是由受拉杆体承载能力决定的。依据足尺试验检测结果，3根试锚的极限抗拔力能够确定为1400kN，抗拔力特征值确定为700kN。

（2）本次试验中，试验锚杆的几何尺寸、结构型式、使用材料、组装工艺以及施工方法完全相同，不同之处仅在于锚杆试验分级加载等级与观测时间上，从图6～图8可以观察到试锚1与试锚2、试锚3的差异仅反映在荷载—位移曲线的初期加载区间，当荷载大于600kN之后，3条荷载—位移曲线的发展变化趋势几乎完全一致。这些试锚实测结果如此相近，有力证明了囊式扩体锚杆结构体系的可靠性以及施工工法的可控性，同时，1400kN的单锚极限承载力也说明囊式扩体抗浮锚杆完全适用于宁波地区的岩土地质条件，并且能够取得稳定可靠的工程效果。

观察分析图6、图7与图8，我们可以获得以下4点认知：

（1）从这些图可以看到3根试锚的荷载—位移曲线形态相似，曲线均呈现出单调上升的发展趋势，深埋扩体锚杆的加工硬化性状非常明确。在零至700kN的加载区间，锚杆位移从零值发展到约50mm，试锚1、试锚2与试锚3的总位移分别为46.81mm、48.55mm和51.91mm，在此加载区间，3条曲线上各点的斜率相对较大。而当荷载超过700kN，即大于抗拔力特征值之后，这些曲线上各点的斜率逐渐减小。从试锚拉拔试验曲线总体发展趋势来看，在各荷载作用点，锚杆位移值均能收敛，即使达到1400kN最大荷载时。可以推断，如果锚杆杆体横截面积再大一些，试验锚杆应能够获得更高的极限抗拔力，因为当试验荷载达到1400kN时，锚杆尚未达到破坏标准。这说明此时锚周土体的承载能力还没有完全发挥出来。在本次足尺试验条件下，锚杆的极限承载力是受锚杆杆体的最大材料抗拉能力所制约的。

（2）先观察图中的锚杆荷载—弹性位移曲线，分析这些曲线的发展变化形态。结合表7中的锚杆拉拔试验实测数据来描述$Q\text{-}S_e$曲线特性，即这3条曲线随着锚杆拉拔力增加而发生的锚杆弹性位移变化情况。当锚杆荷载达到700kN时，这些曲线的弹性位移约为40mm，当荷载大于700 kN时，$Q\text{-}S_e$曲线后段近似表现为线性发展变化，当荷载达到1400kN时，弹性位移值均接近120mm。此时，试验锚杆的弹性位移分别为锚杆总位移的80.93%，81.03%，79.92%，其差异约为1%。

（3）再分析图中的$Q\text{-}S_p$曲线，从这些锚杆的荷载—塑性位移曲线图可以看到它们的曲线形态十分相似，总体来看，不但在整个荷载区间的塑性位移发展变化趋势相近，而且最大塑性位移量值也相差甚小，最大值均不超过30mm。利用表7试验实测数据进行计算，可以确定试锚的塑性位移量相对于总位移量的占比均小于20.1%，这表明在囊式扩体锚杆最大荷载1400 kN条件下，所有锚杆所产生的不可恢复塑性位移都小于30mm。这些试验结果说明：在试验条件下，岩土体的承载能力还没有完全发挥出来，锚周土体的局部剪切破坏区域尚处于较小范围，这个判断可以通过文献[5,6]的研究成果加以验证。

（4）针对本工程项目，在囊式扩体抗浮锚杆正常使用状态，锚杆所受拉拔力通常不会超过锚杆抗拔力特征值700kN，因此实际可能发生的锚杆最大总位移约为50mm，锚杆对应的最大塑性位移不超过12mm，这种量级的锚杆变形对于抗浮地下结构来说是可以承受的。若针对囊式扩体抗浮锚杆施加一定应力水平的预应力，还可以大幅度消减锚杆总位移量。

7 囊式扩体抗浮锚杆的工程应用

随着宁波市开发建设需求的提高,高层建筑综合体常采用多塔大底盘结构设计形式,其地上建筑互相独立,地下空间通体相连,地上结构荷载、水浮力和地基反力共同作用在基础底板上;而地下空间抗浮设计需要根据主体结构在基础底板上的投影位置与荷载分布灵活布置竖向承载构件。目前,宁波地区地下结构抗浮主要采用钻孔灌注抗拔桩方案,由于基坑开挖深度大,独立基础和地梁布设复杂,且抗拔桩需要桩承台,易导致柱网间水浮力和地基反力同向叠加产生较大弯矩,增加梁板的配筋量和截面高度。此外作为受拉构件,抗拔桩钢筋笼需要全长配置并进行桩身抗裂验算,也会引起配筋量增加,造价高企。另一方面,抗拔桩受力后,由于钢筋自上而下传递荷载,桩身混凝土受拉会产生微裂缝,在地下水长期腐蚀下,受力主筋耐久性受到重大挑战。

为克服传统钻孔灌注桩抗浮技术方案的弊病,应该引入高承载囊式扩体抗浮锚杆技术,其具有布设灵活、节省建材、造价低廉、高效环保的突出优点。应用囊式扩体抗浮锚杆技术能够通过去除桩承台与均匀布锚降低板中弯矩和配筋量,提高施工质量的可控可靠性与防腐耐久性,同时也克服了钻孔灌注桩施工产生的大量泥浆和渣土排放以及施工效率低、环境污染等弊病。此外,应用囊式扩体锚杆后张预应力技术,比如在基础底板上对抗浮锚杆施加设计抗拔力的60% ~80%作为锁定荷载,可以减少因地下水位变化和筏板埋深不同所产生的板中应力变化,使筏板各部位受力变得相对均匀。进而还能平衡部分水浮力和上部柱荷载在基础底板中引起的弯矩,通过弯矩消峰作用进一步优化底板工作状态,降低底板混凝土微裂缝的出现概率,提高地下结构的防水防渗效果。

总之,与钻孔灌注桩抗浮技术方案对比,囊式扩体抗浮锚杆技术方案的技术、环保和经济优势极其显著,十分适用于宁波地区的建筑地下空间抗浮工程应用。

8 结论

通过宁波市泛迪广场工程项目的囊式扩体抗浮锚杆现场足尺试验获取了大量试验数据,加深了对深埋囊式扩体锚杆工作特性的认识,并获得以下结论:

(1)试验锚杆完整的拉拔试验数据再次确认了深埋囊式扩体锚体单调上升的荷载—位移曲线具有加工硬化的力学特征。扩体锚杆抗拔力由扩体锚固段端承力与两个锚固段的侧阻力共同构成。加载初期,扩体锚杆抗拔力来自普通锚固段的侧阻力,随着载荷增大,锚杆端承力开始发挥作用。在锚杆加载后期,锚杆荷载增量主要由扩体锚固段端承力承担。扩体锚固段应该埋置在相对好的地层中,以便提高扩体锚固段前端土体的抗力强度值。

(2)试验锚杆在接近破坏荷载条件下,其总位移主要由弹性位移构成,约占总位移量的80%;在1400kN最大极限荷载作用下,塑性位移小于30mm。足尺试验结果证明这种新型囊式扩体锚杆在宁波地区相对软弱地层中的极限承载力能够达到1400kN,并且具有较强的变形控制能力,展示出囊式扩体锚杆的承载力学机制的优越性。

(3)现场足尺试验结果表明,囊式扩体抗浮锚杆新技术不但适用于宁波地区的岩土地层条件,还拥有优越的技术效果、突出的经济效益与良好的环境效益。因此,笔者建议将这项绿色岩土锚固新技术尽快应用于宁波地区的地下空间结构抗浮工程项目。

参考文献

[1] 刘钟,杨松,刘波,等. 承压型囊式扩体锚杆关键技术研发与应用[R]. 财政部重点施工新技术研发项目技术报告,北京,2014 年 11 月.

[2] 刘钟,郭钢,张义,等. 囊式扩体锚杆施工技术与工程应用[J]. 岩土工程学报,2014,36(增刊 2):205-211.

[3] Liu Z, Guo G. Application of innovation underreamed ground anchorage with capsule [C]. Piled foundations & ground improvement technology for the modern building and infrastructure sector, Proceedings of the international conference organized by the Deep Foundations Institute and held in Melbourne, Australia, 21 March, 2017, 310-319.

[4] 中华人民共和国住房和城乡建设部. JGJ/T 282—2012 高压喷射扩大头锚杆技术规程[S]. 北京:中国建筑工业出版社,2012.

[5] 刘钟,郭钢,王保军,等. 扩体锚杆破坏类型模型试验研究[J]. 岩土锚固技术与工程应用新发展,2012,53-57.

[6] 郭钢,刘钟,李永康,等. 扩体锚杆拉拔破坏机制模型试验研究[J]. 岩石力学与工程学报,2013,32(08):1677-1684.

BFRP 锚杆锚固系统界面应力传递试验研究

李慈航[1,2,3]　吴红刚[2,3]

(1.中国铁道科学研究院研究生部　2.中铁西北科学研究院有限公司
3.中铁滑坡工程工程实验室)

摘　要　玄武岩纤维增强复合材料(BFRP)锚杆是一种由树脂和玄武岩纤维复合而成的新型材料,与传统钢筋相比具有强度高、耐腐蚀性强和抗震性能优越的特点。基于不同直径 BFRP 锚杆在不同强度围岩材料中的室外拉拔试验,利用改进的应变测试元件对锚固系统内部空间应力传递现象进行分析,为 BFEP 锚杆的推广应用和设计提供理论基础。试验结果表明:同种围岩材料中,锚固系统界面应力沿轴向和径向的衰减速度均与 BFRP 锚杆的直径有关,随着直径的增大,界面应力沿轴向衰减速率减小、沿径向衰减速率增大;同直径 BFRP 锚杆锚固系统的界面应力沿轴向的衰减速率与围岩材料性质有关,随着围岩强度的增大,衰减速率增大,因此 BFRP 锚杆在黄土地层边坡中可以较好地发挥作用;围岩内与锚固体接触部位剪应力沿轴向逐渐增大,在锚固体底部达到最大值,但剪应力值相对较小,在锚杆结构边坡支护设计中需要选择合理的锚固长度,避免出现锚固体整体拔出的现象。

关键词　BFRP 锚杆　锚固系统　界面应力　衰减速率

1　引言

锚杆支护对岩体稳定性控制具有明显的效果,已被大量工程实践所证实,传统钢锚杆因其耐腐蚀性较差,日益威胁着锚杆支挡结构体系的稳定性。纤维增强塑料(FRP)锚杆的应用为解决这一问题提供了良好的途径,由于 FRP 筋材的弹性模量较钢筋低,约为钢筋的 1/4,作为锚杆使用除却耐腐蚀优势外,相对钢筋锚杆也具有更好地适应坡体变形的能力[1-2],而较少地影响锚固体与围岩的黏结状态。国内外学者关于 FRP 锚杆加固边坡的效果已开展了大量研究。

目前,继碳纤维增强塑料(CFRP)锚杆、玻璃纤维增强塑料(GFRP)锚杆后玄武岩纤维增强塑料(BFRP)锚杆作为一种完全绿色的无机纤维材料因其优良的工程特性和经济性成为替代钢材的理想材料之一。国内外学者在研究 BFRP 锚杆锚固性能时还停留在对其锚固效果的整体性评价,没有针对锚固系统的应力传递规律进行研究。在锚杆锚固系统的工作过程当中,力由锚杆杆体传递到黏结材料,再由黏结材料传递到岩土体,在锚固段的荷载传递过程中涉及黏结材料、岩土体材料的物理非线性、几何非线性、非均质性、非连续性以及锚固界面的接触非线性等力学特性,作用机制复杂[3]。因此,对于 BFRP 锚固系统空间应力传递机制的研究是锚杆设计的重要依据,也是本文的重点。

现有研究在对锚杆的理论研究和计算模型中忽略了锚固结构“一个系统(锚固系统)、两个界面(第一、第二界面)、三种介质(BFRP 锚杆、锚固剂、岩土体)”的空间特征,仅仅考虑了两个界面的应力传递机制,受力形式过于简化,计算结果粗糙,和实际应用中出入较大[4-10]。

对于 BFRP 锚杆的研究更是只停留在材料力学性能应用层面，曹晓峰[11]等、杨国梁[12]、高先建[13]等通过抗拉伸试验、抗剪试验研究了玄武岩纤维强度、变形和破坏等力学性能。高丹盈等[14]针对玻璃纤维增强塑料锚杆两个界面共同作用建立了黏结——滑移理论方程，但由于纤维材料不同，在 BFRP 锚杆的设计过程中并不完全适用。

锚杆锚固系统在外荷载拉拔力的作用下，剪应力由锚杆杆体向黏结材料和围岩体产生应力传递，这三种介质之间的接触面对剪应力起主要承担作用。为了便于计算，国内外专家学者将承担剪力作用的部分简化为一层界面进行研究，锚固系统界面力学模型如图 1 所示。

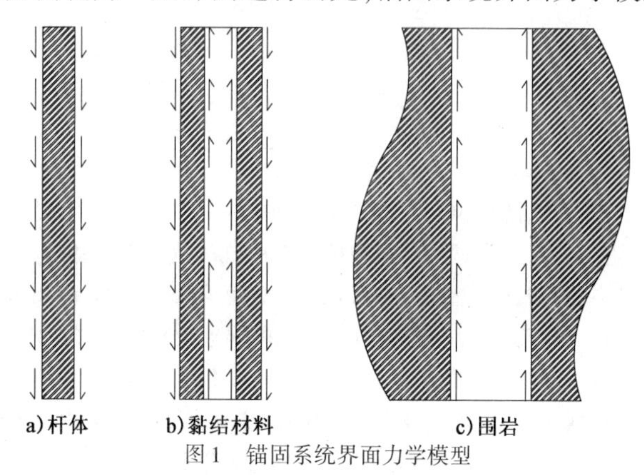

图 1　锚固系统界面力学模型

从图中力学模型可以看出，在锚固体中，黏结材料作为关键的应力传递介质，在第一界面和第二界面分别受到方向相反的两种分布力。由于黏结材料在锚固系统中起到主要的应力传递作用，因此对黏结材料中应力沿径向的传递规律的研究在锚杆力学性能分析中显得尤为重要。本次拉拔试验，通过沿锚固系统径向和轴向增加布置测试元件，研究玄武岩纤维复合材料拉力型锚杆的锚固性能及第一界面、第二界面和围岩体内沿锚固体轴向的传递规律，并对垂直于锚固体方向上的力学传递特征进行初步分析。

考虑到围岩体弹性模量对锚固系统应力传递规律的影响，试验模拟两种不同强度的围岩材料进行对比分析，观察不同围岩材料中锚固系统的破坏模式及锚杆在锚固系统破坏过程中界面剪切流变作用对锚固系统空间应力分布规律的影响。

2　试验方案及过程

2.1　锚杆参数

本次试验采用锚杆总数为 4 根，其中 BFRP 锚杆和钢筋锚杆各 2 根。试验采用的钢筋锚杆为直径分别为 ϕ18mm、ϕ32mm Ⅲ级冷拉螺纹钢筋；BFRP 锚杆为直径分别为 ϕ18mm、ϕ32mm 的 BFRP 螺旋状筋材，通过拉挤、缠绕螺纹、固化一次成型，其表观特征如图 2 所示，其中玄武岩纤维含量 75% ~80%，环氧树脂含量 20% ~25%。试验所用锚杆材料性能如表 1 所示，为了比较在同一锚固长度下 BFRP 筋和钢筋的应力传递差异，本次试验锚杆均设计为全长 300cm，其中锚固段长度为 200cm。

试验锚杆常规力学参数　　表 1

型　　号	直径(mm)		拉伸强度	弹性模量	极限应变
	螺峰	螺谷	(MPa)	(GPa)	(%)
BFRP 筋	32	30	400	1000	50
	18	16	400	400	40

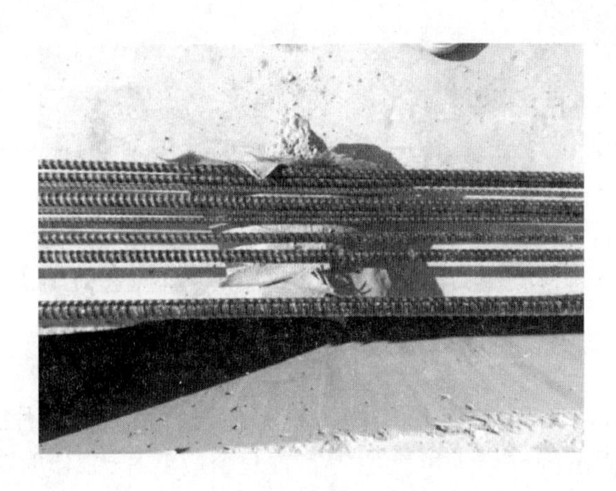

图2　全螺纹 BFRP 锚杆

2.2　试验设计

为了测定锚杆锚固系统界面应力在不同直径 BFRP 筋及不同围岩性质下的锚固性能和沿径向与轴向的传递特征，试验分别采用型号为 M17 的砂浆和土灰比例 4∶1 的水泥土作为围岩材料进行对比试验。现场试验设计如图 3 所示，锚固设计参数见表 2。本次试验锚固体材料和围岩材料的强度参数均通过同等环境下养护试块压力机试验得到，锚固体及围岩材料的具体设计参数见表 3。

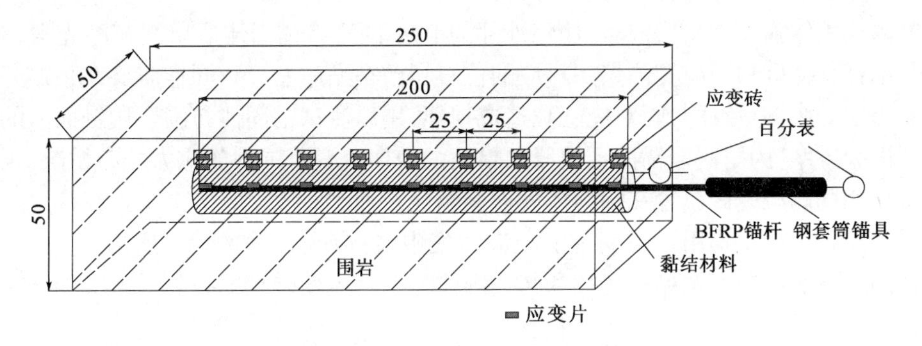

图3　应变片点位及试验模型结构图(尺寸单位：cm)

锚杆试验设计参数　　表2

编　　号	直径(mm)	锚固长度(m)	自由段(m)	总长度(m)	围 岩 材 料
BF-1	18	2	1	3	砂浆围岩
BF-2	32	2	1	3	
BF-3	18	2	1	3	水泥土围岩
BF-4	32	2	1	3	

灌浆体设计参数　　表3

灌浆体类别	灌浆体配合比(灰/砂(土)比)	试件单轴抗压强度(MPa)
M25 砂浆锚固体	1∶1.50	23.5
M17 砂浆围岩	1∶2.25	15.8
水泥土围岩	1∶4	1.1

2.3 试验前准备

2.3.1 界面测试元件安装及灌浆

试验所用应变片分为锚杆应变片和混凝土应变片，根据锚杆直径的不同，选用的锚杆应变片型号分别为 BX120－3AA（适用于直径为 18mm 锚杆）和 BX120－5AA（适用于直径为 32mm 锚杆），尺寸分别为 3mm×3mm 和 5mm×3mm，两种应变片其他参数均相同，分别是电阻为 120Ω，灵敏度系数为 2.08。混凝土应变片型号为 BX120－20AA，电阻为 120Ω，尺寸为 20mm×3mm，灵敏度系数为 2.08。为了测试方便，应变片上所接导线均为 5m 长的铜丝导线，导线电阻为 0.4Ω。

在 BFRP 筋锚固范围内表面指定位置切槽打磨平整后粘贴应变片，用于测试锚杆杆体轴力分布状态，在锚杆锚固范围内指定位置均匀布置 9 个应变片，制作时需要在粘贴好的应变片表面涂一层硅胶，可以起到防水作用，同时避免注浆时对应变片造成损坏。

将粘贴好应变片的锚杆水平放置，等待应变片表面硅胶凝固完成后，将制作好的 BFRP 锚杆竖直插入长 2m，直径为 100mm 的 PVC 圆管中。利用架线环将锚杆固定对中在 PVC 管的中心位置后向管中均匀注入强度为 M25 的砂浆，边注浆边敲打管壁，确保注浆密实。由于本次试验砂浆锚固体浇筑位于兰州地区冬季室外环境，温度过低不利于锚固体强度形成。因此利用同批次的砂浆制作一组 3 个，尺寸为 70.7mm×70.7mm×70.7mm 的立方体标准养护试件，将注浆后的 PVC 圆管和立方体标准养护试件置于同一环境中养护，用于准确测定养护完成后该砂浆锚固体的强度指标，为试验数据分析提供参数。

在管内锚固体强度初步形成后，切除外部的 PVC 圆管将锚固体取出并打磨光滑。在锚固体表面与锚杆杆体应力—应变测点相对应的位置切槽粘贴应变片。同样需要在粘贴好的应变片表面涂一层硅胶，避免注浆时对应变片造成损坏，用以测试锚固体与围岩接触面上的应力分布。依照试验方案，为了测取锚固系统第二界面的剪切流变范围内的应力分布情况，预先制作和围岩材料相同的应变砖放置在锚固体表面粘贴应变片的对应位置。为防止在拉拔试验过程中由于界面软化而产生作用在应变砖上的应力集中，将应变砖设置为高度为 1cm 的圆柱体，在圆柱体的上下底面分别粘贴应变片和与锚固体黏结。应变砖粘贴位置及其布置方式如图 4 所示。

图 4　应变砖粘贴位置及布置方式

根据试验方案将浇筑围岩的模型箱尺寸设置为 200cm×50cm×50cm 的长方体。在模型箱内安装定位钢丝，以便将制作好的锚固体和应变砖固定在模型箱的中心位置，防止往模型箱中注浆时造成锚固体位置错动。随后在模型箱内,锚固体四周采用浇筑水泥砂浆或者是填充水泥土的方式完成围岩体的施工。需要注意的是在浇筑水泥砂浆时需要小心倒入,避免造成锚固体表面及试块表面应变片的损坏;填充水泥土时应分封层填充、人工夯实,锚固体周围土层应一次完成夯实避免分层,防止后期拉拔过程中造成围岩过早开裂,影响实验效果。围岩施工过程如图3所示。围岩施工完成后静置养护,达到养护期后进行拉拔试验。在应变片点位及试验模型结构如图5所示。

图5　水泥土、砂浆围岩施工过程图

2.3.2　锚具制作

BFRP筋具有较高的抗拉性能,由于基体材料具有脆性,使其横向抗挤压、抗剪能力较差。在使用穿心千斤顶加载过程中为避免产生应力集中导致锚杆杆体破坏,必须要对加载端施加保护措施。本次试验统一采用加载端黏结钢套筒的方式对试验所用的BFRP锚杆进行保护,试验前在锚杆自由端部位安装长50cm钢套筒(内径$\varphi=42$mm,壁厚$t=4$mm),锚杆与钢套筒之间采用环氧树脂填充,使两者紧密黏结在一起。需要注意的是,在制备环氧树脂填充剂时一定要按指定比例将环氧树脂和固化液均匀混合,通常环氧树脂与固化液(质量比)为4:1～5:1之间,混合比例过大或过小,环氧树脂都无法达到预期强度;其次,在操作过程中由于混合溶液具有强黏性、反应散热性和刺激性气味的产生,要佩戴塑胶手套和口罩加以保护,锚杆锚固套筒制作过程如图6所示。注入环氧树脂后的钢套筒养护7天后可以达到最大强度,钢套筒拉拔时钢套筒上采用锚环—夹片式锚具进行紧锁拉拔。

图6　锚杆锚固套筒制作过程

2.3.3 测试设备安装

试验过程中用DH3816型静态应变测试仪采集应变数据,为了确保数采仪采集到的结果准确、稳定,应变片接线方式采用1/2桥的接法,为每一个工作片添加同一型号粘贴在同种材料上的温度补偿片。试验开始前先平衡数采仪,确认其初始数据在0附近并保持稳定状态后开始试验。

拉拔设备为60t手动式油压穿心千斤顶,行程20cm,量程为0~600kN,试验过程中锚杆轴向拉力通过油压表读数控制,千斤顶压力P与油压表读数N关系见式(1),回归系数$R^2=0.999$。同时在锚杆端部安装常州金土木工程仪器有限公司生产的50Φ60振弦式锚索测力计及相应的数据采集仪对千斤顶施加的应力进行确定。

$$N = 0.0647P - 0.0347 \tag{1}$$

锚固系统介质位移采用磁力式百分表测量,量程为50mm,精度为0.01mm。

2.3.4 加载及测量方式

本次现场拉拔试验为破坏性试验,整个加载过程采用分级加载(逐级加载法),通过千斤顶油压表控制,每级施加的油压为0.5MPa,每级荷载的稳压时间以油压表读数稳定5min后为标准,测量并记录该级荷载下的杆体位移计读数和锚固体位移计读数,之后进行下一步加载,直至锚固系统出现破坏,油压无法继续增大为止。现场加载及测量设备布置如图7所示。

a)试验设施图

b)加载装置图

图7 现场加载及测量设备布置图

根据《岩土锚杆与喷射混凝土支护工程技术规范》[15],锚杆拉拔试验破坏标准:①从第2级加载开始,后一级荷载产生的单位荷载下的锚杆端部位移量大于前一级荷载产生的单位荷载下的锚杆端部位移增量的5倍;②杆体端部位移不收敛;③锚杆杆体破坏。锚杆加力前,取0.1~0.2倍设计值对锚杆预张拉1~2次,使锚杆系统完全平直,各部分接触紧密,以缓解张拉过程中的各部分受力不均匀。

3 试验结果及分析

试验测得了在不同围岩条件下的锚固系统各界面剪应力沿杆体和垂直于杆体两个正交方向的变化规律。锚杆轴向力在拉拔过程中采用逐级加载,油压表稳定5min后对百分表和数采仪数据进行记录。由于剪应变与剪应力成正比例关系,因此用剪应变的变化来分析剪应力的变化趋势。

3.1 BFRP 锚杆锚固系统破坏现象分析

从 BFRP 锚杆拉拔过程中所表现出的破坏现象看，同一围岩材料中锚固系统的破坏形式表现出一定的相似性。通过对试验过程进行汇总分析后大致可分为以下二类破坏现象，见表 4。

BFRP 锚杆锚固系统破坏形式　　表 4

编号	锚杆直径(mm)	围岩材料	承受最大外荷载(kN)	破 坏 现 象
BF-1	18	砂浆	55	随着荷载的不断增大，位移稳定的时间相对前期明显增长，加至承载极限后，随着“嘣”的一声，锚固体位移急剧减小，油压加不上，钢套筒锚固结构发生破坏，其他部位未发生明显变化
BF-2	32		232	
BF-3	18	水泥土	16	锚固体系基本是在达到极限荷载时，发出第一声响，随着荷载的施加，不断有“嘣嘣”声音从围岩中传出，并向锚固深处传递，最后加至各自锚固体系的极限荷载时，随着一较大声响，位移表指针发生突变，无法持续加力，锚固体被拔出
BF-4	32		93	

3.1.1 第一界面破坏

由表 4 可以看出，各种锚固形式下的第一界面均未发生明显破坏。经开挖剖析，见图 8a)，发现整个灌浆体的完整性未出现明显的破坏现象，需要通过冲击钻才能将锚固砂浆与锚杆分离，并保持一定的完整程度，但是越靠近加载端的灌浆体破碎程度相对严重，说明产生了剪切流变现象；从剥离出的灌浆体与锚杆黏结界面表观形态可以看出，作用在砂浆围岩中的锚固系统第一界面越靠近加载端表面螺纹的摩擦痕迹越明显，部分甚至趋于磨平，同时 BFRP 锚杆表面突肋有轻微摩擦起毛迹象，但纤维丝没有明显的破损现象，杆体材料并未破坏。

a) 第一界面破坏

围岩表面擦痕

b) 第二界面破坏

图 8　BFRP 锚固体系破坏形式

3.1.2　第二界面破坏

作用在砂浆围岩中的试验锚杆在拉拔力作用下，表现出较好的抗拉能力，拉拔过程中除杆端位移和锚固体位移存在变化外，并没有任何声音从围岩中传出，直至锚具滑脱破坏。但是作用在水泥土围岩中的锚固体，当千斤顶施加力达到锚固体系的极限承载力时，锚固深处传出"嘣"的一声，百分表指针发生突变，锚固体整体被拉出。通过对围岩体的开挖剖析，观察到锚固体表面呈小区域范围内出现微小擦痕，擦痕长度与拔出位移一致。第二界面破坏模式见图8b）。

3.2　BFRP锚杆锚固体拉拔试验数据分析

3.2.1　砂浆围岩中锚固系统界面应力分布

此次试验油压表初始加载值为1MPa，此后每5分钟逐级增加，每级增加0.5MPa。依次为：1MPa、1.5MPa、2MPa、2.5MPa、3MPa、3.5MPa…。直径为18mm的BFRP锚杆和直径为32mm的BFRP锚杆均是发生钢套筒锚具变形滑脱导致锚固系统发生破坏，锚固体和围岩未见明显破坏（图9、图10）。

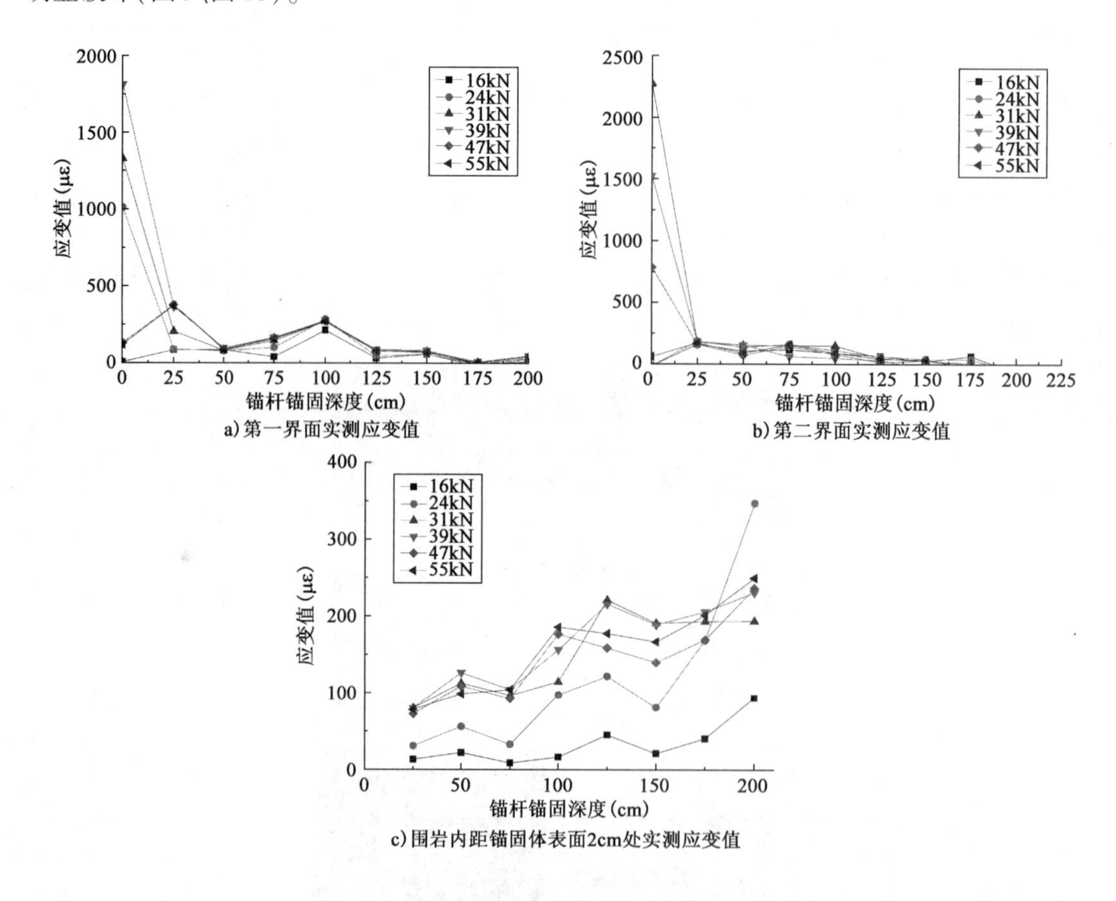

图9　砂浆围岩中ϕ18锚杆锚固系统应变分布图

由于试验得到的剪应变与剪应力成正比例关系，因此选用剪应变的变化分析剪应力的变化规律。在试验过程中出现了部分应变片电阻值过大，导致试验结果无效，分析其原因可能是应变片外部涂抹的防水材料或是与导线接头缠绕的防水胶带没有起到作用，导致电子设备接触水分破坏。

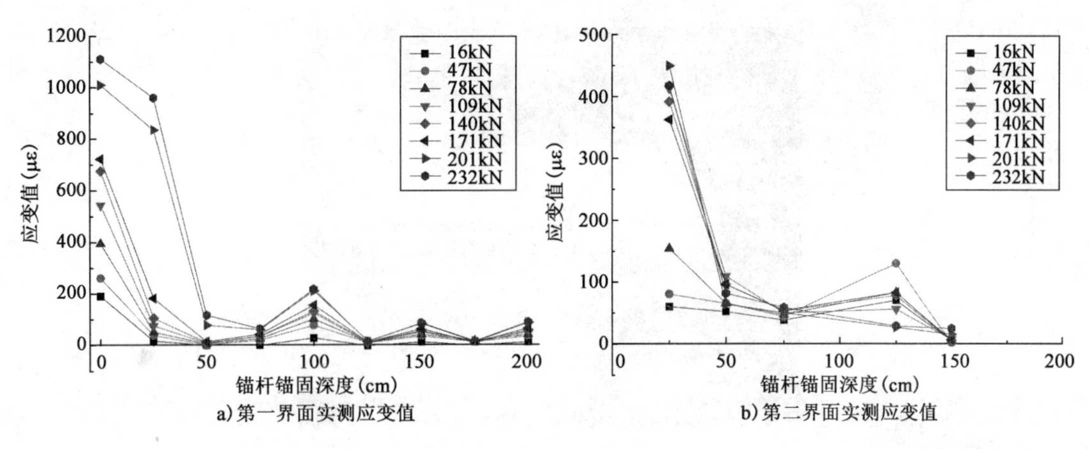

a)第一界面实测应变值 b)第二界面实测应变值

图10 砂浆围岩中 $\phi32$ 锚杆锚固系统应变分布图

从图9、图10,通过沿着锚杆长度方向剪应变的变化规律可知,在M17砂浆围岩材料中锚杆在第一界面与第二界面的剪应力沿杆体轴线逐渐衰减,且对于不同直径的锚杆,剪应力沿衰减速率不同。通过比较图9和图10可以发现:①两种不同直径锚杆锚固系统中锚杆剪应力均可以传递到距孔口100cm的范围;②锚杆直径为32mm的锚固系统其第一、第二界面的剪应力沿轴向衰减速率均明显小于锚杆直径为16mm的锚固系统第一、第二界面的剪应力沿轴向衰减速率,且锚杆直径为32mm的锚固系统界面应力沿径向衰减明显,由于锚杆直径为32mm的锚固系统的锚固体厚度相对较小,这一因素对第二界面剪应力轴向衰减速率是否有影响需要在后面的试验中进行讨论;③施加同级外荷载的作用下,直径较大的锚杆在端口附近承受的最大剪应力较小。通过图9c)中布置在围岩内距锚固体表面2cm处的应变片实测值可以观察到,围岩内与锚固体接触部位剪应力沿轴向逐渐增大,在锚固体底部达到最大值,但剪应力值相对较小。

3.2.2 水泥土围岩中锚固系统界面应力分布

在水泥土围岩中直径为18mm的BFRP锚杆和直径为32mm的BFRP锚杆均是发生锚固体拔出导致锚固系统发生破坏,直径为18mm的BFRP锚杆锚固系统仅用很小的力就被拔出导致数据不完整,因此暂不分析。$\phi32$ 锚杆锚固系统应变分布图如图11所示。

水泥土围岩锚杆拉拔试验所采用的加载方式与砂浆围岩的加载方式相同,达到极限荷载时锚固体被整体拔出,水泥土围岩两侧对应锚固体轴心位置产生一条沿轴向的裂缝见图12,裂缝不发育。

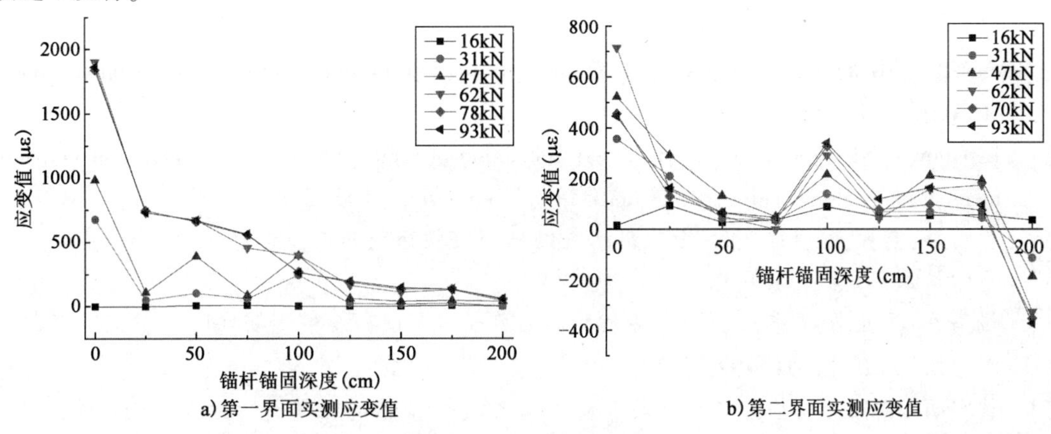

a)第一界面实测应变值 b)第二界面实测应变值

图11 砂浆围岩中 $\phi32$ 锚杆锚固系统应变分布图

图 12　试验产生的围岩表面裂缝图

由图 11a)，直径 32mm BFRP 锚杆锚固系统中锚杆剪应力均可以传递到距孔口约 125cm 的范围内，与围岩表面裂纹的长度大致相等，其衰减速率相较同一直径锚杆在砂浆围岩中沿轴向的衰减速率更加缓慢。由图 11b)，随着外加荷载的增大，第二界面由端口向内发生黏结破坏，直至锚杆发生抽动，界面剪应力沿轴线衰减速度随着荷载增加由快向慢发展。

4　结论

BFRP 锚杆锚固系统界面应力传递规律的分析是研究 BFRP 锚杆锚固性能，为锚杆参数设计和推广应用提供依据的重点。通过上述试验得到如下结论：

(1)同种围岩材料中，锚固系统界面应力沿轴向和径向的衰减速度均与 BFRP 锚杆的直径有关，随着直径的增大，界面应力沿轴向衰减速率减小、沿径向衰减速率增大。

(2)同直径 BFRP 锚杆锚固系统的界面应力沿轴向的衰减速率围岩材料性质有关，随着围岩强度的增大，衰减速率增大，因此 BFRP 锚杆在黄土地层边坡中可以较好地发挥作用。

(3)围岩内与锚固体接触部位剪应力沿轴向逐渐增大，在锚固体底部达到最大值，但剪应力值相对较小，在锚杆结构边坡支护设计中需要选择合理的锚固长度，避免出现锚固体整体拔出的现象。

参考文献

[1] LI Guowei, PEI Huafu, HONG Chengyu. Study on the stress relaxation behavior of large diameter B-GFRP bars using fbg sensing technology[J]. International Journal of Distributed Sensor Networks. Volume, 2013.

[2] LI Guowei, NI Chun, PEI Huafu. Stress relaxation of larger diameter B – GFRP soil nail element grouted along body[J]. China Ocean Engineering, 2013, 27(4): 495-508.

[3] 黄明华，周智，欧进萍，等. 全长黏结式锚杆锚固段荷载传递机制非线性分析[J]. 岩石力学与工程学报，2014，33(s2)：3992-3997.

[4] 伍国军，陈卫忠，贾善坡，等. 岩石锚固界面剪切流变试验及模型研究[J]. 岩石力学与工程学报，2010，29(03)：520-527.

[5] 曾宪明. 锚固类结构第二交结面剪应力演化规律、衰减特性与计算方法探讨[A]. 中国岩石力学与工程学会岩石动力学专业委员会. 第九届全国岩石动力学学术会议论文集

[C]. 中国岩石力学与工程学会岩石动力学专业委员会,2005:17.
[6] 黄明华,周智,欧进萍. 全长黏结式锚杆锚固段荷载传递机制非线性分析[J]. 岩石力学与工程学报,2014,33(S2):3992-3997.
[7] 钟志彬,吕蕾,邓荣贵. 考虑轴力分布的全长粘结锚杆受力分析[J]. 防灾减灾工程学报,2013,33(03):311-315.
[8] 杨松林,荣冠,朱焕春. 混凝土中锚杆荷载传递机理的理论分析和现场实验[J]. 岩土力学,2001(01):71-74.
[9] 朱训国. 地下工程中注浆岩石锚杆锚固机理研究[D]. 大连:大连理工大学,2007.
[10] 高德军,朱小冬,李昆,等. 拉力型锚杆锚固体应力分布试验及数值模拟[J]. 人民黄河,2017,39(04):127 - 131.
[11] 曹晓峰,赵文,谢强,等. BFRP 筋材基本力学性能试验研究[J]. 公路工程,2016,41(05):215-217 + 255.
[12] 杨国梁. 玄武岩纤维复合筋材力学性能试验及岩土锚固应用[D]. 成都:西南交通大学,2016.
[13] 高先建,谢强,赵文,等. 非预应力 BFRP 锚杆加固土质边坡设计参数确定试验研究[J]. 公路交通科技,2017,34(07):20-28 + 36.
[14] 高丹盈,张钢琴. 纤维增强塑料锚杆锚固性能的数值分析[J]. 岩石力学与工程学报,2005(20):126-131.
[15] 中华人民共和国国家标准. GB 50086—2015 岩土锚杆与喷射混凝土支护工程技术规范[S]. 北京:中国计划出版社,2016.

自承载式预应力锚索现场试验研究

王全成[1,2]　姜昭群[1,2]　罗宏保[1,2]　张　勇[1,2]　杨　栋[1,2]

（1. 中国地质调查局地质灾害防治技术中心　2. 中国地质科学院探矿工艺研究所）

摘　要　本文介绍了一种不需要注浆即可进行张拉锁定的自承载式预应力锚索，该锚索为拉压复合型预应力锚索，是适合应急抢险的快速锚固工程施工的一种新型锚索系统。结合现场试验数据，分析了自承载式预应力锚索的张拉力、锚索应力分布规律，并与普通拉力集中型锚索进行对比，说明自承载式预应力锚索不仅有不注浆即可张拉发挥快速锚固作用的特点，同时自承载式预应力锚索锚固段的应力分布均匀，能充分发挥锚固段全长的锚固作用，体现了自承载式预应力锚索这一新型预应力锚索的优点。

关键词　自承载式　预应力锚索　应力分布　快速锚固

1　自承载式预应力锚索系统简介

为满足应急抢险工程快速锚固的要求，我们提出一种快速锚固技术体系，包含适合在中硬以下碎裂岩层且适合使用空气潜孔锤钻进工艺的扩孔钻具和不依靠灌浆材料、在不注浆的情况下张拉就能有一定承载能力（设计值的50%以上）的自承载式预应力锚索。

自承载式预应力锚索系统是一种采用带滑动机构的拉压结合分散型预应力锚索，其作用机理为：使用多个承载体进行压力分散；钢绞线区分自由段和锚固段；不注浆即可初张拉锁定至锚索设计锚固力的50%及以上。进行初张拉锁定后进行灌注砂浆，待砂浆达到一定强度后进行二次张拉锁定至设计锚固力。由于承载体压力分散且全长黏结钢绞线能提供一部分摩阻力，进一步降低了岩土体及注浆材料的强度要求，使得注浆24小时内进行二次张拉成为可能。传统锚索内锚头自由地搁置在内锚固段孔内，在无预应力状态下进行内锚固段注浆，而自承载式预应力锚索在有预应力的状态下注浆，更有利于对预应力锚索钢绞线的保护。

结合前期预制高强预应力混凝土格构、预制钢质锚墩等研究成果，在钻孔完成下入自承载式预应力锚索后即可进行张拉施工，及时施加锚固力，控制滑坡体变形，特别适合应急抢险的快速锚固施工工程，减少了砂浆体灌注、锚墩浇筑及养护的等待时间，能在较短的时间内对滑坡体进行治理，减少国家和人民的生命财产的损失，具有重大的意义。

2　自承载式预应力锚索现场试验实施情况

现场试验点位于江油市含增镇金光洞村，为我单位北川试验基地，此处有出露较好的基岩界面，试验点如图1所示，试验工作量见表1。

试验过程中对锚索锚固力、钢绞线应力分布进行测试，钻孔及自承载式预应力锚索结构如图2所示。

根据设计要求，按照规定的位置和间距布置和装配承载体，每束锚索分散安装两个承载体,承载体距离为3.0m。承载体组装如图3所示。

图1 试验现场

自承载式预应力锚索现场试验工作量 表1

序号	锚索设计承载力(kN)	注浆时间	锚索数量(束)	单孔扩孔段数	单孔承载体个数
1	600	3天	3	2	2
		14天	3	2	2
		不注浆	3	2	2
2	1000	3天	3	2	2
		14天	3	2	2
		不注浆	3	2	2
合计			18		

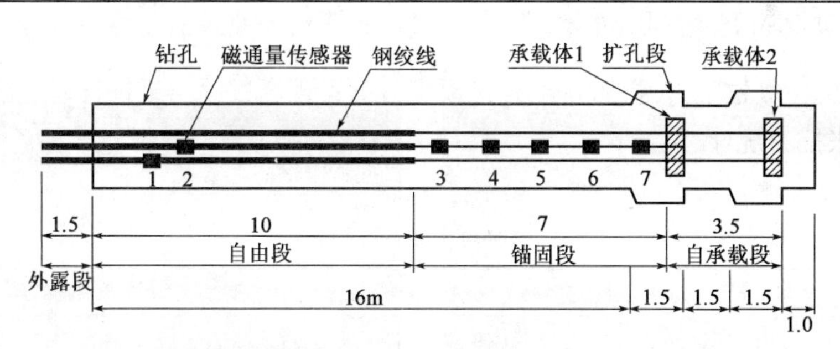

图2 钻孔及自承载式预应力锚索结构图(尺寸单位:m)

用钢板作为孔口反力装置,在不注浆的情况下对自承载式预应力锚索进行初始张拉,依靠承载体扩张后与孔壁之间的摩擦力提供锚固力。

初始张拉完成后,即进行注浆,本次灌注纯水泥浆。注浆完成后按照3d和14d的浆体龄期强度进行二次张拉,并对部分锚索进行破断试验。

对不注浆的锚索,采用24t千斤顶按照承载体1和承载体2的顺序进行循环张拉直至承载体破坏。

张拉施工如图4、图5所示。

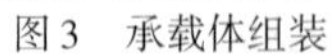

图3　承载体组装

图4　自承载式预应力锚索初始张拉

张拉过程中，利用测力传感器采集锚索整体的锚固力，利用磁通量传感器采集钢绞线的应力分布。数据采集如图6所示。

图5　锚索整体张拉

图6　数据采集

3　自承载式预应力锚索现场试验分析

下面以600kN级锚索为例，对自承载式预应力锚索现场试验结果进行研究分析。

（1）锚索张拉力统计

锚索张拉力统计见表2。

锚索张拉力统计表（kN）　　表2

锚索编号	初始张拉						二次张拉			备注
	单个承载体设计值	承载体1		承载体2		总体锁定值	锚索承载设计值	最大张拉值	锁定值	
		最大张拉值	锁定值	最大张拉值	锁定值					
1	150	180.7	171.3	152.8	145	316.3	600	852	690.1	14d未破坏
2	150	172.8	163.4	172.3	162.4	324.4	600	865	767.4	3d未破坏
3	150	323.1	310.7	138	130	440.7	600	865	634.8	3d未破坏
10	150	160.6	150.2	173	10.6	150.2	600	804	631	14d未破坏
11	150	150.2	0	175.1	168.5	168.5	600	805	654.5	14d未破坏
12	150	151.2	0	195.7	182.3	182.3	600	923	—	3d破坏

续上表

锚索编号	初始张拉						二次张拉			备注
	单个承载体设计值	承载体1		承载体2		总体锁定值	锚索承载设计值	最大张拉值	锁定值	
		最大张拉值	锁定值	最大张拉值	锁定值					
13	150	175.6	166.5	164	154.9	320.9	600	438.8	—	不注浆,破坏
14	150	175.6	164.8	166.6	157.2	321.9	600	623.3	—	不注浆,破坏
15	150	183	172.7	151	132	304.7	600	419	—	不注浆,破坏

600kN级自承载式预应力锚索不注浆时设计单个承载体承载体力为150kN,两个承载体承载力为300kN(设计值的50%),初始张拉时除10号锚索承载体2、11号锚索承载体1、12号锚索承载体1内锚头破坏外,其余均达到了设计要求,注浆后二次张拉锁定锚固力超过600kN,满足设计要求。

对13、14、15号的600kN级自承载式预应力锚索进行了不注浆的极限张拉试验。初始张拉锁定值均超过300kN,承载稳定,近一个月的预应力损失率分别为2.7%、4.0%、2.7%。在极限张拉试验时,锚索整体承载力分别达到了438.8kN、623.3kN、419kN,14号锚索不注浆张拉的整体承载力超过了600kN,可见,自承载式预应力锚索不注浆即可张拉,满足工程设计中一般4根钢绞线锚索的承载力设计要求。13号锚索承载体1最大承载力为226kN,承载体2最大承载力为480kN。14号锚索承载体1最大承载力为470kN,承载体2最大承载力为329kN。15号锚索承载体1最大承载力为227kN,承载体2最大承载力为233kN,可见单个承载体(两根钢绞线)最小极限承载力达到了226kN,达到钢绞线(15.20mm1860MPa)极限承载力(按260kN)的43.5%,单个承载体(两根钢绞线)最大极限承载力达到了480kN,达到钢绞线极限承载力的92.3%,由此说明,在岩层条件合适的情况下,自承载式预应力锚索完全可以不注浆即可进行张拉锁定,满足锚索的承载力要求。

(2)自承载式预应力锚索应力分布规律

自承载式预应力锚索是一种新型的锚索结构,下锚后不注浆即可进行初始张拉,注浆前的初始张拉,在合适的地层情况下,能达到锚索设计锚固力的50%~100%,根据地层情况,注浆后短期内(1~3d)可进行二次张拉或注浆后不进行张拉,除了能满足快速锚固的要求,同时降低了张拉过程对砂浆强度的要求,锚索的预应力分布更均布合理。

以1号、2号、3号锚索为例,对自承载式预应力锚索应力分布规律进行说明。初始张拉和二次张拉自承载式预应力锚索应力分布变化对比曲线见图7。初始张拉自承载式预应力锚索应力分布见图7系列2,1号、2号、3号锚索初始张拉值分别为325.74kN、334.3kN、453.1kN。二次张拉自承载式预应力锚索应力分布见图7系列1,1号、2号、3号锚索二次张拉值分别为802.4kN、865kN、865kN。

在图7中,2号传感器所测应力为锚索自由段近孔口处的锚索应力,3~7号传感器所测应力为锚索锚固段由近自由段至孔底端的锚索应力,3~7号传感器布置间距为1.5m。由于2号锚索磁通量传感器测量通道被误占用,零点数据不实,二次张拉数据存在一定误差。

由图可见,初始张拉后,自承载式预应力锚索自由段和锚固段均匀受力,注浆后进行二次张拉,二次张拉增加的锚索预应力向锚固段传递距离在0.5~3m,传递距离有限,但因为初始张拉的作用,使得锚固段整体受力分布均匀,更能充分发挥锚索的承载力。

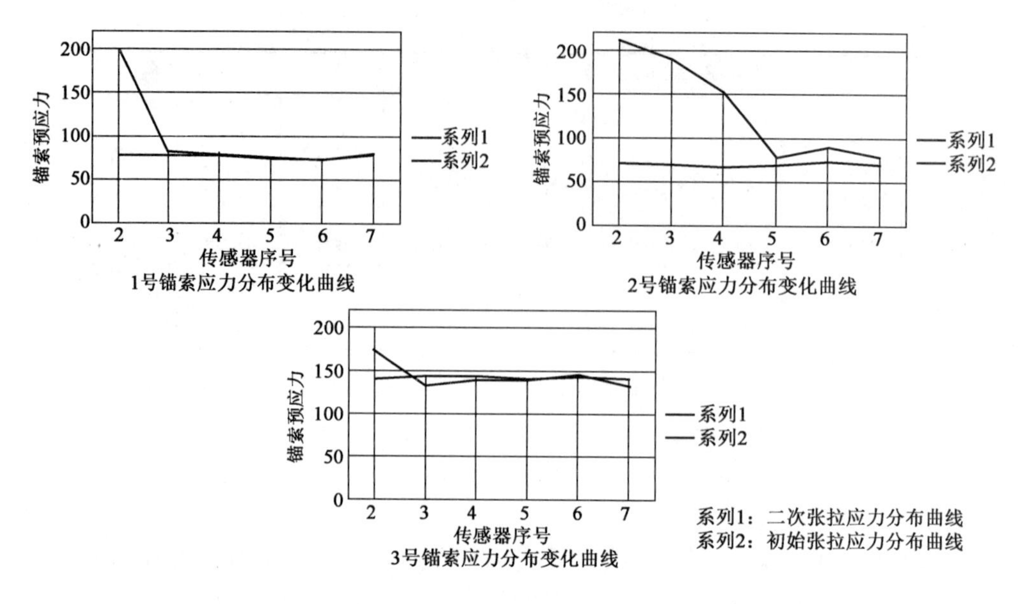

图7　初始张拉和二次张拉锚索应力分布变化对比曲线

同时，由于初始张拉使岩体承载了部分锚固力，二次张拉降低了锚固对浆体强度的要求。纯水泥浆体，4根钢绞线的自承载式预应力锚索3d极限拉拔力为923kN，破坏形式为钢绞线断丝，未出现钢绞线明显滑移或浆体破坏。

(3)自承载式锚索应力分布与普通拉力集中型锚索对比

自承载式预应力锚索应力分布与普通拉力集中型锚索应力分布对比如图8所示。

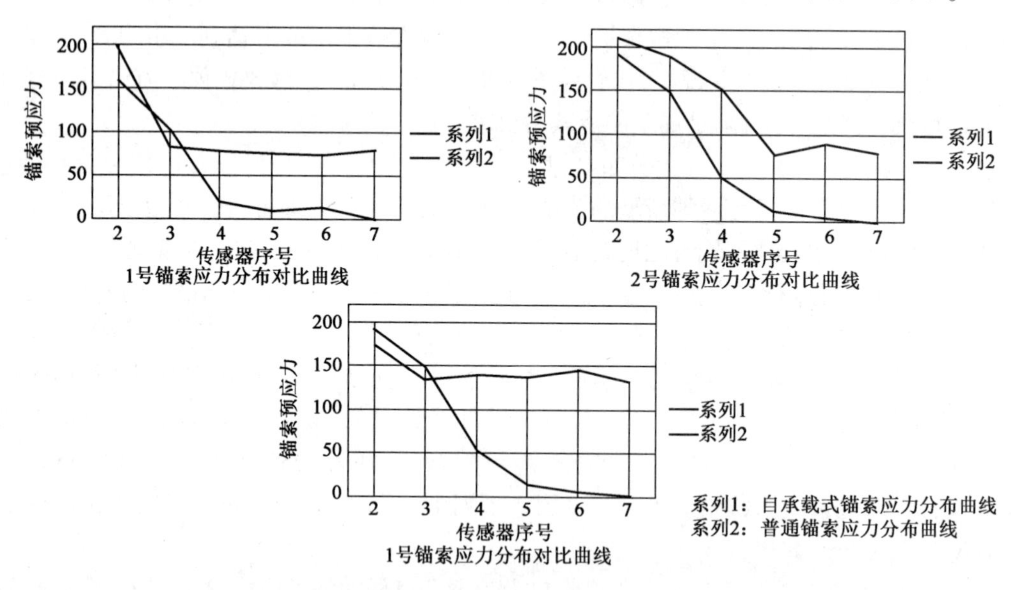

图8　自承载式预应力锚索和普通锚索应力分布对比曲线

在锚索张拉力相同的情况下（四根钢绞线的锚索约800kN），普通拉力集中型预应力锚索锚固段钢绞线的应力向孔底传递有限，为1.5～3m，其余靠孔底端的钢绞线应力基本不受锚索张拉力的影响，应力接近0，说明该部分钢绞线未受力，未发挥承载的作用。达到锚固力设计值50%的应力分布段仅约1m的范围，应力十分集中。

而在锚索张拉力相同的情况下(四根钢绞线的锚索约800kN),自承载式预应力锚索因为初始张拉的作用,使得锚固段整体受力分布均匀,更能充分发挥锚索的承载力。在锚固段全长范围内均有应力分布,应力达到锚固力设计值的50%以上,应力分布最大偏差不超过10%。

经对比可见,自承载式预应力锚索不仅有不注浆即可张拉发挥锚固作用的特点,自承载式预应力锚索锚固段的应力分布均匀,能充分发挥锚固段全长的锚固作用。

4 结语

(1)自承载式预应力锚索具有安装后不注浆即可张拉的特点,初始张拉力可达设计锚固力的50%~100%。

(2)自承载式预应力锚索锚固段的应力分布均匀,能充分发挥锚固段全长的锚固作用,优于普通拉力集中型预应力锚索。

(3)自承载式预应力锚索结构可以满足岩质滑坡应急快速锚固的要求。

(4)希望通过以后的研究工作,能让自承载式预应力锚索应用于地质灾害治理工程中,达到快速锚固的目的。

参考文献

[1] 郑颖人,陈祖煜,王恭先,等. 边坡与滑坡工程治理[M]. 北京:人民交通出版社,2010.

[2] 王恭先. 滑坡防治工程措施的国内外现状[J]. 中国地质灾害与防治学报,1998,(1):1-9.

[3] 梁炯望. 锚固与注浆技术手册[M]. 北京:中国电力出版社,1999.

[4] 朱宝龙,杨明,胡厚田,等. 类土质边坡锚固特性的试验研究[J]. 岩土力学,2004,25(12):1924-1927.

[5] 唐攀,王杰. 注浆技术的发展概况[J]. 海军工程技术,2003,(1):25-27.

[6] 陆观宏,莫海鸿,倪光乐. 一种新型锚杆扩孔技术[J]. 岩土工程界,2005,(12):45-47.

[7] 赵建国,陆观宏. 扩孔锚杆技术应用于建筑物抗浮工程[M]. 北京:中国环境科学出版社,2006.

[8] 刘明振. 扩底土锚抗拔承载机理的试验研究[J]. 西安建筑科技大学学报,1996,28(2):186-190.

[9] 陆观宏,曾庆军,黄敏,等. 锚杆扩孔技术应用于某高层建筑基础加固[J]. 土工基础,2011,(10):20-26.

[10] 陆观宏. 新型可回收锚索的研究[D]. 广州:华南理工大学硕士学位论文,2003.

[11] 日本预制混凝土框架协会. 预制混凝土框架锚固设计施工指南[M]. 东京:日本欧姆社,1994.

压力分散型锚索锚固强卸荷拉裂岩体的群锚效应模型试验研究

向　建　陈旭东　李正兵

（中国水利水电第七工程局有限公司）

摘　要　锦屏一级水电站坝岸边坡拉裂破碎岩体，全剖面采用压力分散型锚索加固。为了研究强卸荷拉裂岩体边坡群锚效应，本文根据相似理论进行材料配备，研制了物理试验模型，参考现场锚索张拉试验进行了多级加载，设置单锚、群锚对比试验，并布置了应力计和位移计进行监测。单锚试验得出：内锚固端剪应力、轴力分布不均匀；锚索应力影响区 10cm，靠近锚索监测点应力变化大。对比试验得出：群锚试验中各监测点位移、应力与单锚试验相比有很大差别；群锚位移影响区较小，不能有效发挥每一根锚索的锚固作用，锚索间间距是其主要影响因素。数值模拟分析得出格构梁锚固体系有利于应力分散，可以改善边坡稳定性状况。

关键词　压力分散型锚索　强卸荷岩体　群锚效应　模型试验

1　引言

边坡锚固问题是水电站建设中不可避免的重要问题。随着西部大开发的进行，水电工程向高海拔和高峡谷地区转移，超大型及巨型水电工程高边坡的锚固工程已成为影响水电工程建设的关键环节。

西南地区水电站高边坡具有以下特点：①边坡高陡，坡型复杂；②边坡应力环境复杂，地应力量级高；③河谷底部的“高应力包”；④河谷快速下切对边坡应力场的影响。卸荷裂隙包括水平向和垂直向，其中垂向卸荷裂隙对边坡稳定性影响较大。该组裂隙通常发生在近坡表的拉—压应力组合区内，当最小主应力超过岩体的抗拉强度时，所发生的平行坡面的单向拉裂破坏；如果坡体中有平行坡面的陡倾裂隙发育，坡体最易于沿这组裂隙拉裂，形成卸荷裂隙。在单向拉伸情况下受平行坡面最大主应力控制的剪切破坏，其破坏面的实际表现是张性的，即地质上通常所说的张剪性面。

故卸荷裂隙对边坡的影响不容忽视，对其进行试验分析研究[1]。

预应力锚固技术由于可以充分发挥岩土体的自稳能力，大大减轻加固结构体自重和节约工程材料，提高施工过程的安全性和时效性，从而在岩土工程的各个领域中得到了广泛应用[2]。压力分散型锚索作为新的岩土锚固技术，在国内外得到了广泛的应用与发展，对于其相关研究也较多。李正兵[3]针对强卸荷、倾倒拉裂破碎岩体条件下的边坡锚固工程，进行了现场压力分散型预应力锚索的破坏试验，探讨了锚索极限承载的各项性能指标；程良奎和李象范[4]对压力分散型锚索的锚固荷载进行了理论探讨和试验研究，得出预应力锚索加固经验值以及预应力锚索内锁固段剪应力分布公式；洪亮[5]对压力分散型锚索的锚固机理以及承载板的合理间距进行了研究，得出建议当单元锚固力取 300kN 时，碎裂岩体中承载板的合理间距取1.5~2.0m,风化软岩取2.5~3.0m,砂黏土中取5.0~5.5m;顾金才等[6]对锚索预应力引起的岩体轴向及法向应变分布状态进行了试验研究,提出锚索预应力在岩体中形成两个应力集中区,锚索垫墩下方,为压应力集中区;内锚固段处,为拉、压复合应力集中区。虽然对压力分散型锚索的锚固机制取得了一定的研究成果,但是对于其群锚效应还未完全搞清楚。

在试验分析中,室内模型试验由于具有经济性好、针对性强、数据可靠等优点而受到国内外岩土工程研究人员的重视和青睐[7]。但是对于压力分散型锚索加固强卸荷、倾倒拉裂岩体时的群锚效应,则很少有与之相关的模型试验研究。笔者即针对这一研究课题,依托四川雅砻江锦屏一级水电站大坝左岸550m级开挖边坡强卸荷拉裂变形岩体条件下2000kN级、3000kN级、80m长预应力锚索锚固工程进行研究(该边坡锚固工程分布锚索众多,锚索布置密集,锚固对象多为危岩体、卸荷拉裂变形岩体、断层出露区不稳定滑块,并通过混凝土框格梁形成被覆式锚固体系)。根据现场实际情况,采用室内模型试验的方法结合数值模拟进行分析研究。

2 工程背景概况

2.1 地貌及地层岩性

锦屏一级水电站枢纽区位于普斯罗沟与手爬沟间长约1.5km的河段上,枢纽区为典型的深切V形峡谷,相对高差1500~1700m。坝区出露以及开挖揭露的主要是杂谷脑组(T_{2-3Z})的第二、三段,属于一套大理岩(含绿片岩条带)与变质砂板岩相组合的岩层;前者原岩为碳酸盐岩、岩块—砾屑碳酸盐岩夹玄武质凝灰岩、含凝灰质和铁泥质、泥云质灰岩透镜状层及同质条带,后者原岩为一套细屑陆源碎屑岩——富含钙泥质、炭质、铁泥质的细砂岩—粉砂岩—泥岩。

2.2 主要结构面特征

坝区共发育断层数十余条,而具有一定规模(填图级)仅十几条。按其产状可划分为NE-NNE向、NW向和NEE向三组,其中以NE-NNE向此组最为发育,且断层规模最大。NNE-NE向断层(f_5、f_8、f_3、F_1、f_{13}、f_{14}、f_9等)断层走向25°~50°,呈SE方向倾,倾角55°~75°,局部可达80°甚至直立、倒转。煌斑岩脉X:一般宽2~3m,产状N60°~80°E,SE∠70°~80°,一般宽2~3m,局部达到7m,总体性状较差,以弱风化为主,局部强风化,且受卸荷影响,多松弛破碎,遇水易软化,因此陡倾坡外的煌斑岩脉构成了控制边坡变形稳定的重要地质边界。

"锦屏型"深部裂缝边坡:由反倾层状岩体构成的高陡边坡,上、下为强度相对较低的岩层,中部为强度较高的坚硬岩体;具有高的内部应力条件和与坡面近于平行的具有一定规模的结构面(小断层等)。河流下切或边坡开挖,由于特定的地质结构,伴随边坡内部高地应力的释放,坚硬岩层向临空方向挤出,并沿已有的构造结构面拉裂,形成边坡深部拉裂,且伴随错动[1]。NNE-NE向断层、煌斑岩脉X作为边坡滑移的陡倾边界切割边坡,与地层共同作用形成块体。该处张拉裂缝发育,锚索张拉后有较大的变形。左岸边坡工程地质剖面图如图1所示。

3 群锚加固模型试验设计

在岩土工程领域,由于研究对象为岩土介质,所研究的问题往往涉及岩土介质的本构关系、岩土介质与工程结构的相互作用、岩土工程如地下洞室、边坡、基坑等的开挖施工工艺及在开挖和运行过程中的稳定性、岩土工程的支护与加固技术等。物理模型是真实的物理实体,在基本满足相似原理的条件下,它能更真实地反映地质构造和工程结构空间关系,更准确地模拟开挖施工过程和影响,并可给出更为直观的试验结果,使人们更容易全面把握岩体工程的整体受力特征、变形趋势及稳定性。

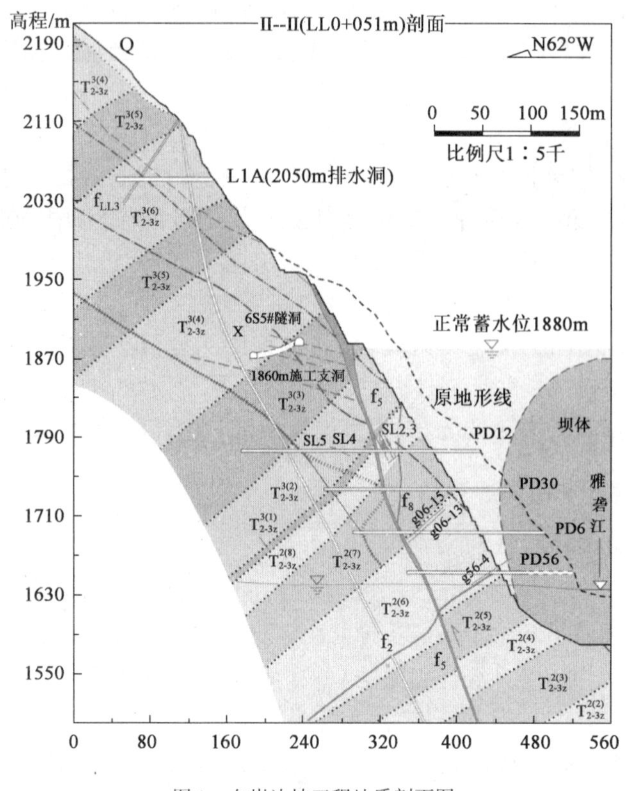

图1　左岸边坡工程地质剖面图

3.1　试验基本原理

模型试验的理论基础即相似原理。为了使模型的强度及变形发展与实体工程相似，模型材料、模型形状和荷载等必须遵循相似原理。也就是说，“相似”的概念包括三个方面，要求几何相似、物理相似和初始状态相似[8]。

相似第一定理：彼此相似的现象必定具有数值相同的准则。

相似第二定理：凡被同一完整方程组所描述的现象，当单值条件相似，而且由表示单值条件的物理量所组成的相似准则在数值上相等时，这些现象就必定相似。

相似第三定理：“π 定理”量纲理论告诉我们，当某个现象是由 n 个物理量所描述时（根本不能组成无量纲量群的，及非独立的物理量不计在内），而这些物理量中有个基本物理量当基本物理量成组出现时，每一组按一个基本物理量考虑，则可获得 $m=n-r$ 个独立的相似准则。

$$\begin{cases} f=(x_1,x_2,x_3,\cdots,x_n)=0 \\ F=(\pi_1,\pi_2,\pi_3,\cdots,\pi_n)=0 \end{cases} \tag{1}$$

3.2　相似材料制备

根据相似条件，设 C 为原型与模型之间相同物理量之比，由相似理论可知，模型试验主要物理量应满足如下关系：岩体自重比尺 $C_\gamma=1.0$；长度比尺 $C_l=20$；应力比尺 $C_\sigma=20$，$C_f=1.0$，$C_\mu=1.0$，$C_c=20$；应变比尺 $C_\varepsilon=1.0$；位移比尺 $C_\delta=20$；弹模比尺 $C_E=20$；力的比尺 $C_p=8000$。对于试验原型中的岩体按Ⅲ$_2$和Ⅳ$_1$级岩体考虑，其实验指标如表1、表2[9]。

岩体力学参数 表1

<table>
<tr><th colspan="2" rowspan="2">岩 石 质 量</th><th colspan="2">E_0(MPa)</th><th colspan="2">f</th><th colspan="2">c(MPa)</th><th rowspan="2">μ</th><th rowspan="2">容重
(kN/m³)</th></tr>
<tr><th>原型
(×10³)</th><th>模型</th><th>原型</th><th>模型</th><th>原型</th><th>模型</th></tr>
<tr><td colspan="2">Ⅱ</td><td>23 - 31</td><td>1500</td><td>1.35</td><td>1.35</td><td>2</td><td>0.1</td><td>0.25</td><td>27</td></tr>
<tr><td rowspan="2">Ⅲ</td><td>$Ⅲ_1$</td><td>9.2 - 14.6</td><td>735</td><td>1.07</td><td>1.07</td><td>1.5</td><td>0.075</td><td>0.25</td><td>27</td></tr>
<tr><td>$Ⅲ_2$</td><td>6.4 - 10.2</td><td>510</td><td>1.02</td><td>1.02</td><td>0.9</td><td>0.045</td><td>0.28</td><td>27</td></tr>
<tr><td rowspan="2">Ⅳ</td><td>$Ⅳ_1$</td><td>2.56 - 1.64</td><td>135</td><td>0.7</td><td>0.7</td><td>0.6</td><td>0.03</td><td rowspan="2">0.3</td><td>26</td></tr>
<tr><td>$Ⅳ_2$</td><td>1.4 - 2.4</td><td>120</td><td>0.6</td><td>0.6</td><td>0.4</td><td>0.02</td><td>26</td></tr>
<tr><td colspan="2">Ⅴ</td><td>0.37 - 0.82</td><td>40.5</td><td>0.3</td><td>0.3</td><td>0.02</td><td>0.001</td><td>>0.3</td><td>25</td></tr>
</table>

组合体模型试验数据 表2

序号	重晶石粉(kg)	石英砂(kg)	石膏(kg)	铁粉(kg)	水(kg)	橡胶粉(kg)	比重(g/cm³)	弹模(GPa)	强度(MPa)
1	4.0	2.0	1.0	1.0	0.5	0.1	2.66	0.41	1.84
2	5.0	2.5	1.0	1.0	0.5	0.15	2.65	1.02	3.2
3	4.0	2.5	1.0	1.2	0.5	0.1	2.62	0.65	2.17

3.3 试验设备

试验在成都理工大学地质灾害防治与地质环境保护国家重点实验室的物理模拟实验室中进行。其中模型试样由成都理工大学自主研制的半自动压力机制作成型,模型试样力学参数试验采用基础力学实验室的万能力学试验机进行(见图2)

数据采集系统采用CM-IL-24型静态电阻应变仪(见图3)。该采集系统为可接半桥、全桥电路的24通道应力应变仪,精度为1×10^{-6}m,量程为0~100mm。该系统具有测量精度高、测量误差小、分辨率高和可存储数据等优点。通过对应力、应变的监测,可将其变形换算为相应的力和位移,进而可以确定力的大小和其所对应的范围。

图2 万能力学试验机

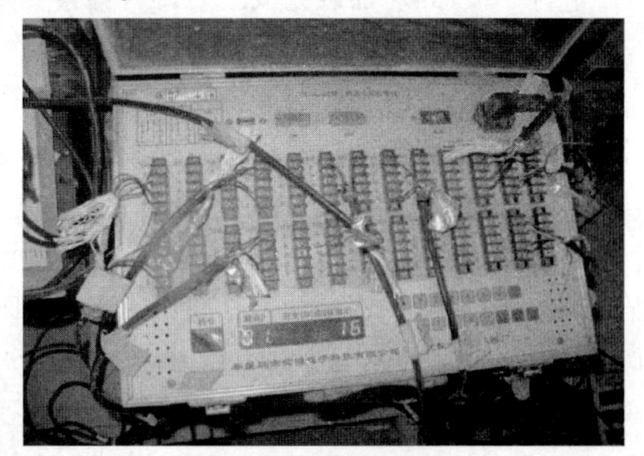

图3 试验数据采集系统

3.4 模型制作及监测点布置

根据实体工程现场的锚索设计,锚索长大多为45~60m,锚索间距为5m×6m,要达到模拟现场横河向80m、顺河向20m、高20m的范围,将三维模型尺寸大小设计为400cm×100cm×100cm。

单锚模拟试验建立模型长4m、宽1m、高0.7m,锚索安装在第6排位置,锚索孔预先部分小试块采用直径18mm的钻孔成型,在模型搭砌中将锚索穿过锚索孔对接组合而成(见图4)。

群锚模拟试验地质模型体的制作与单锚类似。区别在于群锚模拟试验中水平方向锚索分三层安放,横纵间距为25cm×25cm,模拟原型中5m×5m的锚索间距。首层锚索位于第4排小试块的表面,次层锚索位于中心线对称位置;竖向锚索的排布与水平方向类似(见图5)。

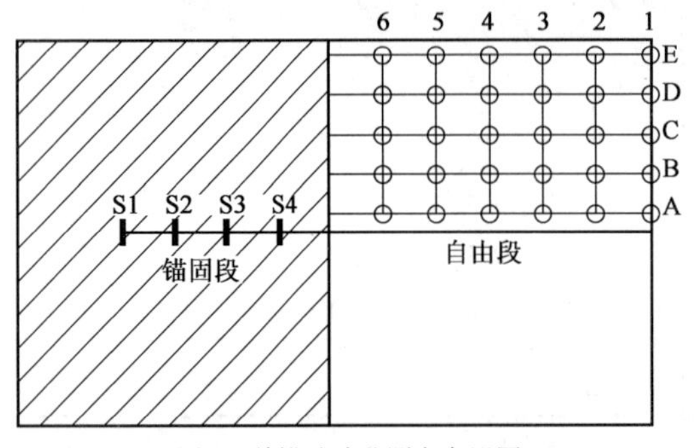

图4 单锚试验监测点布置图

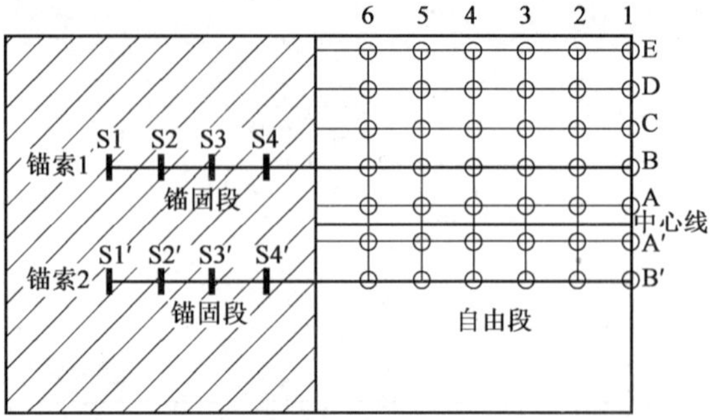

图5 群锚试验监测点布置图

模型中布置监测点,5行(A~E)6列(1~6)。

3.5 试验方案

加载装置为一敞口的钢柱、梁框架系统,加载千斤顶对称水平布置于水平梁内侧,竖向无反力架装置。为了适应锚索节点斜向加载要求,需要对原加载装置进行改装和利用。利用原钢柱、框架梁作为边坡模型的外侧和固定装置。将支挡和固定挡板竖向钢管沿框架内侧四周搭设,然后再在一个长度方向和两个宽度方向支设模板,作为边坡的支挡装置。边坡锚索的加载一般为沿着锚索方向水平张拉。

加载程序参照现场锚索张拉试验,分多级加载。首次加载时应进行预加载,主要目的是熟悉仪器设备,通过预加载发现问题,并逐一解决。预加载分两级加载,每级加载值为1kN。加载两级后一次性卸载到零,再进行标准加载。标准加载分级进行,根据相似条件共分5级进行加载,每级加载值分别为:0.13kN、0.26kN、0.39kN、0.52kN和0.65kN。群锚试验中,先对锚索二进行5级加载,加载完成之后再对锚索一进行5级加载。

4 压力分散型锚索试验分析

4.1 压力分散型锚索结构及锚固预应力分布

压力分散型锚索是一种单孔复合锚固体系,在同一个钻孔内安设2个以上的单元锚索,每个单元锚索均有筋体、自由段、锚固段。各单元锚索锚固段底端安装有承载体(见图6、图7)。程良奎的现场拉拔试验表明,在粉质黏土、中细砂及破碎岩石中,在同等锚固段条件下,压力分散型锚索比拉力分散型锚索承载力高23%~58%[10]。

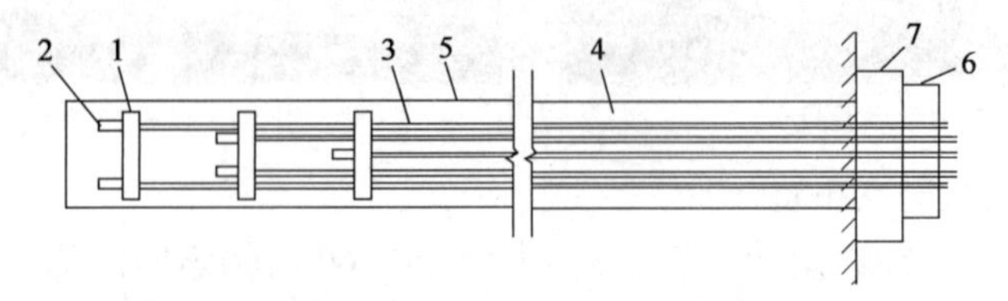

图6 压力分散型锚索结构示意图

1-承压板;2-P型锚;3-无黏性钢绞线;4-砂浆体;5-锚索孔;6-锚头;7-锚墩

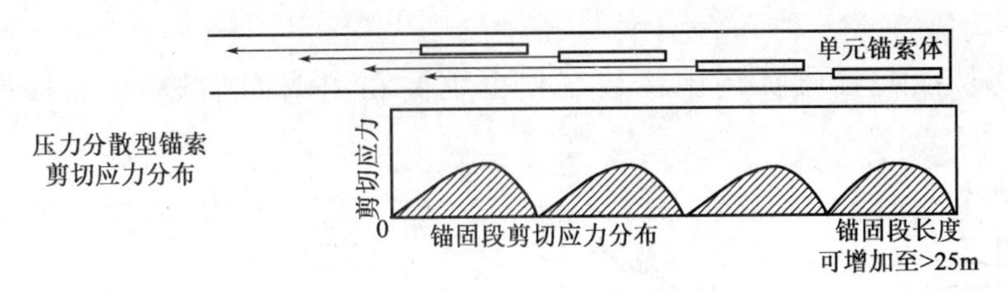

图7　压力分散型锚索剪切应力分布情况示意图

锚固段轴向应力和剪应力按照 Kelvin 位移解并在弹性条件假设下得到的计算表达式[9]：

$$\sigma_z = \frac{P}{A}\exp\left[\frac{M}{N^2}\ln(N \cdot z + M) - \frac{z}{M}\right] \tag{2}$$

$$\tau = \frac{PD \cdot z}{4A(N \cdot z + M)}\exp\left[\frac{M}{N^2}\ln\left(\frac{N \cdot z + M}{M}\right) - \frac{z}{N}\right] \tag{3}$$

$$M = \frac{(1+\mu)D^2 E_a}{8E}, N = \frac{D\mu}{2\tan\varphi}$$

式中：D——锚孔直径；

P——张拉荷载；

μ——岩体泊松比。

各级单元锚索的锚固段上的剪应力分布大致相同，各级锚固段均充分利用了地层强度[11]。内锚固段中剪应力分布是很不均匀的，在内锚固段外端有剪应力高度集中现象（图8）从外向内，剪应力的分布。随深度增加而减小，呈指数函数关系，至一定距离后，剪应力趋于一个极限值。剪应力的峰值与岩体性质、张拉荷载的大小有关，岩体坚硬，峰值点离内锚固段外端的距离大。

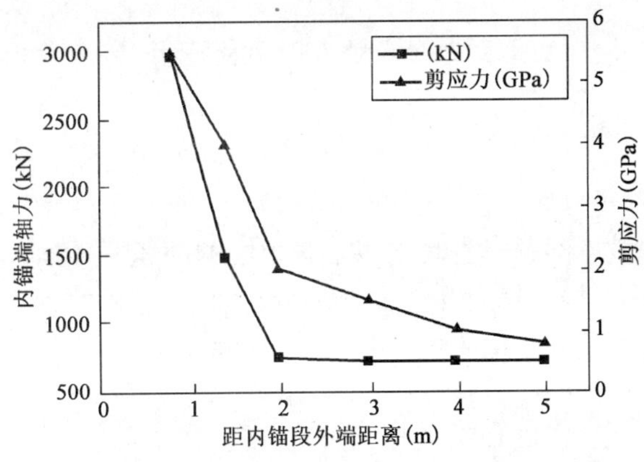

图8　预应力锚索内锚段轴力及剪应力分布

4.2　单锚试验分析

单锚模拟试验中共布设有5个应力计（A6～E6）和30个位移计。应力计监测结果见图9，位移计监测结果见图10，监测点最终位移值见图11。

（1）随着张拉力的增加，锚索孔上、下方和侧表面的应力值也增加。

（2）锚索孔四周应力变化与监测点的距离相关，距锚索孔较近的监测点应力相对距锚索孔较远的监测点应力大，变化速率快。

（3）在张拉试验中锚索应力影响范围有限，应力范围一般在10cm左右。

（4）从不同监测点位置可看出，靠近内锚固端外端的应力较大，说明内锚固端的轴力和剪应力分布是不均匀的。

(5)张拉过程中,锚索孔周围位移变化也主要在内锚固端外端,位移量较小,仅有7~8mm。

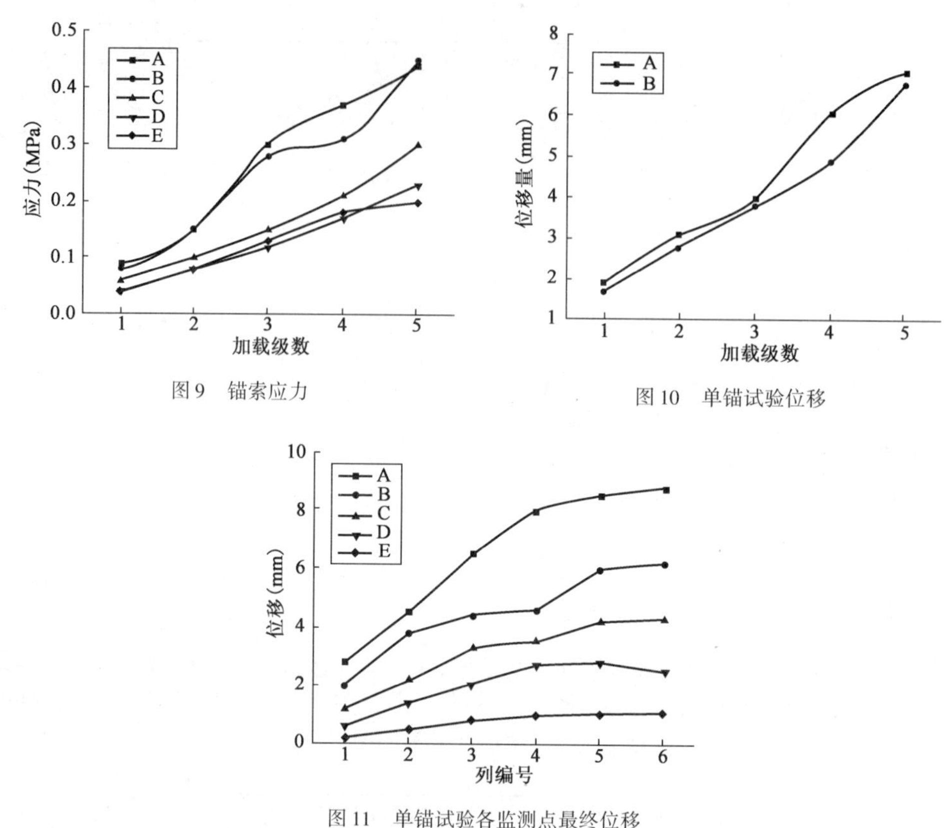

图9　锚索应力

图10　单锚试验位移

图11　单锚试验各监测点最终位移

5　群锚效应分析

5.1　预应力锚索群锚效应

预应力锚索的群锚效应问题一直是很多学者关心的问题。孙学毅[12]指出由于相邻锚索引起的应力叠加,群锚中单根锚杆的特性与一般意义上的单锚的特性完全不同。陆锡铭[13]指出,岩体的压缩性较大时,锚固张拉的相互影响会引起先张拉的锚索产生较大的预应力损失。群锚效应分为被锚固岩体内的应力叠加和岩体表层的压缩效应叠加[14]。

(1)岩体表层的压缩效应:预应力施加,通过外锚墩应力向岩体内部扩散,使锚索张拉影响范围的岩体处于受压状态,根据多点位移计观测结果,岩体表层的压缩受岩体质量和预应力大小的影响显著。典型锚索的影响半径 S(位移大于2mm)与张拉荷载、岩体变形模量 E 的关系式如下。

$$S = (0.0103P + 3.1613)E^{-6\times10^{-6}P-0.54} \tag{4}$$

式中,E 为被加固岩体的变形模量(GPa),P 为单锚施加的预应力值。

(2)锚固端应力集中效应:在离内锚固段外端距离近的地方,应力高度集中,外端部岩体首先发生破坏,从而发生应力逐渐向根部转移的现象。由于锚固体外端处拉应力集中,相邻锚固体间可能的贯通破裂面将会引起岩体中的新的整体破裂,因此,合理确定内锚固段间距在工程设计中尤为重要。

5.2 群锚效应理论分析

在锚固工程中,当潜在滑面位置较深时,锚杆通常较长,锚固段深埋地下,又因为压力型锚杆从锚固段最深处开始受力,在这种情况下,岩土体表面边界对应力分布的影响很小[15]。可以近似认为,此问题属于无限体内部一点受集中力作用的弹性问题。可以用 Mindlin 解进行位移分析。

根据 Mindlin 的研究[16],在弹性半空间 O 点作用一个集中力 P 时(见图 12),在半空间任意一点的竖向位移为(5):

$$W = \frac{P(1+\nu)}{8\pi E(1-\nu)}\left[\frac{8(1-\nu)^2}{R} + \frac{4(1-\nu)\cdot z^2}{R^3}\right] \tag{5}$$

式中,W 为任意一点的竖向位移,P 是作用于 O 点集中力,R 为半空间任意一点距离 O 点的距离。

模型受到竖向集中力作用,模型材料坚硬,弹性模量大,泊松比小(认为该模型不产生侧向扩张);张拉裂隙与加载方向平行(如果集中力作用点不在张拉裂隙上,则该裂隙对该模型没有影响)。故可认为其泊松比为 0,(5)化简为(6)。

$$W = \frac{P}{\pi E}\left(\frac{1}{R} + \frac{z^2}{2R^3}\right) \tag{6}$$

由该式可知:

在集中力、弹性模量一定的情况下。①在一定的深度,距离 z 轴越远,其竖向位移量越小;②其竖向位移等值线是关于 z 轴对称的一个"椭圆形"。见图 13。

在相同的位置,集中力越大,其竖向位移越大;弹性模量越大,其竖向位移越小。

两根或多根锚索共同作用,由于锚索间距、地层的弹性模量、泊松比等的影响,其压应力分布会有部分重叠,见图 14,导致某点的竖向位移产生变化。因此,根据地层的弹性模量、泊松比,合理确定锚索的间距,荷载是尤为重要。

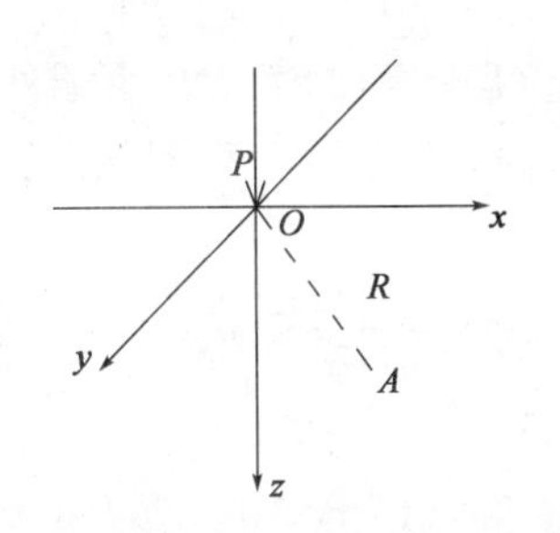

图 12 Mindlin 计算简图

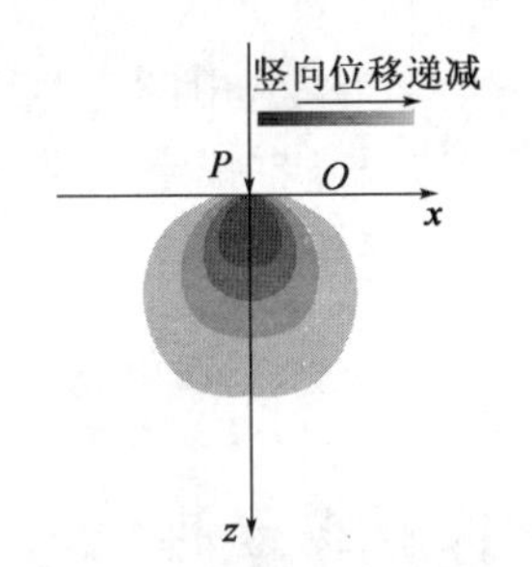

图 13 单锚竖向位移等值图

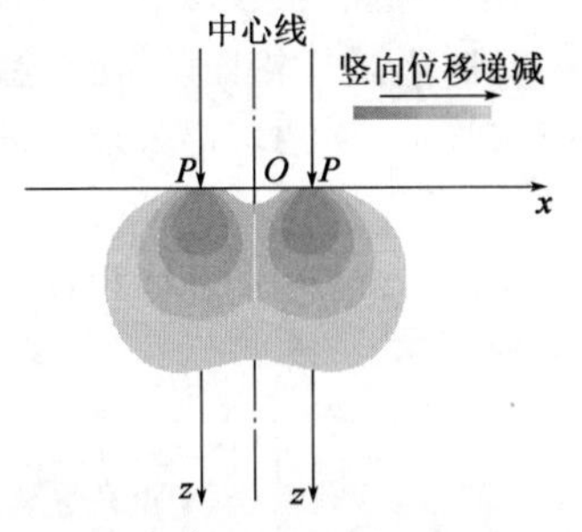

图 14 双锚竖向位移等值图

5.3 群锚试验结果及分析

群锚模拟试验中,按间距 25cm 共安装有 2 根锚索。群锚模拟试验中共布设有 5 个应力计(A6 ~ E6)和 42 个位移计。

试验过程先张拉锚索 1,五级张拉完成后,再分级张拉锚索 2。得出 A6 ~ E6 五个监测点的应力值,见图 15;B、A 两行随着开挖级数其位移监测见图 16、图 17;监测点最终位移见图 18。

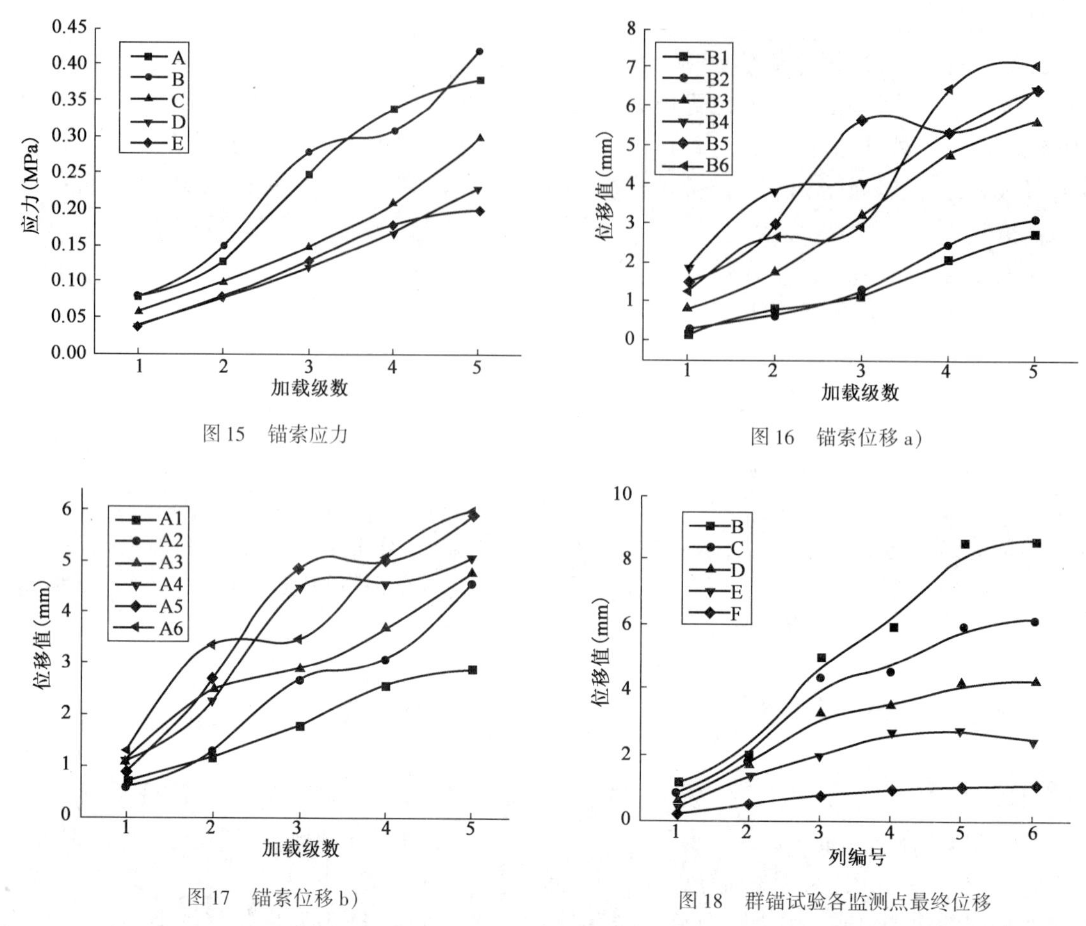

图15　锚索应力

图16　锚索位移a)

图17　锚索位移b)

图18　群锚试验各监测点最终位移

群锚试验中各锚索应力变化规律与单锚试验相似,受荷载级数与测点位置距离影响较明显;内锚固端的轴力和剪应力分布十分不均匀。靠近外端应力集中明显,由此可知锚索设计中增加内锚固端长度对增加内锚固力并不有效;群锚效应在外锚固端上表现明显,锚索施加预应力的大小直接关系到改良岩体性质。

群锚试验相比单锚试验位移影响区较小,由图11、图18对比可知,群锚试验自由端外侧位移收敛,说明群锚效应不能有效发挥每一根锚索的锚固作用;从锚索位移随荷载变化情况可知,位移变化也具有端部效应,及锚固端外端位移变化较大。另外位移变化也具有压缩效应,即初期施加预应力,使得松散岩体或裂隙压缩变得密实,当岩体被压密实后,其位移随荷载变化很小。

6　锚固方案优化及数值模拟分析

在室内物理模拟的基础上还将结合现场锚索设计分部,采用数值模拟对比分析群锚加固效果,为锚索的设计提供更可靠的依据。

6.1　计算原理与模型

采用FLAC3D进行数值模拟。计算边界:底部为法向约束,为模拟上覆岩体的自重,上表面作用有均匀分布的法向荷载;靠近外锚头的岩体表面为自由面,中部1m×1m的范围内作用有水平向的均布力,均布力的大小根据预应力锚索的张拉力来确定;与内锚固段相邻的岩体及左右两侧岩体表面均采用法向约束。

6.2 群锚数值模拟结果分析

模型尺寸为 20m × 35m × 25m；其中 x 向为岩体前表面、长 20m，y 为锚索孔的轴向、长 35m，z 向为垂向、长 25m。模型采用 FLAC 接触面方法建立，锚索共布置 4 行 4 列，行间距均为 5.0m；格构梁长度高度均为 20.0m、宽度为 0.6m、厚度 1.0m，同时考虑梁体内配筋对梁体的刚度、黏聚力、抗拉强度和抗弯能力的影响，加入格构梁。格构梁群锚结构图见图 19 ~ 图 21。

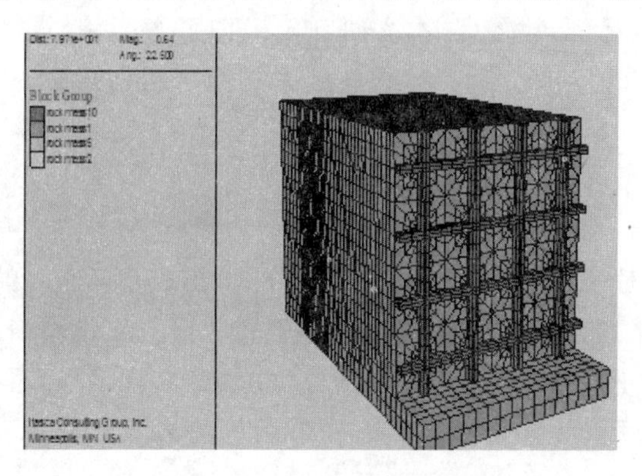

图 19 4 ×4 群锚模型块体组成

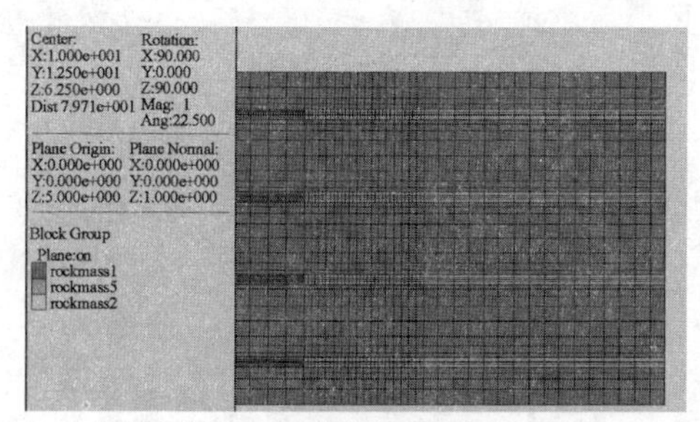

图 20 4 ×4 群锚模型块体剖面图

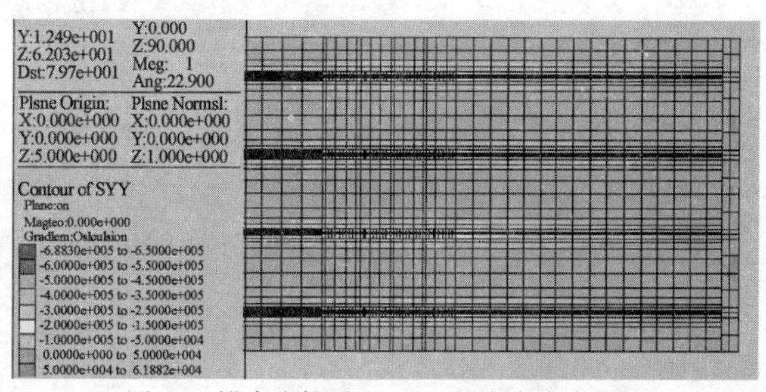

图 21 锚索张拉后 z = 5m σ_1 方向应力云图

(1)格构梁将锚索施加的应力均匀的分散开来，其附近岩体受力比较均匀，避免了岩体因应力集中而导致的破坏。

(2)锚索锚固段影响范围与双锚影响范围相一致，而且自由段、锚固段应力基本无叠加，格构梁附近自由段岩体表现为具有一定的压应力，而且受力相对也比较均匀。

(3)格构梁配筋提高了混凝土的抗拉能力和黏聚力，所以格构梁的变形相对较大，在锚头部位应力较集中，但应力传递一定距离后迅速消散。间距为 5.0m 时，主应力方向锚索的应力影响范围比较小，而且相邻锚索间应力无叠加。

(4)锚固段内应力的传递与设置的分散锚固长度有关，呈串珠状分布，自由段应力存在部分应力过渡区，但均比较小。

7 结语

通过对强卸荷倾倒拉裂变形岩体中压力分散型锚索地质力学模型的研究，对比了单锚和群锚加固的应力应变特征，在总结前人研究成果的基础上结合物理力学模型试验、数值模拟试验分析，得出如下结论：

(1)单锚和群锚锚索孔周边应力和位移随着加载级数的增大波动很小，逐渐趋于平稳，证明压力分散型锚索可以控制应力集中，有效加固碎裂岩体。

(2)单锚模型试验中，监测点的位移变化具有端部效应，即锚固段外端位移变化较大。锚固力与剪应力分布也不均匀,靠近外端其值越大。

(3)群锚模型试验中,锚索张拉完成后,与单锚试验结果相比,应力、位移影响区较小。

(4)由 FLAC3D 数值模拟,格构梁支护体系可以使得锚索周围应力分散,避免了应力集中导致的破坏;格构梁配筋提高了混凝土的抗拉能力和黏聚力,从而导致格构梁变形相对较大。

本文采用地质力学试验结合数值模拟对边坡强卸荷裂隙下压力分散型锚索加固进行分析研究,涉及的物理力学、几何参数较多,本文研究仅模拟了主要相似条件,并对部分相似条件作了简化处理,结果有一定的参考价值。但结合具体监测资料及现场试验的对比分析尚有待进一步开展深入研究。

参考文献

[1] 黄润秋.岩石高边坡稳定性工程地质分析[J].工程地质学报,2013,21(06):870.

[2] 李英勇,王梦恕,张顶立,等.锚索预应力变化影响因素及模型研究[J].岩石力学与工程学报,2008,27(增1):314-3146.

[3] 李正兵.强卸荷、倾倒拉裂破碎岩体条件下高边坡岩锚破坏性试验研究[J].水利水电技术,2009,40:22-26.

[4] 程良奎,李象范.岩土锚固·土钉·喷射混凝土——原理、设计与应用[M].北京:中国建筑工业出版社,2008:1-136.

[5] 洪亮.压力分散型锚索锚固机理及承载板合理间距的研究[D].西南交通大学,2013.

[6] 顾金才,沈俊,陈安敏,等.锚索预应力在岩体内引起的应变状态模型试验研究[J].岩石力学与工程学报,2000,19(增1):917-921.

[7] 曾祥勇,唐树名,邓安福.锚索加固边坡破裂结构岩体模型试验[J].重庆大学学报,2004,27:128-135.

[8] 顾大钊.相似材料和相似模型[M].徐州:中国矿业大学出版社,1995.

[9] 王胜.锦屏一级水电站左岸抗力体地质缺陷及加固处理技术研究[D].成都理工大学,2010.

[10] 程良奎,胡建林.摩擦式锚杆作用原理及其工程应用[J].岩石力学与工程学报,1989(02):119-126.

[11] 孟刘鸿,周德培.压力分散型锚索内力变化规律试验研究[J].岩土力学,2012,33(04):1040-1044+1050.

[12] 孙学毅.边坡加固机理探讨[J].岩石力学与工程学报,2004,23(16):2818-2823.

[13] 陆锡铭,朱晗迓.破碎岩质边坡中群锚效应试验研究[J].公路交通科技,2005(S1):66-68+80.

[14] 张发明,刘宁,赵维炳.岩质边坡预应力锚固的力学行为及群锚效应[J].岩石力学与工程学报,2000(S1):1077-1080.

[15] 尤春安,战玉宝.预应力锚索锚固段的应力分布规律及分析[J].岩土工程学报,2004,24(6):925-928.

[16] MINDLIN R D. Force at a point in the interior of asemiinfinite soli[J]. Physics,1936,7(5):195-202.

基坑锚固支护引起地表裂缝的机理及其原因分析

刘全林　刘斐然

（上海强劲地基工程股份有限公司　上海）

摘　要　锚固支护技术是发挥地层自承能力的一种主动支护技术，本文从锚固支护基坑变形机理出发，认为锚固支护基坑产生的地表裂缝主要有三种类型，每种类型与锚固支护结构的变形特征具有内在的联系；建立了锚固支护基坑产生的地表裂缝产生与其侧向变形的关系，对于不同的土层，当其最大水平位移量达到一定值时，必然在地表引起裂缝。引起基坑变形较大的主要原因有三种，即预应力较小、岩土体的流变变形和前部锚固段退化为自由段等原因。根据变形与刚度的关系，在锚固支护结构中提出了"效应刚度"的概念。当预应力锚杆（索）的预应力较小时，其产生的"效应刚度"就小，引起的变形就大，从而导到基坑的地表产生裂缝。

关键词　基坑　锚固支护　效应刚度　地表裂缝　变形机理

1　引言

岩土锚固技术应用于基坑边坡锚固已有较长的历史了，但是随着基坑开挖深度的不断增加，以及基坑距周边建筑物、构筑物、管线及道路非常近，对他们的保护要求越来越高，导致不少地方明文规定不准使用锚固技术。其原因是使用锚固技术锚固基坑常引起地表的裂缝和沉陷，以及邻近建筑物的损伤（如图1所示），导致人们对基坑安全及对将对周边环境产生不良影响及破坏的担忧。采用锚杆、土钉、预应力锚杆等锚固支护技术的基坑工程，基原理是将基坑壁不稳定的岩土层通过锚筋将其锚固于潜在滑移面以外的稳定岩土体中，或者将不稳定的岩土层通过锚筋和锚固体的组合作用加固成为稳定岩土层。过去人们过多关心的是基坑壁的稳定性，没有重视对基坑壁变形的有效控制，认为地表出现裂缝是锚固支护技术不可避免的，这也为限制锚固技术的应用找到了借口。

图1　锚固支护引起砖混建筑物开裂的情况

锚固支护基坑引起的地表裂缝主要有三种类型。从图2可以看出,这种裂缝出现在基坑开挖不久,是由基坑上部放坡、围护桩悬壁长度过大及开挖超量引起的。图3中的裂缝出现在基坑开挖到一定深度时,是由于预应力施加较小,或者预应力快速被衰减掉,如由腰梁刚度严重不足以及自由段被拉长较大等原因引起的;从图4可以看出,这种裂缝一般出现在基坑开挖较深时,地表出现了明显沉降或基坑有较大的水平变形时,这种裂缝出现在距基坑壁的较远处,容易危害到基坑远处的道路及建筑物,也是人们最为担心的裂缝。

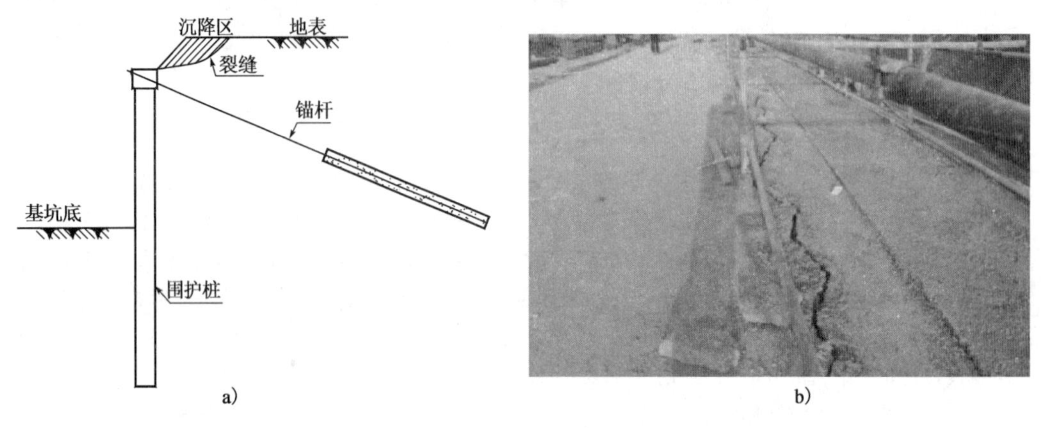

图2　一类裂缝——邻近基坑壁的地表裂缝

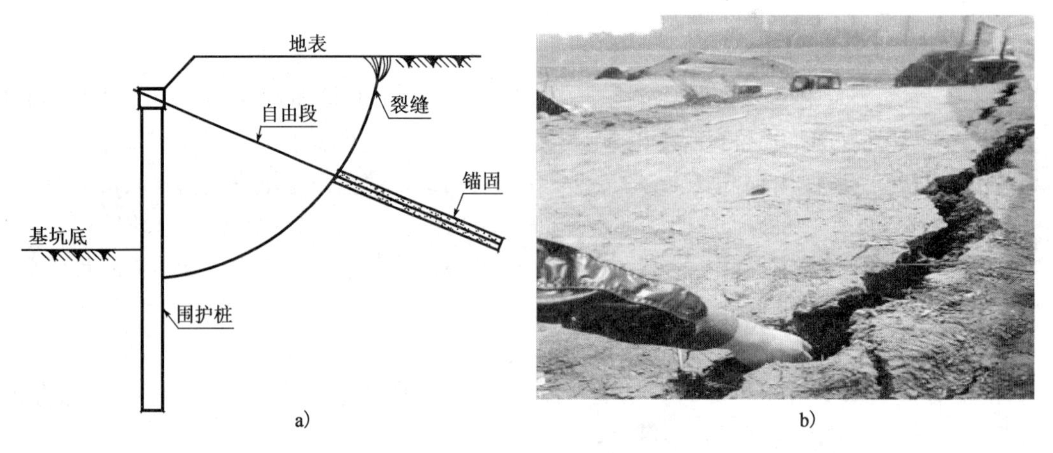

图3　二类裂缝——锚杆(索)自由段端部位置地表的裂缝

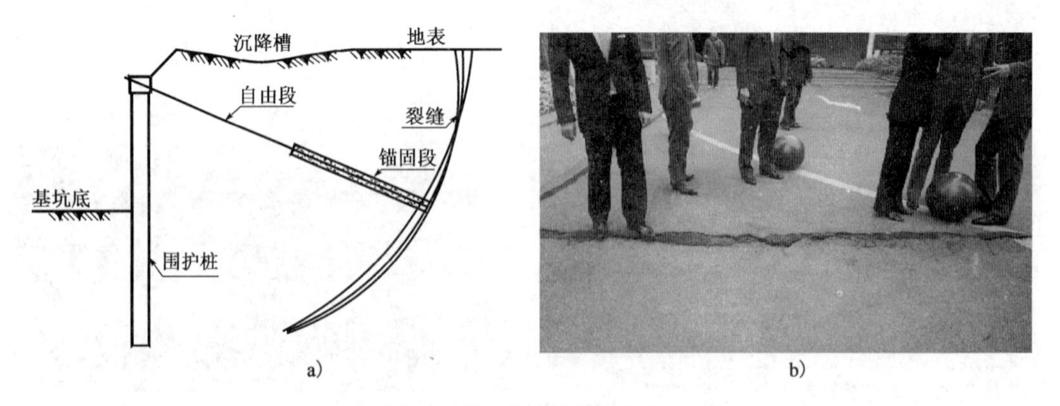

图4　三类裂缝——锚杆(索)锚固段端部位置地表的裂缝

下面我们将从裂缝产生的具体原因入手,分析其产生的机理,然后探讨其控制和消除裂缝的方法,最后通过工程案例来说明这些方法的具体应用,为锚固技术的应用闯出一片新天地。

2 地表裂缝与其支护刚度及基坑变形的关系分析

2.1 锚固支护基坑的变形特征

采用锚固技术锚固的基坑,基坑开挖以后的水平位移,主要由四部分组成,一部分是锚杆体的受拉变形,一部分是锚固体的受力变形,一部分是竖向围护墙体的变形,另一部分是连接锚杆的腰梁等部件的变形。当水平位移达一定量时,在锚固的边坡体中将形成一个拟滑移面,并扩展到地面,在地表形成裂缝,随着变形的增加,裂缝的宽度和深度也将随之增加。

基坑开挖后,作用在锚固结构上的水土压力,必将使锚固结构产生一定的水平位移,同时导致基坑壁产生一定的水平位移。基坑壁的最大水平位移为多大值时地表将出现裂缝,这是我们工程技术与管理人员十分关心的问题,为此,需要有理论分析和现场实测数据来找出这个临界水平位移值。

引起基坑的周边地面沉降,主要是由锚固施工过程及地层开挖过程引起的地层损失引起的,如锚固成孔过程的水土流失,基坑壁水平位移及基坑底部地层隆起等原因。

锚固结构和周边土体变形受如下因素影响:锚固系统刚度、锚固系统施工方法、土体条件和施工条件。对于施工条件较好、土层较软的情况,变形主要受锚固系统刚度影响。因此,控制变形的有效方法就在于提高锚固系统刚度。

在软土地区,对于开挖深度超过6m、周边土体变形控制要求严格时,一般采用桩锚支护结构,此时锚固结构刚度为桩体刚度、锚杆刚度、锚杆分布的水平和竖向间距以及桩与锚固系统连接条件的函数。

锚固结构可分为刚性锚固和柔性锚固结构。前者包括咬合桩和地下连续墙;后者包括钢板桩、钢筋网混凝土喷层和水泥土墙与锚杆组合的锚固结构。

锚固系统的性状主要包括周边地面沉降和锚固结构本身的侧向变形(在变形较小条件下,周边土体侧向变形与挡墙的侧向变形比较一致)。两者均为围护桩抗弯刚度、锚固系统刚度、土压力和水压力、土层和水力条件的函数。理论和实测表明,在不考虑施工效应(开挖前降水以及较大坑底隆起)条件下,锚固支护基坑引起的基坑变形性状有三种类型,第一种类型为悬壁式变形,如图5所示,当锚杆体变形较大时,最大侧向变形发生在桩顶位置(侧向变形近似为倒三角形分布),地面沉降随距离锚固结构边缘增长而衰减(近似为三角形分布);第二种类型为鼓胀式变形,如图6所示,当预向力较大,锚固支护刚度较高时,上部桩体侧移受锚杆限制,基坑侧向变形主要发生在开挖面附近,侧向变形性状表现为鼓胀形,地面的沉降表现为勺形;第三种类型为悬胀式变形,如图7所示。当锚固支护刚度不足,基坑的变形较大值出现在桩顶位置与开挖面附近,地面的沉降区较大,沉陷量也较大。

这三种变形特征与锚固支护基坑在地表发生的三种裂缝呈一一对应关系。显然,地表裂缝出现的几率与基坑的侧向变形具有内在的联系。

2.2 锚固支护基坑的地表裂缝与其侧向变形量的关系

锚固结构的性状与土体不排水剪强度 S_u 有很大的关系,对于 $S_u > 100\text{kPa}$ 的硬黏土,经统计得出锚固系统的平均侧向和竖向位移为 $0.2\% H \sim 0.15\% H$,其中 H 为开挖深度。

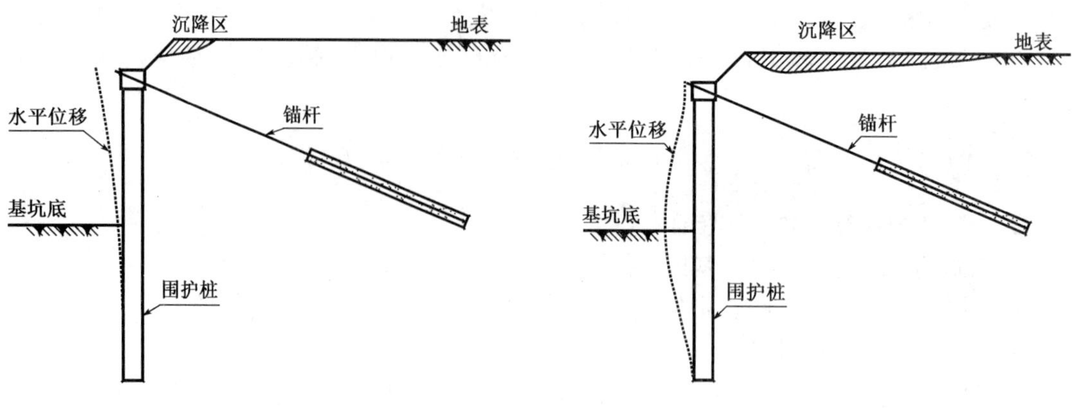

图5　锚固支护基坑的悬壁式变形　　　　图6　锚固支护基坑的鼓胀式变形

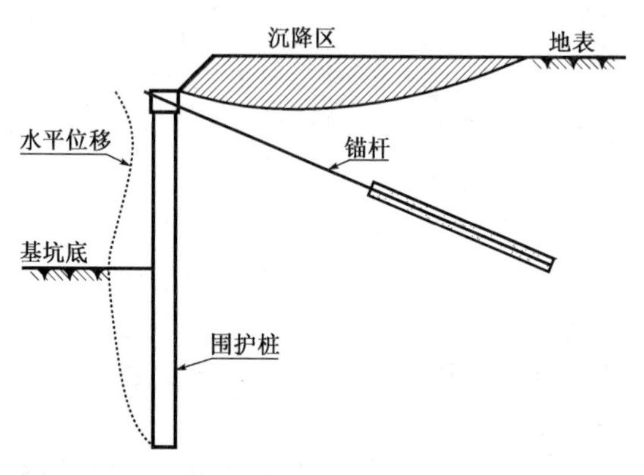

图7　锚固支护基坑的悬胀式变形

对于 $S_u=0\sim100\text{kPa}$ 之间的软黏土和中等硬黏土，开挖面下墙体变形主要来源于坑底的隆起变形，这主要是由于开挖面处和开挖面以下土体塑性屈服的结果。根据隆起安全系数和锚固系统刚度不同，最大侧向变形可达 $0.5\%H\sim2\%H$。隆起安全系数和锚固系统刚度越小，侧向变形越大，反之亦然。坑内被动侧土体的相对强度和变形特性可采用坑底稳定系数 N_c 衡量。

$$N_c=\frac{S_u}{\gamma H} \tag{1}$$

式中：γ——开挖深度内土体加权平均有效重度；

H——开挖深度，即 γH 为坑底面上有效上覆压力；

S_u——土体不排水剪强度。

亦可采用 Terzaghi (1943)给出的定义坑底隆起安全系数，即对于大面积开挖($H/B<1$，其中 H 和 B 分别为开挖深度和宽度)，隆起安全系数为：

$$FS_{\text{Basl}}=\frac{S_{ub}N_c}{H\left(\gamma-\dfrac{S_{uu}}{0.7B}\right)} \tag{2}$$

$$FS_{\text{Basl}}=\frac{S_{ub}N_c}{H\left(\gamma-\dfrac{S_{uu}}{D}\right)} \tag{3}$$

式中：S_{ub}、S_{uu}——开挖面以下和开挖面以上土体不排水剪强度；

N_c——开挖面处地基承载力系数；

H——开挖深度；

B——开挖宽度；

γ——土体重度；

D——相对硬土层离坑面的距离。

而锚固系统刚度可采用式(1)定义的无量纲刚度表达。

经理论分析和监测数据统计，基坑地表裂缝出现的时机与锚固支护结构的最大变形量有关。为了解决基坑锚固支护结构变形引起地表裂缝的控制，需控制锚固支护结构的最大变形量，经计算和监测数据分析得到，要使地表不出现裂缝，在 $S_u = 0 \sim 50\text{kPa}$ 之间的软土中，应控制基坑的最大水平变形量为 $0.4\%H$，在 $S_u = 50 \sim 100\text{kPa}$ 之间的软土中，控制基坑的最大水平变形量为 $0.25\%H$，在 $S_u = 100\text{kPa}$ 以上的硬土中，控制基坑的最大水平变形量为 $0.15\%H$ 以内。

2.3 锚固支护基坑的变形与其支护刚度的关系

2.3.1 锚固支护结构的刚度

锚固支护的基坑工程，当基坑产生了较大的水平变形时，反映了锚杆(索)的支护系统的刚度较小。锚杆的支护系统的刚度 K 与锚固段的刚度 K_1 和自由段的刚度 K_2 有关。

设锚杆的倾角为 θ，自由段长度为 L_f，锚固段长度为 L_a，锚固体的截面积为 A_c，锚杆体的截面积为 A，锚杆体的弹性模量为 E_s，锚固复合体的弹性模量为 E_c。按刚度作用机理得到锚杆的锚固段与自由段的刚度对锚杆刚度的作用呈并联关系，即：

$$1/K = 1/K_1 + 1/K_2$$

则单根锚杆的水平刚度

$$K = \frac{A \cdot E_s \cdot E_c \cdot A_c}{E_c \cdot A_c \cdot L_f + E_s \cdot A \cdot L_a} \cos^2\theta \tag{4}$$

在建筑基坑规程(JGJ 1299)规程中推荐的单根锚杆水平刚度计算公式为：

$$K = \frac{3A \cdot E_s \cdot E_c \cdot A_c}{3E_c \cdot A_c \cdot L_f + E_s \cdot A \cdot L_a} \cos^2\theta \tag{5}$$

式中的 $E_c = \dfrac{A \cdot E_s + (A_c - A)E_m}{A_c}$，其中 E_m 为锚固注浆体的弹模。

将常用的软土和硬土地层中设计的锚杆(索)参数代入(4)式，得到锚杆的水平支护刚度为：$K = 4 \sim 20\ \text{MN/m}$，锚索的水平支护刚度为 $3 \sim 17\text{MN/m}$。

代入式(5)，得到锚杆的水平支护刚度为：$K = 10 \sim 70\text{MN/m}$，锚索的水平支护刚度为 $6 \sim 45\text{MN/m}$；显然，推荐计算公式得到的结果大，如单根锚杆的支护面积为 3m^2，则锚杆支护结构的刚度就只有 $1 \sim 7\text{MN/m}$，与内支撑的水平刚度 $20 \sim 60\text{MN/m}$ 相比，则小了很多，这也是现行锚固支护基坑经常出现地表裂缝的主要原因。

如果要考虑锚杆腰梁的刚度影响，则锚固支护系统的支护刚度还要减少一些。

显然只靠锚杆支护材料的刚度贡献来控制基坑的变形，除了增加锚固体的截面积，锚杆的截面积，锚固体的强度以及增加锚杆数量之外，几乎无计可施了。即使这样做能控制基坑的变形，则支护的成本也将成倍增加。

2.3.2 预应力作用产生的“效应刚度”

施加预应力来控制基坑的变形，已成为工程界的共识。施加预应力的结果就是提高支护的刚度，通过图 8 来说明预应力对锚杆支护刚度增加的作用效果。

图 8 中曲线 1 为传统桩锚支护时作用的土压力-位移曲线图，随着基坑的开挖，土压力和锚固支护结构的位移都线性增大，最终土压力达到 P_1 时锚杆支护结构的最大水平位移为 s_1。得到锚杆支护的水平刚度 $K_1 = \tan\alpha_1$，即为曲线 1 的斜率。预应力锚杆的土压力-位移曲线图如曲线 2，即 $OABC$ 所示。曲线 2 可以分为三个阶段。

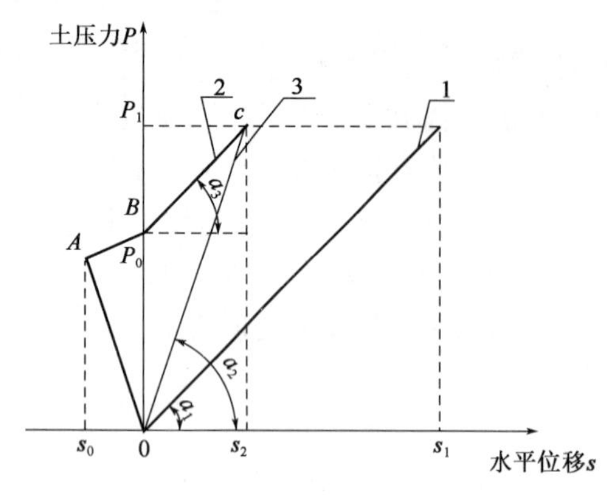

图 8　土压力—基坑水平位移曲线图

(1)激发被动土压力

曲线 OA 对应基坑开挖前对锚杆施加预应力阶段，预应力施加完成后，预应力锚杆拉固围护桩(墙)，产生向基坑外的位移 S_0。同时外部土体由于受到围护桩(墙)挤压，产生向基坑内方向的被动土压力为 P_0。同时在施加预应力的过程中，外部土体由于受到挤压使得其强度得到了一定提高，尤其是在软土地层中，土体的强度将有了较大的提高。

(2)主动消除锚杆的大部分变形

在施加完预应力后，锚杆的初始变形量为 0。基坑开挖后，锚杆的位移量即为土压力的增量(开挖后的主动土压力与开挖前的被动土压力之差)。当预应力量越大，则土压力的增量就越小，锚杆的变形也就越小。

(3)产生效应刚度控制基坑变形

随着基坑开挖深度的增加，主动土压力也随之增大，而被动土压力将减小至零。曲线 BC 即是对应被动土压力等于零后主动土压力逐渐增加的情况，此时锚杆内力开始增加。当基坑开挖到底时，水平位移也达到最大值 s_2。曲线 BC 的斜率 $K_2 = \tan\alpha_2$ 即是锚杆的材料刚度，此时 $K_1/K_2 = 1$。然而这个刚度 K_2 并不是预应力锚杆所表现出来的刚度。曲线 3 的斜率 $K_3 = \tan\alpha_3$ 即为预应力锚杆的“效应刚度”。

据上所知，锚杆本身的刚度较小，但是通过施加预应力后，主动表现出来的“效应刚度”比内支撑体系还要大。本文将这种预应力作用后表现出的大刚度称之为预应力锚固支护体系的“效应刚度”。

为方便计算，可作以下假设：

预应力及土压力施加瞬间完成，锚杆简化为一维杆件；

对于锚固支护结构的水平变形量如式(4)所示。

$$\delta = \frac{F_{\max} - F_{\text{pre}}}{K_1} \tag{6}$$

式中：δ——支撑的最大水平变形量；

$F_{\max}$——作用于锚杆的最大轴力；

F_{pre}——施加的预应力；

K_1——锚杆的刚度。

施加预应力的大小如下式所示。

$$F_{\text{pre}} = \rho \cdot F_{\max} \tag{7}$$

式中：ρ——预应力施加系数，一般根据基坑开挖深度所产生的最大主动土压力所得。

把式(7)带入式(6)得：

$$\delta = (1 - \rho)\frac{F_{\max}}{K_1} \tag{8}$$

效应刚度的基本运算公式如下式所示。

$$K_e = \frac{F_{\max}}{\delta} \tag{9}$$

把式(8)带入式(9)得：

$$K_e = \frac{1}{1 - \rho}K_1 \tag{10}$$

显然，锚固支护结构的刚度越大，则引起的变形就越小，出现地表裂缝的几率就越小。因此，保证锚固支护结构具有足够的刚度是避免出现地表裂缝的主要方法之一。

3　基坑开挖引起地表裂缝的原因分析

3.1　锚杆施加预应力偏小

要控制基坑的变形，必须采用预应力锚杆，这是工程界公认的方法。从上一节可知，锚杆支护系统的刚度较低，通过施加预应力可以提高其刚度。

从式(10)可知，预应力施加系数 ρ 越高，即越趋近于1，则锚杆的效应刚度就越高，当取0.8～0.95时，那么效应刚度K_e即为锚杆材料刚度的5～20倍。

从图9中可以看出，不同预应力系数下基坑的水平位移情况，反映了预应力系数对基坑变形的影响。

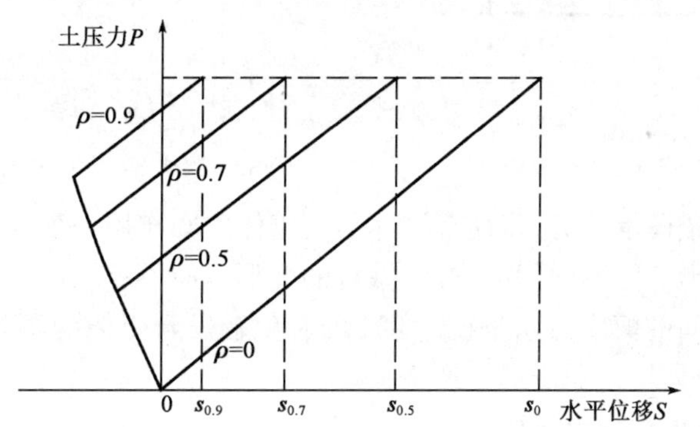

图9　预应力系数与基坑水平位移的关系

现行的锚固技术规范一般推荐预应力系数为0.6～0.7，则锚杆预应力刚度仅为锚杆原始刚度的2～3倍，与基坑的内支撑刚度相比，仍有较大差距，锚固支护基坑的变形量也就比内支撑的基坑变形量大，所以锚固支护基坑地面出现裂缝的几率较高也在所难免了。因此，控制变形的方法在于提高预应力系数。

3.2　锚固地层的流变变形

岩土的流变性能表现为两种类型，一种是可收敛的变形，一种是不可收敛的变形，如图10所示。

岩土的这二种流变变形特征在一定的条件下是可以相互转变的，这与作用的应力水平有关，当应力水平低于此临界值时，表现为可收敛的流变形形特征，反之则表现为不可收敛的流变变形特征，如图11所示。

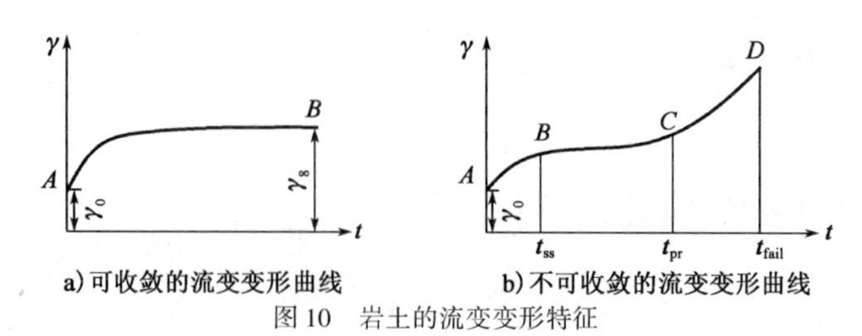

图10　岩土的流变变形特征

对于基坑的锚固支护结构,当单锚设计的承载力较大时,锚固体与岩土体之间的剪应力水平就较高,易导致岩土体发生不可收敛的流变变形量,当变形量达一定量进,基坑周边的地表将产生裂缝,这也是在锚固体与岩土体之间的存在一个较高应力水平的缘故。

从图12中可以看出,基坑开挖到10m以后,地表开始出现裂缝。基坑在施工锚杆过程中,基坑的水平变形仍在增加,当施加预应力后,增速有所降低,但随开挖深度的增加,锚杆承受的轴力也在不断增加,软土的流变特征表现得更加明显,开挖到底后,水平位移仍以较高的速度在增加,地面的裂缝宽度在不断加大。这就是一个由岩土流变引起地表裂缝的典型案例。

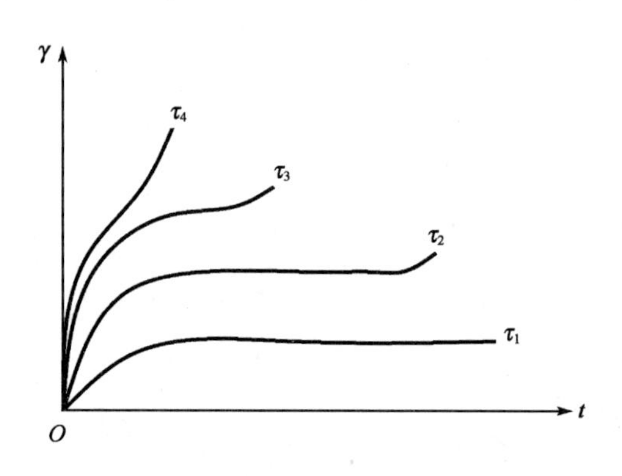

图11　不同应力水平下的流变变形特征

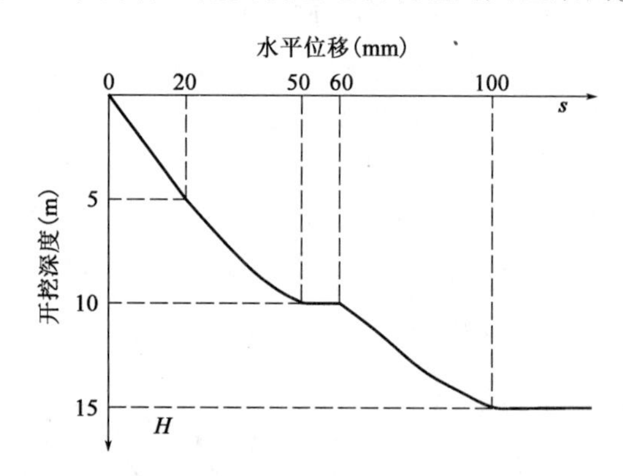

图12　某软土基坑的开挖深度与水平位移关系曲线

为了获得较高的锚固承载力,将使锚固体与岩土体之间作用一个较高的剪应力,从而导致岩土地层产生流变变形。随着时间的增加,基坑的变形也应不断增加,最终引起地表开裂。降低锚固体与岩土体之间的剪应力水平(集度),可避免触发岩土体的不收敛流变变形阈值,从而可控制基坑的总变形量,避免裂缝的产生。

3.3　前部锚固段退化为自由段

随着作用于锚筋上的轴向拉力不断加大,锚固段与自由段交界处的锚固体与锚筋之间的剪切应力大于其极限黏结力,导致锚固体与锚筋之间的黏结作用破坏,或该处的锚固体受损破坏,从而使前部锚固段退化为自由段,随着自由段的增加,则锚杆的水平刚度就随之减小,水平变形量也不断增加。

图13是一个实测的开挖过程的变形曲线,从图中可以看出,在开挖到10m深度之前,基坑的变形是按一定锚固支护刚度表现的,当达到10m深度时,基坑的水平位移发生一个突变,较短时间内增加了15mm,此时,在地面上出现了一道明显的裂缝。稳定后,分两层开挖到底,呈现减少的锚固支护刚度下

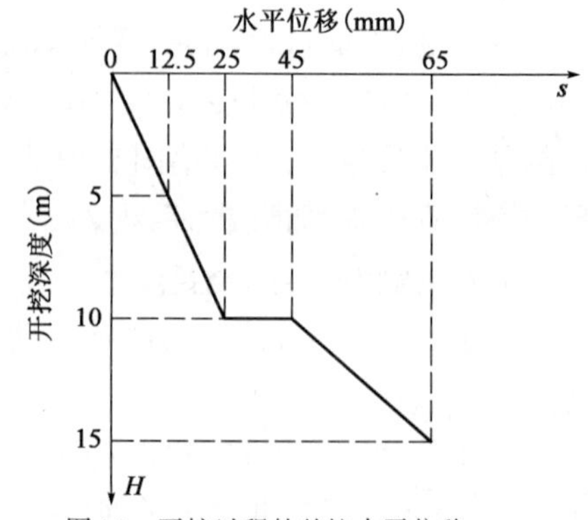

图13　开挖过程的基坑水平位移突变表现了锚固段的退化

的变形曲线,地面的裂缝加宽。从该变形随着深度变化的关系来看,在开挖到10m深度时,锚杆受到的轴向拉力使前部锚固段转变成了自由段,变形快速增加达一个平衡位置,形成一个新的支护刚度。

在锚固段与自由段交界处,存在着应力集中。当作用的水平荷载增加到一定值时,锚固段与自由段交界处的锚固体达到极限应力状态。只要水平荷载稍有增加,则锚固体在该处首先破坏,导致前端一部分锚固段退化为自由段,导致自由段增长,变形发生突变。因此,分散这种应力,使锚固体的受力处于允许应力水平是很重要的。

4 结语

锚固支护技术是发挥地层自承能力的一种主动支护技术,通过锚固体、锚筋与地层的相互作用,以及应力状态的改变,使软弱的岩土层得到加固,由不稳定状态变成稳定状态,由荷载变成承载体,从而控制了基坑的变形,降低了支护成本。本文从锚固支护基坑变形机理出发,阐述了引起地表裂缝的主要原因,得到了如下主要结论:

(1)锚固支护基坑产生的地表裂缝主要有三种类型,每种类型与锚固支护结构的变形特征具有内在的联系。

(2)建立了锚固支护基坑产生的地表裂缝产生与其侧向变形的关系,对于不同的土层,当其最大水平位移量达到一定值时,必然在地表引起的裂缝。

(3)引起基坑变形较大的主要原因有三种,即预应力较小、岩土体的流变变形和前部锚固段退化为自由段。

(4)根据变形与刚度的关系,在锚固支护结构中提出了"效应刚度"的概念。当预应力锚杆(索)的预应力较小时,其产生的"效应刚度"就小,引起的变形就大,从而导到基坑的地表产生裂缝。

(5)当预应力锚杆(索)的预应力较小时,其产生的"效应刚度"较小时,容易在地表引起一类裂缝;当效应刚度未达到设计值时,在地表就引起了二类裂缝;当锚固支护的效应刚度小于控制变形的允许刚度时,在地表就引起了三类裂缝。

参考文献

[1] 刘全林.可回收旋喷搅拌加劲桩锚固件设计及应用[J].施工技术,2013(13).

[2] 王卫东,翁其平,吴江斌,等,软土地区大直径可回收锚索支护技术的设计与应用[J].建筑结构,2012,5(5):177-180.

[3] 程良奎,范景伦,韩军,等.岩土锚固[M].北京:中国建筑工业出版社,2003.1.

[4] 刘丽萍,王亮,陈卓,等.土木工程锚固与支护技术[M].北京:机械工业出版社,2012.5.

[5] 彭振斌.锚固工程设计计算与施工[M].北京:中国地质大学出版社,1997.8.

[6] THOMPSON A G,WINDSOR C R. Cement Groutsin Theory and Reinforcement Practice[J]. Journal of Rock Meehanies and Mining. Sciences,1998,35(6):407-415T. H.

[7] HANNA TH. Foundation in tension ground anchors[M]. Tran tech publication and Mc Graw-Hill book conpany,1982.

[8] 徐祯祥.岩土锚固工程技术的发展与回顾[M].北京:人民交通出版社,2002:1-18.

[9] 刘岸军.土层锚杆与挡土墙共同作用的工程实用分析[D].浙江大学,2006.

[10] 周德培,王建松.预应力锚索桩内力的一种计算方法[J].岩石力学与工程学报,2002,21(2):247-250.

隧道穿越断层带致临近地表楼房沉降破坏与对策研究

徐利阳[1]　姚海波[1]　熊怡思[2]　苏河修[2]　刘会丰[2]　张春生[2]　李　扬[2]

（1. 北方工业大学土木工程学院力学与地下空间系
2. 北京市市政三建设工程有限责任公司）

摘　要　为研究浅埋隧道穿越断层带给地表近距离楼房带来的影响，以深圳东部过境高速公路连接线工程为依托，建立三维有限元模型，运用数值模拟与现场监测的方法，分析了隧道穿越断层带拱顶沉降规律、房屋基础沉降特点、房屋水平位移以及房屋结构受力特点。结果表明隧道穿越断层带开挖产生的不均匀沉降，致使房屋结构产生了不均匀沉降，楼房结构多处出现应力集中现象且其值大于构件抗拉强度容许值，现场楼房构件产生开裂破坏现象与数值模拟产生的应力集中部位基本一致，针对隧道开挖产生的不均匀沉降致使地表楼房开裂破坏现象，提出了洞内注浆加固措施，模拟了三种注浆加固工况。结果表明：在三种措施下，拱顶沉降量减小，基础和房屋的不均匀沉降量均减小，上半断面帷幕注浆比上半断面注浆加固圈、全断面注浆加固圈产生的效果更好。

关键词　断层带　地表楼房　数值模拟　沉降　注浆加固

1　引言

近年来，轨道交通工程蓬勃发展，在修建隧道时难免会下穿地表建筑物，地表建筑物在隧道开挖扰动影响下会产生不均匀沉降、地基基础倾斜及墙体开裂等工程事故。

国内外学者针对下穿隧道开挖对附近建筑物产生的影响做了大量的研究。许军、彭军[1]，以青岛地铁隧道近距离下穿高层建筑为工程依托，选用数值计算结合现场监测的方法，研究了地铁区间隧道施工过程的围岩变形特性及建筑物基础稳定性，并提出了相应的施工控制措施；葛世平、廖少明、陈立生等[2]，结合地铁下穿地表严重倾斜危房，计算分析盾构穿越引起的施工沉降、后期固结沉降及其对房屋的影响；何历超、王梦恕、李宇杰[3]，基于深圳某地铁隧道下穿地表密集民房为基础，采用有限元软件对两种不同工况进行分析计算，得出采用旋喷隔离桩对隧道附土体进行处理，可以减少沉降；李科、方林[4]，张顶立、李鹏飞、侯艳娟等[5]，王剑晨、张顶立、张成平等[6]，采用不同方法，对隧道开挖引起的沉降量进行预估和分析。上述研究成果中多数隧道在开挖时无断层带，因此在隧道穿越断层带时，对地表建筑物及基础沉降规律和特点方面研究的较少，同时建筑物及基础产生不均沉降后，对建筑物梁、柱等结构内力变化的研究也较少。本文以东连线工程侧穿住宅小区为依托，采用数值模拟与现场监测结合的方法，分析了隧道穿越断层对楼房产生的影响，并与现场监测数据进行对比分析，以期为今后类似工程提供参考和借鉴。

2　工程概况

深圳东部过境高速连接线工程北线暗挖段起讫里程为 BXK2 +006 ~ BXK2 +050，左侧上方建有住宅小区1号、2号楼。此段隧道从下方侧穿地表住宅小区,并且含倾向为北东走向、倾角约45°、宽度为10m的F10-5断层,断层带围岩主要是糜棱岩,围岩承载能力差且含水率较高,隧道支护方式采用复合式衬砌,埋深约13m,断层所在范围里程桩号为BXK2+024~BXK2+044;其中,住宅 小区1号楼为3层,层高3.3m,其基础与隧道边线最近距离约为21m;住宅小区2号楼为5层,住宅小区2号楼为5层,层高3.3m,其基础与隧道边线最近距离约为5m,两座楼结构形式均为框架结构,基础形式为筏板基础,房屋框架柱通过浇筑于筏板基础内0.5m与基础相连。地下水埋深为3m,隧道在开挖时需考虑流固耦合影响。隧道横断面情况、下穿段地质情况以及隧道与建筑的相对空间位置如图1所示。

3 计算模型及结果分析

3.1 数值模型及物理参数

建立含有断层并且从下方侧穿地表建筑物的计算模型。建模时以隧道中心为原点,向上取至地表,考虑隧道开挖影响,宽度和隧道以下范围取3~5倍洞径[7]。模型具体尺寸为100m×100m×60m。在ANSYS建立三维数值模型后导入FLAC3D进行分析和计算,如图2所示。该模型共78071个节点和62863个单元,隧道衬砌以及房屋结构单元均采用实体单元模拟。在计算时应力边界条件为:除模型上表面为自由边界外其余边界都为固定边界;渗流边界条件为:模型表面为透水边界,其余边界都为不透水边界[8]。隧道为浅埋,水头为静水压,开挖前将水头设置在模型表面下3m处。隧道开挖过程中,围岩采用摩尔-库伦弹塑性理论模型,支护和房屋结构采用线弹性模型[9]。围岩、支护及房屋结构物理参数见表1。在计算时将围岩视为多孔介质及完全饱和状态,水在围岩中流动时符合达西定律并满足比奥方程[8]。隧道开挖前,对模型赋予物理力学参数和孔压,将房屋建筑的初始沉降值设为0,以便明确隧道在开挖完成后所产生的沉降完全为开挖所造成的。

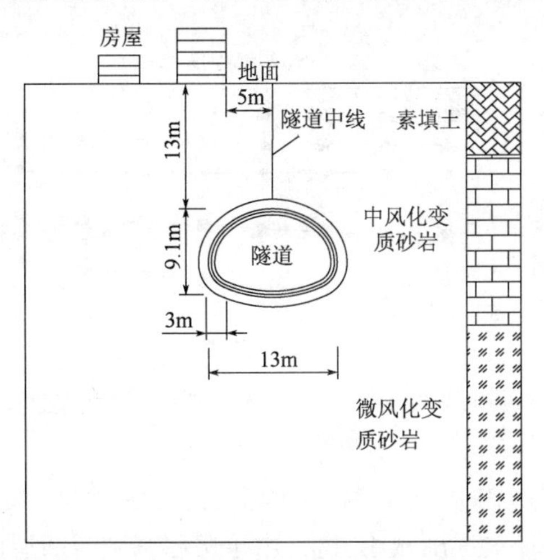

图1 隧道地层分布与建筑相对位置

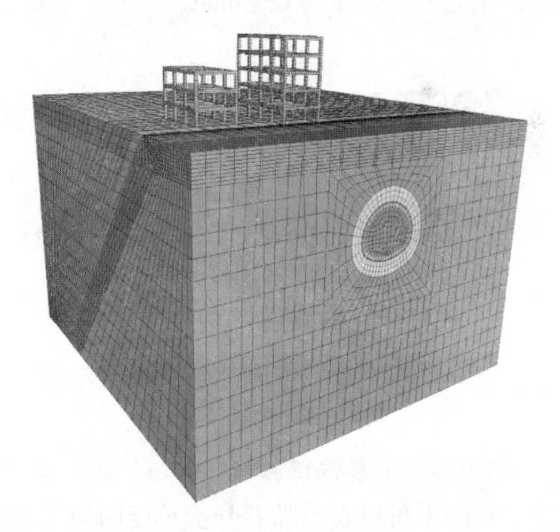

图2 三维数值模型图

物理力学参数 表1

材料	弹性模量 E (GPa)	泊松比 μ	内摩擦角 φ (°)	黏聚力 c (MPa)	孔隙率	密度 (kg·m³)	渗透系数 (m·d⁻¹)
素填土	0.008	0.32	18	0.1	0.65	1900	0.2
微风化变质砂岩	3	0.26	35	0.6	0.45	2200	0.1

续上表

材　　料	弹性模量 E (GPa)	泊松比 μ	内摩擦角 φ (°)	黏聚力 c (MPa)	孔隙率	密度 ($kg \cdot m^3$)	渗透系数 ($m \cdot d^{-1}$)
中风化变质砂岩	0.8	0.25	31	0.4	0.52	2100	0.5
注浆加固圈	6	0.44	39.6	0.46	0.34	2400	0.016
初期支护	22	0.3	—	—	0.2	2400	8.64×10^{-3}
二次衬砌	30	0.2	—	—	0.05	2600	8.64×10^{-4}
房屋结构	30	0.2	—	—	—	2600	—

3.2　计算结果分析

3.2.1　拱顶沉降结果分析

隧道从开挖到掌子面最终稳定，横断面最大沉降量发生在拱顶，拱顶沉降量与开挖长度的关系如图3所示。在开挖断层带前拱顶沉降量基本稳定接近于4mm，在断层带处，拱顶沉降量突增，最大沉降量为8.19mm，在开挖完断层带之后拱顶沉降量基本处于3.5～5mm之间。断层处沉降量突增一方面是因为围岩破碎、强度低，抗变形能力差，另一方面是因为围岩孔隙率大、渗透系数大，地下水通过围岩孔隙流入临空区的渗水量增大，土体重新固结，产生的沉降较大。

3.2.2　基础沉降分析

D为基础与隧道中心线距离，从图4可以看出随着隧道开挖长度的增加，基础的沉降量呈减小的趋势，这是因为基础与断层带距离增大，基础受断层带沉降的影响减小。同时距离隧道中心线距离越近，基础沉降量越大，基础产生了不均匀沉降，这是因为受隧道开挖影响，形成地表沉降槽，基础下方距离沉降槽越近的土体沉降量越大，致使上方基础产生越大的沉降量。基础产生最大沉降量为4.85mm。

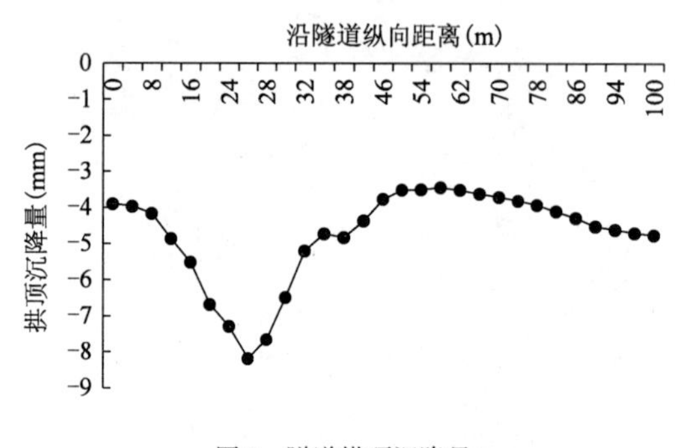

图3　隧道拱顶沉降量

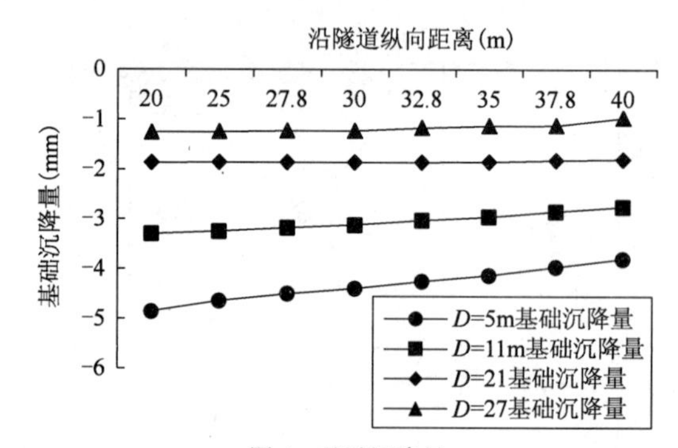

图4　基础沉降量

3.2.3　房屋沉降分析

从图1可以看出随着开挖长度的增大，房屋沉降量逐渐减小，这是由于房屋基础与断层距离的增加，基础的沉降量减小，从而房屋的梁、柱等构件的下沉量减小。同时，房屋与隧道中心线的距离越小，房屋的下沉量越大，这是由于距隧道中心线越近，基础沉降量越大，致使房屋的下沉量增大，基础的不均匀沉降，导致房屋产生了不均匀沉降。对靠近隧道中心线距离近的基础进行补偿抬升注浆有助于减小房屋结构的下沉量和不均匀沉降，如图5所示。

3.2.4　房屋水平位移分析

从图6可以看出随着房屋高度的增加，房屋水平位移量呈增大的趋势，最大水平位移为

1.42mm,为0.09%。房屋产生了朝向隧道的倾斜,我国建筑规范规定建筑结构倾斜值的最严格标准为0.2%,因此房屋产生的倾斜值在规定的安全值之内。

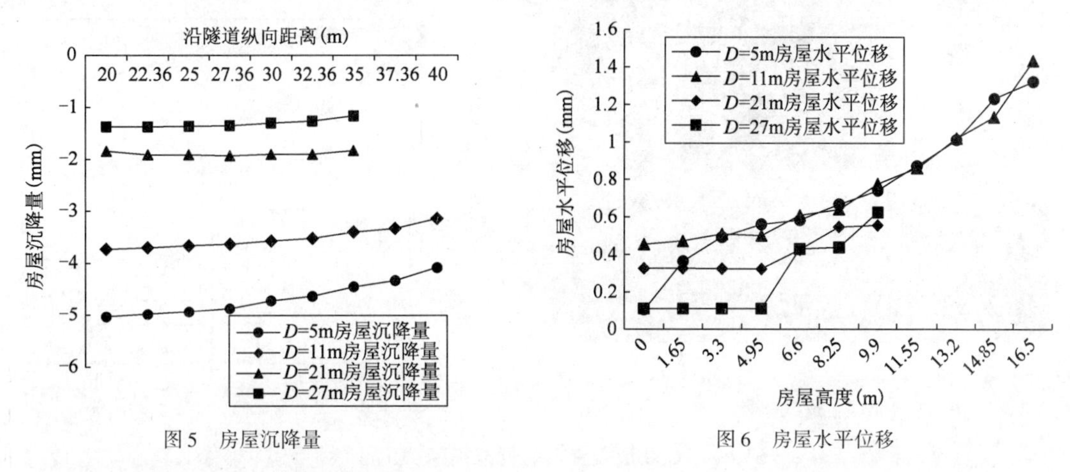

图5　房屋沉降量

图6　房屋水平位移

3.2.5　*房屋梁结构受力分析*

图7中梁右侧为靠近隧道一侧,从图7可以得到梁上表面两端受到拉应力,最大拉应力为4.35MPa,中部受到压应力,最大压应力为5.94MPa;而下表面为两端受到压应力,最大压应力为7.42MPa,中部受到拉应力为5.13MPa,整个梁水平方向受力曲线呈反"S"形分布。由前面分析的结果可知,梁下方距离隧道近一侧框架柱的沉降量大于远侧的,框架柱的不均匀沉降,导致梁在高度上随距离隧道中心线距离减小呈现下沉量减小的趋势。梁的不同下沉量致使梁出现上述受力现象。

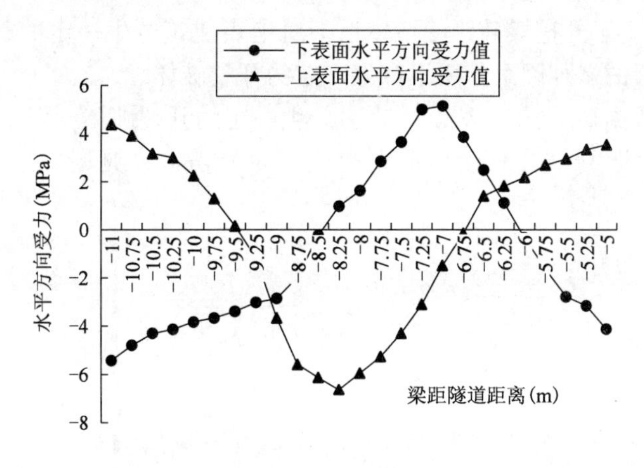

图7　梁水平方向受力

4　现场监测分析

隧道在开挖过程中,对地表楼房如图8所示,进行了沉降监测,监测数据如图9所示。实测数据与数值模拟的结果近似相等:距离隧道中心线距离越小,受开挖扰动影响越明显沉降量越大,距离断层带越远沉降量越小,这与数值模拟得到的规律是一致的,证明数值模拟的结果和参数的选取是合理可靠的。

根据图6得到梁受到的最大压应力为5.94MPa,最大拉应力为5.13MPa,根据文献[10]中关于混凝土极限强度的规定见表2。

图 8　楼房实景图

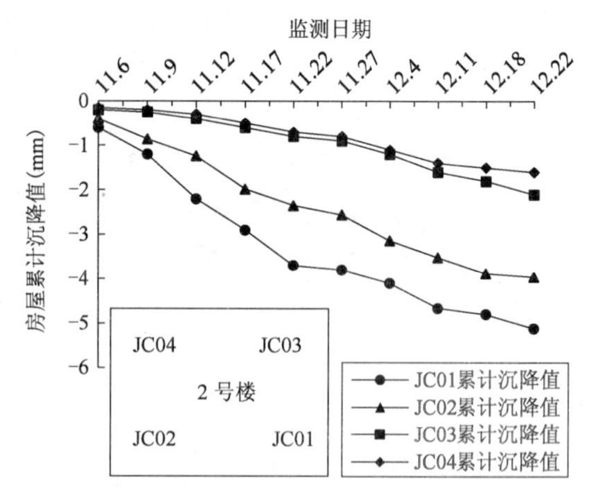

图 9　建筑物监测点布置及其沉降

C30 混凝土力学性能指标(MPa)　　表 2

强度	混凝土结构	钢筋混凝土结构
极限抗拉强度	2.0	335
极限抗压强度	20.1	17.7

文献[10]中指明当混凝土所受应力达到其抗拉强度时,由于混凝土材料为非均匀材料会在构件最薄弱截面出现裂缝。根据上表可知梁所受压力小于所给出的混凝土极限抗压强度值,而所受到的拉力大于混凝土极限抗拉强度值,但是小于钢筋混凝土极限抗拉强度设计值;同时在现场施工时,由于开挖爆破距隧道较近会对地表建筑产生一定的震动。房屋混凝土会在以沉降为主要因素的多种因素作用下产生一定的开裂破坏。

根据现场监测数据显示,由于梁受力之后产生一定的开裂破坏,梁和墙体处于紧密连接状态,从而带动部分墙体出现裂缝,墙体最大裂缝宽度为 4mm。典型裂缝开裂情况见图 10 与图 11。

图 10　墙体中部开裂情况

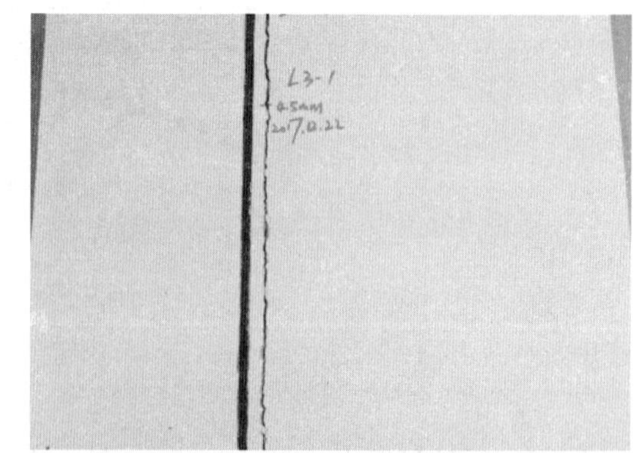

图 11　墙体端部开裂情况

5　控制对策研究

由于隧道从下方侧穿居民住宅区,房屋的层数较高,对沉降控制要求较高,虽然开挖导致的不均匀沉降只是使得墙体产生裂缝,但是裂缝开裂过大仍会影响楼房的正常使用,因此针对隧道由于断层的存在产生的不均匀沉降需要严格控制。因此，保护地表房屋的关键是如何控制断层处房屋基础沉降量大小以及基础的不均匀沉降，同时也是工程的难点和重点。

5.1 控制对策的提出

由针对图3的分析知，隧道开挖致使地表产生沉降量原因是土体中水通过土颗粒之间的孔隙涌入临空面，土体骨架发生改变重新固结，从而使得土体产生沉降，而隧道通过采取注浆加固可以提高土体密度、降低其渗透系数、降低土体中水的渗水量，从而减小土体的沉降；同时在注浆之后围岩的颗粒间的咬合力增加，刚度增强，在开挖时变形量会减小，滑移量也将减小。因此，隧道可以通过注浆加固以降低土体沉降，利用图2模型研究注浆加固对减小土体沉降的作用，从而减弱因为不均匀沉降给房屋带来的不利影响。针对现场施工情况，模拟了3种工况如表3所示，物理参数沿用表1。

隧道不同注浆情况下的工况 Table 3　　表3

工　况	隧道注浆情况	工　况	隧道注浆情况
工况1	上半断面3m厚度注浆圈	工况3	上半断面帷幕注浆
工况2	全断面3m厚度注浆圈		

5.2 计算结果分析

5.2.1 拱顶沉降分析

从图12中可以看出，隧道在三种工况1下拱顶沉降量明显减小。工况1与工况2相比在减小拱顶沉降方面较为接近，但是从节约成本上采取工况1较为合理。隧道在工况3下，沉降量大约减小到不采取措施的一半，拱顶的不均匀沉降明显减小。

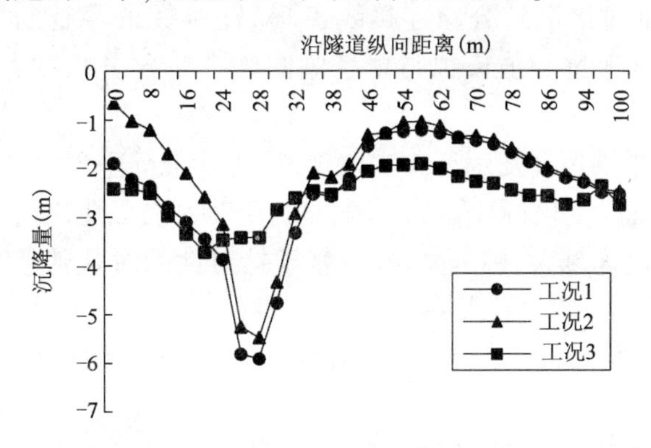

图12　拱顶沉降量

5.2.2 基础沉降分析

隧道在三种工况下，基础的沉降量(见图13)比图4明显减小，隧道在工况3下基础沉降量最小，工况2次之，工况1最大，这是因为在注浆堵水方面效果也是依次降低的，注浆效果越好，水通入临空面的量就越低，土体沉降量就越小，从而基础的沉降量就越小。

5.2.3 房屋沉降分析

隧道在三种工况下，房屋的沉降量(见图14)比图5明显减小，隧道在工况3下房屋沉降量最小，工况2次之，工况1最大，这是由于房屋基础的沉降量越小，从而房屋框架的沉降量随之减小。

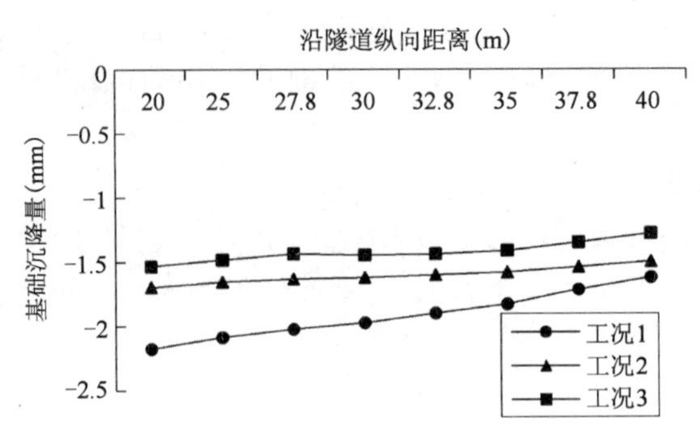

图13　基础沉降

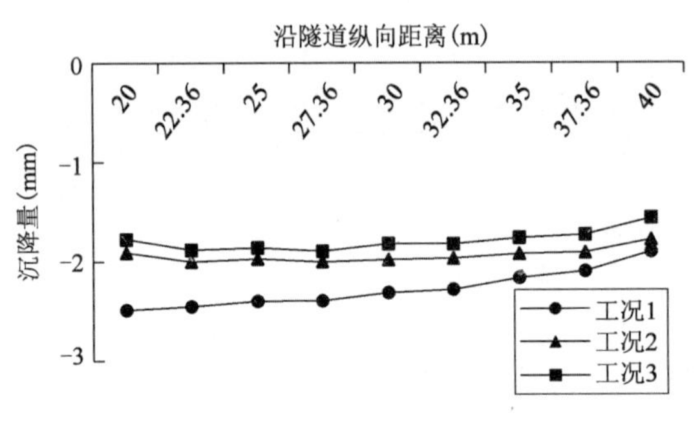

图14　房屋沉降量

6　结论与建议

本文基于深圳东部过境高速公路连接线工程，针对隧道穿越断层带对地表楼房的影响进行了深入的研究。通过数值模拟与现场监测结合对比分析的方法，可以得到以下主要结论：

(1)开挖时在断层带拱顶会发生沉降突增现象，拱顶沉降呈现距离断层带越远越小的趋势，施工时应注意拱顶沉降变化，遵循“勤量测、早封闭”原则，以免出现工程事故。

(2)基础与断层带距离越大，则沉降越小；基于针对性的对基础进行补偿抬升注浆，距离隧道近或距离断层带近处注浆量较大一些。

(3)房屋水平位移在高度上呈现高度增加，位移量增大的规律，这与实际经验是一致的。

(4)房屋梁受开挖不均匀沉降的影响，两端及中间出现应力集中现象，其中拉应力超过了混凝土抗拉强度，与现场监测的墙体开裂破坏紧密联系。

(5)上半断面注浆加固与全断面注浆加固、上半断面帷幕注浆加固相比既能大幅度减小隧道开挖产生的不均匀沉降又能合理的节约成本。

参考文献

[1]　许军，彭军. 浅埋大跨度地铁隧道下穿高层建筑施工控制研究[J]. 城市轨道交通，2016，03(19)：99-103.

[2]　葛世平，廖少明，陈立生，等. 地铁隧道建设与运营对地面房屋的沉降影响与对策[J]. 岩石力学与工程学报，2008，03：550-556.

[3] 何历超,王梦恕,李宇杰.地铁隧道暗挖施工对地表密集建筑物的影响研究[J].土木工程学报,2015,S1(48):311-315.

[4] 李科,方林.分岔隧道施工对上覆建筑变形影响的评估方法与应用[J].防灾减灾工程学报,2016,05(36):697-794.

[5] 张顶立,李鹏飞,侯艳娟,等.城市隧道开挖对地表建筑群的影响分析及其对策[J].岩土工程学报,2010,32(2):296-302.

[6] 王剑晨,张顶立,张成平,等.北京地区浅埋暗挖法下穿施工既有隧道变形特点及预测[J].岩石力学与工程学报,2014,33(5):947-956.

[7] 王煜峰,吴立,袁青,等.穿越断层破碎带隧洞注浆范围研究[J].科学技术与工程,2016,13(16):257-261.

[8] 朱苦竹,王阳,罗剑航,等.流固耦合下的软弱围岩隧道施工工法优化研究[J].中外公路,2017,04(37):206-210.

[9] 张旭,张成平,韩凯航,等.隧道下穿既有地铁车站施工结构沉降控制案例研究[J].岩土工程学报,2017,39(4):759-766.

[10] 高建岭,张燕坤,宋小软,等. 混凝土结构设计原理[C].北京:科学出版社,2013:215-217.

旋喷搅拌加劲桩锚支护体系的工作机理与破坏形态分析

刘斐然

（上海强劲地基工程股份有限公司）

摘　要　近年来旋喷搅拌加劲桩锚在软土基坑支护中的应用越来越多，但是相较于普通锚杆及土钉，人们对其的工作机理与破坏形态的认识还有待提高。本文通过对各类锚固支护体系的失效状态及破坏形态的分析，详细论述了旋喷搅拌加劲桩锚在工作机理与破坏形态方面与普通锚杆与土钉的区别，从而为建立这种支护体系的设计方法奠定了基础。

关键词　土钉　锚杆　旋喷搅拌加劲桩锚　工作机理　破坏形态

1　旋喷搅拌加劲桩锚支护体系

旋喷搅拌加劲桩锚是近年来一种新兴的基坑支护技术，它是在水泥土搅拌桩、高压旋喷桩特点的基础上，运用现代基坑主动支护设计理论，在工程实践中提出的。该技术创造性得将搅拌桩和高压旋喷桩结合起来，发挥了两种技术的优点，使水泥与土的拌和更均匀，水泥土桩体直径加大，桩身强度大幅度提高，具有良好的变形控制能力和较高的稳定性，适合于建筑密集或临近重要工业与民用设施附近对基坑变形有严格要求的工程。与传统的支护相比具有很大的经济优势，且施工期间对环境的污染较小，非常适合我国的国情。

如图1所示，相较于普通锚杆，加劲桩锚的直径可以达到500～1000mm，而锚固体与周边土体的接触摩擦面积是普通锚杆的3～5倍。即使在软土基坑支护中，单根加劲桩锚的极限承载力也可以达到400kN以上，承载力设计值可以达到300kN，基体能满足基坑支护的强度和刚度要求。

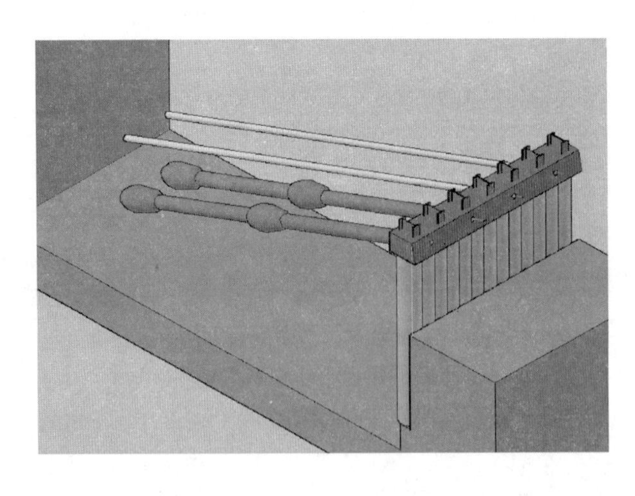

图1　旋喷搅拌加劲桩锚支护结构与普通锚杆结构对比图

2 土钉支护结构的工作机理与破坏形式

土钉支护结构利用土体本身的自稳能力和土钉、土体间的黏结作用,充分发挥面层钢筋网片对坡面变形的作用,对于开挖深度比较浅的基坑具有较好的支护效果。土钉支护结构中一般不设竖向围护桩墙,而是在一定倾斜的坡面上布置面层钢筋网片或者喷射混凝土面层。土钉横排、竖排间隔都较小,布置短而密,每一个土钉孔内都会低压灌注砂浆。土钉全长基本都位于土体的不稳定区内,打入稳定区的长度很短,所以无法起到链接稳定区和不稳定区的作用,其作用机理主要在于加强不稳定区的土体,提高其自稳能力,因此只适用于开挖深度较浅的基坑,如果基坑超挖或者设计开挖深度过大,在施工时,首先会表现为地面的开裂,裂缝最大处一般位于不稳定区与稳定区接触面与地面的交线。继而不稳定区土体的自稳强度不够,发生滑落坍塌。如图2所示,稳定区土体的破坏不大,破坏形式主要以不稳定区的坍塌为主,土钉局部发生拉断、折断现象,第一排土钉往往会被直接拔出稳定区。兰州市某医疗办公楼改扩建工程基坑土钉支护破坏情况就如同此典型模式。

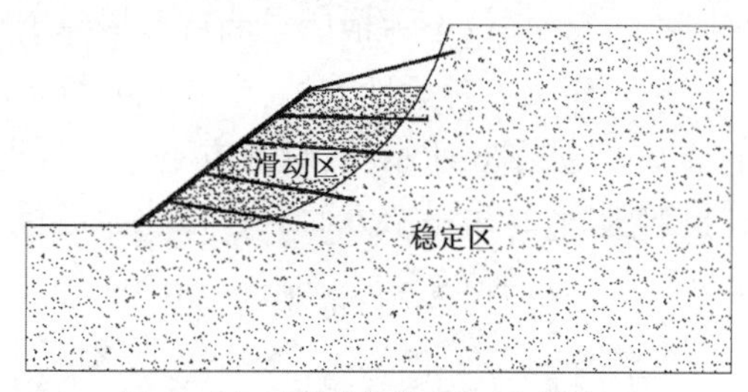

图2 土钉支护结构的常见破坏模式

3 锚杆支护结构的工作机理与破坏形式

桩锚支护结构在我国深基坑工程中有着广泛的应用。土层锚杆的使用为基坑内部留出足够的空间,便于挖、运土施工和控制后期主体结构施工的质量;围护墙和锚杆的复合支护体系可以提供基坑支护所必需的强度和刚度。单根锚杆一般由自由段和锚固段所组成,自由段一般不注浆,只有多股钢绞线。锚固段采用低压灌浆,注浆孔孔径一般在100mm左右。

锚杆的长度一般远大于土钉的长度,由于自由段不注浆,所以不稳定区的土体没有得到加强。桩锚支护结构的作用机理主要由两部分组成,一是围护桩形成的挡土墙发挥挡土的作用,二是锚杆的锚固段将不稳定区与稳定区连接在一起形成一个新的较为稳定的整体。由于相互牵连的作用,土体的不稳定区域扩大,但是整体的稳定性却得以大大提高。

由于锚杆的直径、与土体接触面积都比较有限,群锚整体的侧摩阻力并不足以很好地控制挡土墙的变形,开挖深度加大时,墙体很容易发生较大的侧向位移,继而发生坍塌破坏,如图3所示。破坏一般表现为滑动区与稳定区的交界面发生开裂,挡土墙的抗弯刚度和锚杆的拉力都无法阻止滑动区土体的下滑、坍塌,挡土墙发生大变形甚至在坑底处折断。如图4所示,就是一个典型的锚杆支护结构的破坏现场。

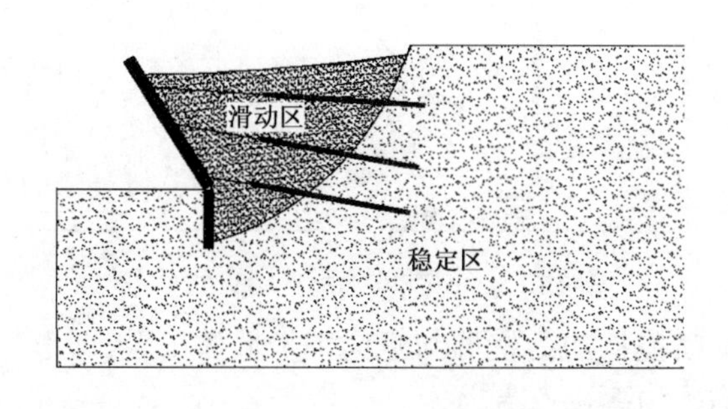

图3 锚杆支护结构的常见破坏模式

图4 锚杆支护结构的破坏现场

4 加劲桩锚结构的工作机理

加劲桩锚支护结构从剖面图上看与桩锚支护结构有一定的相似之处,同样都设有围护桩所构成的挡土墙,都靠锚固段将不稳定区与稳定区相连接。加劲桩锚与锚杆的明显区别有两处,首先,加劲桩锚的自由段(钢绞线不黏结)也有注浆,这样Ⅰ区的不稳定土层就得到了加强,如图5所示。由于加劲桩锚的直径较大,对原软土的替换、加强效果比起同等工况的土钉支护结构更大,更好地实现了对不稳定区的加固,提高了土体的强度和自稳能力。其二,加劲桩锚的注浆施工工艺与普通锚杆不同,不是采用低压灌浆,而是高压旋喷注浆,注浆体直径可以达到500~1000mm,远远大于普通锚杆,其与土体的接触面积、侧摩阻力与普通锚杆相比大出接近一个数量级,整个支护体系的抗变形能力也是桩锚支护结构无法相比的。

锚杆作为一种柔性支护,没有侧向抗弯的能力,而加劲桩锚的直径已经达到了普通桩直径的等量级,如图6所示,其对上方不稳定区土层的下滑力有一定的抵抗能力,围绕 O 点有一定的抗弯刚度,从另一个方面对自稳能力进行了加强。

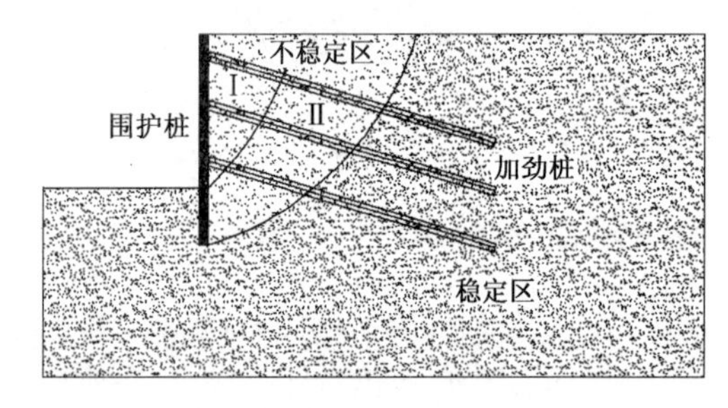

图5 加劲桩锚支护结构的布置形式

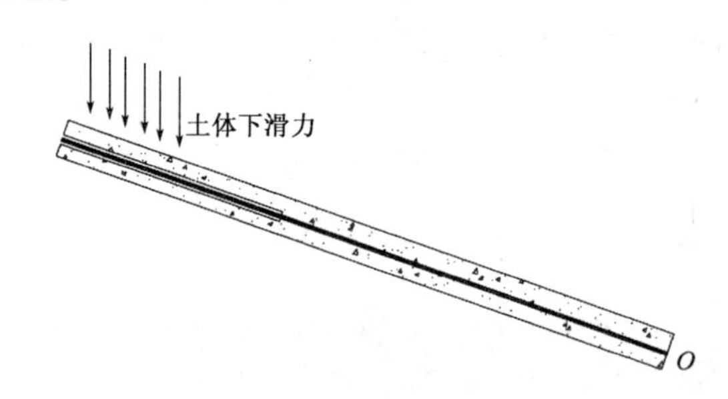

图6 加劲桩锚抵抗土体下滑力的抗弯作用

由于很好地控制了围护墙的水平变形,以及做到了对Ⅰ区土体的自稳能力的有效提高,加劲桩锚支护体系的最不稳定区域(滑动区)并不出现在Ⅰ区,而是出现在Ⅱ区附近,如图7所示。

从图8中可以看出,由于控制好了水平变形,更多土体从维护墙底部绕道坑底(坑底产生较明显的隆起)产生滑动区。随着开挖的开始,刚开挖至1~2m时,墙体主要受到Ⅰ区土压力的作用,抗土墙变形也主要以墙顶的变形为主,开挖到坑底时,Ⅰ、Ⅱ区土压力都较大,但由于加劲桩锚始终控制着与抗土墙连接处的水平位移,Ⅱ区的土滑动产生的破坏效果逐渐达到并超过Ⅰ区的土体。

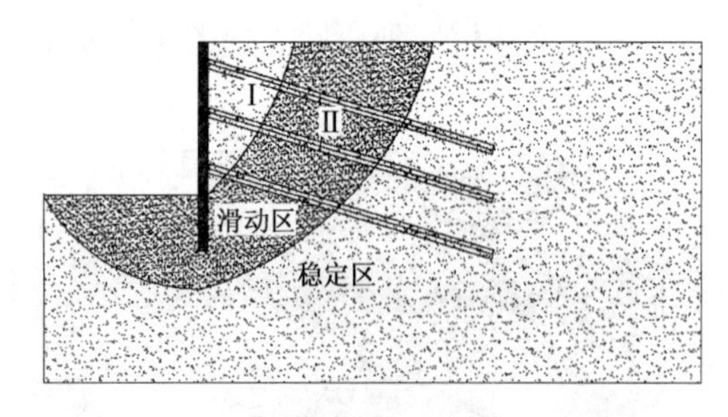

图7 加劲桩锚支护体系土体的滑动区

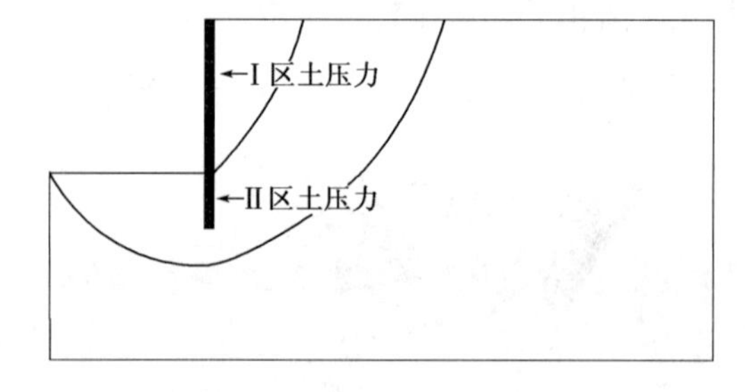

图8 土压力分布形式与次序

在基坑的壁面上,按一定的纵、横间距形成旋喷搅拌加劲桩群与竖向围护墙体组合,即形成一个形似重力式的支护结构的工作机理可以描述如下:

(1)通过斜向水泥土搅拌加劲桩,在坑壁四周土中形成三维空间支护梁体系,支承基坑周边的荷载和水土压力。

(2)由于高压水泥基浆液的渗透、压密和拌和,对原土体性能作了改良和加固,大大提高了土体力学性能,减小了作用于支护结构上的压力。

(3)通过水泥土与加筋体的黏合,水泥土斜桩与桩周地层的咬合,从而将加劲水泥土桩体与地层牢牢地结合在一起,大大提高了土体的自承载能力和坑壁一定厚度范围内土体的刚度。

(4)对斜向加筋体施加预应力,可有效地控制支护结构的初始变形及总体位移。

(5)竖向围护墙体和斜向旋喷搅拌加劲桩组合所形成的支护结构,是一种集挡土、止水、承载于一体的拟重力式挡土墙结构,具有较高的整体稳定性和抗倾覆与抗滑移安全性,其整体安全性将再达到和超过由内支撑组成的支护结构。

5 加劲桩锚支护结构的破坏形态

当基坑发生超挖时,整个支护体系也会失效,其失效模式与普通土钉、锚杆支护结构都不相同,如图9所示,由于多道加劲桩锚的抗拔刚度存在,围护墙体上部的水平变形一直受到控制,I区不稳定土体的变形并不是最大,II区土体产生较大的沉降,绕过围护墙的底部在坑底内部产生较大的隆起,形成联通的滑动区,此时,靠近围护墙的土体沉降小于距离远一些的土体,沉降最大区域会产生一定的塌陷,围护桩的底部也会折断,但折断原因是坑底土隆起上台所造成的,与桩锚支护体系中的折断有着本质的区别。围护墙底部的水平变形较大,这点上也与桩锚支护体系有着明显的不同。

整个开挖过程中围护墙水平变形的过程如图9所示。开挖深度较浅时,墙底变形很小,主要变形发生在墙顶,继而发生鼓肚现象,见图10a)、b)。随着开挖深度加大,联通滑动区的形成,墙底的水平变形增大,围护墙的墙顶、墙底变形都较大,形成接近平移的形式,如图10c)。随着滑动土体变形增大,墙体的倾倒方向发生偏转,如图10d)。最后坑底土隆起上台严重,围护墙底部被折断,如图10e)。如图11所示,就是一个典型的旋喷加劲锚支护结构的破坏现场。

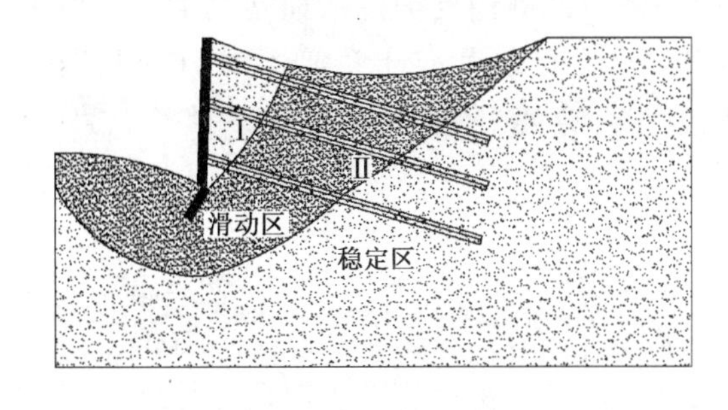

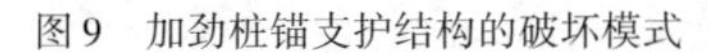
图9 加劲桩锚支护结构的破坏模式

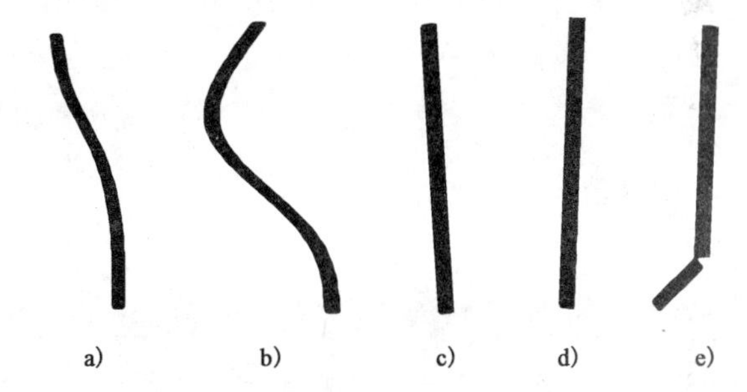

图10 开挖过程中围护墙水平变形发展过程

从上述分析总结来看,加劲桩锚支护体系在工作机理上融合和土钉和锚杆各自的优势,在破坏机理上又与两者有着本质的不同,整个体系在破坏时形成了一个不稳定土体的滑动破坏联通区,而不是像土钉、锚杆支护体系中直接一个靠近坑边的整体滑动区。破坏时,墙体的水平变形情况以及坑外土体的沉降情况也与前两者有着明显的不同。因此,从工作机理到破坏机理,加劲桩锚支护体系都独立于普通土钉和锚杆的支护结构,过往有关土钉和锚杆的国家标准、地方规范可能都不能完全适用与加劲桩锚之上,不能简单地把加劲桩锚的性质往土钉或者锚杆任何一边去靠,而是要把它当作一项新兴的基坑支护技术来研究制定合适的标准、规范。

而从加劲桩锚的工程实用情况来看,其良好的控制变形能力以及工程的经济性完全证明了这项技术值得进一步地研究、发展,在将来必定有着更大的潜力和优势。

图 12 所示的基坑为南通文峰金融广场,基坑所处地层为填土和粉土层,开挖深度 9 ~ 10m,产生的最大水平位移 25mm。表现出旋喷搅拌加劲桩锚支护结构的显著优势。

图 11　旋喷加劲锚支护结构的破坏现场

图 12　南通文峰金融广场基坑工程

6　结语

加劲桩锚在工作机理与普通土钉、锚杆存在一些相似之处,但又有较大区别。加劲桩锚的自由段采用注浆而不黏结的形式,注浆水泥土体积大,强度高,对原有的软土进行了置换和加强,使得基坑围护墙外的不稳定区土体的抗变形强度、自稳强度大大提高,这一点与土钉的作用机理相类似;加劲桩锚通过锚固段将不稳定区的土体与稳定区的土体相连接,大大增强了两块区域接触面上的抗剪切强度,提高了整个基坑支护结构和周边土体的抗滑动稳定安全系数,这一点上又与锚杆的工作机理相近。可以说加劲桩锚巧妙地融合了土钉与锚杆两种支护形式的优势,但是又与两者有着本质上的区别,最根本的区别就体现在加劲桩锚支护结构的破坏形式上与土钉、锚杆的支护结构完全不同,也因此,应该将加劲桩锚支护体系独立地拿出来当作一种全新的基坑支护体系来研究,而不是笼统地将其往土钉或者锚杆上靠,模糊地对其进行分类。

参考文献

[1]　刘丽萍,王亮,陈卓,等. 土木工程锚固与支护技术[M]. 北京:机械工业出版社,2012.

[2]　闫莫明,徐祯祥,苏自约,等. 岩土锚固技术手册[M]. 北京:人民交通出版社,2004.

[3]　王卫东,翁其平,吴江斌,等. 软土地区大直径可回收锚索支护技术的设计与应用[J]. 建筑结构,2012,5(5):177-180.

[4]　中国岩土锚固工程协会. 岩土锚固新技术[M]. 北京:人民交通出版社,1998,135-140.

[5]　孙洋波,王华,朱苦竹. 软土地区扩底桩群桩抗拔试验分析[J]. 施工技术,2008,37(7):43-45.

[6]　COLLIN J G. Controling Surficial Problemson Reinforced Steepened Slopes[J]. Geotectics and Geomem branes. 1996,14(2):125-131.

分离式岛式车站下穿装配式挡墙稳定性分析与研究

张 晗

（北京市市政工程研究院）

摘 要 城市地铁车站施工是一项风险性较大的系统性工程，施工过程中对地上道路设施及挡土墙的影响较大。本文通过对北京地铁在建车站的施工过程进行了三维数值模拟，结合施工前对挡墙的加固措施，分析了车站不同施工阶段对车站上方装配式挡土墙的影响，对施工过程中挡墙变形的定性与定量特征进行探讨[1]。

关键词 分离式车站 装配式挡墙 稳定性分析

1 车站概况

新建地铁车站为地下二层分离岛式车站，站台宽度为(8.15 +8.15)m，分列既有立交桥南北两侧，车站总长245.2m。车站有效站台中心里程覆土9.6m。车站主体结构采用PBA工法施工，换乘通道、联络通道、出入口通道等均采用暗挖法施工，出入口、安全口口部采用明挖法施工。左端区间盾构法施工，并提供盾构侧接收条件，右端区间矿山法施工。

车站平面图如图1所示，车站断面图如图2所示。

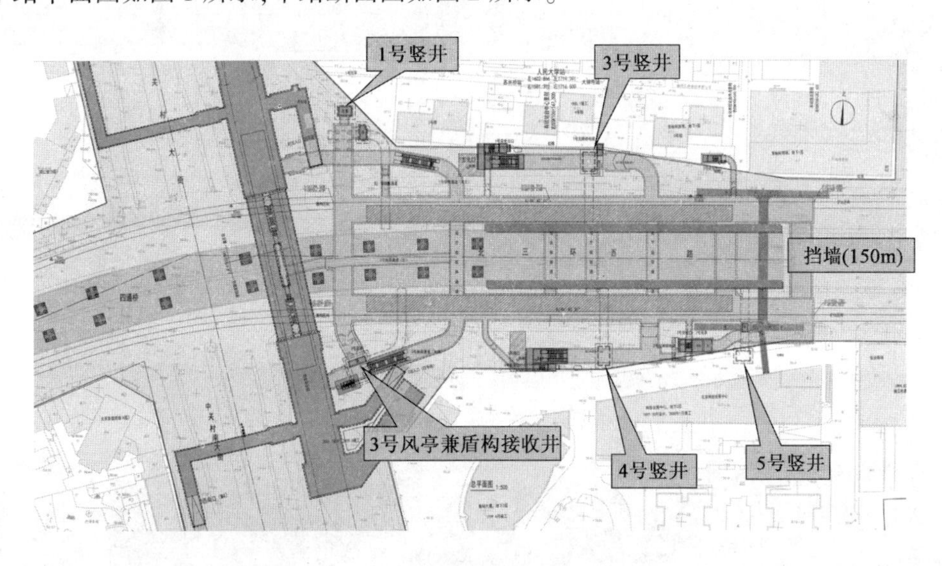

图1 分离式车站平面位置图

2 挡土墙概况

车站施工范围内挡墙为装配式扶壁式挡墙，挡墙结构形式如下：

(1)每隔16m(在基础错台出及挡土墙与桥台相接处)设沉降缝(伸缩缝)一道，缝宽2cm，缝内填沥青麻筋,填土一侧可设油毡防水层,基础、地袱、防撞护栏伸缩缝、沉降缝均与板缝一致。

(2)泄水孔间距4m,设在板缝处,距地面线以上30cm泄水孔采用外径30mm镀锌钢管,孔眼进口处采用直径2.5~7cm砾石堆料,直径不小于50cm;

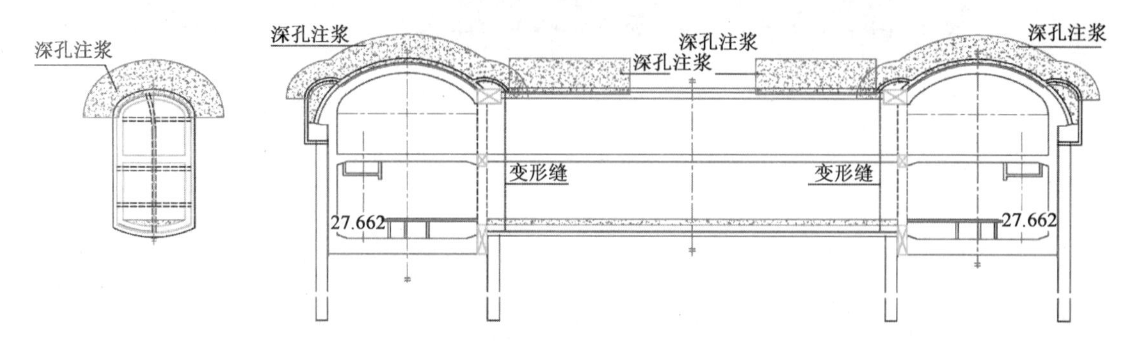

图2 分离式车站断面图

(3)挡土墙背后距扶臂根部1.0m范围内应回填砂性土。

挡墙断面结构形式如图3所示,挡墙实景图如图4所示。

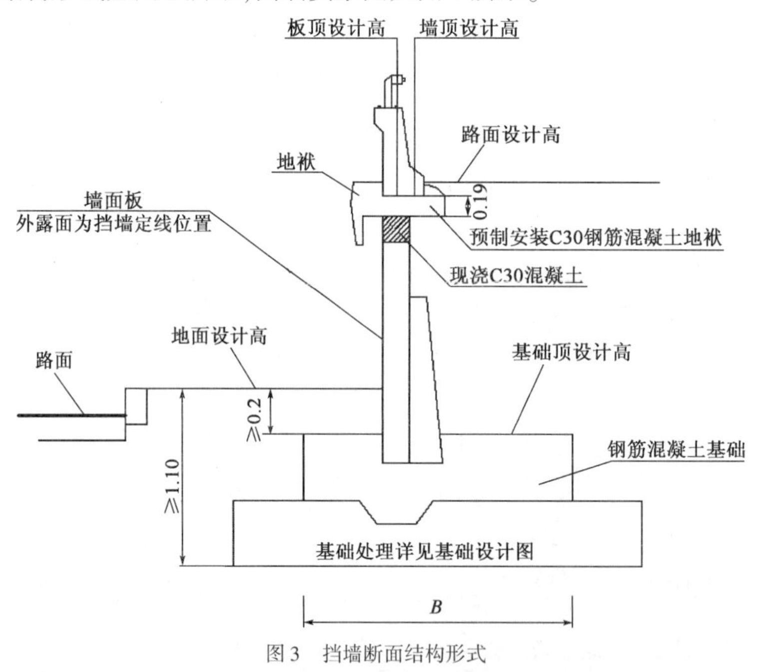

图3 挡墙断面结构形式

图4 挡墙实景图

3 模型的建立

根据车站开挖的相关设计文件与施工方法，对车站施工进行了三维数值模型的建模，模拟了不同工序情况下车站上方挡墙的沉降与倾斜变形，模型尺寸长度为 90m × 25m × 35m，共划分 259146 个单元格，39099 个节点。

建立的三维数值模型如图 5 ~ 图 7 所示。

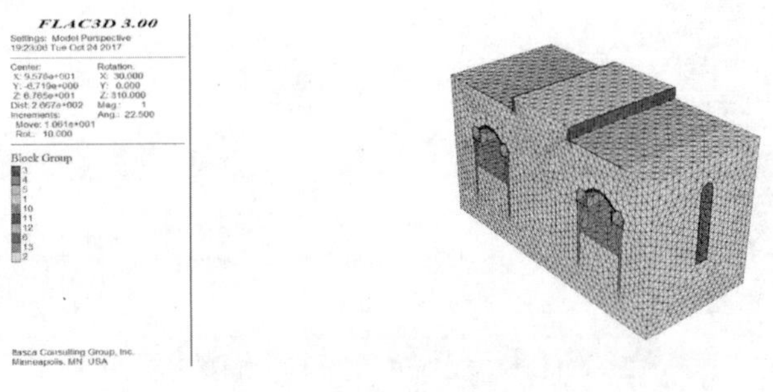

图 5　地铁车站三维数值模型

图 6　地铁车站与道路挡墙的位置关系数值模型

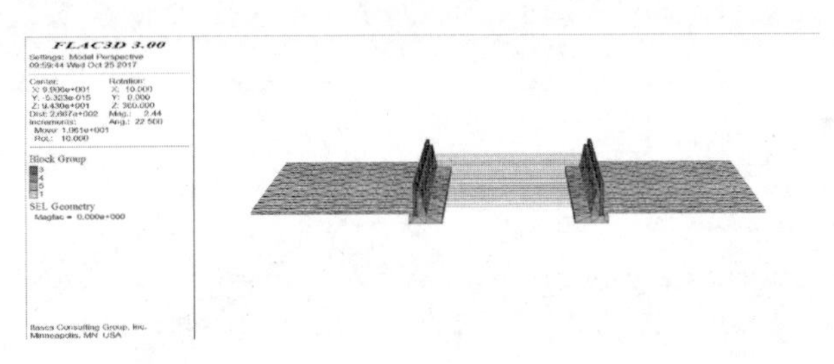

图 7　挡土墙对拉锚索加固数值模型

车站范围内地层从上到下依次为：粉土填土①、粉质黏土④层、卵石⑤层、粉质黏土⑥层、细中砂⑥$_3$层、卵石⑦层、粉质黏土⑧层、细中砂⑧$_3$层、卵石⑨层等。

结构主要处于卵石⑤，粉质黏土⑥，细中砂⑥$_3$和卵石⑦层。

车站范围内仅一层地下水，位于结构底板以下。

根据地质勘查相关结论数据，可以得到模型中所选取的参数如表 1 所示。

三维数值模型参数表　　表 1

名　　称	内聚力(kPa)	容重(kg/m^3)	弹性模量(MPa)	泊松比	内摩擦角(°)
填土	8.00	1600.00	10.00	0.32	10.00
粉质黏土	25.30	2040.00	16.80	0.32	15.80
粉细砂	0.00	2050.00	62.50	0.28	30.00
卵石	0.00	2500.00	70.00	0.28	30.00

4 计算结果分析

本次模拟计算根据设计文件，将施工过程划分为横通道施工、导洞施工、车站主体结构施工三个工序进行模拟开挖，将可以得到相应工序条件下挡墙的竖向沉降云图与水平位移云图，如图 8 ~ 图 13 所示。

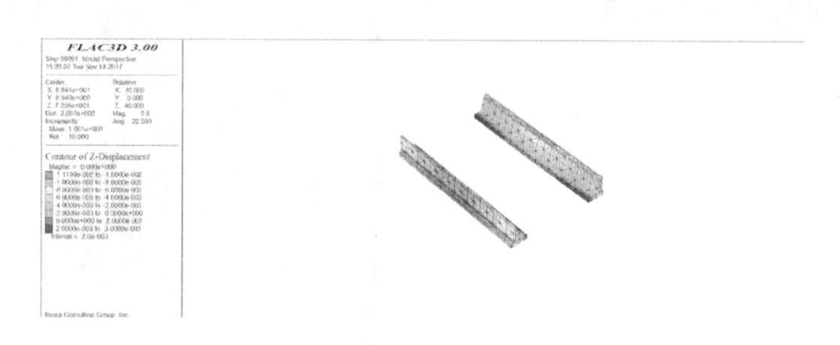

图 8　横通道施工完成后挡墙竖向位移云图

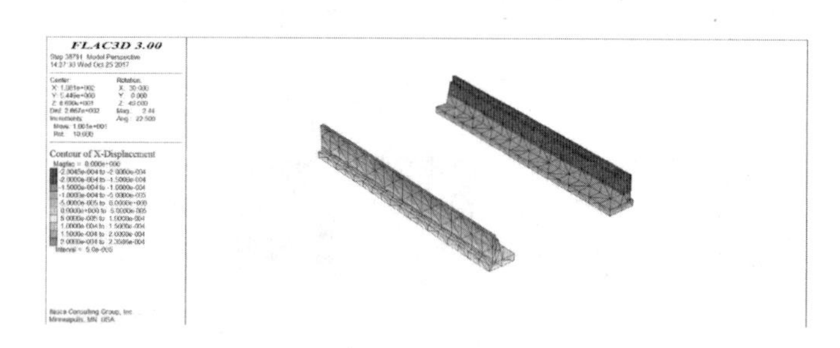

图 9　横通道施工完成后挡墙水平位移云图

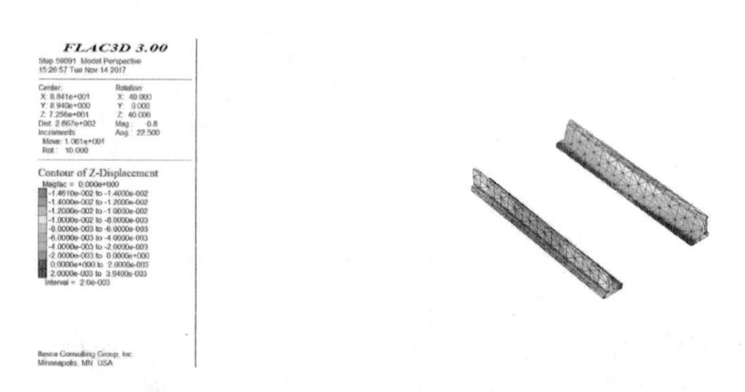

图 10　车站导洞施工完成后挡墙竖向位移云图

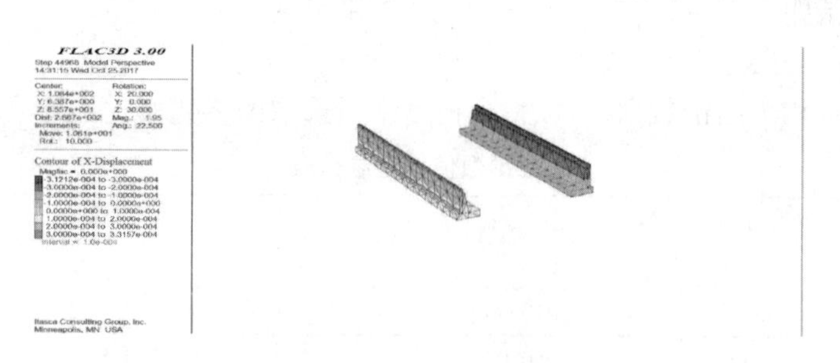

图 11　车站导洞施工完成后挡墙水平位移云图

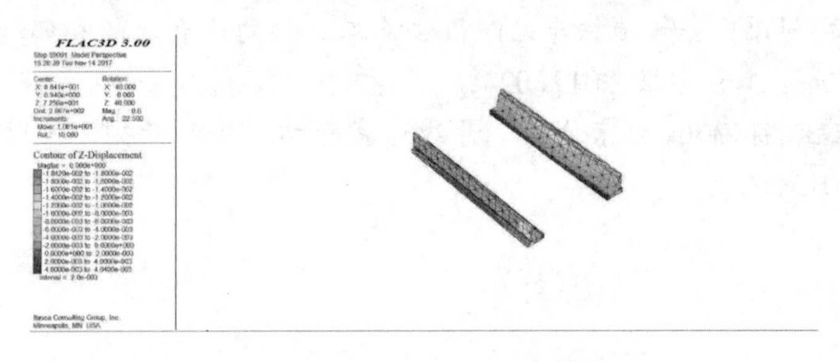

图 12　车站主体结构施工完成后挡墙竖向位移云图

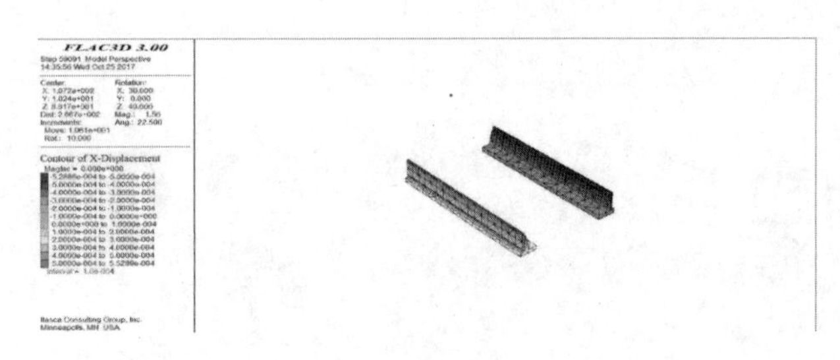

图 13　车站主体结构施工完成后挡墙水平位移云图

根据以上计算结果,横通道施工对挡墙产生了一定的影响,但影响范围较小,主要是引起挡墙的差异沉降,挡墙最大沉降约为 10mm,主要位于靠近横通道位置的挡墙。由于施加了对拉锚索的加固措施,数值计算过程中挡墙的新增斜率较小,约为 0.02%[2]。

导洞的施工距离挡墙较近,对挡墙的影响范围加大,主要是引起挡墙的竖向沉降,挡墙最大沉降约为 14mm,主要位于横通道开马头门位置的挡墙。由于施加了对拉锚索的加固措施,数值计算过程中挡墙的新增斜率较小,约为 0.04%[3]。

车站主体的施工距离挡墙较近,对挡墙的影响加大,主要是引起挡墙的竖向沉降与新增斜率,挡墙最大沉降约为 18mm,主要位于横通道与车站主体开马头门位置的挡墙。主要由于施加了对拉锚索的加固措施,数值计算过程中挡墙的新增斜率较小,约为 0.08%[4]。

5　结语

根据以上分析,可以看出施工过程中对挡墙的竖向沉降影响较大,施工之前应制定切实有效的洞内洞外加固措施,施工过程中保证加固效果;由于数值计算分析相对理想化,考虑了挡墙加固措施的条件下,数值计算分析挡墙新增斜率较小,需进行进一步的理论计算;应根据在施工不同阶段的不同位置的沉降变形云图特征,有针对性的优化测点布置,根据施工工序合理安排监测频率;由于施工引起道路设施变形较大,同时本工程道路下方管线较多,施工前应调查完整,必要情况下采取改移等保护措施,保证管线的安全[5]。

参考文献

[1]　丛恩伟. 北京地铁 10 号线砂卵石地层盾构法隧道施工关键技术[J]. 铁道标准设计,2008(12).

[2]　王艳文. 地铁施工对周边构筑物影响的安全预控[J]. 建筑技术,2009(02).

[3]　王峥峥,郭翔宇. 地铁车站洞桩法施工对地层沉降影响研究[J]. 大连理工大学学报,2016(03).

[4] 王霆,罗富荣,刘维宁,等.地铁车站洞桩法施工引起的地表沉降和邻近柔性接头管道变形研究[J].土木工程学报,2012(02).
[5] 谭文辉,孙宏宝,徐潞珩.北京地铁7号线达官营站八导洞开挖方案对比研究[J].现代隧道技术,2015(03).

压剪筒压力型预应力锚索是最合适锚索

孙 凯 孙 玥

（海南海凯岩土工程有限公司）

摘 要 十年前笔者有幸收藏一件西晋(265—317年)青瓷手炉，其造型、提樑结构与现今生活中使用的竹编手提筐完全相同，笔者考证得知这只手炉编织工艺及提樑结构是最合适的，故而传承至今1700多年没有改进。受提樑梁结构特性的启发，经过十几年的思索和对压力型预应力锚索认识的不断深刻，提出压剪筒压力型预应力锚索，本文从预应力锚索加固岩土体作用机理和锚索结构形式论述压剪筒压力型预应力锚索承载能力的特性。

关键词 压剪筒 压力型 预应力锚索

1 引言

十年前笔者有幸收藏一件西晋(265－317年)青瓷手炉，其造型、提樑结构与现今生活中使用的竹编手提筐完全相同，如图1所示。

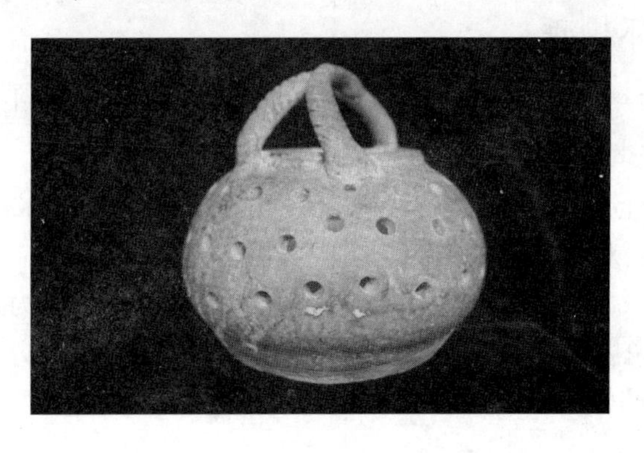

图1 西晋(265—317年)青瓷取暖手炉

笔者考证得知这只手炉编织工艺及提樑结构是最合适的，故而传承至今1700多年没有改进。

经过十几年的启迪，本文从预应力锚索加固岩土体作用机理和锚索结构论述压剪筒压力型预应力锚索是最合适的锚索。

2 锚索加固岩土体相关的弹塑性力学知识

论述预应力锚索加固岩土体作用机理之前，首先要介绍(引用)弹塑性力学的有关成果。

2.1 半无限表体面作用一个集中力的解答

这一解答1885年由布希涅斯克(Boussinesq)提出。

$$\sigma_x = \frac{2px^3}{2\pi[(x^2+y^2)^{\frac{1}{2}}]^5} \tag{1}$$

当 $y=0$ 时

$$\sigma_x = \frac{3p}{2\pi x^2} \tag{2}$$

式(2)表明作用在岩土体表面的集中力在岩土体内随着远离表面距离的平方减小。

2.2 无限大体内一点 *O* 受集中力 *P* 作用,这一问题由开尔文(Kelyin)给出位移解。

$$u_z = A\left[\frac{2(1-2\mu)}{R} + \frac{1}{R} + \frac{Z^2}{R^3}\right] \tag{3}$$

式中:$R = \sqrt{x^2+y^2+z^2}$;

$A = \frac{P}{16\pi G(1-\mu)}$;

G——岩土体的剪切弹性模量;

μ——岩土体的泊松比。

当 $x=y=0$ 时,式(3)变为

$$u_Z = \frac{p(1+\mu)}{2\pi EZ} \tag{4}$$

由式(4)可以看出 Uz 是 P、μ、E、Z 的函数。

3 岩土体破坏机理

塑性力学把物体所受的力分为球张量和偏张量。物体的破坏是由偏张量引起的,球张量只能引起物体体积改变。

比如鸡蛋在一个方向受很小的力就会破裂。若将鸡蛋置放在8000m深处海水中,虽然鸡蛋受到很大的海水压力,鸡蛋不会破裂,只是体积压缩。因为海水没有偏应力,鸡蛋只能产生体积压缩而不发生破裂。弹性力学给出的结论是物体破坏是由主应力差引起的。

现以边坡为例来说明岩土体破坏过程。当只考虑自重应力 γH 作用时,当 H 大到使自重应力 γH 达到岩土体自身强度时,岩土体即发生破坏。这种强度是由岩土体主应力差决定的。

$$\tau = \frac{\sigma_1 - \sigma_3}{2} \tag{5}$$

4 岩土体边坡加固机理

人们都知道边坡表面主应力差最大,所以若在边坡表面施加一个正应力使主应力差减小边坡体就会远离破坏。

如何来实现在边坡体表面施加一个正压力,于是就产生了预应力锚索。

5 预应力锚索发展过程

预应力锚索最初的结构是外端一段钢绞线与岩土体无黏结,以此来实现施加预应力,这就是拉力型预应力锚索。

随着无黏结钢绞线的出现,锚索可以实现全长锚固,于是产生了压力型预应力锚索。

预应力锚索使用较早的国家是日本。在日本形成多种类型,如拉力型、拉力分散型、压力型、压力分散型、拉压分散型等。

从力学原理上讲,日本人的行为好比瞎子摸象。在日本所形成的多种类型锚索专利只是一种商业行为。

上述发展过程是事物认识规律。同时也反映出人们对锚索受力分析理论的缺乏。

6 预应力锚索力学模型

从前面介绍的弹性力学模型得知预应力锚索外锚端可归结为半空间体表面受集中力 P 作用的 Boussinesq 问题。内锚端可归结为无限大空间体内受集中力作用的 Kelyin 问题。

由于外锚端工程上有锚垫板,锚墩使集中力分散了不存在问题,也没有必要进行受力分析。内锚端工程存在问题有两方面。其一,施加预应力后锚固体(水泥芯柱)可能被压坏。其二,施加预应力后锚固体与孔壁可能发生剪移。

这两方面问题都需要进行受力分析,找到解决办法的理论依据。

7 预应力锚索内锚端受力分析

假定在预应力 P 作用下岩土体的总位移等于锚固体的总压缩量。

岩土体总位移

$$\int_0^{\infty} \frac{1+\mu}{2\pi E \cdot z} \cdot 2\pi b\tau(z) \cdot \mathrm{d}z \tag{6}$$

锚固体总压缩量

$$\int_0^{\infty} \frac{p - \int_0^{z} 2\pi b\tau(z) \cdot \mathrm{d}z}{E_{\mathrm{b}} \cdot A} \cdot \mathrm{d}z \tag{7}$$

则有

$$\int_0^{\infty} \frac{1+\mu}{2\pi E \cdot Z} \cdot 2\pi b\tau(z) \cdot \mathrm{d}z = \int_0^{\infty} \frac{p - \int_0^{z} 2\pi b\tau(z) \cdot \mathrm{d}z}{E_{\mathrm{b}} \cdot A} \cdot \mathrm{d}z \tag{8}$$

式中:b——锚固体(水泥芯柱)半径;

A——锚固体截面积;

E——岩土体弹性模量;

μ——岩土体泊松比;

E_{b}——锚固体弹性模量。

将式(8)进行整理变换后,得标准型韦伯方程:

$$4\eta'' - (\xi\ 2 + 3)\eta = 0 \tag{9}$$

将式(9)进行变换,并注意边界条件:

当 $z \to \infty$ 时,$\tau = 0$;$\int_0^{\infty} 2\pi b\tau(z) \cdot \mathrm{d}z = p$。

解得锚固体沿 z 轴方向剪应力分布:

$$\tau = \frac{pk}{2\pi b} \cdot z \cdot e^{\frac{1}{2}kz^2} \quad (10)$$

式中：

$$k = \frac{1}{2(1+\mu)b^2}\left(\frac{E}{E_b}\right)$$

对式(10)进行积分,即得锚体的轴力分布

$$N = pe^{\frac{1}{2}kz^2} \quad (11)$$

式(10)、式(11)即为锚固体剪应力 τ 和轴力 N 的分布公式。

对式(10)求导并令其等于0,得

$$\tau_{max} = \frac{p \cdot k}{2\pi b} \cdot \sqrt{\frac{k}{e}} \quad (12)$$

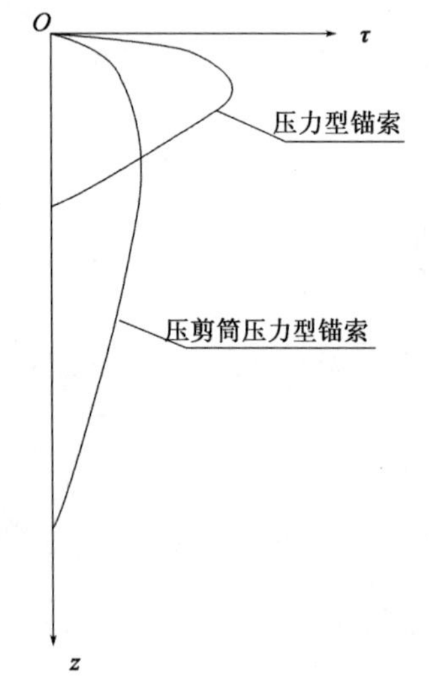

图2　压力型锚索、压剪筒压力型锚索剪应力 τ 沿 z 分布示意图

(12)式为最大剪应力。结果分析：

(1)锚索在孔壁处是否发生剪移破坏决定 τ_{max} 值大小。τ_{max} 大小与 k 值有关。

(2)K 值大小决定于岩土弹性模量 E 与锚固体弹性模量 E_b 之比。当 E_b 越大时就越小。由此可知增大 E_b 时可避免锚固体发生剪移破坏。

(3)K 值大小决定于锚固体半径 b,k 值与锚固体半径 b 的平方成反变。

从上述(1)、(2)、(3)的分析可得出以下认识：

①将孔底一段锚固体改为金属材料与水泥组合体时可改变 τ 值沿 z 轴向的分布,可降低剪应力峰值 τ_{max}。

②将孔底一段锚索孔径扩大(扩大头)也可大大降低剪应力峰值 τ_{max}。

压力型锚索、压剪筒压力型锚索剪应力 τ 沿 z 分布如图2所示。

8　压力分散型预应力锚索讨论

所谓压力分散,即内锚头由一个改变为2个或3个。它们相距一定距离,分布在锚孔轴线上。这样做的目的是分散锚索轴向力和锚固体侧壁的剪应力,避免锚固体被压坏或发生剪移破坏。

本文将这种结构的压力分散型锚索称之为几何分散型锚索。分析认为分散型锚索有以下两方面缺陷。

(1)结构不合理

假定压力分散型锚索分2级,一级钢绞线长20m,二级钢绞线长10m。同样大小预应力条件,一级钢绞线伸长量是二级钢绞线伸长的2倍。我们都知道,锚索预应力锁定时锚具夹片设计允许回弹量为5mm。尽管超张拉、补张拉可改善或减少锚索初期预应力损失,但2组钢绞线受力不均匀无法完全克服。

如众所周知,锚索预应力通过锚梁、锚墩长期作用在岩土体表面。岩土体产生沉滔流变是

必然的。假定沉淄流变量恰好等于2级钢绞线张拉时伸长量,则2级钢绞线完全损失预应力。此时只有一级钢绞线还存在剩余部分预应力。

这个问题几年前台湾省有关部门对边坡工程中使用的锚索进行检测发现问题十分严重。

(2)施工烦琐,容易出错

由于钢绞线各级长度不同,制索时钢绞线要编号,运输时也要小心。

由于分级,锚索结构复杂,安装时也要小心卡孔、错号。预应力张拉时也带来麻烦和过多的工作量。

9　压剪筒压力型预应力锚索特性

(1)压剪筒压力型锚索孔底一段锚固体由水泥与厚壁钢管组成。这种复合体与水泥芯柱相比,抗压强度可提高5~7倍。因此消除了锚固体被压坏的可能。

压剪筒压力型锚索孔底一段复合锚固体抗压强度大大提高了就没有必要进行轴向压力分散。

(2)理论分析表明,锚固体与孔壁之间剪应力分布规律与锚固体弹性模量 E_b 有关。复合锚固体的弹性模量 E_b 大大提高的结果使锚固体剪应力峰值大大降低。压剪筒压力型锚索这种改变剪应力分布规律、分散剪应力峰值的效果实质上是一种物理分散剪应力。其结果使剪应力峰值减小,从而避免了锚固体发生剪移破坏的可能。

(3)压剪筒压力型锚索与压力分散型锚索相比,具有结构科学、简单、安装方便、工作可靠等优点。

10　结语

(1)经过十几年的研究和工程实践,众多中国学者从力学分析上突破了对锚索轴向应力、侧向剪应力分布规律的认识。

(2)给出了改进应力分布规律锚固体结构,即研发出压剪筒压力型锚索。

(3)笔者以本文向锚固协会成立三十周年贺礼,并向同行们学习致敬。

参考文献

[1] Stillbirg B Experimen talinve Stigation of steel cables for rock reinforcement in nard rock [Doctkra 1 thesis D].

[2] 尤春安.全长黏结式锚杆的受力分析[J].岩石力学与工程学报,2000,19(3).

[3] 孙学毅,刘璇,刘成洲,等.压力型预应力锚索受力分析[J].岩石力学与工程学报,2005.

[4] 傅作新,梅明荣,张燎军,等.大型船闸闸墙锚杆的分析与设计[J].岩土工程学报,1999年1期.

[5] 彭宣茂,傅作新,张于明.岩基中的垂直锚杆分析[J].岩土工程学报.13(5):54.

[6] 程良奎,范景伦,韩军,等.岩土锚固[C].北京:中国建筑工业出版社,2003.

[7] 李锡润,林韵梅.全长锚杆受力分析[J].东北大学学报,1983年2期.

[8] 高永涛,吴顺川,孙金海.预应力锚杆锚固段应力分布规律及应用[J].北京科技大学学报,2002,24(4).

[9] 邬受清,韩军,罗超文,等.单孔复合型锚杆锚固体应力分布特征研究[J].岩石力学与工程学报,23(2):247-251.

[10] 曹国金,姜弘道,熊红梅.一种确定拉力型锚杆支护长度的方法[J].岩石力学与工程学报,2003.22(7).
[11] 程良奎,胡建林.土层锚杆的几个力学问题[C].岩土工程中的锚固技术.北京:人民交通出版社,1996.
[12] 顾金才,沈俊,陈安敏,等.预应力锚索加固机理与设计计算方法研究[C].第八次全国岩石力学与工程学术大会论文集.北京:科学出版社.

三、工程设计与施工

无黏结预应力锚索施工和质量控制在锅浪跷水电站的运用

陈　程　李念根

（中国水利水电第七工程局有限公司）

摘　要　锅浪跷水电站加固工程由于左、右岸地质条件破碎，岩层走向复杂，对坝肩稳定构成威胁。为保证边坡在永久运行期的整体稳定性，左、右岸永久加固施工采用了预应力锚索进行边坡加固支护，通过对锅浪跷水电站左、右岸坝肩预应力锚索施工，总结出了相关质量控制经验。

关键词　预应力锚索　施工　质量控制　锅浪跷水电站　运用

1　工程概述

天全锅浪跷水电站系青衣江一级支流天全河梯级开发中的龙头水库，位于四川省雅安市天全县紫石乡境内，距县城37km，为单一发电工程。本工程为混合式开发，坝址位于两河口下游约700m处，厂址位于下游约11km处的傍海腔，与在建的脚基坪电站衔接。电站装机3×70MW，水库正常蓄水位1280.00m，总库容1.84亿m^3，具有年调节作用。电站于2015年1月1日开工兴建，由于左、右岸地质条件破碎，岩层走向复杂，对坝肩稳定构成威胁。

1.1　地质情况描述

左岸边坡较平直，岸坡走向约S52°E，自然边坡坡高在1000m以上，坡度呈下陡上缓之势，坡角40°~73°，左坝肩范围内揭露的断层有f_2、f_3、f_7，断层破碎带宽0.2~4.3m，发育裂隙主要有6组，分布于左坝肩坡脚一带，以崩塌堆积物为主。根据左岸PD8平硐内统计结果显示岩体结构以碎裂结构和镶嵌碎裂结构为主，其中强卸荷带厚27m，岩体的RQD=25.6%~34.4%，V_p=4.4km/s，岩体完整性差，属碎裂结构，岩体质量为BⅣ2~AⅣ2类。

右岸边坡坡高在500m以上，坡度下陡上缓，下部坡角60°~75°，上部坡角35°~45°，基岩大部裸露，岩性为浅肉红色、肉红色、灰白色二长花岗岩[γk2(5)]，右岸坝肩范围内发育有f2、f3、f4、f12、f13断层，断层破碎带宽0.2~1.1m。岩体中发育优势裂隙主要有6组。

1.2　锚索设计参数

根据锅浪跷水电站边坡地质地貌实际情况，采用锚喷混凝土和锚杆解决浅层边坡稳定安全。为保证边坡在永久运行期的整体稳定性，采用锚索解决深层边坡稳定安全。对左、右岸永久加固采用预应力锚索，设计为1000kN、1500kN、2000kN无黏结预应力锚索，锚索长度30~40m不等，锚索最大倾角为10°，钢绞线根数分别为7根、10根、13根，锚索间排距为6m×6m布置，根据锚索预应力锚索吨位及岩体力学特性确定锚固长度为7.5m、9.0m、10.5m。

2　锚索施工工艺流程

由于边坡地质条件差，锚索孔成孔是锚索施工面临主要难题，针对现场岩层破碎裂隙发育实际情况，主要采用跟管护壁成孔、固壁灌砂浆两种处理方式作为破碎岩层成孔主要手段。钻孔采用哈迈40型锚固钻机，针对孔口段10m左右破碎岩层，采用套管跟管方式护壁成孔。其施工工艺为：开挖面验收→排架搭设验收→钻机就位→校正钻孔角度→跟管钻进→跟至完整岩层→起钻换钻头常规钻进→钻孔至设计深度→起钻验收→下锚→注浆→锚墩浇筑→张拉→二次注浆→封锚。

3 锚索施工质量控制

3.1 质量控制要点

(1)锚索施工及材料采购满足国家规范、行业标准及设计要求。

(2)钢绞线、张拉设备及锚具等均有出厂合格证，钢绞线进场后进行力学性能试验。

(3)孔位、孔径、孔深和孔斜均符合设计及规范要求。

(4)锚索灌浆严格按《水工建筑物水泥灌浆施工技术规范》(DL/T 5148—2012)要求执行。

(5)削除锚索内锚固段的塑料PE套，钢绞线每根每股油脂清洁干净，保持平行、不扭曲、无污染、无锈蚀的编锚原则。

(6)锚索锚固段灌浆应先灌止浆带，再灌通至孔底的PVC进浆管路灌浆，确保灌浆密实，灌浆记录准确、清洗、完整、无失真。

(7)锚墩垫板孔道中心线与锚孔轴线重合，锚墩钢筋混凝土施工满足规范要求。

(8)张拉前张拉设备配套率定报告，张拉采用分级均匀施加张拉荷载，并控制加载速度，张拉过程中及时做好张拉记录，确保记录清洗、准确、无误、资料的完整性。

3.2 施工过程质量控制

根据国家规范和设计要求，以及锚索施工质量控制要点，在锚索施工过程中，现场管理人员主要从以下几个方面进行施工质量控制，并对发现问题及时纠偏，使锅浪跷水电站左、右岸加固锚索施工质量得到了很好的控制，在复杂的地质条件和困难的施工条件下，确保了左、右岸坝肩永久运行期的整体稳定性。

3.2.1 完善质量管理体系，强化现场质量管理

(1)为确保质量，建立了质量检验机构和质量管理体系，并要求施工承包队建立内部管理机制，施工前及时对承包队伍进行技术交底工作。施工过程中落实了“三检”制度，并加强现场施工的组织、质量控制、施工管理和协调。

(2)现场管理人员牢记熟悉设计文件，领会设计意图，熟悉掌握规范要求及操作流程，对锚索施工进行全过程的控制，对现场每道施工工序进行全过程控制检查，有问题及时解决，杜绝在影响质量的情况下盲目施工作业。

3.2.2 锚索施工的工序质量控制

锚索施工质量的控制以单元工程为基础、以工序质量控制为重点，进行全过程旁站指导检查制度，层层把关，严格控制，坚持本道工序检查验收不合格，绝不进行下一道工序的施工。现场管理人员严把质量关，强化对分包作业队的管理，按章作业，安全施工。

(1)造孔

①采用现场测量放样并用红油漆在现场施工部位标明锚索开孔位置，根据规范要求孔位偏差不得大于10cm；钻机采用SKMG-40锚固钻机、XZ-30型潜孔钻机风动冲击回转钻进工艺造孔，部分岩层破碎覆盖层区域采用更管造孔工艺造孔，钻孔孔径根据不同吨位设计孔径开孔钻进。操作平台搭建要求稳定牢固，钻机位置摆好开孔前对钻机倾角及方位角开孔孔径进行

严格校验,当孔位受地形条件限制无法施工时,征得设计同意后可以拟定新孔位。

②在钻孔施工过程中,要求随时检查钻机的稳定、牢固性,加强钻机的导向作用,及时检测孔斜误差,钻孔过程中的反风情况等均做好班报记录,岩层破碎段及时采取固壁灌浆处理。钻孔的终孔深度不大于或小于设计值的1%。现场管理人员按照设计及规范要求对造孔的孔位、孔深、孔斜、孔径进行相应检查验收。

(2)锚索制作

①锚索索体在专用的有防雨设施的施工场地进行编制,每批钢绞线进场后,成批验收,每批钢绞线由同一品牌号、同一规格、同一生产工艺捻制的钢绞线组成,每批检测质量不大于60t进行破断力试验检测。每根钢绞线的下料长度都应根据实测孔深、锚墩厚度、垫板、工作锚板、限位锚板、千斤顶等沿孔轴线方向的总和在预留一定长度确定。下料长度可按以下公式进行控制:钢绞线下料长度=锚固段+自由张拉段+锚墩厚度+千斤顶长度+测力计厚度(若有)+预留工作长度。

②削除锚固段塑料PE套后。钢绞线每股上面的油脂、污渍必须用棉纱擦洗干净,要求表面乌亮,手感滑腻无涩滞感。隔离架安装沿锚索长度方向应安设,隔离架锚固段间距1.0m,自由段1.5m,隔离架安装过程中采用钢卷尺测量好间距;锚固段长度必须保证设计长度,确定好锚固段距离后安装止浆带,止浆带缝补安装必须严格,确保止浆作用,进回浆管路安装须绑扎牢固,禁止管路破损、有压迫现象。编束时每根钢绞线均必须平顺,不得发生扭曲、交叉和钢绞线污染和锈蚀现象。隔离架应能使锚索入孔后周围有足够的保护层,钢绞线彼此平行伸直不扭曲。

③锚索编制好后要编号,对进、回浆、止浆带管路做好详细的标记。整齐平顺存放在专用的场地并加以保护,确保造孔完成后锚索验收无污染。

④安装前对锚索体进行详细检查,检查止浆环和限浆环位置是否准确,排气管位置是否准确和畅通;核对锚束编号与钻孔号,并对损坏的配件进行修复和更换。防止在推送锚索过程中损坏锚索配件,不使锚索转动,在将锚索体推送至预定深度后,检查排气管和注浆管是否畅通,否则拔出锚索体,排除故障后重新验收、安放。

(3)灌浆

锚索灌浆是为了形成锚固段和为锚索提供防腐蚀保护层作用。另外,一定压力下的灌浆可以使灌浆浆液注入岩层的裂缝和缝隙中,从而起到固结岩层、提高岩层承载力的作用。灌浆是锚索施工的关键工序之一,其灌浆的质量将直接影响到锚索的锚固性能和永久性。

①锚固段固结灌浆按设计技术要求进行,采用强度等级为42.5的普通硅酸盐水泥浆液,浆体28天抗压强度不低于35MPa,水灰比为0.38:1纯水泥浆液进行孔内循环式灌浆,进浆管伸至孔底,按设计锚固段长度要求在孔中设置特制模袋封闭。特制模袋应有良好的膨胀性和耐压性能,在灌浆过程中不得产生滑移和串浆现象,灌浆泵和灌浆孔口均安有压力表,当灌浆在最大设计压力0.5MPa下,注入率不大于1L/min后,继续灌注30min,可结束灌浆。灌浆过程中严格按试验室上报浆液配合比掺量,掺加膨胀剂,确保锚固段饱满度;另外对浆液类型、成分、注浆日期、配合比、灌浆量及压力做好详细记录,过程中及时通知实验室对浆液进行取样做抗压强度试验,最终确保灌浆质量可控。

②锚索张拉检查合格后再进行自由段回填注浆,注浆采用M30水泥砂浆,加砂量严格按照实验室配比添加。砂浆拌和时间不小于3min,拌和后要及时使用,注浆直到夹片返浆为结束标准。

(4)承压锚墩制作检查

①垫墩所用的2钢垫板、钢套管、钢筋、螺旋筋等在加工车间按设计要求加工,并在车间焊接组装完成。

②承压锚墩采用C30混凝土制作。钢筋制作前先施工锚墩插筋,每个锚墩按设计要求网络型布置4排插筋,每排4根,间排距0.4m,共计16根ϕ25mm锚杆,L=3.25m,外露0.5m锚墩插筋须深入锚盖混凝土25cm并90°弯折25cm;锚墩插筋造孔、安装后注入M20砂浆,注浆过程中确保每根插筋的注浆饱满度等,避免后期张拉过程中因岩体无法承受张拉应力而造成无法弥补的缺陷。垫墩钢筋模板制安前应清理松动块体,洗净岩面,按设计图纸进行模板的架立,钢套管插入岩体的深度要满足设计要求,钢套管轴线与钻孔轴线重合,钢垫板与钢套管轴线垂直。钢筋制作验收完成后进行混凝土浇筑,浇筑过程中主要旁站检查控制以下几点:垫墩混凝土浇筑时要注意垫墩下部的振捣,振捣应遵循快插慢抽的原则,保证振捣密实、到位,避免拆模后出现漏振、蜂窝、麻面等现象。

③混凝土浇筑完毕后及时洒水加以养护。

(5)锚索张拉检查

①具备以下条件方可张拉:钢绞线材质抽样检查合格;张拉前各工序阶段验收合格;锚夹具合格证及抽样检验;张拉机具已配套标定并出具标定证明文件,需绘制压力表——张拉关系曲线;内锚段灌浆、垫座砼强度均达到设计要求值(R_3≥35MPa,最小值≥设计值的85%)

②张拉顺序遵循分批施工,逐步加密的原则进行。

解除锚索尾端包裹物,清除锚索及周围杂物,并将锚索擦拭干净;向易转动一侧转动索体,使二期进浆管位于孔道正上方;安装测力计(只适用于需进行检测的试验锚索);安装工作锚板及夹片,按束体尾端编帘号对应安装工作锚板及打紧夹片,安装时注意不能损伤钢绞线,然后开始预紧;在工作锚板后采用YC18型千斤顶对钢绞线进行单根预紧,预紧值为0.1P,使各根钢绞线初始应力均匀,预紧顺序采用先中间后周边,对称均衡的原则进行。

安装限位板、千斤顶、工具锚板及工具夹片,安装前锚板上的锥形孔及夹片必须保持清洁,工具锚板上的孔排列位置应与工作锚板孔一致,严禁钢绞线在千斤顶内发生交叉,工具夹片抹润滑剂(可将石蜡融化于柴油中制成),以便于卸下工具锚板及夹片。

锚索正式张拉前,先整体进行预张拉,预张拉力为设计应力10%,以使各部位接触紧密,每根钢绞线平直。分级张拉荷载分别为0→0.2σcon→0.25σcon→0.5σcon→0.75σcon→1.0σcon→1.1σcon→锁定,达到每级张拉力值后度数,稳压5min后再补偿张拉至该级张拉值并读数(如果为试验锚索需读测力计数值),监理工程师需亲自读数,然后加荷至下级,达到安装吨位后持续稳压15min后即可卸荷锁定。

③非作业人员不得进入锚索张拉作业区,张拉时千斤顶出力方向45°内严禁站人。

(6)外锚头防护

锚索施工完成后,要求钢绞线在锚具外的外漏长度预留50~65cm,多余的部分予以切除,外漏部分钢绞线采用钢管套筒抹黄油焊接牢固刷油漆封锚防护,该锚索在运行过程中若出现应力损失情况可进行二次张拉。

3.3 锚索施工现场验收实验

锅浪跷水电站左、右岸坝肩加固锚索施工共计282根,施工单位组织监理、业主、设计和质量监督站有关人员,按照5%的抽检比例,现场对左、右岸坝肩施工的锚索进行联合验收,监测结果表明锚索施工质量满足《水工预应力锚固施工规范》(SL62—2014)和设计要求,根据现场

282 根锚索张拉过程资料统计,全部锚索张拉合格,未发现异常情况,每根锚索实际伸长值均在设计要求理论范围之内,监测预应力满足设计文件要求,对左、右岸坝肩永久运行期的整体稳定性。已施工完成锚索边坡部位根据试验室监测显示见图 1、图 2。

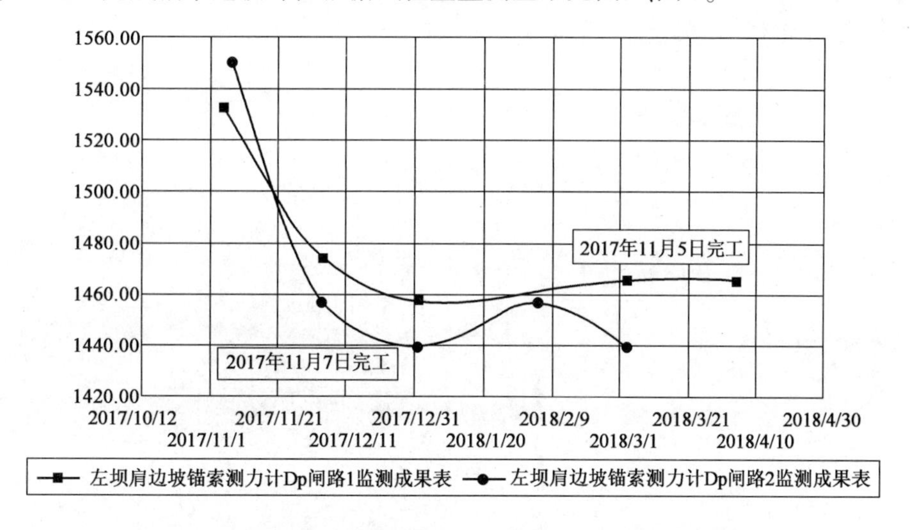

图 1　左肩边坡 1500kN 锚索测力计 Dp 闸路 1、2 应力过程曲线图

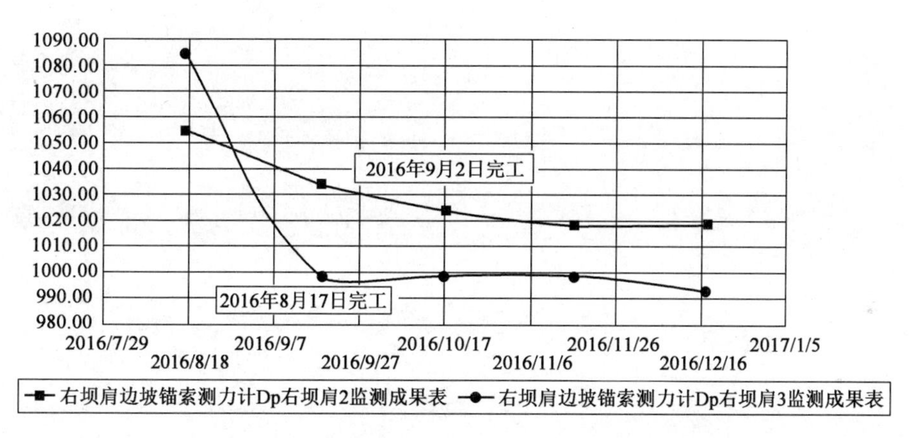

图 2　右坝肩边坡 1000kN 锚索测力计 Dp 右坝肩 2、3 锚固力过程曲线

4　结语

预应力锚索施工已在我国工厂中得到了广泛使用,并累计了大量施工经验,但由于锚索施工工序多,属隐蔽工程,出现质量缺陷时难以弥补,加强过程中控制质量尤其重要,为避免锚索返工和工程缺陷,对无黏结预应力岩体锚索质量控制要点总结如下:

(1)钢绞线采购需符合国家和工程标准,材料进场后及时按规范要求进行实验检测。

(2)锚索造孔过程中要有效控制好孔位角度,避免因锚索造孔角度偏移导致锚索受力情况被迫发生改变,从而致使难以控制锚索。

(3)锚索编制过程中要确保下料满足施工要求,锚固段剥离满足设计要求,并彻底清洗钢绞线,沿锚索长度方向安设的隔离架间距应满足设计要求,锚索堆放应干净、平、顺无叠压并防护到位。

(4)张拉时垫板要与夹片配套使用,若不同批次产品要注意垫板刻槽深度,避免因太深导致回缩量过大致使不能达到预期张拉吨位,或因刻槽过浅导致夹片损坏,张拉失败等情况。

(5)对预应力损失超过设计张拉力的10%时,应在查明原因后进行补偿张拉,补偿张拉应在锁定值基础上一次性张拉至超张拉荷载。对锚索补偿张拉不宜多次进行,否则对束体和锚板夹片可能造成损坏等情况。

承压水地层锚索施工涌沙治理方法探究

林西伟[1]　张启军[1]　王金龙[1]　程　田[2]

(1. 青岛业高建设工程有限公司　2. 中铁建工集团山东有限公司)

摘　要　锚索在含有承压水的地层中成孔,出现涌沙现象,一直是困扰基坑施工和安全的问题。在该种地层条件下,由于水泥土帷幕在灌注桩以外,增加了孔口处理涌沙的难度。在工程实践中,采用了在套管跟进工艺基础上,增加外套管及填充棉絮状物等工艺方法,很好地解决了涌沙问题,确保了在该种地层中快速成孔,经济可靠,基坑安全稳定、坡顶无空洞,为类似工程提供了宝贵的借鉴经验。

关键词　承压水　沙层　套管跟进　刚性通道　棉絮填充物

1　引言

随着城镇化的不断推进,城市对于淡水的需求量不断增加,导致大量的水质净化厂依河而建。河道特有的沙层、岩层结合的地层,促使着基坑支护施工技术的不断革新。

青岛市崂山区临近张村河的水质净化厂,基坑是典型的沙、岩结合基坑工程,在砂层施工锚索时,不可避免地会出现涌沙现象,由于本基坑水泥土帷幕位于灌注桩以外,灌注桩之间砂层没有帷幕固结,造成了涌沙处理难度加大。本项目在传统套管跟进工艺基础上,增加外套管及填充棉絮状物等工艺方法,解决了锚索成孔时出现涌沙涌水问题,完成的锚索预应力质量可靠,未出现因流沙造成的周边环境问题,为砂岩结合的地层锚索成孔提供了宝贵的经验。

2　工程概况

拟建场区位于青银高速西侧玉水路上,张村河河道内及河道北侧岸上。拟建物为水质净化厂,地下两层,局部三层,大部分位于张村河河道内,河道内施工基坑支护前需进行截排水,并回填风化沙至绝对高程 21.0m 处新建围堰,基底高程 2.20 ~ 7.20m,开挖深度 13.8 ~ 18.80m,基坑周长约 472.0m。基坑安全等级一级。

3　工程地质及水文地质条件

3.1　工程地质条件

第①层素填土(淤泥质填土):分布于整个场区。揭露厚度 0.20 ~ 2.00m,层底高程 15.00 ~ 16.70m。灰黑色,松散,以淤泥为主,夹有沙土、植物根系。

第⑪层粉质黏土:分布于整个场区。层厚 1.00 ~ 3.40m,层底高程 13.60 ~ 15.30m。灰褐色 ~ 黄褐色,可塑,具有中等压缩性,强度中等,韧性中等。见高岭土条带,无摇震反应,切面较光滑,局部地段见有铁锰氧化物,含少量中粗沙。地基承载力特征值 f_{ak} = 200kPa,压缩模量

$E_{S1-2}=6.2\text{MPa}$。黏聚力标准值 $C_k=32.5\text{kPa}$,内摩擦角标准值 $\Phi_k=15.5°$。

第⑫层粗砾沙:揭露层厚 1.20 ~ 5.00m,层底高程 9.70 ~ 13.20m。褐黄色,饱和,中密 ~ 密实,散体状,以长英质颗粒为主,颗粒分选差,级配良,磨圆差,局部夹有少量碎石,碎石粒径 2 ~ 4cm。水上自然坡角 41 度,水下自然坡角 26 度。地基承载力特征值 $f_{ak}=300\text{kPa}$。

第⑭层含碎石砾沙:揭露层厚 4.20 ~ 7.50m,层底高程 5.10 ~ 7.20m。褐黄色,饱和,密实,散体状,局部呈胶结状,以长英质颗粒为主,颗粒分选差,级配良,磨圆差,夹有碎石,碎石粒径 2 ~ 5cm。碎石含量 15% ~ 30%,下部地段夹有黏性土薄层,厚度小于 30cm。水上自然坡角 42 度,水下自然坡角 27 度。地基承载力特征值 $f_{ak}=350\text{kPa}$。

第⑯层强风化花岗岩:揭露于 A6、B6、C6、G4 号钻孔,揭露于局部钻孔。揭露厚度 0.30 ~ 3.50m,层顶高程 5.70 ~ 7.20m。黄褐色 ~ 肉红色,粗粒结构,块状构造;主要矿物成分为石英、正长石,含有黑云母、角闪石,岩石风化强烈,岩芯呈碎块状,手搓易碎呈沙土 ~ 角砾状。地基承载力特征值 $f_{ak}=1000\text{kPa}$,变形模量 $E_0=40\text{MPa}$。。

第⑰层中等风化花岗岩　分布于南侧场区。揭露于 B5、B6、C6、C7、D5 号钻孔。揭露厚度 1.00 ~ 3.00m,揭露层顶标高 4.70 ~ 5.70m。肉红色 ~ 灰褐色,结构、构造、矿物成分同上;岩石中等风化,裂隙发育,岩芯呈碎块状,锤击易碎。地基承载力特征值 $f_a=2000\text{kPa}$,弹性模量 $E=4.0\times10^3\text{MPa}$。

3.2　水文地质条件

勘察期间处于青岛枯水期,张村河水面标高 17.80m,场区 3 ~ 5 年地表水最高水位约为 20.5m。地下水类型为第四系孔隙潜水、弱承压水及基岩裂隙水。

4　应用涌沙治理方法的背景

该项目地层条件上部为素填土、粉质黏土、粗砾砂、含碎石砾砂,下部为强风化 ~ 中风化 ~ 微风化岩石。锚索需要穿过粉质黏土、含碎石砾砂,锚入微风化花岗岩。在应用设计的套管跟进工艺,更换钻杆期间出现涌水涌沙等问题,由于桩间砂层并未固结,很多常规治理涌沙方法难以解决,致使该部位工程一度停滞,在多方讨论、比对、试验后,决定采用"承压水地层锚索涌沙治理方法"。采用此方法后,有效地解决了锚索涌水涌沙问题,并且保障了工程进度。

基坑支护设计剖面如图 1 所示。

5　工艺原理

"承压水地层锚索涌沙治理方法",采用双套管水循环钻进工艺进行锚索施工,钻进到位后,拔出内钻杆,在外套管内注满水泥浆,安装锚索束,锚索束绑扎一根通长注浆管(锚固段设劈裂孔眼并胶带封黏),靠近搅拌桩帷幕以外位置绑扎一根封孔注浆袋(实用新型专利),锚索束放入套管内后,逐节拔外套管,并不断在套管内补注水泥浆,剩最后一根时,将锚索束向外拔出一定长度,在搅拌桩帷幕位置紧靠注浆袋绑扎棉絮状填充物,直径以恰好能从外套管内壁穿过即可,利用钻机钻杆配合人工将锚索束连同棉絮状填充物压入套管内,同时外拔套管,将棉絮填充物和注浆袋准确安放在帷幕和帷幕以外位置,把沙土层堵在孔内,然后对封孔注浆袋进行压力注浆(早强)封孔。待封孔强度上来后,对留置孔内的通长注浆管进行二次压力劈裂注浆,保证锚固段注浆质量。

锚索涌沙部位处理示意如图 2 所示。

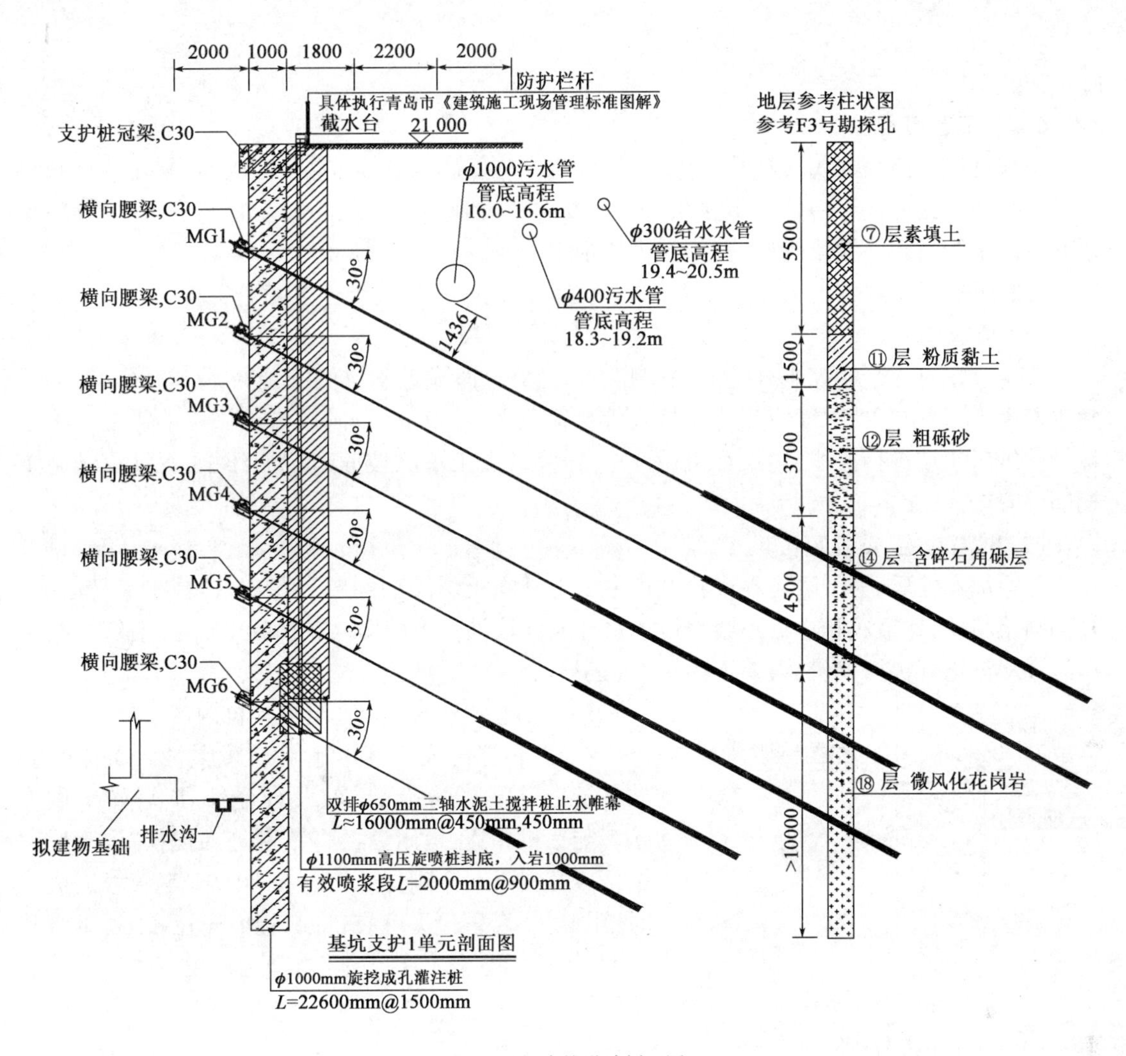

图1 基坑支护设计剖面图

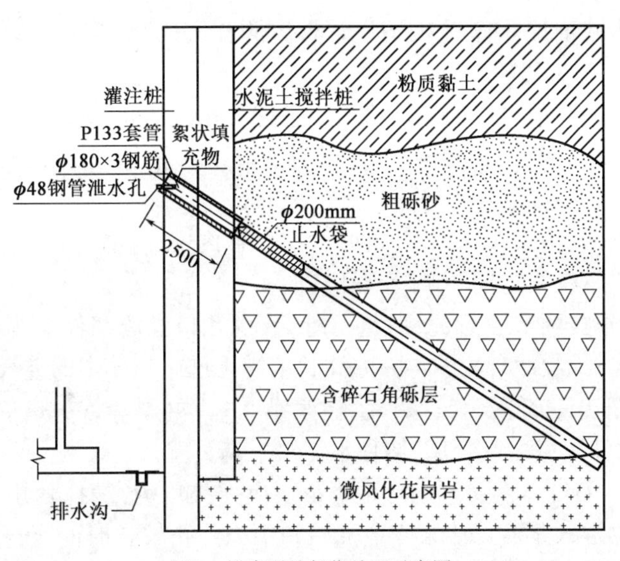

图2 锚索涌沙部位处理示意图

6　施工工艺流程及操作要点

6.1　工艺流程

边坡开挖→网喷封闭→钻孔定位→钻 $\phi180\times5$ 套管至搅拌桩内→套管内成孔→钻至设计长度→拔出钻杆注浆→杆体带注浆管一起安放→拔管多次补浆→安装止浆袋封孔、预留泄水管→泄水管封孔→腰梁安装、养护→张拉锁定

6.2　操作要点

(1)开挖方式及要求

基坑开挖时要严格控制开挖的深度和坡度。开挖时靠近基坑侧壁预留不小于6m宽的平整工作平台,每层开挖深度应当比锚杆设计标高低40~50cm,以满足支护施工的需要。根据设计图纸对边坡进行放线,边坡经机械开挖修整后,人工清除坡面残留的浮土,保证支护施工期间的安全。

(2)网喷封闭、钻孔定位

在边坡开挖后,为了防止在成孔过程中出现桩间土坍塌的问题,预先对拟施工锚杆区域,挂网喷浆封闭,保证成孔过程不会因地下水外泄导致桩间土坍塌。在混凝土面层测放放线,采用红油漆标记处锚杆点位,误差不大于100mm。

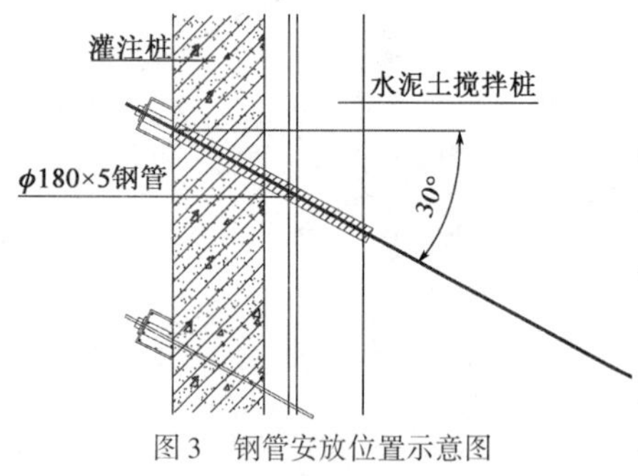

图3　钢管安放位置示意图

(3)钻进 $\phi180\times5$ 套管至搅拌桩内

在锚杆正式成孔前,定做长度约2.50m,内径 $\phi180$mm,壁厚5mm套管,前设合金钻具,后端甲供连接套与钻机相连,运用钻机将钻进进入搅拌桩,为后续锚杆成孔提供一个刚性通道。在 $\phi180\times5$ 套管内成孔时,用P133套管包裹麻袋,将麻袋填充在 $\phi180$ 钢管和P133套管之间,堵住孔内涌沙,减少砂土流失钢管安放位置。见图3。

(4)锚杆钻进、注浆

粗砾砂层采用双套管锚杆机钻进成孔:

施工机具以履带式油压跟管钻机按设计位置施作,其附属配备包括:(2M)P146套管及P73钻杆、P146钻头、送水泵等。

在砂层前段易钻进部位可以依靠钻机扭矩进行成孔,遇到钻进困难的地层,开启后冲击工艺,冲击成孔。对于入岩部分,需要采用P146钻头和P73钻杆先行钻进钻孔,然后加设P146套管进行成孔。进行钻孔深度比设计多进50~80cm。

钻孔至要求深度后,将钻头和钻杆收回后,在套管内安放注浆管注浆至孔口溢浓浆为止。立即置入组立完整之钢绞线连同注浆管到孔底。

开始拔出套管,每拔两节套管,及时进行补浆,至孔口溢浓浆停止为准,直至套管全部拔出、补浆完毕。然后将钢绞线外拔50~80cm(目的①可排出浆体中的空气,②使钢绞线尾部充满浆体并与泥土完全出隔离)。套管拔完、注浆结束后,再用套管缠裹麻袋将其送入孔内约1.0m处位置,与止水注浆袋一起合用,堵住水泥浆外流。

注浆材料采用P.O42.5纯水泥浆,注浆浆液应搅拌均匀,随搅随用,浆液应在初凝前用完,并严防石块、杂物混入浆液。注浆作业开始和中途停止较长时间,再作业时宜用水润滑注浆泵及注浆管路。

在注浆后4~6小时(依气候等因素现场确定),实施二次压力注浆,以锚固段20kg/m水泥浆或保压1.5MPa约3分钟为准。

水泥浆体养护(时间一般为14天),依设计要求张拉锁定,并进行补偿张拉。

锚杆注浆施工时,在孔口部位留设泄水管,采用水泥配以堵漏灵将泄水管四周封住,让锚杆内的水自泄水管流出。泄水管一般不需封堵,有利于基坑稳定。若需要封堵,至开挖下一层后,上部泄水管采用止水袋填充或注浆封堵,封堵后可能造成其他部位渗漏,只要不影响结构施工,一般做引流处理。

7 工程检测与结果评价

采用"承压水地层锚索涌沙治理方法"时,结合地勘报告进行比对,达到设计深度后,注浆安放锚索。按照规范要求,施工完毕后达到28天龄期后,由建设单位委托质量检测鉴定中心进行检测,检测结果表明,锚索轴向拉力标准值满足设计及规范要求。基坑施工完毕,周边没有因流沙造成下陷的问题。该方法的成功,受到了各参与单位及业内专家的一致好评。

8 结语

本工程作为典型的砂岩结合承压水地层基坑,采用"承压水地层锚索涌沙治理方法"获得成功,总结如下可供借鉴的经验:

(1)承压水地层锚索涌沙治理方法,有效地解决了承压水地层成孔困难。该方法既继承了套管跟进工艺困难地层快速成孔、不塌孔的优点,又能弥补套管工艺在承压水地层中的缺点,更好地解决换钻杆期间出现的涌水涌沙问题,国内先进。

(2)承压水地层锚索涌沙治理施工方法,与降水法、冻结法等工艺相比,速度大大加快,大大节省了工期,经济效益明显。

(3)本工法无泥浆排放、振动和噪声小,避免了对周边业主的影响,符合城市建设高环保的要求。

该方法的成功实施,为以后在基坑支护工程类似情况下的建设提供了可靠的决策依据和技术指标,新颖的施工技术将促进基坑支护工程施工技术进步,为人类的空间的拓展提供了坚实的基础,具有明显的社会效益和环境效益。

大吨位压力分散型锚索分组分级差异性补偿张拉

刘鹏程　李　宁　何明亮

（中国水利水电第七工程局成都水电建设工程有限公司）

摘　要　由于大吨位压力分散型预应力锚索是由多组长度不等的钢绞线组成，在同一张拉力作用下，各组钢绞线的应力状态存在差异，普通的整体张拉已不再适用于压力分散性锚索这种分组分级承担预应力的结构形式的预应力锚索。为消除各组钢绞线应力状态的差异，压力分散型锚索在张拉前采取了差异性补偿张拉，提前将各组的差异性消除，再整体张拉，最终使各组钢绞线应力状态相同。本文阐述了金沙江白鹤滩水电站左岸地下厂房2000kN级压力分散型锚索差异性补偿张拉技术，以为后期类似工程施工提供借鉴。

关键词　大吨位　压力分散　锚索　分组分级　差异性　补偿　张拉

1　引言

近年来，随着“西电东送”工程的发展，在地质条件复杂的工程锚固中，大吨位的压力分散型预应力锚索以其锚固段压力分散合理，锚固力大，采用的无黏结钢绞线防腐效果好，施工简便、节约材料等优点，在复杂地质，条件下锚固工程中及特大洞室加固处理中得到广泛的推广应用，逐渐取代了应力集中型锚索，但压力分散型锚索在张拉施工时，由于各单元的自由段长度不一，在相同张拉力作用下，各单元的伸长值不同，若仍然统一进行整体张，当达到设计荷载时，自由段较长组的预应力还尚未到位锁定荷载，而自由段较短组钢绞线预应力则已经超过了设计荷载，造成钢绞线应力不均匀，部分钢绞线应力超限，可能导致断丝、断线，最终导致锚索锚固力降低，甚至失效，影响工程安全，因此，在施工过程中，需要提前采取措施，消除差异性，使得各组钢绞线受力均匀，确保锚固效率。本文以金沙江白鹤滩水电站左岸地下厂房2000kN级压力分散型锚索差异性补偿张拉为例，对大吨位多锚头的压力分散型锚索分组分级差异性补偿张拉的参数推导及计算，施工技术进行阐述，并检验其锚固效率。

2　工程概况

白鹤滩水电站位于金沙江下游，左岸位于四川省宁南县，右岸位于云南省巧家县，顺水向上182km为乌东德水电站，顺水向下195km为溪洛渡水电站，控制流域面积43.03万km^2，占金沙江以上流域面积的91%，电站正常蓄水位为EL825.0m，总库容206.27亿m^3，电站的开发任务以发电为主。

白鹤滩水电站地下厂房分为左、右岸两个地下厂房，成对称布置，分别安装8台单机容量1000MW的水轮发电机组，总装机容量16000MW，为我国仅次三峡水站的第二大水电站，左右岸地下厂房均为典型的“三洞室结构”，分别为主厂房、主变洞、母线洞。左岸地下厂房布置在拱坝上游山体内，洞室水平埋深800～1050m，垂直埋深260～330m，主副厂房洞和主变洞平行布置，洞室轴线方向为N20°E。围岩主要由$P_2\beta_2^3$和$P_2\beta_3^1$层新鲜的隐晶质玄武岩、斜斑玄武岩、杏仁状玄武岩、角砾熔岩等组成,以Ⅲ类、Ⅱ类围岩为主,层间错动带 C2 斜穿厂房边墙中下部。厂房采用“一字型”布置,从南到北依次布置副厂房、辅助安装场、机组段和安装场。机组间距 38.00m,机组段长 304.00m,安装场长 79.50m,辅助安装场长 22.50m,副厂房长 32.00m。主副厂房洞的开挖尺寸为 438.00m ×31.00m(34.00m) ×88.70m(长×宽×高)。

白鹤滩水电站左岸地下厂房设计有无黏结对穿锚索、有黏结对穿锚索和压力分散型锚索,拱肩和上下游边墙的端头锚索全部为压力分散型锚索,其设计荷载分为 2000kN 和 2500kN,长度 20 ~35m 不等。

3 锚索结构和张拉工艺

3.1 锚索结构

白鹤滩左岸地下厂房 2000kN 级压力分散型锚索分 5 组承载板,第一组(最长组)2 根钢绞线,后面 4 组全部是 3 根钢绞线,总共由 14 根钢绞线组成,其结构图见图 1。

3.2 张拉工艺

压力分散型锚索张拉工艺常用的有 3 类,分别是“单根分级循环张拉→锁定”、“分组差异性补偿张拉→整体分级张拉→锁定”和“分组分级差异性补偿张拉→整体分级张拉→锁定”。本次论述的锚索张拉工艺为“分组分级差异性补偿张拉→整体分级张拉→锁定”。

3.3 张拉工艺流程及特点

张拉施工流程为:

第一次张拉第一组(2 根),消除第 1 组和第 2 组在初张拉状态下的差异性;

第二次张拉第一、二组(2 +3 =5 根),消除第 1、2 组和第 3 组在初张拉状态下的差异性;

第三次张拉第一、二、三组(2 +3 +3 =8 根),消除第 1、2、3 组和第 4 组在初张拉状态下的差异性;

第四次张拉第一、二、三、四组(2 +3 +3 +3 =11 根),消除第 1、2、3、4 组和第 5 组在初张拉状态下的差异性,完成前 4 组的差异性补偿张拉后,5 组钢绞线进行整体分级张拉,直到张拉锁定完成。

分组分级差异性补偿张拉顺序为(第一组第①级)→(第①组第二级 + 第②组第一级)→(第①组第三级 + 第②组第二级 + 第③组第一级)→(第①组第四级 + 第②组第三级 + 第③组第二级 + 第④组第一级),中间只需按照顺序将各组的夹片安装后即可张拉,不需要多次卸荷安装夹片,张拉操作简单,张拉效率高,且张拉力是分级加载,更有利于锚索的锚固效果。

分组分级差异性补偿张拉荷载计算较繁杂,计算公式也要推导。

4 计算及推论

补偿张拉为直线型锚索,伸长值计算公式:$\Delta L = \dfrac{PL}{EA}$

4.1 补偿张拉力理论计算

(1)单组差异伸长量计算:

$$\Delta L_1 = \frac{PL_1}{EA} \qquad \Delta L_2 = \frac{PL_2}{EA} \qquad \Delta L_3 = \frac{PL_3}{EA} \qquad \Delta L_4 = \frac{PL_4}{EA} \qquad \Delta L_5 = \frac{PL_5}{EA}$$

$$\Delta L_{1-2} = \Delta L_1 - \Delta L_2$$

$$\Delta L_{2-3} = \Delta L_2 - \Delta L_3$$

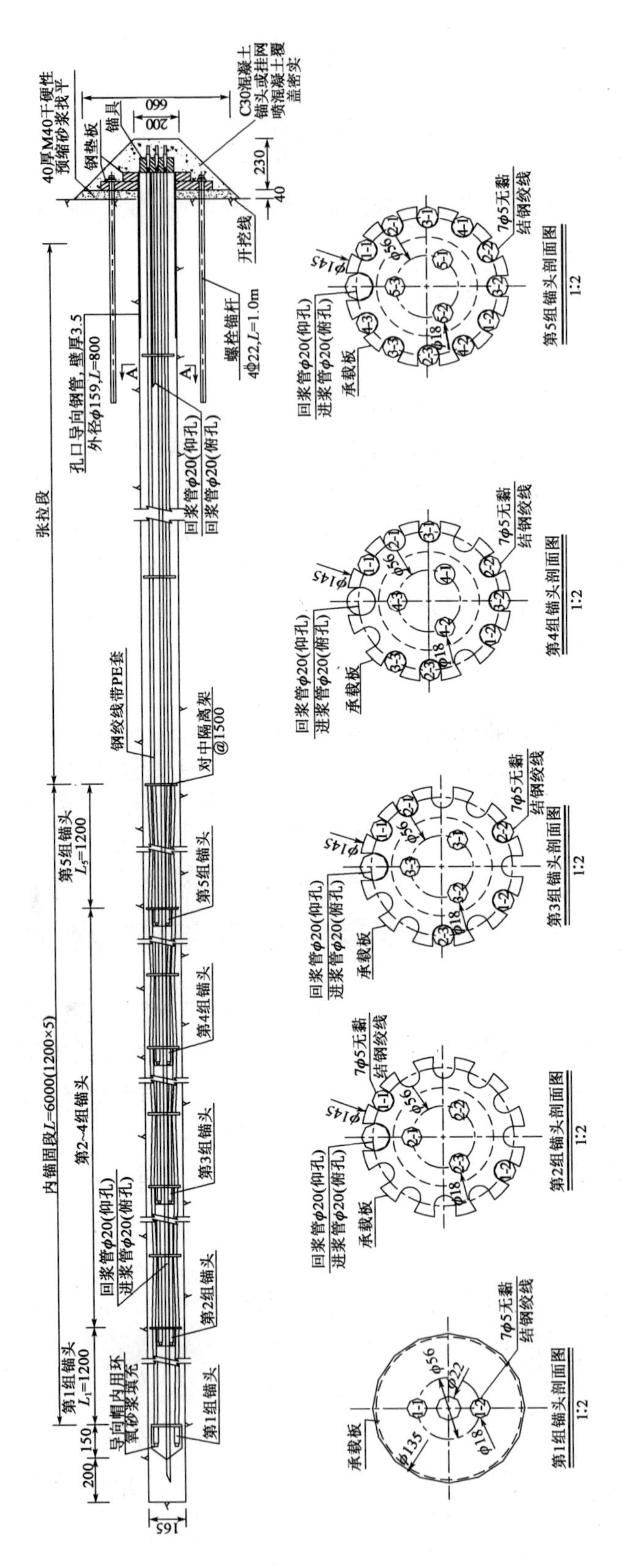

图1　2000kN级压力分散型锚索结构图

$$\Delta L_{3-4} = \Delta L_3 - \Delta L_4$$
$$\Delta L_{4-5} = \Delta L_4 - \Delta L_5$$

(2)差异荷载增量：

$$\Delta P_1 = \frac{EA\Delta L_{1-2}}{L_{1-2}} \times 2$$

$$\Delta P_1 = \frac{EA\Delta L_{1-2}}{L_{1-2}} \times 2 \times 2 + \frac{EA\Delta L_{2-3}}{L_{2-3}} \times 3$$

$$\Delta P_1 = \frac{EA\Delta L_{1-2}}{L_{1-2}} \times 2 \times 3 + \frac{EA\Delta L_{2-3}}{L_{2-3}} \times 3 \times 2 + \frac{EA\Delta L_{3-4}}{L_{3-4}} \times 3$$

$\Delta P_1 = \frac{EA\Delta L_{1-2}}{L_{1-2}} \times 2 \times 4 + \frac{EA\Delta L_{3-4}}{L_{2-3}} \times 3 \times 3 + \frac{EA\Delta L_{4-5}}{L_{4-5}} \times 3$，$L_1$、$L_2$、$L_3$、$L_4$、$L_5$ 分别为第一、二、三、四、五组锚索的自由段长度，且 $L_1 > L_2 > L_3 > L_4 > L_5$；

ΔL_1、ΔL_2、ΔL_3、ΔL_4、ΔL_5 分别为在给定最终张拉(设计锁定)荷载作用下各组单元锚杆的伸长量；

ΔL_{1-2}、ΔL_{2-3}、ΔL_{3-4}、ΔL_{4-5}为对应单元在给定最终张拉(设计锁定)荷载作用下的差异伸长量；

P 为在给定最终张拉(设计锁定)荷载作用下的单根钢绞线束荷载；

A 为单根钢绞线束的截面面积，取 $A = 140\text{mm}^2$；

E 为钢绞线的弹性模量，$\Delta = 1.95 \times 105\text{MPa} = 195000\text{Pa}$；

ΔP_1、ΔP_2、ΔP_3、ΔP_4 为进行分步补偿差异张拉的第一、二、三、四级张拉荷载量。

4.2 2000kN 压力分散性锚索张拉数值计算

锚索张拉按先差异性补偿张拉，再分级整体进行，张拉顺序为：0.2P’预紧后卸荷→差异性补偿张拉→0.25P’→0.5P’→0.75P’→P’→1.05P’→ 稳定锁定荷载 1.0P’，P’ = 1800kN (锁定荷载)，张拉分级见表 1、张拉数据计算见表 2。

2000kN 无黏结压力分散型锚索张拉分级表　　表 1

分　级	差异性补偿张拉	0.25P’	0.5P’	0.75P’	1.0P’	1.05P’	1.0P’
张拉力(kN)	—	450	900	1350	1800	1890	1800

2000kN 压力分散型锚索张拉伸长值计算结果表　　表 2

锚具及千斤顶厚度(mm)	找平垫层厚度(mm)	钢锚墩厚度(mm)	E (N/mm^2)	A (mm^2)	单元(组别)	张拉段有效计算长度 Li(mm)	各单元锚索在最终荷载下的伸长量 ΔL_i(mm)	相邻单元在最终荷载下的差异伸长量 $\Delta L_i - (i+1)$(mm)	相邻单元分步补偿张拉差异荷载增量 ΔP_i(N)
600	40	80	195000	140	D1(2)	25720	107.67	5.02	10657
			195000	140	D2(3)	24520	102.65	5.03	27479
			195000	140	D3(3)	23320	97.62	5.02	48793
			195000	140	D4(3)	22120	92.6	5.02	79618
			195000	140	D5(3)	20920	87.58	—	—

5 锁定效果

锚索张拉力检测及采用安装监测锚索(测力计)进行锁定后,进行检查校验锁定效果。通过对监测锚索锁定后 2h、24h、48h 的监测数据分析,监测数据表明地下厂房顶部锚索张拉锁定质量及效果均满足设计及规范要求,见表 3。

锁定后锚索预加力检测成果 表 3

孔号	锁定荷载(kN)	锁定 24h 荷载	锁定 48h 荷载	稳定后最大损失率
DGM2-25	1813	1792	1786	2.35%
DGM2-53	1847	1829	1825	1.91%
DGM3-55	1886	1881	1878	1.19%
DGM3-63	1817	1805	1801	1.37%

通过检查锚索检查锁定效果的同时,采用二次张拉同步校验锁定效果,方法为通过二次张拉伸长值计算应力损失,再与测力计实测应力进行对比,二次张拉与测力计测试应力损失成果见表 4。

试验锚索二次张拉与测力计测试应力损失统计 表 4

序号	试验锚索	二次张拉前应力损失(kN)	二次张拉前应力损失率(%)	二次张拉后测力计实测应力损失(kN)	二次张拉后测力计实测计算应力损失率(%)	10% 设计张拉力(kN)
1	DGM2-06	82.39	4.6	26.78	1.5	180
2	DGM2-17	34.91	1.9	20.57	1.1	180
3	DGM2-25	60.05	3.3	25.83	1.4	180

通过表 3、表 4 和图 2 可知,在锚索张拉锁定后的 48h 内,锚索由于钢绞线延时应变作用,而下部岩体在短时间内应力变化相对滞后,导致锚索荷载过程曲线向下减少,锚索体拉力减小,在锁定后的 7 天内应力仍然趋于减小,但变小的趋势降低,7 天后基本趋于平衡,锚索锁定效果良好。

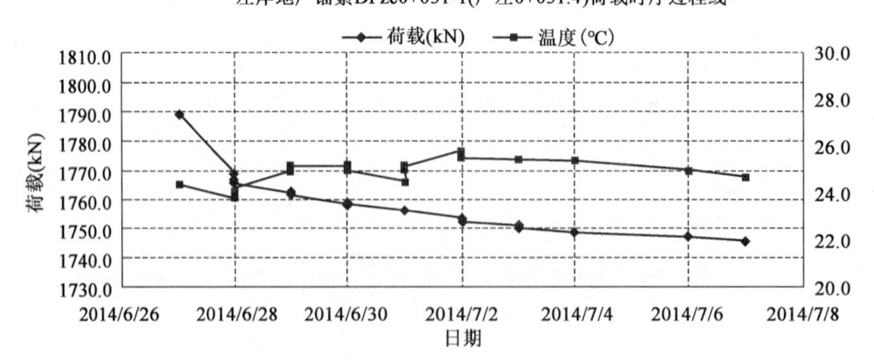

图 2 锚索锁定后 20 天内荷载变化曲线图

6 结语

金沙江白鹤滩水电站左岸地下厂房压力分散型锚索采用"分组分级差异性补偿张拉→整

体张拉”的施工方法将锚索张拉锁定后，其锁定后 24h、48h 的应力损失无论是采用二次张拉检查，还是从测力计应力损失分析，都满足规范及设计要求，而且从测力计长期监测数据分析，锚索锁定效果良好，加上此张拉方法的简单操作，工人易于理解等，所以“分组分级差异性补偿张拉→整体分级张拉”的张拉方法值得推广利用。

预应力锚索验收试验在杨房沟地下厂房锚索施工中的实践及应用

刘　涛　邱小宾　赵　倩

（中国水利水电第七工程局成都水电建设工程有限公司）

摘　要　本文依托杨房沟水电站地下厂房锚索工程，论述了锚索验收试验的目的、程序、理论计算和工程实践。验证了锚索验收试验的必要性、合理性。在计算锚筋伸长值时，引入了弹性位移和塑性位移的概念。

关键词　验收试验　最大试验荷载　弹性位移　塑性位移

1　工程概况及特点

杨房沟水电站位于四川省凉山彝族自治州木里县境内的雅砻江中游河段上（部分工程区域位于甘孜州九龙县境内），电站坝址距下游杨房沟沟口约450m。杨房沟水电站是雅砻江中游河段一库七级开发的第六级，上距孟底沟水电站37km，下距卡拉水电站33km。电站坝址距西昌的公路距离约235km，距木里县城约156km。

杨房沟水电站为一等工程，工程规模为大(1)型。地下厂房采用首部开发方式，电站总装机容量1500MW，安装4台375MW的混流式水轮发电机组。

杨房沟地下厂房系统呈“一”字形排列，中间布置主厂房，左、右两侧分别为副厂房和安装场。主副厂房洞室开挖尺寸为230m×30m×75.57m（长×宽×高）。主副厂房系统锚索主要布置于厂房上下游边墙，随机锚索根据地质情况布置。

杨房沟地下厂房具有“轴线长、跨度大、边墙高”的特点，围岩稳定问题突出，锚索支护施工质量尤为关键。厂房洞室开挖与锚索支护交叉施工，爆破震动对锚索锚固段注浆密实度、强度影响较大，进而影响自由段长度和蠕变率。

2　锚索验收试验目的及规范要求

2.1　验收试验目的

预应力锚索验收试验的目的是检验锚索的抗拉承载力、筋体受拉自由段长度和蠕变率能否满足设计与规范要求，判别锚索施工质量是否合格。

根据《岩土锚杆与喷射混凝土支护工程技术规范》（GB 50086—2015）第12.1.19节要求，工程锚索必须进行验收试验。其中占锚索总量5%且不少于3根的锚索应进行多循环张拉验收试验，占锚索总量95%的锚索应进行单循环张拉验收试验。工程锚索验收试验需在锚索张拉锁定之前进行。

本工程地下厂房锚索设计为无黏结拉力型预应力锚索，锚索类型主要为2000kN级，单束锚索13根钢绞线。锚索设计荷载为P,锁定荷载为$P'(P'=0.7P)$,验收试验最大超张拉荷载为$1.2P$。

2.2 锚索多循环张拉验收试验

(1)锚索调直:锚索正式张拉前,先施加$0.1P$的调直荷载,对钢绞线进行逐根对称张拉、卸荷,对锚索进行调直对中。

(2)对锚索进行整体分级张拉验收的加荷、持荷、卸荷方式按图1规定的实施,初始荷载为锚索拉力设计值P的0.1倍(以后各级分别取0.4、0.6、0.8、1.0、1.2倍),各级持荷时间为10min。加荷速度为50~100kN/min;卸荷速度为100~200kN/min。每级荷载10min的持荷时间内,按持荷1、3、5、10min分别测读一次锚索位移值。

(3)当符合下列要求时,判断为验收合格:

①最大试验荷载作用下,在规定的持荷时间内锚索的位移增量小于1.0mm,不能满足时,则增加持荷时间至60min,锚索累计位移增量小于2.0mm。

②在最大试验荷载作用下,所测得的弹性位移应大于锚索自由段长度理论弹性伸长值的90%,且应小于自由段长度与1/3锚固段之和的理论弹性伸长值。

2.3 锚索单循环张拉验收试验

(1)调直锚索:锚索正式张拉前,先施加$0.1P$的调直荷载,对钢绞线进行逐根对称张拉、卸荷,对锚索进行调直对中。

(2)对锚索进行整体分级张拉验收的加荷、持荷、卸荷方式按图2规定的实施,初始荷载为锚索拉力设计值P的0.1倍(以后各级分别取0.4、0.7、1.0、1.2倍),最大试验荷载的持荷时间不小于5min。加荷速度为50~100kN/min;卸荷速度为100~200kN/min。在最大试验荷载持荷时间内,按持荷1、3、5min分别测读一次锚索位移值。

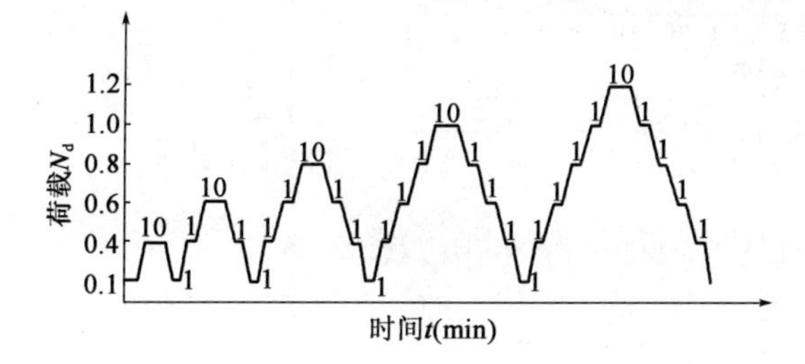

图1 锚索多循环张拉验收试验加荷、持荷和卸荷模式图

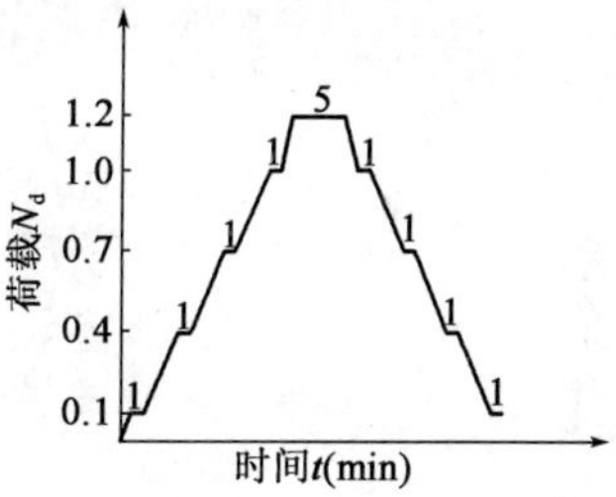

图2 锚索单循环张拉验收试验加荷、持荷和卸荷模式图

(3)当符合下列要求时,应判断验收合格:

①与多循环验收试验结果相比,在同级荷载作用下,两者的荷载-位移曲线包络图相近似。

②最大试验荷载作用下,在规定的持荷时间内锚索的位移增量小于1.0mm,不能满足时,则增加持荷时间至60min,锚索累计位移增量小于2.0mm。

③在最大试验荷载作用下,所测得的弹性位移应大于锚索自由段长度理论弹性伸长值的90%,且应小于自由段长度与1/3锚固段之和的理论弹性伸长值。

3 锚索验收试验理论计算

以杨房沟水电站地下厂房2000kN,$L=20$m无黏结预应力锚索为例,自由段11.15m、锚固段9.5m(实际施工中根据现场情况进行调整),A取140mm^2,E取192GPa(实际施工中根据预应力钢绞线检测报告中数值取值)。

最大试验荷载伸长量计算

根据《岩土锚杆与喷射混凝土支护工程技术规范》(GB 50086—2015)要求,拉力型预应力锚索弹性伸长值允许范围为:"在最大试验荷载作用下,所测得的弹性位移应大于锚索自由段长度理论弹性伸长值的90%,且应小于自由段长度与1/3锚固段之和的理论弹性伸长值"。

锚索理论伸长值 ΔL 计算公式:

$$\Delta L = \frac{PL}{AE}$$

式中:P——预应力钢绞线张拉力,N;

L——预应力钢绞线从张拉端至计算截面的孔道长度,mm;

A——预应力钢绞线的截面积,mm^2;

E——预应力钢绞线弹性模量,MPa。

由图3、图4可知:验收试验中,最大试验荷载(1.2倍设计拉力)所测得的位移量 L_1 与本循环卸荷至 $0.1P$ 时所测得的位移量 L_2 之差 ΔL($\Delta L = L_1 - L_2$)为最大荷载锚索弹性位移,大于该荷载作用下自由段长度预应力锚索理论弹性伸长值的90%,且小于自由段长度与1/3锚固段长度之和的预应力锚索的理论弹性伸长值,符合规范标准。

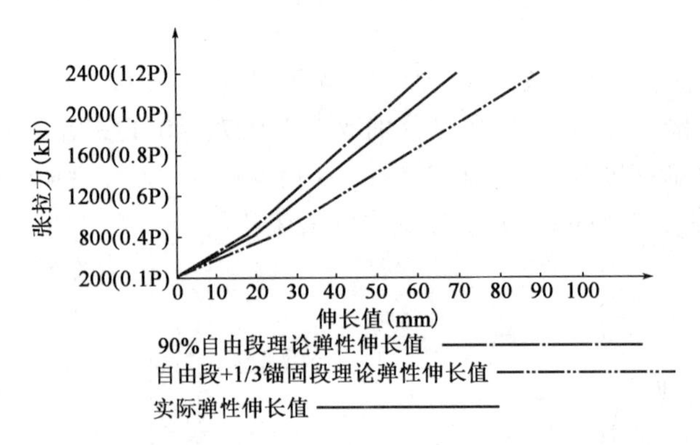

图3　锚索多循环示例荷载-弹性伸长值曲线图对比图

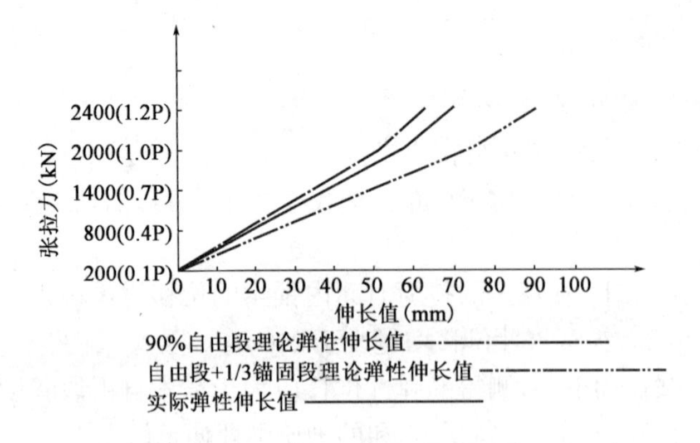

图4　锚索单循环示例荷载-弹性伸长值曲线图对比图

4　锚索验收试验施工步骤与注意事项

验收试验施工时,为保证钢绞线在卸荷阶段的正常回缩,工作锚具不安装锁定夹片。

4.1　锚索多循环张拉验收试验程序

每一循环最大荷载时稳压10min，分别在持荷1min、3min、5min、10min测读一次锚索伸长值；升压及降荷过程中，每级稳压1min，测读一次锚索伸长值。

(1)采用小千斤顶逐根张拉15.38kN(10%设计值)，对锚索进行调直。

(2)张拉至0.1P，稳压10min，作为初始荷载，消除锚索非弹性变形。

(3)张拉第一级升压至0.4P，稳压10min，卸荷至0.1P，稳压1min。

(4)张拉第二级先升压至第一级0.4P，稳压1min，继续升压至第二级0.6P，稳压10min，卸荷至0.4P，稳压1min，再卸荷至0.1P，稳压1min。

(5)张拉第三级自0.1P逐级升压至0.8P后逐级卸荷至0.1P。持荷0.8P时稳压10min，升压及降荷过程中，每级稳压1min。

(6)张拉第四级自0.1P逐级升压至1.0P后逐级卸荷至0.1P。持荷1.0P时稳压10min，升压及降荷过程中，每级稳压1min。

(7)张拉第五级自0.1P逐级升压至1.2P后逐级卸荷至0.1P。持荷1.2P时稳压10min，升压及降荷过程中，每级稳压1min。

(8)张拉验收试验完成后，按照单股预紧→整束分级张拉的程序进行常规张拉。

(9)根据记录的每级锚索位移读数，整理锚索多循环张拉验收试验结果并绘制荷载(N)—位移(δ)曲线图、荷载(N)—弹性位移(δe)曲线图和荷载(N)—塑性位移(δp)曲线图。

4.2　锚索单循环张拉验收试验程序

最大荷载时稳压5min，分别在持荷1、3、5min测读一次锚索伸长值；升压及降荷过程中，每级稳压1min，测读一次锚索伸长值。

(1)采用小千斤顶逐根张拉15.38kN(10%设计值)，对锚索进行调直。

(2)张拉至0.1P，稳压1min，作为初始荷载，消除锚索非弹性变形。

(3)张拉至第一级0.4P，稳压1min。

(4)张拉至第二级0.7P，稳压1min。

(5)张拉至第三级1.0P，稳压1min。

(6)张拉至第四级1.2P，稳压5min，逐级卸荷至0.1P，每级稳压1min。

(7)单循环张拉验收试验完成后，按照单股预紧→整束分级张拉的程序进行常规张拉。

(8)根据记录的每级锚索位移读数，整理锚索单循环张拉验收试验结果并绘制荷载(N)—位移(δ)曲线图(见图5、图6)。

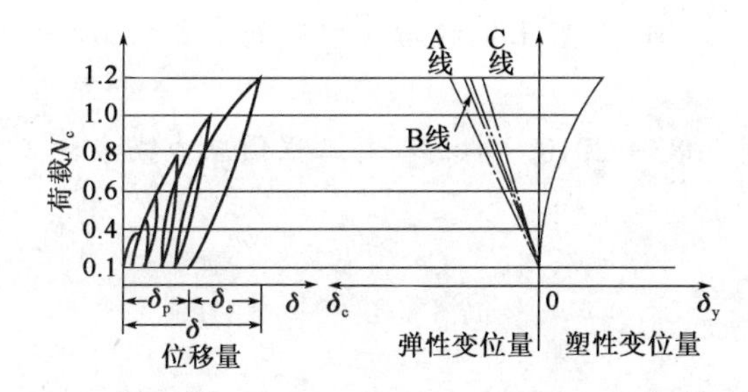

图5　锚索多循环张拉验收试验荷载(N)-位移(δ)曲线图荷载(N)-弹性位移(δ_e)曲线图和荷载-塑性位移(δ_p)曲线图

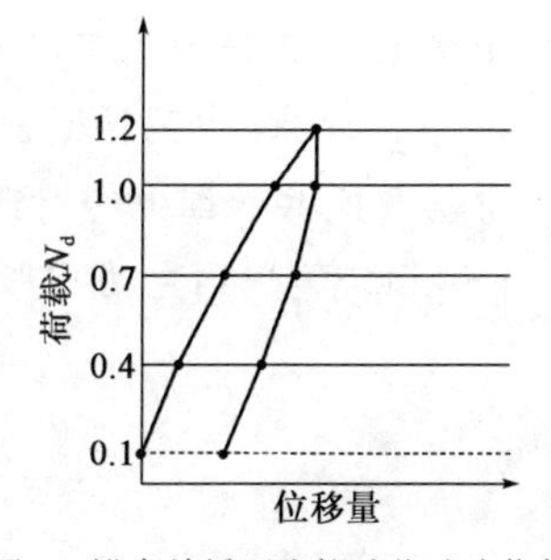

图6　锚索单循环张拉验收试验荷载(N)-位移(δ)曲线图

4.3 锚索验收试验施工注意事项

(1)张拉千斤顶安装时必须与锚索轴线保持同心,保证受力均匀。

(2)验收试验施工时,为保证钢绞线在卸荷阶段的正常回缩,工作锚具不安装锁定夹片。

(3)验收试验最大荷载为锚索设计张拉力的1.2倍,锚索张拉时,在千斤顶伸长端45°范围内设置警戒线,以防张拉时出现异常现象钢绞线或夹片弹出伤人。

(4)为保证测读精度,张拉伸长值需采用游标卡尺进行测读,且每次量测需在同一部位。

(5)验收试验结束后,为保证千斤顶能够顺利取脱,千斤顶安装时油缸需提前伸长2~3cm。

5 试验成果

杨房沟地下厂房共设计Ⅶ层锚索,共计643束。

锁定张拉伸长值偏差为-2.41%~3.18%,满足-5%~10%伸长值偏差标准。

张拉验收试验最大荷载下的位移增量0.14~0.88mm,符合小于1mm的验收合格标准;其中2000kN,$L=20$m的预应力锚索最大试验荷载下的弹性位移64.36~76.56mm;2000kN,$L=25$m的预应力锚索最大试验荷载下的弹性位移101.32~108.98mm,符合"拉力型锚索在最大试验荷载作用下,所测得的弹性位移应大于锚索自由索体长度理论弹性伸长值的90%,且应小于自由索体长度与1/3锚固段之和的理论弹性伸长值"的验收合格标准。

6 结语

(1)锚索验收试验通过超张拉伸长分析,对钢绞线材质性能、锚固强度、锁定富余力等方面进行复核检验,为锚索后期工作运行保驾护航,所以锚索验收试验是必要的,具有重要意义的。

(2)锚索验收试验是检校锚索质量及锚固安全体系的重要手段,对我国岩土锚固工程持续长久安全工作和健康发展具有重大作用。

(3)杨房沟水电站地下厂房具有"大跨度、高边墙"的特点,锚索验收试验在本工程的顺利实施,为类似工程施工提供了参考,具备借鉴价值。

参考文献

[1] 程良奎.程良奎科技论文集:岩土锚固.喷射混凝土.岩土工程稳定性[M].北京:人民交通出版社股份有限公司,2015.

[2] 中华人民共和国国家标准.GB 50086—2015 岩土锚杆与喷射混凝土支护工程技术规范[S].北京:中国计划出版社.

[3] 中华人民共和国电力行业标准.DL/T 5083—2010 水利水电工程预应力锚索施工规范[S].北京:中国电力出版社.

声波钻机在南宁市典型复杂地层成孔取样技术

罗 强[1] 汤湘军[2] 王德龙[1] 张克永[1]

（1. 无锡金帆钻凿设备股份有限公司 2. 中国建材集团建材桂林地质工程勘察院有限公司）

摘 要 YGL-S100 型声波钻机在南宁市典型复杂地层——“五象新都 · 新村花园项目”进行了工程勘察取样施工。本文阐述了声波钻进技术的特点以及在施工过程中的钻进技术。

关键词 南宁市典型复杂地层 声波钻进 成孔取样

1 项目介绍

“五象新都 · 新村花园项目”位于南宁市良庆区玉象路以东、南友高速以北，交通便利。本项目规划净用地面积 48576.04m^2，总建筑面积 241951.81m^2。拟建 9 栋 30 ~ 34F 的高层住宅楼（编号 1 号 ~ 9 号）、8 栋 3F 的商业（编号 10 号 ~ 17 号）、4 栋 2F 的裙楼（商业）及附属于 1 号楼的 2F 社区卫生服务中心，另设 -1 ~ -2F 地下室，地下室占地面积为 40065.02m^2，其中场地北部设 -2F 地下室，占地面积为 8523.88m^2；场地南部设 -1F 地下室，占地面积 31541.14m^2。

技术要求：场地较平坦，本次勘察共布置钻孔 164 个，其中建筑物钻孔 142 个（编号为 ZK1 ~ ZK142），基坑钻孔 22 个（编号为 JK1 ~ JK22），预计孔深为 35 ~ 45m，低层及裙楼孔深可适当减小。钻孔实际钻探孔深 23.33 ~ 62.91m，总进尺 6146.24m

地层情况：自上而下将各岩土层的分布特征及主要性质分述如下：

（1）素填土①层（Q_4^{ml}）

上部灰黄色、灰色、深灰色，松散状，稍湿，以黏性土为主，含砂土、碎石及少量建筑垃圾等，局部以砂土为主；下部灰黑色，松散状，湿 ~ 饱和，以砂土为主，含黏性土。土质均匀性差，堆填时间约 5 年。该层取Ⅳ级土样 14 件，测得其主要的物理指标为：天然含水量 $\omega = 18.6\% \sim 34.7\%$，平均为 26.6%；天然密度 $\rho = 1.75 \sim 1.86 g/cm^3$，平均为 1.82$g/cm^3$；压缩系数 $a_{1-2} = 0.18 \sim 0.56 MPa^{-1}$，平均为 0.37$MPa^{-1}$，土的压缩性为中 ~ 高压缩性；压缩模量 $Es_{1-2} = 3.52 \sim 9.70 MPa$，平均为 6.17MPa。该层做重型圆锥动力触探试验 27.2m，其实测锤击数 N = 0.5 ~ 2.0击，平均为 1.2 击，经杆长校正后平均为 1.1 击，修正后锤击数标准值为 1.0 击。该层在场地钻孔中均有分布，厚度为 1.80 ~ 7.70m，平均 3.84m。

（2）黏土②层（Q_3^{m}）

棕红色、灰白色，稍湿，硬塑，局部可塑或坚硬，土质较均匀，切面稍光滑，无摇振反应，干强度、韧性中等。该层取Ⅱ级土样 129 件，测得其主要的物理指标为：天然含水量 $\omega = 11.0\% \sim 51.5\%$，平均为 28.8%；天然密度 $\rho = 1.66 \sim 2.11 g/cm^3$，平均为 1.88$g/cm^3$；压缩系数 $a_{1-2} = 0.09 \sim 0.53 MPa^{-1}$，平均为 0.23$MPa^{-1}$，土的压缩性为中 ~ 高压缩性；压缩模量 $Es_{1-2} = 4.03 \sim 19.76 MPa$，平均为 9.21MPa。该层做标准贯入试验 207 次，其实测锤击数 $N = 6.0 \sim 11.0$ 击，

平均为 8.8 击,经杆长校正后平均为 8.0 击,修正后锤击数标准值为 7.8 击。该层在场地内大部分钻孔中有分布,揭露层厚为 0.50 ~5.50m,平均层厚 2.54m。

(3)细密粗砂③-1 层(Q_3^m)

灰白色、灰黄色,稍密,饱和,以石英砂为主,由于颗粒含量、粒径不同,局部表现为中砂或砾砂,无规律,不均匀,粒径一般 2 ~40mm,最大超过 10cm,分选性一般,磨圆度一般,含10% ~35% 砾,多呈亚圆形,粒间充填黏土。在该层中做标准贯入试验 335 次,其实测锤击数 N = 10.0 ~15.0 击,平均值为 12.9 击,经杆长校正后平均为 10.4 击,修正后锤击数标准值为 10.3 击。该层在场地内均有分布,层厚为 0.6 ~15.50m,平均层厚 10.84m。

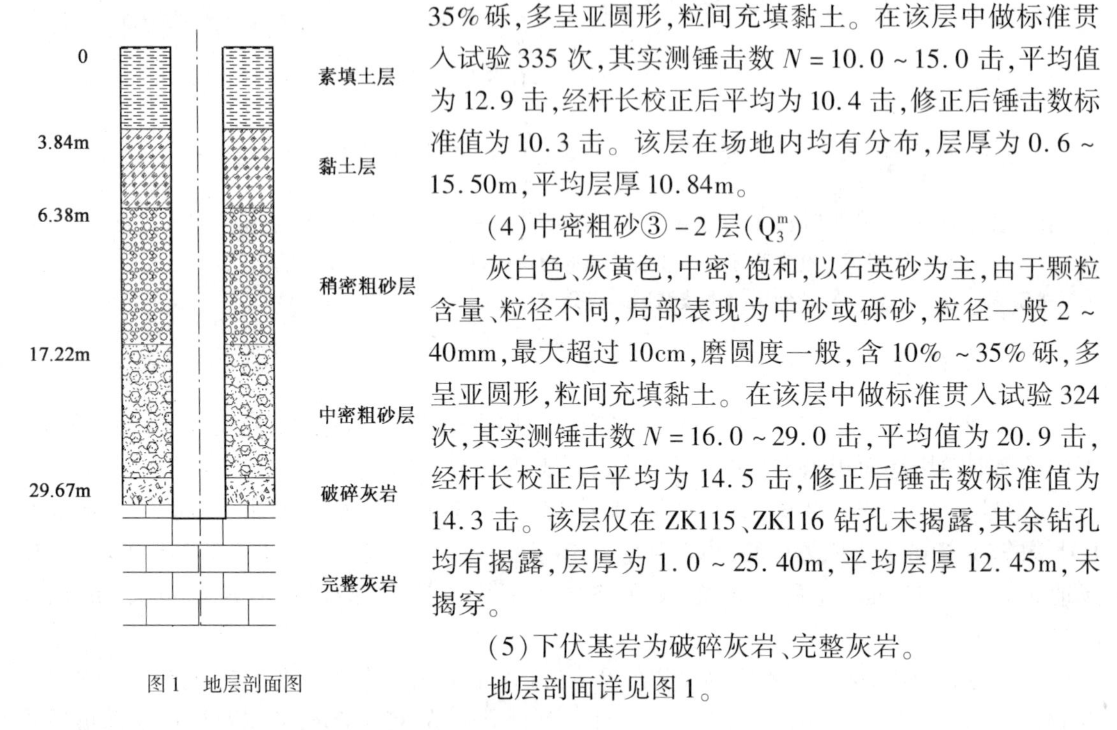

图 1　地层剖面图

(4)中密粗砂③ -2 层(Q_3^m)

灰白色、灰黄色,中密,饱和,以石英砂为主,由于颗粒含量、粒径不同,局部表现为中砂或砾砂,粒径一般 2 ~40mm,最大超过 10cm,磨圆度一般,含 10% ~35% 砾,多呈亚圆形,粒间充填黏土。在该层中做标准贯入试验 324 次,其实测锤击数 N = 16.0 ~29.0 击,平均值为 20.9 击,经杆长校正后平均为 14.5 击,修正后锤击数标准值为 14.3 击。该层仅在 ZK115、ZK116 钻孔未揭露,其余钻孔均有揭露,层厚为 1.0 ~25.40m,平均层厚 12.45m,未揭穿。

(5)下伏基岩为破碎灰岩、完整灰岩。

地层剖面详见图 1。

2　施工的难点或技术关键

该地区地质条件为南宁市典型的复杂地层,为邕江沉积层,尤其是细密粗砂③-1 层(Q_3^m)和中密粗砂③-2 层(Q_3^m),泥沙中含着大小不一、坚硬的石英砾石,粒径 2 ~4cm,很难对付。常规的 XY-1 型钻机采用回转钻进方法,成孔非常困难,钻具损坏严重,孔内卡钻事故高,3 ~4 天才钻成一个孔,取芯率很低,样品保真度非常差,难以满足设计方和施工进度的要求。

为此,决定利用声波钻机在复杂地层钻进速度快的特点,使用无锡金帆钻凿设备股份有限公司生产的 YGL-S100 型声波钻机,投入钻孔施工。

3　声波钻进的特点、钻机的主要技术参数

3.1　声波钻进的特点

(1)应用范围广

广泛适用于工程勘察,环境保护调查孔,地源热泵孔,砂金地质勘探、大坝及尾矿监测孔,海洋工程勘察,大坝基础的钻探取样,以及微型桩、水井孔等。

(2)地层适应范围宽

在 0 ~300m 的深厚堆积体、各种松散层:如砂土、粉砂土、黏土、砾石、粗砾、漂砾、冰碛物、碎石堆、垃圾堆积物,以及软岩中,能有效、高速的进行连续原状取样钻进,以及全套管成孔。而这是传统钻进工法无法比拟的。

(3)钻进速度快

声波钻进是振动、回转和加压三种钻进力的有效叠加,特别是振动作用,不仅有效破碎岩石,同时也使岩土排开和液化,从而获得较高的钻进速度。通常钻速在20～30m/h,比常规回转钻进方法快5倍以上。

(4)岩土样保真度好

声波钻进可在覆盖层和软基岩中采集直径大,代表性强,保真度好、不混层的连续岩土样。扰动降到最低,尤其适合应用在需要采集原状样及无污染样品的场合。

(5)环境污染少,是绿色施工法

通常情况下,声波钻进可不使用泥浆或添加泥浆处理剂的钻井液,少用水或者不用水,钻进产生的废弃物比常规钻进少70%～80%,从而减少了钻井液对环境的污染。此外,施工过程环保,施工时噪音低,对周边环境影响小。

(6)施工安全性好

声波钻进采用了套管跟进护壁技术,套管跟进和取样同时进行。外套管能够很好地保护孔壁,防止孔壁坍塌。同时还可隔离含水层,避免交叉污染。由于有外层套管的保护,因此不怕卡钻、埋钻,钻孔过程孔内事故少。

(7)施工工艺多样

可以使用绳索钻进工艺,实现不提钻取样;也可采用单管、单动双管取样钻进。能用较大直径的套管(4～12in,1in＝0.0254m)高效连续钻进。

3.2 YGL-S100型声波钻机的主要技术参数

YGL-S100型声波钻机是全液压履带式,采用日本原装声波动力头。主要技术参数见表1。

YGL-S100型声波钻机主要技术参数 表1

项　目	技 术 参 数
动力头	形式:液压马达驱动·手动开闭式 回转动作:正转、反转 最大扭矩:(低速)5400N·m/(高速)2700N·m 输出转速:(常用)41r/pm/82r/pm
振动器	形式:偏心重锤式·液压马达驱动 最高震动频率:(高速)4000c/pm 最大起振力:78KN·m(8000kg·f)
空气减震装置	形式:(加压时)自给式减震装置 (起拔时)空压机式减震装置
动力头开箱	0～67°(通过直径170mm)
给进装置	形式:液压油缸驱动·倍速链条给进 加压力:Max.40kN 提升力:Max.60kN 行程:3500mm

续上表

项　目	技术参数
桅杆	形式:型钢焊接式 桅杆滑移行程:600mm
绞车	形式:液压马达驱动带机械刹车 起吊能力:11kN(单绳)
孔口装置	形式:液压油缸式　有冲扣装置 最大通孔直径:230mm
履带底盘与动力	形式:液压驱动履带型 发动机:6BTA5.9-C125　康明斯 发动机马力:170ps/1800rpm
总质量	约8500kg
自选项目	泥浆泵:BW-160 泥浆搅拌机

4　工程施工情况介绍

YGL-S100钻机进入工地后,使用两种钻具:

(1)ϕ76钻杆,ϕ114钻套管,取芯工具为ϕ89岩芯管,ϕ91取芯钻头;

(2)ϕ114绳索取芯钻具,ϕ125绳索取芯钻头。

本工地合计施工49个孔,钻进1695m,平均钻孔深度45m。采用单管钻进,每天可完成3个孔,采用绳索取芯每天可完成10个孔以上,取芯率很高,样品保真度好,达到了设计要求。

现场施工见图2。

图2　现场施工图

4.1　单管取样钻进

在取芯过程,无水钻进,套管钻进时,泵入少量清水。全孔取芯,能从上而下,一径到底,取出原状岩样。

提取出单管钻具后,必须立即将ϕ114钻套管跟进到先前取芯的孔底,然后再进行下一轮取样钻进。如此反复,直至终孔。钻套管能够很好地保护孔壁,防止孔壁坍塌,防止岩样混层。

ϕ114钻套钻头见图3。

4.2　绳索取芯钻进

在钻进过程中,将绳索取芯双管总成放入ϕ114钻套管内,取芯钻具同钻套管一起回转钻进,到达取样长度后,用打捞器将绳索取芯双管总成打捞出来,取出其中的样品;重新放入双管总成,加接钻套管继续钻进,依次钻进、取样。采用绳索取芯钻进,不需要提取钻杆,取样速度快、工人劳动强度低、钻进效率比单管取样钻进提高3~5倍。ϕ125绳索取芯钻头见图4。

图3　ϕ114 钻套钻头

图4　ϕ125 绳索取芯钻头

取样钻进过程显示，钻进速度快，钻进时效可达 20m；取样率高，可达 95% 以上，且所取的样品呈现完整的圆柱状，保真度好，能够反应地层的真实的状况，如图 5 所示。图 6 为常规钻机钻具取芯的效果，两相对比，天壤之别的差距。

图5　声波钻机取芯样品

图6　常规钻机取芯样品

5　结语

（1）YGL-S100 声波钻机在南宁市典型复杂地层取样效果出色，岩样保真度好，取样率高，具有常规钻机无法比拟取样效果，得到甲方、施工单位及客户的好评。

（2）YGL-S100 声波钻机钻孔速度快，单管取样钻进速度是普通岩芯钻机的 10 倍，绳索取样钻进是普通岩芯钻机的 30 倍以上。

（3）对于普通钻机难于钻进的含砾黏质黏土地层，声波钻进适应性强，能高速穿过。

（4）绳索取芯钻进工艺，钻进过程不提钻，能连续、高速取出原状样，工人劳动强度低。

（5）绳索取芯钻进工艺是一项技术要求很高的技术，机手需要培训上岗，必须按照操作规范精心操作，不能单方面追求施工速度，方能取得好效果。

（6）在钻进过程中，少水或无水钻进，可以避免对岩样造成损坏，取出较为完整的原状岩样，大大提高了岩样的保真度，为正确的分析地质状况提供了真实的依据。因此，必须采用变量泵。

（7）声波钻机具有高频振动的卓越性能，不怕钻具卡钻、埋管，处理孔内事故能力极强。在该工地，声波钻机经常帮助 XY-1 钻机处理孔内事故，拔出卡在孔里的套管、钻杆、钻具。

参考文献

[1] 张燕. 国外声波钻机及其应用[J]. 探矿工程(岩土钻掘工程). 2008(08).
[2] 叶成明,李小杰,刘迎娟. 浅析声波钻进技术[J]. 勘察科学技术,2007(5).
[3] 罗强,刘良平,谢仕求,等. YGL-S100 型声波钻机在向家坝水电站深厚覆盖层成孔取样的施工技术[J]. 探矿工程(岩土钻掘工程). 2013(06).

立转轮式风送型混凝土湿式喷射机的研究与应用

岳　峰

（北京中煤汇峰科技有限公司）

摘　要　介绍了PS5I-L型混凝土湿喷机运用湿混凝土管道气力输送理论，实现稀相悬浮输送的技术途径。通过采取立置转轮、螺旋叶片输搅定量给料及多点旋转密封等技术措施，使该型湿喷机在结构设计方面有所创新，充分发挥了风送型湿喷机维护方便、体积小移动灵活的特点，经现场实用取得良好效果，为推广湿喷技术提供了设备保障。

关键词　混凝土湿喷机　风送　转轮　湿拌和料

目前湿式混凝土喷射机（以下简称湿喷机）按送料工作方式可分为风送和泵送式，风送式类型主要有转子式、罐式和叶轮式，泵送式有柱塞泵式、螺旋泵式和挤压泵式等，各种形式均有特长。泵送式结构复杂、体积大，但输送距离远、工作效率高，适合在大型工程中使用，而风送式结构较简单，维护方便，体积小，更适合在狭小空间和作业环境复杂的场地。

本项目的研究方向是风送型湿喷机，力图吸纳现有各型湿喷机的一些结构技术特点，运用稀相悬浮气力输送理论方法，结合多年的工作实践经验，试图以此为基础开发一种全新的结构形式。

1　风送混凝土料的理论分析

风送型湿喷机的设计理念主要是依据现代流体力学理论，围绕气流速度 u_a、混凝土拌和料团粒群运动速度 u_s 及沉降速度 u_{sg} 之间的相互作用关系展开的。

团粒群在管道中处于悬浮状态，则气流的上升速度等于团粒的沉降速度，此时的气流速度即是该团粒群的悬浮速度，只有在速度大于悬浮速度的气流中才能随着气流前进，即实现稀相悬浮气力可靠输送。

混凝土料在管道输送过程中的沉降速度可由公式（1）表示：

$$u_{sg} = \left(\frac{4}{3} \cdot \frac{g \cdot d_s}{C_d} \cdot \frac{r_s}{r_a}\right)^{\frac{1}{2}} = K\sqrt{r_s \cdot d_s}$$

$$K = \sqrt{\frac{3}{4} \cdot \frac{g}{C_d \cdot r_a}} \qquad (\text{为常数})$$

式中：u_{sg}——单一颗粒在自由空间的沉降速度（m/s）；

d_s——混凝土团直径（mm）；

r_s——混凝土密度（kg/m^3）；

r_a——压缩空气密度（kg/m^3）；

g——重力加速度（m/s^2）；

C_d——混凝土团在气流中的阻力系数。

分析可知：混凝土料团（d_s）越小，其沉降速度也小，达到最终速度 u_{smax} 就越大，最易于实现浮游，这是获得稀相输送最关键的途径。同时料团与管道的摩擦阻力系数越小，u_{smax} 就越大，超过 u_{sg} 就越容易。

2 总体方案设计

在其他参数基本恒定的情况下，尽量减少混凝土团的粒径，是降低 u_{sg} 和提高 u_{smax} 的根本措施。这就要求混凝土喷射机能定量且连续地给管道添入较小的团粒，再加入合理的助吹方式。

减小料团与管道的摩擦阻力主要是应设法增强料团的流动性，防止因过度搅拌而在输送中产生离析或黏附管道壁，可采取多次搅拌混合的方法完成，首先把进机混凝土加水后预搅拌程度控制在60% ~70%，物料进机后通过机械的方法适当再次搅拌迅速离机进入管道输送，在气流的带动下实现充分搅拌混合达到喷头出口。

（1）基于上述分析，研制出 PS5I-L 新型湿式混凝土喷射机，其主要结构部件由转轮总成、预紧装置、减速机、输搅螺旋总成、振动料斗、速凝剂泵、电机及底盘等组成，见图1。

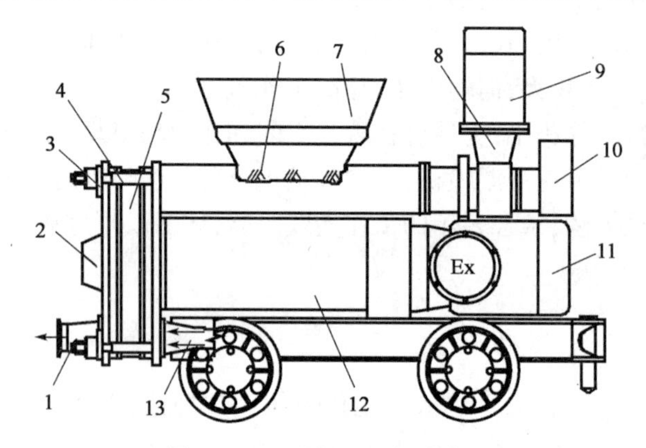

图1　PS5i-L 混凝土湿喷机结构图

1-排斜口；2-预紧装置；3-四角压紧装置；4-摩擦板；5-转轮；6-输搅螺旋；7-振动料斗；8-螺旋减速机；9-输料电机；10-速凝剂泵；11-主电机；12-减速机；13-高压风

该设备主要创新点是将传统的喷浆机转子由水平放置改为垂直布置，两种布置方式的比较见图2及图3。

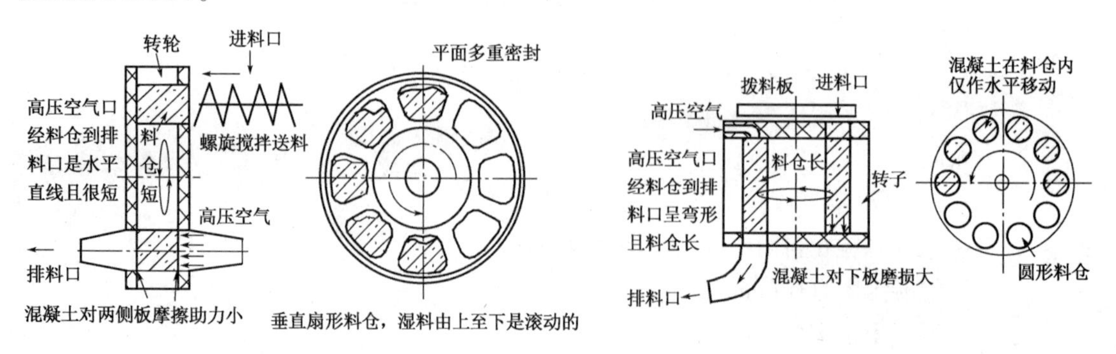

图2　立置转轮布置

图3　普通转子式喷浆机

相比图3中水平布置的转子,立置转轮可形成如下优势:

①将转轮直径适当加大,厚度减薄以缩短高压气流进风孔至出料口的间距,提高压风 u_{smax} 的初始动能。

②高压进风孔至排料口过渡中呈一直线,可减少排料阻力加快排料速度,防止团料形成和机内堵塞。

③合理布置料仓数量和形状,使湿混凝土料在料仓内由上而下呈滚动形态,不易结块以减少团粒直径(d_s)的形成。

④转轮在旋转过程中料仓内的混凝土料对前后两侧摩擦板磨损小。

(2)本机另一个特点是具有螺旋叶片输搅送料功能。

设在湿喷机上方的输料管内设有螺旋叶片,由输料电机驱动减速机带其旋转,加水预拌和的湿混凝土由料斗加入,在螺旋叶片的旋转带动下湿混凝土料再次搅动并向前推送至旋转中的转轮料仓。每个料仓内湿混凝土拌和料所得到的占比与料仓数量、转轮转速及螺旋叶片转速等参数相关。经过多次反复试验改进,最终取得的最佳匹配,即在湿喷机工作中湿混凝土占其每个料仓容积的85%比较适宜。可保证在不影响湿喷机工作效率情况下湿混凝土料在料仓内始终是松散且流动的,避免堆集团料形成。

(3)速凝剂泵主轴与输搅螺旋叶片同轴,即转速同步,同由输搅电机驱动可保证添加的液体速凝剂计量准确和稳定。速凝剂泵的吸入口带有流量控制阀,可根据需要调节掺量。

(4)主要工作原理:湿混凝土拌和料经料斗上方的振动筛加入料管,输料电机通过螺旋减速机带动螺旋叶片旋转,将混凝土料向转轮方向推进;同时另一台主电机经减速机驱动转轮旋转,在转轮上均布有数个料仓,随着转轮不断转动混凝土料依次由顶部将料仓注满,当料仓内的物料旋转180°达到底部与高压风管重合为一直线时,整流板使管路内高压风形成多条高压风束,将料仓内混凝土连续的经排料口吹进输料管道。

3 主要设计特点

为保证PS5I-L型湿喷机工作可靠性,在设计中采取了以下措施。

(1)为提高转轮两侧的旋转密封性,要求转轮体的同心度和平行度公差应小,为此转轮中心孔与驱动轴之间采用标准矩形花键连接传递扭矩,转轮还可在轴上滑动,以满足调整旋转密封预紧力时的需要。

(2)除在转轮外径立面设有均布的4个预紧力点位外,还在中心轴点位增加了预紧力调节装置,使其受力分布均匀密封更加可靠。

(3)转轮前后两块摩擦板,是湿喷机中的易损件也是关键件,加工均采用耐磨性能优越的聚酯浇注型聚氨酯橡胶板材,经脱模后加工成型,其基本物理机械性能远优于以普通的天然橡胶和顺丁橡胶相结合制成的摩擦板,平均使用寿命可延长3~5倍。

(4)为提高转轮旋转密封效果,采用了多种密封材料的组合密封形式。

(5)整机将输搅送料装置、速凝剂添加组件与转轮喷射机构等通过湿喷机底盘整合为一体,使其结构紧凑合理,以更好发挥风动型湿喷机占地空间小机动性好的优势。

4 主要技术参数

喷射能力($m^2 \cdot h^{-1}$)	5
输料管内径(mm)	64

骨料粒径(mm)	≤15
水灰比(%)	0.4～0.45
上料高度(m)	1.1
水平直线/垂直输送距离(m)	50/10
工作风压(MPa)	0.18～0.3
耗风量($m^3 \cdot min^{-1}$)	≤12
主电动机功率(kW)	7.5
输搅电机功率(kW)	4
移动方式	轨轮或胶轮(带转向)
外形尺寸(mm)	1800×730×1320
重量(kg)	900

5 应用情况

自2012年8月至2014年8月,先后在开滦集团赵各庄矿业集团有限公司井下7水平污水处理硐室、10水平U形钢调直机硐室、13水平331绞车房、14水平翻笼硐室等工程进行了多次试验。

(1)由施工单位提供的使用报告可知,采用湿喷混凝土的平均强度比原潮喷提高70%以上,且强度标准差小,说明强度分布均匀保证率高。湿喷各检测点强度均达到C25以上。

(2)实测喷射回弹率,湿喷最大位置在拱顶平均10%,边墙部位平均为8%。

(3)采用湿喷后粉尘浓度降低明显,达到国家标准规定的10mg/m^{3}以内。

2015年12月至2017年8月期间分别在平煤神马一矿、五矿、八矿进行试验应用。在一矿试验地点为北二副井-800水平大巷开拓工程,主巷道断面约30m^2,采用二掘一锚方法施工,喷射混凝土支护。因该巷道围岩破碎地压大,故除打锚杆外还增加了锚索支护和壁后注浆。

该地点喷射混凝土采用常规的转子式干喷机,胶骨比1:4,粉状速凝剂,在喷头处加水。由于采用干料进机添加,喷浆机本身对转子密封性能不好,导致机旁粉尘和喷头处回弹极大,落料平均达30%～40%。

采用湿法喷射混凝土施工后,胶骨比仍为1:4,拌和料水灰比0.4～0.45,改用液体速凝剂,通过湿喷机自带泵,加注比5%,对管路输送距离分别进行了30m和40m试验。

采用湿法喷射混凝土后效果明显,由于采用湿拌和料及合理控制液体速凝剂掺加量,湿喷机旁和喷头处粉尘明显减少,可控制在10mg/m^{3}以内。回弹落料在垂直墙面可减少到10%,拱顶部约15%。

通过试验地点干喷机与湿喷机相互比较使用表明,湿喷机减弹降尘效果明显,摩擦板使用寿命长,整机工作可靠。

6 结语

PS5I-L型湿式混凝土喷射机采用全新的气动输送设计理念,着力从空气动力学原理上分析和解决问题,攻克了混凝土拌和料湿喷黏结性大易堵塞、料流不连续、摩擦板不耐磨等技术难点,该设备的水平旋臂驱动立置转轮等项结构综合技术取得国家发明专利,拥有自主知识产权,为加快推广湿喷技术的应用提供了设备保障。

参考文献

[1] 闫莫明,徐祯祥,苏自约. 岩土锚固工程技术手册[M]. 北京:人民交通出版社,2004.

[2] 叶剑,唐大放. 湿式混凝土湿喷机风压设计[J]. 煤矿机械,2011,32(6).

[3] 乔国恩. 湿喷混凝土气力输送与喷射的试验研究[J]. 长沙矿山研究院季刊,1985,5(1).

[4] 中华人民共和国发展和改革委员会. MT/T 547—2006 转子式混凝土喷射机[S]. 北京:中国煤炭工业出版社,2006.

注浆稳压阀的应用

史彦明[1]　赵玉敏[1]　张　凯[2]　马月辉[2]

（1. 河北铸诚工矿机械有限公司　2. 石家庄铁道大学）

摘　要　目前注浆稳压一般利用液压动力溢流阀的方法，当注浆管路距离较长时，将会导致注浆口压力波动较大，无法保证注浆口压力的稳定性。针对这种问题，设计一种安装在注浆口的稳压阀，能够稳定地限制注浆泵出口压力，保证了注浆施工作业质量。

关键词　注浆泵　稳压阀　隆起

1　引言

注浆泵是高压喷射注浆技术的关键设备，广泛用于铁路、建筑、水电、交通、矿山、冶金、国防等行业的围堰加固、边坡锚固、地基抗沉等工程施工中。注浆泵可以利用由油缸产生的压力对水泥浆或其他需要注入的物质进行挤压来完成。注浆过程中的流量及压力参数是注浆过程中的重要参数，比如，地铁盾构隧道管片空隙注浆施工，注浆压力高出设计压力，会造成管片破裂甚至地面隆起。因此注浆泵的关键部件——稳压阀对注浆泵的使用性能具有重要的意义，既要满足施工技术要求，也能够更精确地进行注浆作业，保证工作的质量、效率和安全。

2　注浆稳压技术

注浆技术广泛应用在地铁与隧道工程、矿山巷道围岩加固工程等。根据施工要求不同，注浆模式及工艺不同，比如，某些注浆施工过程中采用注浆量与压力双控模式，以压浆量控制为主，注浆压力控制为辅；而在一些地基加固工程中，在保证注浆质量的前提下，以不使地层破坏或仅发生局部和少量破坏作为确定容许注浆压力，即以压力控制为主。注浆压力值与地层的结构、初始注浆的位置和注浆次序、方式等因素有关，在注浆施工中必须按工艺要求进行设定。

在注浆压力限制方法中，通常是在液压动力系统中使用溢流阀，限定液压回路的系统压力，在超过设定压力后直接在动力系统控制，余压推动弹簧打开针阀泄油，压力消失停止注浆。这种结构的特点是溢流阀技术成熟，安全可靠，但压力限制反应滞后，且容易出现误溢流，造成液压油温度升高。

针对这种问题，设计一种注浆泵稳压阀，该阀门安装在注浆泵的注浆口，和注浆泵连接，按注浆压力调节压力调整杆，在注浆压力达到设定值时，浆液回流。这种注浆稳压阀可以避免注浆过程中超压注浆所造成的地层变形，过压保护及时灵敏，结构简单，能够更精确高质量地完成注浆施工作业。

3　稳压阀的设计

3.1　结构设计

注浆泵稳压阀是注浆液流通压力限制的环节，采用了阀体铸铁工艺，由防堵装置、压力表、压力调整阀杆、锁紧螺母、阀芯、弹簧、三通体等组成,稳压阀结构如图1所示。

阀体为圆柱形中空结构,阀体的内部设置有阀芯,阀体内部与阀芯连接端设置有软体结构的第一密封件,使得阀芯密封严谨,且开启灵活。阀体的一端连接有三通体,阀体的另一端连接有调压杆,调整杆螺纹连接,阶段性调整灵活。调压杆和阀芯之间安装有弹簧,且弹簧件位于所述阀体内;调压杆上设置有锁紧螺母,锁紧螺母的端面与阀体的端面相接触,阀体上侧面安装有泄浆口接头,泄浆口接头的轴线与阀体的轴线垂直布置,阀芯水平移动使得泄浆口接头的内腔与三通体的内腔断开、连通。

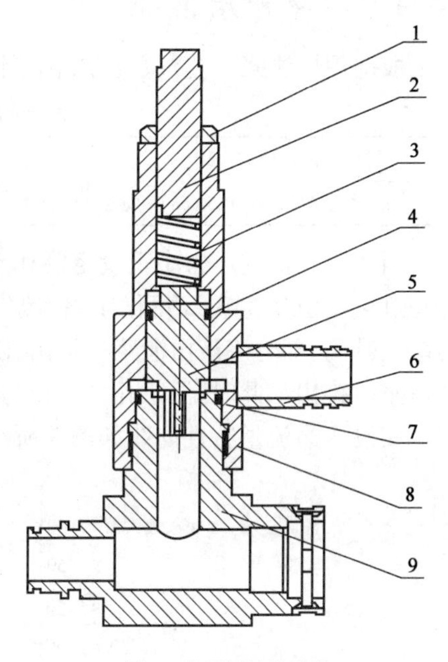

图1 稳压阀结构示意

1-锁紧螺母;2-调整阀杆;3-弹簧;4-O形圈;5-阀芯;6-泄浆口;7-O形圈;8-阀体;9-三通体

3.2 工作原理

稳压阀直接连接在注浆锚杆口或注浆泵出口,稳压阀可以安装压力表,通过压力表显示注浆压力。注浆时浆液通过三通体注入注浆孔。调整阀杆设定出口注浆压力,按要求设定注浆压力值后锁定锁紧螺母保证设定值稳定。注浆时阀芯由弹簧压紧保证设定的安全压力注浆。当通过三通体的注浆介质超过设定安全压力时,阀芯打开,介质由泄浆口泄出回搅拌桶。始终保证通过三通体的注浆介质持续、稳压注入注浆孔。注浆过程中有超压现象时,单向阀自动打开,多余浆液随回浆接头泄除,从而保证注浆持续稳定的注浆压力。

3.3 稳压阀的压力特征曲线

稳压阀弹簧的刚度决定了注浆系统的泄压值。刚度过大,将直接导致注浆压力过高,可能造成浇筑面拱起。刚度过小,将直接导致注浆背压不够,达不到设计要求。因此,弹簧的刚度决定了注浆泄压阀的性能(稳压阀的开启点)。弹簧的刚度与材质、直径、丝径等参数有关,本装置以材质为碳素弹簧钢丝70-C,中径$\phi17$,丝径$\phi3$的弹簧为例,做相应实验和分析。通过调整杆调整弹簧的工作高度,增加阀芯载荷,来调整稳压阀的开启压力。调整弹簧不同的工作高度与稳压阀开启压力的曲线,如图2所示。

根据注浆工艺参数范围,选择合适刚度弹簧,通过调整杆调整弹簧的高度,加大弹簧的预紧力,预紧力越大,稳压阀开启压力越大,预紧力过大时弹簧被压并且稳压阀无法开启或弹簧弹性维持时间变短,影响稳压阀的使用性能;当预紧力调整至许用极限无法满足参数要求时,应根据工艺参数的大小更换不同刚度的弹簧。

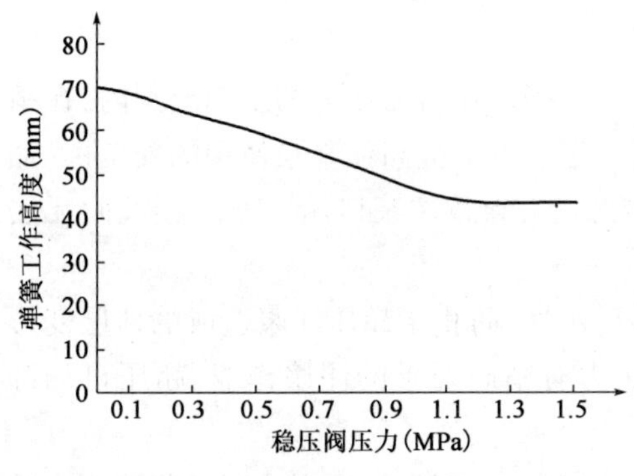

图2 弹簧工作高度与稳压阀压力关系

3.4 技术指标

流量范围:0~100L/min

稳压范围:0.3~1.5MPa

出厂设定压力:0.5MPa

外形尺寸:270×150×265(mm)

4 现场使用情况

根据现场注浆工艺参数，将稳压阀出口压力调整到 0.5MPa，现场测试数据如表 1 所示。

稳压阀出口压力与流量测试数据 表1

稳压阀出口压力（MPa）	0.3	0.4	0.5	0.45	0.5	0.5	0.6
稳压阀出口流量（L/min）	60	60	60	55	31	18	0

当注浆孔位内压力小于设定值 0.5MPa 时，注浆工作正常；当注浆孔位内达到一定压力，并超过设定值 0.5MPa 时，稳压阀泄浆口开始有浆液泄出，稳压阀出口压力有所回落，浆液压力缓缓升高，部分浆液由泄浆口排出，随着压力的不断升高注入浆液流量迅速减少归零，全部从泄浆口排出。此时，注浆孔位的压力已达到工艺参数的压力要求，可停止注浆。

实测压力流量特性曲线如图 3 所示。

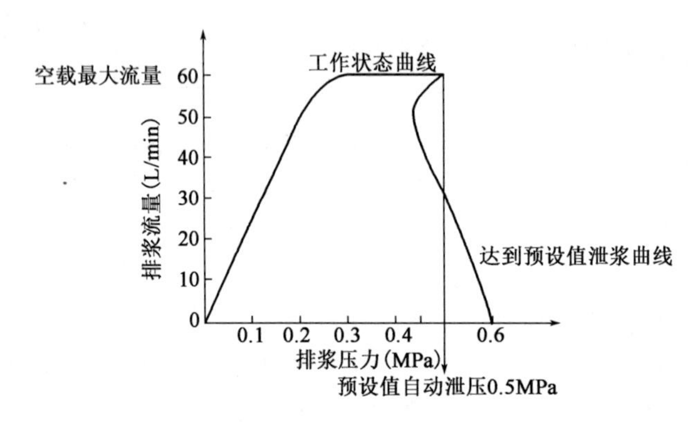

图 3 实测的压力流量特性曲线

曲线说明：稳压阀在低压工作中对定量注浆泵的流量是没有影响的，当注浆孔位内部达到稳压阀预设压力值时，自动卸荷，注入流量逐渐下降归零。通过现场使用的数据及曲线图的分析，稳压阀基本可以保证稳定注浆口的注浆压力，表明该设备的性能与理论设计基本吻合。

注浆稳压阀于 2015 年完成了厂内性能试验，并于 2016 年 3 月陆续发往北京城建深圳地铁、水电三局、兰州市水源地建设工程、中铁十七局引汉济渭输水工程等工程现场使用，到目前为止，稳压阀已随注浆泵最长连续注浆工作 6 个月。完成了各种低压注浆的工艺参数稳压设置，经现场使用，该注浆稳压阀运行安全、稳定。

5 总结

通过对注浆泵的稳压阀设计，可以更好地把注浆压力控制在所需压力的限制范围内，在精确压力控制注浆的同时更加提高注浆泵的实用性能，一定程度上提高注浆泵使用的安全性，加强了对施工质量的保证。避免了由于注浆管路距离的影响，导致注浆口压力波动较大而无法保证注浆口压力稳定性的情况。

该装置采用注浆管安装方式，保证注浆口压力的稳定性，防止了超压注浆造成的地层变形及次生灾害，适用于任何低压注浆作业中对注浆口压力有精确要求的注浆作业，超压自动卸荷，保证了注浆口浆液压力的稳定状态。

现场使用表明，该装置结构简单，设定压力便利，限制压力准确，保证了注浆口浆液压力的稳定状态，获得了国家知识产权局的专利授权（专利号 ZL 2016 2 0063427.0）。

参考文献

[1] 徐刚. 注浆泵安全阀的改进[J]. 化工管理,2015(6):145.
[2] 龙琼,张刚. 钻孔灌注桩桩端压力注浆施工技术简介[J]. 重庆交通学院学报,2006(8):52.
[3] 牟松. 梧村山隧道穿越楼房过程中注浆关键技术运用研究[J]. 隧道建设,2010(8):452.
[4] 张金双,李大男,刘红专,等. 注浆泵用安全阀的改进[J]. 煤矿机械,2002(6):61-62.

四、国际主要锚杆专项标准浅析

欧美日锚杆专项标准之锚杆设计

付文光[1]　闫贵海[2]　陶阳平[1]　邓志宇[1]

（1. 深圳市工勘岩土集团有限公司　2. 中国京冶工程技术有限公司）

摘　要　本文介绍欧标 EN1997-1、英标 BS 8081、美标 FHWA-IF-99-015 和美标 PTI DC35.1-14、日标 JGS 4101—2012 和日标《建筑地基锚杆设计施工指南与解说》有关锚杆设计的特色内容。

关键词　EN1997-1 概率极限状态设计法　BS8081 安全系数设计法 FHWA-IF-99-015　DC35.1-14　JGS 4101—2012

1　引言

国际上现行锚杆专项技术标准有十余部，本文介绍及讨论 2012 年以后欧盟、美国及日本等国家和地区发布的最新版标准中锚杆设计的特色内容[1]。

2　EN 1997-1

2.1　概率极限状态设计法

EN 1997-1:2004《欧洲标准 7:岩土工程设计—第 1 部分:通则》[2]第 2 章为“岩土设计基础”，是岩土工程设计的纲领文件，其中第 2.4 节是核心内容。EN1997-1 遵循 EN1990“结构设计基础”的设计原则，贯穿基于概率论的极限状态设计思想，采用含有多个分项系数的设计计算表达式，把传统的总安全系数分解为作用分项系数、地层参数分项系数及抗力分项系数；区分承载能力极限状态（ULS）和正常使用极限状态（SLS），提供 ULS 时 DA1（Design Approach 1）、DA2 及 DA3 三种组合方法供选择，不同方法采用不同的分项系数组合（分项系数组合由国家附录提供，EN1997-1 也有推荐）；SLS 时分项系数取 1.0。第 2 章不提供设计计算模型及具体公式。

2.2　第 8 章锚杆

8.2 节“极限状态”规定了下列状态为锚杆的极限状态：①锚筋或锚头在外加应力作用下破坏；②锚头变形或腐蚀；③注浆锚杆浆体－地层界面黏结破坏；④注浆锚杆锚筋－浆体界面黏结破坏；⑤锚定件抗力不足；⑥锚头变形过大、蠕变或松弛引起锚杆应力损失；⑦因应用锚杆导致的结构局部变形过大或破坏；⑧地面和挡土结构整体稳定性破坏；⑨群锚与地层及相邻结构产生相互作用。

8.5 节“承载能力极限状态设计”要求锚杆抗拔力 R_a 的设计值 $R_{a;d}$ 应满足极限条件，即不小于锚杆荷载设计值 P_d。施加到锚杆上的锚杆荷载设计值 P_d 从挡土结构设计获得，是施加到挡土结构上的 ULS 时的力或与 SLS 相关的力中的最大值。$R_{a;d}$ 可根据第 2.4 节中的原则计算获得，或者为在试验或类似经验基础上确定的抗拔力特征值 $R_{a;k}$ 除以国家附录中提供的预应力锚杆抗拔力分项系数 γ_a。锚杆锚筋材料抗力设计值 $R_{t;d}$ 应不小于 $R_{a;d}$。

8.6 节“正常使用极限状态设计”要求，在支挡结构中 SLS 复核时，锚杆可视为弹簧，预应力锚杆可视为弹性预应力弹簧，分析设计环境时应选择最大、最小刚度及最大、最小预应力的最不利组合，模型系数(国家附录提供)要在 SLS 时复核以确保锚杆抗力足够安全。把非预应力锚杆视为弹簧时，选择的刚度应满足锚杆的伸长率、位移与挡土结构计算位移之间的兼容性要求。

3 BS 8081

EN 1997-1 为设计通则，不包括锚杆具体设计方法，目前需要与 BS 8081:1989《英国标准:锚杆实践规范》[3]等标准共同使用。BS 8081 指出，用于单条锚杆的锚固段设计规定，不能用于有群锚效应或锚杆因交叉而相互影响时。所有锚杆均应按标准要求进行试验，标准所述设计计算方法是基于这些试验结果的。

3.1 锚杆分类

英标中注浆锚杆类型见图 1。

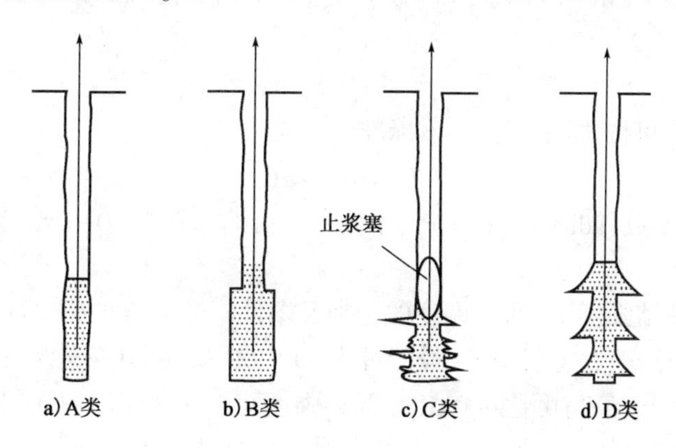

图 1 英标中注浆锚杆类型(引自 BS 8081:1989 图 4)

3.2 地层—浆体界面抗力

(1)岩层

A ~ D 类锚杆都可采用，A 类因施工简便及经济性较好而应用最多，软岩中可用 B、C 类，裂隙较多岩层可采用 B 类，B ~ D 类应通过现场试验证实其可行性。

①A 类锚杆假设发生地层/浆体界面的滑移破坏或邻近界面的更软弱介质(粗糙孔壁)中的剪切破坏，黏结应力均匀连续分布，孔径明确，极限承载力 T_f 按式 1(引自该标准式 1)估算：

$$T_f = \pi D L \tau_{ult} \tag{1}$$

式中，D 为锚固段直径，L 为锚固长度，τ_{ult} 为浆体/地层界面极限黏结强度或表面摩擦力，在任何岩层中取值都不应该超过 $4MP_a$。浆体的无侧限抗压强度超过 $40MP_a$ 后不会再使界面黏结强度有明显增长。由于应力集中，软岩锚固段端头可能已经破坏，此时应该直接采用试验结果进行设计。机械式固定的岩层锚杆承载力要根据多个因素综合确定。

②B 类锚杆也可按式(1)估算 T_f。

(2)无黏性土层

不宜采用 A 类锚杆(除非土层已注浆胶结)，通常采用 B、C 类锚杆，D 类锚杆基本不用。

①B 类锚杆 T_f 可按式(2)或式(3)(引自该标准式 2、式 12)估算：

$$T_f = Ln\tan\varphi' \tag{2}$$

式中，L 为锚固段长度，φ' 为有效内摩擦角，n 为系数，与钻孔技术（带冲洗液的回转冲击）、覆盖层厚度、锚固直径、范围 0.03MP$_a$ ~ 1MP$_a$ 的注浆压力、原位应力场及膨胀特性有关。N 的经验值为：土层正常固结、钻孔孔径 D 约 100mm 时，粗砂及砾砂（渗透系数 $k_w > 10^{-4}$m/s）中约 400kN/m ~ 600kN/m，细 ~ 中砂（$k_w = 10^{-4}$m/s ~ 10^{-6}m/s）中约 130kN/m ~ 165kN/m。D 增加时，n 随 D 同比例变化。要注意超固结比的影响。

$$T_f = k\sigma'_v \pi DL\tan\varphi \tag{3}$$

式中，k 为土压力系数，不考虑注浆压力时，中密 ~ 密实的砂砾石层中为 1.4 ~ 2.3，密实砂层可取 1.4，细砂及粉土相对密实度较高和较低时分别取 1.0 和 0.5；σ'_v 为锚固段覆盖层的平均压力，等于 $\gamma(h + L/2)$，γ 为覆盖层的重度，h 为锚固段顶点处覆盖层的深度；φ 为内摩擦角。考虑注浆压力时，式 3 中的 $k\sigma_v'$ 可用注浆压力代替。

②C 类锚杆设计通常采用经验曲线而不是理论或经验公式。经验表明，冲积层中孔径 0.1 ~ 0.15m、注浆压力 1MP$_a$ 时的极限抗拔力可达 90 ~ 130kN/m，压力 2.5MP$_a$ 时可达 190 ~ 240kN/m（锚固段长度 2 ~ 10m）。

（3）黏性土层

①A 类锚杆。T_f 可按式(4)（引自该标准公式 4）估算：

$$T_f = \pi DL\alpha C_u \tag{4}$$

式中，α 为黏结系数（adhesion factor），不同地层中约为 0.3 ~ 0.6；C_u 为锚固段平均地层不排水抗剪强度。

②C 类锚杆。黏结强度 τ_m 随着稠度的增加及塑性指数的减少而增加。约可塑 ~ 硬塑（稠度为 0.8 ~ 1.0）的中高塑性土层中 τ_m 最低可为 30 ~ 80kPa，在中等塑性及约硬塑 ~ 坚硬（稠度为 1.25）砂质粉土中 τ_m 最高可达 400kP$_a$。黏结强度随二次注浆压力而提高，约硬塑黏性土中可提高约 25% ~ 50%，中 ~ 高塑性约可塑 ~ 硬塑黏性土中提高更多（从 120kPa 可提高至 300kPa）。

③D 类锚杆。T_f 可按式(5)（引自该标准公式 5）估算：

$$T_f = \pi DLC_u + N_c C_{ub}(D^2 - d^2)\pi/4 + \pi dlC_a \tag{5}$$

式中，N_c 为承载力系数，一般取 9；C_{ub} 为锚固段顶点处地层不排水抗剪强度；l 为孔柄长度；C_a 为孔柄段黏结强度，一般取 0.3 ~ 0.35C_u。式 5 中的第 1、第 2 项没有现场试验验证时可乘以 0.75 ~ 0.95 的系数，锚固段有张开裂隙或砂填裂隙时可乘以 0.5 的系数。

沉积黏性土层中钻孔后应尽快扩孔、注浆，例如有砂填裂隙时水的软化作用很明显，使用水作为冲洗液时，仅 3 ~ 4h 足可使 C_u 降低至最低软化值。扩孔后的 C_u 可达 90kPa，如果连续扩孔之间局部塌孔，则可降低至 60 ~ 70kPa。低塑性土层（塑料指数小于 20）中扩孔较为困难。

（4）构造设计

锚固段长度应为 3 ~ 10m；中心距不小于 4 倍锚固段最大直径且建议不小于 1.5 ~ 2.0m；与邻近的基础或地下设施距离不小于 3m；埋深在基础面以下至少 5m。

3.3 浆体-锚筋界面黏结力

界面黏结力主要由黏附力、摩擦力及机械咬合力构成，黏结段较短时以前者为主，较长时由于锚筋与浆体脱开而消失、从而以后两者为主。浆体抗压强度小于 40MPa 时，浆体与锚筋界面强度随着抗压强度增加而有所增加,超过40MPa后就不再增加。通常最小0.6~1m的黏结锚固长度就能够满足工程需要。

在浆体抗压强度30MPa、锚筋净距不小于5mm条件下,浆体与锚筋界面极限黏结强度约为:光面钢丝或光圆钢筋1.0MPa,轧花钢丝1.5MPa,钢绞线或变形钢筋2.0MPa,节点钢绞线(noded strands)3.0MPa。锚筋与浆体的黏结段不应小于2.0m(工厂环境)或3.0m(现场环境)。锚筋由多单元组成时(荷载分散型锚杆),总截面积不应超过钻孔截面积的15%,只有一个单元时,不应超过20%。锚固形式采用树脂或水泥囊袋(capsule)时,应先进行足尺现场试验,这种锚杆的一些重要工程性能远还没搞清楚,例如弹性模量与蠕变相关但矛盾。

通常采用一层或两层波纹管,对单个及多个单元锚固段的锚筋进行封装防腐。封装系统允许荷载通过不同材料的界面从锚筋传递到钻孔孔壁,因为钢材、浆体、塑料等不同材料的工程性能差别很大,传力机理十分复杂,应设计大型或足尺寸锚杆拉拔试验以求取及验证平均界面黏结应力。如没有充分数据证明,封装外表面与浆体的极限黏结强度设计值不应超过3MPa。封装长度不应少于2.0m。

3.4 整体稳定性

3.4.1 土层锚固

考虑深基坑的整体稳定性时,必须把土层、结构及锚杆作为整个系统,考虑彼此之间的相互影响。这种体系通常应重点考虑变形,但预测因开挖及地下水引起的变形非常困难。通常可采用二维平面方法分析稳定性,常用假定破裂面形状有平面、楔形、螺旋线形、圆弧形等,国内相关文献已有介绍。不管采用什么计算模型,假定的破裂面都要满足规定的安全系数,不允许破裂内的锚杆段提供锚固力。整体稳定安全系数建议不小于1.5。

边坡治理之前,清楚了解边坡的地质及地下水的类型等条件至关重要,对已发生的或潜在的滑坡要准确地分类。该标准介绍了圆弧稳定分析方法,国内相关标准作法与之类似。

3.4.2 岩层锚固

(1)基本建议。不同条件下,主要根据经验和判断选择岩钉、岩栓或岩锚等适合的岩层锚杆。建议:①岩钉适用于所有岩层,主要用于很靠近开挖面区域的稳定、临时加固一下随后要清除的岩石、为掌子面提供支撑及开挖前的预加固。软岩中的岩钉应有足够长度。②岩栓适用于所有的地下开挖工程,其中机械岩栓仅适用于硬岩,注浆岩栓适用于所有岩层,但树脂岩栓在软岩中的承载力不足够可靠。岩栓提供的最大极限承载力为300kN/m²。③岩锚适用于需要较高承载力及长距离的大型开挖,通常与岩栓、岩钉或喷射混凝土联合应用。岩锚适用于所有岩层,但软岩中宜作为土层锚杆应用。岩锚提供的极限承载力最小值及最大值分别为200kN/m² 及600kN/m²。④尽管不张拉的全黏结型(被动)锚杆已普遍应用,还是建议一般应在锚杆安装后尽快张拉。预应力锚杆以间断形式增强了形成边坡及基坑的岩体的抗剪阻力,加强了岩块之间的自锁能力,防止松散的岩块崩落。锚杆提供的岩块加强区,具有足够的柔性能够允许发生一定的变形,同时具有足够的刚度使应力间断区域最小化,能达到什么效果取决于锚杆的相对变形能力以及岩块对因锚杆造成的环境变化的适应能力。

(2)深基坑。上半部分土层下半部分岩石时,开挖基坑要特别注意。上半部分土层采用锚杆支护,下半部分岩层根据不同条件可采用岩栓、抛撑、H型钢、钢板桩及锁脚锚杆等方法支护,国内相关文献均有介绍。

(3)边坡。应对岩体结构进行详细的勘察,之后采用三维图像等方法进行进一步分析。软岩及裂隙很发育的岩层,采用土质边坡稳定性分析方法更为稳妥。坡面排水通常很重要。

应采用适合的岩层稳定分析方法,安全系数应不小于1.5。该标准提供了5种岩质边坡的破坏模式分析及处理方法,如顺层滑动、平面滑动、岩体从裂隙处剪断、倾倒、楔形滑动等,国内相关文献均有介绍。开挖方法对边坡稳定很重要,应采用控制爆破技术以避免破坏岩体及危岩滚落。还应对边坡表面进行监测以证实是否达到设计预期及保证未来变化趋势都在掌控之中。

(4)地下开挖。锚杆系统广泛地应用于多种类型的地下空间开挖的稳定,如各种隧道、矿井巷道、地下电站等大型洞穴等。该标准提供了3种典型地下开挖破坏模式,指明了锚杆提供的稳定作用,提供了地下楔形岩石的力学分析方法。国内相关文献均有介绍。设计时应重点关注:现在的和过去的经验,监测结果,结构性控制区域或岩体的加固,超载区域的加固,锚杆特征(尺寸、承载力、方位、间距、长度、类型等),地下空间的三维尺寸,开挖顺序,锚杆安装的时机,耐久性,与其他方法的综合应用(如喷射混凝土等),质量控制。变形监测等监测工作非常重要。

(5)锚杆在张拉及外荷载作用下的性能。锚杆刚度与岩土体不同,锚筋张拉时要产生较大的伸长,与岩土层之间产生较小的位移。应用荷载超过锚筋上的驻留荷载(驻留荷载为锁定后驻留在锚筋上的荷载。笔者注)后,锚筋可能会产生弹性变形。不过,因为锁定荷载比工作荷载一般多10%,所以应用荷载通常不超过驻留荷载。不加预应力的锚杆在服役荷载下通常会产生较大变形。

3.5 地层-浆体界面

(1)岩层。大多数岩层中,浆体弹性模量/岩体弹性模量小于10,地层/浆体界面黏结力的发挥很不均匀。岩石的风化程度明显地影响了极限粘强度及荷载变形特征,黏结强度通常随着软岩或风化岩石的标贯击数的提高而提高。该标准提供了数百个承载力拉拔试验结果,浆体－岩层界面极限黏结强度范围为0.24～6.37MPa。平均黏结应力随锚固段长度增加而单调减少,建议长度下限为3m,最长6～10m。

(2)无黏性土层。密实的砂砾石层中界面黏结应力随锚固段长度增加而呈现先增加后减少的趋势,在松散及中密砂层中无此现象。胶结非常密实的细砂与软岩性状类似,更适合采用式1估算承载力。对于C类锚杆,砂层中黏结强度可平均高达500kPa,砂砾层中甚至高达1MPa。砂砾中有效锚固段长度约6～7m。

4 PTI DC35.1-14

美标PTI DC35.1-14《岩、土层预应力锚杆的建议》[4]要求:

(1)锚杆设计前,先要确定锚杆的可行性。需要考虑:地下障碍物、设备、地层及地下水的腐蚀性、锚固段岩土层的状况及性能、工地出入口、被锚固结构的潜在破坏、杂散电流、道路通行权及地役权、施工时对邻近结构的影响。

(2)锚杆设计要达到安全、经济目标,满足试验荷载下验收条件,服役期间有满意的性能。设计时必须要考虑现场具体条件、防腐、施工工艺、方法及材料、性能要求。

(3)工程师要决定自由段锚筋与周边岩土层或结构物全黏结、半黏结还是不黏结。全黏结或半黏结时,锚头下冗余锚筋段要注浆饱满,与锚筋及结构物充分黏结。设计为可再张拉锚杆时,自由段不得与浆体黏结,锚头要设计为具备再张拉功能。

(4)岩层锚杆应钻孔取芯揭示岩层性状,应在拟建锚固段深度范围内进行水压力试验以决定是否需要对孔洞预注浆。土层锚杆应在每个钻孔内按1.5m间距及在土层明显变化处进行标准贯入试验。

(5)锚杆设计荷载是锚杆服役期间预期抵抗的最大荷载。每种潜在破坏模式都应有一个独立的安全系数,该安全系数定义为极限承载力(或预估破坏荷载)与设计荷载之比。设计荷载下锚筋安全系数不应小于1.67,故锚筋设计时要使设计荷载不超过锚筋抗拉强度的60%,锁定荷载不应超过70%,最大试验荷载不应超过80%。永久锚杆浆体与地层界面黏结安全系数不应小于2.0。锚筋为钢绞线及大直径钢筋(超过44mm)时的黏结长度最短4.5m,为直径不大于44mm的钢筋时最短3.0m。

(6)该标准建议了锚杆有效锚固长度6~12m时,十几种典型岩石、典型黏性土及无黏性土与浆体的极限黏结强度平均值。①岩石中,黏结强度最高的为花岗岩及玄武岩的1.7~3.1MPa,最低为风化泥灰岩的0.15~0.25MPa。也可按岩石无侧限抗压强度的10%估算,但最大不得超过4.2MPa。极限黏结强度和这些因素有关:岩石的强度和弹性模量,岩体的不连续面,岩石的矿物成分,钻孔及清孔方式,孔壁粗糙度,软岩中钻孔和注浆的时间间隔,浆体的原位强度,注浆方法、压力及浆液配比,锚固段长度。绝大多数岩石锚杆的长度不大于10m,大于10m后效率较低。钻孔后应尽快注浆,尤其是在易于随时间软化的岩层中。②黏性土中,重力注浆时为0.03~0.07MPa;压力注浆时,最低为粉质黏土的0.03~0.10MPa,最高为坚硬砂质粉土的0.28~0.38MPa。无黏性土中,重力注浆时为0.07~0.14MPa;压力注浆时,最低为中密~密实的细~中细砂的0.08~0.38MPa,最高为密实~很密的砂砾石的0.28~1.38MPa。极限黏结强度和这些因素有关:钻孔、冲洗及清孔方法,土的物理力学特性及其在锚固段范围内的变化,上覆土压力,孔径,注浆方法、压力及浆液配比,后注浆(国内通常称为二次高压注浆)的次数,锚筋外形。对于黏性土,黏结强度可表现为土层无侧限抗压强度的函数(典型为50%~100%),可通过封闭压力注浆或后注浆而提高。每次后注浆都能将黏结强度提高20%~50%或更多(对于等截面锚杆),但以3次为限。无黏性土的上述数据是基于孔径75~150mm、注浆压力0.35~2.8MPa、上覆土压力不少于4.5m的条件下得到的。对于无黏结土,黏结强度取决于上覆土压力、内摩擦角、密度、颗粒级配、孔径、注浆压力、注浆量、浆液配比及钻孔方法。无黏性土中的压力注浆及后注浆不同于黏性土中,会得到比按应用传统土力学机理得到的荷载更大的荷载。土层锚杆锚固长度最短不应短于4.5m;通常6~12m,大于12m后效率降低;黏性土层中的长度通常大于无黏性土地层中的长度。

(7)锚筋自由段,采用套管等黏结隔离件长度,钢绞线锚筋不应短于4.5m,钢筋锚筋不应短于3.0m。自由段可以与黏结段同时注浆(一期)、分开注浆(两期)或不注浆(仅用于无防腐的临时锚杆)。一期注浆经济,应用最为广泛,浆体连续,利于防腐、减少塌孔及地面沉降。一期注浆将导致锚筋黏结段顶部的荷载转移,尤其是孔壁与锚筋组件外径之间有较大的浆柱环时,此时自由段应该加长以避免锚筋黏结段顶部的荷载传递到潜在破裂面以内。

(8)锚固段的中对中间距不应小于4倍孔径,通常不少于1.2m。孔径应至少能为锚筋提供13mm(0.5英寸)厚的浆体保护层。锚杆倾角应尽量避开水平面5°范围内,水平孔及向上倾斜孔需要特殊的注浆措施,如注浆袜。

(9)浆液应可泵性好,张拉时浆体强度不少于21MPa。永久锚杆的浆液泌水率不应超过2%。超过2%可能掺水过多或(和)拌和不充分。水灰比一般0.4~0.45。无黏性土中如果注浆压力较大,浆液在土层中扩散时浆液中的水将被挤出(压力过滤现象),导致原位浆液水灰比低于浆液被注射时的水灰比,所以有效注浆压力大于0.4MPa后,无黏性土中水灰比最高可用到0.55。

5 FHWA-IF-99-015

美标 FHWA-IF-99-015《岩土工程手册 4:地层锚杆和锚固体系》[5]与 BS 8081 一样,将锚杆类型分为 4 类。其 5.3 节“锚杆设计”指出,主要根据已有的现场经验预测锚杆承载力,估算时应重点考虑安装及注浆方法的影响。钻孔暴露时间、清孔质量、钻孔直径、注浆方法、锚固段长度等影响锚杆承载力的因素由锚杆承包商考虑,设计者只需提出承载力最低要求,只考虑最简单通用的情况下的承载力,如直孔重力注浆锚杆。这类锚杆类似经验如:①设计承载力 260kN ~ 1120kN。这种锚杆不需大型设备搬运锚筋,只需 1 ~ 2 名工人搬运张拉设备,钻孔直径不大于 150mm;②锚杆全长 9 ~ 18m,其中钢筋锚筋自由段长度不少于 3m、钢绞线锚筋不少于 4.5m;③钻孔倾斜角度 10° ~ 45°,常用 10° ~ 30°。估算承载力时,按最长锚固长度估算最低承载力,应假定锚杆倾角 15°,土层中锚固长度 12m、岩层中 7.5m。与大多数标准不同,FHWA-IF-99-015 并没有给出类似式(1)的锚杆抗拔力计算公式,而是直接给出了不同岩土层锚杆极限荷载建议表,如表 1、表 2 所示。

小直径 A 类土层锚杆初步设计极限抗拔力建议值(引自 FHWA-IF-99-015 表 6)　　表 1

土 层 类 型	相对密度/一致性 (深度修正后的标贯范围)	建议极限抗拔力(kN/m)
砂砾石	松散(4-10)	145
	中密(11-30)	220
	密实(31-50)	290
砂	松散(4-10)	100
	中密(11-30)	145
	密实(31-50)	190
砂质粉土	松散(4-10)	70
	中密(11-30)	100
	密实(31-50)	130
低塑性粉质黏土或细云母砂或粉土	约硬塑(10 - 20)	30
	约坚硬(21 - 40)	60

岩锚初设极限抗拔力建议值(引自 FHWA-IF-99-015 表 8)　　表 2

岩 石 类 型	建议极限抗拔力(kN/m)	岩 石 类 型	建议极限抗拔力(kN/m)
花岗岩或玄武岩	730	砂岩	440
白云石灰岩	580	板岩和硬页岩	360
软石灰岩	440	软板岩	150

6 JGS 4101—2012

日标 JGS 4101—2012《地锚设计・施工标准及说明》[6]提供的锚杆简图较为详细,如图 2 所示。

(1)调查

①一般调查:主要包括地形、场地利用状况、周边构造物、埋设物、气象条件,施工注意事项;

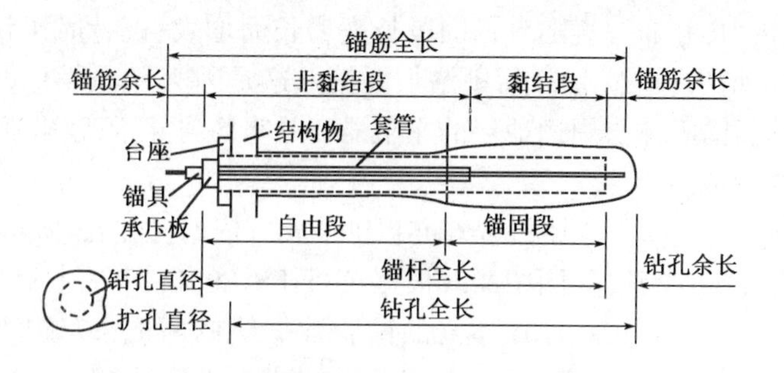

图 2　锚杆各部位术语(引自 JGS 4101—2012 解说图-2.2)

②地质调查:锚杆影响范围内的地层地质构成及力学特性,地下水状况,腐蚀环境;

③基本调查试验:锚杆极限摩阻力抗拔试验,必要时进行长期稳定性能试验。

(2)设计总则

①设计锚杆时,根据锚固结构的类型、锚杆使用目的及使用条件等确定锚杆的规格,不仅要考虑锚杆本身的安全性和包括锚杆在内的结构物的变形与稳定性,还要考虑到施工可行性、经济性和周围环境。

锚杆根据服务年限及服务结构物的类型分为 A、B 两类,用于一般结构物且使用年限不满 2 年的为 B 类,用于使用年限 2 年以上及特殊结构物的为 A 类。

②在事先未进行基本调查试验的场所,或者在过去进行的基本调查试验的规格与计划的锚杆类型不同的场所,应进行基本调查试验测试,确定用于设计的各种常数。由于场地条件等原因在设计之前不能进行基本调查试验时,如果在邻近地区有类似的良好经验或用于简单临时工程时,可根据负责技术人员的判断省略基本调查试验,但开工后应尽早进行适应试验以确认设计的有效性。

(3)锚杆倾斜角度

将施加于锚头的力的方向与锚杆的轴向保持一致是最有利的,但实际上并非总能如此。另外,要考虑由于锚杆角度倾斜产生的分力造成的影响。对于意在稳定斜坡的锚杆,安装角度通常设计为 45°。如果倾角在 -5°至 5°范围内,由于浆液置换时产生的残余泥渣和渗出的水泥浆可能影响锚筋的屈服强度,因此应避免该范围。

(4)标准锚固长度

设计锚固段长度以 3 ~ 10m 为标准。在仅有摩阻力时(孔径为钻孔直径),锚固段长度与极限抗拔力的关系如图 3 所示。

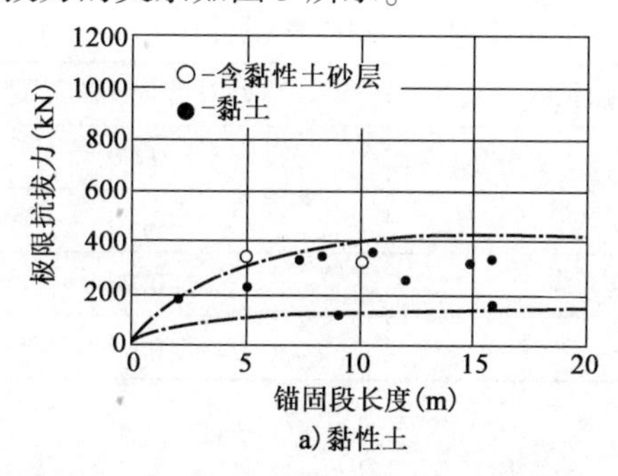

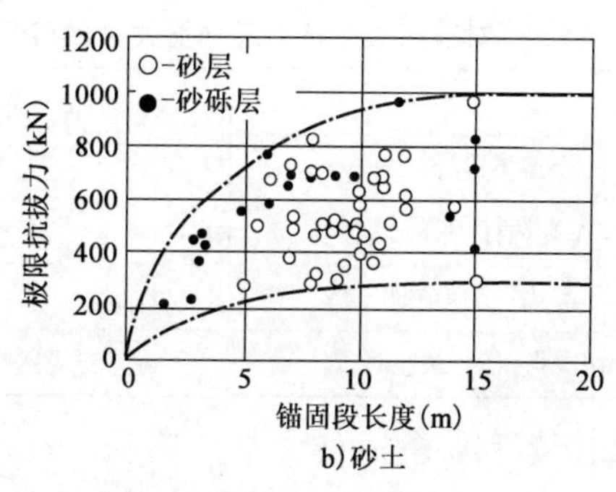

图 3　锚固长度与极限抗拔力(引自 JGS 4101—2012 解说图-6.4)

锚杆的极限抗拔力,并非一直随着锚固段长度增长而增大,设计时可认为,抗拔力在10m内随锚杆长度按比例增加,超过10m后则增加缓慢。这是因为锚固段长度增加了,但锚固段各部位的位移量不同,锚固体与周边地层的摩阻强度并非均匀分布,摩阻强度超过一定长度后反而会下降,如图4所示。

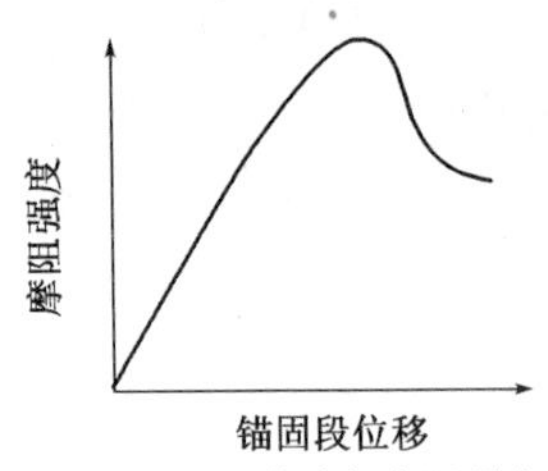

图4　锚固段位移与摩阻强度(引自JGS 4101—2012解说图-6.5)

附录6-6亦提供了相应依据,如图5所示。

图中曲线根据英标BS 8081:1989中提供的试验数据以及JGJ 4101本身的试验数据绘制而成,以锚固长度3m为对比基准,其中"－o－"所示曲线为松散砂层中,其余曲线为稍密～很密砂层及黏性土层中。可见除了松散砂层外,在绝大多数地层中,锚固长度10m提供的抗拔力约为3m长时的1.5～2.0倍,单位锚固长度提供的抗拔力随着锚固段长度的增加而减小。所以将锚固长度标准定为10m以下。

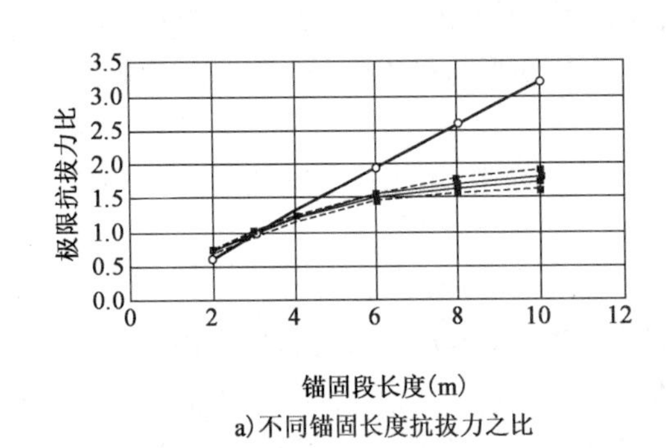

a)不同锚固长度抗拔力之比

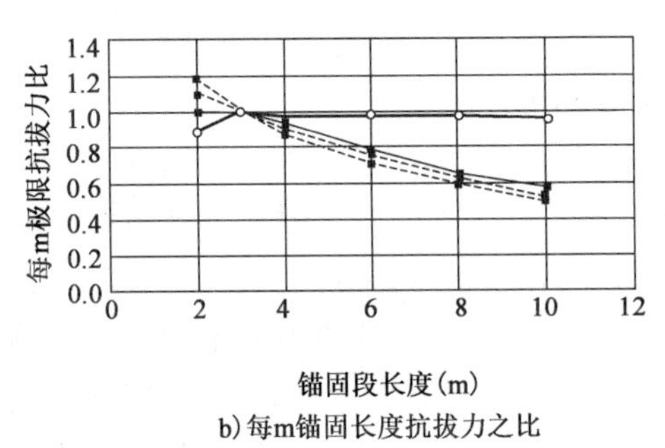

b)每m锚固长度抗拔力之比

图5　极限抗拔力比较(引自JGS 4101—2012附录图-6.9)

(5)再张拉

由于地层变形和锚筋抗拉材料的松弛,锚筋持有荷载随着时间的推移而减少,如果预测需要重新张拉,则锚筋切断时应预留出足够长以备再次张拉。重新张拉时,一旦所有拉力被释放,拉伸构件的缩回量就会成为问题。除了拉伸材料的缩回量之外,还必须考虑伴随着拉伸构件应力释放导致地面及结构体的变形。

(6)锚筋容许拉力

对锚筋极限拉力及屈服拉力的降低率如表3所示。

对锚筋极限拉力及屈服拉力的降低率(引自JGJ 4101—2012解说表-6.2)　　表3

分　　类	相对锚筋极限拉力	相对锚筋屈服拉力
A类锚杆	0.65	0.80
A类锚杆(平时)	0.60	0.75
A类锚杆(地震时)	0.80	0.90
初次张拉时,试验时	—	0.90

(7)连续纤维增强材料

近年来越来越多地在锚筋中使用了连续纤维增强材料用于高腐蚀性环境。连续纤维增强材料性能根据材料(如碳纤维、芳香族聚酰胺、玻璃纤维、维尼纶)及成型方法(用环氧树脂或乙烯基酯树脂等粘合剂进行浸渍、固化等）而有所不同，考虑其特性及是否采用。其与钢材不同的特性包括松弛率、抗蠕变断裂屈服强度、拉伸力一应变关系、热膨胀系数等。

（8）锚筋与浆体的容许黏结力

按锚筋与浆体之间力的传递形式，有摩阻力、黏结力、压力等形式及以上几种的复合形式。传统上，锚筋与浆体的黏结力，是考虑了锚筋表面积及黏结强度这种钢筋混凝土概念建立起来的，这种情况下不同锚筋材料（均为 PC 钢材）与浆体的容许黏结强度如表 4 所示。

允许黏结强度（引自 JGJ 4101—2012 解说表-6.3）　　表 4

锚杆分类	锚筋材料类型	浆体设计标准强度（MPa）			
		18	24	30	≥40
B 类	钢筋、钢丝、钢绞线、多重钢丝	1.0	1.2	1.35	1.5
	变形钢筋	1.4	1.6	1.8	2.0
A 类	钢筋、钢丝、钢绞线、多重钢丝	—	0.8	0.9	1.0
	变形钢筋	—	1.6	1.8	2.0

（9）锚固体容许抗拔力

锚固体容许抗拔力是极限抗拔力除以安全系数得到的，安全系数取值如表 5 所示，这是根据以往的经验得来的。如果基本调查试验结果表明地层不均匀及施工条件不好时，长期锚杆使用表中数据安全性可能会降低。

锚固体抗拔力安全系数（引自 JGJ 4101—2012 解说表-6.5）　　表 5

锚杆分类	安全系数	锚杆分类	安全系数
B 类	1.5	A 类地震时	1.5～2.0
A 类平时	2.5		

（10）锚固体长度及周围极限摩阻强度

锚杆锚固段长度计算公式如式（6）所示。

$$l_a = \frac{T_d}{\pi d_a \tau_a} \tag{6}$$

式中：l_a——锚固段长度（l_a 一般 3～10m，以此为标准确定锚固体抗拔力）；

T_d——设计抗拔力；

d_a——锚固体直径；

τ_a——锚固体周围极限摩阻强度。

表 6 所示的 τ_a 值，可以在拉拔试验前使用，作为考虑对锚杆形式、锚固段长度、施工方法等因素进行修正的基础。实际上，现场很难在设计之前进行基本调查试验，试验通常在施工之后实施，另外，在施工场地的地层参数被充分掌握或者岩层、坚硬黏性土、密实砂层场地，基本调查试验往往被省略，此时，可以使用表中数据进行锚杆设计。表中数据是基于 1975 年以前压力灌浆锚杆的试验结果，并且假定锚固体直径与钻孔直径相同。蛇纹岩、第三纪泥岩、凝灰岩等摩阻强度可能非常小，可能会低于表中下限值，可参考图 6，图中单位为 MPa。

锚固体极限摩阻强度(引自 JGJ 4101—2012 解说表 -6.6)　　表6

地层种类			摩阻强度(MPa)
岩层	硬岩		1.50~2.50
	软岩		1.00~1.50
	风化岩		0.60~1.00
	土丹		0.60~1.20
砾石	标贯击数 N	10	0.10~0.20
		20	0.17~0.25
		30	0.25~0.35
		40	0.35~0.45
		50	0.45~0.70
砂	标贯击数 N	10	0.10~0.14
		20	0.18~0.22
		30	0.23~0.27
		40	0.29~0.35
		50	0.30~0.40
黏性土	1.0c(c 为土的黏聚力)		

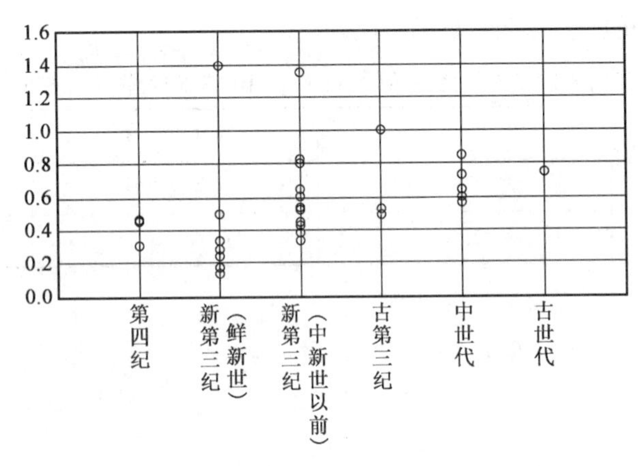

图6　地质年代与 τ_a 的关系(引自 JGS 4101—2012 附录图-6.8)

顺便说一下,笔者理解,表中土丹是新第三纪洪积世初期(也称为第四纪早期更新世)土层,成因为黏土层、粉土层被固结,整体颜色变浅,大致属于粉质黏土、黏质粉土、粉土质砂、砂质粉土范围。

(11)锁定荷载

张拉荷载是施加到锚筋上的最大荷载,之后进行锁定,锁定后锚筋上即持有的荷载为锁定荷载。锚筋上的持有荷载随着时间而变化,最终不应低于设计抗拔力。锚杆用于稳定边坡及抗浮时,锁定荷载值是不同的。持有荷载因锚筋松弛、地层蠕变、外力波动、地下水位升降等因素而增减。持有荷载降低到设计抗拔力以下时,结构稳定性可能会受损,因此有必要按照持有荷载变化特性设计张拉荷载,以使最低持有荷载不低于设计抗拔力,此时锚杆规格参数是按照张拉荷载确定的。尤其对于结构物锚杆,由于设计使用年限长,需要预先彻底调查持有荷载随时间的变化特性。

(12)结构整体稳定性

当采取锚固稳定结构时,不仅要考虑锚杆的安全性,还要考虑包括结构、锚杆和地面在内的整个系统的稳定性。整体结构检查是为了外部稳定性和内部稳定性而进行的。外部稳定研究包括锚杆在内的整体地面稳定,内部稳定研究当锚杆安装在假想滑移线外时地层与锚杆的过度位移。

7 建筑地基锚杆设计施工指南与解说[7]

(1)锚固段抗拔力。黏结型锚杆锚固段长度为3m及大于3m时按式(7)及式(8)计算抗拔力,该两式源自《建築地盤アンカー設計施工指針・同解説》式6.2.16及式6.2.17。

$$T_{d} \leqslant 3\pi d_{a}\tau_{a} \tag{7}$$

$$T_{d} \leqslant [3+0.6\times(l_{a}-3)]\pi d_{a}\tau_{a} \tag{8}$$

(2)锚筋黏结段黏结力。计算公式与上两式类似,但折减系数0.6变为0.5。锚筋与浆体的黏结力与锚筋参数(种类、直径、根数、黏结长度、组合方法等)、浆体性状(覆盖厚度、强度、各向均质与否)、约束效果(地层状况、有无套管加强)等因素复杂相关,不明确点还有很多,故各国钢筋混凝土标准中钢材与浆体的容许黏结应力都只是大概。以前的标准中该值很大,此次(1999年)变得很小,如表7所示,这反映了刻痕钢筋中伴随着最不利的周边混凝土开裂的黏结破坏形式的既有研究成果。PC钢绞线、多重PC钢绞线、刻痕PC钢筋容许黏结应力:短期锚杆取1.25MPa,长期锚杆取1.0MPa,地震、洪水等暂状态取1.5MPa。标贯击数N值20左右的砂质土层中,有必要留意一下细粒土的含量。N值在20以下的黏性土层中,容许黏结应力与浆体的抗压强度没有关联,因为收集到的数据中的浆体实际强度无法准确把握。建议浆体设计强度标准值F_{c}不少于30MPa。

钢筋混凝土长期容许黏结应力值(引自该标准表-5.1)　　表7

法规分类	钢筋类型	浆体设计标准强度(MPa)		
		24	30	40
日本建筑学会(1999年)	光圆	—	—	—
	变形钢筋	1.00	1.10	1.26
日本土木学会(1996年)	光圆	0.80	0.90	1.00
	变形钢筋	1.60	1.80	2.00

(3)锚筋材料。原则上,锚筋是在PC钢材所选定的JIS G 3536(PC钢丝及PC钢绞线)及JIS G 3109(PC预应力钢筋)的标准品。PC钢绞线是从高碳钢丝(高强钢丝材料)冷拉加工而成,刻痕钢筋则是以热轧钢筋为材料制造。PC钢材制造过程如下:①PC钢材在加工前的材料是符合JIS G 3520(高强钢丝材料)的高碳钢丝。经过被称作"专利"的在900~950℃高温处理后,经冷却,通过几个模具实行延展加工。最后工序是浸在300~350的池中进行烧蓝处理或是热轧处理之后制成成品。"专利"能够提高高强钢丝的韧度和拉伸度,另外,烧蓝处理和热轧处理能够去除拉伸加工时残留的应变,使之低松弛化。②由多重PC钢丝组成的线材分为2根线材、3根刻痕钢筋、7根及19根线材,7根线材因拉伸度不同又分为A、B两种,A种抗拉强度为1720MPa,B种为1860MPa。另外,因松弛标准值的差异,普通产品在尾部标注N,低松弛的标注L。②多重PC钢丝组成的线材使用符合JIS G 3536标准或同标准的PC钢丝数根组合制作而成。在最后工序中将所有线搓成一团之后,虽然不进行烧蓝处理或是热轧处理,但

机械性能并未下降，在品质方面还是与 JIS 标准等同。

(4)根据施工方法的不同，锚固段浆体可能作用了压应力，这种情况下浆体的容许压缩强度与钢筋混凝土构造标准相同，长期锚杆容许压缩强度取 $F_c/3$，短期锚杆取 $F_c/2$。但该强度并非压力型锚杆的浆体容许抗压强度，锚固体呈局部压缩状态，可以利用浆体的容许抗压强度。

(5)长期锚杆的设计。和短期锚杆相比，长期锚杆有以下不同：有必要考虑长期稳定性，增大安全度，有时要考虑到再次张拉，锚筋的防腐细部构造复杂，需要更先进的施工技术。必要时要使用可以确保锚固体覆盖地层厚度的施工方法，特别是倾斜锚杆是沿着孔壁设置的，多数安装在隔离套管中。长期锚杆需要的地质资料，可按一般建筑物或挡土墙设计时的地质调查报告，但以下情况应补充调查：地层的力学性质及厚度不明，很难判断是不是可以锚固的地层；没有掌握黏性土的长期特性；不知道对浆体是否具有化学侵蚀；在丘陵或是山崖上，地层构成及层理不明确。

(6)锚固体的蠕变。锚筋的荷载通过锚固体传到周边地层，这个荷载一直作用在锚固体及周边地层上，经过时间的推移，锚固体浆体及周边地层产生蠕变。在可能产生蠕变的地层锚固时，应按长期张拉试验要求，调查蠕变情况及是否适合作为锚固地层。不过，在长期张拉试验中，影响位移的有锚筋材料的松弛、承载体及周边地层的蠕变、地基变形等多种因素，脱离这些求蠕变量非常困难。

(7)压力分散型锚杆各单元锚杆锚固段长度。对于每一个单元锚杆固体段长度都应该大于 1m，总长大于 3m。各单元锚杆锚固段长度计算公式与式(1)相比，只是用 βT_d 替代式(1)中的 T_d，其余相同。β 为各单元锚杆的荷载分担系数，最深处为第一单元锚杆，以此类推。设置 β 是因为试验证实，不管各单元锚杆的张拉顺序如何，下层单元锚杆承载体都会向上层传递应力，越是上层的承载体受到来自下层的影响越大。体各单元锚杆的 β 值如表 8 所示。

压力分散型锚杆各单元锚杆 β 值(引自该标准表-11.2)　　表 8

单元锚杆位置	第一	第二	第三	第四	第五
β 值	1.0	1.15	1.30	1.45	1.60

8　结语

(1)基于可靠度分析的概率设计法比传统的安全系数设计法更先进、更合理，尽管由于不确定性很强等原因目前在岩土工程中实施很困难，但随着技术的进步，必将在岩土工程中得到广泛的应用。

(2)欧美标准中，把锚杆分为不同 A ~ D 类 4 种类型，A 类为直孔重力注浆锚杆，B 类为直孔压力注浆锚杆，C 类为多次注浆锚杆，D 类为扩体锚杆；把地层也分为岩层、无黏性土层及黏性土层三种类型，不同类型地层、不同类型的锚杆采用不同的设计方法，比国内作法更为细致及合理。美国有的标准主要根据已有的现场经验，用查表法估算 A 类锚杆的承载力。

(3)欧美标准详细建议了不同地层浆体与锚固体黏结强度的经验取值。强调了注浆方式对黏结力的影响，不同类型的地层中注浆压力的影响效果不同，同时强调了锚固段的有效长度，一般不超过 10m。

(4)日标根据锚杆服务年限及服务结构物的类型分为 A、B 两类，锚筋抗拉力、锚筋与浆体黏结力、锚固体抗拔力等安全系数各不相同。提供了根据土层标贯击数 N 确定土层与浆体的摩阻强度和不同地质年代与摩阻强度的关系。

(5)《建築地盤アンカー設計施工指針・同解説》中,对黏结段及锚固段长度超过3m后提供的抗力进行了折减。并建议压力分散型锚杆计算各单元锚杆锚固段长度时按单元锚杆所处的不同位置取不同的荷载分担系数。

参考文献

[1] 付文光,周凯,卓志飞. EN1997及BS8081中锚杆设计内容简介-欧洲目前主要锚杆技术标准简介之二[J]. 岩土锚固工程,2014(3):22-29.

[2] EN 1997—1:2004,Eurocode 7:Geotechnical design-Part1:General rules[S].

[3] BS 8081:1989,British Standard Code of practice for Ground anchorages[S],BSI.

[4] PTI DC35.1-14. Recommendations for Prestressed Rock and Soil Anchors,5th Edition. PTI, New York,2014.

[5] FHWA-IF-99-015,Geotechnical Engineering Circular No. 4:Ground Anchors and Anchored Systems,FHA,1999.

[6] JGS 4101—2012,グラウンドアンカー—設計・施工基準、同解説[S],公益社団法人地盤工学会.

[7] 建築地盤アンカー設計施工指針・同解説[S]. 日本建築学会,東京,2001.

欧美日锚杆专项标准之锚杆施工

刘晓宇　戴锦鸿　付文光　张　英

(深圳市工勘岩土集团有限公司)

摘　要　欧标 EN 1537 及英标 BS 8081 等对锚杆施工技术要求较高,要求必要时应对锚杆钻孔采用渗水试验、落差注浆及压力注浆试验等方法检查,采取预注浆等方法处理,在张拉锁定后进行提离检查等。日标对锚杆施工质量管理内容、成孔机械及方式、成孔时地下水的处理方法等要求较为详细。各国标准均提示,成孔方法、冲洗液、注浆及工艺流程时间等因素都对锚杆的承载力产生影响,应根据具体地层条件选择最适合的施工工艺。

关键词　渗水试验　落差注浆　压力注浆　预注浆　提离检查　钻孔止水

1　概述

国际上现行锚杆专项技术标准有十余部,本论文介绍及讨论 2012 年以后欧盟、美国及日本等国家和地区发布的最新版标准中锚杆施工内容[1]。美标对施工的要求较少且与欧标类似,本文主要介绍欧标 EN 1537:2013《特种岩土工程的实施——锚杆》[2]、英标 BS 8081:1989《英国标准:锚杆实践规范》[3]、日标《建築地盤アンカー設計施工指針・同解説》[4]及 JGS 4101—2012《地锚设计・施工标准及说明》[5],其中 EN 1537 与 BS 8081 矛盾时应以前者为准。

2　EN 1537

2.1　8.1 钻孔

(1)应根据具体地层条件选择扰动最小的钻孔方法,使地层条件保持最佳状态以利于锚杆性能:①避免钻进及锚筋安装过程中塌孔,必要时应用套管护壁;②无黏性土层中使孔壁松弛最小化;③尽量保持地下水位稳定;④尽量减小黏性土及易崩解岩中钻孔表面软化。钻孔液和可能的外加剂不得对锚筋、锚筋防护、浆液、钻孔(尤其是锚固段)产生不良影响。钻孔液入口区、回转冲刷区、钻进废渣的颗粒尺寸及密度、钻孔液的浓度等彼此之间的关系对钻进效率至关重要。吹气清孔可能有害,要谨慎使用。有承压水时要特别小心,应事先指明钻进、安装及注浆操作过程中保持水压平衡技术及预防涌水、塌孔及侵蚀技术,必要时应实施。没必要的长时间洗孔容易造成黏土、泥灰土、泥灰质黏土的膨胀和软化,长时间的空气清孔或钻孔周边土层中不利的水压梯度可能会造成砂层松散及失稳。高水位状况时如有必要可采用重钻孔液及一些预防措施,如使用封隔器或密封等辅助钻孔设备、对地层评估沉降风险后降低地下水位、预注浆等。应能够从钻孔过程中发现锚杆设计所需要的地层特性的变化。

(2)碎屑难以从钻孔底清除干净时,钻孔应适当加深。钻孔允许偏差一般为:定位偏差 75mm,机械轴线角度偏差 2°且每进尺 2m 应检查一次,孔底位置偏差为 1/30 锚杆长度。较长锚杆应留意两条相邻锚杆的角度偏差及锚固段最小距离以避免群锚效应。

2.2　8.2 锚筋的制造、运输、组装和安装

（1）制造和存放过程中，锚筋及配件应保持干净，不受腐蚀、机械损伤及焊接飞溅，成卷直径不应小于制造商的规定，油脂预涂膜钢绞线或钢丝需暴露段应采用蒸汽或溶剂把油脂清洗干净，溶剂不得对锚筋及配件有侵蚀性并不得引起传递拉应力时浆体/锚筋界面产生不可验收的蠕变。对中架应能够保证锚筋保护层厚度，其间距取决于锚筋的刚度和单位重量。

（2）锚筋及配件在运输、组装及安装过程中，不得损伤防腐系统及扭结。钻孔当天应完成下锚注浆，易膨胀或软化地层中应更快，如果延误不可避免，应填塞孔洞以防进入有害物质。

2.3　8.3 注浆

（1）在注浆压力不超过全部覆盖层压力的情况下，如果注浆量超过钻孔容积的 3 倍，意味着需要常规空隙注浆填充，可在锚杆注浆之前进行。

（2）孔洞测试。应采取保证浆液凝固后能够充满钻孔的措施，如渗水试验、落差注浆试验或压力注浆。①渗水试验：岩层中渗水试验用来评估浆液流失的可能性；常规水头渗水试验用于钻孔全长或采用封隔器后用于锚固段；水头超过 0.1MPa 测试 10min，如果全孔渗漏或锚固段水量损失少于 5L/min，通常不需要预注浆。②落差注浆试验：锚固段拟不采用压力注浆时，填充注浆并应观测液面直至稳定。如果液面持续降低，应填满，浆液达到一定强度后重新钻孔并重新试验。该试验可用于全孔，也可利用封隔器或自由段设置套管后仅用于锚固段。③压力注浆：锚固段拟采用压力注浆时，这种试验在钻杆套管受控拔出过程中或者利用封隔器或马歇管单独进行。在一定压力下浆液流速可控预示着注浆效果良好。锚固段注浆完成时，可通过监测地面反应检查该阶段效果，以便在回压应该快速恢复时进一步注浆。

（3）预注浆。用水泥浆液填充钻孔时采用预注浆，压力注浆或无压均可。裂缝开放或半填充的约硬塑～坚硬的黏性土层及岩层、透水的无黏性土层中可采用水泥砂浆以减少浆液消耗。预注浆及重新钻孔后，需再次孔洞测试，必要时可再次预注浆。采用化学注浆时，必须保证化学浆液不对锚杆及周边环境产生不良影响。软岩中，与浆体强度增长相关的再次钻孔时机对避免钻孔偏斜很重要，一般在预注浆后 6～24h 之间。土层中，孔洞测试表明渗透性很强或注浆时流速很高但不产生回压时，有时需要预注浆处理。特殊情况下可采用常规空隙填充以加固地层。

（4）锚杆注浆。对于水平孔或向上倾斜孔，需采用密封或封隔器以防止浆液损失。上行钻孔可使用设置在最高点、从孔口穿出的软管进行排气。钻孔接近水平时，要采取分阶段注浆等特殊措施以避免孔内留下任何空隙。计划对锚固段分段注浆或重新注浆时，应把一条或多条袖阀管或马歇管与锚杆组装到一起。自由段浆体不应接触到结构以防止应力从锚固段通过自由段传递到结构，为此需要采取一些适合的预防措施，如把结构背后的浆液冲走、自由段采用不能传递应力的材料、在锚固段的近端设置封隔器等。高压分阶段注浆可提高锚杆抗拔力。

（5）后注浆。有些地层，钻洗孔可能会软化钻孔，对锚固段的后注浆可增加钻孔周边地层的强度。黏性土及带裂隙的软岩等力学性能较差的地层中，一次单一的注浆并不充分。后注浆最早可在初始注浆后约 8～10h 进行，应在 24h 之内完成。锚杆黏结力的增长与后注浆的受控程度相关，如注浆压力、注浆次数、维持的压力、浆液消耗的容量及速率等。

2.4　8.4 张拉

①张拉的目的是查明并记录锚杆荷载、位移的时间特性（最大至验证荷载），张紧锚筋并将之锚固在锁定荷载。应由有经验人员完成张拉及记录，过程应受控于适合的有资格的监督者，较佳人选是锚杆承包商或张拉设备供应商的专家。②张拉设备及荷载传感器的校准周期

不要超过 12 个月。③张拉及荷载试验时锚固段浆体强度应该足够,一般需 7 天龄期。敏感性土层中应规定锚杆安装注浆后至张拉前的强度恢复期,如果短期内因土层受扰动预应力损失很大,要进行周期性(例如每周)张拉研究能否达到稳定条件,尽量避免不能验收或降低标准。④锚筋自由段错列时(如荷载分散型锚杆,笔者注),要采取合适的张拉设备、锚夹具及张拉方法,使每条锚筋都能够达到验证荷载且不超张拉(尤其是较短的锚筋)。

3 BS 8081

BS 8081:1989 关于施工的内容主要集中在第 10 章及相关附录。

3.1 9 张拉设备

张拉时,荷载损失或位移测量的读数精度短时(<1h)试验时可为 0.2mm,长时(>1d)试验时 1mm 通常就足够了。压力计与千斤顶的距离一般不要超过 5m。如采用扭矩扳手对岩栓预加应力,张拉后应按总数 1~5% 的比例用液压千斤顶检验复核。

3.2 10 施工

(1)10.1 节指出,成孔方法、是否采用冲洗液、锚筋组装、注浆系统及各工艺流程持续时间等都会对锚杆的承载力产生影响。

(2)10.2 节指出,成孔方式可为回转、冲击、回转冲击等,有时也可采用振动冲击,要根据地质条件选择合适的成孔方式,要么对地层的扰动最小,要么扰动有益于锚杆承载力的提高。锚筋安装与注浆应与钻孔同日完成,注浆延迟会造成地层性状恶化,尤其是在超固结的、有裂缝的黏性土或软岩中;记录表中应包括岩土层类型、地下水位、钻孔速率、冲洗液损失或增加、停钻等情况。

(3)10.3 节要求,永久性锚杆包封内的注浆可用导管或直接从包封底部注入,待浆体有了足够强度后才可搬运及安装到钻孔内;锚筋安装前,防护层的破损处要进行修补。

(4)10.4 节要求,拌和时间应不小于 2min。水泥净浆采用高速胶质浆料搅拌机(最小转速 1000r/min)或桨叶搅拌机(150r/min)均可。拌和后要通过 5mm 筛滤去杂质。气温小于 0℃时要采取特殊措施,小于 2℃时,浆液灌注时温度不能小于 5℃、拌和料及锚筋均不能被冰雪霜侵扰。每日应进行流动性测试(流量锥或流槽)、泌浆测试(使用金属或玻璃量筒)、密度测试(使用泥浆比重计)及试块强度试验(100mm 立方体,测试 7d 及 28d 抗压强度)。记录表中应包括浆液成分、气温、注浆时浆液温度、注浆质量、测试及试块情况等。此外,本节还规定了树脂注浆用于锚固段包封防腐时的质量要求。

(5)10.5 节要求,锚具和承载板的允许安装偏差为 10mm,角度偏差 5°(均与锚筋相比)。锚头下的空隙采用沥青基或焦油基阻锈剂进行灌注,锚头锚筋时切割时不应产生大量热。

(6)10.6 节提出,张拉荷载可采用压力传感器(load cell)或液压表测量。①千斤顶每年至少要用绝对误差不大于 0.5% 的设备校准一次 5。②水泥浆体强度(采用 100mm 立方体试块强度)达到 30MPa 后才能张拉,易扰动地层锚杆完成后应尽快张拉。临时锚杆及永久锚杆张拉荷载均不得超过锚筋强度特征值。③提离检查,用千斤顶压力表或压力传感器记录锚筋应力。当张拉操作作为之后与时间相关的荷载测量的起点时,张拉操作应包括提离检查荷载测量,目的是使操作误差最小化。④采用多种仪器设备同时测量时,例如压力表和荷载传感器,如果相对误差超过 5%,应重新检准。⑤多单元锚杆可采用多个液压同步千斤顶或单独的千斤顶张拉,使用后者时,由于自由段的摩阻力及锚固段的位移,相邻单元锚杆的应力可能发生损失,这种损失可通过降低张拉荷载增幅以减少及重复张拉以消除。任何时候都可提离检验各单元锚筋。锁定时由于夹片楔入造成荷载损失,压力表或压力传感器的读数与锚筋实际荷载不同。锚筋实际锁定荷载可通过提离检查测得,从而确定荷载锁定损失,可考虑通过超张拉补偿。锁定损失与千斤顶类型和锚筋自由段有关。如果锚筋自由段很短,荷载锁定损失会很大,为使锚筋锁定荷载达到要求,需要超张拉量较大,可在锚具与限位板之间使用夹铁以减少超张拉量。

3.3 附录E 渗水试验和预注浆

(1)E.1 节指出,钻孔完成后也许该测量钻孔内水的损失或增加速率以试验钻孔的渗水性,目的是为了在钻孔遇到破碎带或对岩层构造有怀疑时,对浆液损失的可能性进行评估。钻孔完成后采用落差水头或封隔器注浆技术,用导管或软管从孔底注入清水。0.1MPa 水头差、测试时间不少于 10min,如果水的流失量小于 5L/min,则不需考虑对岩层进行预注浆。经验表明,水泥颗粒较大,不适用于宽度小于 160um 的岩体裂隙的处理,小于这个宽度的裂隙较多而引起的浆液流失较多在工程中是可以接受的。为节省造价,通常对全长钻孔进行渗水试验,但当水流量超过标准值时,如果打算对钻孔进行预注浆处理,则应采用封隔器封闭后对锚固段区域进行二次渗水试验。测量到孔内水量增加时,可增大回压以保持平衡,如果仍不稳定,应采用预注浆处理。

(2)E.2 节指出,应在预注浆完成后 24 小时之内重新钻孔,钻孔完成后再进行渗水试验,如果结果仍达不到指标,则应再次预注浆处理。覆盖层厚度每米标称注浆压力不超过 0.02MPa。软岩中重新钻孔时机要把握好,要避免生重新钻孔时发偏孔现象。

(3)E.3 节指出,因为钻孔冲洗液大量流失等原因怀疑松散沉积层中有大的空洞或孔隙时,应进行压水或预注浆试验。应记录锚杆注浆量,如果大于钻孔理论体积的 3 倍时,应停止注浆,拔出锚筋,对地层进行预处理。

4 PTI DC35.1-14

美标 PTI DC35.1-14《岩、土层预应力锚杆的建议》[6]第 7 章“施工”要求:钻孔暴露 8~12h后,在下锚注浆前应再次清孔。在地下水流或裂隙能够导致锚固段浆液流失的岩层中,工程师应指明对水工结构中的永久锚杆(如大坝抗浮锚杆)的钻孔进行水压力试验。水压力试验通常可在全长钻孔中进行,水压力一般大于静水压力 0.035MPa 即可,在孔底测量压力。无黏结段裂隙发育时,也可用封隔器或套管隔离后只对黏结段试验。水流失量超过 10.3L/10min时,应对钻孔进行预注浆、再钻孔及再清孔处理。仔细观察预注浆及再清孔过程,可以判断出是否会发生浆液流失现象。通常采用水灰比 0.5~1.0 的水泥净浆进行预注浆,必要时可掺入砂或外加剂。压力注浆时,压力一般在 0.35~2.8MPa 之间变化,取决于地质条件及超灌情况。注浆时浆液温度不应超过 32℃,或者采取防止闪凝措施。48h 内或强度达到 5.5MPa 前浆液不能受冻。后注浆(即二期注浆)时,注浆管逆止阀在高压下(可高达 8MPa)打开,浆液在阀门处劈裂开第一次注浆形成的浆柱,增加了浆体与地层之间的“原位”应力,从而提高了浆土界面阻力。后注浆方法及注浆管可以设计为单个出浆阀门以不受控制方式打开、浆液自由扩散,或者设计使用一些特制的封隔器,使单个阀门以可控方式打开,后者可以显著而可靠地提高软弱土地层中的锚杆承载力。注浆阶段示意图如图 1 所示。

不允许采用单股锚筋千斤顶对多股锚筋张拉及试验,除非这些千斤顶能够同步且能够同时把最大试验荷载同时加载到所有锚筋上。可在多股钢绞线千斤顶张拉前,采用单股钢绞线千斤顶对多股钢绞线锚筋中的单条钢绞线施加相同的始初荷载,初始荷载可为设计荷载的 5%~15%,通常采用 10%。

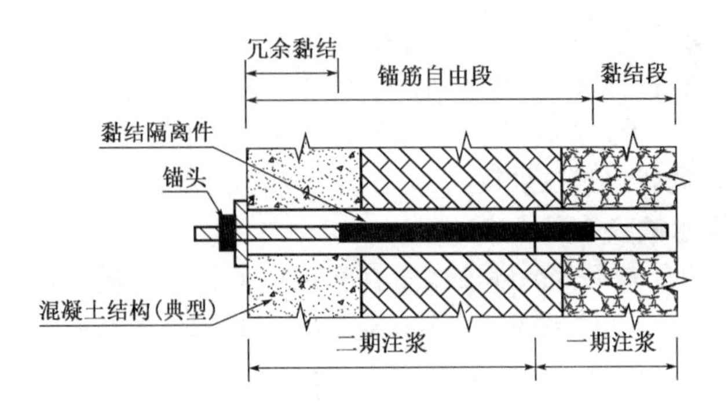

图1　注浆示意图(引自 PTI DC35.1-14 图 C6.1)

5　目标

(1)施工管理项目。一般的锚杆施工管理,是按照施工顺序,根据每一项作业,或是作业的每一阶段来制定管理项目进行的,管理项目如表1所示。管理项目越多,未必就越好,需要控制在所需的最小值内,因为无用的管理项目增多,会导致花费不必要的时间,质量下降,而重要的管理项目得不到精确的测量。管理计划中,除了管理项目外,每一个项目的管理者、测量计算方法、测量时期、管理值(容许误差)、偏离管理值时的应对措施都要明确。

施工管理项目(引自 JGS 4101—2012 解说表-7.1)　　表1

作业项目		管理项目
钻孔	机械进场	机械验收
	钻孔定位	定位精度
	钻孔	孔径
		孔长
		锚筋组装地面
	孔内清洁度	洗净水浓度
杆体组装加工	材料验收	材料质量
	组装加工	锚筋数量
		锚筋规格
		锚筋长度
		锚筋自由段长度
		锚筋黏结段长度
杆体插入	插入	损伤、污垢
		插入深度
注浆	材料验收	材料质量
	混合料	材料计量
		投料顺序
		拌和时间
		水温
		流动性

续上表

作业项目		管理项目
注浆	置换注浆	注入量
		排出废浆浓度
	压力注浆	注浆压力
	拔套管	杆体上翘拔出
	充填注浆	充填不饱满
张拉、锁定	张拉机械进场	机械验收
	锚夹具进场	锚夹具验收
	养护	浆体强度
	锚座设置	受压构件强度
		锚头背面处理状况
		锚座设置状况
	锚夹具安装	锚夹具设置状况
	张拉	张拉荷载
		荷载-变形关系
	锁定	锁定荷载
锚头处理	背面处理	防腐处理状况
	锚头处理	锚头处理状况

(2)钻孔机械。钻孔机械包括通过对钻杆施加回转力及压力的回转式机，及通过油压及气压进行冲击的回转式机；基本类有拱式和横向固定式；凿岩机按套管分为单管式及双管式。锥形钻头中包括回转式钻机的金属拱形钻、用于冲孔回转钻机的环形钻、同时使用的爪形钻、环形钻和十字形钻头的二重钻头等。

(3)钻孔及止水。除了钻头，钻孔技术对防止孔洞弯曲也很重要。钻孔弯曲多为向上及向右，一般钻孔越深，土质就越硬，且孔壁下部会留有碎屑，所以会向阻力较小的上方弯曲，与同时钻孔上下出现钻孔阻力差异，向右旋转的钻头通常会有向右旋转的趋势，即使地层是均匀的，由于下部的阻力较大，也会向右弯曲。此外，钻孔较深时，特别是孔口的软弱地层较厚时，多为向下弯曲。施工时应尽量放慢钻孔速度，以避免受到强大钻孔阻力的影响。锚杆间距较小时，为了尽量使所有锚杆的弯曲度相等，应保持同样的钻孔速度及冲击压力。钻孔后要进行清洁，使沉积到孔底的碎屑及附着的黏土能够排出。普通的清洁常常会出现砂砾或岩屑无法排出的情况，如果使用空气或真空反吸则容易排除，但吸力过大时容易出现流沙。除了钻孔水的回流外，一般还有地下水，导致外排泥水很多，会造成地基土扰动，减少锚杆抗拔力，挡土墙背面出现空洞，容易发生地层塌陷、挡土墙位移较大等质量事故。另外，地下水位较高时，钻杆收回或是锚筋安装后头部止水不及时，也会导致浆体和周边地层的砂粒流出。有几种止水方法：①在挡墙孔口止水。在孔口安装金属板、橡胶垫片及储水箱，防止地下水从孔口及地层与钻杆之间的缝隙流出，与入口管一起使用效果更佳。入口管采脾内径比钻孔直径大一圈的钢管制作，一般长度1~2m，其主要作用是提高钻孔精确度，本身没有防水功能，但可以预防挡墙内侧损坏。另外，孔口地层或挡墙强度不高时(水泥土挡墙)时，钻孔时孔口直径可能会越来越大，会造成漏水，孔口止水变得困难，所以在有承压水时，必须要设置入口管。②钻孔时在钻头顶部止水。设置一次性单向止水阀,钻孔时阀门关闭,停钻时在弹簧作用下阀门就位打开,防止地下水逆流。钻孔结束时,钻杆对钻头头顶部产生冲击断开,钻杆回收时钻头留在孔底。也可以使用双重管钻杆钻进,内杆顶推钻头顶部使其脱落。③拉拔钻杆时止水。该办法有3种类型,适合有承压水时使用。

(4)注浆。注浆分为钻孔后为排水排气为主要目的的置换注浆,为提高浆体与地层黏结强度的压力注浆,以及充填自由段的充填注浆3种。

(5)应力解除。采用适当的方式对锚杆应力解除,再张拉需完全解除后。说明中建议可采用从锚头背后切断锚筋的做法。附录解释了应力解除理由:地层强度降低、岩土压力加大、地下水位上升、应力扩散、冻结、地层膨胀等因素,可能会导致锚杆实际荷载大于容许抗拔力,安全风险增加。可将锚杆应力解除后再张拉。

(6)锁定荷载。锁定荷载的大小是锚杆的使用目的,即保证包括锚杆等构造物在内的地层的整体稳定决定的。由于蠕变等原因,锁定荷载通常随着时间而减少。为保证剩余的荷载(持有荷载)大于设计抗拔力,锁定荷载及张拉荷载应适当提高。

欧美日标准指出,当锁定荷载不满足设计要求时,应重新张拉。笔者理解,欧美标准侧重于锚筋材料强度控制,没有给出 P_0 与 N_d 的明确关系。大致上,欧标要求 $P_0 \leqslant 0.6f_k$,f_k 为锚筋材料抗拉强度特征值,因其规定 $N_d \leqslant 0.65f_k$,即大致上 $P_0 \geqslant 0.9N_d$;美标大致上要求 $P_0 \geqslant 0.85N_d$,最高不得大于 $1.1N_d$;日标侧重于设计承载力控制,要求锁定荷载~稳定驻留荷载均不小于"设计抗拔力"("设计抗拔力"大于设计荷载),大致可认为 $P_0 \geqslant N_d$。

6 结语

(1)欧标对锚杆施工技术要求较高,例如要求必要时应对孔洞采用渗水试验或注浆试验等方法检查及采取预注浆等方法处理、在张拉锁定后进行提离检查等。这些做法值得国内研究借鉴。

(2)日标对锚杆施工质量管理内容、成孔机械及方式、成孔时地下水的处理方法等要求较为详细。

(3)各国标准均提示,成孔方法、冲洗液、注浆及工艺流程时间等因素都对锚杆的承载力产生影响,应根据具体地层条件选择最适合的钻孔、注浆等施工工艺。

参考文献

[1] 付文光,周凯,张兴杰. EN 1537:2013及BS 8081中施工内容简介-欧洲目前主要锚杆技术标准简介之三[J].岩土锚固工程,2014(3):30-37.

[2] EN 1537:2013,Execution of special geotechnical works-Ground anchors[S],CEN.

[3] BS 8081:1989,British Standard Code of practice for Ground anchorages[S],BSI.

[4] 建築地盤アンカ一設計施工指針・同解説[S].日本建築学会,東京,2001.

[5] 付文光.日本《地锚设计・施工标准及说明JGS 4101—2012》简介[J].岩土锚固工程,2015(3):37-41.

[6] PTI DC35.1-14. Recommendations for Prestressed Rock and Soil Anchors,5th Edition. PTI,New York,2014.

欧美日锚杆专项标准抗浮锚杆设计

付文光[1]　邹　杰[1]　吴　贤[1]　闫贵海[2]

（1. 深圳市工勘岩土集团有限公司　2. 中国京冶工程技术有限公司）

摘　要　欧美标准认为，抗浮锚杆应采用预应力锚杆、锁定荷载大于工作荷载，以尽量减少抗浮锚杆在设计使用年限内因水位循环波动造成的应力损失及位移。抗浮锚杆的整体稳定性验算可采用倒圆锥体破坏模型，有覆盖层时覆盖层内则为圆柱体，锚固段埋深较浅时可采用漏斗形。锚杆群处于同一岩层且岩体呈水平层理发育时，要防止发生水平层状破坏。可再张拉锚头及再放张锚头结构较为复杂。

关键词　抗浮锚杆　工作荷载　整体稳定　倒圆锥破坏模型

1　概述

国际上现行锚杆专项技术标准有十余部，本论文介绍及讨论2012年以后欧盟、美国及日本等国家和地区发布的最新版标准中锚杆抗浮设计相关内容[1]。抗浮锚杆是一类较为特殊的锚杆，特殊性在于：①整体稳定的主要抗力为岩土体的自重及强度；②承受交变荷载；③主要工作在水下；④通常为永久锚杆。故本系列论文在介绍一般锚杆设计内容基础上，对抗浮锚杆设计内容加以单独介绍，重点为与一般锚杆及锚固体系不同之处[2,3]。

2　BS 8081:1989

英标BS 8081:1989《英国标准：锚杆实践规范》[4]中有关抗浮锚杆内容主要为附录A“进一步研究的建议”中的A.2节“整体稳定性问题”，附录D“整体稳定性”中的D.2节“土层锚固”、D.3节“岩层锚固”及D.5节“锚杆在张拉及外荷载作用下的性能”。

2.1　土层抗浮锚杆整体稳定计算方法

D.2.4小节“垂直荷载下的结构”指出，锚杆用于抗浮时，根据平衡条件计算最大拉力，而最大抗力取决于锚杆群能够调动的土体。抗浮破坏模式假定为圆锥体破坏，不同地层中的半锥角可假设为30°或45°，取决于地层状况，如图1所示。锥角是根据经验假设的，理论上不太可能算得出来。安全系数为土体及混凝土重量之和与浮力之比，取1.2～1.5，取决于是不是允许计算侧摩阻力。计算时应取土的浮重度。应按锚杆承载力设计空水槽的底板，允许锚杆在水槽充满水后沉降而释放应力。这种周期性循环不应造成锚杆承载力下降。另外，对足尺锚杆圆柱体模型的研究表明，在黏性土及无黏性土中，这都是一种可替代选择的设计方法。

不多的有效的资料表明，在交变轴心荷载下，土层锚杆与灌注桩表现出来的性能相同，如：①除了承载力最低的（少于静承载力的25%）以外，其他的显示出没有任何限制的连续变形；②双向交变荷载都可以导致承载力降低，单向荷载的影响小一些；③使轴心位移大于5%孔径的交变荷载可导致静承载力降低。仍需要大量的研究以搞清楚交变荷载下基础静承载力的力学机理,变动幅度(为静承载力最大值的百分率)、荷载循环次数及荷载方向(压缩还是上浮)都很重要。不过,大量经受了循环的、重复的或脉动的荷载的锚固结构的表现令人满意。锚杆预应力看起来增加了系统的刚度。如果每遍荷载循环都没有产生永久位移(塑性位移),则锚固系统能够胜任;如果锚固段发生了永久位移(滑动),则锚杆存在突然破坏的可能性。

2.2 锚杆工作荷载确定方法

D.2.4 小节要求,锚杆预加的应力应大于任何可能的波动荷载,可采用图 2 所示方法确定锚杆的工作荷载 T_w:锚杆先张拉到验证荷载(锚杆受到的最大试验荷载)T_t,完全放张,重新加载至 T_t,绘制荷载—位移曲线,后次加载曲线与前次卸载曲线的交点荷载为 T_x。T_w 应小于 T_x,以尽量减少抗浮锚杆服役期间因水位循环波动造成的应力损失。

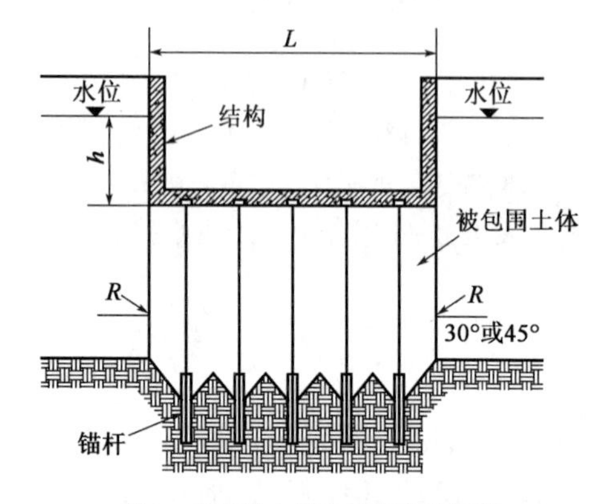

图 1　无黏性土层中的垂直锚杆群

(摘自 BS 8081:1989 图 47b)

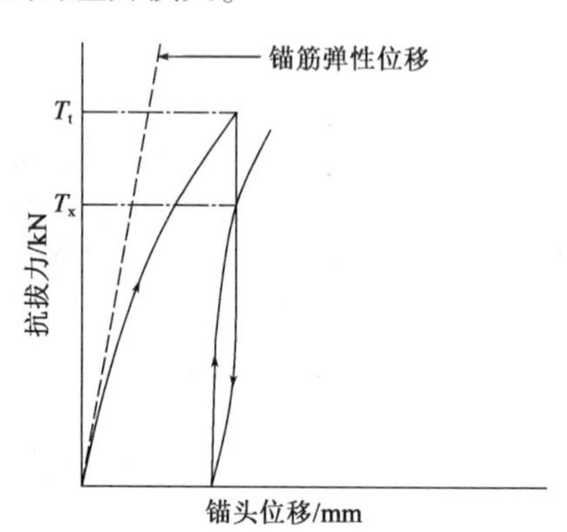

图 2　工作荷载确定方法

(引自 BS 8081:1989 图 48)

2.3 岩层抗浮锚杆

D.3.5 小节“岩层中垂直及瞬变荷载下的结构安全”指出,目前尚不能理论上指出岩层中垂直锚杆破坏区的几何尺寸。以下建议的分析方法是经验性的,没有试验、实际证据或理论数据能够对其证实,通常认为方法是偏于保守的。

(1)分析方法。可进行锚固段与周边岩层相互作用的运动学分析以确定单条或群体锚杆的极限承载力。但本规范不涉及这种方法,推荐垂直锚杆的倒圆锥体破坏模型,如图 3 所示。

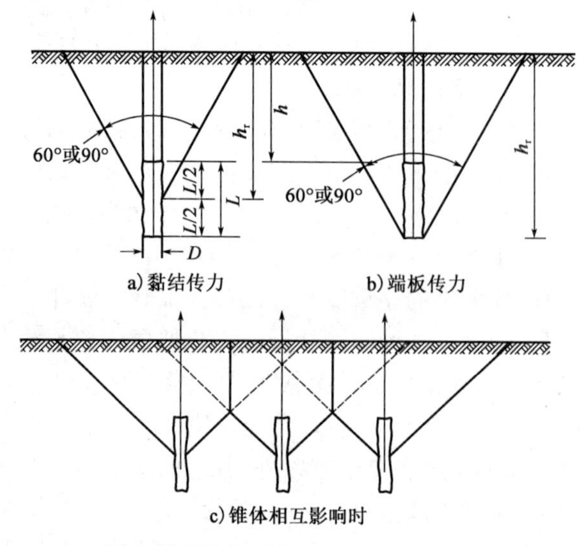

图 3　锥角尺寸(引自 BS 8081:1989 图 54)

假定破坏面为圆锥体,破坏时倒锥体内的岩土体均被锚杆调动。锚杆计算深度 h_r 和锚固段传力形式有关,黏结传力时取自由段与1/2锚固段之和,尾端承压板传力时(例如压力型锚杆,笔者注)取锚杆全长,如图3所示,取决于设计者的判断,假定越保守安全系数越高。图中,60°用于松软、裂缝发育或风化强烈岩体,90°用于其他条件岩体。

岩层上有覆盖层时,"锥体"不应该连续穿过覆盖层,可假定破裂面在覆盖层内呈圆柱体,圆柱体上至土层表面,下至岩层顶面与锥体端头相接。

(2)设计考虑的一些问题。鉴于过去一直缺少对岩体的细致了解,其抗剪强度通常不计。锚杆的约束主要取决于完整岩石的力学性质时,这些性质应仅限用于被有效试验证实过的特定场合。计算时岩石应取有效重度。当相邻较近的锚杆处于同一岩层且岩体呈水平层理发育时,要调查研究层状破坏机理,锚杆应部分倾斜设置或长短不一,使锚固段不要集中在同一岩层平面上,以免发生水平层状破坏。

(3)锚杆深度。选取的参数合适时,锚杆深度可用下列经验公式估算。完整的匀质岩层、不规则的破碎岩层、不规则的水下破碎岩层中,单排锚杆深度 h_r 可分别从式1~3中估算:

$$S_f T_w = 2.83\tau s h_r \tag{1}$$

$$S_f T_w = \gamma s\tan^2\varphi'\ h_r^2 \tag{2}$$

$$S_f T_w = (\gamma - \gamma_w)\ s\tan^2\varphi'\ h_r^2 \tag{3}$$

式中,S_f 为安全系数,一般取2~3;T_w 为锚杆工作荷载(kN);τ 为岩层抗剪强度(kPa);s 为锚杆间距(s);γ 为岩体重度(kN/m³);γ_w 为水的重度(kN/m³);φ'为岩体跨断裂的有效内摩擦角(°)。式中假定圆锥角为90°。岩层中向下倾斜锚杆的工程实际经验表明,图3所示的那种伴随表面起伏的一般破坏模式在深度直径比(h/D)超过15后不会发生(D 为锚固段直径),地层中的细长锚杆($h/D>15$)倾向于在锚固段发生局部破坏。

2.4 锚杆在荷载下的性能

D.5节指出,锚杆张拉时,预加应力被承压板下的地层或相关结构产生的抗力所平衡,因为锚筋与地层的刚度相差较大,这个过程常常导致锚筋产生较大延伸及地表产生较小位移。锚筋张拉作业预压缩了地层,改变了地层的应力状态,锚固系统的设计必须要保证应力改变的结果稳定且有足够的安全系数。

之后,外荷载的应用(方向与锚固应力相同)将倾向于把地层应力恢复到原始应力状态。这不会导致锚杆应力有明显增加,直到外荷载等于锚杆荷载、地应力全部恢复。整体稳定性分析计算所需要的锚固力时,这种外加荷载应考虑在内,如图4所示。图中,施工期间因排水等原因水位较低,没有到达底板高度时,锚杆锁定后与底板处于平衡状态,锚杆拉力 T 等于施加的荷载 T_w,$\Sigma\sigma_{sr}=T$,$\Sigma\sigma_{tw}=T_w$,$\sigma_{sr}=\sigma_{tw}$,$T=T_w$;地下水位上升超过底板高度、达到正常水位时,底板受到浮力作用,$\sigma_{sr}-\sigma_{gw}=\sigma_{tw}-\sigma_{gw}$,$\sigma_{gw}<\sigma_{tw}$,底板未发生移动,锚杆拉力未发生变化,$T=T_w$;地下水位上升超过正常水位、$\sigma_{gw}>\sigma_{tw}$后,$T=T_w+\Sigma(\sigma_{gw}-\sigma_{sr})=\Sigma\sigma_{gw}$,大于 T_w,即锚杆拉力增加。

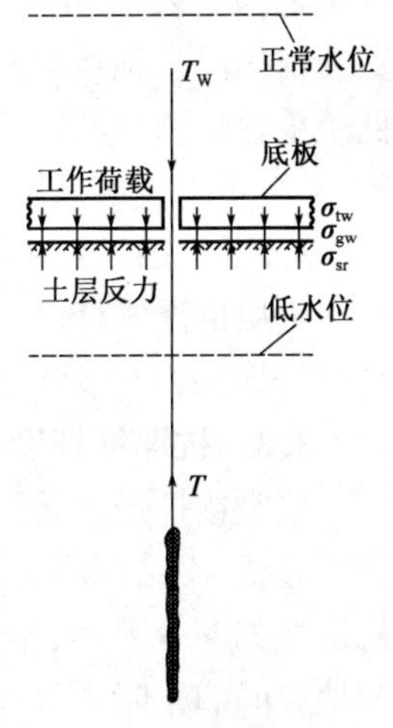

图4 锚杆性能
(引自BS 8081:1989图55)

锚杆张拉锁定(锁定值为1.1倍工作荷载)后的应变测量表明,只要外荷载没有超过锚筋的驻留荷载(驻留荷载为锁定后驻留在锚筋上的荷载。笔者注),锚头就什么产生什么明显位移。一旦超过了,位移作为锚筋自由段、截面积及弹性模量的函数,就会产生。比工作荷载多

10%作为锁定荷载,可足够超过初始的及以后可能会增加的应用荷载,但不会超过锚杆的承载能力,这样可使锚杆得到充分利用。

非预应力锚杆,例如锚定锚,锚头位移从开始就取决于地层提供被动约束的能力以及受拉构件的长度、截面积及弹性模量,结果是即使在服役荷载条件下预计锚头的位移都很大,这样,工程实践中为了使位移最小化,通常优先选用预应力锚杆。

2.5 整体稳定性问题

A.2节"整体稳定性问题"指出,需要更多的足尺寸垂直锚杆现场试验来估算锚固段的临界埋置深度以防常见的剪切破坏,工作目标是提出不同地层中实用的安全埋置深度的极限值。试验最初应该先研究单条锚杆,随后再扩大到群锚。第二阶段,不仅要调查研究破坏机理,还要在单条锚筋上安装仪器以监测相邻锚杆应力的影响。实际工程中锚固段交错或扩展布置以减少应力在同一平面集中的做法已相当普遍。应该组织对整体锚固体系的位移及锚杆荷载监测以研究锚杆的服役性能,尤其是预应力对变形的影响。

3 FHWA-IF-99-015

美标FHWA-IF-99-015《岩土工程手册4:地层锚杆和锚固体系》[5]中抗浮锚杆设计内容主要为第5.9节"系紧设计"。抗浮锚杆要抵抗两种可能的破坏:①单条锚杆要有抵抗上浮压力的承载能力;②土体有整体稳定能力,被系住的土体要足够大以抵抗上浮力。因此设计时:①要估算岩层及土层中单条及群体锚杆的整体稳定性;②为遭受静水压力荷载的底板设计抗浮锚杆。

3.1 岩层抗浮锚杆

设计通常考虑岩层抗浮锚杆有3种破坏模式:①假定为倒圆锥体或楔形体的岩体整体稳定,如图3所示;②浆体/地层界面的剪切破坏;③锚筋/浆体的界面剪切破坏。岩层锚杆的抗浮承载力取决于锚固段的相对深度 h/D,当 $h/D>15$ 后,泥岩、页岩等软岩中主要破坏模式为第2种,硬岩中主要为第3种。软泥岩中的短锚杆可能会发生第1种与第2种混合破坏模式。

短锚杆或主要为整体稳定破坏时,岩体抗浮承载力典型地假定为圆锥或楔形破坏体的有效重量,如图3所示。分析时,岩层的抗剪强度通常忽略不计,通常假定锥角为60°或90°,锥尖为锚固段的顶点、中点或底点。相邻锚杆相互影响时,群锚中单锚的承载力如图3所示,要低于单独作用时的锚杆。安全系统的范围一般为2~3。考虑到不计岩体的抗剪强度,致密的、裂缝不发育的岩层中安全系数可适当降低,但裂缝发育的或松散的岩层中可能需要提高。

3.2 土层抗浮锚杆

土层抗浮锚杆可能会发生第1、2种破坏模式,第1种破坏模式与岩层类似;但由于土层抗浮锚杆埋深相对较深,故主要发生第2种破坏模式。

3.3 抗浮锚杆设计

这类锚杆最主要的问题有:①被包围岩土体的整体稳定性;②被包围的岩土体的位移(如表面起伏、固结沉降及蠕变)引起的锚杆匹荷载变化;③腐蚀防腐及锚头防水。结构抗浮整体稳定性如图1所示,结构及被包围岩土体重量应大于水的浮力 $\gamma_w hL$。为保守起见,结构外墙与地层间的摩阻力 R 忽略不计。结构基础置放在相对可压缩地层上时,结构在设计使用年限内,与施工活动、水位波动、土层固结及土层蠕变相关的位移,可能会使锚杆荷载发生明显变化。一般认为这些位移会导致锚杆锚筋发生拉紧及放松循环,如果锚筋在锁定后遭受到附加荷载,锚筋尺寸必须要满足锚杆施工使用年限内可能遇到的最大荷载要求。

4 日标

日标《建築地盤アンカー設計施工指針・同解説》[6]中把抗浮锚杆作为永久垂直锚杆的一类,提出:

(1)永久垂直锚杆的主要目的有:防止有水压的建筑物上浮;防止高耸结构物因地需、暴风倒塌;防止因地震、暴风地基上浮;防止因受侧向土压的建筑物、挡土墙倒塌。

(2)锚固体间距与直径的比值如果大于6则可以不考虑群锚效应。

(3)锚杆深度与锚固体直径之比较大(10~15)时,地层内的滑动面就不会达到地面;较浅时,破坏面从锚固端到地面形成漏斗状,如图5所示。

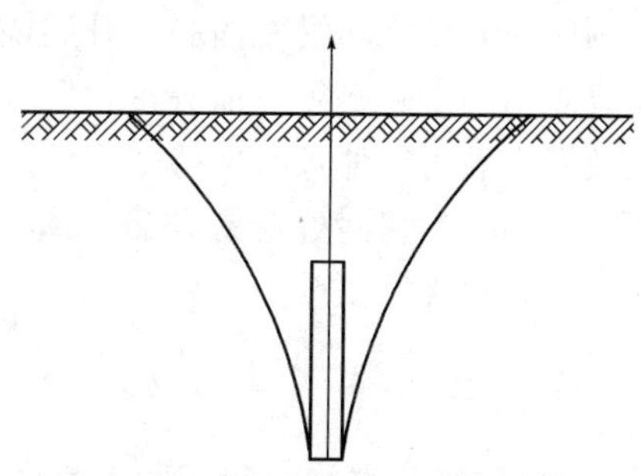

图5 砂质地层中深度较浅的垂直锚杆破坏形式(引自《建築地盤アンカー設計施工指針・同解説》解说图7.5)

5 锚头防水

(1)BS 8081:1989第8.2.4.4小节"锚头"指出,饱水或潮湿环境中,需要特别考虑防腐方法。地层中的地下水会渗透到锚杆钻孔里,施工期间采取适当的措施控制水土流动可能很有必要。这种情况下,不太可能把积水完全排除干净,需要对锚筋单元完全封装防止进水。穿过锚固结构的护管处于潮湿环境中时,靠易碎的浆体在管外密封防水是不切实际的,因浆体在锚杆服役期间也许会遭受结构与锚筋之间的很小的相对位移。防水结构中的锚头防腐作法如图6所示。

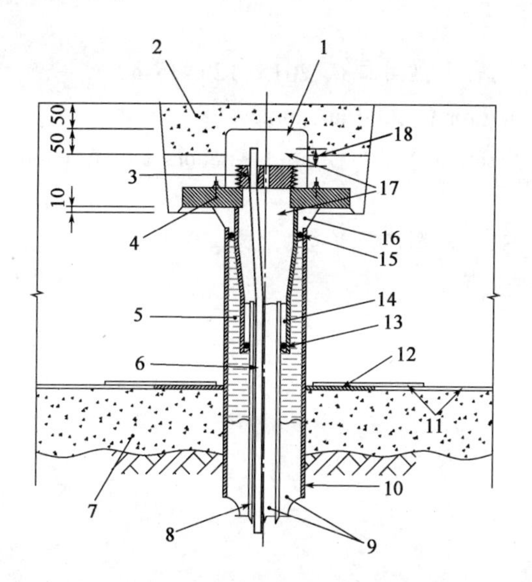

a)双层防腐钢绞线锚筋所用的可再张拉锚头

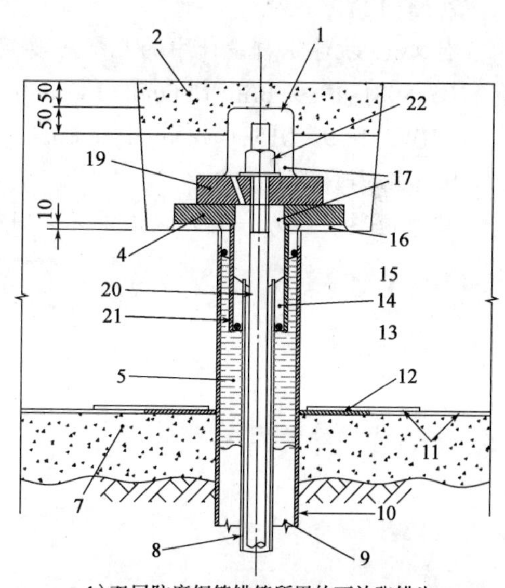

b)双层防腐钢筋锚筋所用的可放张锚头

图6 防水结构中典型锚头(引自BS 8081:1989图25、27)(尺寸单位:mm)

1-带垫圈和夹具的可拆卸塑料涂层钢帽;2-上半部分填沥青、下半部分填净砂的加压坑;3-可再张拉锚头;4-喷涂3层环氧的承压钢板及喇叭管;5-承压板及喇叭管安放后注入阻锈剂;6-受保护的钢绞线锚筋;7-混凝土垫层;8-沿无黏结段全长的硬塑料管;9-水泥/膨润土浆体;10-置放在混凝土垫层中的低碳钢法兰管,浇筑在混凝土基础板中;11-防水膜;12-与法兰黏结的防水系统;13-橡胶密封;14-环氧树脂栓;15-橡胶密封;16-环氧树脂底座;17-张拉后注入阻锈剂;18-拆卸后允许再张拉;19-垫板;20-受保护的单条钢筋锚筋;21-低碳钢喇叭管;22-可放张锚头

(2)FHWA-IF-99-015 第6.3.2.6小节“抗浮结构中的锚杆防腐”指出，抗浮锚杆设计时，要特别注意应防止地下水从防腐结构的缺口进入到锚筋。地下水进入后很可能会在防腐屏障与预应力元件之间沿着锚筋上升到锚头。这类锚杆通常需要I级防腐。预应力元件之间及钢筋线之间的空隙必须在锚头密封后被阻锈剂充满，锚头的密封必须在锚筋经受拉拔试验时伸长及锁定后可能伸长时保持防水性。此外，锚筋穿过结构时，也需要防水性良好的密封，在水压力下锚头的密封处最易渗漏，渗漏水会加速锚头的腐蚀，此时可能需要考虑在施工之前进行密封的防水性能试验。

6 结语

(1)抗浮锚杆应采用预应力锚杆、锁定荷载大于工作荷载，以尽量减少抗浮锚杆在设计使用年限内因水位循环波动造成的应力损失及位移。

(2)抗浮锚杆的整体稳定性验算可采用倒圆锥体破坏模型，有覆盖层时覆盖层内则为圆柱体。

(3)锚杆群处于同一岩层且岩体呈水平层理发育时，要防止发生水平层状破坏。

(4)可再张拉锚头及再放张锚头结构较为复杂，国内抗浮锚杆中几无应用。

参考文献

[1] 付文光，周凯. BS 8081:1989 等规范中抗浮锚杆设计内容简介－欧洲目前主要锚杆技术标准简介之七[J]. 岩土锚固工程，2015(1):19-24.

[2] 付文光，张俊峰. 抗浮锚杆技术在国内应用情况调查及特点分析[J]. 岩土锚固工程，2013(12):33-39.

[3] 付文光. 抗浮锚杆设计中的几个重要问题[J]. 岩土锚固工程，2015(12):35-42.

[4] BS 8081:1989, British Standard Code of practice for Ground anchorages[S], BSI.

[5] FHWA-IF-99-015, Geotechnical Engineering Circular No. 4: Ground Anchors and Anchored Systems, FHWA, 1999.

[6] 建築地盤アンカー設計施工指針・同解説[S]. 日本建築学会，東京，2001.

欧美日锚杆专项标准之防腐部分

王荣发　吴　贤　付文光　杨峻青

（深圳市工勘岩土集团有限公司）

摘　要　欧标 EN 1537 中，锚杆按设计使用年限分为临时锚杆及永久锚杆，对锚头、锚筋自由段及黏结段分别建议了双层、单层等不同防腐做法。美标按设计使用年限、地层侵蚀性等因素分为Ⅰ级、Ⅱ级及无防护三级。欧美标准中，锚杆黏结段大多采用于工厂预制封装做法，要求永久锚杆至少有一层物理保护屏障，防腐重点为锚头下一定长度范围内。英标 BS 8081 提供了防腐要求、防护原则及很多防腐做法细节。

关键词　锚杆　腐蚀　双层防腐　单层防腐　封装　阻锈剂　EN1537 BS8081

1　概述

国际上现行锚杆专项技术标准有十余部，本论文介绍及讨论 2012 年以后欧盟、美国及日本等国家和地区发布的最新版标准中的防腐设计及施工等内容进行介绍[1]。主要介绍欧标 EN 1537：2013《特种岩土工程的实施——锚杆》[2]及英标 BS 8081：1989《英国标准锚杆实践规范》[3]，两者矛盾时以前者为准；同时也简单介绍一下美标 FHWA-IF-99-015《岩土工程手册 4：地层锚杆和锚固体系》[4]及《PTI DC35. 1-14：预应力岩层与土层锚杆的建议》[5]、日标 JGS 4101—2012《地锚设计 · 施工标准及说明》[6]等。

2　EN 1537

2.1　锚杆防腐体系选择

6.3 节“钢锚筋及预应力钢构件的防腐”指出，防腐系统应按锚杆设计使用年限（永久锚杆及临时锚杆）及环境的侵蚀性进行分级，所有钢元器件应在设计使用年限内受到保护，防腐元件应能够传递给锚筋荷载，所有锚筋和封装的保护层厚度不应小于 10mm。

附录 C 中提供了临时锚杆和永久锚杆的案例及示意图，但没有明确提供防腐分级方案。规范要求环境侵蚀性确定按 EN 206-1《混凝土—规范、性能、产品及合格证》[7]，但 EN 206-1 中环境侵蚀性仅限于混凝土，对地下水的 SO_4^{2-}、pH、侵蚀性 CO_2、NH_4^+、Mg^{2+} 及土层中的 SO_4^{2-} 对混凝土的腐蚀性按含量分为无腐蚀、轻腐蚀、中腐蚀及强腐蚀 4 级，并未提及对混凝土内的钢材如何判定。笔者理解为规范要求设计者自行判断其对锚杆的腐蚀性并采取适合的防腐措施。

2.2　临时锚杆作法

（1）锚筋黏结段。全部锚筋都应该有至少 10mm 厚水泥浆体保护层。地层有侵蚀性时，可能要采取适当的加强措施，如锚筋外包裹一层波纹管。

（2）锚筋自由段。保护体系应具备低摩阻性，不影响锚筋的自由移动。如：塑料护套包裹每条锚筋，端头密封防水或注满阻锈剂；或者，所有锚筋共用塑料的或钢的护套或管，端头密封防水或注满阻锈剂。其中侵蚀性环境应采用阻锈剂。

(3)锚头和锚筋自由段的过渡(锚头内段)。锚筋自由段护套或管能够密封到承压板/锚头上,或者,金属或塑料的袖套或塑料管能够密封或焊接到承压板上。护套或管应搭接,侵蚀性环境中应内充阻锈剂,底端为水泥或树脂。

(4)锚头(锚头外段)。可打开检查及重新涂层锚头的防护:非流动性阻锈剂涂层,或者,阻锈剂与浸阻锈剂布带相结合。锚头不需打开或侵蚀性环境中,采用适用的金属或塑料帽内充阻锈剂以长期使用。

2.3 永久锚杆作法

(1)总体要求。永久锚杆的锚筋至少应有一层连续的设计使用年限内不会劣化的防腐材料包裹。防腐体系应为一层物理防腐屏障,其完整性应得到现场试验逐条证实,除非另有规定;或者为双层防腐屏障,内层被外层保护以防在锚筋组装及安装过程中损伤。

(2)防腐检查。所有防腐系统都应经受试验以检验系统能力。黏结段单层防腐时,屏障的完整性应得到现场水头渗水试验等试验的检验。

(3)锚筋黏结段。封装(或现场防护屏障)可由下列之一组成:①包含锚筋的一层塑料波纹管和浆体(或一层塑料管);②两层同轴塑料波纹管,内管内外预先注满水泥浆或树脂(或两层塑料管);③一层塑料波纹管,包含一条或多条带肋钢筋,预注水泥浆,钢筋保护层厚度至少5mm,钢筋肋要连续分布,服役荷载下钢筋与管之间的浆体裂缝宽度不大于0.1mm(或塑料管内注水泥浆);④一层厚度不少于3mm的波纹钢管或塑料马歇管,管外浆体保护层厚度至少20mm、注浆压力不小于0.5MPa、马歇管出浆孔间隔不大于1m,管内浆体保护层厚度至少5mm、服役荷载下裂缝宽度不大于0.2mm(或塑料管及钢管内注水泥浆);⑤一层波纹钢管(承压管)贴紧预先涂敷油脂的钢筋,钢管和在固定螺帽处的塑料帽被一层厚度不少于10mm的水泥浆体保护,服役荷载下浆体裂缝宽度不大于0.1mm(或钢管外包水泥浆)。

(4)锚筋自由段。保护系统应允许锚筋在钻孔内的自由移动,可由下列之一组成:①用于一条锚筋的套内充满柔性阻锈剂的一层塑料护套,加上a、b、c、d之一;②用于一条锚筋的套内充满水泥浆的一层塑料护套,加上a、b之一;③共用于多条锚筋的套内充满水泥浆的一层塑料护套,加上b。其中:a.内充柔性阻锈剂的共用塑料护套或管;b.端头密封防水的共用塑料护套或管;c.内充水泥浆的共用塑料护套或管;d.内充密实水泥浆体的共用钢管。

(5)锚头内段。把一个涂层的、注浆的或埋入的金属袖套或固定塑料管密封或焊接在锚头上,形成了对内充阻锈剂、水泥浆或树脂的锚筋自由段护套或管的密封。

(6)锚头。厚度不少于3mm的涂层或/和镀锌金属帽,或者厚度不少于5mm、翼缘不少于10mm的硬质塑料帽,与承压板相接,可拆卸帽内充柔性阻锈剂并用垫圈密封,不可拆卸帽可内充水泥或树脂。

2.4 锚杆防腐大样

附录C提供了单层和双层防腐系统及永久锚头的做法示意图如图1～图3所示。

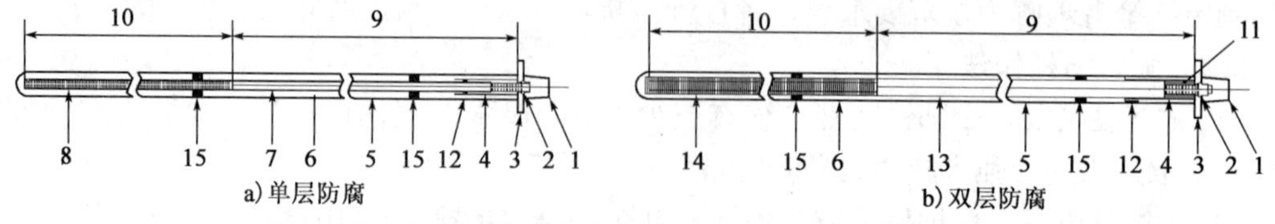

图1　带肋钢筋锚杆单层及双层防腐示意(引自EN 1537图C.1)

1-保护帽内充阻锈剂;2-圆锥螺栓;3-承压板;4-钢管;5-钻孔;6-浆体;7-光滑塑料护套;8-带肋钢筋;9-自由段;10-锚固段;11-阻锈剂;12-O环密封;13-带肋塑料护套外包光滑塑料护套;14-预注浆的带肋塑料护套;15-对中架

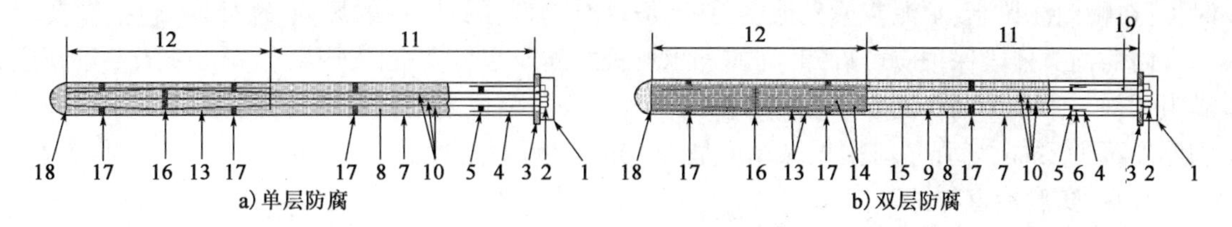

图2　钢绞线锚杆单层及双层防腐示意(引自 EN 1537 图 C.2)

1-保护帽内充阻锈剂;2-三孔锚具;3-承压板;4-钢管;5-封隔器;6-O 环;7-钻孔;8-浆体;9-仅用于锚筋自由段的光滑塑料护套;10-仅用于锚筋自由段的涂覆油脂和外包护套的钢绞线;11-自由段;12-锚固段;13-带肋塑料护套;14-工厂内注浆;15-二期注浆或采用阻锈剂;16-隔离架;17-对中架;18-密封及端帽

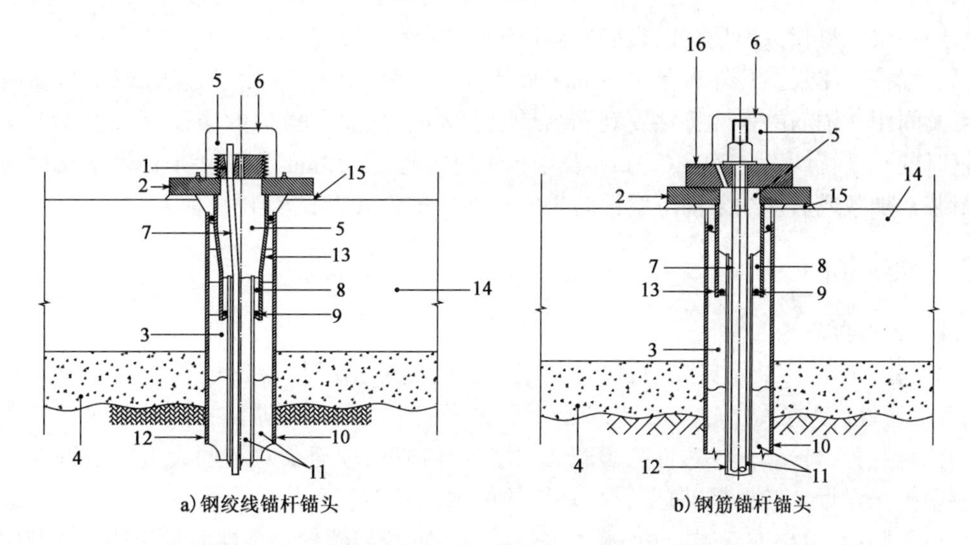

图3　锚头双层防腐细节示意(引自 EN 1537 图 C.3 及 C.4)

1-可再张拉锚头;2-涂覆环氧漆的钢承压板及喇叭管;3-承压板及喇叭管座放前灌注阻锈剂;4-垫层混凝土;5-张拉后内注阻锈剂;6-带垫圈及夹子的塑料涂层可拆卸钢帽;7-受保护的锚筋;8-环氧树脂栓;9-橡胶密封;10-设置在垫层混凝土中且浇铸在钢筋混凝土板里的低碳钢法兰管;11-水泥/膨润土注浆;12-锚筋自由段全长硬质塑料管;13-低碳钢喇叭管;14-荷载转向块;15-环氧树脂底座;16-垫板

2.5　注浆

6.4 节指出,在用于永久性锚杆的封装内注水泥浆时:在工厂(或相当于)条件下,可在外层防腐屏障内注射浆液形成厚度不小于 5mm 的保护层作为内层屏障,形成双层永久性防腐屏障;如采用马歇管注浆,塑料或钢波纹管至少厚 3mm,管外包裹浆体保护层厚度不少于 20mm,注浆压力不小于 0.5MPa。永久性锚杆封装外注浆时,应考虑环境是否有碳酸或硫酸盐等侵蚀性物质、地层的渗透性及锚杆使用年限等因素选择水泥,可使用外加剂以改善和易性或耐久性、减少泌水或渗漏、或加快强度提高。条件适合时树脂及树脂砂浆可替代水泥浆液,作为锚筋永久性保护屏障时,厚度不小于 5mm,应连续,在应力下不得开裂。

2.6　防腐实施

6.6 节要求:防腐系统不得约束任何张拉及放张操作,也不得被其损伤。锚筋应用前不得有点蚀,允许有表面轻微表面锈蚀。防腐作业时环境及材料一定要保持干净。环境有侵蚀性时,临时锚杆及永久锚杆的锚头需均早期防护。锚头内段保护的目标,是将锚筋自由段防腐有效地复制到暴露在承载板下和穿过板内的锚头内段上。有条件注浆时,应低处设注浆管及高处设排气管以保证注浆饱满;没条件时,也可采用预包装阻锈剂。锚头不需再张拉及荷载检查时，可在帽内注树脂、水泥浆或其他密封胶，但这有降低锚具效率的风险；需要时，包括帽及配件在内的锚头外段保护应可拆卸，在帽和承压板之间应密封及机械连接，帽里可能需要重新注满阻锈剂。永久性锚杆的承压板等暴露的钢配件安装前应采用金属结构涂层保护。永久性钢帽厚度至少3mm，增强塑料帽翼缘厚度最少10mm，壁厚最少5mm。

2.7 防腐检查与试验

6.7节要求，防腐系统及所有组件试验检验合格后才能应用。应通过适合的检查及试验来评估防腐系统的这些性能：塑料管的厚度及完整性，接头和密封的完整性，隔离架、对中架的功效及保护层，作为永久防腐屏障的水泥浆体中裂缝的位置、宽度及间距，管内浆液、树脂或阻锈剂的饱满程度及总容量，涂层损伤，沿界面黏结或不黏结程度，安装及加荷时的配件错位。封装采用一层塑料管保护且辅以裂缝控制注浆时，及采用一层3mm厚钢的或波纹塑料马歇管且辅以裂缝控制注浆及管外有至少20mm浆体保护层时，应进行研究试验以确定封装内裂缝的宽度及间距。锚筋的弹性特性及观测结果应能表明，试验所模拟的服役荷载条件下采用预应力钢时的裂缝宽度不会超过0.1mm及结构钢时不超过0.2mm。附录A提供了获取预制的锚杆封装在加载或后加载条件下腐蚀防护完整性的试验A及试验B两种方法。

3 BS 8081

3.1 一般要求

8.2.1小节指出，工程实践中，设计防腐范围已经包括了从渗透性侵蚀土层中的双层防护、到低渗透性（渗透系数$k_w<10^{-10}$m/s）无腐蚀岩层中的简单注浆防护或单独采用二期注浆防护的低承载力岩栓。低渗透性高承载力岩层永久锚杆，应至少对锚筋设置一层物理屏障进行单层防护。设计者应根据破坏后果、环境的侵蚀性及防护费用综合决定腐蚀防护等级。临时锚杆可无防护、单层或双层防护，永久锚杆应单层或双层防护。单层防护指锚杆安装之前为锚筋提供的一层物理屏障，双层防护指采用两层物理屏障，目的是用外层保护内层，即外层防护提供了额外保障，也表明了锚筋防护等级的差别。机械式岩栓不能用于永久锚杆。

3.2 防护系统性能

8.2.2小节指出，防腐系统应具备这些性能：在锚杆服役期内均能提供有效的防护；不能对环境及锚杆造成不良影响；不能限制自由段锚筋的移动；与锚杆的变形、永久性能及腐蚀环境相适应；在锚杆施加预应力时不能破损；在锚杆制造、搬运及安装期间与被防护构件始终良好接触；在安装之前能够被检查。

3.3 防护原则

8.2.3小节指出，防护系统目标通常是把金属锚筋完全装入不透水的保护层或套内以排除环绕在锚筋周围的潮湿气体。防护原则对锚杆的各部分均适用，但在锚固段、自由段及锚头的细节处理有所差别。①防护措施包括在锚筋生产时用于包裹锚筋的一层或多层涂层和涂层内的液性材料。在锚筋与钻孔孔壁之间的注浆不能作为防护系统的一部分，因为注浆质量及完整性不能得到保证。灌注的液性材料应具备良好的柔性以组成不会开裂和剥离的物理屏障。液性材料在硬化的裂缝处变得易碎，其服役期间作为结构会遭受应力差，产生裂缝的时间取决于拉应力及柔性。②有案例表明，水泥浆体黏结的光圆钢筋、钢绞线及钢丝锚筋受力后，裂缝往往以50~100mm的间距产生，宽度可达1mm甚至更宽。刻痕钢筋、螺纹钢筋等钢筋或浆体内的钢丝网能够抑制裂缝，但缺少更多的现场实际经验。现场经验表明，波纹管封装内的带肋钢筋能够控制浆体裂缝的出现频率及裂缝宽度小于0.1mm，这种情况下浆体可作为一层物理屏障。③润滑油脂等非硬化液体材料作为腐蚀防护介质有一定局限性，如液体容易干缩及化学特性改变，密封套受到轻微损伤就容易泄漏，不承受剪力、易与被防护的金属对象滑移，长期稳定性能很难确定等，这就要求其本身就要得到防护。非硬化液体材料在防护系统中起到填充作用，可使锚筋与水气隔离，营造恰当的电化学环境，减小自由段锚筋的摩阻力，但其不应被视为一层永久性物理屏障。所以，一层润滑油脂不能作为锚筋自由段双层防护系统的一层物理屏障，不过可作为一层物理屏障用于再张拉锚头，因其可被置换及填补。④采用较厚的锚筋截面以增加腐蚀裕量代替物理屏障几乎不能提供防护，因为腐蚀不均匀、开展迅速且优先在局部凹穴或表面不规则处展开，存在这类点蚀时不能通过擦拭或覆盖消除（国内外业界在这个观点上分歧较大。笔者注）。⑤阴极防护方法通常不考虑用于锚杆防腐。耐腐蚀金属及非金属纤维材料可考虑用于锚杆元件。

3.4　防护系统

（1）锚筋自由段

灌注固化液将锚筋完全包裹或预先喷敷涂层或两者结合，都能够提供成功的防护。①固化液。应从孔底向上注浆，把水和气挤出孔外，注浆压力不超过0.25MPa。钻孔向上倾斜时可能需要封堵器使浆液注满。水泥净浆在各种固化液中应用最多，有时加入一些膨润土或其他外加剂。浆体形成的保护层厚度不应小于5mm，对于临时锚杆，保护层不再需要外套，除非土层有腐蚀性。轻的波纹金属套很容易被腐蚀穿孔，不适用于腐蚀防护。所用任何金属都要与锚筋相适应，否则可能与锚筋发生双金属腐蚀。注浆水泥中不应有硫化物及其他对锚筋有腐蚀作用的有害杂质。浆液在沉淀凝固过程中的泌水量不应超过0.5%。②沥青基黏弹性液体。沥青基黏弹性液体可用于腐蚀防护。应通过检测保证沥青溶剂中没有氯离子、硫离子，用于双层防护时不能溶解或腐蚀锚筋涂层，也不能因温度影响其注入时的流动性，较冷时应保证有足够的黏滞性。③润滑油脂。高应力锚筋应采用润滑油脂提供腐蚀防护。生产者应制造出符合各种需求的润滑油脂以供使用者选择。很难评估润滑油脂的适用性，通常要借鉴类似的工程实践中获得的经验。润滑油脂中不得含有任何能够引起腐蚀的物质，如不饱和脂肪酸、水、硫酸盐、硝酸盐、氯盐等。润滑油脂应具备水稳定性、氧化稳定性，不得分解为脂肪和油。憎水性润滑油脂最佳。润滑油脂其他重要性能包括耐细菌及微生物降解、低透气性及高电阻率等。润滑油脂不得影响锚筋防护套的屏蔽性能（附录K.3节指出，单纯的及改性的含溶解抑制剂的锂基凡士林油，在德国、美国及英国得到了成功应用。适用的油脂应具备这些优点：高滴点，在高温时与锚筋有更好的附着能力；高渗透性，可泵性及可填充性好；低蒸发性，避免硬化风险；氧化稳定性好）。④锚筋涂层。锚筋涂层应在工厂条件下应用，不管是锚筋生产厂还是现场的生产车间，环境均应干燥而清洁。对钢绞线进行沥青或金属粉喷涂不太可靠，因为形成的涂层很难均匀，也很难保证在组装的过程中不被损伤。喷涂仅适用于存储锚筋的防腐。锚筋镀锌涂层只能由锚筋生产厂完成，牺牲金属涂层不得用于依赖界面黏结传递应力的锚杆；因为镀锌过程中会导致部分锚筋成为阴极，也不得用于高强（强度大于1040MPa）锚筋。⑤布带（tape）。塑料或油脂浸泡的布带可有效地用于临时锚杆。布带缠绕时每圈应搭接至少50%，缠绕前在锚筋上涂敷润滑油脂以隔离水汽及使锚筋能够在布带内自由伸长。⑥塑料软套。对于永久锚杆及临时锚杆，在工厂条件下应用防渗透的聚丙烯或聚丙烯套均适合，壁厚不应小于0.8mm。因为塑料易受紫外线影响，可掺入碳黑或紫外线抑制剂以阻止劣化。聚氯乙烯（PVC）套已经在工程实践中应用，仅观察到在暴露于火边时，促进腐蚀的氯化物可能被释放。这种危害在地层锚杆中极不可能产生。钢绞线应先涂敷润滑油脂再装套。对于钢绞线，套要贴紧油脂覆盖的锚筋以防止腐蚀性液体渗入及使直径最小化，但不能与锚筋之间产生明显摩擦。对于钢筋，聚丙烯套使锚筋外围有一定空隙是有利的。此时套起到涂层作用，保护内层屏障不受损伤，与内层之间填注水泥浆、树脂或润滑油脂以排除气体及产生电化学防护环境。填注时可采用一定压力以能够饱满。套作为外层牺牲层时，与内层之间可不填注。填注亲水性液体时，锚筋应另外设不黏结套件以避免黏结从而能够自由伸长。预涂了一定厚度密封剂的热收缩套管也可用于永久性锚杆。⑦涂层及塑料套接长时，至少应搭接 20mm。热收缩套管适用于套接头，能提供同样的防护。套接头处，不应妨碍钢筋接头的自由移动。⑧钢筋锚筋应采用钢筋连接件接长。

(2)锚筋黏结段

对黏结段的保护程度需要像对锚筋自由段一样。①防腐系统不应发生持续蠕变，也不应裂缝而使黏结段锚筋暴露，但在黏结段的应力强度作用下，几乎没有什么材料能够做到。有些材料，如环氧树脂或聚酯树脂，具有良好的强度、性及耐腐蚀性，也许可替代水泥注浆，但造价要高得多。用于锚筋与地层间黏结时，例如岩层锚杆，树脂可提供腐蚀防护而不需再设置套。②波纹管要保证应力从锚筋到周边浆体的有效传递，齿高应为 6 ~ 12 倍管壁厚度，最小壁厚为 0.8mm。黏结段防腐典型作法如：a.用一层波纹管及聚酯树脂双层防护；b.用两层波纹管及水泥注浆双层防护；c.带肋钢筋锚筋黏结段防护；d.用两层波纹管对钢筋锚筋黏结段双层防护。

(3)锚头

与黏结段不同，锚头不能够完全预制，因为锚具夹片或锁定螺母在预加应力作用下锚筋伸长后才能将其固定。锁定时要求将锚夹具处锚筋的腐蚀防护全部去除，这样就把锚筋分成了承压板上面和下面两部分，两部分锚筋应采用不同的防腐措施，此外承压板本身也需要防腐。腐蚀环境中，永久锚杆及临时锚杆均应进行锚头早期防腐。①锚头内段。对锚头内段的防护本质上是对锚筋自由段防腐措施的有效复制。为了不影响锚筋的自由伸缩，在某些场合锚头处可采用伸缩管。水泥注浆通常不适合锚头内段的防腐。一期注浆时浆液不能接触到结构，需二期低压渗透注浆去填充一期浆体上面的空洞，可能在结构位移时产生裂缝。这也许需要一些基于润滑油脂的防腐化合物或类似的不溶于水的柔性材料，注满端头被密封的护管。饱水或潮湿环境中，地下水渗透到钻孔里，不太可能排除干净，此时需要对锚筋完全封装。注浆时，应将注浆管放到护管的最底端，护管上部设出口管，用浆液填满空隙及置换水和空气。适合的注浆压力应为 0.15MPa 或稍大一些。空间受限时，也许不得不用简单的油脂枪技术，张拉后没有通路时可选择用护管内预装润滑油脂替代。穿过被锚固结构的护管在潮湿环境中时，靠易碎的浆体在管外密封防水是不实际的，因浆体受制于服役期间结构与锚筋间的很小的相对位移。②锚头外段。锚头分为可再张拉及不可再张拉两类。需要时，可再张拉锚头的防护帽及其组件应能够被移除，锚筋长度要长到能够再张拉，防护帽内要填充润滑油脂。防护帽与承压板之间要密封及机械连接。不可再张拉锚头的防护帽内可填充树脂或其他密封剂。锚头不能完全埋置于结构内时，要用密实混凝土进行密封，混凝土厚度根据腐蚀环境等级及混凝土强度等级而不同，一般为 15 ~ 50mm，混凝土强度等级一般为 20 ~ 50MPa。③承压板等重要的赤裸的钢构件要涂刷沥青或其他防护材料。对中架和隔离架要采用塑料等耐腐蚀材料制作，要使锚筋置于钻孔中间。

4 FHWA-IF-99-015

(1)防腐设计。6.3.2 小节“防腐系统设计”指出，美国锚杆防腐级别一般分为 Ⅰ 级（也称作封装锚筋)、Ⅱ级(也称作注浆防护锚筋)及无防护三级,Ⅰ、Ⅱ级防护假定存在侵蚀性环境,对于锚头、锚筋自由段和Ⅰ级防护的黏结段,需要为锚筋提供多重屏障保护,对于Ⅱ级防护的黏结段只需提供一层屏障保护,如表1所示。无侵蚀性地层基坑支护所用临时锚杆可无防护。防腐做法为:①锚头。几乎没有外露预应力筋及锚头外段腐蚀导致锚杆失败的案例,大部分案例失效发生在锚头下2m以内。喇叭管应附着在承压板上以防水密封,一般采用焊接。喇叭管应与锚筋自由段至少搭接100mm,锚杆锁定后管内注满浆体,浆液不得渗到锚筋自由段造成管口不满,因此注浆时管底需密封,注浆高度至少保持在锚筋自由段顶面以上300mm,可能需要外加剂或多次灌注以达到饱满。②锚筋自由段。锚头下的锚筋自由段易遭腐蚀。护套应延伸至喇叭口内,但锚杆张拉时不要碰到承压板及锚具。护套内注浆要饱满,不能留有空隙。护套采用波纹管时,应采用不黏结套件,后者是用于锚筋自由段的光滑护套,允许预应力筋在试验及张拉时自由伸长,锁定后保持与周边地层不黏结。Ⅰ级防护时需对钢筋连接件进行防护。③黏结段锚筋。没有见到过注浆良好(如锚筋居中及周边注浆饱满)的锚筋腐蚀破坏的案例。岩层渗水严重时,应对钻孔进行防水处理。

防腐要求(引自FHWA-IF-99-015表20)　　表1

防腐级别	Ⅰ级	Ⅱ级
锚头	喇叭管及保护层覆盖(锚头外段暴露时)	同Ⅰ级
锚筋自由段	1. 锚筋封装由内充油脂的单条钢绞线挤压套构成,套外共用光滑护套 2. 锚筋封装由内充油脂的单条钢绞线护套构成,外套光滑护套、内外套间注浆 3. 钢筋护套内注浆,护套外设不黏结套件	内充油脂护套或热收缩袖套
黏结段	注浆填充的封装或熔结环氧树脂	注浆

(2)防腐级别选择。6.4节"防腐级别选择"指出,锚杆防腐级别应根据设计使用年限、地层环境侵蚀性、失效后果的严重性及造价综合考虑。选择原则为:①临时锚杆,环境无侵蚀时可不防护,侵蚀性环境或侵蚀性不明时采用Ⅱ级防护;②永久锚杆,环境无侵蚀、失效后果不严重、造价增加很高时采用Ⅱ级防护,其余情况均采用Ⅰ级防护。

(3)水泥浆体及混凝土的劣化及防护。浆体劣化将导致锚筋易受腐蚀,不过尚没有因水泥浆体及混凝土受化学侵蚀而导致锚杆失效的案例。水泥浆体及混凝土劣化最主要机理是在高硫酸盐环境中受到化学侵蚀,如在沼泽地及含硫酸盐的黏土层中。通用方法是根据地层的可溶性硫酸盐离子含量选择适合的水泥。此外,低渗透性的密实混凝土及浆体可延缓硫酸盐及氯化物的腐蚀速率,可通过置换方法及水灰比控制浆体的密实性。

5 PTI DC35.1-14

锚杆按设计使用年限分为短期(<2年)、半长期(2~5年)及长期(>5年)三级,按所处环境的腐蚀性分为腐蚀及无腐蚀两种,按设计使用年限及环境的腐蚀性(还要考虑经济性及破坏后果的严重性),锚杆的防腐等级分为不防腐、Ⅰ级及Ⅰ级共3级:临时锚杆无腐蚀性环境中不防腐,腐蚀环境中Ⅱ级防腐;半永久锚杆无腐蚀性环境中Ⅱ级防腐,腐蚀环境中Ⅰ级防腐;永久锚杆Ⅰ级防腐。Ⅰ级防腐主要方法是将锚筋全长放在注满浆液或防腐剂的塑料套管内,或用树脂与地层黏结;Ⅱ级防腐主要方法是将锚筋自由段放在注满浆液或防腐剂的塑料套管内,锚筋黏结段主要靠水泥浆液提供保护。Ⅰ级Ⅱ级防腐均需对锚头及锚头下进行防腐。其余与FHWA-IF-99-015类似。

6 JGS 4101

第5章“防腐”要求:防腐等级分为3级。使用期不满2年的锚杆,普通环境采用Ⅰ级防腐,腐蚀环境采用Ⅱ级防腐;使用期2年以上锚杆,普通环境Ⅱ级防腐,腐蚀环境Ⅲ级防腐。Ⅰ级防腐仅对锚头及锚头背后防腐,Ⅱ级防腐对锚杆全长防腐,Ⅲ级防腐采用多重防腐。

7 结语

(1)欧标对锚杆防腐要求较为严格、作法较为复杂,而美国标准相对简单一些,比欧标低一个级别。大致来说:美国标准中没有双层防腐要求,Ⅰ级防腐相当于欧洲标准中的单层防腐,Ⅱ级防腐相当于欧洲标准中的临时锚杆。

(2)欧美国家比较重视锚杆的工厂化生产,尤其是锚杆黏结段,大多采用于工厂预制封装作法,相对现场制造而言,锚杆的防腐效果更好。

(3)欧标中锚杆防腐级别主要按设计使用年限分为临时锚杆及永久锚杆,分别建议了临时、单层及双层防腐作法;美国锚杆技术标准按设计使用年限、地层的侵蚀性、破坏后果的严重性及工程造价因素,分为Ⅰ级、Ⅱ级及无防护三级防腐作法。

(4)永久锚杆至少应有一层物理保护屏障。锚杆防腐重点为锚头下一定长度范围内。

(5)欧标中对腐蚀防护进行试验检验的做法值得国内研究、学习及借鉴。

参考文献

[1] 付文光,周凯,任晓光. EN 1537:2013 等规范中的锚杆防腐设计-欧洲目前主要锚杆技术标准简介之六[J]. 岩土锚固工程,2015(1):10-18.

[2] EN 1537:2013, Execution of special geotechnical works-Ground anchors[S], CEN.

[3] BS 8081:1989, British Standard Code of practice for Ground anchorages[S], BSI.

[4] FHWA-IF-99-015, Geotechnical Engineering Circular No. 4: Ground Anchors and Anchored Systems, FHWA, 1999.

[5] PTI DC35.1-14. Recommendations for Prestressed Rock and Soil Anchors, 5th Edition. PTI, New York, 2014.

[6] JGS 4101—2012, グラウンドアンカー—設計・施工基準、同解說[S],公益社团法人地盘工学会.

[7] EN 206-1:2013. Concrete-Specification, performance, production and conformity[S]. CEN.

[8] 中冶集团建筑研究总院. CECS:22-2005 岩土锚杆(索)技术规程[S]. 北京:中国计划出版社,2005.

欧美日锚杆专项标准之锚杆试验部分

杨小伟　付文光　黄　凯　陈爱军

（深圳市工勘岩土集团有限公司）

摘　要　欧美日标准中锚杆主要试验类型有探究试验、延长蠕变试验、适应试验、验收试验、提离试验等。探究试验主要目的是测试锚固体与地层间的黏结强度，延长蠕变试验测试锚杆的长期工作性能，适应试验验证具体某场地设计及施工的适合性，验收试验测试锚杆的质量是否符合设计，提离试验检查锚筋上的持有荷载。欧标建议了锚杆防腐试验、交变荷载试验方法，日标建议了群锚试验方法。

关键词　探究试验　延长蠕变试验　适应试验　验收试验　提离试验　防腐试验　交变荷载试验　群锚试验

1　概述

国际上现行锚杆专项技术标准有十余部，本论文介绍及讨论 2012 年以后欧盟、美国及日本等国家和地区发布的最新版标准中锚杆试验类型及相关概念[1]。

2　欧洲标准 3 类试验

欧标中，锚杆拉拔试验按不同的阶段、目的及方法被分为探究试验（investigation test，英标中采用 proving test）、适应试验（suitability test）及验收试验（acceptance test）三大类，EN 1537：2013《特种岩土工程的实施—锚杆》[2]及英标 BS 8081：1989《英国标准：锚杆实践规范》[3]等给出了相应定义及概念，提出了一些要求及具体方法。

（1）探究试验

EN 1537 要求：探究试验是为求取锚杆浆体与地层界面极限抗力及判断锚杆在工作荷载范围内特性的载荷试验，目的是在工作锚杆施工之前获得：①地层与浆体界面抗拔力 R_a；②锚固体系的临界蠕变荷载，或最大至破坏荷载的蠕变特性，或正常使用极限状态荷载下的荷载损失特性；③表观锚筋自由长度 L_{app}。探究试验应能够为设计者求取与地层条件和使用的材料相关的极限抗拔力，能够证实承包商的能力，能够通过在地层与浆体界面产生破坏以检验新型锚杆。在以前没有调查研究试验过的地层或地层条件类似但锚杆工作荷载较以往更高时，均应进行探究试验。探究试验锚杆不得用于永久锚杆。锚筋承载能力不能再提高时，可采用较短的锚固段以在地层与浆体界面产生破坏，但抗力随锚杆长度正比例增加这一试验结果不能用于较长锚固段。孔径及除锚筋外的组配件尺寸应与工作锚杆相同，孔径不同时，探究试验获得的锚杆特性不能直接用于工作锚杆。设计应规定试验数量。

BS 8081 更为详细地要求：永久锚杆及临时锚杆应用前，应被已有试验或足够的现场经验证实其可行。探究试验在工作锚杆实施之前进行，用于论证或研究与地质条件及所需材料相关的设计质量、技术可行性及设计安全程度。①探究试验应在工厂、试验室及现场进行，用以向设计者证实所有材料、构件、施工工艺及方法的可行性及可靠性，以及研究拟建条件下工作锚杆的行为和性能，包括承载力、荷载变形特性、松弛、蠕变、不同材料之间的界面强度以及材料的强度、刚度、耐久性、弱点、稳定性等，同时还要考虑到腐蚀防护及在施工过程中的物理损伤。②探究试验的材料及构件要求：全部材料及配件应符合相关规范要求（很多情况下有厂商的合格证书就可以了），如果没有相关规范，则应得到试验或现场经验证明；对封装及黏结所需浆液均应配比试验；应证实套管、对中架、注浆管等所有配件对锚筋没有不良影响；界面黏结强度试验应采用足尺锚杆而不是缩尺锚杆进行拔出试验；自由段的防护套不会约束其自由伸长；现场探究试验应采用足尺锚杆，张拉后开挖调查破坏模式并剖开检查腐蚀防护系统的完整性；应证实锚头材料及安装方式的可靠性，张拉及监测设备的适应性。③普通探究试验锚杆应不少于3条，足尺寸，采用与拟建工作锚杆相同的材料、方法、设备及与拟建场地类似的地质条件。其余探究锚杆的数量由拟建锚杆类型数量确定。对锚固段及自由段同期注浆时，应在锚固段顶部设置封隔器等可压缩介质分隔，以避免荷载从锚固段向自由段浆体传递。研究锚杆某特定方面性能时需要特殊探究试验锚杆，例如为了得到该界面极限破坏荷载的特殊锚杆。还有一类特殊锚杆，灌注染色剂或环氧树脂，来填充锚杆因张拉在锚固段产生的裂缝，之后开挖及剖开检查腐蚀防护的效果。特殊锚杆还包括在锚固段安装荷载传感器或压力计以测试应力或荷载分布、或安装位移传感器测量锚固段位移等用途的锚杆。④试验全部完成后、工作锚杆施工前，承包商应提交一份完整、详细的报告，报告应包括各方面工作细节，如施工组织、试验组织、监理工程师、试验的时间地点、图纸、材料、施工流程各环节、各种探究试验成果等。⑤不允许在同条锚杆上降低检验荷载重新进行试验以作为探究试验。⑥现场探究试验进行之前，如果已有的探究试验及现场经验能够充分证明拟建锚杆所需的所有材料、构件及组成整体后的锚杆系统适用于拟建场地，则可直接进行现场适应试验，否则应新建至少3条试验锚杆进行探究试验。最后，可在探究试验合格的试验锚杆上进行蠕变试验、腐蚀防护试验及开挖查验。

（2）适应试验

EN 1537要求：适应试验是为了判断某一具体锚杆设计胜任某一具体地层条件的载荷试验。针对某一具体设计环境应确定：①维持验证荷载 P_p（P_p 指锚杆受到的最大试验荷载）的能力；②锚固体系最大加载至验证荷载的蠕变或荷载损失特性；③L_{app}。适应试验在工程现场实施，每种地层环境至少试验3个。

BS 8081亦要求：适应试验表明了工作锚杆应该取得的效果，即锚杆在该现场条件下的适应能力。适应试验采用与工作锚杆相同的条件及施加同样的荷载，在锚杆主合同实施前或在锚杆施工过程中选择一些工作锚杆进行，包括每类拟建工作锚杆至少最早施工的3条，分类条件为包括倾角及垂直度在内的几何尺寸、土层砂层或岩石等地层类型、承载力等。试验要全程监测。探究试验比适应试验要严格得多，出于成本及时间考虑，一般来说，没有经验的地层、新型锚杆等应进行探究试验，有经验的地层可不进行探究试验而选择适应试验。

（3）验收试验

EN 1537要求：验收试验是为了确认每条锚杆符合验收条件的载荷试验。应确定：①锚杆维持 P_p 的能力；②正常使用极限状态下蠕变或荷载损失特性（必要时）；③L_{app}；④锁定荷载达到设计荷载水准（考虑摩阻力）。每条工作锚杆都应该进行验收试验。

BS 8081亦要求：每条锚杆都应进行现场验收试验，以证明其短期承载能力大于工作荷载以及荷载传递到锚固区域的效率，与适应试验结果对比后可为锚杆长期工作性能提供参考。

3 美国标准4类试验

美标不太统一，大致把锚杆试验分为试生产试验（preproduction test）、性能试验（performance Tests）、验证试验（Proof test。笔者没有译为验收试验，是因为其与国内验收试验略有差别）及延长蠕变试验（extended creep test）4类，前3类大致与欧标中探究试验、适应试验及验收试验相对应。FHWA-IF-99-015《岩土工程手册4：地层锚杆和锚固体系》[4]指出，几类试验中验证试验应用最多，性能试验及延长蠕变试验试验的数量取决于锚杆设计使用年限及地层类型，所有锚杆必须要进行其中的一种试验，其结果与验收指标相对比，以评定锚杆能否被验收服役，验收指标取决于允许蠕变与荷载试验过程中的锚杆弹性位移。

（1）试生产试验。PTI DC35.1-14《岩、土层预应力锚杆的建议》[5]要求，如果需要，则进行试生产试验，其应能达到性能试验的最低要求，但要严格得多。试生产试验通常用于确定浆体与地层的界面极限黏结强度。基于成本及时间考虑，这类试验只用于特殊情况，如对极限黏结强度没有把握时。

（2）性能试验。FHWA-IF-99-015 要求：性能试验为成品锚杆的加卸载多循环试验，用于检验锚杆承载力，建立荷载-变形特性，判断锚杆位移因素，检验锚筋自由段实际长度，也可用于协助解释验证试验结果。最初安装的2～3条成品锚杆及至少锚杆总数的2%，以及在易蠕变地层及性状变化地层应进行性能试验。PTI DC35.1 更为详细地要求：性能试验在经过挑选的工程锚杆上进行，这些锚杆的施工方法及条件与整个项目中将用到的完全相同。工程师一般应选择最初施工的2～3条锚杆进行性能试验，其余锚杆最少应选择2%进行性能试验，永久锚杆、怀疑易于蠕变的地层、遇到的地质状况变化等情况下应增加性能试验锚杆数据，但一般也不超过5%。性能试验将确认：锚杆承载力是否足够，锚筋表观自由长度是否满足预期，塑性位移的大小，规定极限内蠕变稳定的速率。

（3）验证试验。FHWA-IF-99-015 要求：验证试验为单循环荷载试验，目的是对那些没有进行性能试验的锚杆提供验收依据。试验结果与性能试验结果相差很大时，应在相邻锚杆上进行额外的性能试验。验证试验除单循环外，其余做法及要求与性能试验相同。加载到最大荷载并持荷结束后，如结果满足验收指标，则卸载至锁定荷载后锁定（或卸载至基准荷载、测量塑性位移、再加载至锁定荷载），或进一步处理。PTI DC35.1 亦要求：没有进行性能试验的锚杆要进行验证试验，要达到与性能试验前3个目的相同的目的。试验采用单循环加荷，最大试验荷载、稳定判断标准、注意事项等与性能试验相同。

（4）延长蠕变试验。FHWA-IF-99-015 及 PTI DC35.1 要求：塑性指数超过20（FHWA-IF-99-015 另外要求液限超过50）的黏性土层中需要进行延长蠕变试验，试验数量至少2条，试验时间一般约8h。如果性能试验及验证试验需要延长持荷时间，则应在多条成品锚杆上进行延长蠕变试验，试验方法与性能试验相同，只是时间延长了。PTI DC35.1 指出：岩石锚杆一般不会表现出随时间的位移，除非那些风化很严重的岩石以及泥质岩；建议可在性能试验最后一个循环达到峰值荷载后紧接进行，故又称为补充延长蠕变试验（supplementary extended creep test），并要求在怀疑会发生较大蠕变的地层，应采用延长蠕变试验替代性能试验。笔者理解，之所以称为延长蠕变试验或补充延长蠕变试验而不是蠕变试验（creep test，美标定义为确定锚杆在某恒载下长期承载能力的试验），是因为美标认为性能试验及验证试验等已经包含了短期的蠕变试验。

欧标及日标没有定义蠕变试验术语，但试验方法中包括了长期蠕变性能的测试。

4 欧美日标准其他试验

(1)提离试验

提离试验(lift-off test),也称提离检查(lift-off check),即不松开锚具的拉拔试验,目的是检验锚筋上的持有荷载,具体方法为:千斤顶跨立在锚头上,不松开锚具,把荷载逐级增加到锚筋上,直到锚具被提起离开承压板,通常拉开1mm距离,最小可为0.1mm,观察千斤顶的压力表,压力增长速率忽然降低或位移速率忽然加大,即发生了提离现象,此时的张拉荷载即为锚筋上的持有荷载,也称驻留荷载。提离试验通常有两种情况:①锚杆锁定后即进行,目的是检验锁定荷载是否满足设计要求,同时也可确定荷载锁定损失。锁定损失与千斤顶类型和锚筋自由长度有关,可考虑通过超张拉补偿。②锚杆长期工作后进行,目的是检查锚筋上驻留荷载的大小,为判断结构的安全程度提供依据。欧美日标准把提离试验作为检测锚杆持有荷载的唯一准确办法,并排除了使用锚杆测力计、荷载传感器等其它方法。日标JGS4101－2012《地锚设计・施工标准及说明》[6]中某提离检查案例如图1所示。

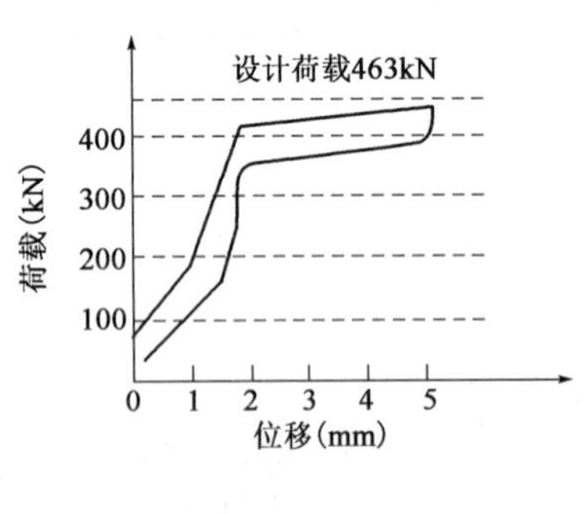

图1　提离试验案例
(改编自JGS 4101—2012附录图-9.2)

(2)防腐试验

EN 1537要求,对锚筋黏结段双层防腐时,内层的防腐注浆应该工厂化,并应该对防腐系统的完整性进行试验。试验在试验箱内完成,方法为:在包封不受约束条件下对被预注浆体包封的锚筋加载、卸载,之后检查防腐套管的完整性及检查包封浆体的裂缝分布及裂缝宽度,如图2所示。

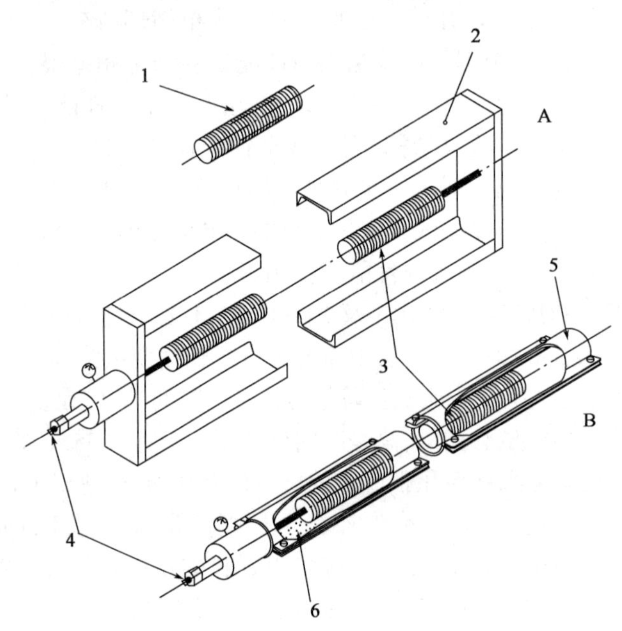

图2　锚杆防腐试验示意图(引自EN 1537:2013图A.1)

1-在加载(试验A)或卸载(试验B)条件下,检察及测量不同位置的内层套管或者注浆体的裂纹分布及裂缝宽度;2-试验框;3-锚筋包封;4-锚筋;5-分离筒;6-注浆体;A-自由条件下的试验;B-约束条件下的试验

EN 1537 试验应能模拟实际荷载条件,附录 A 提供了获取预制的锚杆封装在加载或后加载条件下腐蚀防护完整性的试验方法如下:试验在试验箱内完成,分为试验 A 及试验 B 两种。①试验 A 在封装不受约束条件下对被封装的锚筋加载,锚筋、封装浆体及外包的塑料套管同时历经加载过程,最大荷载应与现场试验相同。观察套管的柔韧性及抗裂性。之后锚筋完全卸载,去除外层塑料套管,锚筋重新加载至锁定荷载以检查内层套管的状况及检查封装浆体的裂缝分布及裂缝宽度。②试验 B 在分离筒里被浆体约束及黏结状况下对被封装的锚筋加载,模拟了锚杆工作状况。加载,最大荷载应与现场试验相同,之后锚筋完全卸载。分开分离筒,去除筒内外层塑料套管外的浆体,检查套管的完整性。去除外层套管,检查内层套管的完整性,如果没设则检查封装浆体的裂缝分布及裂缝宽度。很有必要获取封装内裂缝的最大间距,可用于计算验证荷载下锚筋应力已知时的最大裂缝宽度。

(3)交变荷载试验

ISO 与 CEN 合作的 prEN ISO 22477-5:2016《岩土工程勘察与试验—岩土工程结构试验第 5 部分:锚杆试验》[7] 指出,承受的交变荷载超过锁定荷载(如水闸的抗浮锚杆,可能不会锁定到最大工作荷载)且锚固段处于对交变荷载敏感的地层(如饱和细砂)中的永久锚杆,在适应试验之后应进行交变荷载试验。试验中,锚杆应经历 20 次交变荷载循环,交变荷载上限为锚杆设计荷载,下限为其一半,至少每 5 次循环后记录一次位移,随后锚杆卸载,这样就能够确定交变荷载下的永久位移。每遍循环的位移增量随循环次数减小,上限荷载及下限荷载下的位移曲线均如此,位移—循环次数曲线将渐近于一条水平线,该水平线即为永久位移,如图 3 所示。

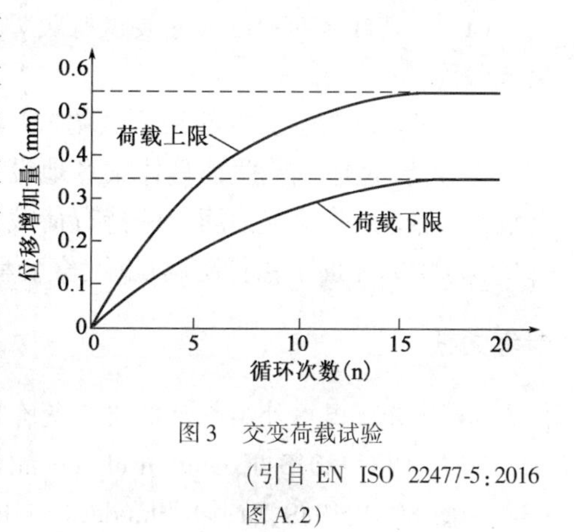

图 3　交变荷载试验
(引自 EN ISO 22477-5:2016 图 A.2)

5　日本标准

JGS 4101—2012 把锚杆试验分为基本调查试验(《建築地盤アンカー設計施工指針・同解説》称为基本试验)、适性试验、确认试验、其他确认试验及其它试验几类。

(1)基本调查试验。分为抗拔试验及长期试验两小类。①抗拔试验,目的是测试试验锚杆的极限抗拔力,为提供设计所需各种参数。试验时锚固段与自由段分界处应设置止浆阀。②长期试验,目的是测试试验锚杆锚筋持有荷载随时间的损失情况,测量时间 7 ~ 10d,结束时持有荷载如果小于设计要求则需考虑降低设计承载力。长期试验需测量的是锚筋松弛引起的荷载减少量,测试得到的驻留应力可能包括了因承压板变形引起的应力减小,造成评估结果不准确。为了减小这一影响,长期测试之前应该执行一个循环的加载,最大加载量应为设计承载力的 1.1 倍。笔者理解,长期试验相当于试验时间更长的延长蠕变试验。

(2)适性试验。从工作锚杆中选择 5% 或至少 3 个进行适性试验,根据荷载-位移特性来确定锚杆的实际性能是否满足设计所需,确认锚杆的设计及施工是否合适。达到设计所需的性能意味着设计是足够安全的,并且在荷载和位移之间具有适当的关系。适性试验最大加载为设计值的 1.25 或 1.1 倍。

(3)确认试验。相当于验收及验证试验。不做适性试验的锚杆均要进行确认试验,最大加载为设计值的 1.25 或 1.1 倍。

(4)其他确认试验。锁定后立即进行的试验,确认锁定荷载是否满足设计要求(主要目的并非测定荷载锁定损失,而是测试锚杆的短期蠕变性能。笔者注)。

(5)其他试验。①交变荷载试验。循环次数一般为30次,荷载稳定时可为15~20次,不稳定时可能超过30次。②群锚试验。有两种测试方法:方法一通过比较两条或多条相邻锚杆各自单独张拉和同时张拉的情况来掌握群锚效应;方法二先张拉一条锚杆并测试其持有荷载,张拉相邻锚杆时测量持有荷载损失从而得出群锚效应。③持有荷载试验。通过提离试验测试锚筋的持有荷载。

另外,笔者理解,对照欧美日标准,国内"基本试验"兼具了探究试验与适应试验功能,因为没要求试验至破坏状态,锚杆极限抗拔力往往并不知道,只是验证了设计与施工是否适合,更类似于适应试验。

6 结语

(1)欧美日标准中锚杆主要试验类型有探究试验、延长蠕变试验、适应试验、验收试验、提离试验等。

(2)探究试验主要目的是测试锚固体与地层间的黏结强度,延长蠕变试验测试锚杆的长期工作性能,适应试验验证具体某场地设计及施工的适合性,验收试验测试锚杆的质量是否符合设计,提离试验检查锚筋上的持有荷载。

(3)欧标建议了锚杆防腐试验、交变荷载试验方法,日标建议了群锚试验方法。

参考文献

[1] 付文光. 国内外锚杆试验类型简介[J]. 岩土工程学报,36(S2),2014:191-197.

[2] EN 1537:2013,Execution of special geotechnical works-Ground anchors[S],CEN.

[3] BS 8081:1989,British Standard Code of practice for Ground anchorages[S],BSI.

[4] FHWA-IF-99-015,Geotechnical Engineering Circular No. 4:Ground Anchors and Anchored Systems,FHA,1999.

[5] PTI DC35.1-14. Recommendations for Prestressed Rock and Soil Anchors,5th Edition. PTI, New York,2014.

[6] JGS 4101—2012,グラウンドアンカー—設計・施工基準、同解説[S],公益社団法人地盘工学会.

[7] prEN ISO 22477-5:2016. Geotechnical investigation and testing-Testing of geotechnical structures-Part 5: Testing of anchorages,CEN/ISO,2016.

欧美日锚杆专项标准之锚杆试验方法

付文光[1]　闫贵海[2]　杨　坤[1]　李　彤[1]

（1. 深圳市工勘岩土集团有限公司　2. 中国京冶工程技术有限公司）

摘　要　prEN ISO 22477－5 中锚杆探究试验、适应试验及验收试验各有 3 种试验方法，各方法源自德国 DIN、英国 BS 等国家标准，均自成体系，不能混用。欧标中锚杆试验方法已经包含了蠕变性能的测试，美标建议必要时在性能试验之后紧接着进行延长蠕变试验。国内锚杆基本试验更类似于适应试验，很难达到探究试验目的。欧美日标准中均把提离检查作为确认锚筋持有荷载的普遍方法，此外还提供了交变荷载试验、防腐试验、群锚试验等试验方法。

关键词　探究试验　适应试验　验收试验　蠕变性能　延长蠕变试验　提离试验

1　概述

国际上现行锚杆专项技术标准有十余部，本系列论文分为十三篇介绍及讨论 2012 年以后欧盟、美国及日本等国家和地区发布的最新版标准，本文为第十二篇，主要介绍国外标准中锚杆试验方法[1]。

2　欧标

欧标中有关锚杆现场静载荷拉拔试验方面的技术标准将为 ISO 22477-5《岩土工程勘察与试验—锚杆试验》[2]，为欧盟与 ISO 合作项目，尚未正式实施，欧标目前编号为 prEN ISO 22477-5：2016）。欧标 EN 1537《特种岩土工程的实施—锚杆》的 1999 版[3]中第 9 章“试验、监督及监测”及附录 E“锚杆试验方案案例”是关于锚杆试验内容的，修订为 2013 版时仅保留了少部分，大部分被分离了，prEN ISO 22477-5 即以附录 E 为基础进行的细化、调整和扩充。因 prEN ISO 22477-5 尚未正式实施等原因，锚杆试验的一些要求仍需遵守 EN 1537：1999。

EN 1537：1999 给出了探究试验、适应试验及验收试验的定义及概念，提出了一些要求及具体方法。

（1）每类锚杆试验均有 3 种试验方法可用。①方法 1：锚杆荷载从基准荷载 P_a（通常取 10%P_p 及 50kN 中的较小者。笔者注）到 P_p 循环增加，测量锚杆锚点在稳定荷载下的相应位移以及每遍循环峰值时位移的时间特性。②方法 2：锚杆荷载从 P_a 到 P_p 循环增加，测量每遍循环峰值荷载下锚头荷载随时间的损失。③方法 3：锚杆荷载从 P_a 到 P_p 逐级增加，测量每级荷载维持稳定状态下锚点位移（方法 1 可称为“测量各峰值稳定荷载下位移的多循环拉力试验”，方法 2 可称为“测量各峰值荷载下应力损失的多循环拉力试验”，方法 3 可称为“分级稳载拉力试验”。笔者注）。

（2）黏结型锚杆 L_{app} 的上限、压力型锚杆 L_{app} 的上限及该两类锚杆的 L_{app} 下限分别为 $L_{tf}+L_e+0.5L_{tb}$、$L_{app}=1.1L_{tf}+L_e$ 及 $L_{app}=0.8L_{tf}+L_e$（符号意义参见图 1）。L_{app} 超出上下限后，锚杆

应重复荷载循环至 P_p。如果荷载—位移特性的再现性较好,锚杆可被验收,认为满足设计要求;如果不好,应评估其对设计结构整体影响,采取一些必要的措施以满足设计要求。

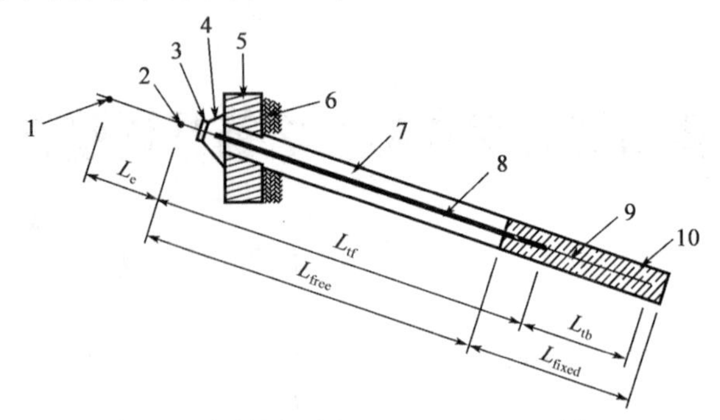

图1 锚杆简图(引自 prEN ISO 22477-5 图1)

1-张拉时千斤顶锚点;2-服役时锚头锚点;3-承压板;4-荷载转向块;5-结构;6-土/岩层;7-钻孔;8-不黏结袖套;9-锚筋;10-浆体;L_e-锚筋张拉段;L_{tf}-锚筋自由段;L_{tb}-锚筋黏结段;L_{free}-自由段;L_{fixed}-锚固段

(3)探究试验中,锚杆应加载到破坏(以求取极限承载力 R_a)或至验证荷载(P_p),P_p 不超过 $0.8P_{tk}$ 和 $0.95P_{t0.1k}$ 中的较低值。

(4)蠕变率或最大荷载损失没有超过规定指标时,锁定荷载 P_0 最大不应超过 $0.6P_{tk}$;如果适应试验或验收试验中超过了,则降低锁定荷载值,直到蠕变率和最大荷载损失满足标准要求(通常 $1.25P_0 < 0.8P_{tk}$。笔者注)。

(5)方法1在适应试验及验收试验中,满足工作锚杆要求的验证荷载 P_p 应为 R_d 和 $1.25P_0$ 中的较大者,且适应试验中不应大于 $0.95P_{t0.1k}$ 或验收试验中不应大于 $0.9P_{t0.1k}$(R_d 为锚杆设计抗拔力)。

3 prEN ISO 22477-5

3.1 通用条件

(1)prEN ISO 22477-5 指出,不同类型的原位地层锚杆试验(探究试验、适应试验及验收试验)要遵循不同的张拉程序(方法1、方法2、方法3)直至标准拉力或地/锚抗拔力。

(2)范围。标准方法适用于地层注浆锚杆。提供了黏结型锚杆简图如图1所示。工程说明中应注明拟采用的试验方法,每个工程中不同类型的锚杆试验只能使用其中一种方法。标准中的锚杆抗拔力等于锚杆极限拔出荷载。

(3)设备。①试验荷载装置由张拉设备、位移及荷载监测仪器、反力系统、相应的锁紧螺母、接长件及填充物等组成。②反力体系应避免产生过大变形。③通常采用液压控制千斤顶加载。千斤顶伸长应大于锚头位移与反力体系变形之和,锚杆很长、一个千斤顶不够时,应采用并联千斤顶等特殊设备。张拉设备应把所有锚筋作为一个单元张紧。不能同步张拉个体锚筋的张拉设备,应配备测量仪器以全程获取多单元锚筋的总荷载,或者进行精确的提离检查。④荷载 P 可间接测量(如用校准过的压力表监测张拉设备的液压)或直接测量(如用荷载传感器)。方法1和方法3中2%测量值或10kN的较大值,方法2中0.5%测量值或5kN的较大值,应作为荷载测量最小精度。测量仪器应在使用前1年内校准过。有影响时,校准试验应包括张拉设备。⑤位移计应远离张拉设备及反力体系,足够牢固,不受气候和背景振动影响,测量精度应为0.1mm和1%测量值中的较大值,应在使用前1年内校准过。反力体系(如钢板桩锚杆挡墙)变形较大时,应对结构变形进行另外测量。⑥时间计量精度不大于1s,温度测量精度不大于1℃。

(4)报告。探究试验与适应试验的报告中至少应包括:①所有相关标准;②相关技术参数,如:地点,锚杆类型,安装日期,安装及试验过程中可能会影响到试验结果的问题,锚杆的几何数据,材料的机械性能,与地面相对高度,通过计算预估的锚杆抗力;③地层参数,如:距离最近的地质剖面图,实地勘测报告;④试验组织参数,如:组织机构,试验日期,规定的最大荷载,加载系统特征,监测体系及其组件的说明,测试设备简图;⑤各种数据处理与分析结果,参见后文。验收试验报告可适当简化。

3.2 试验通用要求

①锚杆安装后到试验前应有充足时间使材料满足强度要求,一般为一周。②探究试验的验证荷载 P_p 是被设计用作在地-锚黏结界面产生破坏的荷载,试验锚杆应根据岩土工程勘察报告选择试验地点,应能够代表工作锚杆,黏结段最少5m。③适应试验通常利用工作锚杆,验证荷载 P_p 应与验收试验相同,如果更高,则适应试验应视为探究试验,试验锚杆不能再用作工作锚杆。④验收试验及方法3所有试验中,锚筋自由段的摩阻力明显时,需要增加一个局部荷载循环以得到无摩阻力曲线以便能够精确地计算 L_{app} 及黏结段顶部的荷载。⑤观测期内,每遍循环峰值荷载下方法1峰值荷载保持不变、方法2锚头与结构的相对位移保持不变,方法3每级荷载保持不变,必要时应采取荷载及位移控制措施。⑥基准荷载 P_a 为加载初期使锚杆产生位移最小的荷载,一般取50kN和 $0.1P_p$ 中的较小值。必要时记录与 P_a 相对应的初始位移 s_0。⑦加卸载均轴向进行,速率不应快于10kN/s。方法1、2除峰值荷载外(如相关表格所示),其余每级荷载(加、卸)持荷时间均为1min。⑧每次加载后都应该观察张拉及反力设备有无松懈。反力体系变形如有影响,每级荷载下至少记录一次持荷结束时其位移。⑨锚筋及连接件应被设计成在试验中其应力不超过材料的屈服强度。

3.3 方法1

3.3.1 探究试验

①锚杆从 P_a 分级加载到峰值荷载,稳载,随后按相同级差卸载至 P_a,至少循环6遍,直至 P_p。记录每级荷载下锚头位移。每级荷载幅度、每遍循环峰值荷载增幅、各峰值荷载下位移观测时间等如图2及表1所示,其余每级荷载(加、卸)至少稳载结束时记录锚头位移一次。如果不能清楚地确定蠕变系数 α_1,首次峰值荷载下的观测时间应适当延长。②核对每遍循环峰值荷载下的 α_1。如果 α_1 超过2.0mm,则可确定与2.0mm对应的荷载为抗拔力 R_a,如图3所示,抗拔力特征值 R_{ak} 取各条锚杆 R_a 中的最小值;如果 α_1 不超过2.0mm,R_{ak} 则取最大试验荷载。

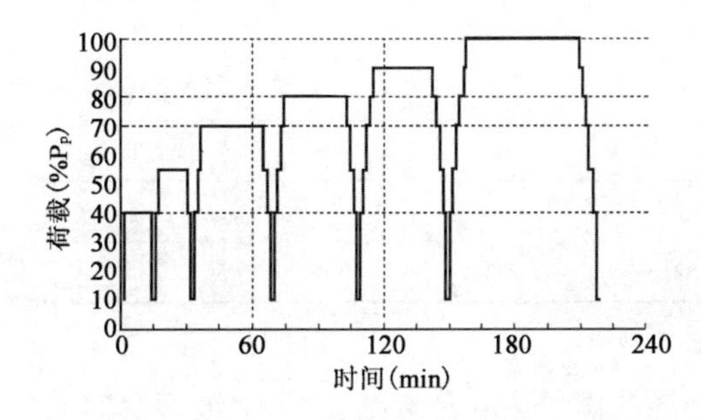

图2 探究试验方法1的荷载循环程序

(引自该标86准图A.1)

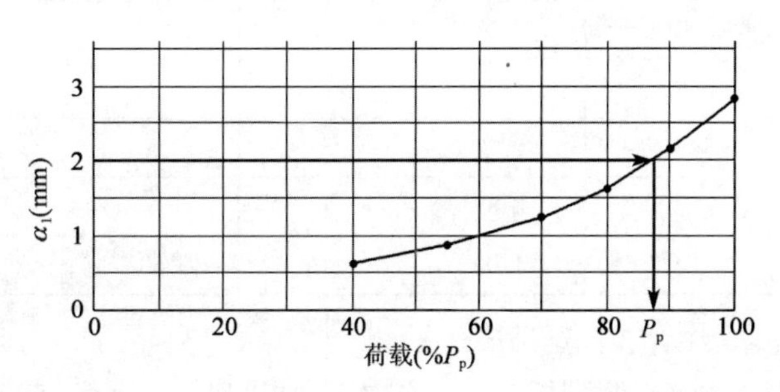

图3 探究试验方法1的 α_1—荷载曲线

(引自该标准图B.1)

③每级峰值荷载下位移的观测时间间隔(min)为:0→1→2→3→4→5→7 →10→15→20→30→45→60→90→120→150→180。④锚杆特征荷载 P_k >700kN 且锚固段中轴距离小于 1.5m 时应考虑群锚效应,此时应在相邻 3 条锚杆上同步进行适应试验。⑤试验结果应至少包括如下曲线及参数:每级稳载结束时的位移—荷载曲线,每循环峰值荷载下的位移—时间曲线,α_1—荷载曲线,位移—循环次数曲线(必要时),以及 R_a 试验结果和 L_{app} 计算值。探究试验方法 1 最短观测时间见表 1。

探究试验方法 1 最短观测时间(引自该标准表 A.1)　　表 1

峰值荷载(P_p)	0.40	0.55	0.70	0.80	0.90	1.00
非黏性土及岩(min)	15	15	30	30	30	60
黏性土(min)	15	15	60	60	60	180

3.3.2　适应试验

(1)锚杆从 P_a 分级加载到峰值荷载,稳载,按相同级差卸载至 P_a,至少循环 5 遍,直至达到 P_p(可参考图 2)。每级峰值荷载下观测时间如表 2 所示。每遍循环峰值荷载下都应核对 α_1,α_1 超过 2.0mm 时可停止试验。

(2)每级峰值荷载下位移观测时间间隔(min)为:0→1→2→3→5→10→15→20→30→45 →60。

(3)发生下列状况之一时表 2 所示观测时间应延长:

①下列观测时间段位移增量 Δs≥0.5mm:无黏性土及岩中临时锚杆 10~30min 之间,黏性土中临时锚杆 20~60min 之间,无黏性土及岩中永久锚杆 20~60min 之间,黏性土中永久锚杆 60~180min 之间;

②位移—时间对数曲线斜率增加。观测时间应延长至能够清楚地从位移—时间对数曲线的末端直线段确定 α_1 为止。对于永久性锚杆,包括延长后的观测时间在内,无黏性土及岩中至少 120min,黏性土中至少 720min。

(4)必要时应进行群锚效应及交变荷载试验,如上所述。

(5)试验结果至少应包括的曲线如上所述,还应包括验证荷载下的位移、α_1 及 L_{app} 的计算值。

峰值荷载下最短观测时间—适应试验及验收试验方法 1(引自该标准表 A.2、A.3)　　表 2

循环(分级)	峰值荷载(P_p)	适应试验临时锚杆(min)		适应试验永久锚杆(min)		验收试验(min)	
		非黏性土及岩	黏性土	非黏性土及岩	黏性土	非黏性土及岩	黏性土
1	0.40	1	1	15	15	1	1
2	0.55	1	1	15	15	1	1
3	0.70	5	5	30	60	1	1
4	0.85	5	5	30	60	1	1
5	1.00	30	60	60	180	5	15

3.3.3　验收试验

(1)锚杆从 P_a 分 5 级连续加载到 P_p,稳载,直接卸载至 P_a(可参考图 5)。每级观测时间如表 3 所示(适用表中“分级”。笔者注)。

(2)P_p 下位移观测时间间隔(min)为:0→1→2→3→5→10→15。核对 α_1。如果位移超过

了允许值，则延长观测时间直到能够清楚地确定 α_1 为止。

(3)试验结果至少应包括位移-荷载曲线图、P_p 下的位移-时间曲线图、P_p 下的位移、α_1 及 L_{app}的计算值。

3.3.4 容许 α_1 和试验解读

锚杆稳定荷载下的蠕变率 α_1 由时间—位移末端的直线段确定，如式 1 及图 4 所示，式中 t_a、t_b 分别为各自观测时间段的起点及终点，s_a、s_b 为相应的锚头位移；适应试验及验收试验的验证荷载 P_p 下允许位移、允许蠕变率 α_1 及满足要求的最短观测时间如表 3 所示，适应性试验中如果在达到 P_p 之前 α_1 已经超过 2.0mm，试验所代表的锚杆应该降低 P_p 值重新试验：

$$\alpha_1 = \frac{s_b - s_a}{\log(t_b/t_a)} \tag{1}$$

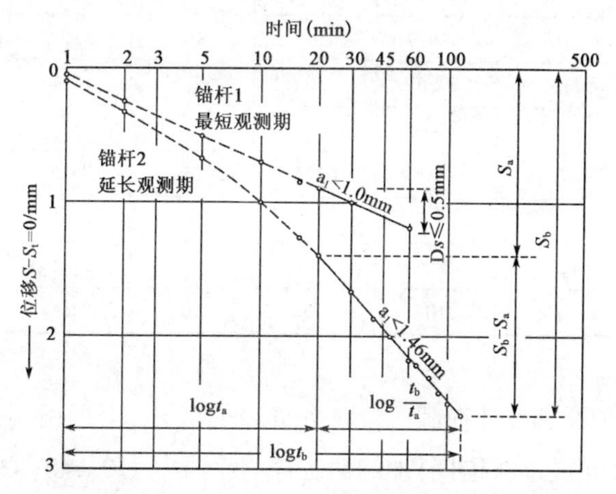

图 4 计算 α_1 所需的时间-位移曲线(引自该标准图 G.1)

允许位移、α_1 及最短观测时间(引自该标准表 G.1、G.2) 表 3

时间/min	适应试验临时锚杆		适应试验永久锚杆		验 收 试 验	
	非黏性土及岩	黏性土	非黏性土及岩	黏性土	非黏性土及岩	黏性土
t_a	10	20	20	60	2	5
最短观测期 t_b	30	60	60	180	5	15
$\Delta s = s_b - s_a$	≤0.5	≤0.5	≤0.5	≤0.5	≤0.2	≤0.25
延长观测期 t_b	≥30	≥60	≥120	≥720	>5	>15
蠕变率 α_1(mm)	2.0	2.0	2.0	2.0	≤2.0	≤2.0

3.4 方法 2

3.4.1 探究试验

①锚杆从 P_a 分级加载到峰值荷载，持荷，分级卸载至 P_a，至少循环 7 遍，直至达到 P_p(可参考图 2)，程序如表 4 所示。适合时应重复最后一遍荷载循环以测量检查荷载—位移性状和再现性。之前有可靠的锚杆经验的场地可循环 3 遍，第 1 遍加卸载分级可为 10→25→40→55→70→50→25→10% P_p，第 2、3 遍为 10→44→62.5→75→87.5→100→62.5→44→10% P_p。②需要确定锚杆抗拔力 R_a 时，荷载循环达到 P_p 后应继续，以尽量确定锚杆的拔出荷载

P_u。③每遍循环达到峰值荷载时锚杆锁定后（锚头安装压力传感器或惰性千斤顶），应按时间间隔（min）0→5→15→50→150→ 500→1500（1d）→5000（3d）→15000（10d）记录锚头荷载损失 k_1。观测结束后分级卸载。④荷载—时间曲线的初始监测荷载不应大于70%。⑤P_p 下 3d 观测期后，考虑了温度、结构位移和锚筋松弛后，如果荷载累计损失超过了允许值或荷载损失没有达到稳定值，试验期应延长到 30d（除非之前已达到稳定），每 7 天观测一次。⑥稳定指标：8 遍循环，每遍 P_p 对应的观测时间分别如前所述的 5min ~ 10d，相应 k_1 分别不超过 1% P_p ~ 8% P_p。⑦试验结果至少应包括每遍循环荷载锁定后的荷载损失—时间曲线、k_1—荷载曲线及 R_a。最好试验进行过程中就绘制荷载—位移曲线，以便可能发现破坏趋势，尤其是锚固段的。

加卸载程序—探究试验方法 2（摘自该标准表 C.1）　　表 4

循环遍数	1	2	3	4	5	6	7、8	观测时间（min）
荷载（% P_p）	10	10	10	10	10	10	10	1
	—	25	37.5	50	62.5	75	81.5	1
	17.5	31	44	56	69	81	94	1
	25	37.5	50	62.5	75	87.5	100	15
	17.5	25	37.5	50	50	62.5	62.5	1
	—	12.5	17.5	25	25	37.5	37.5	1
	10	10	10	10	10	10	10	1

3.4.2 适应试验

①锚杆从 P_a 分级加载到峰值荷载，持荷，分级卸载至 P_a，至少循环 3 遍，直至达到 P_p（可参考图 2）。②临时锚杆（或永久锚杆）加卸载程序为（% P_p）：10→40（33）→80（66）→100→80（66）→40（33）→10。③第 1 遍循环中除了观测外不要暂停，第 2、3 遍每遍循环如果 15min 的 P_p 损失超过 5%，考虑温度变化和锚固结构的位移后，应再多两遍 P_p 循环试验，如果任何一次超过了 5% 指标，验证荷载应降低至满足损失指标。④作为前者选择，加载达到 P_p 后可用千斤顶稳载而测量锚头位移 15min，把位移增加 5% Δe 作为指标（Δe 为初始驻留荷载造成的锚筋弹性位移，驻留荷载为锁定后驻留在锚筋上的荷载，初始驻留荷载即锁定荷载。笔者注）。⑤第 3 遍荷载循环完成后，一次性加载至 73% P_p（永久锚杆）或 88% P_p（临时锚杆）后锁定。荷载锁定后立即重新观测建立初始驻留荷载，此时为荷载（位移）—时间性能 3d 监测期的零时刻。考虑了温度、结构位移和锚筋松弛后如果数据没有稳定，试验则延长至 30d（除非之前已达到稳定），每 7 天观测一次。观测结束后分级卸载。⑥作为前者选择，荷载锁定后可进行位移—时间性能 3d 期监测。⑦按探究试验所示时间序列记录 k_1。⑧永久锚杆及临时锚杆的 P_p 为 1.5 倍或 1.25 倍工作荷载（分别约为 0.75P_{tk} 及 0.78P_{tk}。笔者注）。⑨试验结果除 L_{app} 的计算值、必要时包括 R_a 外，其余同探究试验。

3.4.3 验收试验

①除循环 2 遍外，其余试验程序与适应试验相同。②锁定后进行 50min 期荷载或位移监测，如果数据没有稳定，则监测期延长至 1d（稳定指标分别为 3% P_p 及 6% P_p）。观测结束后分级卸载。③试验结果至少应包括每遍循环峰值荷载锁定后的荷载损失—时间曲线、k_1—荷载曲线及 L_{app} 的计算值（标准中方法 2 个别地方有明显笔误，尤其是最后一遍锁定荷载值及其观测时间。笔者根据 EN 1537:1999 附录 E 及 BS 8081:1989[4] 进行了修正）。

3.4.4 容许 k_1 和试验解读

从 k_1—荷载曲线确定抗拔力 R_a 的方法：$R_a=P_u$，P_u 是从曲线确定的极限荷载，是曲线的垂直渐近线对应的荷载，渐近线不好确定时取 $k_1=5\% P_p$ 对应的荷载，或锚头位移计算值达到设计规定时的对应荷载。

3.5 方法3

3.5.1 探究试验

①锚杆从 P_a 分8级加载稳载直到 P_p（可参考图5），加载程序（$\% P_p$）为10→25→40→50→60→70→80→90→100，然后以 $0.2P_p$ 分级卸载至 P_a。②加载时每级稳载60min，如果蠕变率 α_3 小于1mm则可减至30min，达到5mm则停止。卸载时每级稳载时间2min，P_a 时5min。③稳载开始应立即观测。加载期每级应按时间间隔（min）0→1→2→3→4→5→7→10→15→20→30→45→60记录锚头位移。卸载时每级稳载结束时应观测一次。④核对每级荷载下的 α_3。⑤试验结果至少应包括稳载开始和结束时位移—荷载曲线（荷载可为锚头荷载或千斤顶施加的压力）、位移-时间曲线、α_3-荷载（或黏结段荷载）曲线（黏结段荷载考虑了荷载局部循环所确定的摩阻力）、临界蠕变荷载 P_c 及 R_a。

3.5.2 适应试验

①锚杆从 P_a 分6级加载稳载到 P_p（可参考图5），加载程序（$\% P_p$）为10→25→40→55→70→85→100，然后以 $0.25P_p$ 分级卸载至 P_a。②加卸载时间及观测要求同探究试验。③α_3 达到2mm时停止试验。④P_p 最大不超过探究试验确定的同类锚杆临界蠕变荷载 P_c 中的最小值。⑤试验结果应包括的曲线同探究试验。

3.5.3 验收试验

①锚杆从 P_a 分5级加载到 P_p，稳载。不需要局部循环试验时放张锁定；需要时以 $10\% P_p$ 级差分级卸载至 $70\% P_p$（探究试验及适应试验为 $10\% P_p$）及分级恢复至 $100\% P_p$ 之后再放张锁定，如图5、图6所示。有局部循环时加卸载程序（$\% P_p$）为：10→30→50→70→90→100→90→80→70→80→90→100。②P_p 下稳载时间15min，其余各级稳载时间够读取及记录数据即可（一般为1min）。③加载或循环试验结束后应锁定。以适合的级差从 P_p 放张到锁定荷载 P_0，至少分5级以建立准确的放张-锁定曲线，如图6所示，图中 ΔP_t 为摩阻力。如果循环试验时没有放入夹具，完全放张放入夹具后，分6级重新张拉，再分5级放张锁定。④P_p 下应按时间间隔（min）0→1→2→3→4→5→7→10→15观测。检查 α_3，如果超过了规定的极限值，

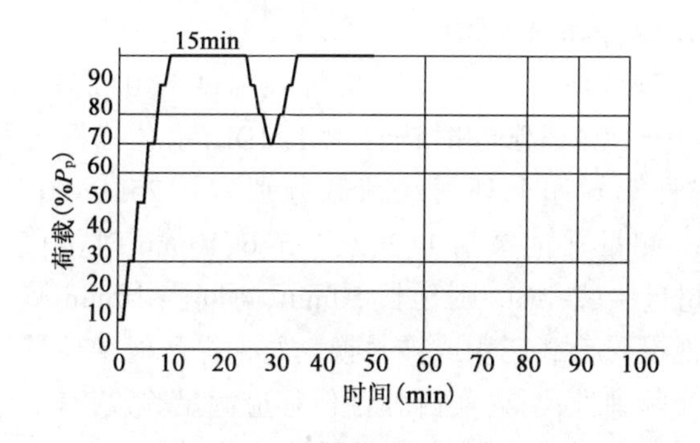

图5 验收试验方法3荷载循环程序
（摘自该标准图F.3）

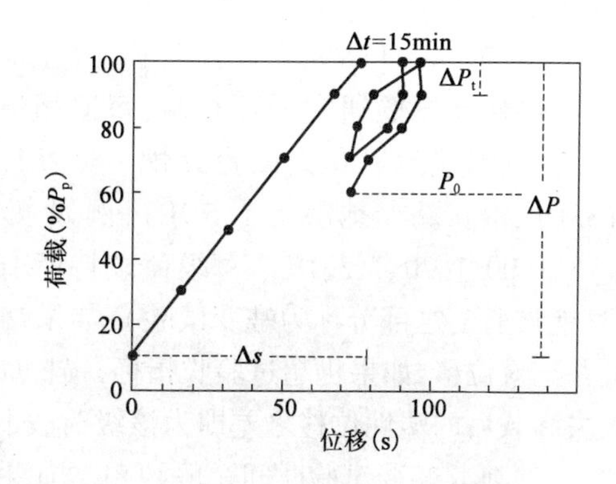

图6 验收试验方法3荷载—位移曲线
（摘自该标准图F.3及J.1）

需延长观测期至1h，分别在25、30、45及60min时观测以便检查α_3。完全放张时，每级荷载均应测量应力及位移直至P_0。⑤P_p最大不超过探究试验确定的同类锚杆临界蠕变荷载P_c中的最小值。⑥试验结果至少应包括的曲线同探究试验，以及L_{app}。

3.5.4　容许值α_3和试验解读

①确定α_3方法。每级荷载观测期α_3由最后两段时间间隔及相应位移按式1确定。适应试验P_p下α_3的稳定指标为：无探究试验时0.8mm，有探究试验时临时锚杆1.2mm、永久锚杆1.0mm；验收试验P_p下α_3的稳定指标为：无探究试验时临时及永久锚杆1.2mm，有探究试验时临时锚杆1.8mm、永久锚杆1.5mm。②确定P_c方法。P_c为α_3-荷载曲线第一条拟合线段的尾端，有时较难准确判断，可采用图7所示方法确定P'_c，再取$P_c=0.9P_c'$。③确定R_a方法。$R_a=P_u$，P_u为由图7所确定的极限荷载，是曲线的垂直渐近线，有时较难准确判断，可取$\alpha_3=5$mm所对应的荷载代替。

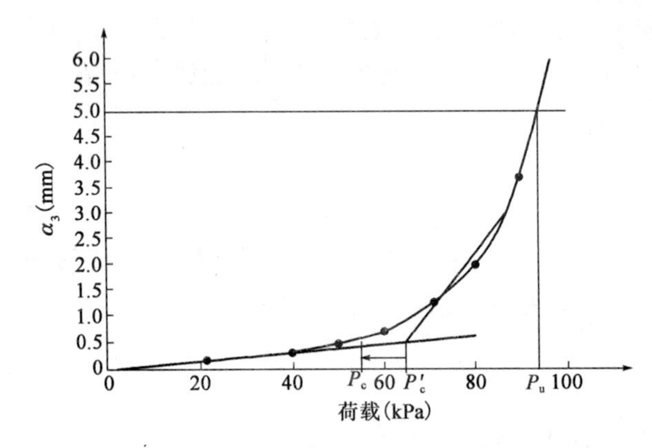

图7　方法3确定P_c及R_a（摘自该标准图I.2及I.3）

3.6　评价锚筋表观自由长度

L_{app}是理论长度，用式2计算，式中A_t、E_t、Δs分别是锚筋的横截面积、弹性模量及弹性位移：

$$L_{app}=\frac{A_tE_t\Delta s}{P_p-P_a-\Delta P_f} \tag{2}$$

4　FHWA-IF-99-015

美标FHWA-IF-99-015《岩土工程手册4：地层锚杆和锚固体系》[4]要求：

（1）性能试验通常循环6遍，每遍循环峰值荷载增幅及每级加卸荷载幅度为0.25DL（DL为设计荷载），最大试验荷载一般为1.2～1.5DL（通常临时锚杆为1.2DL，永久锚杆为1.33DL，潜在蠕变地层为1.5DL），例如永久锚杆第6遍循环每级荷载分别为0.25、0.50、0.75、1.00、1.20、1.33DL。每级荷载持荷10min，测量并记录第1、2、3、4、5、6、10min时位移（性能试验的这部分称为蠕变试验），如果蠕变超过验收指标，则延长50min，每间隔10min测量并记录位移，如果仍超过验收指标，锚杆应降低设计荷载使用或被替换。每遍循环峰值位移减去卸载后的塑性位移之差即为该级荷载下的实际弹性位移，实测弹性位移应满足验收指标。

（2）延长蠕变试验时间一般约8h。如果性能试验及验证试验需要延长持荷时间，则应在多条成品锚杆上进行延长蠕变试验。试验中，0.25、0.50、0.75、1.00、1.20、1.33DL下位移观测持续时间可为10、30、30、45、60、300min。延长蠕变试验一般紧接性能试验之后进行。

(3)根据实际弹性位移按式2计算L_{app},验证试验中不能测量或估算弹性位移时可用总位移替代。较长的多条钢绞线锚筋的弹性模量比单条时要小一些,此时允许将钢绞线制造商提供的模量数据降低3%～5%后使用。

(4)依次判断L_{app}、蠕变是否满足验收指标。L_{app}的上下限指标与EN 1537相同。①L_{app}小于下限指标通常意味着锚杆的自由段长度不够,荷载传递到了自由段、即锚固体系假定的整体稳定滑移面以内,也可能是因为张拉设备不同轴或锚头内锚筋引起的摩擦造成的。如果结果不满足指标,可再进行2遍循环试验以尽量减少摩擦影响。如果仍不满足,则废弃或降低50%荷载后使用。②当施加到锚杆上的荷载增加时,荷载沿黏结段的传播在过去假定为以一种均匀的速率,故设定了L_{app}上限。但是黏结应力均匀分布的概念仅在大部分岩石锚杆中近似适用、在土层锚杆中不适用,故上限指标主要作为岩石锚杆(不打算进行蠕变试验时)验证试验的替代性验收指标,如果没有满足这个指标,随后仍可进行蠕变试验以最终验收。③蠕变试验主要用于估算水泥浆体与地层间的蠕变位移。性能试验及验证试验中,持荷期间观测时间1～10min内的测量到的总位移不得超过1mm;如没超过,则蠕变验收合格;如果超过了,则延长观测时间50min,如果6～60min内的总位移不超过2mm,则满足蠕变验收指标。对于延长蠕变试验,每级持荷期间,每时间对数周期(直到最终的时间对数周期)的总位移不得超过2mm;或者把荷载降低50%,如果直到最终的时间对数周期蠕变位移都能满足验收要求。④锚杆满足表观自由长度验收指标但不满足蠕变验收指标时,如果可能,就后注浆。增强处理后新的蠕变试验持荷时间应为60min,如果1～60min内蠕变小于1mm则验收合格,如果仍不满足,与不能后注浆处理方式一样,废弃或降低50%荷载后使用。

5 PTI DC35.1-14

美标PTI DC35.1-14《岩、土层预应力锚杆的建议》[5]要求:

(1)性能试验在经过挑选的工程锚杆上进行,这些锚杆的施工方法及条件与整个项目中将用到的完全相同。工程师一般应选择最初施工的2～3条锚杆进行性能试验,其余锚杆最少应选择2%进行性能试验,永久锚杆、怀疑易于蠕变的地层、遇到的地质状况变化等情况下应增加性能试验锚杆数据,但一般也不超过5%。性能试验将确认:①锚杆承载力是否足够;②锚筋表观自由长度是否满足预期;③塑性位移的大小;④规定极限内蠕变稳定的速率。性能试验不需全程记录试验过程中每个持荷阶段的压力损失,因为这些压力损失不能解释液压回路的压力损失、结构物的位移、温度效应等,所以不能精确地评估锚杆的性能。性能试验以荷载循环增减方式进行,最大试验荷载为1.33倍设计荷载。试验荷载增加速率应尽可能快,每循环达到最大试验荷载前的每级持荷时间能够测量到稳定的位移值即可,不应大于1min。最大试验荷载下如果1～10min内位移超过1mm,则应延时观测50min。持荷期间,液压油渗漏及温度变化、较小位移等原因造成掉压,幅度不应超过0.35MPa,否则应在每级位移读数前补偿加压,但补偿后压力不能超出。对试验结果分析时可采用锚筋表观自由长度。

(2)没有进行性能试验的锚杆要进行验证试验,要达到与性能试验前3个目的相同的目的。试验采用单循环加荷,最大试验荷载、稳定判断标准、注意事项等与性能试验相同。临时锚杆有把握时,最大试验荷载可为1.2倍设计荷载。

(3)塑性指数大于20的土层永久锚杆至少应进行2条延长蠕变试验。试验方法与性能试验相同,除了试验时间为300min。如果蠕变率超过2.0mm/对数时间周期,则延长观测时间直至不超过。岩石锚杆一般不会表现出随时间的位移,除非那些风化严重的及泥质岩。

(4)锚杆验收指标有3项:蠕变,位移及锁定荷载。①蠕变。试验荷载下1～10min内位移不应大于1mm。如果超过了,则6～60min内不应大于2mm。②位移。塑性位移取决于土质、锚杆施工方法、荷载、试验等多种因素,不应看作应锚固段的全长位移,没有绝对标准可供验收,测量其目的是计算表观自由长度Lapp。Lapp不应小于理论计算值的80%,如果不满足,增加2遍试验,再不满足,应查明原因,降低荷载使用或废弃。Lapp也不宜大于按非黏结段长度与黏结段长度的一半之和计算出来的理论值,如果超出但有合理原因,则不应拒绝验收。③锁定荷载。锁定后即进行提离试验,检查锚筋的锁定荷载。测量到的提离荷载与相应的锁定荷载或放张荷载相差应在5%以内,如果不满足,应调节锚筋荷载,之后再重复提离检查。

6 JGS 4101—2012

日标JGS 4101—2012《地锚设计·施工标准及说明》[7]中,基本调查试验的抗拔试验方法与探究试验方法一相当,长期试验方法与探究试验方法二相当;适应试验方法与欧美标准相当;确认试验方法与验收试验相当;其他确认方法相当于采用提离检查方法进行的适应试验,具体略。

7 结语

(1)prEN ISO 22477-5中锚杆探究试验、适应试验及验收试验各有3种试验方法,各方法源自德国DIN、英国BS等国家标准,均自成体系,不能混用。

(2)欧标中锚杆试验方法已经包含了蠕变性能的测试,美标建议必要时在性能试验之后紧接着进行延长蠕变试验。

(3)国内锚杆基本试验更类似于适应试验,很难达到探究试验目的。

(4)欧美日标准中均把提离检查作为确认锚筋持有荷载的普遍方法,此外还提供了交变荷载试验、防腐试验、群锚试验等试验方法。

参考文献

[1] 付文光,周凯,罗小满. prEN ISO 22477-5等规范中锚杆载荷试验方法简介-欧洲目前主要锚杆技术标准简介之四[J]. 岩土锚固工程,2014(98):15～23.

[2] prEN ISO 22477-5:2009, Geotechnical investigation and testing-Testing of geotechnical structures-Part 5: Testing of anchorages[S], CEN.

[3] EN 1537:1999, Execution of special geotechnical work-Ground anchors[S], CEN.

[4] BS 8081:1989, British Standard Code of practice for Ground anchorages[S], BSI.

[5] FHWA-IF-99-015, Geotechnical Engineering Circular No. 4: Ground Anchors and Anchored Systems, FHWA, 1999.

[6] PTI DC35.1-14. Recommendations for Prestressed Rock and Soil Anchors, 5th Edition. PTI, New York, 2014.

[7] JGS 4101—2012,グラウンドアンカー—設計·施工基準、同解說[S],公益社团法人地盘工学会.

欧美日锚杆专项标准之维护与管理

肖克龙　付文光　张立学　吴晓玲

（深圳市工勘岩土集团有限公司）

摘　要　各国锚杆标准都有锚杆工后监测、维护与管理等内容，日标 JGS 4101—2012 最为全面及详细。该标准中，锚杆工后的维护管理分为检查、健全性调查及对策三个阶段，锚杆检查包括了初步检查、日常检查、定期检查及异常检查，健全性调查包括事先调查、锚头目视及打开调查、提离试验、锚头背面调查、监测等方法，检查及调查对象包括锚头、受压结构、地面等。对调查结果进行评估，评估等级分为五级，分别采用提高耐久性、修补、加固或更新措施。

关键词　锚杆维护　JGS 4101—2012　锚杆检查　健全性调查　事先调查　目视　提离试验　对策

概述

国际上现行锚杆专项技术标准有十余部，本论文介绍及讨论 2012 年以后欧盟、美国及日本等国家和地区发布的最新版标准中锚杆监测、维护与管理等内容。

1　EN 1537

欧标 EN 1537：2013《特种岩土工程的实施—锚杆》[1] EN 第 9 章"监督、试验及监测"要求：应由胜任的锚杆工程技术经验丰富的人来监督和评价锚杆试验。如果检查发现已施工锚杆质量存在不确定性，应进一步进行调查以决定锚杆竣工条件。结构对荷载或位移变化敏感时，可采用相应仪器监测。监测数量不少于锚杆总数的 5%。长期荷载监测时，必要时可紧邻被监测锚杆选取 2 条类型及工作荷载相同的锚杆，设置允许通过再张拉方法检查锚筋持有荷载的装置，以作为监测仪器的参考。

2　BS 8081

英标 BS 8081：1989《英国标准：锚杆实践规范》[2] 指出：

（1）监测。

①锚固系统监测方式有两种，一是单独监测锚杆，二是监测整体锚固系统。应该在设计阶段就考虑好监测方式，计划好监测装置，及工作荷载的波动范围。工作荷载增加 10% 通常不会有什么问题，临时锚杆及永久锚杆分别增加 20% 及 40% 时，应该采取局部减压或增加锚杆等补救措施。工作荷载减少 10% 通常意味着锚杆或结构局部失效，应查找分析原因。

②建议对重要结构进行监测。如果对腐蚀情况进行监测，应贯穿结构服役期，前 3 年每 6 个月一次测试，之后每 5 年一次，监测锚杆数量可为总数的 10% 及至少 3 条；如果监测变形，前期可 3～6 个月一次，后期可适当减少，直到变形可忽略不计，监测锚杆数量可为总数的 5% 及至少 3 条。

(2)压力传感器。压力传感器校准前应在试验室至少存放一天以使其具有室内温度及湿度。校准设备的绝对精度不应低于0.5%。应在压力传感器标称压力范围内从零至最大刻度分级循环加卸载2~3次,每级不超过最大刻度的10%。在生产商确定压力传感器基本性能参数的地方,应进行一系列试验来模拟压力传感器将要服务的环境,包括下列步骤:

①利用离心荷载及刚性平面台盘在20℃时进行常规校准;

②台盘下凹,上凸,不均匀分布0.3mm薄垫片以模拟不平坦的基座;

③在平台间施加偏心荷载,偏心距为0.1倍压力传感器直径;

④如果服务环境有扭转,在平台试验时施加合适的力矩;

⑤在离心荷载下倾斜台盘至1°;

⑥完成上述试验后,再重复一遍步骤①。为测试温湿度影响,应进行不同温湿度下刚性平面台盘上的离心荷载试验,例如温度范围可为0~40℃,相对湿度范围可为50%~100%。应模拟到能够想象出来的最差的环境组合。上述系列试验及长期稳定性试验结果应完整地整理为基本要求。计量仪器的分辨率应与精度要求相匹配,一般最低为1~10kN。

(3)监测和试验。

①监测要针对不同的地层条件,如黏性土的蠕变、无黏性土的突然破坏、风化岩中锚筋的延伸与松弛、侵蚀性土层的腐蚀等。

②监测要针对锚杆的不同破坏模式,如断裂、预应力松弛以及偶然会发生的应力超出设计值等模式。

③示范了边坡监测的内容及方法,如地表裂缝的宽度、位移、沉降及噪音监测,锚杆及岩栓的荷载传感器,坡面的倾角测量仪及压力计,钻水平及竖孔埋置伸长仪、测斜管,挡土墙后设置测斜管及压力盒等。

④锚固之前可能影响预应力值的随机误差包括:相同荷载或压力时同样荷载计量仪器的读数变化,读数误差,千斤顶和锚杆之间摩擦力的变化。可能影响锚筋伸长量测量值的随机误差包括:锚筋长度公差,锚筋轮廓公差,伸长量测量值公差和误差(可能超过1mm),钢筋弹性模量和横截面积变化,应力实际分布形状与简化计算模式之间的差别,锚筋与外套之间的实际摩擦系数与计算假设值或试验结果确定值之间的变化,应力相隔数日分阶段增加时锚筋的实际松弛与计算假设工况之间的变化。消除系统误差后,理论上这些因素可导致实际值与计算值之间有17%的极限误差,当然因为正负误差的随机性这几乎是不可能的。通常认为10%可被接受。

⑤对于长期及短期锚杆,初始应力最大分别不应超过锚筋强度特征值的150%×50%=75%及125%×62.5%=78%。对于特定环境下的高承载力(10MN~15MN)锚杆,检验荷载系数允许适当降低。锚头的锁定应力损失不应大于荷载的8%,即剩余至少92%,基于锚筋的安全系数2.0在夹具处为2.0×0.92=1.84,临时锚杆在夹具处的安全系数则为1.6×0.92=1.47。0.1%屈服强度通常小于83%的极限特征强度,故试验最大荷载为95%的0.1%屈服强度时,主要应防止发生塑性破坏而不是脆性断裂。

⑥荷载及位移等锚杆试验参数应进行长期监测,探究试验及现场适应试验应把数小时的高频精确监测与10天的监测结果相结合,试验时间应长到能够证实锚杆的长期服务性能,而验收试验的监测只需保证过程的稳定性及验证前两种试验得到的短时特性。

3 JGS 4101—2012

日标JGS 4101—2012《地锚设计·施工标准及说明》[3]要求:要定期及不定期(如暴雨、地震等突发情况）对锚杆进行检查，必要时进行健全性调查。主要检查项目为锚头、受压结构及周边地面等，应对检查结果进行评估，按评估等级决定是否进行健全性调查。健全性调查包括事先调查、锚头调查、提离试验、锚头背面调查等方法，根据调查结果采取提高耐久性、修补、加固或更新措施。附录提供了对已锁定锚杆提离试验方法。

3.1 锚杆检查

（1）作为维护管理流程的出发点，检查锚杆是一项重要任务，具体而言，是通过掌握地面的稳定性和导致结构功能恶化的外界损害，评估、判断和记录来实现。锚杆检查包括了初步检查、日常检查、定期检查及异常检查。在进行检查时，应提前制定检查频次，检查体系，检查范围和方法，并定期进行系统检查。考虑到周边设施的重要性以及发生变化时的影响程度，制定计划时要加密检查的频率。在制定计划时，在检查确认异常的情况下应采取对策（通信系统、应急措施、响应系统等）。

①初期检查。锚杆建成后进入维护管理期之前进行。对所有锚杆进行目视、敲击听音（日标称为打音）及尺寸测量。

②日常检查。通常在管理设施巡视时采用目视法检查。

③定期检查。对锚杆及锚杆工作面徒步目视检查，了解所有锚杆状况。完工3年内每年一次，之后3～5年一次，非常重要的工程每年一次。

④异常检查。日常检查的补充检查或天气异常时的检查。

（2）检查内容如表1所示，包括：

①锚头变化，如下沉、开裂、脱开等。如果锚头被落石等损坏，则锚头的防腐功能受损，并且耐久性大大降低。在检查时，通过视觉观察和锤击声音测量来掌握锚头的损坏和变形是很重要的。如果安装了锚杆测力计，则连续测量持有荷载。

②锚座变形。锚杆持有荷载可能在结构物等锚座和锚定结构变形后降低，锚筋应力过大或发生腐蚀可能断裂，锚座可能会变形、起拱或面板开裂。观察这些变化有助于掌握地面和整个结构的变形。在检查过程中，通过目视观察和测量确认结构中的裂缝、损坏、劣化、变形、沉陷等。

③周边地面的变化。地表强度变化、斜面不稳定范围内的变化、工作面整体位移等，对于是否对目标结构考虑采取增强措施很重要。

主要检查项目（引自JGS 4101—2012解说表-9.1）　　表1

对象	检 查 项 目	检 查 方 法	初期	日常	定期	异常
锚头突出	有无锚头突出	目视，锚头测量	◎	◎	◎	◎
	持有荷载	锚杆测力计	Δ	Δ	Δ	Δ
锚头部位混凝土	隆起、起皮	目视，隆起测量	O		O	Δ
	破损、下坠	目视，维修管理记录	◎	◎	◎	◎
	劣化、裂缝	目视，裂缝宽度测量	O		O	
	游离石灰	目视	O		O	
	有无渗水	目视	◎		◎	◎
	有无修补	目视，维修管理记录	O			
锚头罩	破损、变形、下坠	目视	◎	◎	◎	◎
	材质劣化	目视，敲击听音	O		Δ	
	固定情况	目视	O		Δ	

续上表

对象	检 查 项 目	检 查 方 法	初期	日常	定期	异常
锚头罩	有无渗水	目视	◎		◎	◎
	有无修补	目视,维修管理记录	O			
	密封部分劣化	目视				
防锈油	漏油	目视	◎		O	
承压板	隆起	目视,敲击听音	O			
	有无渗水	目视	◎		◎	◎
	锈、腐蚀	目视	O		Δ	
受压结构	变形、沉降	打开节点,错开	O		O	◎
	混凝土劣化	目视	O		Δ	
	游离石灰	目视	O		O	
	破损、下坠	目视,维修管理记录	◎	◎	◎	◎
	龟裂、裂缝	目视,裂缝宽度测量	O		Δ	◎
	从背后隆起	目视,隆起测量	O		Δ	
	有无修补	目视,维修管理记录	O			
	锈、腐蚀(钢材)	目视	O		Δ	
渗水	渗水量、渗水点等	目视,计水量,素描	◎	Δ	Δ	◎
周边情况	沉降、位移等	周边环境调查	◎	Δ	Δ	◎
地面变化	位移、沉降、裂缝	目视,测量,素描	◎	Δ	Δ	◎
结构变化	沉降、位移等	倾斜计、引伸计等	◎	Δ	Δ	◎

注:◎表示实施,O 表示尽可能实施,Δ 表示必要时实施。

(3)检查结果评估。根据检查结果判断锚杆和地面结构等的健全性(及健全性调查的必要性)。另外,如果明显存在健全性问题并且可能会损害到第三方时,应考虑采取紧急措施。健全性判断(及健全性调查的必要性)取决于目标地面结构等的重要性、周围环境(住宅设施等)、锚杆使用年限等,根据现场条件完成。一般条件下如何判断锚杆健全性调查的必要性如表 2 及表 3 所示。如果判断出存在锚杆健全性、地基结构等问题的可能性较高,则进行更详细的健全性调查,并基于调查结果进行评估并采取措施。

从锚杆检查结果评估健全性调查的必要性(引自 JGS 4101—2012 解说表-9.3)　　表 2

检 查 项 目		检 查 内 容	评　估
资料(调查、设计、施工)	调查及设计资料	地层有腐蚀性	Ⅲ
		地下水丰富	Ⅲ
		劣化、易于风化地质	Ⅲ
锁定状态	锚头突出	头部突出	Ⅰ
	持有荷载(安装锚杆测力计时)	荷载值(几乎为零)	Ⅰ
		荷载值(锁定荷载的 0.8 倍以下)	Ⅱ
		荷载值(设计抗拉力以上)	Ⅱ
		荷载值(设计抗拉力 1.1 倍以上)	Ⅰ

续上表

检查项目		检查内容	评估
锚头情况	锚头部位混凝土	破坏、部分缺陷	Ⅱ
		裂缝宽度超过1mm	Ⅱ
		出现游离石灰	Ⅲ
		隆起	Ⅰ
		背面有空隙	Ⅲ
		背面有水渗出	Ⅱ
	锚头罩	破损	Ⅱ
		材质劣化、腐蚀	Ⅱ
		锚固螺栓破坏、腐蚀	Ⅲ
		防锈油渗漏导致污垢	Ⅲ
	承压板	头部、承压板上翘(目视确认)	Ⅱ
		材质劣化、腐蚀	Ⅰ
		背面有水渗出	Ⅱ
		周围污垢	Ⅲ
受压结构	龟裂	裂缝宽度数mm,连续龟裂	Ⅱ
	变形、沉降	大的变形	Ⅱ

注:这只是初步判断,事情严重时需进一步深入判断。Ⅰ表示有问题;Ⅱ表示有问题的可能性高;Ⅲ表示有影响。

健全性调查的必要性判断(引自JGS 4101—2012解说表-9.4)　　表3

评估结果	判定	对策
Ⅰ:1个以上,或Ⅱ以上:2个以上,或Ⅲ以上:3个以上	健全性有问题的可能性很高,详细调查是必要的	实施健全性调查(根据情况采取紧急措施)
除上以外	健全性可能有问题	继续观察(根据情况采取小的修补)

即使与表3中所示的评估结果不相符,有以下情况时也需要进行健全性调查:①各锚杆没有确认到有异常,但地表及结构物等有异常;②个别锚杆的异常达不到需要健全性调查的水平,但由类似因素引起的轻微异常集中在一定范围内或发生在很宽的范围内;③防腐功能不完整并且未进行定期健全性调查。如果判断发生健全性问题的可能性不大时,则在随后的健全性调查中,根据周围环境的条件、锚杆和地面结构等的重要性、锚杆的健全性等综合判断锚固体的稳定性。此外,如果不进行健全性调查,应该从各种角度考虑对策,例如通过监测坡面并在发生任何异常情况时采取相应措施。

3.2 健全性调查

先根据目标锚杆的状况和现场条件来确定健全性调查项目和方法,再根据调查结果评估实施对策的必要性和方法。

(1)调查方法

首先要进行事前调查(即初步调查),收集必要的数据以规划健全性调查,并根据目标锚杆的状况和现场条件选择适当的方法,如表4所示。

测试项目及数量(引自JGS 4101—2012解说表-9.5) 表4

调查、试验种类	估计实施数量
头部细节调查(目视调查) 头部细节调查(打开调查)、提离试验、头部背面调查 监测	事前调查后确定锚杆周边(上下左右)调查,5%且不少于3个锚杆测力计等监测设施

①事前调查,包括对现有资料的调查及现场调查,目的是为了获得用于判断是否可以进行健全性调查的数据。现有资料调查,包括对锚杆规格、锚头情况、受压结构的变形、维护管理(维修记录图等)的初步调查,是准备健全性调查及试验的参考资料。现场调查,包括调查锚杆所在地表及结构物的外观、锚杆打设位置、工作道路、设备运输及移动方法、电力配置等。

②头部详细调查,包括目视调查及打开调查。a.锚杆发生任何异常,锚头都可能变形,可通过目视外观检查。用混凝土(砂浆)直接覆盖锚头时,混凝土或锚头罩的翘起、下坠、破损等都可以看作是最明显的变化,原因包括锚筋断裂、受压结构的沉降和劣化、滚石或落木等外力、冰冻及雪荷载等,导致附着不牢而破坏。在锚头的背面,由于地下水的影响,可能会观察到游离石灰的黏附和杂草的生长,向锚头渗水通常会影响锚杆腐蚀等耐久性,因此地下水是调查的必要项目。如果头部有防锈油渗出,应查明原因。b.把锚头打开进行外观调查,以确认头部变化原因,有可拆卸钢帽时打开比较容易,混凝土锚头罩则需要必要的作业。检查钢帽有无破损、固定情况及密封材料的老化状况,必要时进行更换。检查头罩内防锈油的残留量,如果发现减少则调查原因,防锈油如果变色变质要记录状态并根据需要进行取样,如果确认填充不足或变质,应分析原因并补充或更换。确认锚筋余留段的腐蚀等状况,同时作为提离试验的准备资料。在完全去除混凝土和防锈油后,观察夹具的腐蚀情况、夹片的咬合及滑移等。通过目测或敲击听音检查承压板的上翘情况,同时调查腐蚀情况,及检查承压板背面是否存在地下水。锚头打开调查后(包括提离试验和头部背后调查)要进行恢复,考虑到随后的调查,建议恢复时采用可拆卸锚头。

③提离试验,目的是测试锚筋的持有荷载。锚筋上的驻留荷载因地层及材料蠕变等原因随着时间的推移而减小,有外力影响及地层变形时可能会增大或减少,此外也可能因为锚杆的健全性问题而变化。因此,通过锚杆测力计及提离试验测试锚筋持有荷载,掌握驻留荷载状况,以判断锚杆及结构是否处于安全状态。提离试验是通过单循环多级小幅度加载方式进行的,试验前要判断锚筋余长是否足够。余长一般应在10cm以上,用于安装连接器以接长锚筋。如果不足,则需要在专家的指导下采用特殊的夹具。提离试验通常采用液压千斤顶,在陡坡等场地难以实施,此时可考虑采用轻型千斤顶的可行性。通过评估提离试验测量到的持有荷载与锁定荷载的变化情况,来判断锚杆健全性。一般情况下,驻留荷载不低于锁定荷载80%且低于设计抗拔力是正常的,如果锁定荷载及设计抗拉力未知,则可通过与推算的锚筋允许拉力来比较评估。持有荷载下降的锚杆,有时仅通过提离试验难以判断原因是外力还是锚杆健全性问题,还需要通过锚筋的抗拉强度试验、锚杆的抗拔力试验等确定锚杆设计承载力的

方法来综合判断。但是,由于锚固件破损后修复困难,需要对锚杆安全性及锚固稳定性评估后再判断试验的可行性。如果确认锚杆处于健全状态,则需要进行跟踪观察,并在调查和原因分析的同时考虑对策。

④头部背面调查。对于可放张锚头,解除应力,取下夹具,调查背面的腐蚀等情况。对于螺母固定锚具,释放应力比较容易,对于楔形锚具,放张时需要有足够的夹持力且需要再张拉,调查之前应进行充分的研究及判断。渗油位置,要进行锚筋腐蚀性调查。使用防锈油的锚具,要调查油的充填量及变质情况。调查地下水渗入状况,确认锚筋没有被水浸泡,或被砂土等异物混入及污染。调查承压板背部的变形、混凝土表面的裂缝以及是否有游离石灰存在。

⑤监测。锚杆持有荷载可通过施工时安装的锚杆测力计连续测量。监测持有荷载、监视有无外力引起的荷载增加及地层或结构物变化引起的荷载减少、锚杆健全性等,以达到评估地层及结构稳定的目的。安装测力计具有容易测量、可监测随着时间及天气而引起的荷载变化等优点,但不仅费用高,而且仅有约 10 年的使用寿命。最近开发了一种优异的耐久性强的测力计可供选择。监测结果对锚杆健全性的评估作用及方法与提离试验相同,略。

(2)调查结果评估

即使健全锚杆,由于地面变形或锚筋拉伸材料松弛的影响等,持有荷载也会下降大约 10% 以下,而且可能由于外力的变化而改变,因此,持有荷载在锁定荷载的 80% 以上且在设计抗拔力以下,可判断为锚杆健全性处于良好状态。根据持有荷载评估健全度方法如图 1 及表 5 所示,对提离试验结果评估方法如表 6 所示。

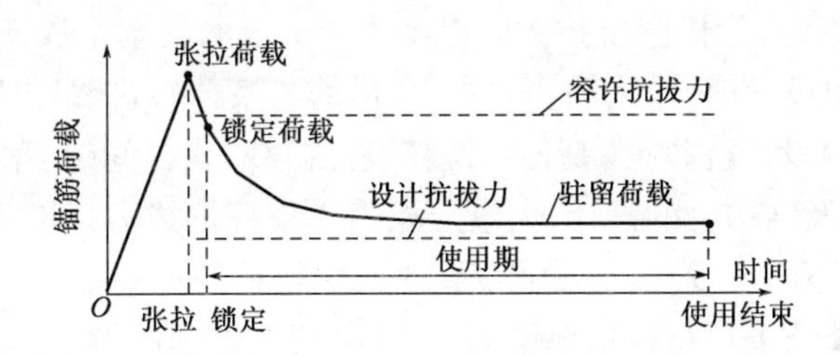

图 1 锚杆预应力时间变化图(引自 JGS 4101—2012 图-6.8)

持有荷载评估健全度(引自 JGS 4101—2012 附录表-9.1) 表 5

持有荷载范围	健 全 度	状 态	对 策 示 例
0.9 倍锚筋屈服力 1.1 倍容许抗拔力 容许抗拔力 设计抗拔力 锁定荷载 0.8 倍锁定荷载 0.5 倍锁定荷载 0.1 倍锁定荷载	E	可能破断	采取紧急措施
	D	危险状态	采取对策
	C	超过容许值	采取对策
	B		进一步观察研究
	A	健全	
	A	健全	
	B		进一步观察研究
	C	功能低	采取对策
	D	失效	采取对策

提离试验结果评估(引自 JGS 4101—2012 附录表-9.2)　　表 6

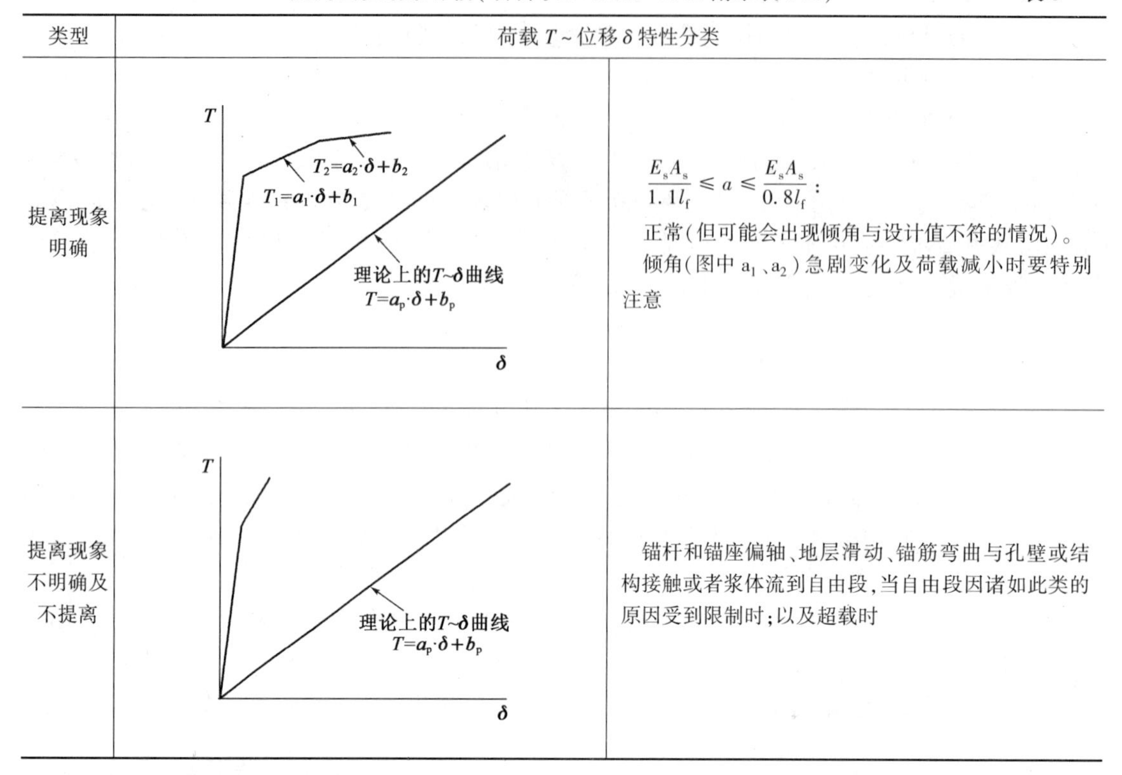

类型	荷载 T ~ 位移 δ 特性分类	
提离现象明确		$\frac{E_sA_s}{1.1l_f}\leqslant a\leqslant\frac{E_sA_s}{0.8l_f}$： 正常(但可能会出现倾角与设计值不符的情况)。 倾角(图中 a_1、a_2)急剧变化及荷载减小时要特别注意
提离现象不明确及不提离		锚杆和锚座偏轴、地层滑动、锚筋弯曲与孔壁或结构接触或者浆体流到自由段,当自由段因诸如此类的原因受到限制时;以及超载时

图 1 中,"容许抗拔力"为极限抗拔力除以不小于 1.5 的安全系数,国内没有相应术语,大致上相当于锚杆抗拔力设计值,取锚筋容许拉力、锚筋与浆体容许黏结力、浆体与地层容许摩阻力三者中的最小值;"设计抗拔力"是根据锚杆设计荷载、锚杆间距、角度等因素确定的锚杆抗拔力,以之进行锚杆及结构物的设计,大致上相当于锚杆抗拔力标准值,大于设计荷载。设计时,要使容许抗拔力不小于设计抗拔力,据此来确定锚杆的规格参数。

健全性调查及试验结果只是评估单锚的健全性,还应该同时按结构物及设计准则考虑地层及结构的稳定性、结构物全体失效的可能性以及整体安全性评估的必要性。

3.3　对策

正常情况下,锚杆的功能随着老化逐渐衰减,但每个锚杆功能衰减的程度不同,且受土压力影响有些锚杆荷载会增加,一般应绘制持有荷载分布图如图 2 所示。

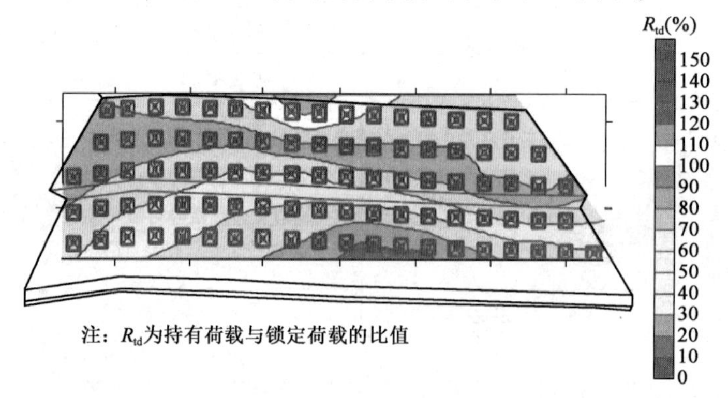

图 2　锚杆荷载分布图(引自 JGS 4101—2012 解说图-9.10)

根据健全性调查结果需要采取适当措施时，可采取提高耐久性、修复及加固、更新等对策。①提高耐久性。根据健全性调查结果，锚杆健全性问题不大，采取措施为的是考虑到以后锚杆机能的退化及对策实施困难。防腐蚀功能的维护可采取替换部件方法以使锚固件的功能不会恶化，针对锚头、锚筋、锚夹具及承压板可采用防锈油在头部和背面防护。为了将持有荷载恢复到健全状态，可对锚杆放张及再张拉。实施时，掌握减少或增加荷载的原因很重要，如果因为地层变形等外力原因引起增加或变形，重新张紧和张力松弛可能不会解决问题，需要研究根本上用于解决稳定地层的措施，放张不是增加地面稳定性的措施，作用是避免锚筋断裂和承压件过载。②修复及加固。根据健全性调查结果，需要将部分功能恢复到必要的水平。③更新。根据健全性调查结果，如果难以通过维修或加固达到必要的水平，或经济上不合理，则采取更新措施。

4 结语

(1)各国锚杆标准都有锚杆工后监测、维护与管理等内容，日标 JGS 4101—2012 最为全面及详细。

(2)日标中，锚杆工后的维护管理分为检查、健全性调查及对策三个阶段，锚杆检查包括了初步检查、日常检查、定期检查及异常检查，健全性调查包括事先调查、锚头目视及打开调查、提离试验、锚头背面调查、监测等方法，检查及调查对象包括锚头、受压结构、地面等。对调查结果进行评估，评估等级分为五级，分别采用提高耐久性、修补、加固或更新措施。

参考文献

[1] EN 1537:2013, Execution of special geotechnical works-Ground anchors[S], CEN.

[2] BS 8081:1989, British Standard Code of practice for Ground anchorages[S], BSI.

[3] JGS 4101—2012，グラウンドアンカー——設計・施工基準、同解説[S]，公益社団法人地盤工学会.

边坡锚索规范间的差异对单孔钢绞线用量的影响

王应铭

（中铁第一勘察设计院集团有限公司）

摘　要　本文介绍了岩土边坡锚索设计时,《铁路路基支挡结构设计规范》(TB 10025—2006)、《岩土锚杆(索)技术规程》(CECS22:2005)、《建筑边坡工程技术规范》(GB 50330—2002)及《岩土锚杆与喷射混凝土支护工程技术规范》(GB 50086—2015)等4项标准对钢绞线截面面积的计算方法,并按不同规范的计算方法计算了单根钢绞线所能承担的轴向拉力,以及不同吨位单根锚索所需配置的钢绞线根数。计算结果表明,按《铁路路基支挡结构设计规范》规定计算所得的单孔锚索所需钢绞线根数与《岩土锚杆与喷射混凝土支护工程技术规范》的计算结果非常接近,比按《建筑边坡工程技术规范》计算所需的钢绞线根数少,比按《岩土锚杆(索)技术规程》计算所需的钢绞线多。

关键词　边坡　锚索　规范　钢绞线

1　引言

在修建山区铁路时,一般要通过下挖方式设置很多类型不同的岩土边坡工程,这些岩土边坡的高低不等、岩土特性各异,但都属于永久性边坡,这些永久性边坡必须进行稳定性分析后采取适宜的加固防护措施,其中很多高边坡须采用预应力锚索及预应力锚索桩等锚固措施进行加固,以确保边坡长期处于稳定状态。

目前,铁路岩土边坡的锚固设计主要依据《铁路路基支挡结构设计规范》TB10025—2006进行设计,设计中还参考了《建筑边坡工程技术规范》GB50330—2002及《岩土锚杆(索)技术规程》CECS22:2005的有关规定。近几年来,修订后的国家标准《建筑边坡工程技术规范》GB50330—2013于2014年6月1日起实施,国家标准《岩土锚杆与喷射混凝土支护工程技术规范》GB 50086—2015于2016年2月1日起实施。

为了解相关锚索标准对锚孔配筋的最新规定,本文介绍了4项标准对铁路边坡常用的7股钢绞线(公称直径为15.2mm、公称抗拉强度为1860MPa)的用量计算方法,并对计算结果进行了对比分析。

2　常用钢绞线力学性能

《预应力混凝土用钢绞线》GB/T 5224—2014对1×7结构直径为ϕ15.2mm钢绞线的力学性能见表1。

1×7结构钢绞线的公称横截面积为140mm^2。

《混凝土结构设计规范》GB 50010—2010对预应力钢绞线的有关规定:

1 ×7 结构预应力钢绞线力学性能 表 1

钢绞线结构	公称直径 Dn（mm）	公称抗拉强度 R_m（MPa）	整根钢绞线最大力 F_m（kN）	整根钢绞线最大力的最大值 Fm,max（kN）	0.2%屈服力 $Fp_{0.2}$（kN）	最大力总延伸率（L_0≥500mm）A_{gt}（%）	应力松弛性能	
							初始负荷相当于最大力的百分数（%）	1000h 应力松弛率 r（%）
1 ×7	12.7	1860	≥184	≤203	≥162	≥3.5	70	≤2.5
							80	≤4.5
	15.2		≥260	≤309	≥229		70	≤2.5
							80	≤4.5

（1）公称直径 12.7mm、15.2mm 钢绞线的极限强度标准值 $f_{ptk}=1860\text{N/mm}^2$。

（2）抗拉强度设计值 $f_{py}=1320\text{N/mm}^2$。

3 每孔锚索钢绞线用量计算规定

3.1 《铁路路基支挡结构设计规范》的计算规定

每孔锚索所需钢绞线的根数 n 根据式（1）进行计算确定。

$$n=\frac{P_t}{P_u/F_{s1}} \tag{1}$$

式中：P_t——每孔锚索设计锚固力（kN）；

P_u——锚固钢材极限张拉荷载（kN）；

F_{s1}——安全系数，取 1.7 ~2.2，腐蚀性地层中取大值。

从表 1 查得，铁路岩土边坡锚索常用的钢绞线为强度等级 1860MPa、直径为 ϕ15.2mm 钢绞线极限张拉荷载 $P_u=260\text{kN}$，因此，单根钢绞线能提供的容许抗拉荷载为：

$$\frac{P_u}{F_{s1}}=\frac{260}{2.2}\text{kN}=118\text{kN} \tag{2}$$

3.2 《岩土锚杆（索）技术规程》的计算规定

预应力锚索钢绞线截面面积应按下式确定：

$$A_s\geqslant\frac{K_tN_t}{f_{ptk}} \tag{3}$$

式中：A_s——预应力钢绞线截面面积（mm^2）；

K_t——钢绞线抗拉安全系数，$K_t=1.8$；

N_t——锚索的轴向拉力设计值（kN）；

f_{ptk}——钢绞线的抗拉强度标准值（MPa），$f_{ptk}=1860\text{MPa}$。

单根钢绞线能承受的轴向拉力设计值：$N_t=140\times1860/1.8=144\text{kN}$。

3.3 《建筑边坡工程技术规范》的计算规定

锚索所需钢绞线的截面面积应满足式（4）的要求。

$$A_s\geqslant\frac{K_bN_{ak}}{f_{py}} \tag{4}$$

式中：A_s——预应力钢绞线截面面积（m^2）；

K_b——钢绞线抗拉安全系数，取 1.8 ~2.2；

N_{ak}——锚索所受轴向拉力（kN）；

f_{py}——预应力钢绞线抗拉强度设计值(kPa)。

查《建筑边坡工程技术规范》GB 50330—2013 附表 E.0.2-1 钢绞线抗拉强度设计值、标准值表得强度等级 $1860N/mm^2$ 对应的抗拉强度设计值 $f_{py}=1320N/mm^2$

单根钢绞线直径为 $\phi15.2mm$ 的能提供的轴向拉力为:

$$N_{ak}=140\times1320/2.2=84kN$$

3.4 《岩土锚杆与喷射混凝土支护工程技术规范》的计算规定

预应力锚杆的拉力设计值可按下列公式计算:

$$N_d=1.35\gamma_w N_k \tag{5}$$

式中:N_d——锚杆拉力设计值(N);

N_k——锚杆拉力标准值(N);

γ_w——工作条件系数,一般情况取 1.1。

锚杆或单元锚杆杆体受拉承载力应符合下列规定并应满足张拉控制应力的要求:

对于钢绞线或预应力螺纹钢筋应按下式计算:

$$N_d\leqslant f_{py}\cdot A_s \tag{6}$$

式中:N_d——锚杆拉力设计值(N);

f_{py}——钢绞线抗拉强度设计值(N/mm^2);

A_s——预应力筋的截面积(mm^2)。

单根钢绞线能承担的轴向拉力标准值为:$N_k=\dfrac{f_{py}A_s}{1.35\gamma_w}=\dfrac{1320\times140}{1.35\times1.1}=124kN$。

3.5 单根钢绞线能承担的拉力

按 4 项标准规定计算出的单根钢绞线所能承担的轴向拉力见表 2。

单根钢绞线能承担的轴向拉力对比 表 2

设计标准名称	单根钢绞线能承担的轴向拉力(kN)	各轴 118kN 的比值
《铁路路基支挡结构设计规范》TB 10025—2006	118	1
《岩土锚杆(索)技术规程》CECS22:2005	144	1.22
《建筑边坡工程技术规范》GB 50330—2013	84	0.71
《岩土锚杆与喷射混凝土支护工程技术规范》GB 50086—2015	124	1.05

单根钢绞线能承担的轴向拉力计算结果说明:

(1)按《建筑边坡工程技术规范》确定的单根钢绞线能承受的拉力最小,按《岩土锚杆(索)技术规程》确定的单根钢绞线能承受的拉力最大。

(2)按《铁路路基支挡结构设计规范》《岩土锚杆与喷射混凝土支护工程技术规范》所确定的单根钢绞线能承受的拉力值较接近,且位于最大值和最小值之间。

4 单个锚孔不同吨位所需的钢绞线根数

单孔锚索不同吨位所需钢绞线根数计算结果见表 3。

单孔锚索不同吨位所需钢绞线根数计算结果　表3

单孔工作荷载(kN)	ϕ15.2mm 钢绞线根数			
	《铁路路基支挡结构设计规范》TB 10025—2006	《岩土锚杆(索)技术规程》CECS22:2005	《建筑边坡工程技术规范》GB 50330—2013	《岩土锚杆与喷射混凝土支护工程技术规范》GB 50086—2015
250	2	1	2	2
300	2	2	3	2
350	2	2	4	2
400	3	2	4	3
450	3	3	5	3
500	4	3	5	4
550	4	3	6	4
600	5	4	7	4
650	5	4	7	5
700	5	4	8	5
750	6	5	8	6
800	6	5	9	6
850	7	5	10	6
900	7	6	10	7
950	8	6	11	7
1000	8	6	11	8
1050	8	7	12	8
1100	9	7	13	8
1150	9	7	13	9
1200	10	8	14	9
1250	10	8	14	10
1300	11	9	15	10
1350	11	9	16	10
1400	11	9	16	11
1450	12	10	17	11
1500	12	10	17	12
1550	13	10	18	12
1600	13	11	19	12
1650	13	11	19	13
1700	14	11	20	13
1750	14	12	20	14
1800	15	12	21	14
1850	15	12	22	14
1900	16	13	22	15
1950	16	13	23	15
2000	16	13	23	16

从表3得出：

(1)按《铁路路基支挡结构设计规范》与《岩土锚杆与喷射混凝土支护工程技术规范》规定计算所需的钢绞线根数非常接近。

(2)按《岩土锚杆(索)技术规程》计算出的钢绞线根数比前两者少:500kN 吨位少1根钢绞线,1000kN 吨位少2根钢绞线。

(3)《建筑边坡工程技术规范》则比前两者的钢绞线根数多:500kN 吨位多1根钢绞线,1000kN 吨位多3根钢绞线。

5 结语

(1)铁路行业标准、标准化协会标准及建筑边坡标准均容许应力法计算所需钢绞线的截面面积。铁路行业标准、标准化协会标准采用预应力钢绞线的抗拉强度极限值(建筑边坡采用设计值)除以安全系数作为钢绞线的拉力容许值,但协会标准的安全系数最大值1.8小于铁路和建筑边坡的2.2。

(2)《岩土锚杆与喷射混凝土支护工程技术规范》在计算预应力钢绞线截面积时采用了钢绞线抗拉强度的设计值及相关系数的不同表达方式。

(3)《铁路路基支挡结构设计规范》及《岩土锚杆与喷射混凝土支护工程技术规范》的计算结果非常接近,而按《岩土锚杆(索)技术规程》计算所需的钢绞线最少,按《建筑边坡工程技术规范》计算所需的钢绞线最多。

参考文献

[1] 中华人民共和国铁道部. TB 10025—2006 铁路路基支挡结构设计规范[S]. 北京:中国铁道出版社,2006.

[2] 中华人民共和国建设部,中华人民共和国国家质量监督检验检疫总局. GB 50330—2002 建筑边坡工程技术规范[S]. 北京:中国建筑工业出版社,2002.

[3] 中国工程建设标准化协会. CECS22:2005 岩土锚杆(索)技术规程》[S]. 北京:中国计划出版社,2005.

[4] 中华人民共和国住房及城乡建设部,中华人民共和国国家质量监督检验检疫总局. GB 50330—2013 建筑边坡工程技术规范[S]. 北京:中国建筑工业出版社,2013.

[5] 中华人民共和国住房及城乡建设部,中华人民共和国国家质量监督检验检疫总局. GB 50086—2015 岩土锚杆与喷射混凝土支护工程技术规范[S]. 北京:中国计划出版社,2015.

[6] 中华人民共和国国家质量监督检验检疫总局,中国国家标准化管理委员会. GB/T 5224—2014 预应力混凝土用钢绞线[S]. 北京:中国计划出版社,2015.

[7] 中华人民共和国住房及城乡建设部,中华人民共和国国家质量监督检验检疫总局. GB 50010—2010 混凝土结构设计规范[S]. 北京:中国建筑工业出版社,2015.

锚索框架梁在顺层高边坡垮塌处治中的应用

余太金

（江西有色建设集团有限公司）

摘　要　本文以四川某边坡垮塌处治为例，介绍了乐雅高速公路左侧木三路改路顺层高边坡垮塌后采用预应力锚索框架梁处治工程设计方案、施工方法及监测与效果。

关键词　预应力锚索　框架梁　顺层高边坡　垮塌　处治

1　引言

木三路改路项目位于在建的乐雅高速公路左侧一级平台上，改路边坡长约140m，最大坡高约35m，为顺层坡。2012年7月16日由于强降暴雨，木三路改路左侧边坡从上往下突然发生垮塌，长度约85m，方量约3000m^3，塌方体堆积在公路上并造成公路断道，危及下方的高速公路左侧一级平台上抗滑桩施工。

2　地质概况

塌方区出露的岩层为白垩系下统灌口组下段（K_{1g}^{1}）粉砂质泥岩。其造岩矿物以黏土类矿物为主，粉砂质结构，泥质胶结，薄～中厚层构造，岩性软弱，岩芯一般呈短柱状，少量呈饼状、碎块状；局部可见泥化夹层，呈土夹石状，可塑，碎石粒径2～3cm，含量20%～30%；陡倾角裂隙发育且贯通，裂面起伏不平、粗糙、铁质浸染。

岩层产状为37°∠16°，裂隙发育主要有两组，其产状分别为168°∠82°和262°∠66°，边坡坡角53°（1∶0.75），坡向32°，为顺层坡，详见图1。

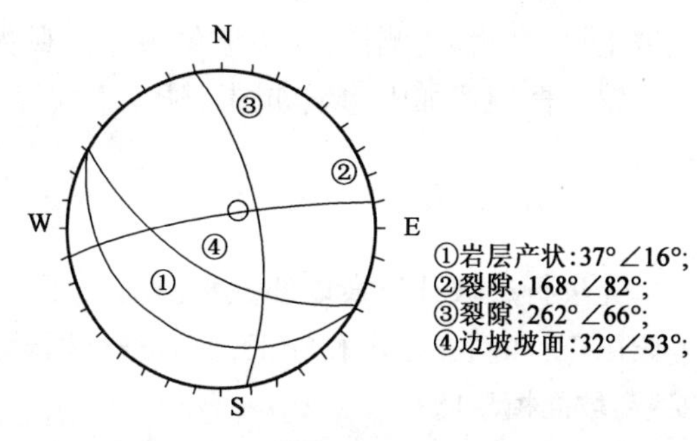

图1　边坡岩体结构赤平投影（上半球）

从图1可知，①②组合和③④组合的交线倾向坡外，且倾角小于坡角，对人工岩质边坡稳定不利。

岩层中存在软弱夹层，边坡沿软弱夹层滑面在天然状况下处于基本稳定状态，但安全储备不足，在暴雨和地震工况下均会产生破坏。

3　边坡垮塌处治设计

3.1　边坡垮塌原因分析

该边坡垮塌的主要原因是山体内存在软弱夹层、陡倾角裂隙发育，原木三路修建时挖小隧道爆破而松动了山体，导致山体部分裂隙加宽、贯通，加之边坡开挖使岩体卸载又产生了裂隙，后期雨水渗入加剧了裂隙发育、贯通。边坡失稳期间受强暴雨气候条件影响,降雨沿贯通的裂隙下渗至软弱夹层,使其抗剪强度降低,在动水压力作用下,岩体沿软弱夹层滑动而发生失稳破坏。

3.2 边坡垮塌处治设计方案

根据该边坡垮塌现状,二级边坡以上至开挖坡口范围内清除塌方体后削坡成1:1,一、二级边坡清除塌方体后削坡成1:0.75,从上往下逐层逐段削坡后,采用锚索框架梁或垫墩式锚索对边坡加强防护处治。

依据该边坡范围内工程地质勘察报告,计算参数如下。

计算参数:软弱夹层抗剪刀强度指标 $C = 15\text{kPa}$、内摩擦角 $\varphi = 9.7°$,岩体容重 $\gamma = 24.6\text{kN/m}^3$;

破坏模式:沿软弱夹层直线型滑动;

剩余下滑力:暴雨工况下,安全系数 $K = 1.1$,剩余下滑力2142kN/m。

根据计算结果,确定该边坡具体处治方案为:

(1)锚索框架梁承担坡体整体剩余下滑力,一级和二级边坡分别设置4排和5排锚索,其纵、横方向间距3m,长度16~43m,向下倾角25°,规格为 $6\phi^{S}15.2$ mm,每孔锚索设计锚固力为760kN,锚固段长度14m;框架梁格距3×3m,尺寸0.4×0.5m。

(2)二级边坡以上至开挖坡口范围内采用垫墩式锚索加固,锚索纵、横方向间距5×5m,长度13~22m,向下倾角25°,规格为 $4\phi^{S}15.2$ mm,锚固段长度8m,锚固力500kN;垫墩规格1×1×0.5m

(3)边坡开口线以外150 m范围内设3道截水沟,将塌方体以外的地表水拦截引离边坡;灌浆封闭坡顶所有张裂隙,以防地表水从坡顶下渗至坡体内;边坡平台设置截水沟,以引离坡面地表水。

(4)在一、二级边坡体下部各设置一排孔径130mm、孔距6m、孔深25m的仰斜式排水孔(内置直径100 mm塑料盲沟),以排除坡体内地下水,防止雨季时地下水压力骤然上升,引起边坡失稳。

(5)在边坡预应力锚索上安装GMS锚索弦式测力计,对锚索的预应力进行长期监测;在边坡上设置位移监测点,对边坡位移进行观测。

锚索框架梁加固边坡如图2所示。

4 施工方法

先进行边坡开口线以外截水沟施工、灌浆封闭坡顶所有张裂隙,再从上而下逐层逐段进行锚索施工、仰斜式排水孔施工,最后进行框架梁、平台沟施工、锚索张拉锁定、锚索弦式测力计安装、坡面植草防护。

预应力锚索框架梁施工是边坡垮塌处治的关键,其主要施工工艺为:钻孔→锚索制作安装→锚孔注浆与补浆→框架梁施工→锚具安装与张拉锁定→高压补浆→锚头封闭。其施工方法如下:

(1)测定孔位:采用全站仪测放孔位及孔角,并反复校核,误差不得大于3mm。

(2)钻机安装:运用两点定线原理安装钻机方位角,用钻机前后高差点和开孔点控制钻机倾角、钻孔轴线,钻机安装时多点固定,以确保钻机稳定可靠、钻进时不会偏位。在钻进过程中用仪器测定钻机导向架倾角(与水平面夹角为25°),以便随时检查锚孔倾斜度。

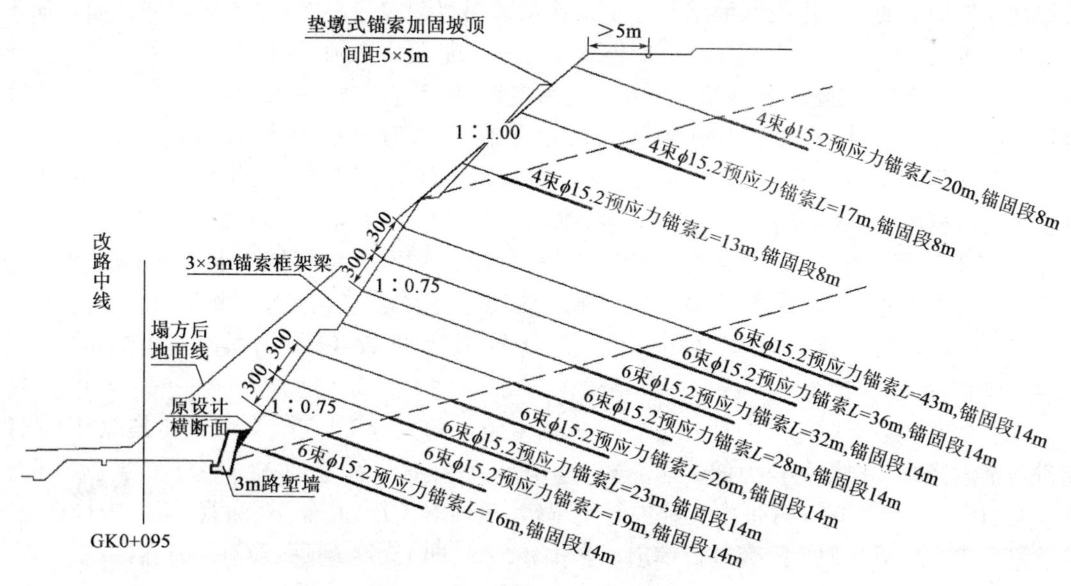

图2 锚索框架梁加固边坡横断面图

(3)钻进成孔:采用风动冲击和随钻跟进同径导管的钻进工艺成孔。根据设计和地层条件,选用重庆探矿机械厂生产的MGY-100型全液压锚索钻机、ϕ130mm偏心钻头、DHD360型冲击器、ϕ89mm风水双壁钻杆、随钻跟进的同径导管、英格索兰XHP750SCAT型空压机。正式钻孔前,开动钻机先钻50cm左右,停机检查钻机是否移位,确认钻机稳固后便可正式钻进。正式钻进时,根据冲击器做功风压范围、岩层特性及不同的孔深来合理控制钻压和风压,即遇中风化、微风化粉砂质泥岩及孔深超过35m时选择5MPa~8MPa的钻压和1.0MPa~1.5MPa的风压,否则取4MPa~7MPa的钻压和0.8MPa~1.3MPa的风压。钻进时当每根钻杆钻毕到位后立即提升钻具,使钻头离开岩面反复冲净孔内岩粉、岩渣后,接杆继续钻进。在钻进过程中,发现钻头有时会掉落或收不回来、导管靴会打断。处理办法是:将钻头与冲击器连接的定位销焊死,解决了钻头脱落问题;导管靴底部开一个斜口,顶住钻头反转,解决了钻头收不回来的问题;改变导管靴结构,改公扣为母扣,以加厚导管靴,解决了导管靴被打断的问题。通过上述改进钻具,使跟管和拔管深度由当时的25m提高到35m,顺利地解决了在这种裂隙发育且贯通甚至有空洞的地层中钻进的难题。

(4)锚索制作与安装:锚索采用高强度、低松弛的优质钢绞线制成,钢绞线标准强度为1860MPa、计算截面积140mm^2。锚索制作前,先将钢绞线除锈去污,保证其表面清洁、无锈斑、油污、杂质。每束锚索由6或4ϕ^S15.2mm钢绞线组成,锚索自由段套ϕ20mm软塑料管,锚索头部设ϕ70×160mm的导向帽。锚索编制时,针对每个孔深加1.0m准确下料并在工作台上编索,首先将架线环与各孔进、回浆管及钢绞线一一对应编号,然后对号入座;进、回浆管采用ϕ25mm的PVC管,其耐压性要达到设计灌浆压力的1.5倍以上;经过架线环的每根钢绞线都必须用无锌铅丝与架线环绑扎在一起;架线环间距在自由段、锚固段分别2.0m和1.5m,两环之间设置一道紧箍环(8号铁丝绕制),使索体成枣核状;整个索体钢绞线及进、回浆管要平行,不得交叉。钻孔到位并冲洗后,采用集中人力共同下索。下索时要求索体不能旋转,以避免架线环损坏磨损钢绞线,并确保锚索居中和锚固端到底。

(5)锚孔灌浆与补浆:灌浆泵选择BW100/15型注浆泵。浆料包括P.O42.5普硅水泥、中砂与水组成的M35水泥砂浆(水灰比0.4,重度不小于19kN/m^3)、8%的AEA和0.7%的GYA

外加剂。外加剂的加入可使浆液结石产生微膨胀而导致侧向应力的产生,以加强锚固。灌浆压力不宜过大,选择0.6~0.8MPa,以能连续缓慢压入浆液为原则,这样浆液能由孔底慢慢流向孔口中,使浆液有效地将孔内积水排出和充填空隙,而不会与水产生混合。当回浆管返出完全纯净的水泥砂浆时,可以认为孔内积水已完全排出,这时可以闭浆,闭浆压力0.4MPa~0.8MPa,闭浆时间30 min。灌浆结束以实际灌浆量大于理论吃浆量和回浆相对体积质量大于进浆相对体积质量且孔内不再吸浆为控制标准。灌浆结束,在浆液初凝前,要及时进行不少于2次补浆,使孔口浆液饱满。当浆液凝固到不自孔中回流出来之前,应保持不小于0.6MPa的压力进行闭浆。补浆过程中如有渗水,要按固结灌浆方式进行固结灌浆。灌浆采用灌浆自动记录仪。

(6)框架梁施工:首先在测定的框架梁位置上刻槽、预埋ϕ90mmPVC管、安放钢筋、立模、浇筑C25混凝土、养护。

(7)锚具安装与张拉锁定:张拉是预应力锚索施工的关键工序,当框架梁浇筑28天后才能进行锚索张拉。根据张拉力的要求,合理选用了OVM锚具配套的YCW100型穿心式千斤顶、OVM15-6型锚具,并对张拉机具进行了率定,包括对千斤顶、油泵、油管、压力表校验,校验合格后将千斤顶与油泵配套进行率定。张拉分5级,即150kN(预张拉)→380kN→570kN→760kN→836kN(超张拉10%)。

正式张拉前,取150kN的预紧张拉力,采用多次循环预紧方式对每根钢绞线进行预张拉,使其各部位接触紧密,钢绞线完全平直。每根钢绞线预紧时,以两次张拉伸长值差不超过3mm为限,否则进入下一循环继续预紧直至符合要求为止。预紧后安装千斤顶和工具锚都要与工作锚对中,夹片要平整,严禁钢绞线在千斤顶的穿心孔内交叉。正式张拉时,采用限位张拉自行锚固的方式进行。张拉过程中,当达到某一级控制张拉力后稳定7min,即可进行下一级张拉,达到最后一级张拉力后稳定15min即可锁定。张拉时采用应力控制及伸长值校核的操作方法,及时准确地记录油压泵读数、千斤顶伸长值、夹片外长度等。当实际伸长值大于计算伸长值的10%或小于5%时,要停止张拉,待查明原因并采取相应措施予以调整之后可继续张拉。张拉时,升荷速率每分钟不超过设计张拉力的10%;张拉人员必须站在千斤顶两侧位置操作,不得在千斤顶正面操作,以免发生夹片飞出伤人事故。

(8)高压补浆:通过锚垫板的补浆孔高压补浆,补浆压力≥0.6MPa。

(9)锚头封闭:高压补浆3天后,将锚索预留50mm长度后将多余的钢绞线切掉,钢绞线工作锚清洗干净,框架梁凿毛清洗后,用C20混凝土将锚头封闭。

5 结语

(1)通过地表水、地下水排除、坡顶张裂隙封闭和预应力锚索框架梁支挡等综合处治措施,成功地治理了乐雅高速公路左侧木三路改路垮塌的顺层高边坡,尤其在裂隙发育且贯通、空洞、跑风的复杂地层中锚索孔钻进方面解决了跟管钻进40m的难题,取得了复杂地层中随钻跟进导管和拔管的突破性进展。

(2)三年多来的锚索预应力监测和边坡位移监测结果表明,木三路改路垮塌的顺层高边坡经处治后至今,锚索预应力损失、边坡位移均满足设计要求,达到了预期效果。

参考文献

[1] 胡军军等.乐雅高速公路木三路顺层高边坡变更设计.成都:四川省交通运输厅交通勘察设计研究院,2013.

海口市某园区工程滑坡治理实例

闫贵海　高玉婷　任晓光　胡茂飞　林瑞博

（中国京冶工程技术有限公司海南分公司）

摘　要　新城区的建设常伴随着大面积的土地开发，通常都会进行整片区的地质勘查评估，但由于地区广袤，加上建设过程常伴随大量的土方挖填，原始地貌及地质条件很可能发生极大变化，因此各项目必须进行专项的地质勘测。本工程的滑坡发生在土方大量堆填区域，通过补充勘察、探井、数值分析等手段，对滑坡原因进行了分析，同时采用了抗滑桩加上部桩板挡墙的支护形式进行治理，取得了良好的效果。

关键词　工程滑坡　数值分析　抗滑桩

1　引言

滑坡属于常见的地质灾害，常在雨后山区中发生，山区产生的滑坡面积广，滑坡体量大，但由于人烟稀少，一般不会造成大面积的人员财产损失。而在城市地区中，虽然滑坡面积与体量不能与发生在山区的滑坡相比，但由于人口密集，其危害性往往不容忽视[1]。

我国经济的快速发展，促使各地都开展了大规模的工程建设，尤其是新城区或大型园区的建设，常伴随着大量的挖填工程，这就要求在此基础上的单项工程建设，必须结合最新的地形地貌等进行针对性的勘察设计，否则很容易发生小范围的工程滑坡等灾害。在本工程中，通过补充勘测，对各典型剖面的不同工况稳定性安全系数进行了分析，并结合三维有限元数值模拟，分析了滑坡形态及发展态势，并据此进行了针对性的支护设计，很好地完成了滑坡的灾害治理。

2　工程概况

2016 年 6 月，海南省海口市某园区发生工程滑坡事故，滑坡影响范围约 70m × 150m，面积约 10000m^2。滑坡造成上部挡墙“坠落”、地面滑陷、建设中的污水泵站滑移等危害。监测数据显示挡土墙沉降 3 ~ 3.1m，挡土墙北侧向西侧偏移 1.16m，南侧向西偏移 0.38m，在建泵站向西偏移 2.6 ~ 3.5m，基础沉降 21m ~ 272mm，未造成人员伤亡。

滑坡事故造成的破坏情况，如图 1 ~ 图 3 所示。

图 1　上部挡墙塌陷

图 2　在建泵站滑移

图3　坡脚护坡坡面开裂

2.1　场地工程地质条件

根据补充勘察报告,各土层的地质特征描述如下:

①层杂填土(Q^{ml}):分布于全场地,褐色、褐红色、灰褐色、杂色,松散状,主要填料粉质黏土、中粗砂、块石及混凝土块等,块石粒径20～50cm,堆埋时间约为1年。层厚1.70～7.50m,平均4.89m,工程性质差。

②层粉质黏土(Q_2^{al}):分布于全场地,褐黄色、褐红色,可塑状,局部软塑状(野外鉴定),含较多中粗砂,切面稍有光泽,干强度中等,韧性中等,无摇振反应。层厚0.50～6.50m,平均2.50m,工程性质一般。

③层粗砂(Q_1^{al}):灰黄色、灰白色,饱和、稍密—中密状,颗粒以粗、砾粒为主,次为中细粒,呈次圆状,主要矿物成分为长石、石英等,粘粒含量约占2%～7%。层厚0.50～6.50m,平均2.36m,工程性质一般。

④层黏土(Q_1^{al}):灰色、褐黄色,软塑状为主,局部可塑状,少量粉细砂,切面有光泽,干强度中等,韧性中等,无摇振反应。层厚1.80～10.60m,平均5.66m。工程性质差。

⑤层中砂(Q_1^{al}):紫红色、褐黄色、灰白色,饱和、稍密—中密状,局部夹薄层软塑状黏土(ZK03号孔),颗粒中细粒为主,次为粉粗粒,呈次圆状,主要矿物为长石、石英等,黏粒含量约占2%～7%。层厚1.30～5.30m,平均2.58m,工程性质一般。

⑥层黏土(Q_1^{m}):上部褐黄色灰黄色、下部灰色、深灰色,可塑状,局部硬塑状,含少量粉细砂,切面稍有光泽,干强度中等,韧性中等,无摇振反应。揭露层厚10.40～14.50m,平均11.97m,工程性质良好。

土层主要物理力学指标见表1。

土层主要物理力学指标　　表1

地 层 名 称	容重(kN/m³)	内摩擦角 φ(°)	黏聚力 c(kPa)
杂填土	19.1	15	10*
粉质黏土	19.6	8	17
粗砂	20.5	30	8
黏土	17.7	3	24
中砂	20.0	28	8*
黏土	18.4	4	33

注:表中带*为经验值。

2.2　场地内地下水情况

场地内②粉质黏土层、④黏土层、⑥黏土层为弱含水层,赋存于②粉质黏土层中的地下水为孔隙潜水,可视为相对隔水层,主要接受大气降水及侧向补给,从西向东径流,向低处排泄,勘察实测其潜水稳定水位埋深为0.80～11.10m,稳定水位高程16.84～22.75m。

3　滑坡分析

根据勘察可知,本次滑坡体最大高度达到15m左右,考虑到灾害对邻近的泵站建设带来的损失及附加的各种影响,将采取二维力学验算、三维有限元法和数值模拟计算来对滑坡进行分析。

本次二维力学验算,分别进行圆弧形及折线形滑动面验算,圆弧形滑面验算采用Janbu修正法,折线形滑面验算采用摩根斯坦—普赖斯法验算。通过数值分析可知各剖面两种滑动面所得安全系数均小于1.35,根据《建筑边坡工程技术规范》(GB 50330—2013),不满足永久边坡稳定性安全系数的要求,故当前滑坡体的状态作为永久边坡来说是不安全的。

有限元法分析边坡稳定性采用有限元强度折减法,其基本原理为不断降低岩土C、ϕ值,直到破坏,至破坏时,c和$\tan\varphi$的降低倍数就是安全系数。根据三维有限元数值模拟分析可知,当前滑坡体处于基本稳定状态,但不符合永久边坡安全系数要求,当所处环境发生变化时(如降雨入渗继续软化滑动面以及对坡脚的破坏等),滑坡体安全系数仍有可能降至1.0以下,发生二次破坏,故需对当前滑坡体进行处理。

以下为选取部分剖面的折线法和圆弧法计算下滑动面简图以及三维有限元法总位移云图如图4~图6所示。

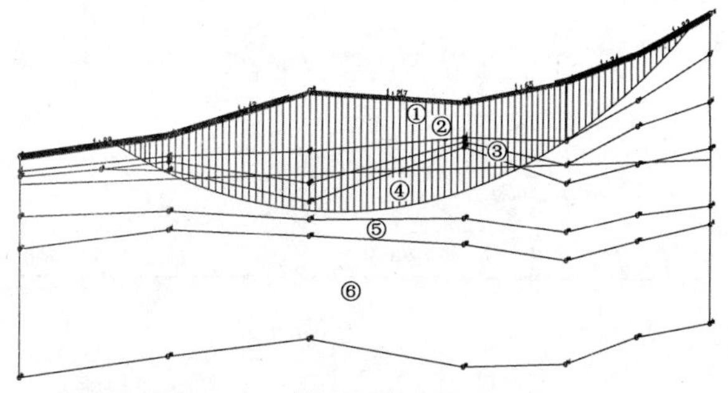

图4　Janbu修正法圆弧形滑动面简图

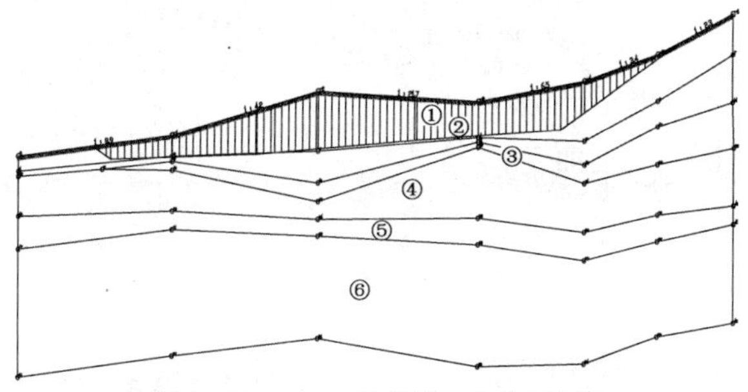

图5　Morgenstern法折线形滑动面简图

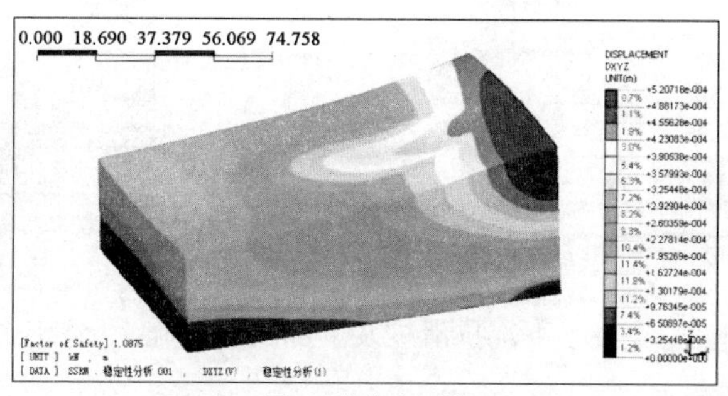

图6　总位移云图

4 滑坡治理

4.1 治理方案

根据计算分析,结合保护上部已建给水泵站的安全需求,经过必选分析,确定采用如下治理方案:在场地滑坡段西侧位置设置抗滑支护,滑坡后缘采取放坡措施,放坡比例为1∶2,放坡后采用挂网喷混凝土进行护坡;滑坡前缘采用上部挡墙下部抗滑桩的方法进行支护,防治段总长约80m,采用悬臂式桩板挡墙的方案,挡墙厚0.3m,高4.5m;共设31根抗滑桩,桩间距2.6m,桩直径1.2m,桩长为9m和12m交替排列。支护立面及典型剖面如图7~图9所示。

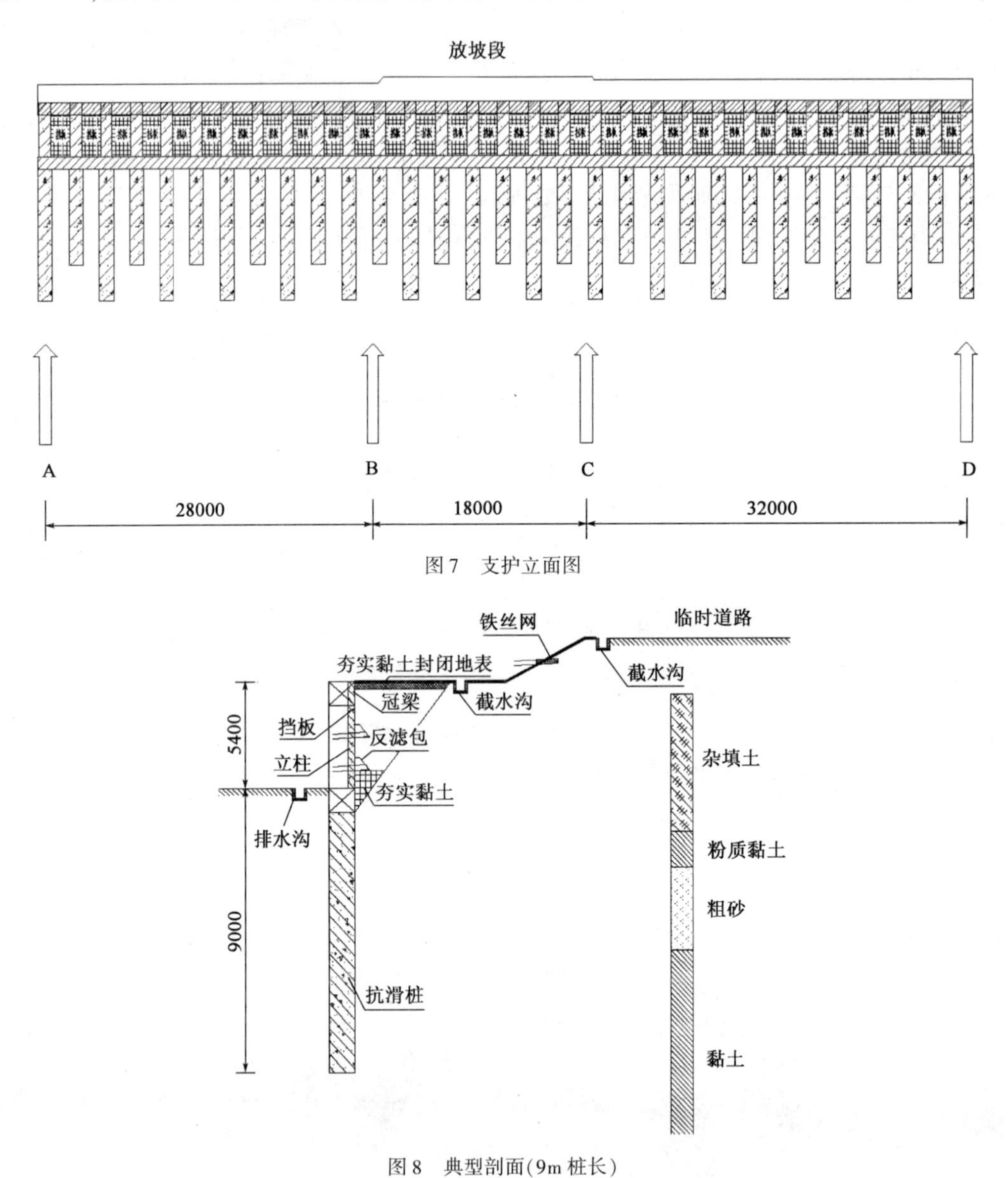

图7 支护立面图

图8 典型剖面(9m桩长)

4.2 治理结果

经过近三个月的施工,完成了下部抗滑桩及上部挡墙的施工,施工过程严格按照技术要求执行。

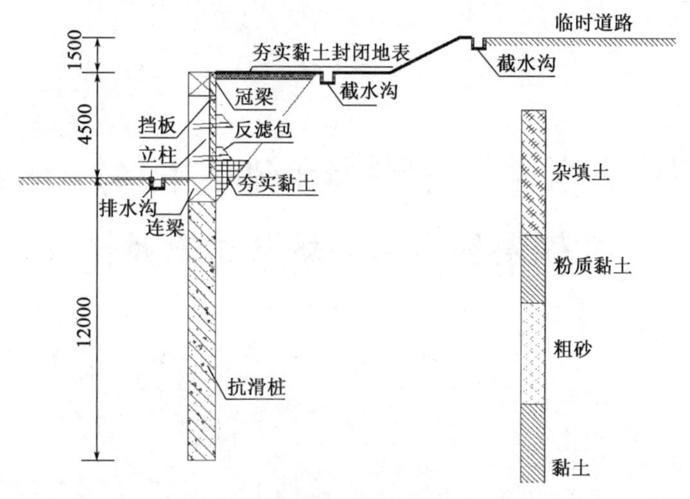

图9 典型剖面(12m 桩长)

现场监测结果显示治理结果达到预期效果,上部泵站现已投入使用,滑坡治理效果理想。挡墙完工如图10所示。

图10 挡墙完工

5 结语

(1)大范围的地质灾害排查容易漏掉少许隐患点,建议在有大规模地质灾害排查的基础上对拟建地块进行专项勘察及地质灾害评估。

(2)在大规模的园区开发活动中会有大量挖填方工程,针对海南地区多雨多台风的气候特点,建议各项工程均要做好截排水措施。

(3)抗滑桩是常用的滑坡治理方式,本工程将其与桩板挡墙结合,在实现抗滑的同时也很好地完成了上部土体的支挡作用,同时悬臂结构节省了大量空间,有利于节约土地使用面积,具有很好的工程借鉴意义。

参考文献

[1] 吴彬,姜安龙,舒勇.滑坡治理工程实例分析[J].山西建筑,2014,(12).

泉州莆永高速公路 K144 +400 ~ K144 +600 段左侧滑坡灾害分析及防治对策

马新凯　陈志福　张功洪　韩志强

（中铁西北科学研究院有限公司深圳南方分院）

摘　要　根据滑坡区的地质环境条件，结合滑坡变形的发展过程，阐述滑坡的变形特征、性质；分析认为边坡开挖后形成的临空面、坡体的软弱带及长时间的持续降雨是诱发滑坡发生的主要因素；并据此提出了排水、抗滑桩、锚固、回填反压等处置措施；期望对类似的中厚层基岩滑坡整治提供借鉴。

关键词　滑坡病害　基岩滑坡　稳定性分析　锚索抗滑桩

1　引言

泉州莆永高速公路 K144 +400 ~ K144 +600 段左侧滑坡位于安溪县湖上乡飞亚村，为古滑坡的一部分。莆永高速公路在坡脚以 16m 高的路堑边坡切坡通过，在建设期（2013 年）曾引起了古滑坡部分复活，致距线路中线约 250m 处的山坡上的民房开裂迁移。2016 年 1 月，距线路中线约 260m 位置的别处民房再次发生开裂，并于 8 月开裂加大成为危房。经过现场调查，该滑坡体宽度约 75m、长度约 260m、滑体厚度约 22m，滑坡体体积约 $42 \times 10^4 m^3$。地勘揭示滑坡体主要为崩坡积层的含孤石粉质黏土、坡残积的粉质黏土、全风化凝灰岩、部分砂土状强风化凝灰岩及碎块状强风化凝灰岩，滑体主要沿全风化凝灰岩与下伏砂土状强风化凝灰岩发生滑动，属于中厚层基岩滑坡地质灾害。

滑坡全景见图 1。

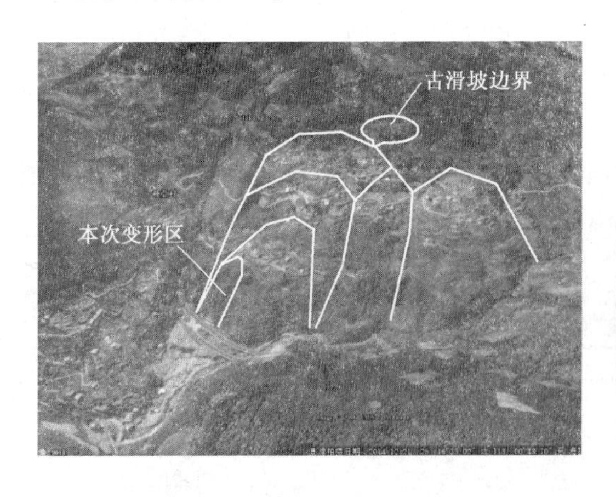

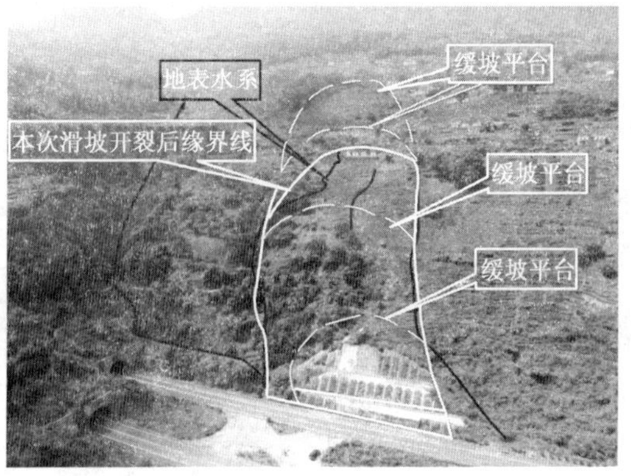

图 1　滑坡全景照

2 滑坡区工程地质概况

2.1 地形地貌

滑坡区为剥蚀低山坡麓地貌,山体斜坡自然坡度较缓,约 15° ~ 20°,大部分被改造为茶园梯田。斜坡上遍布崩积凝灰岩孤石,东侧山坡上孤石较多,且孤石脚存在较多的落水洞等现象。滑坡区地表水系发育,水量大,滑坡后缘裂缝穿过此水系;左侧地表水系水量较小;斜坡体上的一道水系受崩坡积含孤石粉质黏土影响,时而出露时而消失。

2.2 地层岩性

地勘揭示该段山体斜坡场区覆盖层为崩坡积层的含孤石粉质黏土(Q_4^{col+dl})、坡残积层(Q_4^{el+dl}),基岩为侏罗系(J_{3n}^b)的凝灰岩及炭质粉砂岩等。

(1)覆盖层为崩坡积含孤石粉质黏土(Q_4^{col+dl}):黄褐色、黄灰色,可塑状,普遍存在凝灰岩孤石,孤石最大尺寸 2.5m,钻孔揭露最大厚度为 14m。坡残积粉质黏土(Q_4^{el+dl}):黄褐色、黄灰色、红褐色,局部夹凝灰岩碎石角砾,粒径 1 ~ 3cm,可塑状,钻孔揭露最大厚度为 4m。

(2)下伏基岩为侏罗系上统南园组(J_{3n}^b)凝灰岩及碳质粉砂岩。①全风化凝灰岩(J_{3n}^b):红褐色、砖红色,原岩结构清晰,易掰断,泡水易软化,岩芯多呈土柱状,局部夹碎块状,属极软岩,遇水易软化,钻探揭露最大厚度约 6.3m。②砂土状强风化凝灰岩(J_{3n}^b):红褐色、砖红色、灰褐色,原岩结构清晰,易掰断,泡水易软化,岩芯多呈土柱状,局部夹碎块状,属极软岩,遇水易软化,钻探揭露最大厚度约 15.1m。③碎块状强风化凝灰岩(J_{3n}^b):黄灰色、浅灰色,结构面有黑色,质较软。岩芯多呈碎块状,局部夹砂土状,属较软岩,钻探揭露最大厚度约 11.9m。④中风化凝灰岩(J_{3n}^b):深灰色,质硬,锤击声清脆,多呈短柱状及长柱状,局部夹碎块状,最大节长 45cm。⑤碎块状强风化炭质粉砂岩(J_{3n}^b):黑色、黑褐色,细粉粒结构,炭质胶结,锤击声沙哑,易碎,钻探揭露最大厚度约 11.0m。⑥中风化炭质粉砂岩(J_{3n}^b):黑色、黑褐色,细粉粒结构,炭质胶结,锤击声清脆,易碎。

区内岩体差异风化现象严重,节理裂隙发育,碎块状强风化凝灰岩中夹杂多层厚度约 30cm 的土状强风化凝灰岩,形成相对隔水层,遇水易软化,为易滑地层,为该滑坡发生变形的地质基础。

2.3 地质构造

场区的抗震设防烈度等于 7 度,为地震活动弱的地区。场区未见大型地质构造,滑坡前缘存在一条走向 69°规模较大的冲沟,冲沟西北侧山体坡度较陡,东南侧山体坡度较缓。

2.4 水文地质特征

区内地下水主要为第四系孔隙潜水、基岩裂隙水两种类型。滑坡体两侧及坡体上地表水系发育,地表水大量补给地下水,造成滑坡区地下水较丰富,地下水位埋深较浅。

3 滑坡病害成因分析

该边坡为中厚层的基岩滑坡,高速公路以路堑的方式在边坡下部通过,在各种不利因素的综合影响下,最终形成滑坡地质灾害,边坡发生变形的主要原因如下:

(1)该滑坡原为古老滑坡群一角,坡体中部存在多处缓坡平台,汇水面积较大,改造成茶园后地表径流条件进一步变差。滑坡所在区域地表存在较厚的崩坡积凝灰岩孤石,孤石附近存在大量的落水洞使得地表水系极易下渗;前期公路建设诱发了古滑坡的局部复活,张开的坡体裂缝加剧了地表水的下渗;丰富的地下水增加了坡体的动静水压力,降低了坡体全风化地层及碎块状强风化透镜体(软弱带)的有效应力,诱发了滑坡的发生。

(2)路线在古滑坡体的前部以路堑的方式开挖通过,形成了一定的临空面,破坏了原有坡体的力学平衡,触发了路堑边坡失稳及古滑坡体的局部复活。

(3)高速公路右侧的隧道弃渣场对老滑坡前缘形成反压,但由于当地碎石场越界超挖,使前缘的反压功能大部分丧失,也是滑坡发生的诱发因素之一。

4　滑坡稳定性分析

4.1　滑坡稳定性定性分析

根据现阶段滑坡的变形情况、地下水位变化及坡体深部位移监测报告等综合分析:K144 +400 ~ K144 +600 段左侧狮子岩滑坡处于极限平衡状态,滑坡整体稳定性较差,局部趋于不稳定。

4.2　滑坡稳定性定量分析

本文采用当前国内外广泛应用的边坡工程专业软件 Geo-Slope 之 Slope/W 软件包进行滑坡稳定性计算,反算主滑带岩土强度参数。结合地质勘察报告等成果资料,具体选用较为严格的刚体极限平衡方法——Morgensten & Price 法,综合确定本滑坡体主滑带的岩土强度指标,计算滑坡推力及稳定系数如表 1 ~ 表 3,滑坡平面计算模型如图 2 所示。

滑坡断面现状稳定程度评估与稳定系数计算结果一览表　　表 1

计算断面	评估稳定程度	计算稳定系数 F_s	
Ⅱ—Ⅱ′断面	$F_s \approx 1.05$	浅层	1.037
	$F_s \approx 1.15 - 1.2$	深层	1.171

滑坡主断面主滑段反算指标参数　　表 2

计算断面		υ(kN/m^3)	C(kPa)	φ(°)
Ⅱ—Ⅱ′断面	浅层	20	21	19
	深层	21	24	22.5

滑坡推力值建议表　　表 3

断面桩号	滑面编号	安全稳定储备系数	滑坡推力(kN)	备　注
			坡脚	
Ⅱ—Ⅱ′断面	浅层	1.202	3300	控制
	深层	1.218	1500	预防

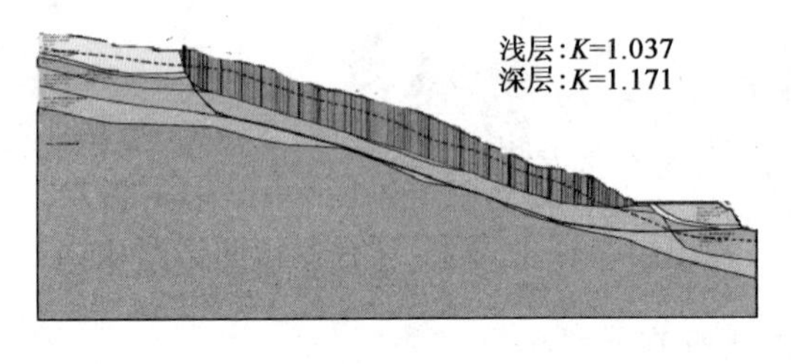

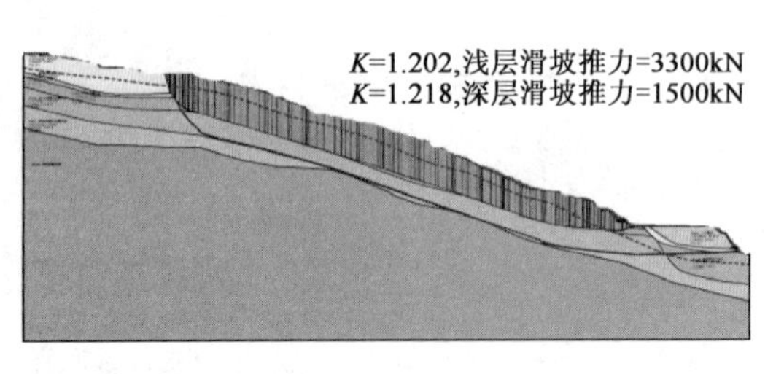

图 2　滑坡平面计算模型

5　滑坡工程整治对策

坡体深部变形监测数据显示该滑坡滑动变形与降雨量的大小密切相关，即雨量大，变形大，随着雨季持久强降雨的到来必将使滑坡体进一步变形，并有可能进一步向山顶方向牵引，破坏后部更多的村民房屋等。若任其发展，可能产生大规模的滑动和破坏，对滑坡体后缘山坡的村庄和坡脚的高速公路路基及桥梁形成重大威胁，故需尽早进行整治，其主要整治措施如图3、图4所示。

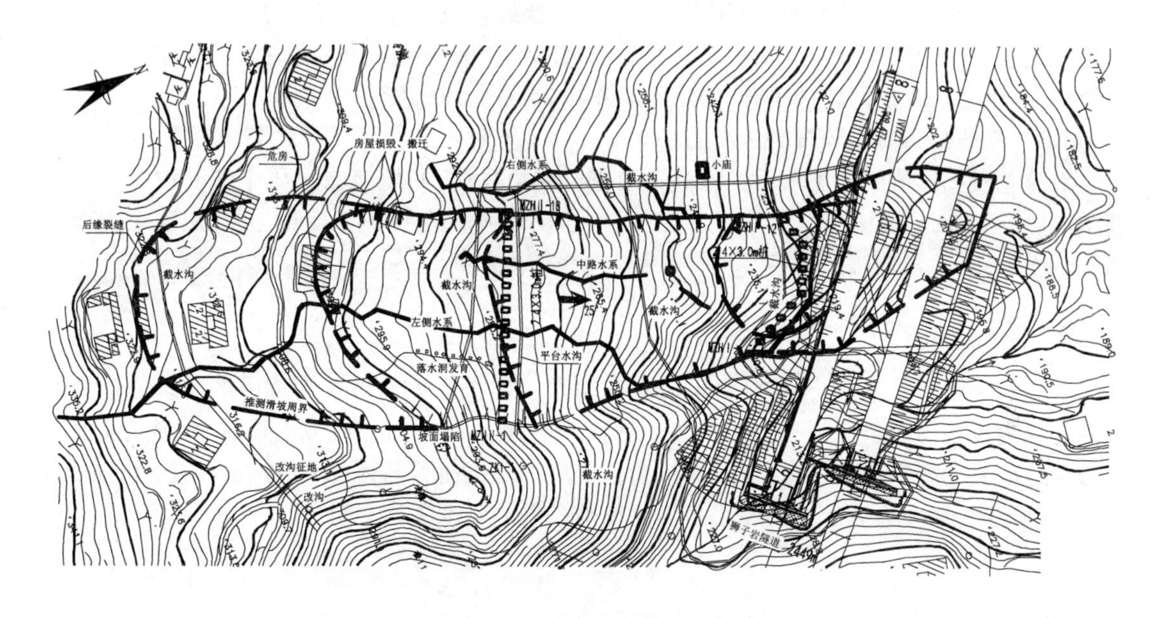

图3　滑坡及治理工程平面布置示意图

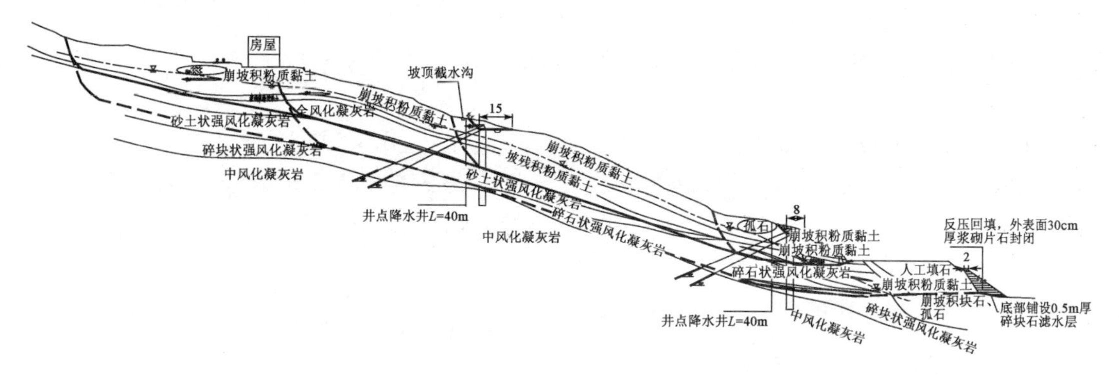

图4　滑坡断面Ⅱ—Ⅱ′工程地质剖面及整治工程示意图

5.1　抗滑桩工程

（1）在滑坡前缘的第二级边坡平台高约4m位置进行刷方，坡率1∶1，平台宽约8m，采用喷播植草防护；在该平台设置一排锚索抗滑桩，布置12根锚索抗滑桩，桩中心间距6.0m，桩身36m，平台外露2m，桩截面2.4m×3.0m，每根桩设置2排4孔预应力锚索，锚索采用12束拉压复合型锚索结构，上排2孔锚索，长度56m，下排2孔锚索，长度52m，锚固段长度12m，单孔锚索设计荷载1300kN，锁定荷载1000kN。

（2）在滑坡中部的平缓台阶（距左侧线路中线约171m）进行刷方，坡率1∶1，平台宽度约

15m,在该平台设置一排锚索抗滑桩,布置18根锚索抗滑桩,桩中心间距6.0m,桩身36m,平台外露2m,桩截面2.4m×3.0m,每根桩设置2排3孔预应力锚索,锚索采用12束拉压复合型锚索结构,上排1孔锚索长度64m,下排2孔锚索长度59m,锚固段长度12m,单孔锚索设计荷载1300kN,锁定荷载1000kN。

5.2 排水系统

(1)地表水系:①滑坡体外对地表水系进行改沟,截排滑坡体外侧地表水。②滑坡中部、前部的两处刷方边坡顶设置一道截水沟。③两排抗滑桩中间区域设置一道截水沟。

(2)地下排水工程:①滑坡中部抗滑桩刷方边坡处设置18孔井点降水井、前抗滑桩刷方边坡处设置12孔井点降水井,间距6m,孔深40m,孔径200mm,采用自动化系统抽水。②公路边挡墙位置设置13根仰斜排水孔,间距4m,孔深25m,上仰角8°。

5.3 高速公路前缘碎石场边坡防护

对路基段已形成的人工填石挖方高边坡进行回填反压,回填前在反压土体底设置碎块石滤水层,厚度50cm,反压密实度不少于85%,回填反压坡率按1:1.5控制,并在表面采用M10浆砌片石封闭,并设置防护栅栏。

6 结语

通过对泉州莆永高速公路K144+400~K144+600段左侧滑坡灾害成因的系统分析及坡体稳定性的定性与定量评价,结合工程实际提出了工程治理对策。滑坡治理后,变形监测表明滑坡体目前处于基本稳定状态,说明对该滑坡采用的锚索桩及排水系统相结合的治理方案达到了预期效果,期望为类似的中厚层基岩滑整治提供借鉴意义。

参考文献

[1] 王恭先,徐峻龄,刘光代,等. 滑坡学与滑坡防治技术[M]. 北京:中国铁道出版社,2004.

[2] 廖小平,朱本珍,王建松,等. 路堑边坡工程理论与实践[M]. 北京:中国铁道出版社,2012.

[3] JTG C20—2011 公路工程地质勘察规范[S]. 北京:人民交通出版社,2011.

[4] GB 50021—2001 岩土工程勘察规范[S]. 北京:中国建筑工业出版社,2004.

[5] JTG D30—2005 公路路基设计规范[S]. 北京:人民交通出版社股份有限公司,2015.

粤西北某运营高速公路高边坡变形原因及处治技术浅析

聂　彪　王建松　刘庆元　沈　简

（中铁科学研究院有限公司深圳分公司）

摘　要　本文介绍了粤西北某运营高速公路边坡工程概况及变形病害，对其变形原因进行了分析，并对边坡稳定性进行定量评价，为边坡处治提供依据。结合边坡现状，边坡采用增设锚固工程结合仰斜排水孔等综合措施进行了治理，治理效果明显，可为类似工程治理提供借鉴。

关键词　边坡　变形　锚索

粤西北某高速公路K2658左侧边坡高达46.7m，主要采用锚固工程结构进行加固。边坡于2009年底竣工投入使用，边坡在2015年巡查发现该边坡大桩号段二、三级边坡坡脚浆砌片石及平台开裂，框架受力明显，同时大桩号区段截水沟外侧自然山坡圈椅状裂缝基本贯通。随着时间推移，尤其是受雨季强降雨不利影响，这些病害已明显发展，有可能诱发坡体发生局部甚至整体失稳破坏的风险。因此非常有必要对该高边坡开展专项治理工作。

1　边坡工程概况

1.1　既有工程概况

K2658左侧边坡为五级边坡，边坡单级高度10m，平台宽度均为2m，最大坡高为47.4m，坡长约200m。其中第一、二和三级边坡坡率均由1∶0.75和渐变至1∶1，第四、五边坡坡率均为1∶1，局部出现变坡。一级边坡采用锚杆格梁结合TBS植草及喷播植草加固防护，二级边坡采用锚索框架结合TBS植草及预应力锚杆格梁结合TBS植草加固防护，三级边坡采用锚杆格梁结合TBS植草及衬砌拱植草加固防护，四级边坡采用锚索框架结合TBS植草及衬砌拱植草加固防护，五级边坡采用衬砌拱植草及喷播植草防护。边坡堑顶设截水沟，每级平台设排水沟。一级坡面设有两排仰斜排水孔。

1.2　地形地貌

K2658左侧边坡场区地貌上属于剥蚀丘陵地貌。边坡切割山坡中下部形成陡坡，线路大致呈北西～南东方向通过，与山坡走向几乎垂直，山坡较陡，山上植被发育。

1.3　地层岩性

据建设期钻探揭露和现场工程地质调查，同时结合补充地质勘察资料可知K2658左侧边坡路堑处于岩性接触带部位，其上覆厚度为3.00～7.10m的第四系坡积层，其成分以粉质黏土为主，含有少量砾、碎石等。下伏地层则主要为震旦系（Zd1）全～中风化变质砂岩和燕山期（γ）全～中风化花岗岩。

1.4　地质构造

K2658左侧边坡场区地处吴川至四会深大断裂带北段中部石狗断裂带的东南侧，与边坡稳定性有影响的断裂主要有F1断裂(逆断层),其走向为北东15°,倾向南东,倾角70°~75°,宽约15~20m,长约5km。断裂带沿走向呈舒缓波状,由碎裂岩、褐铁矿化构造角砾岩组成,角砾大小不一,多呈棱角状,原岩为石英砂岩,断裂带中劈理、节理较为发育。

1.5 气象及水文

K2658左侧边坡场区内多年平均降雨1832mm,多年最大降雨量2428.5mm,每年4~9月为雨季,由于降雨较集中,加上边坡场区地势低洼,雨季时有洪涝现象。

山坡两侧底部山沟内地表水不发育,仅雨季有短时间的溪流,场区内排水条件较好。地下水则主要为第四系松散层孔隙水及碎屑岩基岩裂隙水,前者一般为孔隙潜水,后者赋存在岩石裂隙中,主要接受大气降水补给。

2 边坡变形情况及原因分析

2.1 边坡病害

(1)一级边坡K2658+773~K2658+782区段及二级边坡K2658+742~K2658+746区段坡面滑塌变形严重。K2658+740~K2658+790区段一、二、三级平台开裂变形严重,有多条横向裂缝,三级平台存在纵向开裂变形。二级坡面锚索格梁对应部位浆砌片石拱起开裂,同时二、三级坡脚浆砌片石开裂严重。此外,边坡地下水丰富,坡面多处明显渗水。

(2)边坡大桩号端检修踏步及截水沟开裂变形,截水沟外侧自然山坡圈椅状裂缝基本贯通,坡体多呈台阶状。

(3)通过锚索工后应力检测可知锚索工作应力损失明显,锚索当前有效应力平均值仅为226.1kN,仅占设计荷载600kN的37.68%。此外安全拆除封锚混凝土发现锚头部位锈蚀主要发生在外露钢绞线及夹片部位。当前锚索应力损失严重,已影响坡体稳定,主要表现在坡体大桩号区段已发生开裂变形,坡体外侧圈椅状裂缝近贯通。

预应力锚索当前预应力检测结果见表1,预应力锚索工后应力检测典型曲线见图1。

预应力锚索当前预应力检测结果汇总表　　表1

序号	锚索编号		锚索长度(m)	锚下应力检测结果				
				设计拉力(kN)	检测结果(kN)	应力水平	平均应力(kN)	平均应力水平
1	二级边坡	2-1-2	26	600	268	44.67%	239.6	39.93%
2		2-1-7	26	600	120	20.00%		
3		2-1-9	26	600	200	33.33%		
4		2-1-11	26	600	275	45.83%		
5		2-1-14	26	600	335	55.83%		
6	四级边坡	4-1-1	26	600	120	20.00%	39.93%	32.08%
7		4-1-4	26	600	265	44.17%		

2.2 边坡变形原因分析

(1)地质基础

根据地质勘察资料分析,边坡上覆坡残积层较厚,厚约15m。下伏全~中风化变质砂岩及花岗岩,其中强风化变质砂岩及花岗岩多呈半岩半土状。坡残积层主要为粉质黏土,含有少量砂砾,为变质粉砂岩及花岗岩的风化产物,渗透性较好。现场调查可知变质粉砂岩岩层层面产状为163°∠59°,由边坡坡面与岩层结构面关系赤平投影图如图2可知,变质粉砂岩斜交顺倾线路，不利于边坡稳定。此外，中风化变质粉砂岩及花岗岩均不透水，其基岩顶面为隔水层，易在该面以上形成富水层，而粉质黏土层及全～强风化变质砂及花岗岩岩层(半岩半土状)均具有泡水易软化特性，地表水大量入渗，坡体自重增加，岩土体抗剪强度指标显著降低，易产生因岩土体强度不足而导致的坡体沿软弱结构面出现滑动变形破坏。

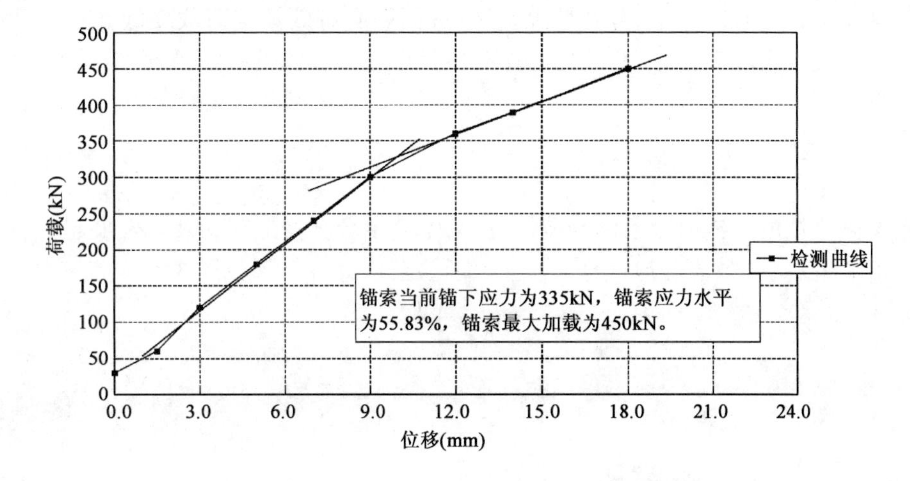

图1　预应力锚索工后应力检测典型曲线

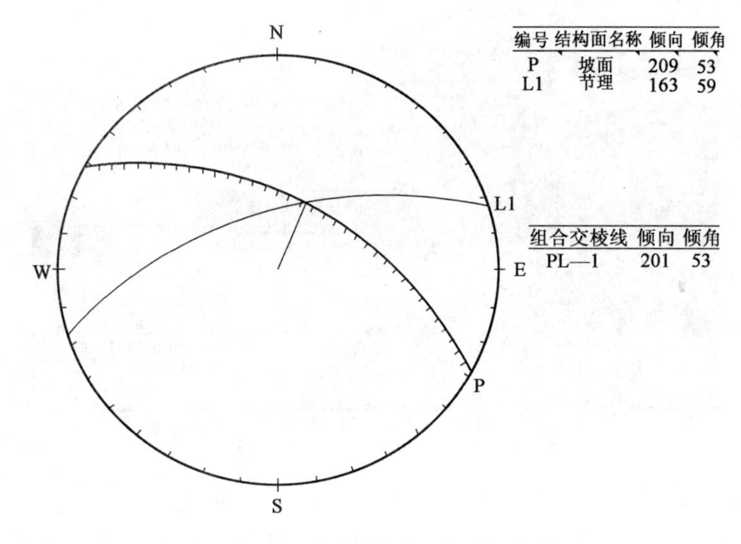

图2　边坡坡面与岩层结构面关系赤平投影图

(2)地形条件

边坡中间区段顶部为往上缓慢延伸自然山坡，边坡大桩号端自然山坡相对低洼，为凹槽地带，雨季期间上述凹槽部位汇水量较大，表水易大量下渗进入坡体，不利于坡体稳定。

(3)水的作用

工点所在地区水量充沛，暴雨多发。2015 年雨季多持续集中强降雨，且多有台风异常天气。受厄尔尼诺现象影响，12 月份降雨频率及降雨量均有所增加，降雨后大量雨水沿坡面灌渗，土体内软弱夹层因吸水形成软化带，这不仅增加岩土体自重，增大坡体下滑力；而且地下水对坡体内软弱夹层的长期浸润致使其抗剪强度显著降低。这是边坡发生滑动变形的主因，也是直接触发因素。

(4)工程加固荷载蠕变损失降效

由于边坡地处岩层接触带，其主体为全风化变质砂岩及花岗岩，边坡开挖后卸荷明显，坡体自身存在应力调整，同时边坡开挖坡体直接接触大气环境出现干湿循环，其土体属性将出现变化，致使长期处在高应力状态下的锚索下部承载土体出现变形不协调（即被压缩土体不能完全恢复其变形，呈塑性变形），存在压缩蠕变，进而引起有效锁定荷载降低，即出现明显的工程加固荷载蠕变损失降效，锚索有效加固荷载不足以克服坡体下滑力，易产生沿着软弱结构面的滑动变形破坏。

3 边坡稳定性定量评价

基于该高边坡的坡体结构条件与坡体变形特征，结合其变形现状及其发展趋势，选取典型断面 K2658 + 800 进行数值模拟计算，确定边坡稳定性，计算结果见图 3。

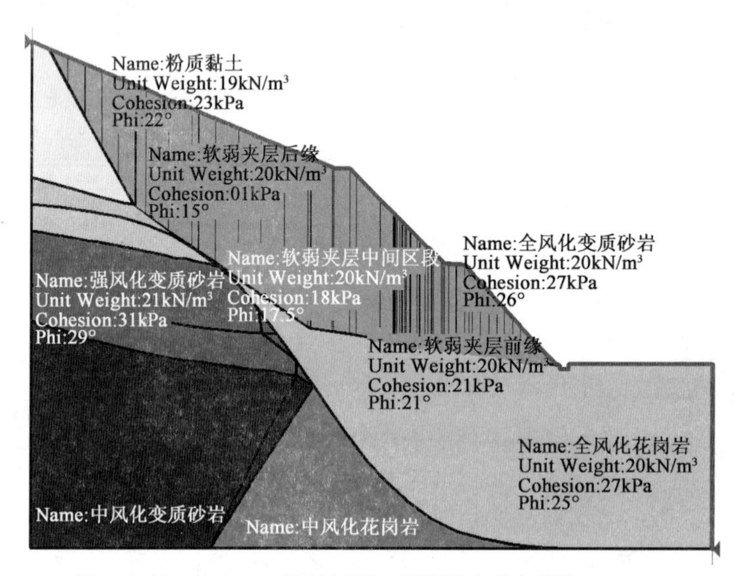

图 3 边坡 K2658 + 800 断面非正常工况下稳定安全系数 F_s = 1.010

计算结果显示：边坡在非正常工况下，K2658 + 800 断面稳定性系数为 1.010，边坡处于临界稳定状态，边坡稳定性差，主要表现在边坡既有锚索应力损失严重，变形区段平台持续开裂变形。因此，有必要对该边坡采取有效措施尽快予以治理。

4 边坡加固防护措施

根据目前边坡病害对坡体稳定影响，主要采用如下措施进行治理：

(1)在一级边坡变形区段及其影响范围内既有锚杆格梁内增设拉力型锚索框架结合植草加固防护。

(2)二级边坡变形区段及其影响范围内既有锚索框架内增设拉力型锚索十字梁结合植草加固防护。

(3)在一级边坡变形区段及其影响范围内坡脚以上 50cm 处增设仰斜排水孔疏排坡体内

积水,修复坡表截水天沟及坡脚排水沟等排水系统。同时夯填封闭裂缝以减少地表水下渗。

采用上述方案加固后,稳定性分析计算结果如图 4 显示:在非正常工况下,K2658 + 800 断面稳定性系数达到 1.168,满足规范要求。

1.153

边坡在加固后非正常工况下稳定系数F_s=1.1530。

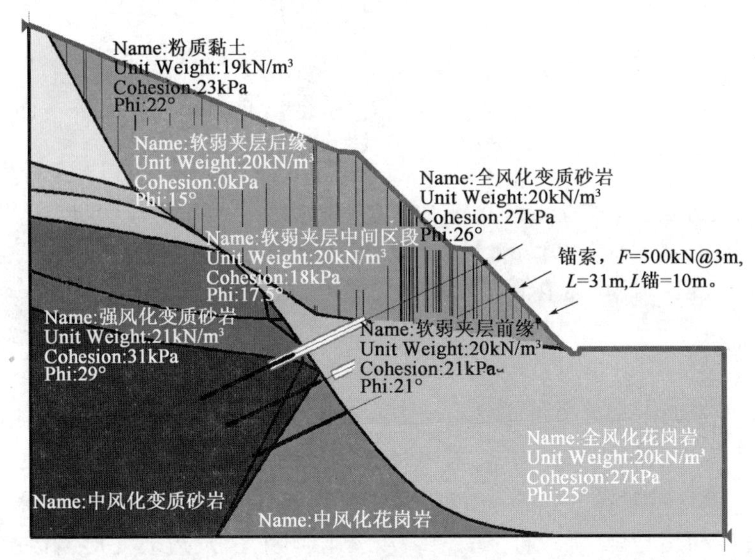

图 4　边坡 K2658 + 755 断面加固后非正常工况下稳定安全系数 Fs = 1.153

5　结语

K2658 左侧边坡结合其工程特点采用了既有格梁内增设锚索框架和锚索垫墩墩及坡面仰斜排水孔疏排地下水等综合措施进行治理。通过加强施工过程中的质量管控,锚索施工质量较好,第三方验收试验结果也进一步验证锚索施工达到设计要求。本加固方案在确保边坡锚固工程处治效果的同时,也最大限度降低了施工对运营高速公路的不利影响,确保了运营高速公路的行车安全。本边坡在处治加固后的近 3 年的变形监测结果显示坡体变形未继续发展,边坡整体处于稳定状态。

参考文献

[1]　王洪涛,等. 高速公路边坡养护管理与实践[M]. 北京:人民交通出版社股份有限公司,2014.

[2]　廖小平,朱本珍,王建松. 路堑边坡工程理论与实践[M]. 北京:中国铁道出版社,2011.

[3]　徐邦栋. 滑坡分析与防治[M]. 北京:中国铁道出版社,2001.

宁德市某大道滑坡应急抢险加固工程的经验及教训

尤细良

（福建省闽武长城岩土工程有限公司）

摘　要　宁德市某大道 K1 +320 ~ K1 +480 段 4 级路堑边坡总高约 40m,2012 年 5 月,受连续强降雨影响,引发边坡变形,若继续发展将形成滑坡地质灾害。主要体现为大里程侧坡滑坡。为保证坡脚建筑物及人民群众的生命财产安全,开展应急抢险加固,并后续及时进行工程综合治理。

关键词　滑坡　抢险　加固　综合治理　小导管　注浆　锚索　框架梁

1　工程概况

该段边坡位于宁德市某大道 K1 +320 ~ K1 +480 段 4 级路堑边坡总高约 40m。该边坡共四级台阶,其中第一级台阶坡率 1∶0.3,采用浆砌片石护面,第二级台阶坡率 1∶0.35,采用浆砌片石护面,第三级台阶坡率 1∶1,采用拱形骨架支护,第四级坡率 1∶1.25, 采用网格骨架支护,边坡大里程侧坡坡脚为改建寺庙。受连续强降雨影响,引发边坡变形,若继续发展将形成滑坡地质灾害。主要体现为大里程侧坡滑坡,变形体后缘主要拉张裂缝 2 道位于边坡第 2 级中部和第 3 级下部,左侧界在边坡第 1 ~3 级路堑坡面形成多道挤压裂缝,右侧界延伸至自然坡茂密杨梅林地,滑坡下段拱出,第 1 级浆砌片石及水沟出现裂缝;同时伴生大里程段边坡第 1 级护面墙挤压变形裂缝,滑坡主滑方向与线路前进方向呈大角度相交,对坡脚改建积福寺的安全存在巨大威胁。现滑坡处于蠕动阶段,边坡整体稳定性差,局部段落已处于临滑状态。该滑坡段宽度约 90m,滑坡长度为 6 ~40m,厚度约为 10m。

主要地层力学参数见表 1。

主要地层力学参数　　表 1

岩土层名称	天然容重	内聚力	内摩角	土体与锚固体极限黏结强度标准值	抗拔系数
	γ	C	φ	f_{rbk}	
	kN/m³	kPa	度	kPa	
①残积砂质黏性土	17.5*	22.0*	20.5*	50	/
②砂土状强风化凝灰熔岩	19.5*	25.0*	30.0*	180	/
③碎块状强风化凝灰熔岩	20.0*	30.0*	35.0*	200	0.75

注:* 为经验值。

2　应急抢险加固及综合治理

2.1　滑坡应急抢险过程

及时疏散坡脚下居民,并设立警示牌。对滑坡坡脚采用堆土进行反压,对坡体上裂缝用薄膜进行覆盖防止雨水渗入坡体中和对坡面进行冲刷而造成更大的滑动变形。同时对坡顶的截水沟和各级平台上的水沟进行及时的修补及疏通,避免雨水通过排水沟裂缝渗入坡体并将雨水引出坡体,同时在坡体水量较大处设置排水孔,从而使坡体内水量有效的排出,减少雨水对边坡稳定性造成的不利影响。

主滑坡段坡脚进行堆土反压后,裂缝变化速度明显减缓,坡体渐趋稳定。在主滑坡段坡体基本稳点后,打入小导管对坡体进行压密注浆,同时对裂缝进行灌浆。

在边坡第 2 级和第 3 级侧坡主滑段落其左侧堑坡变形段落,设计采用斜向小导管注浆,进行滑坡应急抢险加固,锚管长 12m,竖向间距 1m,横向间距 1.5m。并应同时对滑坡进行监测。详如图 1 ~ 图 4 所示。

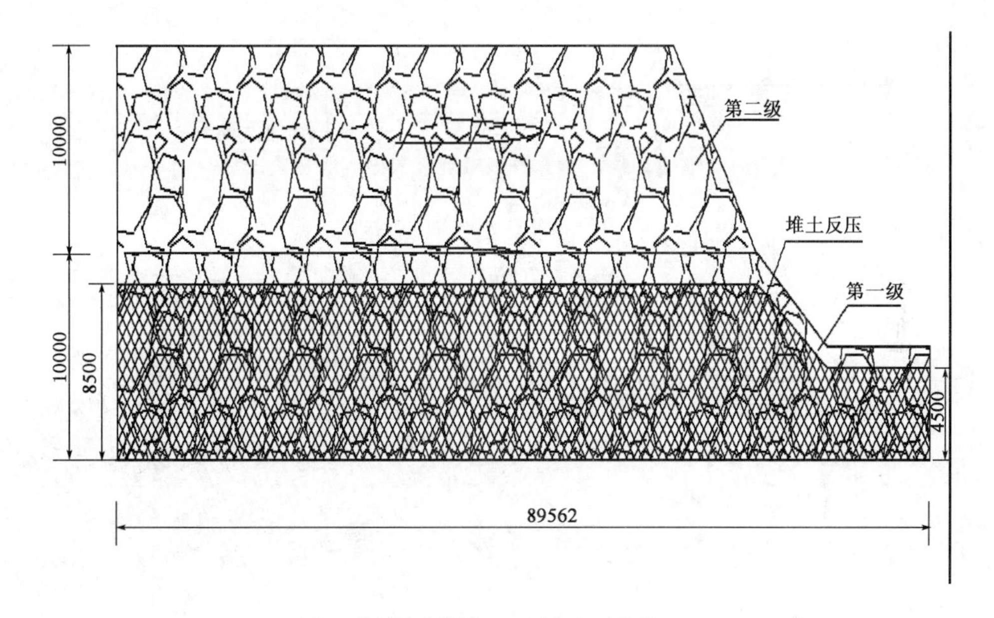

图 1　滑坡抢险设计正立面图(尺寸单位:mm)

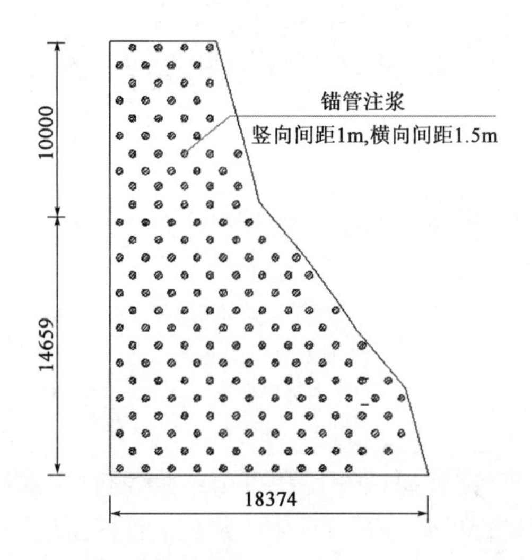

图 2　滑坡抢险设计侧立面图(尺寸单位:mm)

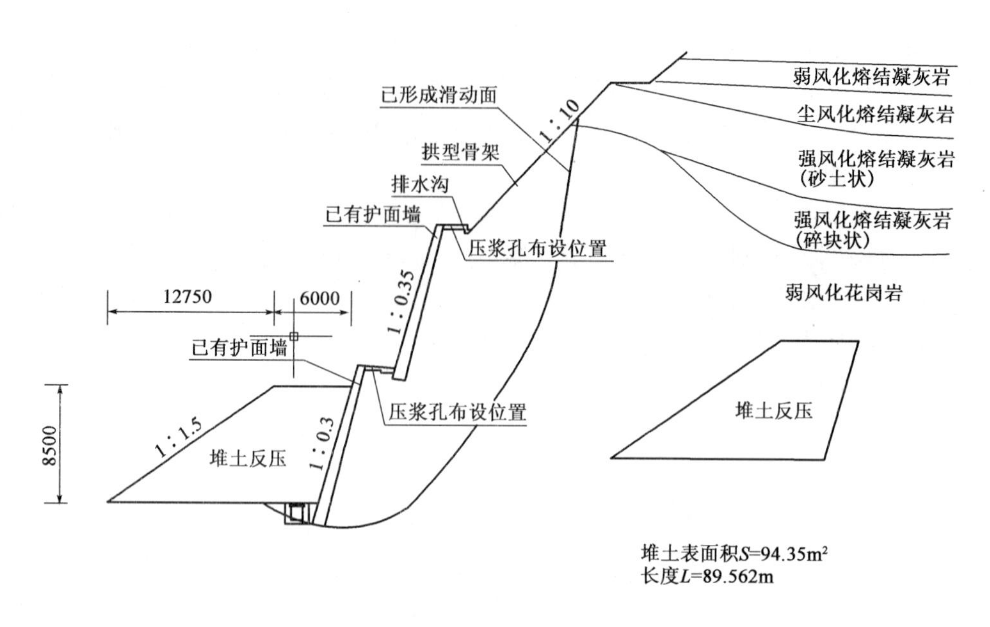

图3　压浆孔布置图(尺寸单位:mm)

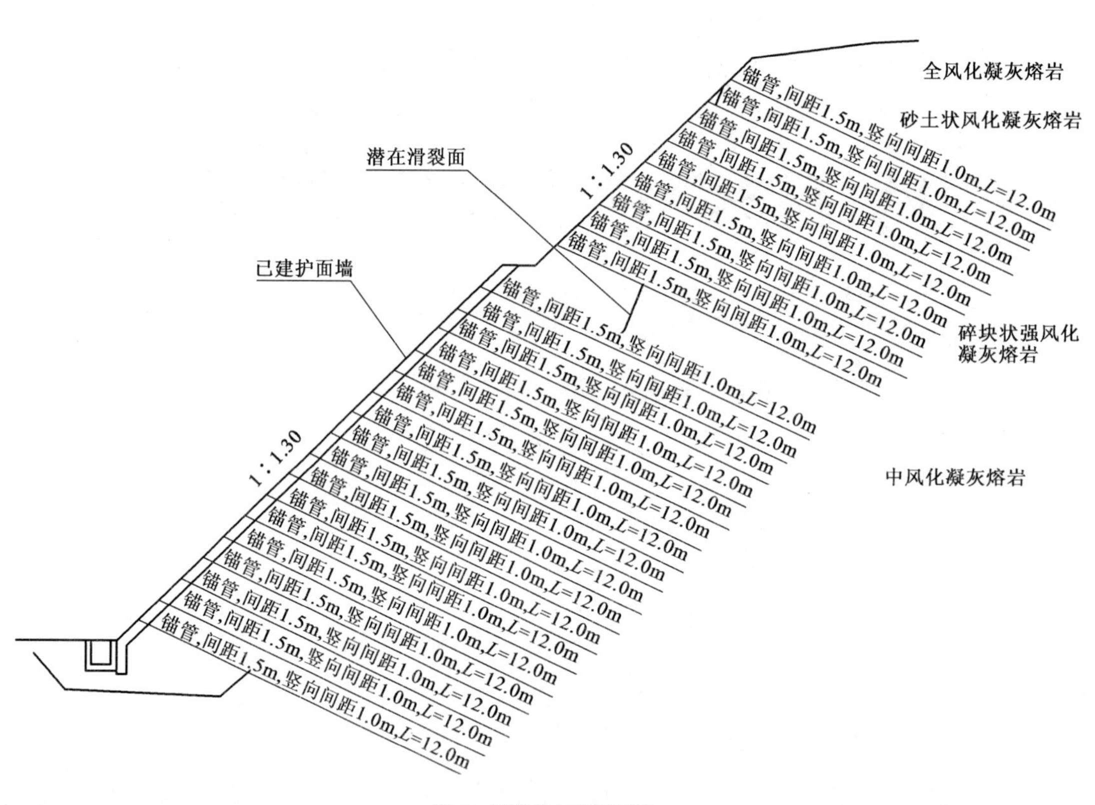

图4　压浆孔布置剖面图

注浆注意事项:

注浆孔成孔后放无缝钢管(或焊接管),孔口用止浆袋封口,进行压力注浆;边坡第1级、第2级平台及3级坡裂缝进行压浆加固。具体压浆孔位置根据现场实际情况进行布置。边坡应急抢险过程中,设立地表位移和沉降观测点,以及坡体裂缝位移监测桩进行持续性坡体变形监测。在施工过程中,必须有专人看护,坡顶,坡脚20m范围划出警戒线,无关人员不得入内。

通过对滑坡坡脚反压及对滑坡采用斜向小导管进行注浆加固，并结合排水进行应急抢险后滑坡暂时减缓了继续发展的速度，滑坡临时处于基本稳定状态。

2.2 滑坡预应力锚索+框架梁加固

通过前期的抢险加固边坡逐渐趋于稳定，沉降、位移变形明显减小，裂缝也没有进一步的发展。为保障安全、消除隐患对整个滑坡段采用预应力锚索—框架梁进行综合治理。

根据传递系数法进行计算，考虑预应力锚索沿滑面施加的抗滑力，可不考虑产生的法向阻滑力。所需锚固力为：

$$T = P/\cos\theta$$

锚索钢筋截面面积应满足以下公式：

$$A_s \geqslant \gamma_0 \frac{K_a T}{f_y(f_{py})}$$

内锚固段长度 L 应取下列计算所得的 L_{m1} 和 L_{m2} 中的大者。

(1)按胶结体与锚索体一起沿孔壁滑移，计算锚索长度(单位 m)；

$$L_{m1} \geqslant \gamma_0 \frac{K_b T}{\pi D f_{rbki}}$$

(2)按锚索体从胶结体中拔出时，计算锚固长度(单位 m)；

$$L_{m2} \geqslant \gamma_0 \frac{KT}{n\pi d f_{bk}}$$

通过以上计算得出以下方案，锚索-框架梁设计剖、立面图如图 5 ~ 图 8 所示。

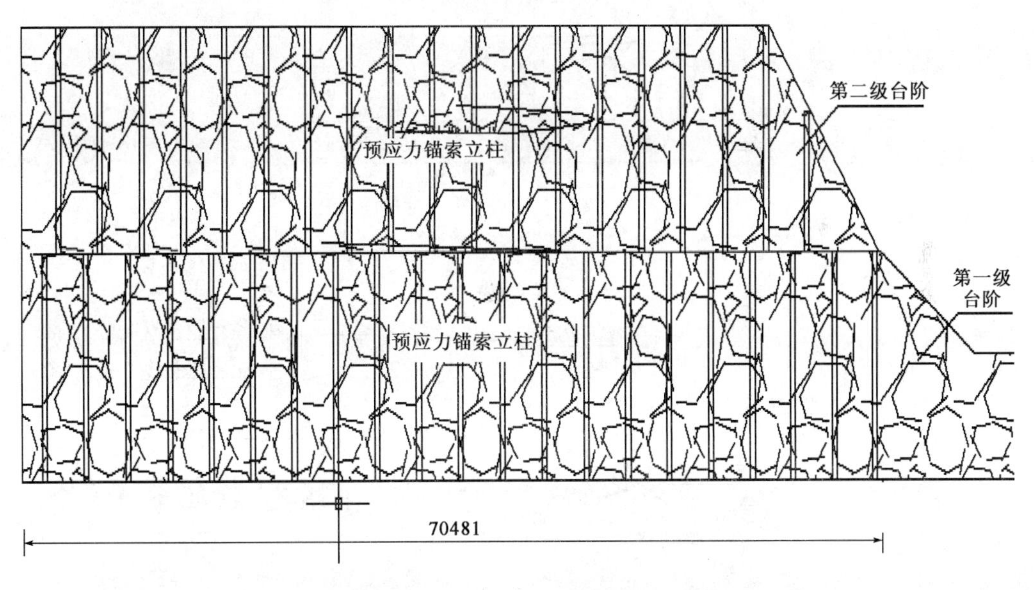

图 5　锚索框架梁设计正立面图(尺寸单位：mm)

在进行治理之前坡底反压土体暂时还不能退走，应先行对第二级预应力锚索—框架梁进行施工。第二级预应力锚索—框架梁施工完成达到设计强度后，先对其进行张拉锁定，再将坡脚的反压土体逐步退走，在退土的同时要对边坡进行加密监测，根据监测坡体的稳定情况，在保证安全的情况下，逐步将反压土体全部退走。然后进行第一级锚索-框架梁的施工，第一级锚索-框架梁的施工应与退土同步进行，施工完成达到设计强度后应及时对锚索进行张拉锁定。

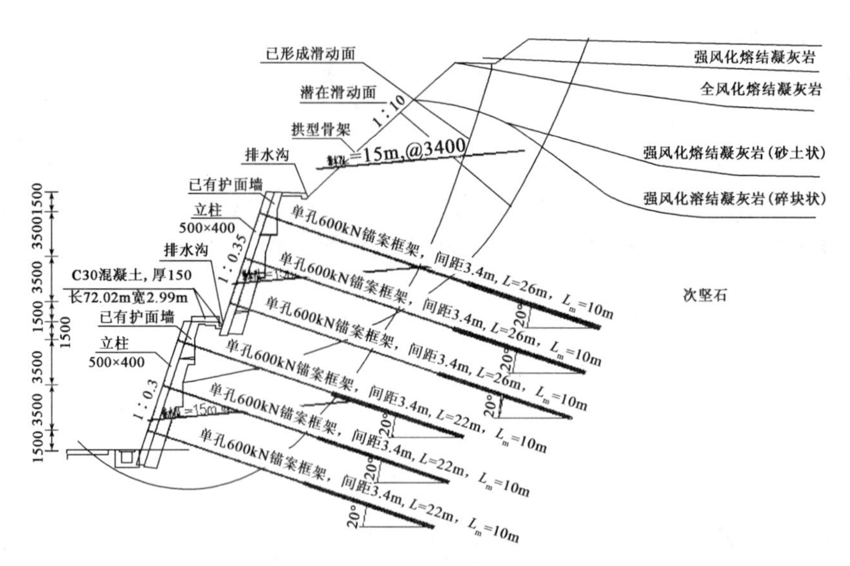

图6　锚索框架梁设计正面剖面图(尺寸单位:mm)

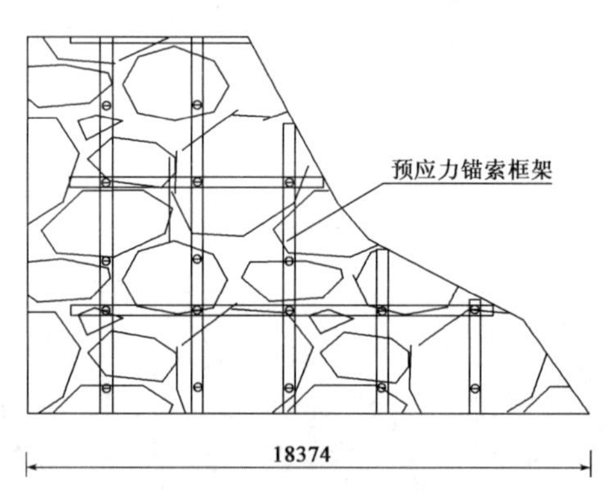

图7　锚索框架梁设计侧立面图(尺寸单位:mm)

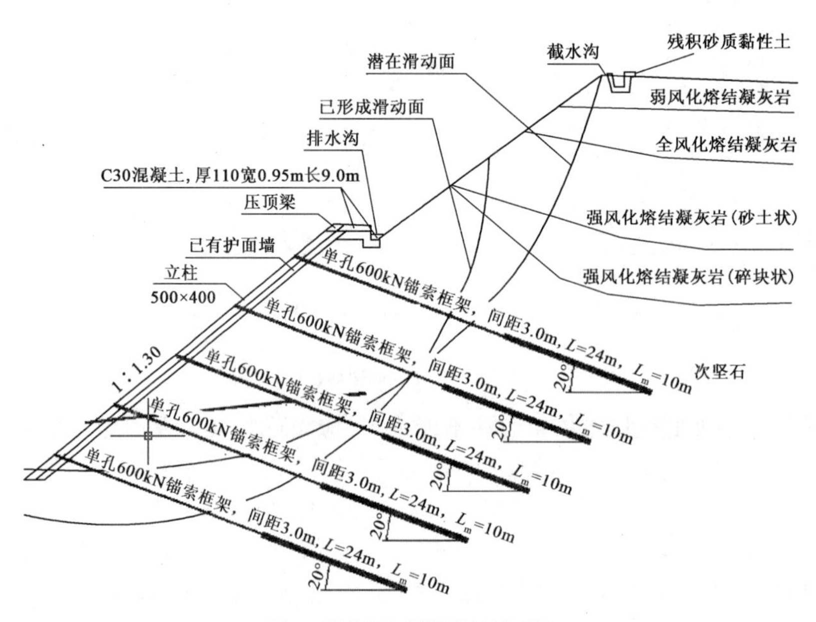

图8　锚索框架梁设计侧剖面图

锚索施工顺序:放样──→搭设脚手架──→清理坡面──→钻机就位成孔──→下锚──→调整锚索横纵向位置──→注浆──→浇筑框架混凝土──→张拉──→锁定──→封锚

3 施工过程中的监测情况

山体滑坡初期,第三级出现裂缝,裂缝变形大,变化速度快,整个滑坡体整体下沉。第一、第二级挡墙向前倾,位移大、变化快,特别是第一级挡墙墙体出现裂缝,挡墙中间向外拱起。整个滑坡体有崩塌的趋势。在坡脚迅速组织土体反压后,情况明显好转,裂缝发展速度减缓。从监测的沉降和位移看,变化速率明显减小,滑坡体渐趋稳定。小导管注浆施工完成后,滑坡体已基本稳定。

锚索—框架梁施工过程中,坡体也基本稳定,从监测情况看沉降和位移变化没有异常情况出现,也没有达到预警值。在第二级锚索—框架梁施工完成并张拉锁定后,退走了坡脚反压土体,退土过程中及退土完成后几天内,监测情况反应沉降和位移变化稍大,但并没有达到变形量预警值,没有出现坡体下滑的趋势,且之后变形量逐渐减小趋于稳定。第一层锚索 - 框架梁施工工程中也没有出现变形量异常的情况,较为顺利。施工完成后在第一、第二级分别布置了5 个锚索应力计对支护结构进行监测,在每层平台分别布设多个位移和沉降观测点对整个滑坡段进行长期监测。从监测资料显示整个边坡稳定,无异常变化情况。

根据监测报告结果表明:滑坡经抢险加固后,深层水平位移及坡体沉降及水平位移均趋于稳定,裂缝变形已不再发展,整个边坡已处于稳定阶段,综合治理措施发挥了作用。

4 经验总结及教训

该滑坡是由人工边坡发展而来,原边坡支护措施不到位,主要原因如下:

(1)勘察原因

某单位提供的边坡勘察报告,共布设 12 个勘探孔(6 条勘探线,每条勘探线上 2 个勘探孔),每条勘探线上的 2 个勘探孔位于边坡坡顶及边坡腰部。每个勘探孔钻探至中风化凝灰熔岩岩层约 1m。根据勘探孔得出边坡地层为残积砂质黏性土(厚度约 2m),全风化凝灰熔岩(厚度为 2m),砂土状强风化凝灰熔岩(厚度约 3m),碎块状强风化凝灰熔岩(厚度约为 3.5m),以下均为中风化凝灰熔岩或微风化凝灰熔岩。

根据勘察报告得出边坡稳定性比较好,只需进行边坡表面进行防护。但在此次调查滑坡形成及施工过程中发现该边坡岩土层与原勘察报告提供的岩土层不一致,实际坡脚存在软弱层,原勘察报告提供的中风化凝灰熔岩仅为球状风化,实际边坡稳定性并不好,不可仅对边坡进行表面防护,须采取必要的支护措施。出现这种情况的主要原因为:①勘探孔布置不合理,坡脚必须布设勘探孔对坡脚以下岩土层进行勘探。由于原勘察单位未对边坡坡脚进行勘探,所以未发现边坡坡脚存在软弱地层;②勘探孔钻探深度不合理。勘探孔须进入中风化岩层不少于 5m。由于勘察单位根据钻孔进入中风化凝灰熔岩 1m,就认为以下岩层均为中风化凝灰熔岩不合理,而实际此处仅为球状风化。

故对边坡进行专项勘察时须严格按规范要求布设勘探孔,控制性钻孔深度须穿过潜在滑裂面 3 ~ 5m 或进入稳定地层不少于 5m。

(2)设计原因

如若原勘察报告所提供的地层情况是准确的,那么原设计方案所采取的放坡 + 护面墙的方案是合理的。原设计单位根据勘察报告进行边坡支护设计,原则上是合理的,但同时也应到现场进行实地调查,施工过程中也应实时了解场地实际情况,不能闭门造车,而应进行动态设计,则可避免边坡因设计与实际情况不符而导致边坡失稳的现象。

(3)边坡排水原因

“治坡先治水”“治坡必治水”“十滑九水”这是实践反复证明过的道理。该边坡形成滑坡的主要诱因为水,该边坡汇水面积较大,治理该边坡必须需设置好排水系统。原边坡的整个排水系统存在严重缺陷,坡体未设置排水孔,排水系统施工完成后未对排水系统进行定期维护疏导,导致遇强降雨天气时,雨水渗入坡体从而诱发滑坡的产生。

(4)监测原因

按规范要求,凡边坡支护施工竣工完成后还须对边坡进行监测且不少于2年。监测不仅可以监测边坡是否安全稳定,同时也可反映支护结构是否达到了原设计的要求。但在实际中,边坡支护施工竣工后监测往往会被忽视,从而对边坡产生的变形不能及时发现及时加固,使边坡变形继续发展为滑坡,对坡底人民财产安全造成巨大威胁。而该边坡在支护施工完成后并没有安排专业人员对边坡进行监测,在边坡遇强降雨天气后,边坡严重变形而发生滑坡险情。

5 总语

由于之前做边坡支护处理时对边坡勘察不严谨不到位,第一、第二级边坡只做了护面挡土墙,整体性差。受连续暴雨的影响雨水渗入坡体中触发产生边坡变形并逐步发展成为边坡地质灾害,边坡出现变形开裂,处于不稳定的状态。针对该边坡的特征及边坡所处的地质条件,在充分查明坍塌原因的基础上,根据国家规范及当地经验因地制宜,有的放矢,提出并实施上述工程处理方案。该方案具有安全、经济、施工方便的特点,经过两年的雨季考验并经过历时一年半的监测,处理后的边坡运行正常,沉降及水平位移较小,完全在设计及规范允许值内,实践证明是成功的。

参考文献

[1] 李智毅,唐辉明.岩土工程勘察[M].北京:中国地质大学出版社,2000.

[2] 中华人民共和国地质矿产行业标准.DZ/T 0219—2016 滑坡防治工程设计与施工技术规范[S].北京:中国标准出版社,2006.

[3] 福建省地质灾害防治工程地方标准.福建省滑坡防治设计技术规范(试行)[S].2014.

[4] 中华人民共和国国家标准.GB 50021—2001 岩土工程勘察规范(2009年版)[S].北京:中国建筑工业出版社,2009.

[5] 中华人民共和国国家标准.GB 50330—2013 建筑边坡工程技术规范[S].北京:中国建筑工业出版社,2014.

[6] 唐大雄,刘佑荣,张文殊,等.工程岩土学(第二版)[M].北京:地质出版社,2005.

钢塑土工格栅代替预制混凝土框格在堤顶路背水侧护坡中的应用研究

才其伟

（中国电建市政建设集团有限公司）

摘　要　在水利堤防工程中，堤顶路背水侧经常采用混凝土框格加草皮的形式进行护坡，提高背水侧土体的整体性，从而防止因雨水冲刷造成的大面积土体流失及局部路面塌陷等灾害。钢塑土工格栅作为一种新型护坡材料具有良好的护坡性能。它以高强钢丝（或其他纤维），经特殊处理，与聚乙烯（PE）或聚丙烯（PP），并添加其他助剂，通过挤出使之成为复合型高强抗拉条带，且表面有粗糙压纹，则为高强加筋土工带。由此单带，经纵、横按一定间距编制或夹合排列，采用特殊强化黏接的熔焊技术（超声波焊接技术）焊接其交接点而成型。它具有强度大、承载力强、抗腐蚀、防老化、摩擦系数大、抗冻性能强、孔眼均匀、施工方便、使用寿命长等优点。这些优点可满足护坡需要。

在堤顶路背水坡护坡过程中，将钢塑土工格栅进行分批铺设于背坡，顶部和底部合理化固定，并在网片之间搭接处进行合理化链接。每隔30m（可调节）用泄水槽对格栅进行压置，最后再对格栅进行覆盖腐殖土，从而在保证排水的同时并能加强钢塑土工格栅护坡的整体性，进而达到护坡的效果。

关键词　背水坡防护　钢塑土工格栅　混凝土框格　泄水槽　草皮护坡

1　堤顶路背水侧混凝土框格草皮护坡概述及缺陷

1.1　堤顶路背水侧混凝土框格草皮护坡概述

（1）在水利、堤防工程中，迎水侧一般采用雷诺护垫覆于堤身和垂直防渗墙从堤脚垂直嵌入相结合的方式来防止洪水的冲刷及渗透；背水侧一般采用预制混凝土框格拼接覆于背水侧堤身和混凝土固脚置于堤脚相结合，并在框格内植草等措施来保持背水侧土体的整体性，来防止因雨水等造成的土体流失，引发混凝土路面局部塌陷的安全隐患。

（2）背水侧混凝土框格草皮护坡的施工过程包括：削坡至规定尺寸，固脚坑道的开挖及浇筑，预制规定尺寸混凝土块，车辆运输混凝土块，现场放线及混凝土框格拼接，植入草皮等工序。

1.2　堤顶路背水侧混凝土框格草皮护坡缺陷

（1）预制混凝土框格是由预制的规定尺寸混凝土块拼接而成。在制作的过程中，包含诸多施工工序，比如：建设或租赁预制厂房，水泥、石子、模具等材料的运输，人工制作预制混凝土块，成品运至现场，施工人员放线及拼装等一系列烦琐的施工环节，从而延长了施工工期，增加了材料损耗，进而会产生原材料费用、运输费用、施工费用等增加。

（2）预制混凝土框格质量重，顺应变能力差，易风化。在复杂的自然环境中，混凝土框格长期使用会产生风化作用，导致局部酥碎，从而蔓延到主体，失去护坡效果；在多雨季，混凝土框格质量重,多出现应力不平衡现象。如果混凝土框格局部底层受到流水侵蚀,由于框格受力不平衡会出现倾斜、塌陷等现象,经长期冲刷会造成背坡大面积水土流失等灾害。

(3)混凝土框格的抗冻性以添加防冻剂等外加剂的方式来实现,就历史的制作和使用现状来看,它的防冻效果不是那么的明显,所以在抗冻性上有待提升。

(4)混凝土框格空间大,在格里植入的草皮与框格的结合度低。在长期的雨水冲刷下,会出现草皮脱落的现状,从而导致护坡效果降低。

2 钢塑土工格栅材料的应用概况

面对着传统堤顶路背水侧护坡效果不理想问题,对新型材料的研发并将其运用到护坡工程的迫切需求不断增加。近年来,随着我国在新型材料方面不断地探索,钢塑土工格栅作为一种新型土工材料,现已广泛用于路基、高速公路边坡等岩土工程防护领域中,与传统背水侧护坡工艺相比表现出较好的应用效果,很大程度上解决了传统护坡材料产生的一系列问题。

随着钢塑土工格栅应用的兴起,岸坡的防护方案有了更多的选择,将反滤功能良好的土工织物铺在被保护的土面上,并压上适量的土荷载,便可以有效地避免雨水等侵蚀。

不仅如此,土工织物具有整体性强、耐腐蚀、材质轻、有柔性、施工简便、价格低廉等优点,因此,在多种防护工程中均得到应用。这种聚合物不但具有抗水渗作用,其中的泡沫塑料板还经常用于岩土工程中的防冻胀领域。

3 钢塑土工格栅的工程性能

3.1 钢塑土工格栅构造特性

钢塑土工格栅作为一种护坡材料具有良好的护坡性能。它以高强钢丝(或其他纤维),经特殊处理,与聚乙烯(PE)或聚丙烯(PP),并添加其他助剂,通过挤出使之成为复合型高强抗拉条带,且表面有粗糙压纹,则为高强加筋土工带。由此单带,经纵、横按一定间距编制或夹合排列,采用特殊强化黏接的熔焊技术(超声波焊接技术)焊接其交接点而成型。

3.2 钢塑土工格栅的力学性能

(1)钢塑复合土工格栅所受的拉力主要由经纬编织的高强钢丝承担,在保证较小应变的条件下提供很高的抗拉模量,与纵横交错的肋条一起产生对土体的嵌锁作用。钢塑格栅面积大,整体性好,柔韧轻盈,抗拉强度大。其中每延米 $\phi 0.7 \times 12$ 钢塑格栅极限抗拉强度为128kN。在护坡中完全可以满足护坡强度。

(2)将钢塑格栅中的钢丝编织成经纬网,再将外部包裹聚合材料,通过钢丝和聚合物外层的协调作用减小格栅的伸长率。钢塑土工格栅主要依靠内部钢丝承受外部荷载,具有很小的蠕变量。钢塑双向土工格栅的性能指标及其规格及技术参数如表1、表2所示。

钢塑土工格栅规格及技术参数 表1

<table>
<tr><th rowspan="2">规　　格</th><th colspan="2">拉伸力(kN/m)</th><th rowspan="2">延伸率(%)</th><th rowspan="2">结点强度(kN)</th><th rowspan="2">幅宽(m)</th><th rowspan="2">卷长(m)</th></tr>
<tr><th>纵向</th><th>横向</th></tr>
<tr><td>GSZ40-40</td><td>≥40</td><td>≥40</td><td rowspan="6">≤3</td><td>≥40</td><td rowspan="6">4-6</td><td rowspan="6">30-50</td></tr>
<tr><td>GSZ50-50</td><td>≥50</td><td>≥50</td><td>≥50</td></tr>
<tr><td>GSZ60-60</td><td>≥60</td><td>≥60</td><td>≥60</td></tr>
<tr><td>GSZ80-80</td><td>≥80</td><td>≥80</td><td>≥80</td></tr>
<tr><td>GSZ100-100</td><td>≥100</td><td>≥100</td><td>≥100</td></tr>
<tr><td>GSZ120-120</td><td>≥120</td><td>≥120</td><td>≥120</td></tr>
</table>

钢塑双向土工格栅的性能指标　表2

型　号	每延米强度特性				100 次冻融循环后每延米特性				抗冻指标（℃）	粘、焊点极限剥离力（N）
	抗拉强度（kN/m）		伸长率（%）		极限抗拉强度（kN/m）		断裂伸长率（%）			
GSZ30-30	30	30	≤3	≤3	30	30	≤3	≤3	-35	≥100
GSZ40-40	40	40	≤3	≤3	40	40	≤3	≤3	-35	≥100
GSZ50-50	50	50	≤3	≤3	50	50	≤3	≤3	-35	≥100
GSZ60-60	60	60	≤3	≤3	60	60	≤3	≤3	-35	≥100
GSZ70-70	70	70	≤3	≤3	70	70	≤3	≤3	-35	≥100
GSZ80-80	80	80	≤3	≤3	80	80	≤3	≤3	-35	≥100
GSZ100-100	100	100	≤3	≤3	100	100	≤3	≤3	-35	≥100
GSZ50-20	50	50	≤3	≤3	50	50	≤3	≤3	-35	≥100
GSZ60-20	60	60	≤3	≤3	60	60	≤3	≤3	-35	≥100
GSZ80-20	80	80	≤3	≤3	80	80	≤3	≤3	-35	≥100
GSZ50-30	50	50	≤3	≤3	50	50	≤3	≤3	-35	≥100
GSZ60-40	60	60	≤3	≤3	60	60	≤3	≤3	-35	≥100
GSZ80-40	80	80	≤3	≤3	80	80	≤3	≤3	-35	≥100

(3)钢塑土工格栅柔软、顺应变能力强，在高寒地区进行护坡时不会因土体冻胀导致格栅断裂，更不会失去护坡作用。为此，构建混凝土框格护坡受力分析如图1所示，设土体外张力为G，混凝土框格为F_1、F_2、F_3。由于混凝土框格的柔性低，在受到相同的土体产生的外延力时其变形(即竖向位移)较小，由公式$F=\frac{G}{\sin\theta}$可知，当G保持不变的情况下，角越小，力F越大，因此，若采用混凝土框格进行背水侧护坡，所受力F_1较大，很容易造成混凝土框格外张或下陷。

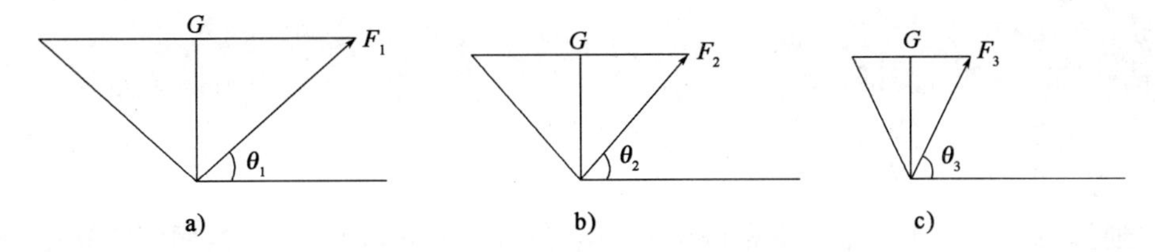

图1　混凝土框格或钢塑格栅筋带受力分析

若采用钢塑土工格栅进行支护，由于格栅相柔性好，在相同土体外延力作用下，将产生较大的径向位移，此时θ_2、θ_3较θ_1大，在受到相同土体外张力G时，由公式$F=\frac{G}{\sin\theta}$可知，钢塑格栅带受力$F_3<F_2<F_1$，与混凝土框格相比具有较强的护坡效果。

(4)在水利工程中，钢塑土工格栅具有良好的隔离功能。土体中的水会在不同大小颗粒组成的土层中流动，而且常会流出土体，因此，隔离材料在满足强度要求的同时应确保透水性符合设计要求，使水在土体中顺利流动，防止高孔隙水压的产生；为避免土体中的土粒被水带走、破坏土体自身稳定性，隔离材料还要具有一定的保水性；在堤坝工程中，位于防护层下方的土工织物应具有防止土体被水流冲走的作用。可以看出,隔离材料通常兼有隔离、反滤、排水甚至防护功能。

3.3 钢塑土工格栅的材料及工艺性能

(1)生产过程中通过对塑料表面进行处理,压制成表面粗糙的花纹,用来增加格栅表面的粗糙程度,提高土体和钢塑复合土工格栅之间的摩擦系数。

(2)聚乙烯所具备的高分子性能完全能够抵抗紫外线辐射所引起的老化。格栅的纵横肋条在受力条件下协同作用,且不会出现结点被破损或拉裂的现象。但实际工程施工中,当腐殖土覆盖后,格栅并未受到光氧和紫外线的侵蚀,因此完全能够满足永久性工程建设的要求。

(3)它具有均匀、规则的孔洞,在实际草皮护坡过程中,可有效地与草根缠绕,充分加强了格栅与草皮的整体性,从而增强护坡效果。

4 钢塑土工格栅在堤顶路背坡防护中较混凝土框格的优势

4.1 力学性能对比

(1)通过分析混凝土框格在背坡防护中的整体抗压不抗拉的应力特点,在长期的土体外张力的作用下,混凝土框格草皮局部将会发生错位、沉降不均等现象的出现。结合钢塑土工格栅强度大、承载力强、顺应变能力强、整体性好、摩擦系数大等性能可得出:能够满足背坡防护的应力要求,整体性要求和抗滑移要求。

(2)通过分析混凝土框格在背坡防护过程中质量重的缺陷,护坡混凝土整体在重力及土体外张力作用下,对固脚产生较大的压力,这也造成了固脚寿命大大缩减,从而影响整体的护坡效果。然而结合钢塑土工格栅质量轻、整体柔性好、方便施工等特性可得出:钢塑土工格栅背水侧护坡过程中能够发挥自己的优势。

4.2 材料性能及工艺优势

(1)通过分析混凝土框格在背坡防护中易风化粉碎等缺陷,结合钢塑土工格栅抗腐蚀、防老化、抗冻性能强等特性可得出:在长时间风吹日晒、寒冷等条件中能够保持原有性能。

(2)通过分析混凝土框格在预制、运输、安装等过程,结合钢塑土工格栅质量轻、厂家成捆销售,整体柔性好、方便施工等特性可得出:传统预制混凝土框格在施工过程中必须一块块去人工拼接,施工速度慢且整体性差;对于钢塑土工格栅来说,整张格栅网的面积大小可以根据工作面的现场实际情况灵活选取,一般情况下,钢塑格栅的幅宽一般为2m~10m不等,长度最长可以达到150m,其具体的选取还需要可跟实际需要进行适当的截取。钢塑土工格栅在保持应有性能的基础上,可降低材料成本,简化施工工艺,缩短施工工期。

(3)通过分析混凝土框格与框格内草皮的结合情况,结合钢塑土工格栅的多孔眼、孔眼均匀等特性可得出:草根可以大量深入格栅以下,并充分与格栅交错缠绕,从而加强了格栅与草皮的整体性等。

4.3 成本对比

在背水坡面上,形成1m^{2}的成品框格所需混凝土块成本费用在15~17元之间,对于钢塑土工格栅来说,成本费仅需要3~5元。在成本价格上看可大大节省材料成本。

5 钢塑土工格栅在堤顶路背水侧护坡的施工技术方案

5.1 技术要求

传统防护边坡的思路有超挖放坡,预制混凝土框格加植草生态防护。对于超挖放坡工艺来说,其作用原理要么是放缓坡率使下滑荷载减小,但他不能改变土体遇水容易流动的现状;对于框格加草皮护坡来说,使用效果不错,但耐久性不是特别好。相比上述材料,钢塑土工格栅作为土工合成材料的一种新型材料,其所具有在护坡工程上优良特性。能够解决背水侧护坡工程中传统材料产生的问题。其工作原理主要利用土工格栅加筋土体形成土挡墙,防止坡体下滑,利用独特的防排水体系,防止地表水与地下水进入坡体引起破坏。其主要技术特点有:

(1)通过超挖边坡并加筋回填腐殖土,彻底根治了岩溶地区边坡结构夹层,消除了滑动结构面。

(2)通过系统地外排水防渗,减少雨水、地表水进入坡体,引导坡内水与地下水流出边坡,降低干湿循环使土体膨胀。

(3)在承受覆土压的同时,允许边坡产生一定的变形,消除边坡土体的超固结应力与含水率变化引起的膨胀应力。

(4)施工工艺简便,施工工期短,工程造价低。

综上所述,钢塑土工格栅在力学性能方面:具有抗拉强度高、蠕变小、抗冻融循环能力强等特点;在施工方面:施工操作简单、快捷、能有效缩短工期,而且施工成本较低。基于上述优点钢塑格栅在岩土工程很多领域如边坡、挡土墙、道路等均有广泛的应用。

5.2 钢塑土工格栅护坡的施工主要流程

钢塑土工格栅护坡施工的主要流程如图2所示。

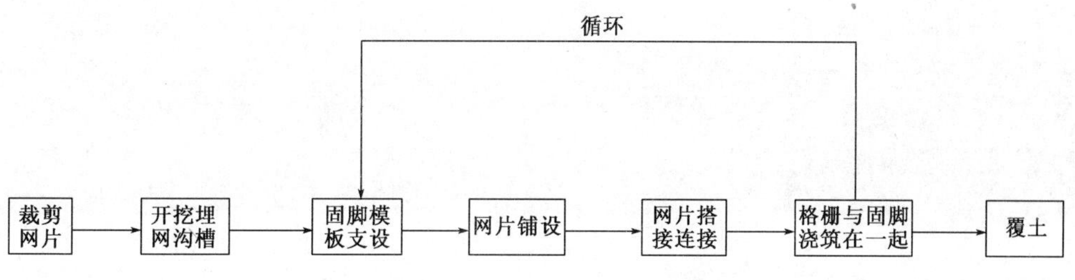

图2 钢塑土工格栅护坡施工的主要流程图

在施工前期,根据背水坡的宽度和弯折长度去生产厂家预制相应的格栅网片并运至现场;在具体施工过程中,将背水坡削至设计坡度并将路堤底部开好固脚槽,支好固脚模板并将裁剪好的网片铺置坡上,格栅底部折入固脚模板约30cm,然后浇筑固脚,再将格栅顶部下折埋入土层30cm,最后在设计距离安置泄水槽,整个过程循环进行,进行同时可伴随回填腐殖土。

6 展望

尽管在钢塑格栅筋土界面作用特性、变形机理及协调变形等方面进行了比较细致和深入研究,但由于钢塑格栅刚刚进入市场使用,加之由于时间关系及作者能力有限,本文对其力学性能及工程应用所做的研究并不很深入,仍有一些问题没有得到很好的解决或没有涉及,需在今后的工作中继续补充或完善:

(1)钢塑土工格栅在高寒地区使用时耐久性数据指标还有待试验。

(2)钢塑土工格栅在堤顶路背水侧护坡时,顶部和底部的链接固定方式有待优化。

(3)钢塑土工格栅在湿土的长期浸泡下是否会急速降低乃至失去护坡作用。

(4)钢塑土工格栅是否可代替雷诺护垫中的铅丝石笼在堤顶路迎水测护坡。

(5)近些年来各地区地震、滑坡、坍塌事故频发,有关加筋边坡在地震等动力作用下的结构性能、边坡稳定性问题及破坏形式是需要进一步研究。

参考文献

[1] 《土工合成材料应用手册》编写委员会.土工合成材料应用手册(第二版)[M].北京:中国建筑工业出版社,2000:218-222.

[2] 王清标,代国忠,吴晓枫.地基处理[M].北京:机械工业出版,2014.

[3] 朱子超.单向土工格栅拉伸性能试验研究[J].山西建筑,2011,37(2):111-112.

[4] 欧阳修春.现代土工加筋技术[M].北京:人民交通出版社,1991.

重载铁路坍塌边坡成因分析及治理方案探讨

王天西　张　杰

（中国水利水电第七工程局成都水电建设工程有限公司）

摘　要　本文依托某重载铁路路堑边坡施工中揭示的坍塌边坡，详细阐述了路堑边坡发生坍塌的主要成因，并针对不同类型的坍塌情况提出治理方案，对路堑边坡设计、施工提出了预防坍塌发生的建议，倡导进行浆砌石护坡机械化施工研究。

关键词　重载铁路　坍塌边坡　成因分析　治理方案

1　路堑边坡概况

某重载铁路15km为低矮剥蚀丘陵区，属断陷盆地边缘地带，地形起伏大，20km为剥蚀丘陵及高阶地垄岗区过渡地段，地形起伏较大，梳妆坳沟发育，较平坦。深路堑8处，最大挖深30.2m。

由于线路途经水源地、地质公园、恐龙遗迹园缓冲区，为了减少对自然保护区的破坏，在设计时，路堑边坡采用了高护墙，减少边坡分级，减少土石方开挖。该铁路最高护墙设计高度16m，开挖坡比1∶0.7，浆砌石护面，施做后坡比1∶0.75。

路堑开挖后较平缓地段上的短浅路堑，采用不分层的全断面开挖方式。当路堑中心高度大于5m时，土质路堑采用分层逐层顺坡开挖；硬质岩石路堑采用纵向台阶法开挖方式。

2　发生坍塌成因分析

某重载铁路边坡坍塌累计发生坍塌边坡15段，具体段落统计及坍塌原因分析见表1。

某重载铁路边坡坍塌段落统计及原因分析　表1

段落编号	长度	位置	坍塌原因分析	备　注
1	40m	线路右侧	三级边坡沿全、强风化面滑移，二级边坡挤压开裂	坍塌4次
2	55m	线路右侧	二级边坡开裂，一级边坡挤压隆起	
3	98m	线路右侧	二级边坡开裂，持续降雨下渗发生坍塌	
4	53m	线路右侧	节理倾向与边坡倾向基本一致，节理面光滑平直，连通性好	
5	175m	线路右侧	边坡顺层、节理裂隙切割，降雨下渗，爆破震动影响	
6	375m	线路右侧	边坡顺层、节理裂隙切割，降雨下渗，爆破震动影响	
7	120m	线路右侧	结构面组合切割体（楔形体）沿交线滑落	
8	150m	线路右侧	降雨下渗，边坡沿全、强风化面滑移	坍塌2次
9	42m	线路右侧	岩体在结构面的切割下形成楔形体，降雨下渗软化结构面	

续上表

段落编号	长度	位置	坍塌原因分析	备　注
10	110m	线路右侧	二级边坡产生裂缝，护墙平台挤压开裂	
11	5 小段	线路右侧	岩体在结构面的切割下形成楔形体，降雨下渗软化结构面	
12	7 小段	线路右侧	长期未进行防护、降雨下渗软化结构面	
13	138m	线路右侧	边坡顺层，未能及时防护，降雨下渗软化结构面	
14	117m	线路右侧	顺层结构影响，岩体沿不利的结构面滑动，导致边坡开裂	
15	290m	线路右侧	未能及时防护，导致岩体松弛，降雨下渗软化结构面	

其中“段落 1”边坡发生了四次坍塌（一级边坡向小里程延伸了 15m）、“段落 8”边坡发生了二次坍塌。

根据表 1 内容，可以发现坍塌边坡全部发生在线路右侧，通过对工程所在区域的地形地貌、地质情况分析，发现坍塌边坡全部发生在山体地势高的一侧，地下水长期下渗易形成不利结构面，路堑开挖后，山体应力释放时，山体易沿着不利结构面发生坍塌。

根据表 1 内容，结合现场实际地质情况，边坡坍塌原因总结为以下三个方面：

（1）地质不利结构面勘察困难，高护墙开挖成型后易发生楔形滑移（地质原因）。

（2）全、强风化面受到连续降雨下渗影响，发生整体滑移（天气、地质原因）。

（3）劳动力资源匮乏，防护措施未及时跟进（施工、地质原因）。

边坡坍塌原因分布情况见表 2。

边坡坍塌原因分布情况分析表　　表 2

项目	段落数量	占比（%）	坍塌主要原因
原因 1	3	20	地质原因
原因 2	9	60	天气、地质原因
原因 3	3	20	施工、地质原因

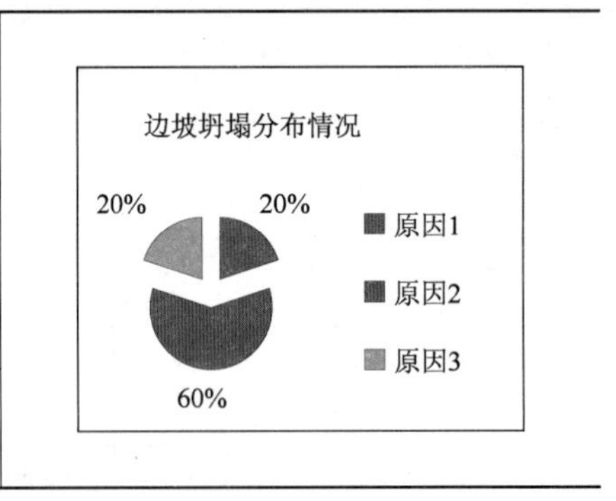

3　边坡楔形滑移产生原因分析及处理

地质勘察阶段，布置勘探孔的数量有限，平均每 200m 一处勘探孔，局部的地质不利结构面很难被揭示。楔形滑移基本都是发开挖坡比为 1∶0.7 的高护墙部位，16m 高护墙开挖完成后，地质不利结构面的岩体自重和地应力之和大于岩体自身的抵抗力后，就会沿着不利结构面滑移。

典型案例 1：“段落 11”段右侧一级边坡于 2017 年 1 月进行开挖。2017 年 2 月 21 日至 3 月 20 日，坡面尚未开挖到护墙支护底高程，“段落 11”路基范围 5 段边坡相继发生局部溜坍，均为楔形滑移，如图 1 所示。

图1 “段落11”右侧护墙楔形滑移情况

“段落11”高护墙发生楔形滑移后，产生了次生灾害，已经开挖成型的护墙平台坍塌，已经开挖完成二级以上的边坡整体失稳，造成已经防护边坡的截水拱形骨架拉裂破坏。主要处理措施为：刷方减载，取消护墙设计，放缓坡比，防护形式根据设计坡比相应调整。

根据路堑边坡开挖施工原则，应“分段开挖、开挖一级、防护一级“，若两级以上的边坡，路堑边坡高护墙（一级边坡）区域产生边坡坍塌后，容易产生次生灾害，导致二级以上边坡坍塌，造成已经施工的防护废弃，处理方案一般选择刷方减载、放缓坡比，这样已经施工的防护就会被全部造成拆除，造成了不必要的浪费，这也是下一步需要重点研究的方向。

4 边坡全、强风化层整体滑移产生原因及处理

工程区域的天然冲沟、有雨水下渗条件的自然沟，地表水长期下渗会形成全、强风化结构面，结构面软弱不均。开挖后，全、强风化易沿着冲沟岩石交界面产生滑移，同时会挤压其他级边坡变形开裂。此种坍塌边坡治理范围广、难度大。周期长。发育深度较深时，一次治理措施往往不够，需要在开挖揭示后逐级处理。

典型案例2：“段落1”路堑右侧三级边坡在2016年5月沿全、强风化界面滑动，路堑从坡顶整体坍塌，造成正在施工的二级边坡因挤压出现开裂、变形，堑顶裂缝宽度达到1.2m，坍塌方量2400m^3。

主要处理措施为：刷方减载，放缓坡比，增设长大平台，增设抗滑桩，采用桩间挡土墙防护。“段落1”路堑具体措施采用1.5×1.75m截面、长度15m、间距5m抗滑桩施工后。处理效果如图2所示。

2017年5月预留15m平台发生了二次开裂，主要原因为二级边坡长期暴露，雨水下渗和自身重力的作用下拉裂，后续主要通过减小平台，放缓二级边坡坡比进行治理。

2017年11月在护墙以上边坡施工过程中，受连续降雨影响，“段落1”右侧二级边坡沿全、强风化界面局部溜坍。在DK885+385～DK885+440段进行堆土反压，堆土高度7.11m，顺线路方向坡比为1:1.25，为保证路堑段交通，坡脚底部采用沙袋堆码，宽1.0m，高3.0m，横线路方向为1:1.5。堆土顶部路肩（靠线路中心侧）距桩间距为3.0m，侧边填至边坡。反压时，压实厚度30cm/层，每隔0.6m满铺一层双向土工格栅。填料为B组料，填筑压实标准同路基压实标准。如图3所示。

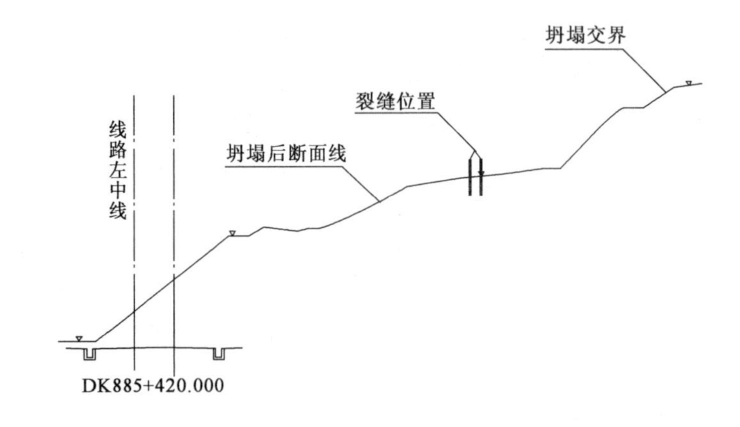

图2 “段落1”右侧路堑边坡治理效果图

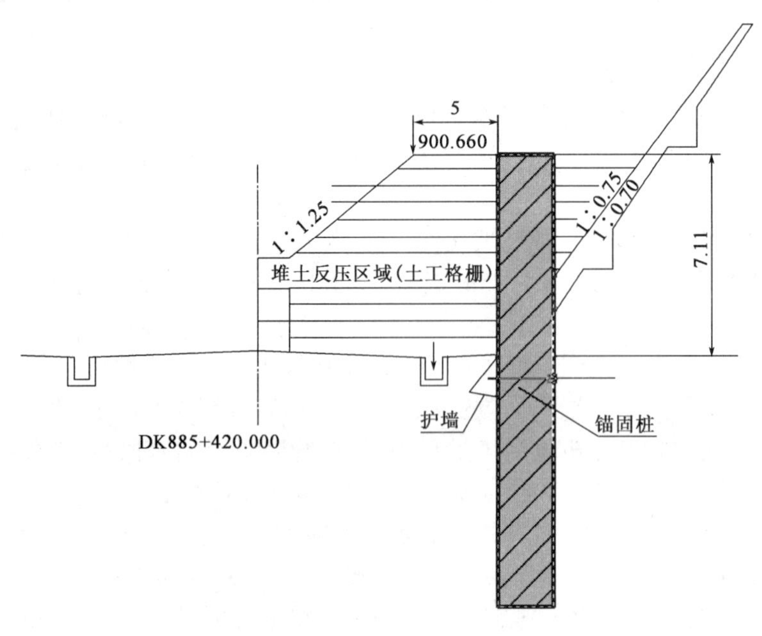

图3 “段落1”右侧路堑边坡治理效果图

5 防护措施未及时跟进及应对措施

随着社会经济的不断发展，工程施工机械化程度日趋提高。路堑开挖爆破、装运基本全部采用机械设备，施工效率较高，然而施工浆砌石的劳动力资源却比较匮乏，施工效率低。

案例3：选取工程区段“5号路基”，路基段落长度235m，挖方量116514m^3，浆砌石5098m^3，开挖功效为1000m^3/天，浆砌石施工工效为1.2m^3/天·人，计算结果为开挖工期为116514m^3（工程量）÷1000 m^3/天（工效）=110天，浆砌石防护施工工期为5098m^3（工程量）÷1.2 m^3/天·人（工效）÷20人=212天。“5号路基”开挖效率与人工防护效率对比见表3。

“5号路基”开挖效率与人工防护效率对比表 表3

项目	工程数量	工效	工期	对比情况
开挖施工	116514m^3	1000 m^3/天	110天	人工防护是开挖施工工期的2倍
人工防护	5098m^3	24 m^3/天	212天	

分析结果表明：开挖施工和防护施工是不匹配的。当前浆砌石防护劳动力资源匮乏，难以实现劳动力资源堆积。本标段按照挖填工期计算，完成27万方浆砌石需要人力为270000m^3（总工程量）÷300天（工期）÷1.2 m^3/天（工效）=750人，实际上防护队伍配置不足300人。该重载铁路质量标准较高，达到标准的熟练工资源严重不足。

采取措施：建设单位通过优化浆砌石的结构，减少浆砌石工程量，同时根据市场行情进行单价补充，提出了“合理的单价、做放心工程”的管理理念。通过这些措施，劳动力资源有一定的补充，达到400人左右，但仍然无法满足工序施工需求的劳动力数量。

6 对重载铁路坍塌边坡设计的建议

截至目前，该重载铁路共揭示坍塌边坡15段，其中地质原因10段，未及时防护、天气影响的5段，降雨下渗是产生滑移的主要诱因。本文上述部分对地质原因进行了详细的分析，施工方面也存在以下四个方面原因：

（1）未及时核对地质变化情况；

（2）未按照爆破设计布孔装药爆破；

（3）未按设计要求分级开挖防护；

（4）雨天施工未落实覆盖措施。

路堑边坡出现的坍塌后，处理难度大、周期长，部分责任要求施工单位承担，不仅严重影响架梁通道形成，并且给项目部造成不同程度的经济损失。为了减少路堑边坡坍塌情况发生，对施工单位在路堑边坡施工时，提出以下四个方面的建议：

（1）开挖揭示地质变化情况应及时提请设计核对，认真分析岩体节理、裂隙发育情况与边坡稳定性。

（2）石质路堑地段边坡开挖严格执行浅孔、密眼、小剂量爆破方法、严格按照钻爆设计布孔装药，根据开挖揭示的地质情况可局部调整爆破设计，严禁采用潜孔钻机单孔大药量爆破施工，降低单响药量。

（3）严禁整段路堑实行大段落整体开挖，支护措施应及时跟进，严格按照设计要求分级（分段）开挖、分级（分段）防护，降低边坡坍塌风险。

（4）雨季施工全面落实设计要求，边坡开挖后及时采取坡面覆盖措施，避免雨水大面积下渗软化岩体结构强度导致边坡失稳。

对设计单位在路堑边坡设计时,建议降地质条件较差的路堑边坡低护墙高度,高度不宜超过 10m,增加天然冲沟位置的补充勘察,加强预设计的措施。

7 结语

铁路工程为线性工程,后期运行安全尤为重要,对于路堑边坡发现的安全隐患,应早排查、早发现、早治理。设计、施工单位应加强开挖揭示地质情况的核对,地质情况与原设计不符合时及时调整。施工阶段施工单位应做好工序的衔接,做到分级(分段)开挖、分级(分段)防护。针对劳动力资源匮乏的问题,建议共同开展科学技术研究,提高浆砌石施工机械化程度,从根本上解决劳动力资源。

岩溶地区山岭高边坡支护关键技术研究

周　阳[1]　高　峰[2]　裴艳松[3]

（北京市市政一建设工程有限责任公司）

摘　要　随着我国城镇人口的不断增长，城市交通运输量的需求迅速增加，尤其是城市快速道路的修建是我国经济发展当中的重要一环，在山区城市公路建设当中，边坡的稳定对线路的安全运营起着至关重要的作用。本文结合贵阳市中环路七冲二号隧道出口边坡工程，提出了关于岩溶地区山岭高边坡支护方法，分析影响其边坡滑塌的原因，并对问题边坡提出合理的整治方案，并找出适合岩溶高边坡地区的合理、可靠的边坡支护形式。

关键词　城市道路　岩溶高边坡　支护形式

引言：20 世纪后期伴随着社会经济的发展、基础建设的投资逐渐变大，高等级公路和山区公路的修筑，大挖、大填现象逐渐变得较为明显和突出，怎样保证边坡的稳定逐步进入了人们的视线，已有的路基边坡加固和防护仍旧采用修建低等级公路时的边坡工程技术或经验对破坏段进行维修加固，导致了大多数已建工程在治理边坡时缺乏综合的思考，给以后工程的运行埋下了安全隐患。边坡工程出现变形破坏和滑坡现象会造成极其严重的后果，对于怎样治理滑坡等问题，不少学者专家为此做过很多试验和研究，由于滑坡体工程特性及所处外在环境的差异，导致其破坏机理和破坏方式会有很大的差别。本文结合贵阳黔春大道隧道出口边坡工程，以现场实际工程为例，分析其垮塌原因并找出适合该岩溶高边坡地区的合理、可靠的边坡支护形式。

1　边坡概况

贵阳市中环路起点接南垭路－盐沙线立交，向西先以隧道形式穿越黔灵山逐风大罗岭北侧山麓范围，并上跨现状黔灵山路隧道；之后以桥梁形式上跨小关湖水库与川黔铁路，后以隧道形式进入黔灵湖西侧山脉，向南穿越七冲村，终点接黔春大道道路工程。本文依托贵阳市中环路七冲二号隧道右幅出口边坡工程，桩号为主线 K2 + 587 ~ K2 + 657.3 段。该处边坡为高 2.0 ~ 37.0m 的反向岩质边坡，坡顶为自然地形。其相对位置如图 1 所示。

该处边坡原防护形式为采用锚、网、喷结合的加固防护措施，采用锚杆为 $\phi22$ 砂浆锚杆，每根长度为 4.5 m，间距、排距为 1.5 ×1.5m，梅花形布置；钢筋网为 $\phi6$ 钢筋，网格间距为 20 × 20cm；后喷 10cm 厚的 C20 混凝土进行封闭；边坡分两级修筑，第一级坡比为 1∶0.75，二级及以上坡比为 1∶1。边坡施做完成后，摆放了 2 个月，坡脚及坡面无明显破坏现象，边坡完好无损。边坡施工过程如图 2 所示。

2016 年 3 月 23 日该段边坡突然发生大面积滑塌，滑塌后的土石部分堆积在隧道明洞一侧，该处上方仍存在两块大的孤石悬空，对行车道路和隧道的安全产生很大的影响。孤石位置如图3所示,边坡塌方如图4所示。

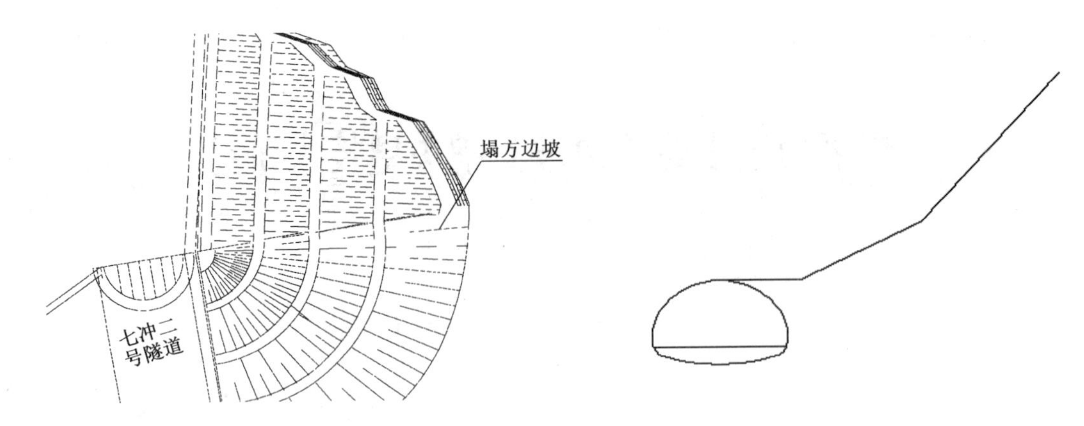

图1　边坡与隧道相对位置图

图2　边坡施工过程中图

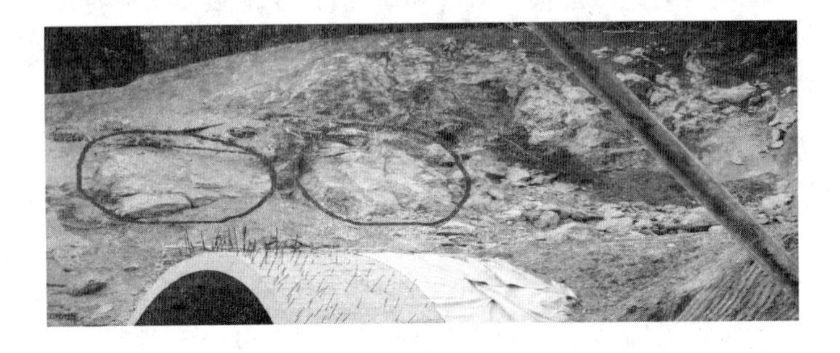

图3　孤石图

图4　边坡塌方图

2　地质概况

边坡滑塌后从新组织对该地区进行地质勘察，据勘察资料，场区出露的地层，由新至老有第四系（Q）、下伏基岩为侏罗系自流井群（Jzl）地层，分述如下：

①耕植土（Q_{ml}^{4}）：褐黑色，含植物根系，结构松散。分布于拟建场区南北侧局部地方，厚度0～0.8m，平均厚约0.5m。

②坡积粉质黏土（Q^{el+dl}）：呈土黄色，可塑状态，稍密，稍湿，干强度中等，韧性中等，局部偶含强风化角砾及碎石团块，粒径0.5～10.0cm，主要分布于场区东西两侧大部分地区，厚度一般为0～9.5m。平均厚约3m。

③中风化灰岩（Jzl）：灰色、深灰色，薄层夹中厚层，有泥质条带或泥质条纹，隐裂隙、裂隙较发育，具水软特征；岩体节理、隐裂隙、裂隙较发育，岩体结构类型为镶嵌碎裂结构，呈碎块状～大块状，岩体类型Ⅳ类。

岩体参数表见表1。

岩体参数表　　表1

序号	岩　性	容重 γ(kN/m^3)	黏聚力 C(MPa)	内摩擦角 φ(°)
1	坡积粉质黏土	19	0.025	17°
2	中风化灰岩	26.88	0.72	33.3°
3	结构面	—	0.11	27°

3　原因分析

根据现场勘探，边坡失稳地段山体岩石较为破碎，对滑塌地区坡体打设锚杆进行探测，发现内部存在大量溶洞，且空洞面积分布大而多。溶洞状况见图5和图6。

图5　溶洞图1

图6　溶洞图2

对该段边坡取土进行含水率测试调查,每处附近各部取三个点,结果取其平均值,试验结果见表2。

测点土样含水率　　表2

	取土点桩号	上部	中部	下部
含水率	K2 +590	9.5%	14.6%	18.7%
	K2 +600	9.7%	13.1%	17.5%
	K2 +610	10.4%	15.6%	23.1%
	K2 +620	7.8%	10.5%	21.3%
	K2 +630	9.4%	17.6%	22.5%
	K2 +640	9.3%	12.5%	20.4%

由上表可以看出,各测试点含水率大多都大于其原始含水率7% ~13%,测试点处含水率的变化有上往下以此递增。

对出现该情况进行调查发现:贵阳市区由于3月份以来受厄尔尼诺气候的影响,雨水过多,降雨后雨水无法及时沿地表外流,大量雨水渗入坡体,自然下渗,随着降雨的发生,雨水入渗到土体内,土体的物理、力学性质都发生了不同程度的改变,这一过程使得土体基质吸力降低,孔隙水压力重分布,表层土体软化,抗剪强度降低,同时自身重度增加,加大了剪应力。从微观上看,水分的加入,一方面会降低土体颗粒之间的阻力和摩擦力;另一方面,可以使细小黏粒之间的结合水膜变厚,减小有效内摩擦角和有效黏聚力,弱化土体的抗剪强度。边坡稳定性主要是受到边坡结构面强度的控制,一般来说,岩质结构面不会受到水分太多的影响,但对于软弱结构面的强度有较大的软化作用。加上山体内部岩溶空洞较多,锚杆无法完全锚固坡体,在这两个不利方面共同作用下,导致边坡的稳定性持续降低,最终导致边坡发生坍塌。

4　优化方案施工

根据现场情况及上述原因分析,对该滑塌处岩溶边坡采取锚索、锚杆框架梁施工方案。坡面根据上部裂缝进行平整,第一级平台宽度为2.0 ~6.5m,平台设置M7.5浆砌片石护墙,第二级边坡按坡率1∶1放坡至坡底,其中C-D段放坡至明洞顶标高以下1.5m,坡顶至道路边线设置平台,平台宽度12.8m,平台上设置M7.5浆砌片石护墙,平台处设置M7.5浆砌片石排水沟,排水引入道路排水系统。

4.1　土体反压

为防止边坡再次出现坍塌,对塌方段的边坡进行反压处理,反压高度定为坡顶往下4m,形成宽4m的平台,为保证施工安全,刷坡采用逆作法,反压坡比按1∶1放坡。同时为下一步边坡支护施工提供工作平台。

4.2　坡面清理

边坡从上而下对松散滑塌体进行清方,边坡整体采用分级平台进行开挖,平台宽度3m,边坡从下至上第一级边坡坡率1∶0.75,第二级边坡坡率为1∶1放坡至坡顶,为避免削坡时,土石方对已施作的明洞造成二次损坏,需对明洞采取保护。措施如下:

(1)靠山体一侧的明洞采用堆码沙袋进行防护,堆码高度为明洞拱顶以上4m,纵向从洞口码放至明洞现有护坡坡脚,为保证不对明洞产生偏压荷载,同时为挡板和斜撑提供支立的平台,横向左右对称码放沙袋。

(2)在码放的砂袋上放置由角钢、钢管斜撑和挡板焊接为整体的防护设施,挡板纵向长度和高度的设置以将坡面全部石头覆盖住为原则,具体尺寸以现场实际施工需要为准。

(3)采用逆作法从上往下施做,下部松动的两块孤石采用挖机、炮捶慢慢将不稳固的石块逐步清理下来。

隧道明洞防护方案如图7所示。

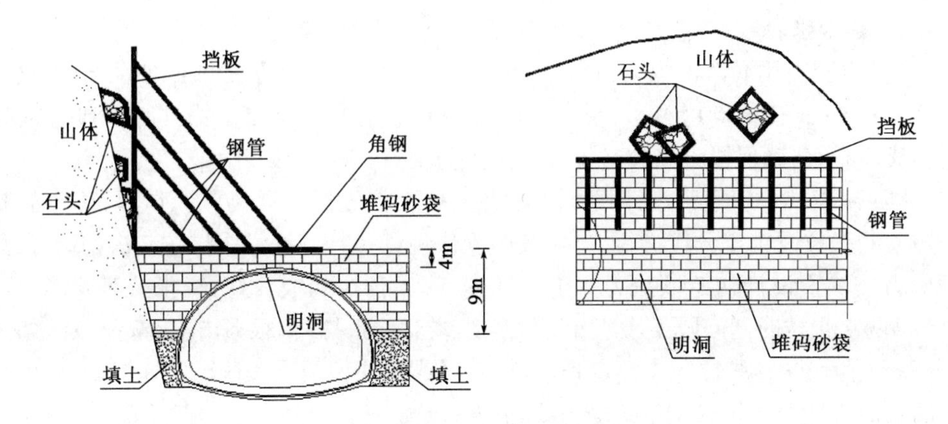

图7　隧道明洞防护示意图

4.3　锚索施工

边坡整体采用锚索(锚杆)格栅梁结合锚杆进行支护,锚索水平间距@3.0m,竖向间距@3.0m,锚杆(锚索)格栅梁区域以外锚杆水平间距@2.0m,竖向间距@2.0m。锚杆(锚索)格栅梁区域锚杆水平间距@3.0m,竖向间距@3.0m。坡体满布泄水孔,孔径100,外倾5%,钻孔进入坡体0.9m,间距@2.0m,梅花形布置。

4.3.1　锚杆(索)格栅梁施工工艺流程

锚索框架梁施工流程:施工准备→孔位测设→钻孔、清孔→制作锚索→安装锚索→注浆→安装框架梁钢筋→现浇框架梁混凝土→锚索张拉→封锚。

4.3.2　钻孔

锚索钻孔直径为130mm,潜孔钻干钻成孔,禁止采用水冲钻进,钻孔速度根据使用钻机性能和锚固地层控制,防止钻孔扭曲和变径,造成下锚困难或其他意外事故,并超钻50cm。钻孔孔位、孔深、斜度符合设计要求。孔位误差不得超过±100mm,孔径允许偏差0~10mm。为确保锚孔深度,孔深不小于设计孔深,锚索长度允许偏差0~100mm,钻孔入射角25度,误差±1度,在钻孔完成后,将孔内土、石屑全部清除出。

4.3.3　锚索(杆)安置

锚索采用8ϕ15.2mm的无黏结钢绞线,锚索竖向间距@3.0m,水平间距@3.0m,锚索长度详见施工图纸,锚索自由端长度根据实际成孔情况而定,确保锚索锚固段锚入完整中风化岩石不小于8m。

锚杆(锚索)格栅梁区域锚杆水平间距@3m,竖向间距@3m,锚索区域内锚杆长度4.5m。锚杆上安装ϕ8定位钢筋,间距为2m。

4.3.4　灌浆

灌注M35水泥砂浆,入射角25°。注浆结束后,将注浆管、注浆枪和注浆套管清洗干净,施工过程中,做好注浆记录。

4.3.5 格栅梁施工

格栅梁采用C25钢筋混凝土浇筑，锚索格栅梁尺寸：400mm×400mm，锚杆格栅梁尺寸300mm×300mm。锚索钢垫板尺寸为300mm×300mm×25mm，钢垫板涂沥青处理。钢筋弯勾、焊接、搭接按相关施工规范要求制作，纵向钢筋设置应延伸至底部基础内，锚索端头截留长度不小于150mm。钢筋混凝土保护层厚度不小于30mm。

4.3.6 锚索张拉

(1)锚具空腔内用润滑油填充，再用C30混凝土封闭，并配防裂钢筋网片，防裂钢筋网片采用直径为6.5mm HPB300钢筋。锚索台座采用C30混凝土浇筑。锚具底座顶面(斜托面)与钻孔轴线应垂直，确保锚索张拉时千斤顶出力与锚索在同一轴线上。

(2)水泥砂浆及台座达到设计强度后方可张拉。首先通过现场张拉试验，确定张拉锁定工艺。锚索的张拉及锁定分级进行，严格按照操作规程执行。锚索张拉按二次四级办理，每次张拉预应力按锚索设计初始预拉力的1/4计算，每次张拉两级，每两级张拉时间间隔不小于15分钟，每两次张拉时间间隔不小于3天。钢绞线对称张拉，单根ϕ15.2mm钢绞线每级张拉21kN，超张拉值10%。张拉前应标定张拉设备，对锚索伸长及受力情况做好记录，核实伸长与受力值的相对应性。张拉时钢绞线受力要均匀，并做好记录。

(3)张拉时，加载速率不宜太快，宜控制在设计预应力值的0.1/min左右，达到每一级张拉应力的预定值后，应使张拉设备稳定一定时间，在张拉系统出力值不变时，确信油压表无压力向下漂移后再进行锁定。卸荷速率宜控制在设计预应力值的0.2/min左右。锚具回缩等原因造成的预应力损失采用超张拉的方法加以克服，超张拉值10%。

(4)在张拉时，应采用张拉系统出力与锚索体伸长值来综合控制锚索应力，当实际伸长值与理论值差别较大时，应暂停张拉，待查明原因并采取相应措施后方可进行张拉。锚索按从下到上的顺序进行张拉、锁定、封锚。

(5)张拉到位后，加以锁定。然后进行钢绞线和工作锚清洗，锚索端头截留长度不小于150mm，其余采用手持砂轮切割机切去，严禁电割、氧割。最后用水泥净浆注满锚垫板及锚头各部分空隙。

4.3.7 封锚

锚索框架梁施工完成后，形成整体受力结构，并且所有检测(包括边坡变形检测)合格后，对混凝土台座进行凿毛处理，支立模板，用C30混凝土封锚保护锚头。封锚头内采用构造配置ϕ6.5HPB300防裂钢筋网片。

4.4 锚索张拉力计算

4.4.1 计算公式

理论伸长值ΔL按公式(1)计算：

$$\Delta L=\frac{P_p\times L}{A_p\times E_p} \tag{1}$$

式中：ΔL——各分段预应力筋的理论伸长值(mm)；

P_p——各分段预应力筋的平均张拉力(N)；

L——预应力筋的自由端长度(mm)；

A_p——预应力筋的截面面积，取140mm^2；

E_p——预应力筋的弹性模量，取1.95×10^{5}MPa。

4.4.2　理论伸长值计算

(1)当 $\sigma = \sigma_{con} \times 25\%$ 时

张拉力:$P_p = 84 \times 25\% = 21\text{kN} = 21000\text{N}$

理论伸长值:

$$\Delta L = \frac{21000 \times 8000}{140 \times 1.95 \times 10^5} = 6.15\text{mm}$$

(2)当 $\sigma = \sigma_{con} \times 50\%$ 时

张拉力:　$P_p = 84 \times 50\% = 42\text{kN} = 42000\text{N}$

理论伸长值:　$\Delta L = \frac{42000 \times 8000}{140 \times 1.95 \times 10^5} = 12.3\text{mm}$

(3)当 $\sigma = \sigma_{con} \times 75\%$ 时

张拉力:　$P_p = 84 \times 75\% = 63\text{kN} = 63000\text{N}$

理论伸长值:

$$\Delta L = \frac{63000 \times 8000}{140 \times 1.95 \times 10^5} = 18.4\text{mm}$$

(4)当 $\sigma = \sigma_{con} \times 110\%$ 时

张拉力:　$P_p = 84 \times 110\% = 92.4\text{kN} = 92400\text{N}$

理论伸长值:

$$\Delta L = \frac{92400 \times 8000}{140 \times 1.95 \times 10^5} = 27.1\text{mm}$$

将上述张拉力带入千斤顶校核公式可得出表3。

张拉汇总表　　表3

钢束编号	千斤顶编号	记录项目	张拉			
			25%	50%	75%	110%
8束	25t-CYL-30	油表读数(MPa)	4.65	9.43	14.19	19.94
		伸长值(mm)	6.15	12.3	18.4	27.1

5　施工监测

边坡防护加固工程完工后,在K2+587~K2+657.3右侧边坡共设置10个观测点,利用全站仪对其坐标和高程监测,连续进行了6个月观测,各监测点累计坐标变化均未超过5mm,边坡处于稳定状态。

6　结语

本文依托现有实际坍塌边坡,对岩溶地区边坡塌方的原因进行了分析和研究,通过利用锚索框架梁的方式解决了高边坡不稳定岩层的滑移。该形式不仅可以减轻边坡防护自身重量,伸入岩体的锚索可以加强防护的锚固力;同时节约材料不受地形限制施工速度快,具有很好的经济和社会效益。

参考文献

[1] 陶可.预应力锚索框架梁在高速公路高陡边坡防护加固工程的应用[J].四川建材,2009(3):35.[149].

[2] 梁瑶,周德培,赵刚.预应力锚索框架梁支护结构的设计[J].岩石力学与工程学报,2006(2):318-322.

[3] 周阳.准池重载铁路黄土路基边坡防护技术研究[D].内蒙古农业大学,2015.

[4] 黄斌.三峡库区隆家湾滑坡稳定性研究[D].西南科技大学,2009.

[5] 马素幹.高填土路基边坡新型加固技术研究及应用[D].天津大学,2011.

[6] 王彩荣.高路堑边坡预应力锚索框架梁施工技术浅议[J].工程技术,2011:217.

[7] 吕兴斌.锚索框架梁在山区公路高边坡防护中的应用[J].桥梁与隧道工程,2016(10):94-95.

紧邻地铁复杂超深基坑开挖及基坑支护技术的研究

叶现楼　刘增琦　王　贤　白　超　杨　帆

（中国建筑第八工程局有限公司青岛公司）

摘　要　青岛海天中心项目由三栋超高层主体及两部分裙房组成，结构基础形式为筏板基础，基坑开挖深度25～30m，基坑南北高差5.7m。项目南邻海岸线，北临地铁，基坑开挖及支护施工难度大。针对项目复杂的水文地质条件及周边复杂工况，创新采用了管桩、灌注桩＋预应力锚索的施工方案。针对当前施工工况，该方案技术先进，安全可靠，同时施工方便，能提高施工效率，缩短工期。该施工方案对目前国内的超高层项目的深基坑开挖及支护有着极高的指导意义，满足了国内目前对施工进度及安全的较高要求。

关键词　临地铁　超深基坑　临海　大高差

1　引言

本工程基坑开挖深度25～30m，基坑南北边缘高差约5.7m，基坑周长约744m，土石方量约70万m^3，全部外运。地铁三号线隧洞位于香港西路下，走向与香港西路大致平行，地铁隧洞底标高约－23～－12m，拟建地下室外轮廓线距离地铁隧洞轴线的距离16.0～21.0m。南侧临海，场区地下水类型为基岩裂隙水，局部地段揭露第四系松散岩类上层滞水。其中滞水主要赋存于第1层杂填土中；基岩裂隙水以层状、带状赋存于基岩风化带的节理裂隙中。工程距离海岸线约50m，根据地质勘察报告，场区勘探深度内见有稳定分布的地下水。场区地下水类型主要为基岩裂隙水。勘察期间场区地下水稳定水位标高2.73～3.95m，场区地下水主要补给源为大气降水，受季节影响，地下水水位年变幅1.0～2.0m，近5年内地下水最高稳定水位标高约4.0m。受气候、水文、地质等条件的影响，基坑开挖后难以确定是否有大量涌水现象出现。

2　场地岩土条件

（1）第1层：杂填土。该层广泛分布于场区。主要由建筑物拆除后残留或堆填的砖块、混凝土块、石块等组成，本次勘察期间揭露该处填土厚度0.50～9.00m，层底标高－2.56～10.42m，该类填土于原有建筑物拆除后回填。

（2）第四系上更新统冲洪积层第11层、黏土层。厚0.40～1.90m，层底标高3.07～7.00m。

（3）基岩：第16上层、强风化上亚带。揭露厚度0.80～8.00m，层顶标高－1.75～6.66m。第17层、中等风化带揭露厚度0.70～6.00m，揭露层顶标高－7.80～0.16m。第18层、微风化带揭露厚度1.70～21.10m，揭露层顶标高－25.50～－1.34m。

3 基坑支护方案

基坑支护设计与施工质量的好坏是整个工程能否顺利进行施工的关键，稍有不慎就可能影响后期工程的施工，根据现场实际情况，基坑支护应慎重设计，应严格控制基坑的位移和沉降。

针对以上工程特点，本工程在制定基坑支护方案时要重点考虑以下几个因素：安全可靠性；技术先进性、合理性；施工可行性；经济节约；工期合理。本基坑支护方案在综合考虑了这些因素后，选用钢管桩、灌注桩 + 预应力锚索施工方案。本基坑支护方案叙述如下：

(1)外径为146mm的钢管，壁厚5mm，间距1.0m，钻孔直径200mm，桩底端嵌入基底以下基岩1.5m，钢管内外灌注水灰比为0.5的水泥浆，桩身间隔1m梅花形布置 ϕ10mm出浆孔。

(2)各单元钢管桩上部设置钢筋混凝土冠梁，混凝土强度等级为C25，采用商品混凝土，保护层厚度为30mm。

(3)压力型锚杆、预应力锚杆：采用 ϕ_s15.2的钢绞线，注水灰比为0.5水泥浆，注浆压力不低于1MPa；全长黏结型锚杆：采用HRB400钢筋，全长注浆，注水灰比为0.5水泥浆，注浆压力不低于1MPa。基坑支护单元设计平面图见图1。

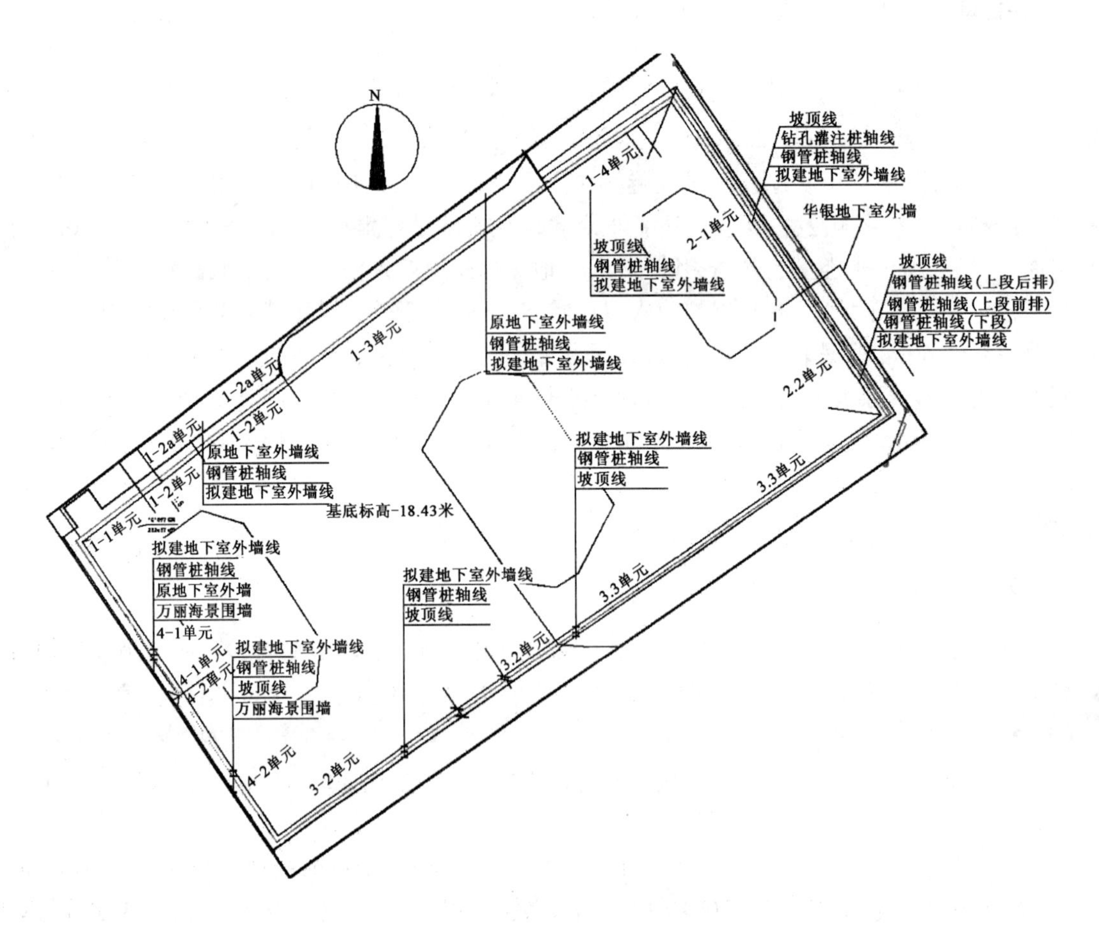

图1 基坑支护单元设计平面图

(4)冠梁1、腰梁1、腰梁2、立柱:现浇混凝土,强度等级C25(当锚杆设计承载力大于500kN时,腰梁1强度等级C30)。

(5)坡面、坡顶设置100mm厚C20喷射混凝土面层,网筋直径6.5mm,间距为250mm×250mm。坡顶设竖向锚钉(1ф20),长度1.5m,水平间距2.0m。

(6)设置高为330mm、宽为145mm挡水台,采用MU10普通砖砌筑,15mm厚M10水泥砂浆抹面。

4 土方开挖施工方案

根据本工程的现场条件、工程布局及结构形式,基坑开挖总体上按照从东南到西北的顺序结合坡面支护的施工分层开挖。工程采用环岛法进行开挖施工,即基坑周边锚杆工作面作为外环开挖区域,进行分段、分层开挖。锚索、杆工作面以内的中间部分土石方作为一个施工区域进行分区、分层开挖。

以现场坡道为分界线,将现场分为4个施工区段,6台挖掘机进场后按施工段顺序进行开挖施工。每个施工区段由支护桩位置向内10m,作为锚索、杆施工作业面,其余位置为大面积开挖范围。

基坑开挖需遵循分层开挖,尽快为边坡支护创造工作面。中间区域大开挖,基坑开挖和边坡支护两道工序穿插进行,节约时间。挖掘机先将锚杆墙锚喷的工作面开挖出来,并根据锚杆墙施工的效率决定工作面开挖的面积,在距离边坡10.0m以外的地方,可尽量发挥挖掘机的能力而决定开挖深度。在上层锚杆浆体达到设计要求后,挖掘机可将上一步留下的工作平台挖掉,从而形成下一步的锚杆墙施工工作面,如此往复直至开挖至槽底。

本基坑工程拟在基坑西面设置坡道,坡道的宽度5~7m,沿坡长约为20m,坡道采用基坑内放坡。如原始土质无法形成有效的坡道,基坑开挖时将根据现场的具体情况采用碎石换填碾压形成临时坡道,必要时采用钢板铺路。

5 深基坑降排水体系

基坑不设置止水帷幕,边坡坡顶进行地面硬化,并设置挡水台阶以防止地表水排入基坑或深入坑侧土体。每层土方大面积开挖前在基坑中部设置若干深坑预降水。

在土石方开挖的过程中,在距离基坑开挖边线15m的位置设置排水沟,并且在基坑的四个角部,南侧和北侧的中间部位设置集水坑共计6个,集水坑比开挖区域深2~3m,尺寸为3m×3m。

基坑底部设置排水沟、集水坑进行明沟排水。排水沟和集水井宜布置在基建建筑基础边净距0.4m以外,高宽均为200mm,边缘离开边坡坡脚不小于0.3m,坡向集水井方向。沿排水沟间隔约40m设置集水井,井径0.8m,井深1m。

基于本工程地质勘察报告描述地质特点,由于基坑南侧离海边直线距离约50m,基坑集水主要有坑壁渗水和持力层底作用的裂隙水渗透。本基坑工程采用坡顶挡水台和坑底排水明沟的方式处理基坑排水,排水汇总到集水坑抽排。排水明沟沿坑底四周设置,底宽200mm,沟底低于坑200mm,坡度为0.3%~0.5%,坡向各集水井方向。集水井沿坑底边角设置,断面800mm×800mm,井底低于坑底1m,分别配备ϕ100的污水泵,沿基坑坡顶设置一条ϕ200直径PVC管道,通过污水泵排出管道内,经沉淀后排到市政管网。中间土方大开挖时上部滞水,由于工期紧张无法提前做降水井预降水,而是根据具体情况临时开挖出较周边地坪深的降水沟,及时将集水排出。

基坑侧壁设置泄水孔,采用 ϕ50 PVC 排水管,斜率 5%。泄水孔埋入土体部分缠绕过滤网,在排水管上梅花形开洞以利于水渗透。

6 地铁保护方案

海天中心大厦基坑对青岛地铁 M3 线影响范围为 K5 +518.474 ~ K5 +759.928 段,区间长度约 240m。海天中心基坑在影响范围内围岩级别为Ⅱ级,较接近强烈影响区,接近程度为较接近,考虑到围岩级别较好,综合定位二级影响,应测项目为隧道结构竖向位移和隧道结构水平位移。

区间位移监测包括隧道水平位移监测和竖向位移监测,位移监测采用高精度自动全站仪。区间隧道位移监测点布设在区间隧道两侧侧壁、拱顶以及道床,每个断面包括 4 个水平位移监测点及 4 个竖向位移监测点。每隔 20m 左右设置 1 个断面,监测区间长度大约 240m,沿区间隧道纵向共 12 个监测断面,进行实时应变监控;在线安全监测可根据需要,人工设置时间段进行采集。沉降观测数据见表 1,监测实施流程见图 2。

沉降观测数据分析表 表 1

序号	日期	时间	棱镜编号	水平距离(m)	垂直角度(°)	水平角度(°)	*X* 轴偏移量	*Y* 轴偏移量	*Z* 轴偏移量
1	2015/8/11	10:55:37	6115	66.46904	88.32706	263.3008	1.12	-0.261	-2.561
2	2015/8/11	10:57:01	6121	279.9081	271.5231	133.851	-0.561	-0.301	-1.108
3	2015/10/19	13:04:31	6110	0.000554	41.63	0.23	0.106	-1.101	-1.222
4	2015/10/19	13:20:12	6113	51.91951	88.94743	166.6633	-2.155	1.016	-0.258
5	2015/12/27	14:15:32	6118	341.0944	71.61063	9.4021	-1.102	-0.138	-2.26
6	2015/12/27	15:12:42	6126	212.5044	92.88114	9.7795	-1.429	-1.107	-1.041
…	…	…	…	…	…	…	…	…	…

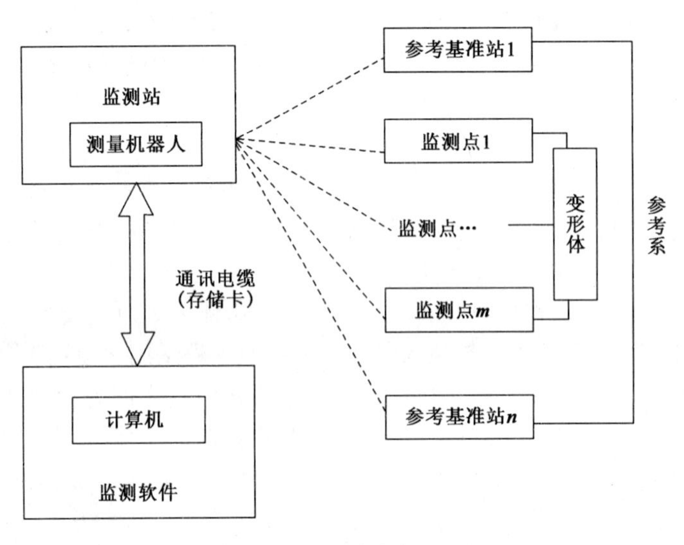

图 2 监测实施流程

监测项目均采用无线方式进行传输,无线远程无线实时监测结构如图 3 所示。

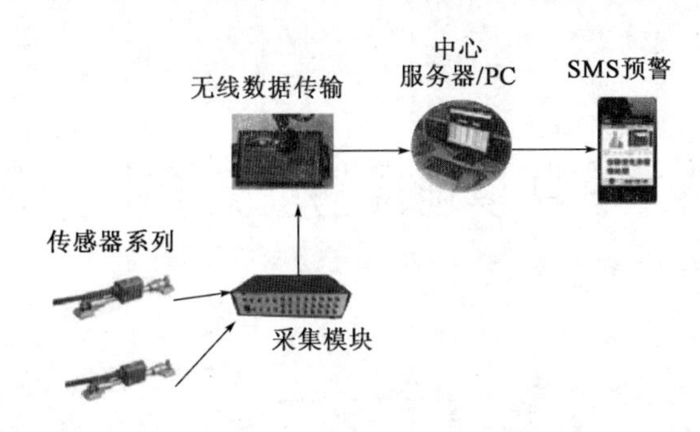

图 3　无线实时监测结构图

通过无线远程数传采集实现了远程无线监控,短信报警。节省大量线材等费用,可在任何有网路的地方经过授权后即可查看实时监测数据。同时对预警值进行监测,满足监测对象的安全要求,达到预警和保护的目的。

7　结语

该项目南侧临海,北侧紧邻地铁。东西两面为超高层建筑;并且地质情况复杂。在采用了钢管桩、灌注桩 + 预应力锚索施工方案后,缩短了工期的情况下,高质量地完成安全生产工作。再辅以地铁保护方案,将基坑开挖及边坡支护的施工风险降到了最低。既安全,又创造了不菲的经济效益。

近年来,超高层越来越成为现代商业及民用建筑的首选,不可避免地会采用多层地下室和深基坑。而在国内的建筑工程施工中,在保证施工安全与施工质量的前提下,为了缩短工期,基坑开挖和边坡支护施工方案的选择成为了重点。海天中心项目钢管桩、灌注桩 + 预应力锚索施工方案的成功应用,在保证了施工安全的前提下,提高了施工质量,缩短了工期;为其他相似地质情况的超高层项目提供了施工案例,具有极高的指导意义。

参考文献

[1]　关慰诚. 建筑工程基坑边坡支护施工技术的探讨[J]. 建材与装饰,2017(28):18-19.

[2]　宁孟. 确保深基坑边坡支护施工安全分析[J]. 江西建材,2017(11):94 +96.

[3]　黄一湛. 深基坑边坡支护设计与施工管理探讨[J]. 世界有色金属,2017(04):140 +142.

[4]　徐国民,杨金和. 边坡支护需考虑的因素与支护结构形式的选择[J]. 昆明理工大学学报(理工版),2008(04):51-57 +68.

[5]　王凯,郑颖人,周小亮,等. 钻孔灌注桩边坡支护变形规律研究[J]. 地下空间与工程学报,2007(04):642-646.

复合桩锚技术在回填地层基坑支护中的研究与应用

冯　雷　张启军　翟夕广

（青岛业高建设工程有限公司）

摘　要　回填土松散、稳定性差,支护桩和锚杆的施工难度均很大,采用了螺旋冲击成孔支护桩 + 旋喷锚杆的复合桩锚支护体系,施工速度快,经济安全,为该地层条件下深基坑支护技术的发展提供了宝贵的实践经验。

关键词　填土　螺旋冲击桩　复合桩锚结构　扩大头锚杆

1　引言

随着城市的快速发展,城市建设用地日趋紧张,地下室开挖越来越深。深基坑支护在城市建设中是一项危险性较大的工序,严重影响建筑施工工人安全和周边建构筑物及地下管线的安全。对于不同的地层条件和周边环境条件,基坑支护体系的使用也不尽相同。深基坑支护技术的发展,就在保证基坑安全和周边正常使用的前提下,不断探索新工艺、新技术、新体系,环保高效、降低成本、缩短工期,提高经济效益和社会效益。

金隅和府拟建幼儿园楼房因规划需要,必须回填至规划标高进行施工,回填厚度达 6m,该楼房三面紧邻拟开挖地下车库,需要开挖深基坑,支护难度大。本部位采用了多种创新支护技术,施工速度快,确保了工期,经济可靠,为该条件下深基坑支护技术的发展提供了宝贵的实践经验。

2　工程概况及场地条件

2.1　工程概况

拟建工程场区位于延吉路以南,镇江路以东,江都路以西。拟建建筑主要规划有 21 栋多层及高层住宅、1 栋办公楼及一座幼儿园。幼儿园部位由原标高 15.00m 回填至 21.00m,全部采用素填土进行分层回填、分层压实,回填时间一个月。临近幼儿园处拟开挖地下室基底标高为 8.20m,基坑边坡高度约 13.80m。

2.2　工程地质条件

根据岩土结构、成分及物理力学性质的差异,地勘揭露的地层自上而下可分为两个大层,分述如下:

(1)第 1 层素填土(Q_4^{ml})

黄褐色、灰褐色,干 ~ 稍湿,松散,新近回填场区内石渣一个月,挖掘机压实,平均层厚 6.0m。填土变形模量 E_0 = 6.0 ~ 10.0MPa(经验值);黏聚力标准值 c = 0kPa;内摩擦角标准值 φ = 8°,填土天然重度 γ = 16.0kN/m^3,地基承载力特征值 f_{ak} ≤100kPa。

(2)第16层强风化花岗岩(γ_5^3)

黄褐色,稍湿,致密状态,粗粒结构,块状构造,风化强烈,岩芯呈碎粒状,以石英、长石矿物为主,含少量角闪石和黑云母等暗色矿物,部分长石已高岭土化,手捻即碎,合金钻头较易钻进。该层属于软岩,完整程度为破碎。该层在场区分布广泛,揭露厚度1.00~17.00m,平均揭露厚度9.57m;层顶标高8.71~25.60m;层顶埋深0.00~8.20m。

结合经验该层地基承载力特征值f_{ak} = 900kPa,变形模量E_0 = 35MPa;天然重度γ = 22.7kN/m^3,似内摩擦角标准值=40°。

(3)第17层中风化花岗岩(γ_5^3)

肉红色、浅肉红色,粗粒花岗结构,块状构造。风化块呈碎块状、碎石状,裂隙发育,裂隙倾角80°左右,岩石主要矿物成分为长石、石英、云母,长石风化轻微,晶体明显。该层在整个场区均有分布,大部分钻孔未揭穿该层。该层钻遇层顶标高1.84~23.18m,该层的地基承载力特征值f_{ak}=2000kPa,静弹性模量$E=6\times10^3$MPa。

3 方案设计思路

根据测量放线结果显示,拟建幼儿园楼房距离拟开挖基坑边线最近处约2.55m。因幼儿园前期要作为售楼处使用,需要与基坑支护同步进行,且建设工期仅有2个月。面对如此复杂的地质条件、周边环境关系,常规桩锚体系支护刚度大,但底部入岩深度太大,常规泥浆护壁灌注桩能够施作但工期缓慢、泥浆污染严重;复合土钉墙体系施工速度快,但素填土中支护刚度小,难以控制基坑变形及保证坡顶建筑的稳定性。

经多次论证,考虑采取创新型复合桩锚支护体系,该支护体系有如下结构特点和施工优点:

(1)支护桩部分上部填土中采用冲击长螺旋灌注桩,可入强风化~中风化基岩,保证嵌固深度,施工速度快,无泥浆污染。下部采用钢管桩,施工速度快,造价低。桩间采用旋喷桩固结止水。

适应于该种地层的灌注桩成孔工艺有冲击成孔、旋挖成孔工艺等。该工艺均需要采用泥浆护壁方式才能成孔,入岩速度慢,泥浆污染大。现场采用以长螺旋钻机作为基础,结合冲击入岩的优势,对其进行改造,使其成为冲击螺旋钻机。使其既具备土层快速钻进解决塌孔问题的优势,又能兼具冲击钻机较快入岩的能力,全程无泥浆污染。

(2)该支护结构第一层锚杆设置于冠梁上,锚固段设置于稳定岩层中,施加预应力,为严格控制基坑侧壁的变形提供了有力保障。新近回填土中若采用锚杆成孔普通工艺,会出现塌孔、缩颈,造成无法成孔的问题。锚索施工工艺采用了后打击套管跟进技术,锚固段入岩,后打击式套管跟进工艺能够很快地穿过回填层,进入基岩启动后打击破岩,保证锚固力。

(3)第二层锚杆采用旋喷锚杆新技术,回填土内喷射直径达到500mm,有效加固回填土,抗剪切能力强,端部进入风化岩,可提供较大锚固力。同时,大直径锚固体在回填土内还起到骨架加固作用,大大增强了回填土的稳定性。

(4)下部岩石层采用普通预应力锚索,提供锚拉力,锁住坡角,保证基坑整体稳定。

支护剖面如图1所示。

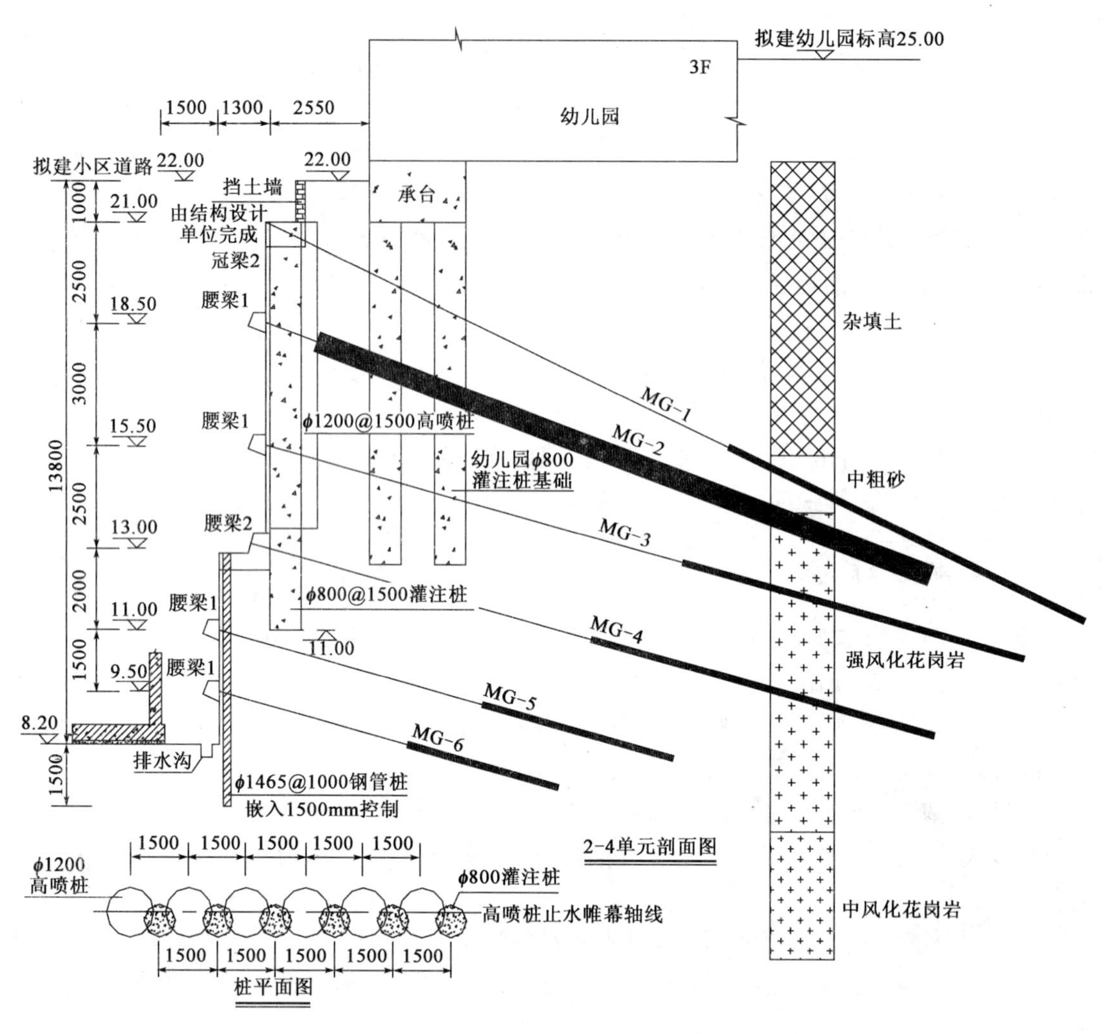

图1　支护剖面图(尺寸单位:mm)

4　设计计算

4.1　计算模式

上部桩锚支护体系采用排桩计算模式,下部复合土钉墙支护体系采用土钉墙计算模式。

4.2　计算基本信息

(1)内力计算方法:增量法。

(2)计算依据的规范:《建筑基坑支护技术规程》(JGJ 120—2012)。

(3)基坑侧壁重要性系数 γ_0:1.1。

(4)灌注桩嵌固深度:2.0m,钢管桩嵌固深度:1.5m。

(5)灌注桩桩顶标高:-1.0m。

(6)桩径及桩中间距:800mm、1500mm。

(7)桩身混凝土强度等级:C25。

(8)冠梁截面:1000mm×600mm。

(9)坡顶使用荷载:15kPa。

4.3 岩土层物理力学参数选取

岩土层物理力学参数见表1。

岩土层物理力学参数表　　表1

层号	土类名称	层厚(m)	重度(kN/m^3)	浮重度(kN/m^3)	黏聚力(kPa)	内摩擦角(°)	与锚固体摩擦阻力(kPa)
1	素填土	6.80	16.0	6.0	0.00	8.00	16.0
2	强风化岩	10.00	22.7	12.7	0.00	40.00(综合)	220.0
3	中风化岩	6.00	26.0	16.0	—	—	550.0

4.4 土压力模型

采用矩形分布的土压力模型(图2),素填土水土分算,风化岩石水土合算。

q_0

矩形分布

图2　桩锚支护土压力模型

4.5 计算结果

4.5.1　内力计算结果

计算基坑内侧最大弯矩363.24kN·m,基坑外侧最大弯矩281.50kN·m,最大剪力289.72kN。计算结果详见图3。

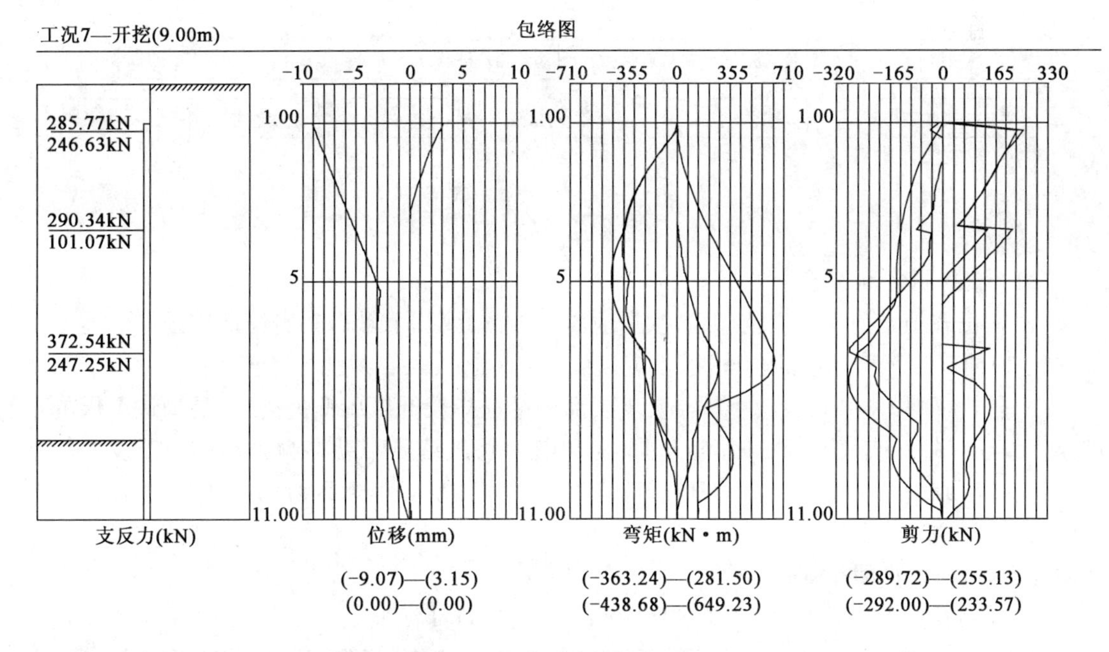

图3　内力包络图

4.5.2　灌注桩配筋

依据《混凝土结构设计规范》(GB 50010—2010),灌注桩计算配筋3793mm^2,实际配筋12ϕ20(HRB400级钢筋,配筋面积3770mm^2),小于允许偏差[5%],最大抗剪值398.37kN,满足抗剪要求,因此12ϕ20(HRB400级)满足要求。

4.5.3　锚杆计算结果

锚杆设计参数详见表2。

锚杆参数表　表2

层号	锚杆配筋	水平间距（m）	竖向间距（m）	入射角（°）	预加力（kN）	锚固直径（mm）	自由段（m）	锚固段（m）	锚杆内力（kN）
1	$5\phi_s15.2$	1.5	1.0	20	250	130	15.0	10.0	392.93
2	$1\phi_s50\times6$	1.5	2.5	15	200	500	9.0	9.0	399.22
3	$5\phi_s15.2$	1.5	3.0	15	250	130	11.0	9.0	512.25
4	$5\phi_s15.2$	1.5	2.5	15	250	130	9.0	9.0	502.32
5	$4\phi_s15.2$	2.0	2.0	15	200	130	7.0	5.0	401.21
6	$3\phi_s15.2$	2.0	1.5	15	180	130	5.0	4.0	299.45

4.6 整体稳定验算

整体稳定性采用瑞典条分法计算，整体稳定安全系数 $K_s=2.485$，满足规范要求。

5 施工工艺及创新点

5.1 施工工艺流程

施工工艺流程如图4所示。

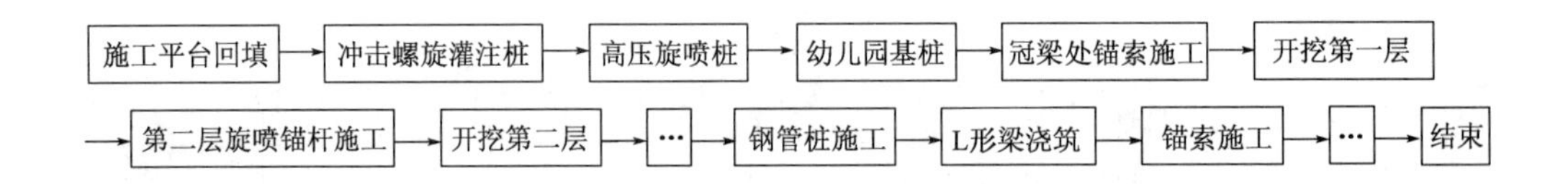

图4　施工工艺流程

5.2 支护桩创新工艺

（1）在正式施工前先做工艺试验，根据地质报告，选取几个具有代表性地质条件的地方进行试验，以便确定工艺选取的正确性、钻进速度、钻进质量、入岩判别等工艺参数。

（2）桩机配置好冲击钻具及空压机，土层部分可选择较低风压钻进，目的是加快土层的钻进速度，岩层部分（或块石等障碍物）选择高风压供风，压缩风带动高频风动冲击器及冲击钻头破碎基岩（或块石等障碍物），达到破碎并钻进基岩（或块石等障碍物）的目的。通过螺旋叶片旋出孔口的虚土，要及时采用小挖或铲车进行清理。钻进至设计深度后，螺旋钻杆反转，将孔内虚土留置，防止塌孔。

（3）当钻孔达到一定数量（一般50～100m^3）后，进行灌注混凝土工艺，灌注前将冲击钻具更换为可自行开启入土钻具（或采用第二台桩机灌注），连接混凝土地泵，将螺旋杆重新钻入孔内至设计深度后，压灌超流态细石混凝土。压灌混凝土前应对混凝土进行坍落度测试，混凝土坍落度一般控制在180～220mm。压灌过程中，孔口旋出的虚土及时进行清理。

（4）混凝土灌注至设计桩顶标高并符合超灌要求后，将制作好的钢筋笼利用桩机自身配置的卷扬机吊起，下放至灌注混凝土内。钢筋笼主筋与加劲箍筋必须焊接，钢筋笼下端500mm处主筋宜向内侧弯曲15°～30°，利于下沉和导向。钢筋笼依靠自身重力通常不能下沉至设计深度，外露部分可利用卷扬机吊振动锤置于钢筋笼顶，振动下沉至设计深度。

（5）成桩后，混凝土养护强度达到设计强度的70%，凿除多余桩头、整理钢筋进行下一步工序。

5.3 锚杆创新工艺

(1)旋喷锚杆杆体采用自进式锚杆,自进式锚杆加工要求根据设计承载力要求及扭力要求选择相应强度、直径及壁厚的杆体,前段锚固段焊接螺旋片,一则为增大握裹力,二则容易钻进。钻具处安装单向阀,靠近钻具处的杆体安装喷嘴。

(2)锚杆开孔后应将杆体四周缝隙采用废弃水泥袋填塞紧密,避免流沙,预应力锚杆的自由段采用注水钻进,水量不宜过大。锚固段采用高压注浆,水泥浆水灰比 0.6 ~ 0.8,水泥采用复合硅酸盐 32.5 级或 42.5 级,高压喷射压力 15 ~ 20MPa。

(3)在施工前应做工艺试验,通过试验熟悉施工区的具体的土质状况,确定钻进速度、喷射孔眼大小、数量、喷射进尺速度等工艺参数。

(4)端部浇筑腰梁或安装钢梁。

(5)安装螺杆、钢垫板,预应力张拉。

6 基坑监测情况

6.1 监测内容

根据监测规范要求,参考基坑支护工程设计的监测原则,结合现场情况和地区经验,拟包括以下项目:现场巡检、坡顶地表位移监测、锚杆轴力监测等,基坑监测点的平面布置见图 5。

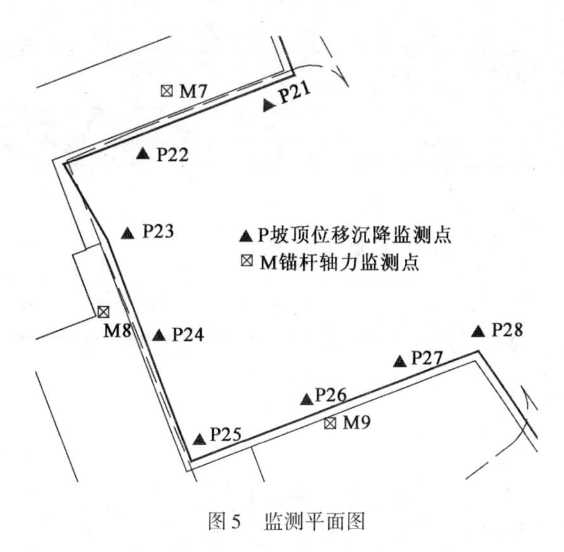

图 5 监测平面图

6.2 监测结果

基坑监测选取该部位附近的 3 个点作为监测代表点,形成水平位移监测成果见图 6,锚杆预应力监测成果见图 7。

基坑监测结果表明,P22 号点最大位移 5.5mm,满足规范要求的允许范围值,轴力变化符合规律,满足规范要求。

本项目在 2016 年 1 月 16 日结束,经过一段时间监测,水平位移及锚杆轴力趋于稳定。前期由于土层不断沉积固结和蠕变,造成水平位移和锚杆轴力不断变化,但最终趋于稳定,达到了基坑支护稳定性及变形控制的目的,保证了基坑及楼房的稳定。

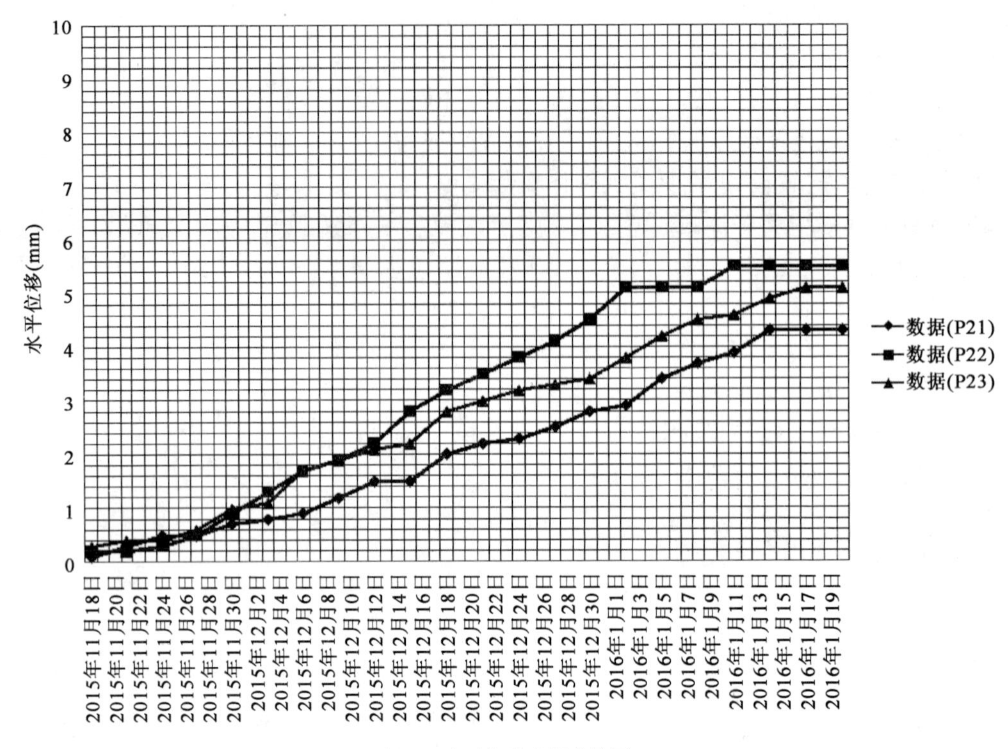

图6 水平位移监测成果图

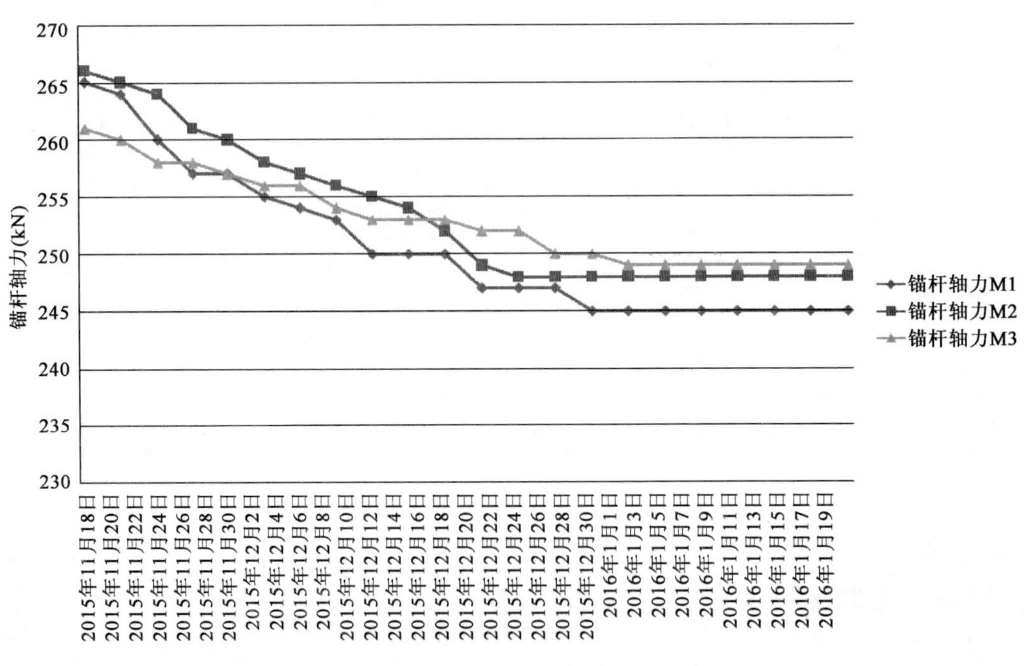

图7 锚杆轴力监测成果图

7 总结与体会

针对新近回填的深基坑，本创新支护技术的成功应用，为以后类似深基坑支护工程提供了宝贵的实践经验，具体体现在以下几个方面：

(1)上部土层下部岩层的深基坑,可以采用上部灌注桩、下部钢管桩的复合桩锚体系,降低施工难度,缩短工期。

(2)桩顶冠梁处设置入岩预应力锚索,有效控制支护结构变形,效果良好。回填土地层采用双管钻进,入岩采用后冲击式工艺,解决了该地层锚索施工难度问题。

(3)回填石渣地层采用冲击长螺旋的新工艺,在长螺旋压灌混凝土高效工艺的基础上,增加冲击工艺,解决了塌孔和入岩速度慢的难题,无泥浆污染、施工速度快,值得推广。

(4)回填土采用自钻自喷旋喷锚杆施工技术,借鉴竖向高压旋喷施工工艺,应用于斜锚上,既提供了较大锚拉力,又对回填土起到了较好的加固作用,抗剪切能力强,特别适用于填土地层的深基坑工程。

黄河三角洲地区深基坑支护技术研究与应用

李　明　史光辉

（中国电建集团核电工程有限公司）

摘　要　建筑工程的整个施工项目中，基坑土方工程与地下支护及永久性结构是关键的分部工程，也是事故与质量问题多发的关键节点。特别是靠近黄河下游的黄河三角洲冲积平原地区，大部分为近几年吹填土吹填而成，土质较松散，含水量大，易流失，地质条件较为复杂，相应地给深基坑开挖支护带来一定的困难，经过近几年的发展，该地区建筑工程基坑地下结构施工已经形成多种成熟的方法，本文通过对黄河三角洲冲击平原地区深基坑地下结构的研究，进一步提高深基坑施工的安全性及施工效率，同时也为国内外类似地质条件下深基坑地下结构的施工提供借鉴。

关键词　喷浆　止水帷幕　木桩支护　深井卸压

1　引言

1.1　研究背景

近年来，由于经济建设的快速发展，深基坑工程日益增多。尤其是随着山东半岛蓝色经济区和黄河三角洲高效生态经济区开发战略的实施，城市化进程进一步加快，城市高层住宅小区、办公楼、大型地下车库、电力、化工等建筑工程如雨后春笋般出现，深基坑工程也随之得到长足发展。在深基坑快速发展的同时，受地区岩土工程地质条件和环境条件的复杂性、对深基坑工程的认识相对薄弱、岩土工程技术发展相对缓慢等因素影响，深基坑工程的复杂性、高风险性、不确定性及环境保护的严峻性等一系列理论与实际问题，也日益突出地摆在广大技术人员和工程管理人员面前，经过不断的探索与实践，逐渐总结了一些新技术、新工艺、新方法，并逐渐从小到大、从浅到深、走向成熟。

1.2　研究意义

黄河三角洲地区主要为黄河下游冲积平原，城市建设活动主要集中在该区域，以大唐东营发电有限公司新建项目为例，该区域内地势总体平缓，以平原地貌为主。由于受黄河影响，地表受洪水的反复冲切和雨季重叠，形成复杂微地貌，下部为海陆交互项沉积。地势沿黄河走向自西南向东北，由高向低缓慢过渡，至海平面，黄河两侧呈现近河高，远河低的趋势，总体呈扇状由西南向东北微倾。

其场地地层主要为第四系全新统冲积层（Q_4^{al}）和上更新统冲积层（Q_3^{al}），其中地表2～3m的填土为近1～2年吹填而成。地层以粉质黏土、粉土、粉砂为主。

由于土层较为复杂，且土质条件较差，给深基坑开挖带来一定的困难，同时在安全、质量等方面带来一系列的不确定性，如果降水效果不好，基坑支护不当，不仅造价加大，工期滞后，重则可能引起重大安全事故；因此，研究该地质条件下深基坑支护的技术及应用，具有重要意义。

2 支护形式

深基坑的支护形式主要由场地的工程地质条件、地下水情况、周围环境情况及建筑物本身情况等多种要素共同决定。在深基坑的设计和施工中遇到的工程地质和水文地质问题变得越来越复杂，对周围环境的影响也越来越大，对支护技术和施工技术的要求也越来越高。特别是东营港地区地下水位较浅，极易引起基坑的滑塌，有时会进一步诱发其他不良后果。

近年来随着东营地区城市建设的不断发展，建筑物的规模的扩大，相应的基坑面积、开挖的深度也不断增加。在这种情况下，其深基坑的支护形式(表1)已由单一的技术逐渐发展为多种支护技术相结合，并逐渐形成独特的地区特点：

(1)单纯采取自然放坡项目较少，大多情况是放坡支护与止水帷幕相结合使用。

(2)复合土钉墙应用较广，超前支护结构通常为2 ~ 3排深搅桩，当基坑变形控制要求稍高时，通常在深搅桩内插入工字钢、钢管等构件以提高超前支护桩的刚度。

(3)双排桩平面形式通常为前后排桩不等距布置。

(4)在深基坑施工过程中注重新技术的推广和应用。

黄河三角洲地区常见深基坑支护形式 表1

结构类型		安全等级	特点	适用范围
放坡		三级	施工简单、费用低，控制变形能力较差	(1)施工场地满足放坡条件 (2)开挖面以上无地下水或经过降水处理 (3)基坑周边开阔，相邻建筑物距离较远，无地下管线或管线不重要 (4)可独立或其他支配结构配合使用
土钉墙	单一土钉墙	二级 三级	结构较轻，施工速度较快，工期短，工艺简单，工程量小，造价低	(1)自身承载力较好的土 (2)地下水位以上或经过将水处理的非软土基坑，且基坑深度不大于12m (3)基坑周边环境简单，对变形控制要求不严
	符合土钉墙		除包含土钉墙的一般优点外，其适用的土层更广，控制变形能力更强	地下水位以上或经过降水处理的基坑，不宜用于有较厚淤泥质土等软弱地层的基坑，超过20m和对变形要求严格的基坑也不宜用
支挡式支护结构	悬臂式结构	一级 二级 三级	实用范围广，可适用于各种安全等级和地质条件的基坑，开挖深度较深，可多种支护形式相结合，控制变形能力较强	在软土中深度不宜太深，基坑周边空间较小，且周围无重要建筑物，地下水位在基坑面以上时，应采用降水或加止水帷幕
	双排桩支护			场地土质较差或基坑面积较大，悬臂式、拉锚式支护结构不适用时可采用，地下水位在基坑面以上时，可在桩间加止水帷幕
	锚拉式支护			适用于较深的基坑，垂直开挖的基坑，软土或高水位的碎石土、沙土中不宜用，适用于周边环境复杂时，基坑周边场地狭小，对基坑变形要求严格时
	支撑式支护			适用于较深的基坑，基坑周边环境复杂，基坑周边场地狭小，且对基坑变形要求严格，基坑开挖深度大时，可采用多层内撑

3 存在问题

目前,深基坑施工过程中仍存在一些问题亟待解决,具体如下:

建设单位对深基坑设计、深基坑专项施工管理办法不了解,认识深度不够,通常认为只需进行基坑设计评审,却忽视了深基坑施工方案评审的重要性。按上述两个管理文件要求,由具备相应岩土工程设计资质等级的单位编写深基坑设计方案,并进行评审论证,方案评审论证后,由具有相应地基基础资质等级的施工单位或总承包单位编写涵盖深基坑支护施工、土方开挖、降水及监测在内的深基坑施工组织方案,并进行专项评审。

施工组织管理存在一定的薄弱环节,施工过程的监管相对滞后,没有纳入日常监管程序,施工中擅自更改,简化设计或不按图施工的情况时有发生。

深基坑施工检测及监测不到位或基本不做。在深基坑设计文件中,对深基坑有严格要求,但此项工作在很多地区基本为空白,还有很多监测单位只有测量资质,没有岩土过程资质,在深基坑开挖监测中只做简单的变形测量,不能很好地为深基坑施工提供有价值的信息,制约了深基坑信息化施工和对设计的优化。

4 深基坑支护新技术研究

传统的深基坑施工,在地质条件较好的内陆地区,多采用分层开挖,自然放坡的形式,地下水位较浅的区域,在开挖前期进行井点布置,深层降水,而后便可以采用大开挖的形式进行,不需要喷浆、支护等措施。以大唐东营电厂为代表的黄河三角洲地区,由于地质条件较为复杂,为黄河下游冲积平原,且靠近海边较近,地下水位较高,水量较大,且部分地区已与渤海湾形成行洪通道,靠单纯的降水、大开挖已不能实现,通过研究深基坑支护新技术,从而实现预期的目标,达到理想的效果。

4.1 降水井的选择

(1)根据地下水位的深浅、水量的大小以及基坑大小及开挖深度,通过计算,合理布置降水井的数量、深度、位置、管径。

①降水总原则:“封闭止水,按需控制性降水”,降水井布置原则:“外密内疏”。

②在基坑内部设置观测井,用于观测降水对坑内地下水位变化,指导降水作业及挖土施工。

③正式施工前应先完成试验降水井,进行必要的抽水试验,以确定降水效果可靠性,并通过试验获得场地相关水文地质参数,以本设计为基础根据实际情况,对降水井井群数量进行复核调整,完善降水方案。

④土方开挖前至少14d进行降水,土方开挖过程中,坑内水位控制在每层开挖面以下至少1.0m,无论稳定流还是非稳定流抽水都必须具有连续性,抽水应以地下水源源不断流至管井,使管井滤网不致堵死为原则。

⑤在开挖过程中,遇到淤泥质黏土层,由于该层土透水性较差,采用轻型井点降水的形式。

(2)通过在基坑底部设置大口径钢管卸压井,解决了承压层水压大、局部涌水的问题,缩短了施工工期,提高了经济效益。

①当基坑开挖至底部时,由于靠海边较近,底部为行洪通道,水量丰沛,出现涌水情况,通过采用直径400mm,深度30m的大口径钢管井进行卸压的方式,解决局部涌水问题,从而保证底下结构的顺利施工。

②采用大口钢管井的好处:由于卸压井的井底要深入水量丰富的透水层,深度要达到28~30m,成孔后在洗井的过程中,如果采用砂管井,下管的速度太慢,会导致水大量涌出,且砂管井口径相对较小,大都在300mm左右,大功率的水泵不能放入,深井涌水量较大,不能满足抽水要求。采用提前准备好的钢管,下管速度快,且大功率的潜水泵较容易放入,能够达到抽水要求(图1、图2)。

图1　钢管井井管制作

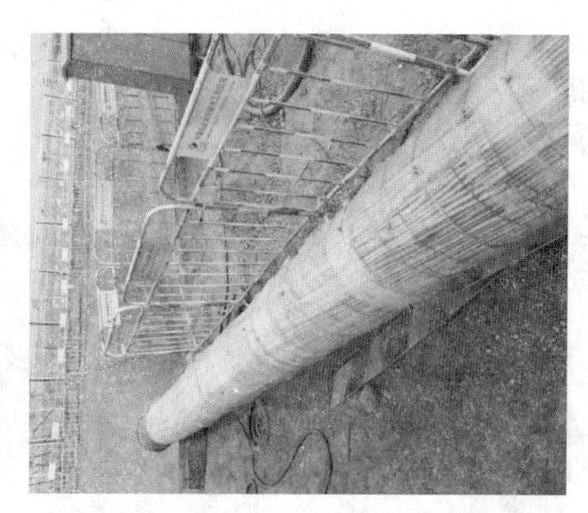

图2　钢管井井管滤网

4.2　开挖形式

由于黄河三角洲地区土质条件差,易塌方,特别是中间层为淤泥质黏土,透水效果差,采用分层开挖、机械大开挖的形式(图3、图4)。

图3　机械分层开挖(一)

图4　机械分层开挖(二)

(1)土方开挖和降水前,应充分了解周边各有关道路、管线、建构筑物等设施的保护要求,实际开挖过程中,应充分重视基坑监测数据,并及时根据监测数据调整施工流程或方案,强调信息化施工。

(2)在正式施工前,应由施工方会同业主、设计、监测、监理及各有关分包单位对各种可能发生的情况进行预估和对策分析,制订详细、可行的施工应急措施和方案。

(3)土方开挖前施工单位应编制详细的土方开挖施工组织设计,针对本工程规模,合理设计出土通道、出土方案,土方开挖方案需取得基坑支护设计单位和相关主管部门的认可后方可实施。

(4)土方开挖前还应确认以下条件:

①基坑内降水已达到设计要求;

②监测点已按监测方案要求埋设并取得初始值；

③土方开挖方案已通过专项论证。

4.3 护坡方式

(1)坡面采用挂网喷混凝土处理，钢筋网片由 2ϕ4@150(双向，长度 $L = 1500\text{mm}$)全面布置固定。钢筋网应随开挖分层施工、逐层设置，钢筋保护层厚度不小于 20mm。

(2)喷射混凝土施工应符合《复合土钉墙基坑支护技术规范》(GB 50739—2011)。面层 80mm 厚，面层混凝土强度等级为 C20，3d 强度不低于 10MPa，干法喷射时，水泥与砂石的质量比宜为 1:4 ~ 1:4.5，水灰比宜为 0.4 ~ 0.45，砂率宜为 0.4 ~ 0.5，粗骨料的粒径不宜大于 25mm。喷射混凝土作业应与挖土协调，分段进行，同一段内喷射顺序应自下而上。喷射混凝土施工缝结合面应清除浮浆层和松散石屑。喷射混凝土施工 24h 后，应喷水养护，养护时间不应少于 7d；气温低于 +5℃时，不得喷水养护(图 5、图 6)。

图 5 边坡挂网

图 6 边坡喷浆护坡

4.4 支护形式

(1)在基坑外侧采用三轴搅拌桩止水帷幕的形式，使基坑内外起到隔水的作用，同时在基坑内侧形成一个封闭的空间，防止外部水的侵入(图 7、图 8)。

图 7 三轴深搅桩施工

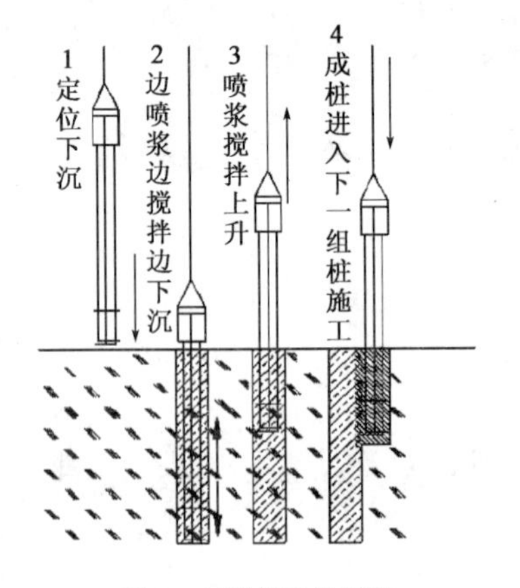

图 8 三轴桩工艺原理

①选用 ϕ850@1200 三轴深搅桩，采用套接一孔法施工，P.O42.5 级普通硅酸盐水泥，水泥掺入量不小于 20%，即每立方米搅拌土体中掺入 360kg 水泥，水灰比应严格控制在 1.5 ~ 2.0之间，要求 28d 无侧限抗压强度不小于 0.8MPa。

②施工第一批桩(不少于3组)必须在监理人员监管下施工,以确定实际施工水泥投放量、浆液水灰比、浆液泵送时间和搅拌下沉及提升时间、桩长及垂直度控制方法。

③根据水泥土搅拌桩墙的轴线开挖导向沟,应在沟槽边设置搅拌桩定位型钢,并应在定位型钢上标出搅拌桩位置。应保证三轴深搅桩的桩位偏差不大于20mm,立柱导向架的垂直度偏差不大于1/250。

④三轴搅拌机下沉速度宜控制在0.5~1.0m/min,搅拌提升速度宜控制在1.0~2m/min,并保持匀速下沉与匀速提升。搅拌提升时不应使孔内产生负压造成周边土体的过大扰动。施工过程中应对周边环境进行观测。

⑤搅拌桩施工时,停浆面应高于桩顶设计标高500mm。施工中所使用的水泥应过筛,制备好的浆液不得离析,泵送浆应连续进行。

⑥施工时应保证前后台密切配合,浆液泵送量应与搅拌下沉或提升速度相匹配,保证搅拌桩中水泥掺量的均匀性。如因故停浆,应在恢复喷浆前将三轴搅拌机下沉0.5m后再喷浆搅拌施工,以保证搅拌桩的连续性。若停机超过3h,宜先拆卸输浆管路,并妥加清洗。因搁置时间过长产生初凝的浆液,应做废浆处理,严禁使用。

⑦桩与桩的搭接时间不应大于24h,若因故超时,搭接施工中必须放慢搅拌速度保证搭接质量。

(2)在基坑开挖的过程中,挖到黏土层时,除采用喷浆护坡外,基坑四周采用木桩支护。

①针对三级坡底淤泥质土层采用木桩进行支护,提高地基承载力,防止边坡出现滑塌等现象。

②采用直径150mm,长4000mm的木桩在坡脚开挖完成后直接用桩机进行插入,间距500mm,桩顶高出坡底800mm,桩顶标高位于同一水平线(图9、图10)。

图9　木桩支护施工

图10　木桩支护效果

5　结语

如今,新材料、新方法在建筑工程建设中应用得越来越成熟,国内各大施工单位在长期的项目建设中,引进吸收了西方先进的建筑工程技术的同时,自身也在不断创新。随着近年来,国内基础建设与城市建设的飞速发展,国内建设行业积累了大量新技术、新经验,深基坑支护等施工技术的应用和发展越来越安全、普遍,通过不断丰富深基坑施工研究理论和积累大量的工程实践,沿海深基坑支护技术应用水平必将会取得长足的进步与发展。

参考文献

[1] 黄毛松,王卫东,郑刚. 软土地下工程与深基坑研究进展[J]. 土木工程学报,2012.

[2] 中华人民共和国国家标准. GB 50202—2002 建筑地基基础工程施工质量验收规范[S]. 北京:中国建筑工业出版社, 2002.

[3] 邹洋. 建筑工程中的深基坑支护施工技术分析[J]. 江西建材,2015.

[4] 王建忠. 沿海地区深基坑支护施工[J]. 中国高新区,2017.

[5] 杨学林. 浙江沿海软土地基深基坑支护新技术应用和发展[J]. 岩土工程学报,2012.

桩锚式支护体系在地铁深基坑中的应用

张伯夷　杨泳森

（中国水利水电第七工程局成都水电建设工程有限公司）

摘　要　地铁车站多采用明挖法施工,一般情况下采用围护桩 + 内支撑的方式对深基坑进行支护。但在成都轨道交通 4 号线 2 期光华公园站施工过程中,由于车站南侧部分区域需与相邻的地下商场进行共坑开挖,基坑宽度约 290m,无设置内支撑条件,因此就需要在该段基坑运用钻孔灌注桩 + 预应力土层锚杆(索)的支护体系,以保证基坑安全。本文以成都轨道交通 4 号线土建 2 标“光华公园站桩锚式支护体系施工”为例,分享桩锚式支护体系在地铁深基坑中应用的相关技术内容,旨在提供一定的参考与借鉴。

关键词　地铁超宽深基坑　钻孔灌注桩　预应力土层锚杆(索)　支护体系

1　工程概况

成都轨道交通 4 号线光华公园站为地下双层 11m 岛式站台车站,车站总长 481.8m,标准段宽度为 19.9m,顶板覆土厚度为 2.4 ~ 3.6m,底板埋深 15.7 ~ 17m,地下水资源丰富,地面以下 3 ~ 40m 均为砂卵石层。基坑北侧采用 ϕ1200@2500mm 围护桩,南侧临近建筑物段采用 ϕ1200@2000mm 围护桩,车站端头盾构洞门处采用 ϕ1500@1600mm 玻璃纤维筋围护桩(图 1)。桩顶设冠梁,桩间采用网喷混凝土作为桩间挡土措施,混凝土面层厚 150mm,钢筋网采用 ϕ8@200mm × 200mm。在车站 YDK21 + 609.75 ~ YDK21 + 862.25 段由于需与南侧地下商场进行共坑开挖,需在基坑北侧采用桩 + 锚索的方式进行支护,共设 4 道锚索,桩与主体结构之间间隙采用 C20 素混凝土回填。

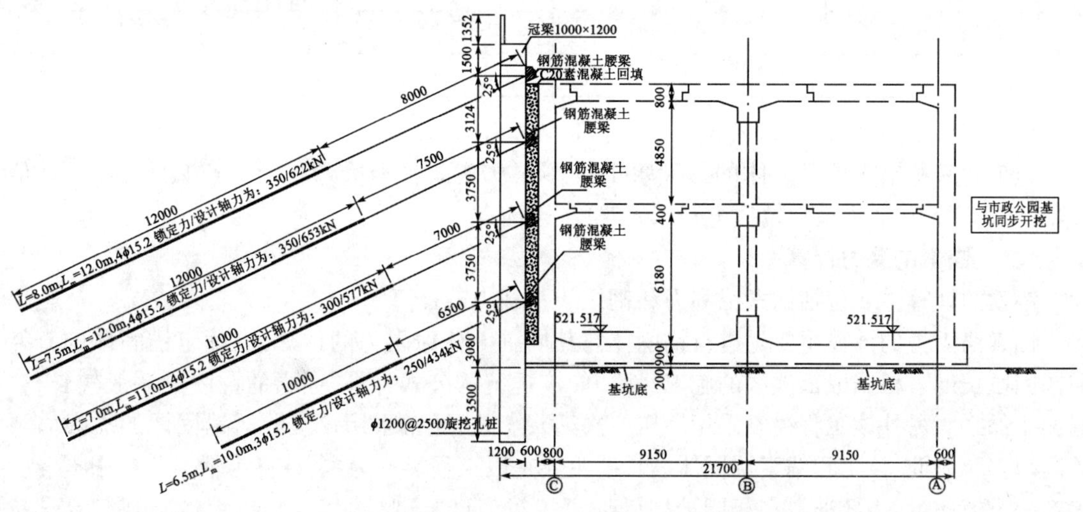

图 1　光华公园站桩锚式支护体系断面图(尺寸单位:mm)

2 支护体系设计

2.1 基坑保护等级及变形控制标准

光华公园站基坑全长481.8m,标准段宽度19.9m,最大深度17m。车站西北侧为涌泉广场,东北侧为在建珠江新城国际商业体。西南侧为市政绿地,规划为市政公园地下空间开发,市政公园基坑深度约15.3m,根据基坑规模与周边环境条件,基坑变形控制保护等级为一级,基坑侧壁重要性系数$\gamma=1.10$,支护结构最大水平位移≤0.1%H且≤30mm,周边地面最大沉降量≤0.1%H(17mm)。

2.2 支护参数计算

明挖支护形式为多支点桩结构,采用理正深基坑辅助设计软件F-SPW V7.0模拟基坑开挖和回筑全过程,按增量法原理进行计算与验算。支锚信息见表1,工况信息见表2。

支 锚 信 息 表1

支锚道号	支锚类型	水平间距(m)	竖向间距(m)	入射角(°)	总长(m)	锚固段长度(m)
1	锚索	2.500	3.030	25.00	20.00	12.00
2	锚索	2.500	3.258	25.00	18.50	12.00
3	锚索	2.500	3.750	25.00	17.00	10.50
4	锚索	2.500	3.750	25.00	16.50	10.00

工 况 信 息 表2

工 况 号	工 况	深 度	支 锚
1	开挖	3.530	—
2	加撑	—	1.锚索
3	开挖	6.788	—
4	加撑	—	2.锚索
5	开挖	10.538	—
6	加撑	—	3.锚索
7	开挖	14.288	—
8	加撑	—	4.锚索
9	开挖	16.878	—

计算结果如图2所示(以最大开挖深度工况9为例)。

施工期间桩锚支护段桩体的最大水平位移6.97mm,桩最大弯矩507.69kN·m(设计值1145.15kN·m);锚索最大拉拔力653kN(第2层锚索)。

2.3 锚索的受力计算

锚索的计算主要包括锚索锚固力和钢绞线承载力的计算。

锚索锚固力的计算主要是进行锚固体与其周围土体摩阻力的计算,以确定锚固体的直径和锚固段长度。根据成都地区的施工经验,如按规范的公式计算,锚索的锚固段一般较长,普遍偏于保守。另外该工程锚索采用高压二次灌浆工艺,通常采用该工艺后锚固体的拉拔力要提高很多。因此,该工程锚索锚固体的长度主要是以工程类比为主,计算为辅。首先根据经验确定一个值,然后主要通过在相同地层做锚索拉拔力试验进行调整(拉拔力试验规范要求抗拔试验锚索根数同一土层中不少于3根)。

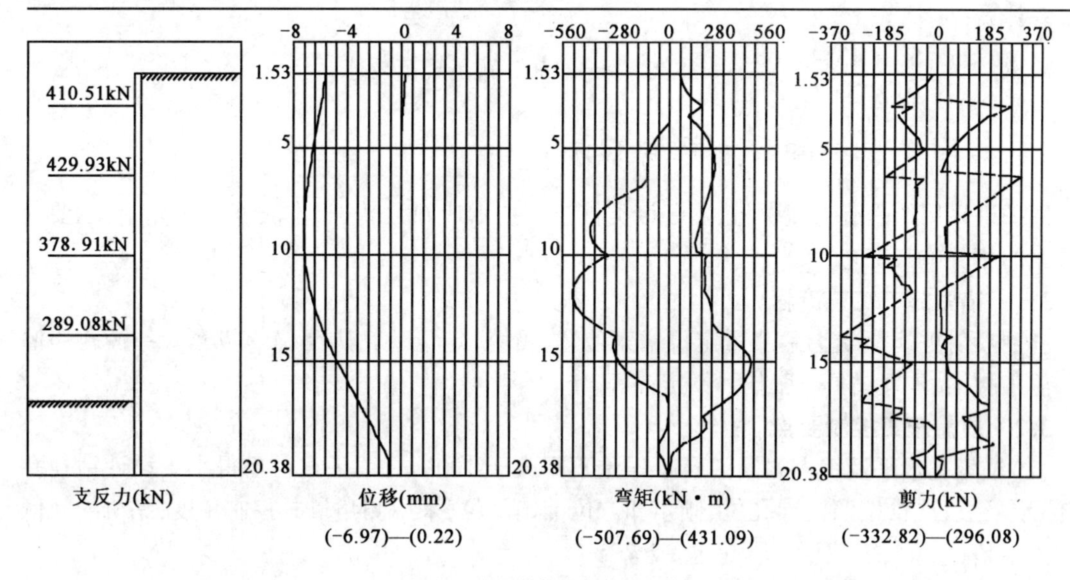

图2 围护结构内力位移包络图

试验荷载：

(1)抗拔试验时最大的试验荷载不宜超过锚索索体极限承载力的0.8倍，以确定锚固体与岩土层的黏结强度特征值、锚索设计参数和施工工艺及锚索的极限抗拉承载力。

(2)根据《预应力混凝土用钢绞线》(GB/T 5224—2003)规定，1×7标准型，公称直径15.2mm，其标准强度为1860MPa的钢绞线单根的最大力(F_m/kN)不小于260kN，3根钢绞线的锚索理论最大力不小于780kN，4根钢绞线的锚索理论最大力不小于1040kN。

(3)本次抗拉拔试验荷载经计算，3根钢绞线的锚索最大值为780kN×0.8=624kN，即最大试验荷载不超过624kN，4根钢绞线的锚索最大值为1040kN×0.8=832kN，即最大试验荷载不超过832kN。预应力锚索设计参数见表3。

预应力锚索设计参数表 表3

锚索位置	锚索规格	锚索孔数	锚固段长(m)	自由段长(m)	锚索总长(m)	设计轴力(kN)	锁定值(kN)
第一道	4ϕ15.2	105	12	8	21.2	622	350
第二道	4ϕ15.2	105	12	7.5	20.7	653	350
第三道	4ϕ15.2	105	11	7	19.2	577	300
第四道	3ϕ15.2	105	10	6.5	17.7	434	250

2.4 桩锚式支护体系整体稳定性验算

为保证基坑安全，在施工前还需对围护结构进行整体稳定性验算，计算的方法采用瑞典条分法。选取最典型的工况9为例。

抗倾覆安全系数：

$$K_s = \frac{M_p}{M_a} \tag{1}$$

式中：M_p——被动土压力及支点力对桩底的抗倾覆弯矩，对于内支撑支点力由内支撑抗压力决定；对于锚杆或锚索，支点力为锚杆或锚索的锚固力和抗拉力的较小值。

M_a——主动土压力对桩底的倾覆弯矩。

经计算:

$$K_s = \frac{705.468 + 13542.689}{6131.667} = 2.324 \geqslant 1.250$$，满足规范要求。

3 桩锚式支护体系主要施工方法

围护桩采用的是旋挖灌注桩,鉴于该类桩施工技术成熟且普遍,本文就不做介绍,主要介绍锚索的相关施工工艺。

3.1 锚索施工工艺流程

挂网喷射桩间混凝土→测量定位锚索位置→钻机定位→钻进下锚→拔套管→冲孔→灌浆→施工腰梁、预埋锚具→张拉→锁定锚杆。

3.2 质量施工控制要点

(1)锚索孔水平及垂直方向的孔距误差不得大于100mm,钻头直径不得小于设计钻孔孔径3mm。钻机严格按照设计孔位、倾角和方位准确就位,采用测角量具控制角度,钻机导轨倾角误差不超过±1°,方位误差不超过±2°。

(2)锚索体长度严格按照设计要求制作,锚固段长度制作允许误差为±50mm,自由段长度除满足设计要求外,为充分考虑张拉设备和施工工艺要求,一般预留超长1.2m。

(3)针对砂卵石地层锚索施工易塌孔的特点,锚索注浆采取边注浆边拔管的方式,分3次拔管。锚索安装完成立即注浆,第一次注浆8m,拔管6m;第二次注浆6m,拔管6m;第三次完成自由段注浆,拔出孔内剩余套管。

(3)当锚固体与腰梁混凝土强度达到设计强度的75%时才能进行锚索张拉锁定作业。

(4)锚索正式张拉前,取0.1~0.2倍的轴向拉力设计值对锚索预张拉1~2次,使锚索完全平直和各部位接触紧密,产生初剪。锚索张拉至1.05~1.10倍轴向拉力设计值并保持15min,然后卸荷至零,再重新张拉至锁定荷载进行锁定,锁定荷载为0.75~0.9倍的轴向拉力设计值。预应力张拉分级加载,张拉分级加载依0.10~0.20、0.50、0.75、1.00、1.05~1.10倍的锚索轴向拉力设计值进行,每级持续5min,分级记录预应力伸长值。

4 监控量测与成果分析

为了确保桩锚式支护体系在车站主体结构施工期间周围环境及围护结构自身的施工安全,在施工过程中需进行测点的设置、日常量测工作和数据处理、信息反馈工作,进行信息化施工,确保工程施工的安全。通过监控量测达到以下目的:

(1)将监测数据与预测值相比较,判断前一步施工工艺和支护参数是否符合预期要求,以确定和调整下一步施工,确保施工安全。

(2)将现场监测的数据、信息及时反馈,已修改和完善设计,使设计达到优质安全、经济合理。

(3)将现场测量的数据与理论预测值比较,用反分析法进行分析计算,使设计更符合实际,便用以指导今后的工程建设。

(4)监视围护结构应力和变形情况,验证围护结构的设计效果,保证围护结构稳定、地表建筑和地下管线的安全。

(5)监测项目及成果见表4。

监测项目控制值及预警值表　　表4

序号	量测项目	控制值	实测最大值
1	土层锚索拉力(每层8个监测点)	最大值:80%构件承载能力设计值;最小值:100%锚杆的预应力设计值	105%锚杆的预应力设计值
2	围护结构水平位移(分为20个断面,每个断面2个测点)	累计最大值25mm;变化速率3mm/d	16mm
3	围护结构竖向位移(分为20个断面,每个断面2个测点)		
4	围护结构变形(测斜管共设置40个)	累计最大值25mm;变化速率3mm/d	18.5mm
5	地面沉降(分为20个断面,每个断面5个测点)	累计最大值25mm;变化速率3mm/d	16.5mm

(6)成果分析。

①桩顶水平位移。

桩顶水平位移的时间变化规律(选取装锚段N2测点为例):坑内土方未开挖时(工况1)为0,随着土方开挖直至第一道锚索张拉前(工况2),逐渐增大至C1;第一道锚索端头锚固后逐渐减小,随着土方开挖直至第二道锚索张拉前(工况4),又逐渐增大至C2;第二道锚索端头锚固后逐渐减小,随着土方开挖直至第三道锚索张拉前(工况6),又逐渐增大至C3,第三道锚索端头锚固后逐渐减小;开挖至第四道锚索时(工况8),又逐渐增大,在第4道锚索锚固和底板施工后又逐渐减小至C4;之后渐趋稳定。其中C1 > C3 > C4 > C2。

桩顶水平位移的实测最大值为16mm,小于计算最大值和报警值,通过观察桩顶水平位移变化规律,证明桩锚式支护体系的设置对控制基坑围护结构的变形是切实有效的。N2点水平位移时间曲线如图3所示。

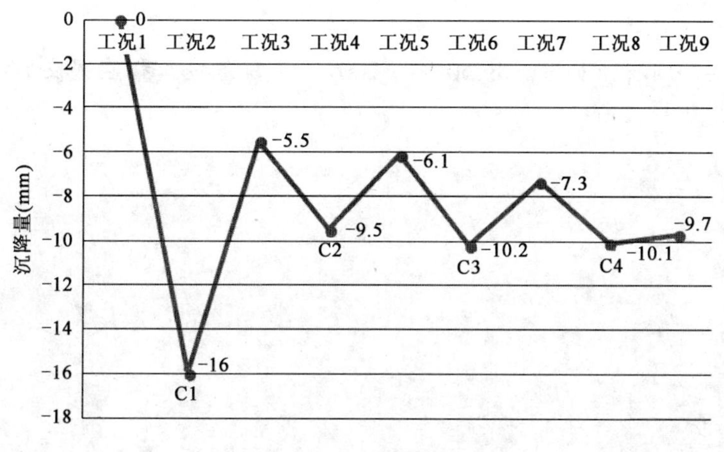

图3　N2点水平位移时间曲线

②地表沉降。

因离城市主干路较近，在基坑北侧设置5个地表沉降观测点（图4），离开基坑边缘的距离分别为2.3m、8.4m、16.8m、25.2m、33.6m；市政公园基坑较宽，南侧道路受基坑开挖影响较小，在基坑南侧不设地表沉降观测点。

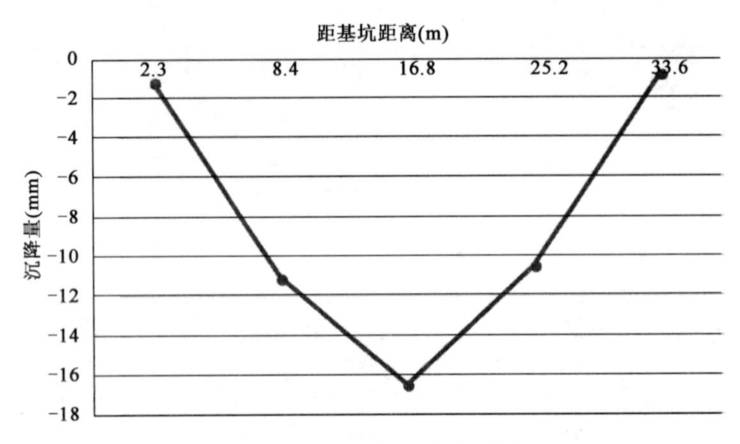

图4　周边地表沉降（坑边距离曲线）

根据观测结果，基坑北侧5个观测点的地表沉降分别为1.2mm、11.1mm、16.5mm、10.5mm、0.8mm，表明基坑周边地表沉降随着离开基坑边缘距离的增大，先是逐渐增大，在离开基坑边缘距离大约为1倍基坑挖深时达到最大，其后又逐渐减小，符合基坑开挖影响规律。

5　结语

成都轨道交通4号线光华公园站采用的钻孔灌注桩+4层锚索的支护体系为共同开发的地下商场提供了施工条件，并通过前期符合计算和实践证明桩锚式支护体系在成都地区的地层条件下是可行的，可为后续类似工程提供参考。

参考文献

[1]　刘建航，侯学渊．基坑工程手册[M]．北京：中国建筑工业出版社，2009.

[2]　江正荣．建筑施工计算手册[M]．北京：中国建筑工业出版社，2012.

[3]　中华人民共和国行业标准．JGJ 120—2012　建筑基坑支护技术规程[S]．北京：中国建筑工业出版社，2012.

[4]　中华人民共和国行业标准．GB 50497—2009　建筑基坑工程监测技术规范[S]．北京：中国计划出版社，2009.

狭窄作业面深基坑支护与降水施工浅析

许川川　孟　欣

（中国电建集团核电工程有限公司）

摘　要　各传统燃煤火电项目改扩建施工中面临场地狭小、作业面窄等条件，自然放坡难以满足施工要求。在开挖深度大、地质条件复杂的施工项目中，如何确保相邻建筑物结构安全，经济有效地完成新建构筑物的基础施工，是施工中需考虑的重点。“灌注桩”+“预应力锚索”支护能够满足地质条件复杂、支护面狭窄的支护开挖作业，在降低施工成本的同时给基础施工提供安全技术保障。

关键词　改扩建　狭窄作业面　“灌注桩”+“预应力锚索”

1　引言

大气环境污染严重影响和制约地区的经济发展，燃煤电厂均响应国家政策要求进行改、扩建施工。燃煤电厂的翻车机室工程（图1），开挖深度大、开挖支护的作业面窄，常规自然放坡难以满足现场施工要求。就“排桩+内撑”“预应力锚索+排桩”“沉井”、“地下连续墙”四种支护形式，在工程经济、施工场地要求、施工技术条件及工期等方面进行比选，确定采用“预应力锚索+排桩”方案。针对开挖深度大，开挖前需对地下水位进行勘察，采取有效降水措施方能保证施工有序进行。针对透水性好的卵石层与圆砾层，管井井点降水工艺能够满足降水要求，较其他降水方式一次性投入少、有利于成本节约，故选用管井井点工艺进行降水作业。

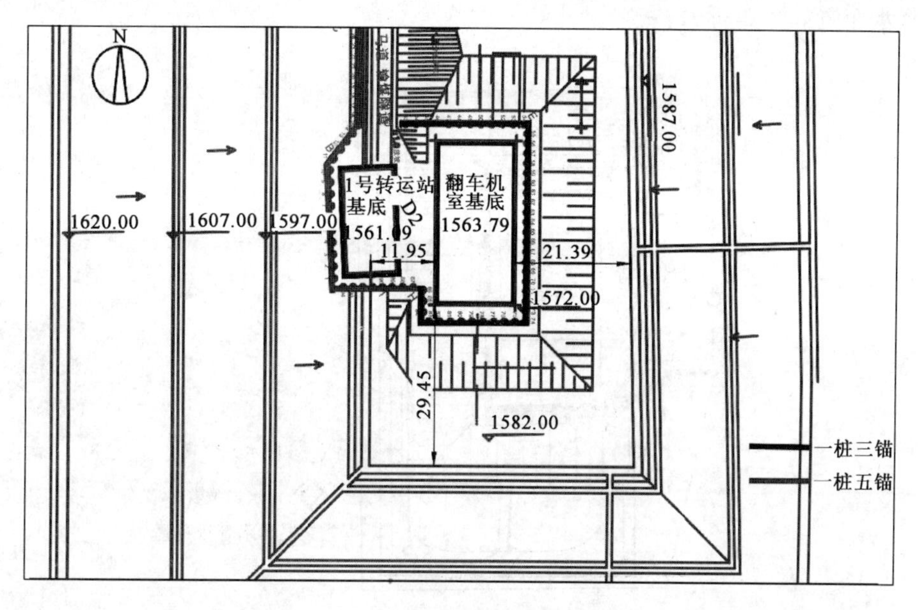

图1　翻车机室区域平面布置图

2 工程概况与支护方案的选择

在国电兰州热电“上大压小”异地扩建工程中的翻车机室三面紧邻高边坡(边坡高度均大于25m,西侧局部高度为40m)。施工场地狭小,建筑物设置较为紧凑,地下水丰富、开挖范围内地质条件复杂(卵石层、粉质黏土、圆砾层等交错分布)。常规开挖作业难以满足要求,且容易破坏施工完成的重力挡墙,在基础施工过程中高边坡与基底近60m的高差存在巨大的安全隐患。基坑三面距坡脚距离如图1所示,施工中较多不可预见的危险因素,如何确保边坡安全是施工的重点与难点所在。

施工过程中采用钢筋混凝土“灌注桩”+“预应力锚索”协同受力的补强式支护,灌注桩及预应力锚索协同受力,并针对裸露基坑侧壁挂网、喷浆进行防护。灌注桩施工“一次成桩,垂直开挖”;预应力锚索及喷护在“自上而下,分层进行”的原则上施工。混凝土灌注桩深入基础底部,施工预应力锚索及喷射注浆在开挖后及时跟进,确保边坡、基坑安全。

降水采用管井井点降水,同时在基坑底部设计排水明沟和集水井,确保水位在开挖基础底面0.5m以下。

3 施工方法及过程控制

3.1 管井井点降水+多级排水施工

因场地平整需要边坡支护取土至相应标高,随后进行灌注桩的成桩施工。地质勘察资料显示,地下水埋置深度为资料显示标高。为确保开挖及支护工作的顺利实施,打降水井进行试抽。通过降水井的抽水情况及土层分布情况,确定采用管井井点降水方案。翻车机室地段地势低洼,潜水泵所处井底与边坡排水处高差为50m。如何能够经济有效地降水,成为影响后续施工的关键因素。采用常规的排水方法排水效果差、效率低,购买大功率降水设备一次性投入大。经充分讨论决定采用多级降水技术,进行排水施工。现场设置2处集水箱,各井点降水经主管道排至集水箱,后经集水箱再次排出。采用此技术降水效果显著提高,各井点水位下降速度快。降水布置如图2所示。

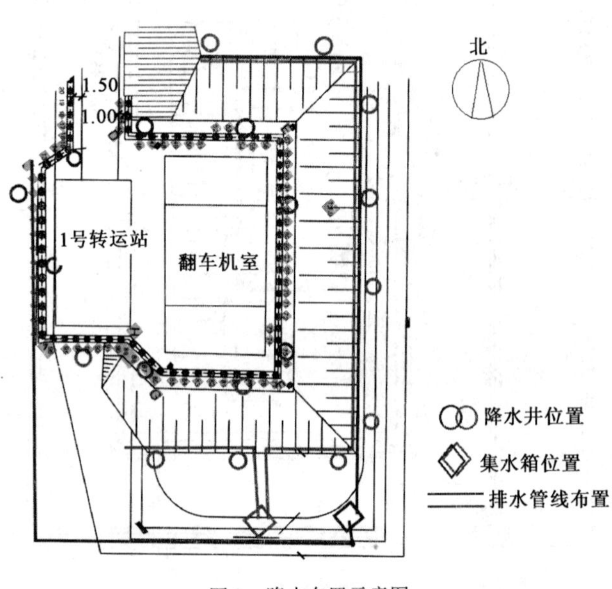

图2 降水布置示意图

3.2 孔内直接造浆施工

西侧边坡高差大,为防止支护结构对边坡造成破坏,此处的灌注桩在边坡完成取土后及时施工。根据土质分布,为减小对环境污染,水位以上的成孔用旋挖钻机干成孔作业。为减小水泥浆配置对作业环境的影响,水位以下的成孔作业,运用护壁液在孔内直接造浆。此技术的运用减化泥浆配置工序,特别适用于作业面窄的施工现场。

3.3 灌注桩+锚索协同受力的补强式支护

为保证高边坡及基坑侧壁安全,充分考虑到粉质黏土层透水性差的特点。层间的积水会对灌注桩及土层产生较大的侧压力,设计用灌注桩+预应力锚索进行补强式支护。预应力锚索将灌注桩的水平荷载,分散到更大范围的土体内部。灌注桩、冠梁及预应力锚索共同作用,确保基坑侧壁及高边坡的稳定,给施工提供了安全保障。本支护方法支护牢固可靠,现场边坡监测数据显示,位移为25mm在规范一级边坡要求位移40mm的范围内,确保了施工安全。

3.4 喷射混凝土护壁施工

为防止施工工期长、层间积水及周围施工机械、材料等不利因素对基坑侧壁产生安全隐患,冠梁顶部及桩间土层均采取挂设钢筋网片+喷射混凝土的技术措施进行封闭。为确保钢筋网片挂设牢固,在桩体打入膨胀螺栓,并与钢筋网片进行焊接。喷射混凝土在基坑侧壁覆盖严密,消除了基坑侧壁土层风化落物的安全隐患,为后续施工创造了良好的安全环境。

3.5 施工工艺流程

施工工艺流程如图3所示。

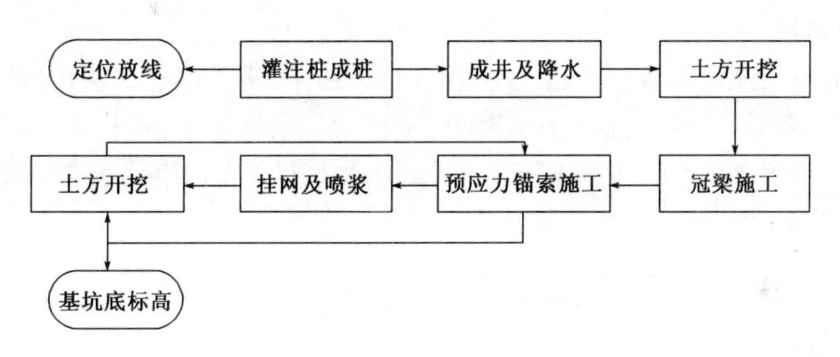

图3 施工工艺流程图

施工前首先进行场地平整工作,方便打桩机作业,然后根据基础的形式及埋置深度,确定合理的工作面后进行定位放线施工。定位放线施工后进行支护桩的成孔作业,成孔作业过程中重点控制成孔的深度及孔底的清理工作,确保成桩质量。根据降水井的平面布置,进行降水井的成井及降水作业。待水位降至冠梁底标高后方可进行桩顶的清理及冠梁施工;冠梁施工完成后开挖施工,并按照支护设计要求进行锚索及喷浆的交叉作业,直至基础底标高。

4 施工技术革新

"灌注桩"+"预应力锚索"的施工方法,在施工过程中兼顾工程安全、质量、成本及进度,形成了理论上可靠、技术上成熟的施工方法,技术原理科学、可靠,操作流程合理、可行。通过合理的排水线路设置、有序的施工组织,合理指导施工的同时创造了良好的施工环境。

较以往常规的深基坑支护,"灌注桩"+"预应力锚索"的施工方法,通过多级降水方法使降水效果显著提高;特别是根据基坑边距各高边坡坡脚的距离,合理设置冠梁及预应力锚索大大地节约了施工成本。本成果在原常规方案的基础上进行了优化改进,主要革新点如下所述。

4.1 降水方案优化加快降水效率

通过合理设置降水井位及多级排水技术的使用,显著提高了降水的效率。通过成井后试抽的效果比对,降水效率提高了10%。

4.2 补强式支护减少支出、确保安全

高差近60m的施工部位,利用预应力锚索变土体荷载为支护结构体系的一部分。灌注桩+预应力锚索工艺相对于其他支护减少了施工支出,同时可保证施工安全,相对简便、机动、灵活,适用性强、随挖随支,挖完支完、安全经济。

4.3 降低冠梁标高、缩短灌注桩长度、减少锚索数量

针对部分能够适当放坡的工作面,适当放坡并降低冠梁顶标高。减少了灌注桩和预应力锚索的施工成本,土体放坡后喷浆处理消除了顶部落物的隐患。放坡后的土体对支护结构的侧压力减小了,更能够保证支护桩的安全,为后续施工创造了良好的环境。

5 工程应用及前景

5.1 应用实例

本成果已在国电兰州热电"上大压小"异地扩建工程、华电国际十里泉发电厂、翻车机室工程的深基坑施工中予以应用。实践证明,该方法技术先进、施工方便、实用性强,十分适合于常规火电电厂的支护作业面狭窄的深基坑及相邻建筑物紧凑支护作业面窄的深基坑建设的实际情况需要,具有良好的社会效益和经济效益。

5.2 应用前景

近年来随着电力建设在各地新建、改扩建项目的施工,现阶段建筑物设置紧凑,特别是改扩建项目毗邻较多的原有建构筑物,作业场地狭窄、地质条件复杂,容易对原有建构筑物产生较大的影响。本成果中的支护与降水方案为上述工程提供了解决办法,实施情况良好,为今后施工提供了借鉴,有着良好的应用前景。

6 节能减排及经济效益分析

6.1 节能减排

"灌注桩"+"预应力锚索"支护,减少了现场的土方作业,降低成本,提高了工作效率。支护与开挖作业同步进行施工,合理地交叉,加快了施工进度,减少了降水台班、人员及机械的各项投入。本支护方法采用护壁液进行孔内制浆成孔作业,节省了泥浆,利于环境保护。

6.2 经济效益

基坑支护工程是建筑工程中最具有挑战性的技术上的难点,同时也是降低工程造价,确保工程质量的重点。通过采用混凝土灌注桩+预应力锚索的支护形式,加快了施工进度,提前完成节点施工进度计划。通过降低冠梁标高节约了施工投入,现仅以北侧、东侧及南侧放坡后进行支护为加以说明:

本方案节约打桩投入(桩径1m,冠梁自1582m降低至1572m,桩身长度减少10m。自44号~82号桩共计39棵桩,减少打桩长度390m,减少混凝土施工1224.6m^3,以综合单价1123.75元/m^3)1224.6m^3 ×1123.75元/m^3 =1376144.25元

土方开挖支出(深基坑开挖计算单价以7元/m^3):(30+2.5×2+2.5×2+10×2)×10×10×0.5+(15+1.5+2)×10×10×2×0.5=4850m^3×7元/m^3=33950元

喷浆护坡支出(综合单价以55元/m^2计算):(30+2.5×2+2.5×2+30+2.5×2+2.5×

2 + 10 × 2) × 14.14 × 0.5 + (15 + 1.5 + 2 + 10 + 15 + 1.5 + 2) × 14.14 × 0.5 × 2 = 1371.58m^2 × 55 元/m^2 = 75436.9 元

三面冠梁降低后预应力锚索变为“一桩三锚”,相对减少锚索共计 2 排间距 2m,锚索长度为 18m。共计减少锚索投入(预应力锚索综合单价以 275 元/m 计算):(30 + 15 × 2) ÷ 2 × 18 × 2 × 247 元/m = 266760 元

本方案节约生产成本:1376144.25 − 33950 − 75436.9 + 266760 = 1533517.35 元

7　结语

在狭窄作业面施工过程中,“灌注桩” + “预应力锚索”支护方法的有效选用确保了施工进度,为现场施工提供了可靠的安全技术保障。通过上述施工方法的运用,能够极大程度地降低施工成本、加快施工进度、创造经济效益。为后续类似项目施工提供良好的借鉴,具有较好的推广应用价值。

囊式扩体钢筋抗浮锚杆现场试验研究

卢璟春[1,2]　刘　钟[1,2]　张　义[1,2]

（1. 中冶建筑研究总院有限公司　2. 中国京冶工程技术有限公司）

摘　要　通过现场试验，验证了囊式扩体锚杆的高承载性能，以及囊式扩体锚杆在承载变形性能上的优势，验证了高压旋喷扩孔技术的可靠性，为囊式扩体锚杆在北京地区的推广应用提供了真实的试验案例。

关键词　囊式扩体锚杆　高压旋喷扩孔　抗拔力极限值　塑性位移

1　引言

目前，在抗浮锚杆应用中，杆体材料多选用无黏结钢绞线，因其在与结构地板锚固过程中施加预应力，使得地板的受力状态更为合理；但是，必须在底板上预留孔洞，一旦出现对预留孔洞的封堵效果不佳，极易出现大量渗水或透水现象。随着国内高强度大直径预应力螺纹钢筋的量产，且该筋体具有与结构底板的锚固结构简单、防水性能优异防腐处理可靠的特点，为高承载力囊式扩体锚杆在抗浮锚固工程中大范围推广应用提供了基础。为了验证采用大直径高强度预应力螺纹钢筋为主要受力材料的扩体锚杆的抗拔承载力性能和双管高压旋喷扩孔技术的可靠性，特在北京市通州区某工地进行了一组囊式扩体钢筋抗浮锚杆现场试验。

2　现场试验方案

2.1　场地工程地质及水文地质条件

试验场地位于北京市朝阳区管庄镇，由地面向下20m深度内的地层，按其成因年代旧、地层岩性及其物理力学数据指标划分为5个大层及亚层，土层分别为：①层素填土；②层粉质黏土，②$_1$层黏质粉土、砂质粉土及②$_2$层粉质黏土；③层粉质黏土；④层粉土，④$_1$层粉细砂，④$_2$层粉质黏土；⑤层粉质黏土。上述各土层的物理力学性能指标和设计参数见表1，土层的分布情况详见图1。

土层物理力学性能指标与设计参数表　　表1

土层编号	土层名称	土层状态	天然密度	孔隙比	液性指数	标贯击数	天然快剪		极限侧阻力标准值
							黏聚力	内摩擦角	
			g·cm^{-3}	—	—	击	kPa	°	kPa
①	素填土	稍密	(1.80)				(10)	(10.0)	
②	粉质黏土	中~密实	1.97	0.65	0.24	9			65
②$_1$	粉土	密实	2.01	0.58	0.00	11	20	19.5	86
②$_2$	粉质黏土	硬可塑	1.87	0.89	0.36				60
③	粉质黏土	可塑	2.00	0.70	0.50		17	9.3	55

续上表

土层编号	土层名称	土层状态	天然密度	孔隙比	液性指数	标贯击数	天然快剪		极限侧阻力标准值
							黏聚力	内摩擦角	
			g·cm^{-3}	—	—	击	kPa	°	kPa
④	粉土	密实	2.03	0.59	0.20	17	20	29.0	65
④$_1$	粉细砂	密实	(2.00)			45	(0)	(30.0)	65
④$_2$	粉质黏土	可塑	1.99	0.77	0.45	19	24	13.2	60
⑤	粉质黏土	硬可塑	2.04	0.60	0.27	14	14	17.5	60

场区地下水主要接受大气降水入渗及地下水侧向径流等方式补给，以蒸发及地下水侧向径流为主要排泄方式；其水位年动态变化规律一般为：6～9月份水位较高，其他月份相对较低，其年变幅一般为4～5m。1955年以来最高地下水位接近自然地面；近3～5年最高地下水位标高为24.50m左右（埋深约3m）。

2.2 囊式扩体抗浮锚杆设计参数及极限抗拔力估算

综合考虑土层的分布特点、施工设备的能力、现有预应力螺纹钢筋的品种及运输的便利性等因素，确定试验抗浮锚杆总长度为18.0m，由3根公称直径40mm长度6.0m的PSB1080级预应力螺纹钢筋连接而成，且连接器为配套专用连接器。试验抗浮锚杆地面以下长度为16.0m，扩体锚固段长度2.0m，直径不小于700mm；非扩体锚固段长度10.0m，直径不小于180mm；自由段长度4.0m，试验锚杆与各相关土层的位置关系见图2。此试验囊式扩体抗浮锚杆的扩体锚固段顶部位于④粉土层，该土层有效内摩擦角ϕ'取值为29.0°，侧压力系数ζ取值0.90（非预应力锚杆），扩大头上覆土体的重度γ取值15kN/m^3，根据行业标准《高压喷射扩大头锚杆技术规程》（JGJ/T 282—2012）第4.6节相关条款的规定估算其抗拔力极限值约为1230kN。两管法高压旋喷钻具实物如图2所示。

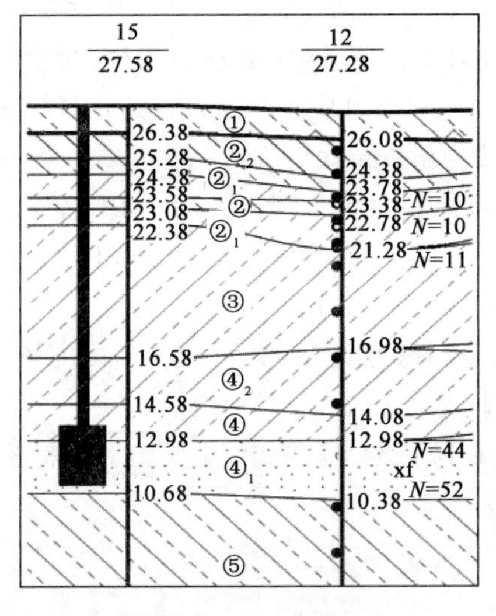

图1　锚杆位置及土层剖面图

图2　两管法高压旋喷钻具实物图片

2.3 施工方法及施工工艺流程

试验抗浮锚杆为囊式扩体锚杆，且扩体锚固段布置在锚孔底部，位于④粉土层和④$_1$粉细砂层，扩体锚固段设计直径为700mm，为了确保扩体锚固段实际扩体直径不小于设计值，本试验采用双管法高压旋喷扩孔工艺。此工艺同时具有高压和低压两个管路的钻具施工，其中高压水泥浆经由空心钻杆的高压管路到达钻头底部的高压喷嘴，然后经喷嘴水平喷出，形成高压喷射流，高压喷射流可以有效地切割钻头周围的原状土体，并与切割下的土体混合形成水泥土浆；而低压水泥浆经由另一管路，从位于钻头底部大直径喷嘴喷出进入钻孔中，与高压旋喷形成的水泥土浆混合形成更为稀疏的水泥土浆；由于高压水泥浆和低水泥浆连续注入钻孔中，多余的稀疏的水泥土浆被顶排出钻孔外，由地面钻孔口流出，如此确保扩孔满浆状态，从而保持扩孔孔壁的稳定。

当高压旋喷扩孔完成后，及时将编制好的囊式扩体锚杆下放至锚孔内设计深度处；然后通过专用注浆管向囊体内注入无泌水水泥浆，随后将注浆管与囊体脱离，并上提约 20cm 处，再次通过注浆管向钻孔内注入纯水泥浆，将高压旋喷扩孔形成的水泥土浆置换成纯水泥浆，直至孔口满口流出纯水泥浆为止。

囊式扩体抗浮锚杆的施工操作步骤见囊式扩体锚杆施工工艺流程框图(图 3)。

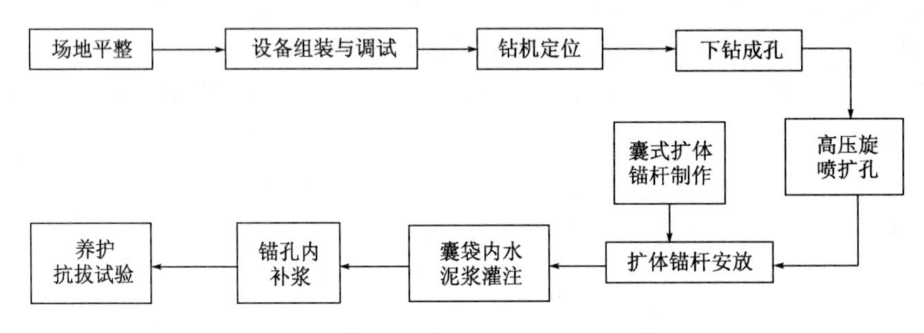

图 3　囊式扩体锚杆施工工艺流程框图

2.4　囊式扩体抗浮锚杆所需施工机具及施工参数

囊式扩体抗浮锚杆施工所需主要机具有负责钻孔和旋喷扩孔的 ZGZ－A 型大扭矩打桩钻机，该桩机为多功能高压旋喷桩机，其具有步履式自行、调平、钻进引孔、高压旋喷扩孔、钻杆提升与转动定速、小吨位吊装等功能。该桩机桅杆最大高度为 24m，动力头最大行程 23m(一次最大成孔深度)；机械转盘输出最大扭矩 55kN·m，转速 11～124r/min；提升系统采用电动卷扬形式，最大提升力为 200kN，提升速度为 10～270cm/min。

配合两管法高压旋喷扩孔的高压注浆泵和低压注浆泵分别为 XPB－90C 型高压注浆泵和 3SNS 型高压注浆泵，其中 XPB－90C 型高压注浆泵最大注浆压力可达 59MPa(相应理论最大注浆量 66L/min)，3SNS 型高压注浆泵最大注浆压力可达 10MPa。

此外，还需要用于搅拌水泥浆的搅拌桶，以及转移水泥浆的污泥泵；当用配置水灰比 0.4 的无泌水水泥浆时所用搅拌桶桶壁加焊至少三块紊流板，增强搅拌效果。

在试验抗浮锚杆施工过程中为了确保施工效果满足设计要求，主要施工控制参数如下：

(1)高压旋喷扩孔参数

①旋喷扩孔压力：26～30MPa，且复喷两次。

②旋喷水泥浆水灰比：1.2～1.5。

③钻杆提升速度 20cm/min，钻杆转速 20～30r/min。

(2)囊袋内无泌水水泥浆搅拌及灌注参数

①无泌水水泥浆水灰比为 0.4，并掺入适量减水剂和保水剂。

②无泌水水泥浆的流动度：220～260mm。

③囊袋内水泥浆灌注量:0.19m^3,饱满度:90% ~105%;灌注时泵口压力不大于2.0MPa。

此外,囊袋上部至孔口处的水泥浆水灰比不大于0.5,并掺入适量减水剂;当孔口处满口流出纯水泥浆时方可停止注浆。

3 试验方案

3.1 试验抗浮锚杆加载方式及最大试验荷载的确定

本试验目的是获得锚杆的抗拔力极限值,为锚杆基本试验,加载方式为分级循环加荷;此外,基本试验的循环加荷等级、观测时间、持荷稳定性判别标准、破坏判别指标均参考行业标准《高压喷射扩大头锚杆(索)技术规程》(苏 JG/T 033—2009)6 节的相关条款执行。

根据行业标准《高压喷射扩大头锚杆(索)技术规程》(苏 JG/T 033—2009)6 节的相关条款规定,锚杆预应力螺纹钢筋的抗拉性能、试验加载系统的最大加载能力、抗浮锚杆极限抗拔力估算值、试验目的及安全操作的基本规定,确定第一根试验锚杆的最大试验荷载为1360kN(达到杆体材料的屈服强度),理论弹性位移值为54mm,初始荷载为400kN;其他两根抗浮锚杆的最大试验荷载可根据上一根锚杆的试验结果进行适当调整,最终目的是获得锚杆的抗拔力极限值。

3.2 试验加载系统

基本试验加载系统如图4 所示,由反力梁、千斤顶、液压油泵、压力环、位移监测系统、锚杆上部锁定机构组成。其中,千斤顶理论最大加载能力为1500kN,而实际最大加载能力为1460kN。试验过程通过精密液压油表的读数来控制试验载荷大小;因为压力环为振弦式,试验现场不能直接读取试验荷载数值,因此压力环被用来测量持荷稳定状态下的每级荷载真实数值,以减小试验报告中的各级荷载误差。位移计为精密电子数显位移计,用以测量锚头的竖向位移,其量程为80mm,精度为0.01mm;试验要求与其固定的钢管架不得与反力梁和千斤顶直接接触。

图4 基本试验测试系统实物图片

4 试验结果评定与分析

将现场抗浮锚杆基本试验所得数据进行处理,并分别绘制抗浮锚杆的荷载—位移曲线和荷载—弹、塑性位移曲线,并对抗浮锚杆的抗拔力极限值及位移参数进行统计。

图5 为1 号抗浮锚杆的荷载—位移曲线和荷载—弹、塑性位移曲线。从图5 中可以发现,锚头总位移随着荷载增加而不断增大,其最大值为65.79mm;在400 ~1160kN 范围内呈线性变化,而在1160 ~1360kN 范围内也呈线性变化,仅仅直线的斜率变小;锚头的塑性位移也近似呈线性变化,且最大塑性位移为28.68mm;则可以判定1 号抗浮锚杆的抗拔力极限最小

1360kN,且具有继续加载的能力。

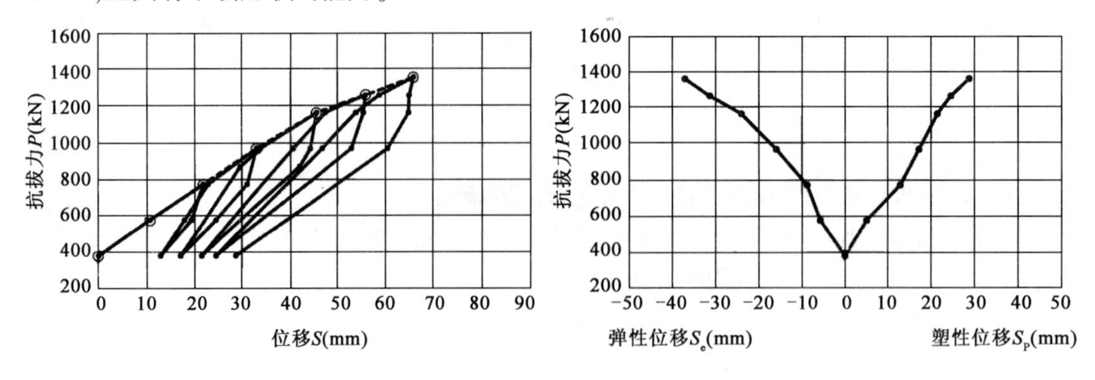

图5 1号囊式扩体锚杆荷载—位移曲线

图6为2号抗浮锚杆的荷载—位移曲线和荷载—弹、塑性位移曲线,锚头总位移随着荷载增加而不断增大,其最大值为78.24mm;在400~960kN范围内近似呈线性变化,而在960~1360kN范围内也呈线性变化,同样是直线的斜率变小;锚头的塑性位移也近似呈线性变化,且最大塑性位移为35.74mm;则可以判定2号抗浮锚杆的抗拔力极限值为1360kN,该锚杆也具有继续加载的能力。

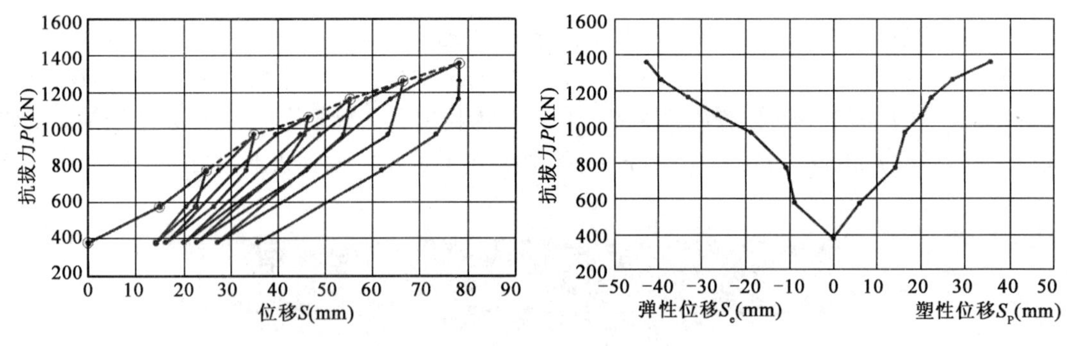

图6 2号囊式扩体锚杆荷载—位移曲线

现场对1号和2号抗浮锚杆的试验数据进行了简单的处理分析,初步判定本次试验囊式扩体抗浮锚杆的抗拔力极限值不小于1360kN,则将3号试验抗浮锚杆的最大试验载荷增大为1500kN。

图7为3号抗浮锚杆的荷载—位移曲线和荷载—弹、塑性位移曲线,锚头总位移随着荷载增加而不断增大,其最大值为76.80mm;在770~1360kN范围内呈线性变化,而在最后一级加载过程中,其位移变化曲线向上弯折,显示其增量小于预期值;锚头的塑性位移也近似呈线性变化,且最大塑性位移为32.25mm;则可以判定3号抗浮锚杆的抗拔力极限值最小为1460kN,该锚杆也具有继续加载的能力。

将3根试验抗浮锚杆的抗拔力极限值及位移参数进行统计(表2),试验所得3根抗浮扩体锚杆的抗拔力极限值分别为1360kN、1360kN和1460kN,其平均值为1390kN,说明囊式扩体锚杆具有很高的抗拔承载能力;3号囊式扩体锚杆的抗拔力极限值为1460kN,锚头总位移量为76.80mm,锚头塑性变形量为44.55mm,且荷载—位移曲线与及荷载—塑性位移曲线呈线性变化,说明3号抗浮锚杆的土层抗拔力极限值不小于1460kN,具有更高的承载能力,可通过后续现场试验予以验证。

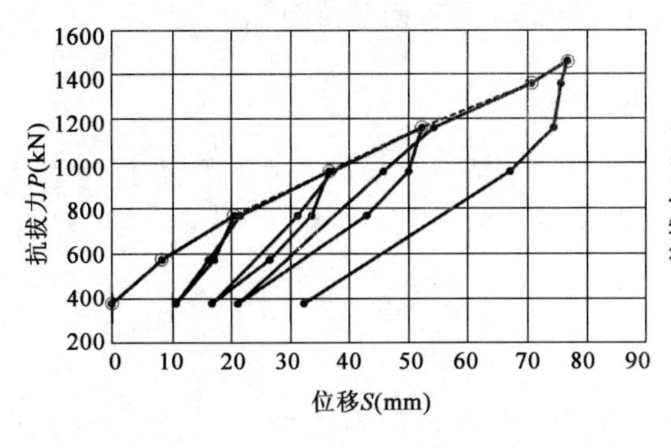

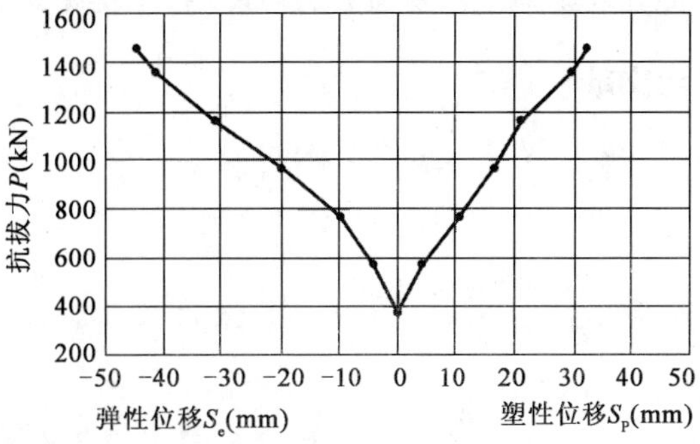

图7 3号囊式扩体锚杆荷载—位移曲线

囊式扩体抗浮锚杆试验结果统计表 表2

编号	抗拉屈服荷载	杆体抗拉破坏荷载	张拉最大荷载	锚头总位移	塑性位移	弹性位移	抗拔力极限值
	kN	kN	kN	mm	mm	mm	kN
1号	1360	1545	1360	65.79	28.68	37.11	1360
2号	1360	1545	1360	78.24	35.74	42.50	1360
3号	1360	1545	1460	76.80	32.25	44.55	1460

试验所得3根抗浮扩体锚杆的抗拔力极限值平均值为1390kN,是相关行业标准中推荐计算公式所得计算结果(1230kN)的1.18倍,计算偏差为18%,说明该计算公式在参数(如极限侧阻力标准值、侧压力系数、扩大头上覆土体的重度等)取值上有较大偏差,使得计算结果偏小,建议对本案例所得试验数据及后续其他现场试验数据进行进一步深入分析总结,及时对计算各参数的取值范围进行适当修正。

5 结语

通过本次囊式扩体钢筋锚杆现场试验,充分验证了囊式扩体锚杆在北京地区的适用性和高承载特性,也为后续在北京地区乃至全国范围内的推广应用提供了强有力的证据。通过本次囊式扩体锚杆现场试验获得大量数据并得出如下几条重要结论:

(1)试验所得3根抗浮扩体锚杆的抗拔力极限值分别为1360kN、1360kN和1460kN,其平均值为1390kN,说明囊式扩体锚杆具有很高的抗拔承载能力。

(2)对于3号囊式扩体锚杆的抗拔力极限值为1460kN,锚头总位移量为76.80mm,锚头塑性变形量为44.55mm,且荷载—位移曲线与及荷载—塑性位移曲线呈线性变化,说明3号抗浮锚杆的土层抗拔力极限值不小于1460kN,具有更高的承载能力,可通过后续现场试验予以验证。

(3)试验所得3根抗浮扩体锚杆的抗拔力极限值平均值为1390kN,是相关行业标准中推荐计算公式所得计算结果(1230kN)的1.18倍,计算偏差为18%,说明该计算公式在参数取值上有较大偏差,使得计算结果偏小,建议通过对本试验所得数据及后续其他现场试验数据进行更加深入的分析总结,及时对计算各参数的取值范围进行适当修正。

(4)通过试验所得3根抗浮扩体锚杆的抗拔力极限值证实了囊式扩体锚杆的高承载特性,也证实了扩体锚杆设计参数的合理性;证明了高压旋喷扩孔工艺与囊式扩体锚杆施工的适用性和现场施工主要参数的合理性,以及现场施工参数的调整方向及范围。

参考文献

[1] 翟金明,周丰峻,刘玉堂. 扩大头锚杆在软土地区锚固工程中的应用与发展[C]. 中国岩石力学与工程学会岩石锚固与注浆技术专业委员会编. 锚固与注浆新技术. 北京:中国电力出版社,2002.

[2] 胡建林,张培文. 扩体型锚杆的研制及其抗拔试验研究[J]. 岩土力学,2009,30(6):1615-1619.

[3] 曾庆义. 高吨位土层锚杆扩大头技术的工程应用[J]. 岩土工程界,2004,11(8):58-61.

[4] 曾庆义,杨晓阳,杨昌亚. 扩大头锚杆的力学机制和计算方法[J]. 岩土力学,2010,31(5):1359-1367.

[5] 江苏省建设厅. 苏 JG/T 033—2009 高压喷射扩大头锚杆(索)技术规程[S]. 南京:江苏科学技术出版社,2009.

[6] 刘钟,郭钢,张义,等. 抗浮扩体锚杆的力学性状与施工新技术[C]. 第十一届海峡两岸隧道与地下工程学术与技术研讨会论文集,2012,11:C-15.

复合土钉墙在狭窄空间基坑边坡支护中的设计与应用

蒙湫丽

（北京市机械施工有限公司）

摘　要　目前国内深基坑支护通常采用的方法主要有土钉墙和护坡桩等，土钉墙支护最大特点就是经济造价低，施工方便，因此在边坡位移无特殊要求的地方广泛采用。护坡桩支护最大优点是控制位移能力强，但投入大，成本高，施工复杂。本文以工程实例介绍一种综合的支护方法：微型钢管桩和预应力锚杆构成的复合土钉墙支护。此支护施工便利，造价介于护坡桩与土钉墙之间，对控制边坡位移变形、增强整体稳定性、保证边坡开挖过程中不发生局部坍塌等具有很好的作用，大大提高了边坡的安全稳定性。特别是对基坑面积狭窄、周边有建筑物或地下管线等的边坡支护，具有常规土钉墙和护坡桩无法相比的优势。

关键词　基坑支护　复合土钉墙　设计　施工

1　工程概况

M6 线地铁 4 号出口与 10 号地连接通口工程场地位于北京市通州区运河核心区，拟建场区基坑呈五边形，基坑开挖深度 11.785m。基坑北侧 10m 外为中铁食堂；西侧为中铁现在正在施工基坑，东侧紧邻地铁直梯，地铁直梯北侧为配电室。

具体平面布置如图 1 所示。

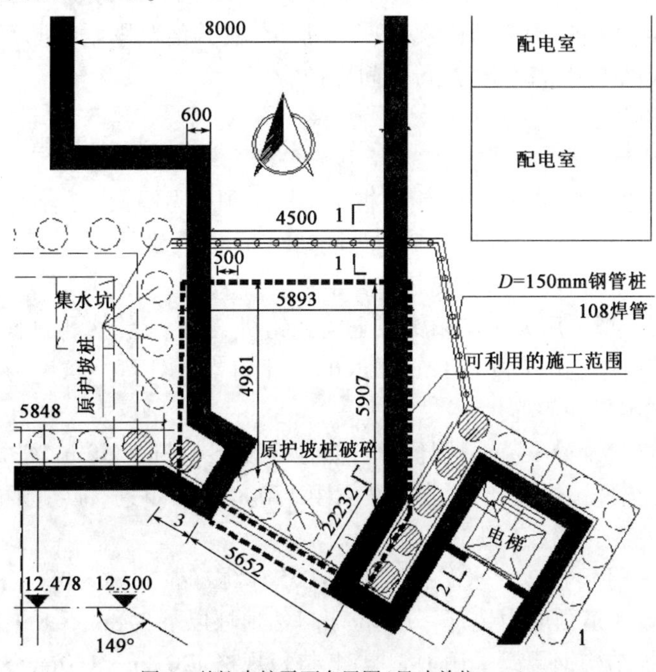

图 1　基坑支护平面布置图(尺寸单位：mm)

2 工程地质条件

本次支护设计阶段未收到4号出入口地勘报告，参考建设单位提供的《世界侨商总部聚集区项目(13地块地下通道)》岩土工程勘察报告，2014-1042。本地块距离勘测点2号孔最近距离为14.1m。

根据对现场钻探、原位测试与室内土工试验成果的综合分析，将本次岩土工程勘察的勘探深度范围内(最深30.00m)的地层，按成因类型、沉积年代可划分为人工堆积层、新近沉积层和第四纪沉积层3大类，并按其岩性及工程特性进一步划分为6个大层及亚层，现分述如下：

表层为人工堆积之一般厚度为1.90～3.40m的黏质粉土填土①层及房渣土①1层。

人工堆积层以下为新近沉积层：

标高19.04～20.75m以下为黏质粉土、砂质粉土②层，粉质黏土、黏质粉土②1层，黏土、重粉质黏土②2层及细砂②3层；

新近沉积层以下为第四纪沉积层：

标高12.77～13.24m以下为细砂③层；

标高7.84～8.15m以下为圆砾④层及中砂、细砂④1层；

标高-1.06～-0.85m以下为细砂⑤层；

标高-3.65m及以下为有机质黏土、有机质重粉质黏土⑥层，粉质黏土、黏质粉土⑥1层及黏质粉土、砂质粉土⑥2层。

3 基坑支护设计

3.1 设计概况

本工程支护主要为北侧、东侧，因周边工作面较小，大型机械无法进入，考虑支护及土方开挖，拟采用“钢管桩+土钉+预应力锚索”复合支护形式；其他范围紧贴原有护坡桩向下开挖，开挖后采用“挂钢板网喷射混凝土”进行桩间支护。

3.2 基坑支护形式

3.2.1 1—1剖面

1—1剖面为基坑北侧、东侧采用“钢管桩+土钉+预应力锚索”复合支护形式；微型管桩：直径150mm，内置DN100焊管，桩长17.00m，桩间距0.50m，设计桩顶标高为自然地坪；桩身范围设置土钉、锚索，土钉、锚索依次交替布置至槽底(图2)。

钢管桩桩间土钉，拟采用人工洛阳铲或土锚杆钻机成孔，土钉水平间距1.0m，隔桩布置，土钉倾角为15°，土钉主筋拉杆为1ϕ18(HRB400)，土钉端头处弯一长度为200mm的“L”钩，以便与单道1ϕ16加强横筋相连。

钢管桩桩间土钉共设置4道：分别位于自然地坪以下1.3m、4.2m、7.3m、10.2m。钢管桩桩间锚索，拟采用土锚杆钻机成孔，锚索水平间距1.0m，隔桩布置，锚索倾角为15°，锚杆杆体采用2×7ϕ5的1860型钢绞线(图3、图4)。

锚杆注浆材料采用P.042.5水泥制配成1:0.5水泥净浆。

钢管桩桩间共设3道预应力锚杆：分别位于自然地坪以下2.8m、5.8m、8.8m。

预应力锚杆支护结构钢腰梁采用18a槽钢、垫板规格120mm×120mm×15mm。

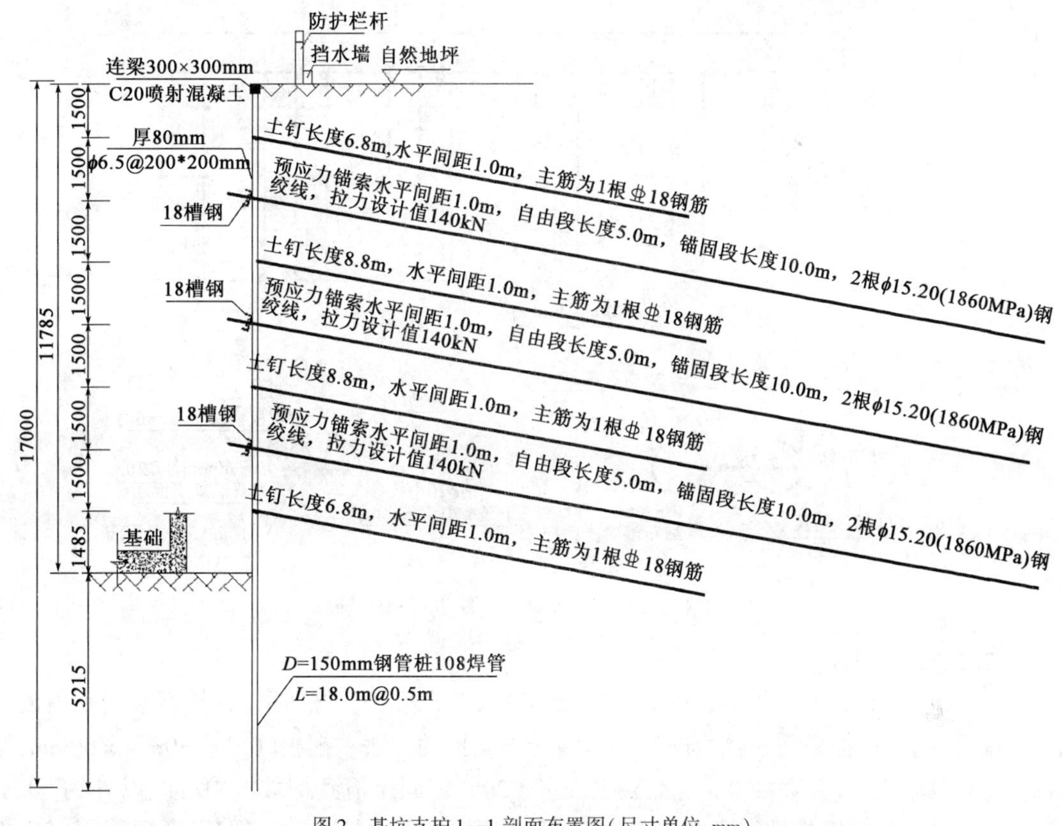

图2　基坑支护1—1剖面布置图(尺寸单位:mm)

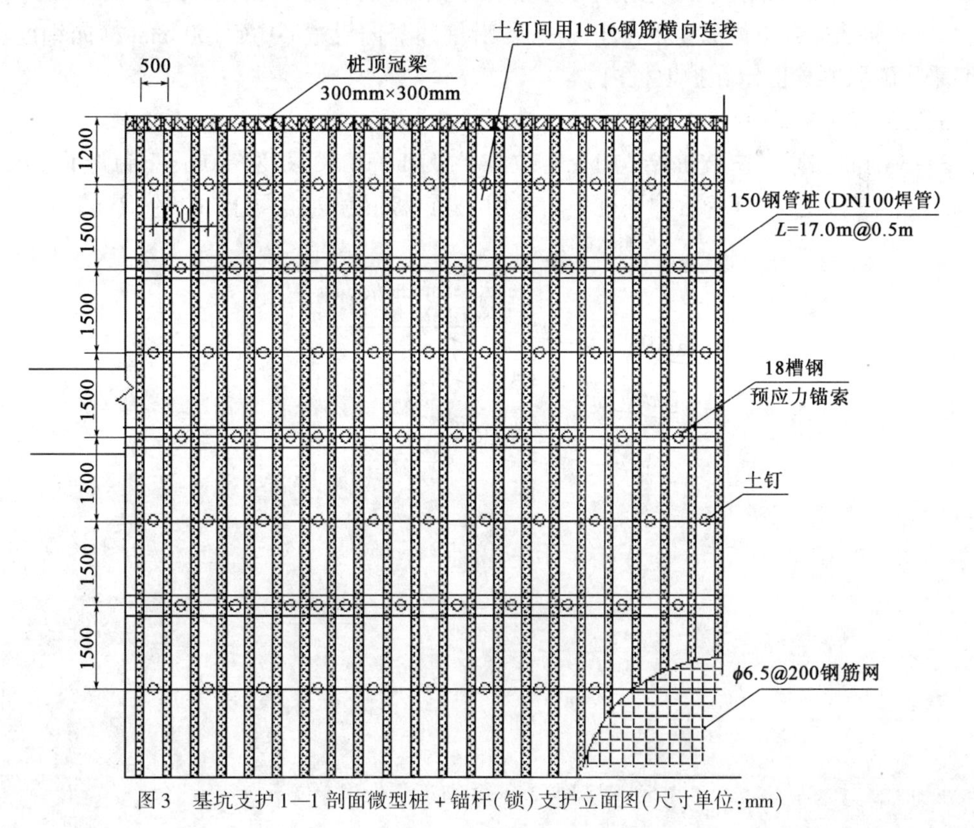

图3　基坑支护1—1剖面微型桩+锚杆(锁)支护立面图(尺寸单位:mm)

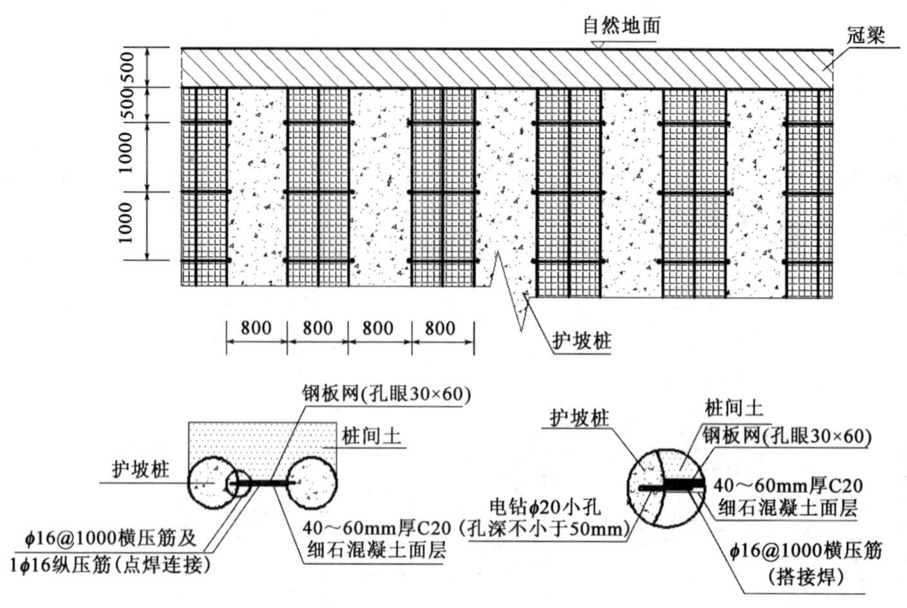

图4　基坑支护 2—2 剖面布置图(尺寸单位:mm)

3.2.2　2—2 剖面

2—2 剖面为地铁原支护桩范围,沿护坡桩开挖,开挖后护坡桩间采用"挂钢板网喷射混凝土"护壁,桩间土保护采用挂钢板网后喷射混凝土支护的方法。钢板网规格 30mm × 60mm,厚 2mm,喷射混凝土厚度 40 ~ 60mm,混凝土强度 C20。桩间土清到护坡桩中心线以外约 50mm 的位置,用镐头及铁锹把桩间土削平整,然后挂钢板网,采用打入 φ6.5"U"形插筋固定钢板网,"U"形插筋插入土体深度不小于 10cm。沿桩间竖向设置 φ16@ 1000mm 横向钢筋,φ16 横向筋采用膨胀螺栓固定在护坡桩内。

3.2.3　3—3 剖面

3—3 剖面在原来护坡桩结构上部:放坡比例 1 : 0.3,深度 5.0m,土钉竖向、水平间距 1.2m,设置三排土钉,开挖后护坡桩桩间采用"挂钢板网喷射混凝土"护壁(图 5)。

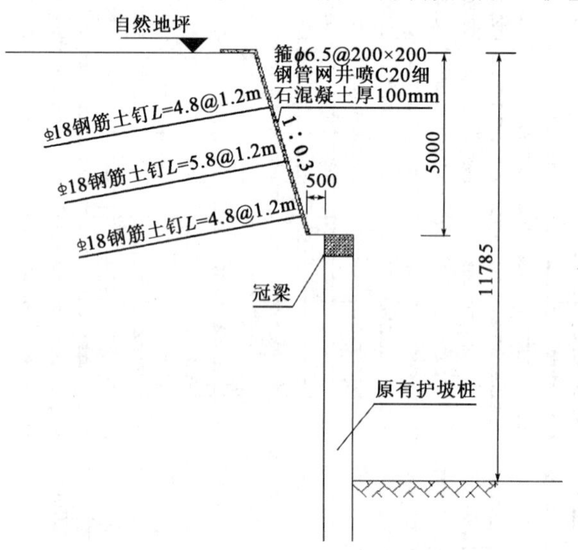

图5　基坑支护 3—3 剖面布置图(尺寸单位:mm)

3.2.4　桩顶连梁剖面图

桩顶连梁剖面如图6所示。

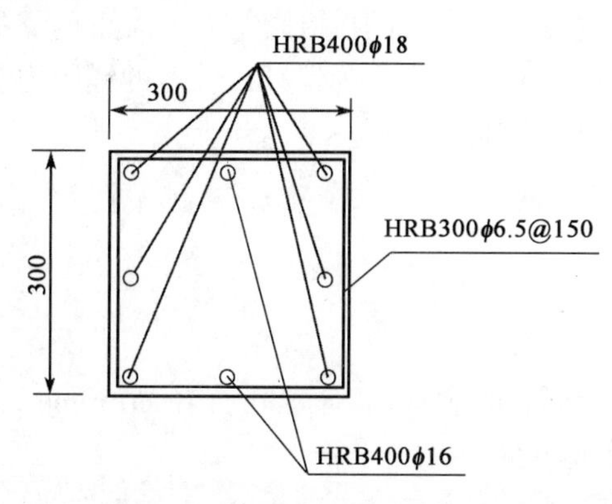

图6　微型桩桩顶连梁剖面布置图(尺寸单位:mm)

4　稳定性验算

4.1　整体稳定性验算

整体稳定性验算简图如图7所示。

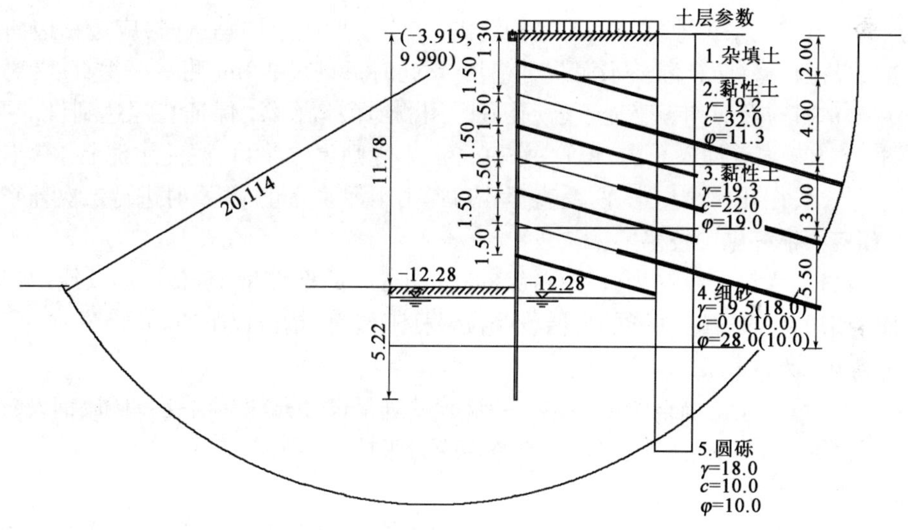

图7　整体稳定性验算简图(尺寸单位:m)

计算方法:瑞典条分法

应力状态:有效应力法

条分法中的土条宽度: 0.40m

滑裂面数据:

整体稳定安全系数 K_s = 0.674

圆弧半径(m) R = 20.114

圆心坐标 X(m) X = -3.919

圆心坐标 Y(m) Y = 9.990

4.2　抗倾覆稳定性验算

抗倾覆安全系数:

$$K_s = \frac{M_p}{M_a} \tag{1}$$

式中：M_p——被动土压力及支点力对桩底的抗倾覆弯矩，对于内支撑支点力由内支撑抗压力决定；对于锚杆或锚索，支点力为锚杆或锚索的锚固力和抗拉力的较小值。

M_a——主动土压力对桩底的倾覆弯矩。

经验算 $K_s \leqslant 1.250$，满足规范要求。

5 施工方法

5.1 钢管桩施工技术

基坑上部平整后，进行钢管桩施工，钢管桩孔直径 ϕ150mm，长 17.0m，插入钢管外径 ϕ114mm，壁厚 4.0mm，钢管桩间距 0.50m。

5.1.1 钢管施工工艺流程

定桩位→钻机就位→成孔→提钻→下钢管→注浆成桩。

拟采用锚杆钻机或地质钻机成孔，孔径 150mm，孔深为 17.0m。成孔后外直接安放钢管，然后注水泥浆成桩。

5.1.2 钢管成孔施工质量控制要点

注浆材料采用水泥浆，水灰比为 0.5。水泥采用硅酸盐水泥，强度等级为 P. SA 32.5。强度等级为 15MPa；成孔采用地质钻机或锚杆钻机；在不良地质层中钻进时，应边钻边向孔底投入黏土，形成黏土护壁，防止灌注水泥浆时跑浆；钻孔时每进尺 3.0m 测一次垂直度，对于有偏移及倾斜现象的桩应及时纠偏；钻至设计孔底时用测绳测量孔深，保证孔深达到设计要求；成孔后将 1 根 DN100 焊管插入孔内，钢管每隔 0.2m 不规则焊注浆口，灌注水泥浆水灰比 0.4 ~ 0.50；钢管下入后，往孔内灌注水泥浆，直至孔口返出水泥浆为止，并及时进行二次补浆。

5.2 预应力锚杆施工技术

本工程锚杆所用钢绞线均为公称直径为 ϕ15.20mm 的标准型 1860 级钢绞线。钢腰梁采用 18 槽钢。要求在土方施工的同时，留设张拉锚杆工作面（锚位以下 500mm）。

5.2.1 预应力锚杆施工工艺流程

钻机就位→校正孔位调整角度→钻孔→继续钻进至设计孔深→清孔→插放钢绞线束及注浆管→注水泥浆→养护安装钢腰梁及锚头→预应力张拉→锁定。

5.2.2 预应力锚杆主要施工方法

杆体制作：按照设计要求制作锚杆体，保证杆体长度；隔离架（定位支架）间距 2.0m 设置一个；注浆管与锚杆体应用火烧丝绑扎牢靠。

5.2.3 锚杆施工质量控制要点

钻孔采用带有护壁套管的钻孔工艺，套管外径为 ϕ150mm；严格掌握钻孔的方位，调正钻杆，符合设计的水平倾角，并保证钻杆的水平投影垂直于坑壁，经检查无误后方可钻进；钻进时应根据工程地质情况，控制钻进速度。遇到障碍物或异常情况应及时停钻，待情况清楚后再钻进或采取相应措施；钻孔深度大于锚杆设计长度 200mm；钻孔达到设计要求深度后，应用清水冲洗套管内壁，不得有泥砂残留；护壁套管应在钻孔内灌浆后方可拔出。

杆体在运输过程中不得扭曲、碰撞，严格保护杆体不受损伤；插筋前应检查锚筋，包括长度、自由段部分的处理、注浆管是否有漏浆等；插筋时应抬起后部使之与孔成一个角度徐徐插进，防止碰坏孔壁；筋插入孔时应留出锚筋外露部分的长度以满足张拉要求；插入钻孔内的杆体应达到设计要求深度,若插入时杆体不能到达要求深度,则应拔出杆体查明原因并处理后再行插入。注浆材料采用水泥浆,水灰比为0.5~0.55;水泥采用普通硅酸盐水泥,强度等级为P.O42.5。

强度等级为20MPa;选用优质灌浆管,灌浆管出口应位于离杆体底端200mm处;浆液搅拌必须严格按配合比进行,不得随意更改;应注意不得使用过期或受潮水泥;浆液由孔底开始浇注并向外返出,边注浆边向外缓慢拔管,直至浆液溢出孔口后停止注浆;浆液必须在初凝前连续不断一次注完;锚体两次注浆成型,第一次注浆与第二次注浆的时间间隔为2~3h,每次注浆压力稳定时间为5~6min,注浆压力按1~2MPa控制;锚杆所用原材料,钢绞线、水泥等均应有出厂合格证明,并按规范要求复验合格后方可使用;锚杆水平方向孔距误差不应大于100mm,垂直方向孔距误差不应大于50mm。倾角允许偏差3°;水泥浆体的强度不小于20MPa,水灰比0.5。

杆体组装时,应控制承载体和隔离架的间距,钢绞线应平直通顺。组装好的杆体放在指定存放场,下杆体前应检查注浆管的通气性能;水泥浆随用随搅,搅拌均匀,浆液初凝前必须用完;张拉设备使用前必须检验合格后方可使用。

6 周边环境及重点、难点分析及对策

(1)拟建场区为地铁4号出口与10号地连接通口,该位置基坑呈五边形,北侧10m外为中铁食堂层活动房;西侧为中铁现在正在施工基坑,其开挖深度约11m;东侧紧邻地铁直梯,地铁直梯北侧为配电室。基坑南北长约为6.9m,东西宽约6.5m,为一五边形的基坑,土方开挖约500m^3。因施工场地狭小,施工环境复杂,土方开挖极为困难。

解决办法:根据现场周边实际条件,土方开挖施工拟采用人工开挖、小型挖掘机及吊车配合施工,汽车吊带吊斗将人工挖土的土方吊运至基坑外侧,堆土范围距离基坑边缘要求5.0m以上,堆土后挖掘机或推土机装卸土汽车运至卸土场。

(2)施工过程中支护结构施工工作面及后续主要结构施工可能与地铁M6线附属结构施工同步进行,可能涉及交叉,故施工过程中还要考虑相互施工的影响。

解决办法:制定合理的支护设计方案,有效利用原有支护结构、满足狭小空间作业,并对支护设计、施工方案组织进行专家论证,以确保支护结构安全、稳定。本工程与M6线其他附属结构同时施工前,积极与相关单位协调、沟通,调整、完善施工方案,确保施工过程顺利进行、互不影响。

(3)施工场地狭小,坑内可用施工工作面狭窄,土钉锚杆施工困难。

解决办法:锚杆土钉钻孔采用机械为主人工配合的施工方式,机械施工不到的区域采用人工钻孔施工,锚杆土钉均按进度计划在地面上加工完毕,然后将加工好的土钉及锚杆按施工进度情况用吊车吊到基坑施工面区域。

7 基坑监测稳定性分析

深基坑监测是信息化施工常用的一种方法,在确保深基坑开挖安全上起着十分重要的作用。基坑监测的主要内容有支护桩位移和沉降变形、基坑周边地表沉降、基坑周边管线的位移沉降、基坑周边构建物的位移沉降、基坑隆起、地下水位变化等。

基坑变形观测基准点布设在两倍基坑深度范围外。变形观测点平面布置图参见基坑支护平面图(图8、图9)。

基坑支护水平位移见表1、图10，基坑支护沉降位移见表2、图11。

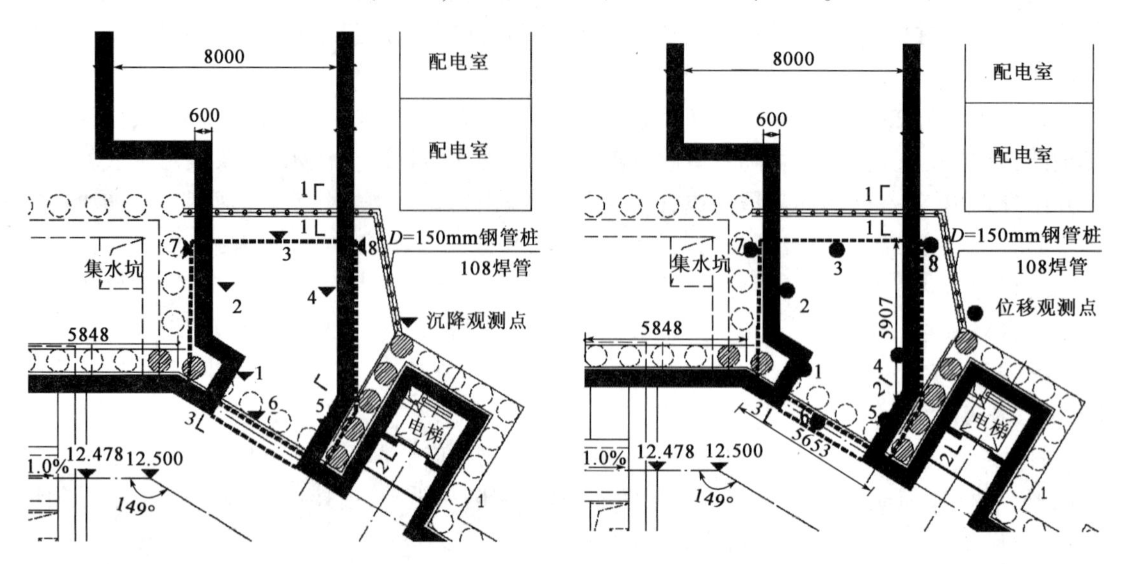

图8　基坑水平沉降监测点平面布置图(尺寸单位:mm)

图9　基坑水水平位移监测点平面布置图(尺寸单位:mm)

基坑支护水平位移观测累计变化值(从基坑土方开挖到基坑回填到正负零的累积变化值)　表1

观测值(mm)	2014年8月1日	2014年8月15日	2014年8月30日	2014年9月1日	2014年9月15日	2014年9月30日	2014年10月1日	2014年10月15日	2014年10月30日
测值1	0,00	1.30	-0.05	-0.25	0.45	-0.10	0.50	-0.30	-0.30
测值2	0.00	-0.05	0.30	0.60	1.25	-0.25	-0.55	0.30	0.40
测值3	0.00	0.30	1.05	1.70	2.05	1.60	1.60	1.60	1.85
测值4	0.00	0.35	-0.40	-0.40	0.15	1.35	1.50	1.10	1.45
测值5	0.00	1.10	1.35	1.35	0.85	1.50	1.70	0.75	1.90
测值6	0.00	-0.20	0.20	-0.20	0.15	0.60	0.45	0.40	0.30
测值7	0.00	0.00	-0.10	0.15	0.30	1.10	1.25	1.10	1.75
测值8	0.00	0.00	0.10	0.10	-0.35	1.05	1.15	1.85	2.60

基坑支护沉降位移观测累计变化值(从基坑开挖到基坑回填到正负零的累积变化值)　表2

沉降位移测量累积位移值分析									
观测值(mm)	2014年8月1日	2014年8月15日	2014年8月30日	2014年9月1日	2014年9月15日	2014年9月30日	2014年10月1日	2014年10月15日	2014年10月30日
测值1	0.00	-0.6	-1.31	-1.26	-1.96	-2.49	-1.85	-1.83	-2.28
测值2	0.00	-0.74	-1.01	-1.14	-2.02	-1.98	-1.07	-0.59	-1.92
测值3	0.00	-0.32	-0.95	-0.97	-2.31	-2.2	-1.88	-1.34	-2.14
测值4	0.00	-0.42	-1.03	-0.83	-2.08	-2.05	-1.68	-1.48	-2.28
测值5	0.00	-0.72	-1.05	-1.39	-2.78	-3.64	-3.18	-3.01	-3.66
测值6	0.00	-0.79	-1.59	-1.55	-2.23	-3.08	-2.79	-2.47	0.00
测值7	0.00	0.00	-0.39	-0.31	0.00	-1.39	-0.94	-0.7	-1.79
测值8	0.00	0.00	-0.14	-0.2	-1.34	-1.76	-1.26	-0.51	-0.29

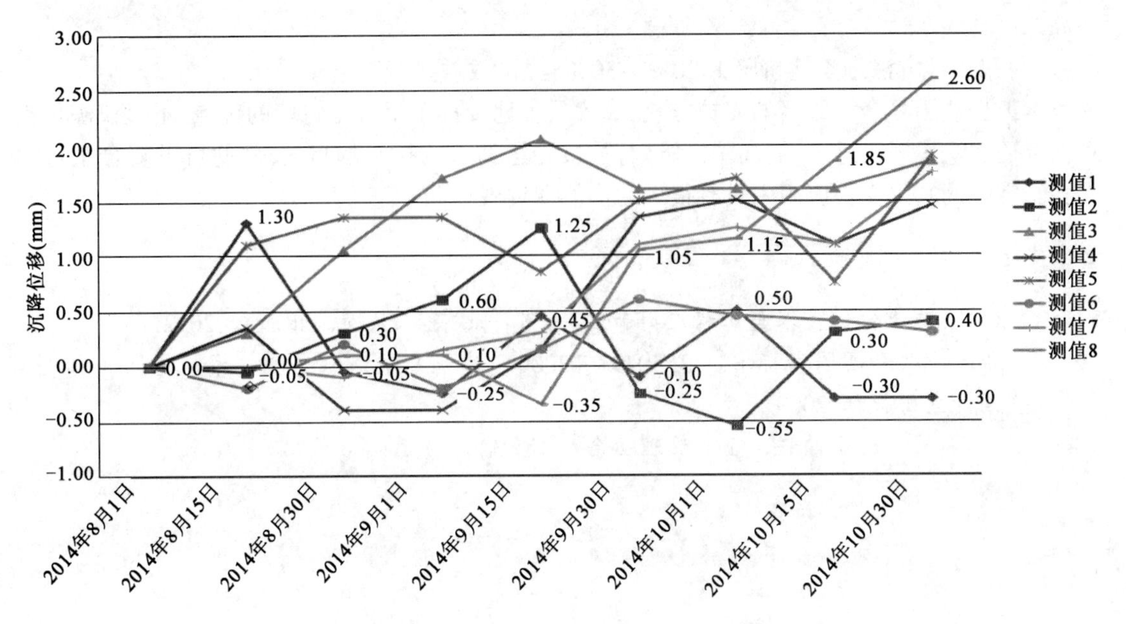

图 10　基坑支护水平位移观测累计变化折线分析图

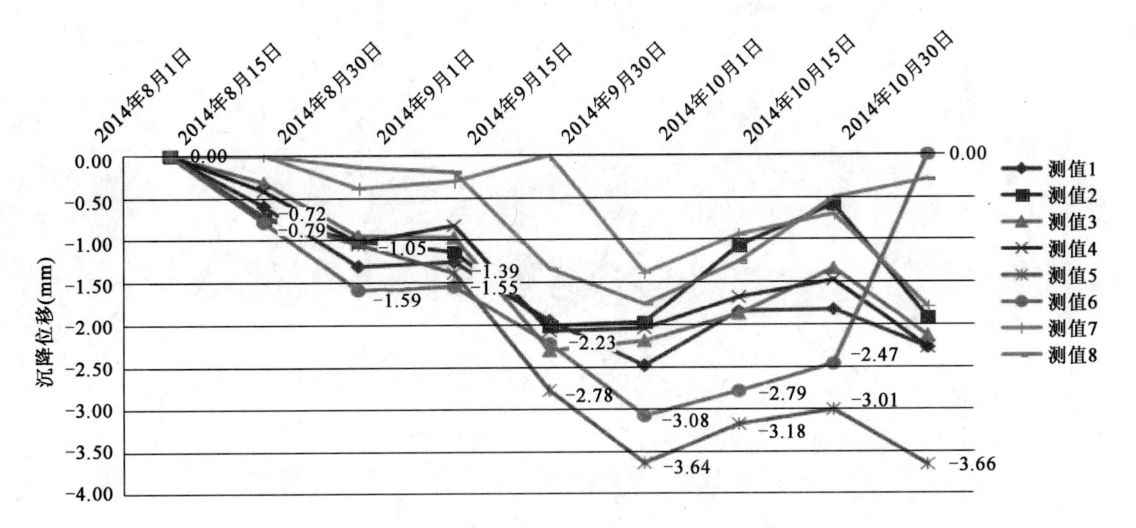

图 11　基坑支护沉降位移观测累计变化折线图

通过以上图表分析可得：

基坑从基坑土方开挖到基坑回填到正负零的过程水平位移在 -0.55 ~ 2.6mm 之间，沉降位移在 0 ~ -3.66mm 之间，在土方开挖时位移均有明显变化，但是均在规范及设计要求范围内，因此监测结果显示本工程支护体系安全、稳定，满足后续施工要求。

8　结语

实际上从基坑开挖到施工结束，基坑水平沉降位移累积值均不超过 1cm。由此可见复合土钉墙比一般的支护方式具有以下优点：

(1)在局部地区上层黏质粉土填土和软黏土，下层砂层、圆砾层的地质状况且空间狭窄的施工条件下，采用复合土钉墙是可行的。

(2)复合土钉墙施工工期短，与采用护坡桩施工设计方案比较，工期缩短 15 ~ 20d，施工效率高。

(3)采用此方法施工造价降低20% ~30%,经济效益显著。

本工程选用复合土钉墙的支护方式,最大限度地发挥了复合土钉墙的优点,不仅仅满足支护要求还加快了施工进度,提高了经济效益,最终达到节约投资的目的,由此可见复合土钉墙在狭窄空间的基坑支护应用中具有很大的价值和发展空间。

参考文献

[1] 徐国民.岩土锚固技术与工程应用新发展[M].北京:人民交通出版社,2012.

[2] 中华人民共和国国家标准.GB 50497—2009 建筑基坑工程监测技术规范[S].北京:中国计划出版社,2009.

[3] 岩土锚固工程.中国施工企业管理协会(2015-3).

“止水帷幕+深井卸压降水”在沿海吹填地区深基坑中的应用

孙志强　王　波

（中国电建集团核电工程有限公司）

摘　要　本文结合大唐东营“2×1000MW” 新建工程冷却水泵站项目，探讨了“止水帷幕+深井卸压降水”在沿海吹填地区深基坑中的应用，详细介绍了该施工工艺的主要技术要点，通过该工程的施工，可为今后沿海吹填地区类似深基坑支护、降水的实施提供参考和借鉴。

关键词　止水帷幕　深井卸压降水　沿海吹填地区

1　引言

随着沿海地区经济的快速发展，火电、核电等建设规模在不断扩大，吹填土区域被广泛开发利用。由中国电建集团核电工程有限公司施工的大唐东营发电项目位于黄河三角洲冲积平原的吹填土区域。由于吹填土具有土质疏软、孔隙大、重度小、含水量较高、强度低等特点，给深基坑开挖、支护施工带来一定困难。按照以往的钢板桩支护或直接进行放坡开挖方式，不具备施工条件，达不到预定的效果。通过采用“止水帷幕+深井卸压降水”施工方式，解决了吹填土松软、易流失、强度低、地下水位高等问题，同时对施工过程进行了总结，并在大唐东营2×1000MW新建工程冷却水泵站、输煤系统工程项目中成功应用。

2　工程概况

大唐东营项目位于东营市东营港的北侧，东临渤海，东营港的防波堤内，整块场地采用吹填方式形成，具有空隙大、重度小、含水量较高、强度低等特点，且场地距离海岸线不超过0.5km，地下水位较浅。基坑东西长约104m，南北宽约105.6m，面积约10342m^2，周长约393m，开挖深度14.7~17.8m，为“深、大、复杂”基坑工程。本方式采用ϕ850@600三轴深搅桩止水帷幕、大口径钢管井。本文仅对三轴搅拌桩止水帷幕+大口径管井卸压降水进行讨论。

3　工程地质水文地质

根据勘察报告，本场地地层条件以软塑状淤泥质粉质黏土、淤泥质黏土、粉土、粉砂为主。地下水类型为第四系孔隙潜水，略具承压性，以大气降水、地下水的侧向补给、海水入侵为主要补给水源，蒸发为主要排泄方式。厂址地下水高程约为-0.50m，水位主要受大气降水及海平面变化的影响，变化幅度为2.00~3.00m。

4　资源配置

(1)技术准备：施工前设备和材料进行报验，方案按程序进行申报及审批完成，对施工人员进行交底,掌握止水帷幕施工工艺方案及安装要点。

(2)工器具准备:所需桩机准备到位,并检验合格。

(3)材料准备:准备好措施性材料及消耗性材料。

5 施工主要技术要点

5.1 工艺原理

基坑外围采用三轴搅拌桩止水帷幕的形式,将基坑内外有效隔离,阻止外层海水进入基坑内部,使开挖基坑形成一个封闭整体。因三轴搅拌桩止水帷幕具有一定强度,对边坡起到一定支护作用。

基坑开挖范围内的土体采用管井降水,将止水帷幕内侧土体内的水采用管井的方式排出。局部形成管涌、透水层处采用大口径管井配合轻型井点降水,对承压水起到卸压作用,解决管涌问题,形成整体性好的土层,开挖采用三级放坡,对坡底淤泥质土层采用木桩进行支护,增强边坡稳定性,确保边坡顺利开挖。

5.2 测量放线

根据图纸、平面定位点,进行全面放线定位。由监理单位、建设单位复验无误后施工。同时根据图纸标高定好桩底、桩顶标高。止水帷幕定位后,用人工或小型挖土机械挖出800mm宽×1000mm深的沟槽,以便于桩机就位后施工。

5.3 三轴水泥搅拌桩施工

(1)设置机架、调试:用卷扬机和人力移动搅拌桩机达到作业位置,并调整桩架垂直度不大于0.5%。三轴水泥搅拌桩桩孔大小为ϕ850,间距为600mm。

(2)水泥浆拌制:水泥浆用计量器具进行准确量制,并按设置配合比进行拌制;水泥采用P.O42.5级普通硅酸盐水泥;水灰比控制在1.2~1.5,水泥浆掺量为20%;在桩体范围内必须做到水泥搅拌均匀。

(3)喷浆、搅拌成桩:启动钻机钻至设计深度,在钻进过程中同时启动喷浆泵,使水泥浆通过喷浆泵喷入被搅动的土中,使水泥和土进行充分拌和。在搅拌过程中,记录人应记读数表变化情况。

(4)重复搅拌和提升:采用两喷两搅工艺,待重复搅拌提升到桩体顶部时,关闭喷浆泵,停止搅拌。

(5)桩体完成,桩机移至下一桩位重复上述过程。

5.4 降水井施工

(1)钻机就位:钻机与井位保持三点一线,安装稳固,预防施工过程中的倾斜位移,保证钻深架在垂直状态下钻进。

(2)钻井成孔:先埋设护口管,钻到预定孔深后为防止泥浆沉淀和井孔坍塌,应及时清孔换浆。

(3)井管安装:采用无砂混凝土滤水管,滤水管外径400mm,下管前先检查无砂管在运输和装卸过程中有无损坏,排好下管顺序,下管方法采用托盘法,先将井底木盘与前一节井管组装钉牢,井管外用60目(或用同功能材料)包扎,(包扎长度由地层情况而定)再用三根竹片用三道铁丝扎牢后缓缓下放,井管接头之间使用防雨布或塑料布封严,以防止泥沙从接头缝隙进入井内,造成淤井。然后按此方法逐节放置井底。选择透水性良好的滤管安装于含水层对应部位。

(4)回填滤料：下管结束后，应及时填滤料。用 2 ~ 6mm 绿豆砂，为保证填砂的均匀度和防止井管倾斜，填砂前先将井管固定好，然后从周围同时进行填砂（并保证井筒内泥浆及时外流），填制井口下 1 ~ 2m 时用黏土填实、封严。

(5)井口封闭：盖好井口，设置警示标志，防止人和杂物掉入井内，经常检查排水管道。疏干井在基坑开挖的过程中应逐节拆除井管，保证疏干井不损坏、无杂物坠落井内。

(6)洗井：填砂完成后及时下泵抽水（专用泵），采用自上而下间歇式抽水洗井的方法。使井内沉淀物小于 1/10000。洗井三小时后如不出清水，此井作废重新钻井。

(7)管井抽水：土方开挖前至少 14 天进行降水，土方开挖过程中，坑内水位控制在每层开挖面以下至少 1.0m，本工程降水井为潜水完整井。无论稳定流还是非稳定流抽水都必须具有连续性，抽水应以地下水源源不断流至管井，使管井滤网不致堵死为原则。每个井管设施竣工后应单独进行试抽，合格才可进行降水。

(8)沟底明排水：在基坑底部四周设置通长排水槽，在对角位置设置两口集水井，井内始终安放扬程≥50m 的大泵，遇到雨水等恶劣天气，派专人合闸直接进行抽水。

(9)地下水位记录：降水开始前统一观测一次自然水位及各观测井初始值水位，并做好记录。抽水始后，在水位未达到设计深度前，每天应该观测三次水位及出水量。

5.5 开挖

(1)土方应分层开挖，分层高度不应超过 2.0m，严禁一次开挖到位。

(2)基坑开挖期间若发现实际地质情况与勘察报告不符合，应及时通知设计单位以便对支护设计作优化调整，基坑开挖至设计标高后应通知设计单位现场验槽。

(3)在基坑开挖过程中，应严格按照基坑支护图纸进行开挖，开挖分 3 级坡度完成，一级坡坡比 1∶1.5，坡高 5m，平台宽 2m，二级坡坡比 1∶1.25，坡高 5m，平台宽 2m，三级坡坡比 1∶1.25，坡高 6.8m，每级坡开挖完成后需及时进行挂网喷浆。

(4)土方开挖顺序：先四周掏挖，再由西向东退挖，出土口、出土通道设在东侧。

(5)土方开挖过程中应加强对降水井的保护，挖土机械不得碰撞降水井，遇到降水井应在其四周均匀挖土，避免出现单侧土体挤压降水井情况。

(6)基坑底土方预留 30cm，宜采用人工清土，基坑底土方不得超挖。

(7)施工道路距离坡顶不应小于 10m，限荷 30kPa，限重 60t，基坑周围 10m 范围内禁止堆土。

5.6 喷浆

(1)坡面采用挂网喷混凝土处理，钢筋网片由 2ϕ4@150（双向，长度 $L=1500$mm）全面布置固定。钢筋网应随开挖分层施工、逐层设置，钢筋保护层厚度不小于 20mm。

(2)喷射混凝土施工应符合《复合土钉墙基坑支护技术规范》（GB 50739—2011）。面层 80mm 厚，面层混凝土强度等级为 C20，3 天强度不低于 10MPa，干法喷射时，水泥与砂石的质量比宜为 1∶4 ~ 1∶4.5，水灰比宜为 0.4 ~ 0.45，砂率宜为 0.4 ~ 0.5，粗骨料的粒径不宜大于 25mm。喷射混凝土作业应与挖土协调，分段进行，同一段内喷射顺序应自下而上。喷射混凝土施工缝结合面应清除浮浆层和松散石屑。喷射混凝土施工 24h 后，应喷水养护，养护时间不应少于 7d；气温低于 +5℃时，不得喷水养护。

5.7 木桩支护

(1)针对三级坡底淤泥质土层采用木桩进行支护，提高地基承载力，防止边坡出现滑塌等现象。

(2)采用直径150mm，长4000mm的木桩在坡脚开挖完成后直接用桩机进行插入，间距500mm，桩顶高出坡底800mm，桩顶标高位于同一水平线。

5.8 降水井卸压施工

该区域因土层复杂，土质分布不均，在局部粉砂层处形成了管涌，因粉砂层透水性强，承压水压力较大，对管涌处采用封井措施，达不到理想效果。本课题通过采用"止水帷幕+深井卸压降水"方法进行卸压，减小承压层水压力，有效解决了基坑内出现的管涌等问题。

6 质量控制

6.1 允差范围

(1)孔位误差小于5cm，孔深误差+100～-50mm，桩身垂直度误差小于1/200。

(2)对注浆浆液配比严格控制，重量误差小于5%，并在拌浆现场挂配方牌。

6.2 内控标准

(1)孔位放样误差小于2cm，钻孔深度误差小于±5cm，桩身垂直度按设计要求，误差不大于1/200桩长。施工前严格按照设计要求进行定位放样。

(2)严格控制浆液配比，做到挂牌施工，并配有专职人员负责管理浆液配置。严格控制钻进提升及下沉速度，下沉速度不大于1m/min，提升速度不大于2m/min。

(3)搅拌过程中密切注意翻浆情况，随时调整下沉、提升速度，并在桩底停留1min，提高搅拌桩底部的均匀性。

6.3 设备保证

(1)施工前对搅拌桩进行维护保养，尽量减少施工过程中由于设备故障而造成质量问题。设备由专人负责操作，上岗前必须检查设备的性能，确保设备运转正常。

(2)桩架垂直度指示针调整桩架垂直度小于1/250，并用经纬仪校正或用线锤控制，确保水泥土搅拌桩垂直度小于1/200，达到设计要求。

(3)场地布置综合考虑各方面因素，避免设备多次搬迁、移位，减少搅拌和型钢插入的间隔时间，尽量保证施工的连续性。

6.4 材料控制

严禁使用过期水泥、受潮水泥，对每批水泥进行复试合格后再使用。为此我司选用P42.5普通硅酸盐水泥，购买水泥时选择信誉、质量较好的水泥厂家，并让其提供水泥"备案证明防伪打印件"、出厂质量证明书(合格证)及出厂检验报告等资料。

6.5 计量控制

(1)每幅桩总浆量以搅拌桶的桶数计量，每搅拌桶水泥浆液的掺量以挂牌量为准。

(2)每幅桩注浆时应记录注浆孔位、开始时间、注浆量、结束时间等施工参数。

(3)严格控制每桶拌桶的水泥用量及液面高度，用量采取总量控制，并用比重仪随时检查水泥浆的比重。

(4)土体应充分搅拌，严格控制钻孔下沉、提升速度，使原状土充分破碎有利于水泥浆与土均匀拌和。

(5)浆液不能发生离析，水泥浆液应严格按预定配合比制作，为防止灰浆离析，放浆前必须搅拌30s再倒入存浆桶。

(6)压浆阶段输浆管道不能堵塞，不允许发生断浆现象，全桩须注浆均匀，不得发生土浆夹心层。

(7)发现管道堵塞,应立即停泵处理。待处理结束后立即把搅拌钻具上提和下沉1.0m后方能继续。注意要等注浆10~20s后向上提升搅拌,以防断桩发生。

7 结语

通过以上质量控制措施,三轴搅拌桩施工进展顺利,钻芯取样实测28d无侧限抗压强度达到了设计要求,开挖后基坑无渗漏。通过在基坑底部设置大口径钢管卸压井,解决了承压层水压大,局部涌水的问题,缩短了施工工期,提高了社会及经济效益。

参考文献

[1] 刘国彬,王卫东.基坑工程手册[M].2版.北京:中国建筑工业出版社,2009.

[2] 2018度电力建设工法,建筑技术,沿海吹填地区深基坑止水帷幕+深井卸压降水施工工法,DJGF-HE-0402018.

[3] 大唐东营2×1000MW新建工程冷却水泵站地下结构建筑工程图纸,2017.

[4] 大唐东营2×1000MW新建工程冷却水泵站项目基坑支护与降水图纸,2016.

成都平原富水砂卵石地层锚索施工技术

袁向东　皇　兴

（中国水利水电第七工程局成都水电建设工程有限公司）

摘　要　预应力锚索依靠锚固段预应力钢绞线与浆体接触面上的黏结应力提供的锚固力，通过自由段传递到腰梁及防护桩上实现受力平衡，使围护桩背后的土体结构呈现密实压缩状态；另一方面由于锚索施加的预应力作用改变了破裂面土体的应力状态，从而保证了开挖基坑边坡土体的自稳能力。本文以成都平原砂卵石地层为背景，以成都地铁4号线西延线光华公园站为例，详细介绍预应力锚索在富水砂卵石地层中的施工技术，为类似基坑支护工程的施工提供借鉴。

关键词　成都平原　富水性　砂卵石　预应力锚索　应用

1　成都平原地层特征

成都平原为岷江及其支流等多个冲积扇重叠联缀而成的复合冲积扇平原，为川西平原岷江水系Ⅰ、Ⅱ、Ⅲ级阶地。成都地铁4号线二期工程西延线位于川西成都平原岷江水系Ⅰ级阶地，为侵蚀—堆积地貌，沿东西走向，地形开阔、平坦，地势总体呈西高东低。

成都属东部季风区中亚热带湿润气候亚区，雨量充沛，四季分明，夏季多暴雨；年平均降水量800～1000mm，多年平均气温15～16℃，7月最高可达26℃以上；全市年平均相对湿度可达80%～85%，蒸发量年平均为877～1130mm。

成都平原由第四系不同时期和不同成因类型的松散堆积物组成，以中上更新统分布最广，其余为零星分布；具典型的二原结构，表层为黏性土，其下为冰水沉积冲积层漂卵石土夹粉细砂，俗称雅安砾石层。代表性漂卵石层剖面见图1。地层厚度变化大，从西北向东南厚度变薄，覆盖层厚度数十米，下伏基岩为白垩系泥岩。

图1　代表性漂卵石层剖面

成都平原处于我国新华夏系第三沉降带——四川盆地西南缘，界于龙门山构造带山前江油—灌县区域性断裂与龙泉山背斜西翼断裂之间，为断陷盆地，成都平原及周边构造纲要见

图2。受区域构造第四系古地貌控制，第四系厚度在从西向东、自北朝南逐渐变薄。历史地震资料显示，市区一带至今尚无强震记录，地壳稳定性良好。

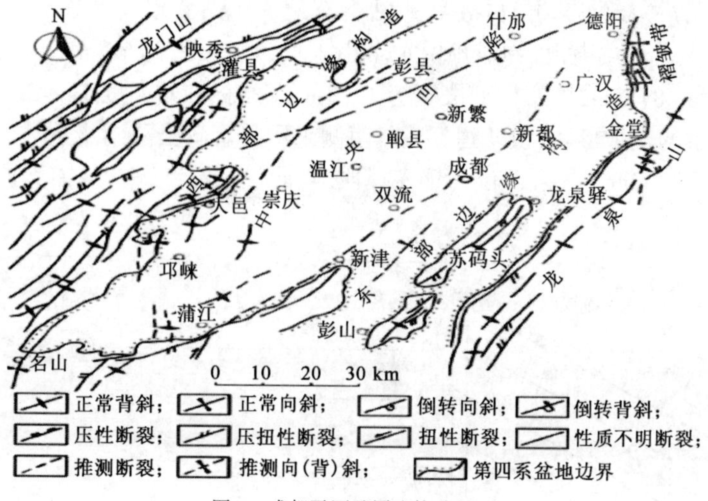

图2　成都平原及周边构造纲要

成都平原地下水主要为第四系松散堆积砂卵石层孔隙潜水，白垩系灌口组泥岩风化裂隙水深埋于第四系堆积层之下，水量较小。第四系孔隙潜水自上而下由一套透水性不同、具有统一水力联系的孔隙含水岩组组成，含水层主体为更新统砂砾卵石层，与沿河渠故道呈条带状叠置于其上的全新统卵石层，共同组成区内第四系孔隙含水岩组。区内地下水具水流交替循环强烈、水位恢复迅速的特点。由于含水层有西厚东薄、北厚南薄的特点，富水程度随含水层厚度的减薄而减小。地下水等水位及埋藏深度分布见图3。

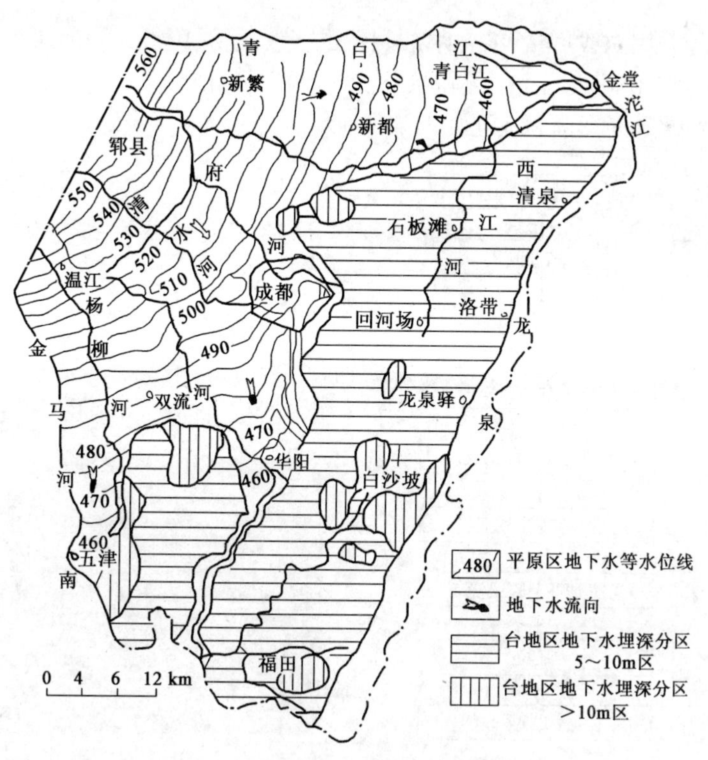

图3　地下水等水位及埋藏深度分布图

2　工程概况

光华公园站车站为地下双层 11m 岛式站台车站。车站共设有 3 个出入口、一个预留接口、1 个横跨光华大道的过街道、物业预留 6 个出入口、4 组 10 个风亭和一个消防疏散出入口个。车站总长度为 481.8m，车站标准段宽为 19.9m，车站标准站高度 13.13m。基坑北侧采用钻孔灌注桩 + 锚索的支护形式，设 4 道锚索，南侧采用与市政公园同步放坡开挖，开挖坡度为 1:1，层间马道宽度为 2m。其余部位为钢支撑段，竖向设三道支撑。桩锚支护剖面见图 4。

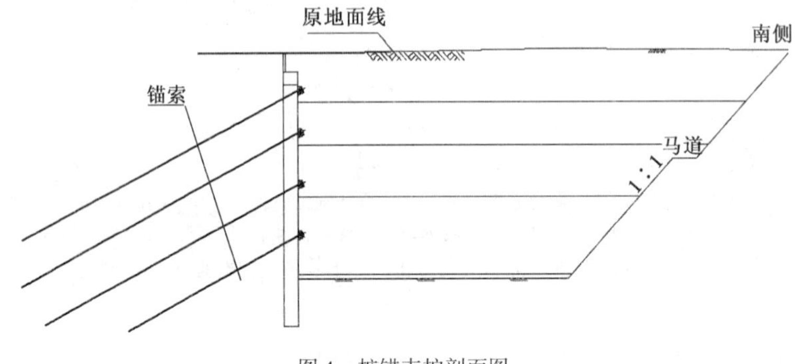

图 4　桩锚支护剖面图

3　预应力锚索施工

3.1　预应力锚索施工流程

预应力锚索施工流程如图 5 所示。

3.2　钻孔

按照设计桩号采用拉线尺量，结合水准测量进行放线，并用铁钎和油漆标记准确定位锚索孔位置，采用克莱姆 KR805-1 全液压锚固钻机进行跟管钻孔，钻孔孔径、孔深要求不得小于设计值，并超钻不少于 20cm。锚索成孔如图 6 所示。

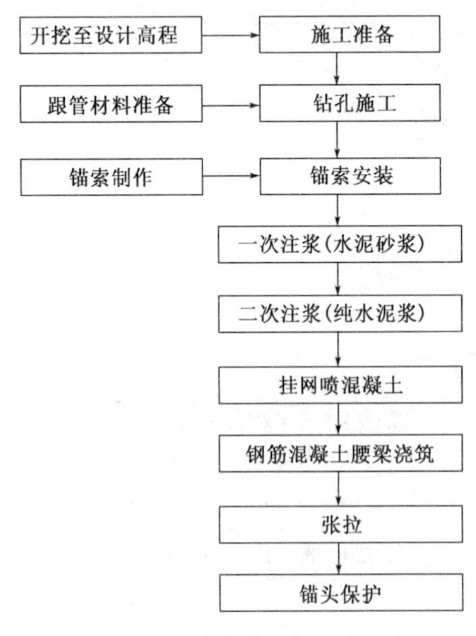

图 5　预应力锚索施工流程

图 6　锚索成孔

3.3 锚索制安

锚索钢筋选用1×7标准型钢绞线，公称直径15.2mm，其极限强度标准值为1860MPa，锚索的锚固段间隔设置架线环和紧固环，间距为1m；自由段设置架线环，间距为2m，以保证锚索顺直。根据设计图纸及相关规范进行编索，锚索体长度严格按照设计要求制作，锚固段长度制作允许误差为±50mm，自由段长度除满足设计要求外，为充分考虑张拉设备和施工工艺要求，一般预留超长1.2m。

锚索体放入锚索孔前，检查锚索体制作质量，确保锚索体组装满足设计要求，并经现场监理认可。锚索孔内及孔外周围杂物要求清除干净。锚索体长度与设计锚索孔长度相符，锚索体应无明显弯曲、扭转现象，锚索防护介质无损伤，凡有损伤的必须修复。安放锚索体时，防止锚索体挤压、弯曲或扭转，锚索体入孔倾角和方位一致，要求平顺推送，严禁抖动、扭转和串动，防止中途散束和卡阻。锚索体入孔长度应满足设计要求，锚索体安装完成后，不得随意敲击，不得悬持重物。

3.4 注浆

锚索注浆采用二次注浆工艺，注浆材料采用P.O425水泥。初拟参数为：水灰比0.38～0.45的水泥砂浆，灰砂比1:1～1:1.2，设计强度不应低于42.5MPa；待一次注浆初凝后进行二次注浆，二次注浆采用纯水泥浆，注浆压力为2.5～5.0MPa，水灰比为0.5～0.55，要稳压两分钟，注浆时间根据现场实际情况确定。

3.5 钢筋混凝土腰梁施工

锚索注浆结束后，立即进行锁口腰梁制作，腰梁制作时把锚索用PVC管套装，以免钢筋混凝土与钢绞线黏结。腰梁钢筋绑扎时应做好钢垫板的预埋，腰梁的承压面应平整，并与锚索轴线垂直。

3.6 张拉

在对张拉设备进行标定的基础上，在水泥浆强度达到设计强度后，及时对锚索进行张拉锁定，张拉设备采用ZB4-500S电动油泵及YDC240QX千斤顶，钢垫板采用350mm×350mm×16mm钢板，中心挖孔直径160mm。

当锚固体与腰梁混凝土强度达到设计强度的100%时才能进行锚索张拉锁定作业。锚索张拉前应对张拉设备进行标定，张拉顺序应考虑邻近锚索的相互影响。锚索正式张拉前，取0.1～0.2倍的轴向拉力设计值对锚索预张拉1～2次，使锚索完全平直和各部位接触紧密，产生初剪。锚索张拉至1.05～1.10倍轴向拉力设计值并保持15min，然后卸荷至零，再重新张拉至锁定荷载进行锁定，锁定荷载为0.75～0.9倍的轴向拉力设计值。预应力张拉分级加载，张拉分级加载依0.10～0.20、0.50、0.75、1.00、1.05～1.10倍的锚索轴向拉力设计值进行，每级持续5min，分级记录预应力伸长值。为避免相邻锚索张拉后的应力损失，采用“跳张法”即隔一拉一的方法进行锚索张拉施工，并及时填写土层锚索张拉与锁定施工记录表并完成相应检验批。锚索张拉如图7所示。

图7 锚索张拉

3.7 封锚

锚索张拉锁定完成后，切去多余的钢绞线，要求钢绞线在锚具外的外露长度不大于5cm，外露的钢绞线和锚具应用沥青涂封，防止锈蚀，浇筑C30细石混凝土包住锚头，保证锚头净保护层不小于50mm，作为永久防腐措施。

4 锚索施工难点及应对措施

4.1 钻孔施工

锚索均位于砂卵石地层中，钻机成孔异常困难，钻进过程中容易出现塌孔，钻头、钻具卡死等情况，从而导致成孔速度慢，钻具耗损大。因此，采用等同锚索直径的套管跟进、压水钻进方法钻孔，钻进时压力水从钻管流向孔底，在一定水头压力下，水流携带钻削下来的土屑排除孔外；钻进时不断供水冲洗，而且要始终保持孔口水位，若发现压水困难，说明已堵管，需清理堵塞物，重新钻进。

(1)采用扭矩大、冲击力强的多功能地质钻机。如宝峨产KR-805多功能地质钻机，可采用钻进加潜孔锤冲击双模式，也可使用套管护壁；现场移动方便、操作灵活。

(2)对施工参数进行优化。针对卵石地层钻进困难及钻进过程中的塌孔问题，经过现场研究和实践，钻孔孔径150mm，采用潜孔锤钻头＋套管跟进的施工工艺。利用潜孔锤钻头破碎卵石，用套管进行护壁，防止塌孔造成钻杆、钻头卡死。

(3)钻进过程中采用动力头推进加后冲击，退出钻杆时采用动力头推拉，退出速度快，不宜卡钻。

(4)钻进过程中采用高压循环水系统，这样既能将钻孔内残渣带出，又能降低钻杆及钻具的温度。

4.2 注浆施工

注浆遇到空隙大的卵石层时，注浆量往往超过设计注浆量的几倍甚至几十倍，且注浆不能一次性达到设计要求。注浆施工是保证锚索张拉的重要环节，因此必须保证注浆的整体质量。针对以上施工困难，施工过程中采取以下措施：

(1)做好二次高压注浆。浆液硬化后但不能充满锚固体时，必须进行二次注浆，注浆量不得小于计算量，充盈系数为1.1～1.3.可在一次注浆锚固体强度达到5.0MPa后进行，二次注浆压力控制在2.5～5.0MPa。

(2)选择合适的注浆材料。采用普通硅酸盐水泥浆或水泥砂浆，其达到张拉强度通常为7～10d。可考虑采用ZYG早强灌浆料，平均每道锚索施工工期缩短至1～2d。

5 结语

变形监测数据表明，光华公园站北侧各项监测数据均在设计范围之内，基坑安全可控，锚索施工技术可广泛应用于成都平原富水性砂卵石地层中，且采取预应力锚索＋旋挖钻孔桩支护的形式，后期主体结构占用空间较小，可利用空间换取时间，缩短施工工期，节约施工成本。

参考文献

[1] 姚劲松，曹平，明守成. 预应力锚索在基坑支护工程中的应用[J]. 西部探矿工程，2005，02：45-46.

[2] 侯永寿. 预应力锚索支护体系在地铁明挖深基坑施工中的应用[J]. 民营科技,2014,01:190-198.
[3] 王江华,王伟. 预应力锚索在砂卵石地层中的应用[J]. 铁道建筑技术,2011:1009-4539.
[4] 桂金祥. 李建强. 王佳亮. 成都地铁4号线二期盾构隧道漂卵石专项勘察分析[J]. 隧道建设,2017(4):476-485.
[5] 周富宽. 砂卵石地层锚索快速施工技术研究[J]. 轨道交通与地下工程,2014(2):94-96.

预应力锚索在基坑工程中的应用关键技术

王建军　刘喜林　胡宝山

（上海智平基础工程有限公司）

摘　要　本文首先介绍了预应力锚索在基坑工程中常见的应用形式及特点，其次通过工程实际案例分别详细地介绍了不可回收预应力锚索和可回收预应力锚索在基坑工程中应用的关键技术，最后根据工程施工效果做出总结，并提出了有针对性的建议，对类似工程具有指导意义。

关键词　基坑支护　预应力锚索　可回收锚索　套管　卵石

1　引言

我国在20世纪70年代开始，锚索锚杆开始大面积应用到基坑领域中，应用的形式主要有放坡锚杆＋锚索的形式，见图1，复合土钉墙形式，见图2，板式支护＋锚索形式，见图3。

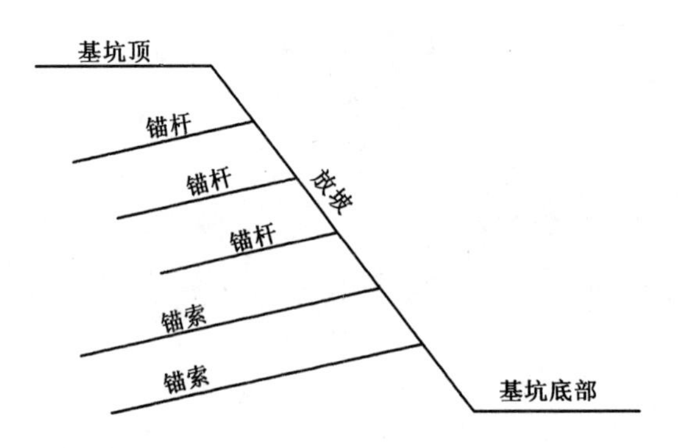

图1　放坡锚杆＋锚索

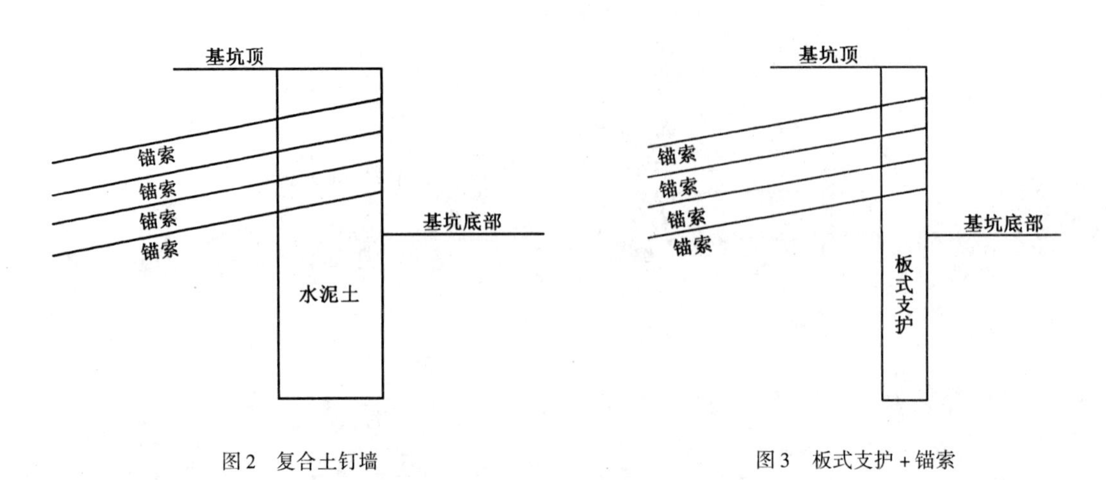

图2　复合土钉墙　　图3　板式支护＋锚索

锚索体系相比支撑体系具有造价低,工期短,安全性高等优点,但随着工程数量的增加,锚索在基坑领域中应用的弊端及施工中遇到的问题也逐渐显现出来,比如锚索出红线,可回收难度大,锚索施工对周边环境影响大,在复杂地层中成孔难度大等问题。本文针对两个工程案例,总结提炼出如何解决和克服上述问题的关键技术。

2 不可回收锚索应用关键技术

2.1 工程概况

本工程位于上饶市信州区,南靠滨江西路,北邻规划中龙潭路,西靠广信大道。基坑周长约1139m,基坑面积约4.3万m^2,基坑挖深10.33~12.53m,一层与二层地库高差部位4.85~5.68m,主要的支护形式为CSM工法桩+锚索。

2.2 地质概况

本工程地质情况及设计参数详见表1。

基坑支护土层参数表　　表1

层号	土类名称	重度(kN/m^3)	黏聚力(kPa)	内摩擦角(°)	与锚固体摩擦阻力(kPa)
①	杂填土	18.0	8.00	10.00	25.0
②-1	粉质黏土	19.9	25.6	15.7	50.0
②-3	细砂	19.0	3.0	28.0	50
②-4	卵石	20.5	0.00	35.00	180.0
③-1	强风化岩	20.0	35.0	30.0	180.0
③-2	中风化岩	21.0	200.0	35.0	200.0

2.3 设计方案

支护桩设计主要参数:850mm厚等厚度水泥土墙+内插700×300H型,其中自段长5.0~7.5m。

锚索设计主要参数:3根1×7-15.2钢绞线,@2400,L=17.0~21.0m,设计拉力350~590kN,锁定值240~410kN,锚索锚固段位于细砂、卵石及强风化粉砂岩中。基坑支护典型剖面见图4。

2.4 锚索施工中遇到的问题及难点

本工程有深厚的卵石层,最大粒径20cm,含量70%,距离信江边仅50m,卵石层中的水与信江水具有联动性,在锚索施工时出现了如下问题:

(1)锚索塌孔几乎无法成孔,现场做试锚阶段,一个孔成了2天,且地面发生塌陷现象。

(2)在第二道锚索施工时,当锚索钻机打穿止水帷幕时,大量水带着砂涌入基坑。

(3)锚索进行锁定后,锚索孔仍有漏水现象,需要专业队伍一直跟踪堵漏,需要浪费大量的人工。

(4)根据塌孔及涌水现象,拟采用套管跟进的办法,但施工时仍会发生埋套管卡钻的现象。

2.5 针对本工程解决措施

通过试锚后,第一道锚索采用套管跟进的办法进行施工,主要目的是避免上部杂填土塌孔和浆液流失的情况,将第二道二次注浆的锚索改为一次性旋喷锚索工艺进行施工,能够缓解涌水涌砂现象。

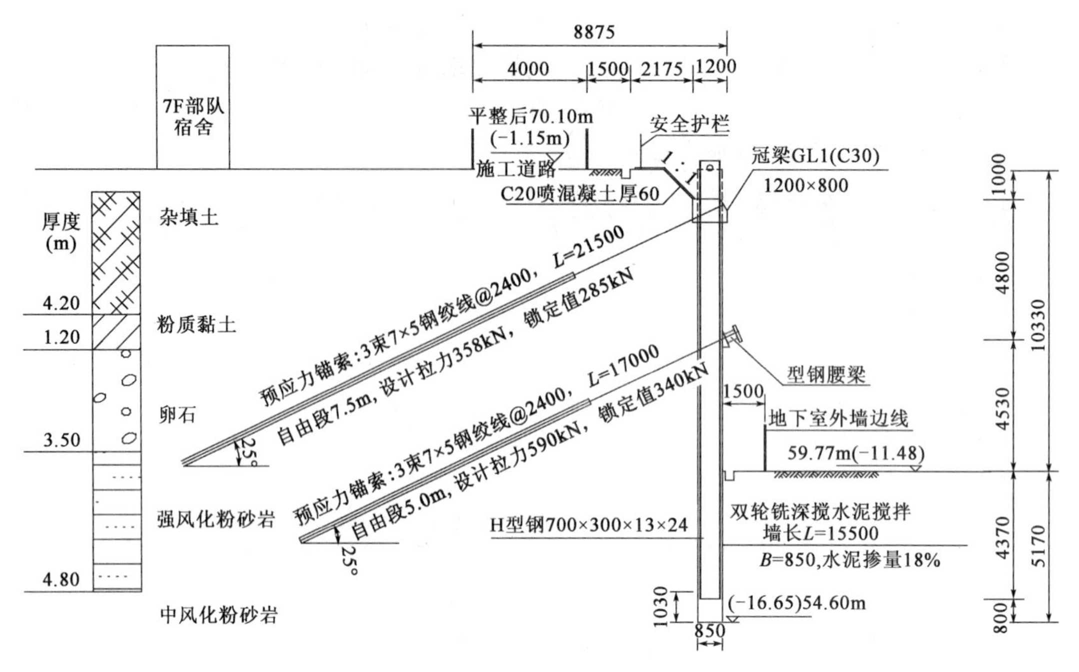

图4　支护典型剖面(尺寸单位:mm)

在靠近信江一侧为避免江水通过锚索孔涌入基坑,第一道锚索及土方采用分区段进行开挖,同时将距离信江最近的一段约100延长米的第二道锚索取消,采用图5变更剖面进行施工。

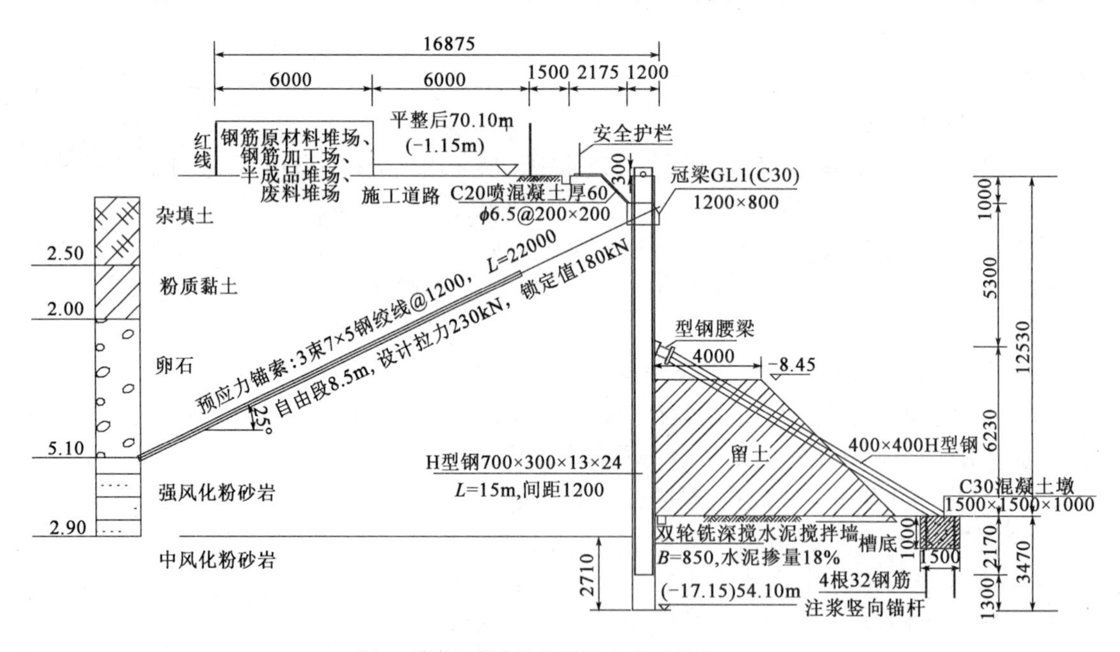

图5　靠信江侧支护变更剖面(尺寸单位:mm)

当基坑开挖至第二道锚索标高后,采用坑边留土的方法,增加被动区的土压力,使基坑侧壁处于稳定状态,在留土区外开挖到基坑底后,用凿岩机挖1.5m×1.5m×1m的坑,然后打入竖向锚杆,并配筋浇筑留置好预埋件。将400mm×400mm型钢斜支撑安装好,再开挖留土区域内的土方,底板浇筑时直接将型钢浇筑到底板内并设置止水片,后割掉。基坑开挖效果见图6、图7。

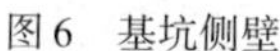

图6　基坑侧壁

图7　基坑坑底

3　可回收锚索应用关键技术

3.1　可回收锚索目前形式及应用的原因

普通锚索在目前深基坑中难以施展的原因是:①对相邻地块桩基钻进的影响; ②对相邻地块基坑的开挖影响,极大地增加了基坑开挖的难度; ③对周围市政工程的影响(困扰市政管线施工);④影响城市地铁的施工;⑤影响城市长远规划。

随着人们对地下空间产权保护意识的提高,工程中锚索超出“红线”施工的情况将不断被限制。目前我国许多城市明文规定除特殊情况外禁止锚索和锚杆超出“红线”。因此,进行锚索可回收利用,减少城市地下建筑垃圾、降低后续开发的障碍以便更好地利用地下空间是必然趋势。在城市深基坑工程中,可回收式锚索必将得到广泛应用。

3.2　工程概况

南昌正盛·太古港商业城项目位于南昌市洪城路南侧、长青国贸广场西侧,开挖深度为23.0m。由于现场部分建筑未拆迁,故把基坑分为三个区,分区见图8,①区先施工,②区与

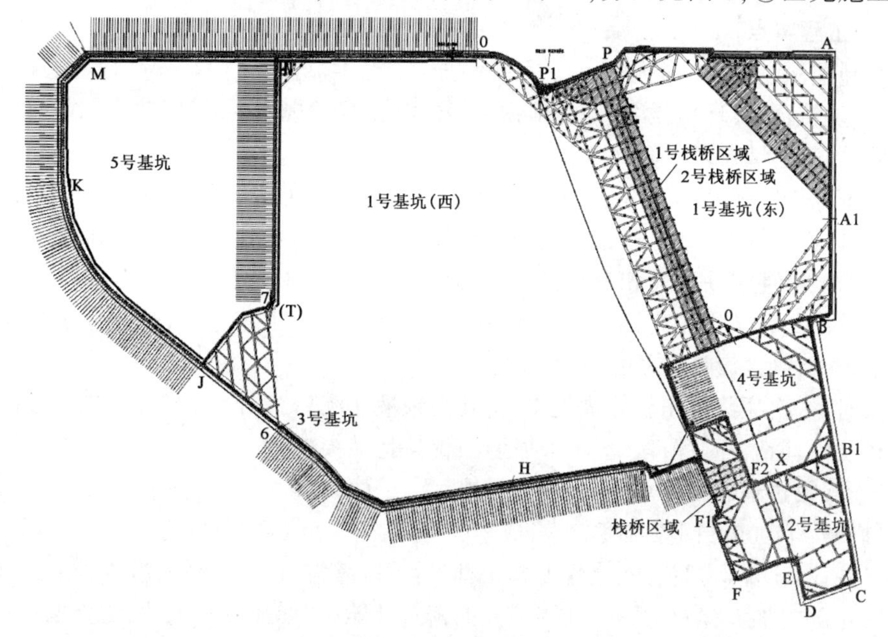

图8　基坑分区平面图

③区后施工。①区开挖面积约为59689m^2,②区开挖面积为14366m^2,③区开挖面积约7372m^2,锚索设计情况三道预应力可回收锚索(机械式可回收锚索)。锚索成孔:成孔直径168mm,采用套管钻进成孔,压力分散型锚索,无黏结钢绞线。锚索注浆:水泥=0.55:1纯水泥浆,并加入适量的水玻璃。采用二次注浆,第一次注浆压力为0.5~0.6MPa;第二次注浆压力为2.0~3.0MPa。设计荷载为440~500kN,锚索长度20~25m。

3.3 张拉锁定

夹片锁定第一单元锚杆,张拉到第一级荷载;然后用夹片固定第二单元,同时张拉第一、第二单元锚杆至第二级荷载;然后用夹片固定第三单元,同时张拉第一、第二、第三单元至第三级锁定值(表2),锁定。

张拉锁定值　　表2

剖面		第一级(kN)	第二级(kN)	第三级锁定(kN)
MON 剖面	第一道	85	—	200
	第二道	28	69	300
	第三道	32	72	300
MON 剖面	第一道	64	—	250
	第二道	87	—	250
	第三道	98	—	300
F4—R 断面	第一道	32	75	350
	第二道	31	80	350

3.4 地质情况

填土层:场地内均有分布,层厚0.60~4.30m,杂(浜)填土层、黏土层。

砂卵石:第④层(Q_3^{al})中砂稍密~中密,呈亚圆形,颗粒较均匀,均布,层厚0.80~7.50m。第⑤层(Q_3^{al})圆砾中密,层厚0.60~4.00m。第⑥层(Q_3^{al})砾砂中密,层厚2.20~6.90m。第⑦层(Q_3^{al})圆砾中密,层厚3.00~8.20m

3.5 工程特点

基坑开挖深度大(最深达23m);紧邻市政主干道洪城路;是南昌现阶段标志性建筑;周边市政管线、建筑众多,环境复杂;地处地铁13号线待建区,规划要求高;锚索回收难度大。

3.6 施工关键技术

表层填土较厚(0.6 ~4.3m),其下为厚度约7.50m中砂、6.90m砾砂,基坑底部位于⑦圆砾层,砂卵石层厚度大,且分布广泛。可回收锚索均分布在砂卵石层中,传统工艺成孔易塌孔,不易清孔,且注浆易流失和串孔,很难形成理想的注浆结实体。

我司采用跟管钻进+套管内一次注浆+二次劈裂注浆工艺,有效地规避了砂层塌孔与清孔堵孔的弊端,确保设计孔径。

注浆时,一次注浆采用套管内注浆,待孔内浆液注满后,保持3~5min,然后拔除套管。为防止在砂层中埋钻,注浆阶段套管驱动运行,保持运转模式。

3.7 回收过程建议及总结

目前回收了90%,回收难度较大,成本相对较高。回收过程见图9、图10。回收过程中总结了如下建议:①锚索越长,回收难度越大,以后可以考虑改为旋喷锚,减少长度;②时间越长,回收难度也随之加大,防止锈死,加强锚具的密封性能;③加强成孔工艺,防止塌孔和水泥浆的流失,角度适当增大。

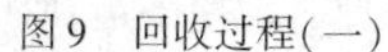

图9　回收过程(一)

图10　回收过程(二)

4　结语

通过两个工程案例,总结出了不可回收锚索在复杂地层中施工的关键技术和可回收锚索在复杂地层中如何提高回收率,工程结束后也证实了该技术的可实施性和有效性,为今后类似工程施工提供借鉴经验,最后针对可回收锚索提出了几点想法和建议:①新型材料(锚具和承载板不再是铁),高分子材料代替;②可装配式锚杆锚索(伞式可拆装);③"拆线式",刀切断,镊子将钢绞线夹出来;④锚索是否可以做一个应力自动补偿系统;⑤桩锚结构,是否要严格控制桩底沉渣,或者验算承载力。

深基坑工程支护监测及变形数据分析

李　宁[1]　谭　磊[1]　崔　楠[1]　李东海[2]　刘继尧[2]　贺美德[2]　张　一[2]

（1. 北京市建设工程质量第三检测所有限责任公司　2. 北京市市政工程研究院）

摘　要　北京某深基坑建筑工程，在砂卵石地层中采用桩锚支护形式。基坑开挖深度大，面积大，周边邻近地铁及道路，环境复杂。基坑在土方开挖过程中破坏原有地层平衡，而已引起周围土体主动土压力集中偏向基坑支护体系。通过对支护及周边环境进行科学、合理、有效的变形监测和及时数据分析，时刻掌握支护动态情况，指导现场施工验证设计参数。为工程安全保驾护航，并对以后类似工程提供经验。

关键词　深基坑　桩锚支护　变形监测　数据分析

1　引言

随着城市快速发展，为了更好地利用有限空间，建筑基坑开挖深度越来越深，对周边环境影响及支护有效安全程度也越来越高[1]。因此通过有效监测手段来掌握基坑支护及周边环境动态变化情况十分重要。

2　工程概况

2.1　新建工程及周边环境概况

已建西局商业09号地块总用地面积23800.03m^2，总建筑面积约174923.452m^2，其中地上建筑面积106684.42m^2，地下建筑面积68239.03m^2，本项目已建场地位于北京市丰台区，新建基坑南侧为现况丰台北路，±0.000标高相当于绝对高程46.100m。已建基坑深度为18.0m，其中基坑西北角临近既有地铁14号线西局站6号出入口、10号线西局站—六里桥站区间，其中距离14号线西局站6号出入口最近距离约17.3m。距离10号线西局站—六里桥站区间最近距离约为32.4m。新建基坑与既有地铁相对位置关系平面如图1所示。

2.2　基坑支护概况

基坑采用明挖顺做法施工，围护结构采用钻孔灌注桩+锚索，灌注桩采用ϕ1000@1400，桩间挂单层ϕ6.5@200×200mm钢筋网片，并喷射混凝土厚度80mm；灌注桩顶设1100×600mm、800×800mm规格的冠梁，冠梁顶部部分采用砖混挡墙370mm，桩顶部分采用土钉墙支护形式；连接通道位置采用钻孔灌注桩+钢支撑联合支护形式。基坑桩长21.4m，嵌固深度6.0m，挡墙高度2.3m，共设四道锚索。基坑东侧、南侧、北侧支护断面形式相同(5-5断面)，西侧支护断面形式不同(1-1断面)。

1-1断面：采用钻孔灌注桩+锚索支护方式。钻孔灌注桩ϕ1000@1400，桩长21.4m，嵌固6m，4道锚索分别在地表下-2.3m、-4.5m、-4.2m、-4.0m。西侧近邻地铁10号线结构边32.3m，基坑垫层底标高与10号线结构顶层标高相同，为28.100m；距6号出入口结构边20.7m，标高33.000~43.800m。

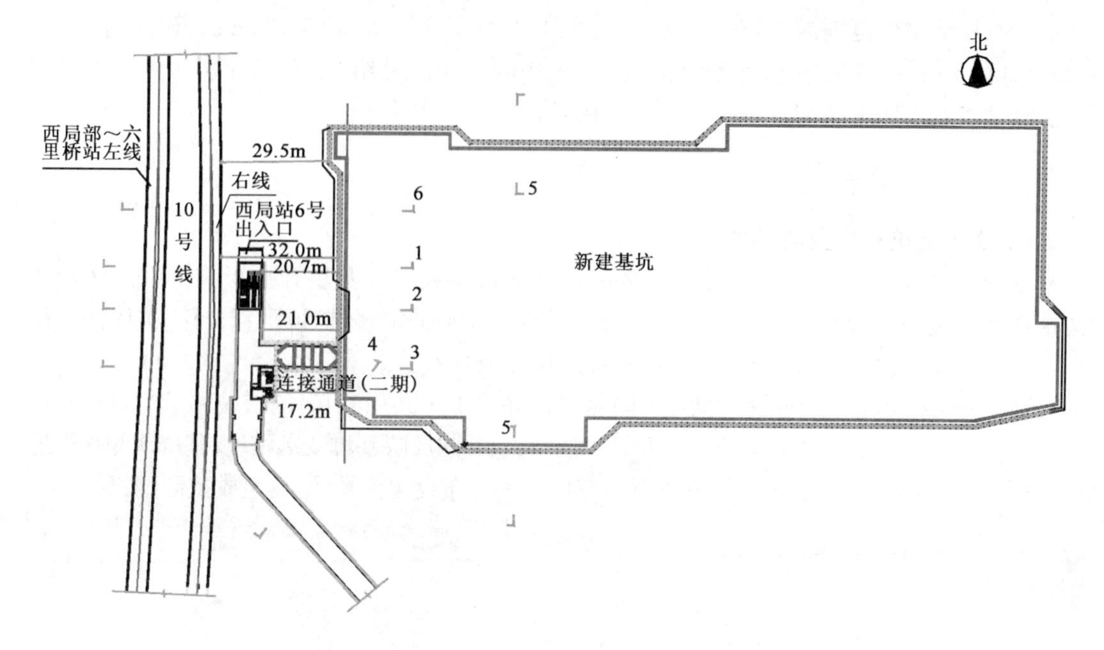

图1　基坑与周边环境关系平面图

5-5断面:采用钻孔灌注桩+锚索支护方式。钻孔灌注桩 ϕ1000@1400,桩长21.4m,嵌固6m,4道锚索分别在地表下-2.3m、-4.5m、-4.2m、-4.0m。

2.3　基坑支护阶段工序步骤

①基坑先进行打孔灌注桩施工→②清理表土约2m→③冠梁及挡墙施工→④第一道锚索打孔注浆施工→⑤待强度后加载施工→⑥进行土方开挖→循环④~⑥至土方完成→⑦垫层→⑧防水→⑨结构→⑩肥槽回填结束。

本基坑土方施工顺序从西向东施工,东侧临时预留马道见图2。

2.4　工程地质及水文概况

根据勘察报告及现场土方施工情况,现场地质较为均匀。勘察深度65.0m范围内地基土可分为7层,第①层为填土,层底标高介于42.23~44.08m之间。第②、③层为第四纪新近沉积层,35.12~41.64m,第④、⑤层为第四纪一般沉积层,21.50~33.16m。第⑥、⑦层为古近纪基岩。结构底板基本在第④、⑤层之间。现场地质情况见图3。

图2　现场施工情况照片

图3　现场地质情况照片

勘探时地下水位范围内揭露一层地下水，地下水类型为潜水，埋深约26m，静止水位标高约19m，赋存于第④、⑤层中，主要受大气降水入渗、侧向径流补给，以人工开采为主要排泄方式。水位基本处于底板结构以下1m，土方开挖过程中未降水施工。

3 基坑支护监测

3.1 现场基坑支护监测实施

根据设计文件及监测方案，确定了主要的监测项目参数并对基坑开挖影响范围内区域及周边地铁等建筑物进行布置测点。主要监测项目有桩顶水平位移、桩顶垂直位移、桩体深层位移、锚索轴力、地表沉降、邻近地铁结构沉降及位移等项目参数。

桩顶垂直位移和水平位移沿基坑边缘间隔10m布设1个共用测点；深层位移、锚索轴力、周边地表沉降等项目约20m间隔布设一个断面，可以有效共同反映基坑变形情况；基坑西侧邻近地铁结构均布设了沉降及位移测点；同时在基坑影响范围外布设4个基准点，组成控制网，见图4。

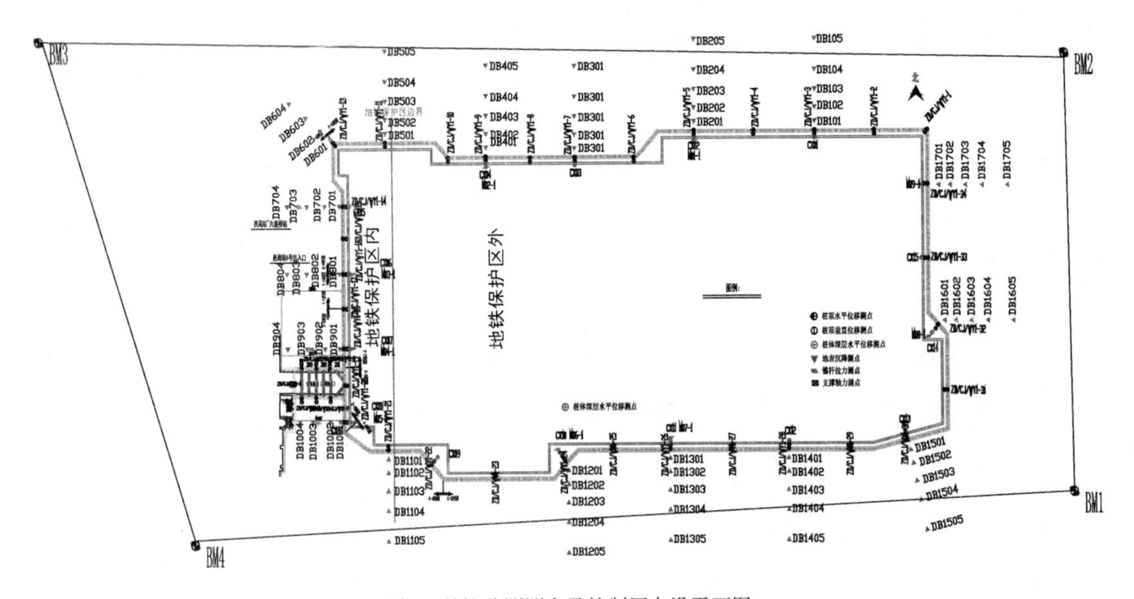

图4 基坑监测测点及控制网布设平面图

现场选用一些高精度仪器满足规范及工程要求见表1。

监测项目及仪器一览表 表1

监 测 项 目	监 测 仪 器	仪 器 精 度
基坑巡视	—	—
坡顶垂直位移	精密水准仪	0.3mm/km
坡顶水平位移	全站仪	1″
周边地表沉降	精密水准仪	0.3mm/km
深层位移	测斜仪	0.02mm/m
锚索轴力	振弦读数仪	0.1FS

3.2 监测数据分析

工程基坑为深基坑，周边环境复杂安全等级为一级，根据规范和方案对下列项目进行典型监测数据分析。

3.2.1 锚索轴力

本项目沿基坑共布设9断面轴力测点，现选取4断面测点，进行分析见表2。

锚索轴力监测数据表　　表2

位置编号	层数	初始值(kN)	累计值(kN)	锁定值(kN)	控制值(kN)	其他
东侧 M8-1	-1	93.38	104.23	154	192	
东侧 M8-2	-2	197.16	175.90	261	326	
东侧 M8-3	-3	—		475	594	
东侧 M8-4	-4	217.19	221.78	362	453	
南侧 M6-1	-1	164.50	162.89	154	192	
南侧 M6-2	-2	160.70	160.03	261	326	
南侧 M6-3	-3	340.09	349.12	475	594	
南侧 M6-4	-4	316.39	308.73	362	453	
北侧 M1-1	-1	156.75	169.88	154	192	
北侧 M1-2	-2	195.40	219.76	261	326	
北侧 M1-3	-3	316.55	318.00	475	594	
北侧 M1-4	-4	235.82	283.10	362	453	
西侧 M3-1	-1	121.03	117.54	363	454	
西侧 M3-2	-2	275.38	284.52	558	698	
西侧 M3-3	-3	276.96	311.31	280	350	临近地铁
西侧 M3-4	-4	286.19	255.83	362	453	

由锚索轴力数据表来看，基坑锚索轴力均为超出控制值，但部分第1~2排锚索初始张拉偏小，未能达到锁定值，可能会引起后期基坑支护变形。

3.2.2 深层支护位移

根据基坑特点及现场情况，选取典型深层位移曲线进行分析如图5~图8所示，曲线图中位置深度0~-2m位置主要为挡墙部位，从-3m开始为桩顶位置。

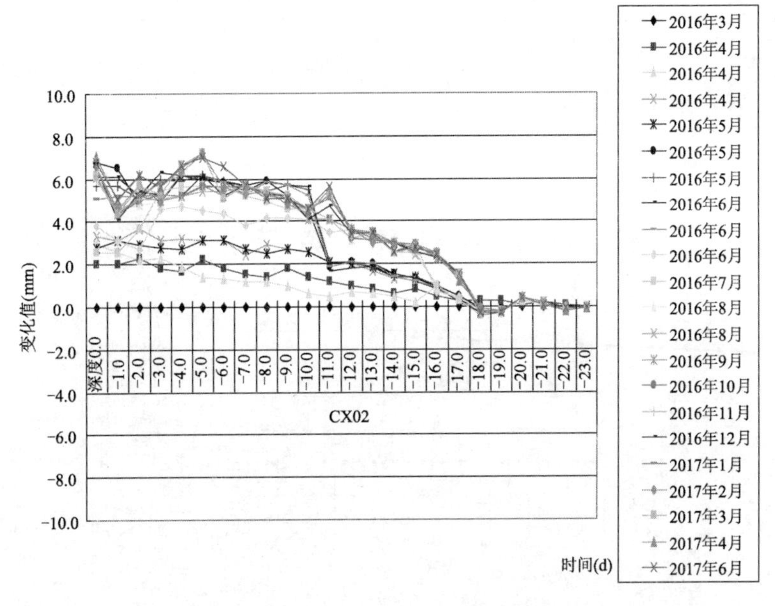

图5　深层位移CX02孔曲线图

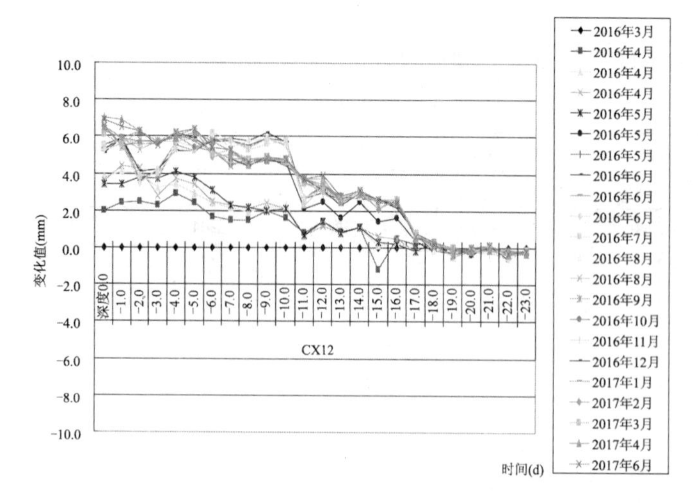

图6　深层位移 CX12 孔曲线图

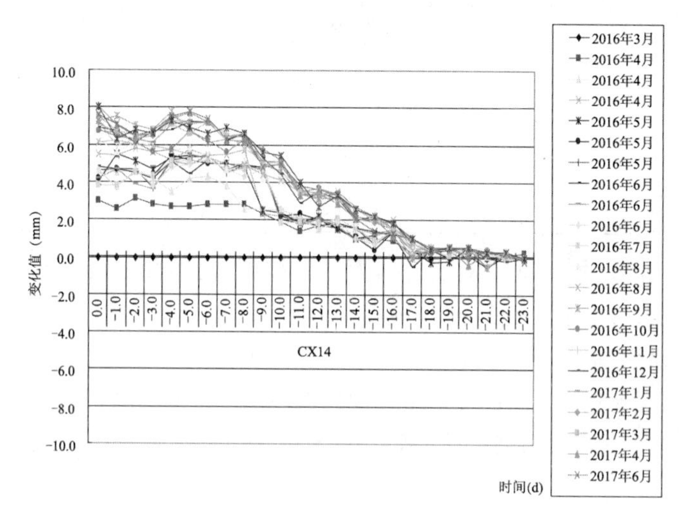

图7　深层位移 CX14 孔曲线图

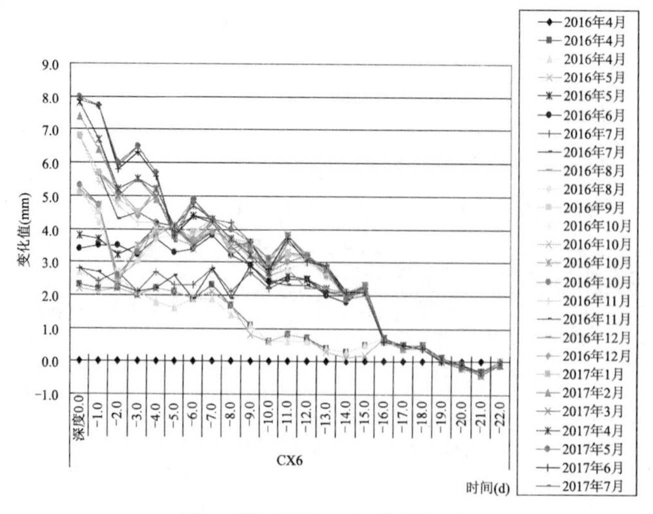

图8　深层位移 CX06 孔曲线图

深层位移监测数值统计表见表3。

由图5来看，CX02孔整体平均偏移量在6mm左右，位移量最大7.2mm，在桩-5m位置，基坑北侧。

图6来看，CX12孔整体平均偏移量在6mm左右，位移量最大6.4mm，在桩-5m位置，基坑南侧。

由图7来看，CX14孔整体平均偏移量在7.0mm左右，位移量最大7.8mm，未到达预警值，深度在桩-5m位置，基坑东侧。

CX06孔在基坑西侧临近地铁处，从图8来看，该孔位移曲线基本成斜线变化，位移量最大在桩顶处6.5mm，数值变化不大，未超控制值15mm。

深层位移监测数值统计表 表3

位置编号	深度(m)	最大位移量(mm)	控制值	其他
基坑东侧 CX14	-5	7.8	50	
基坑南侧 CX12	-5	6.4	50	
基坑西侧 CX06	-3	6.5	15	临近地铁
基坑北侧 CX02	-5	7.2	50	

从数据表及曲线图综合来看，基坑整体深层位移量比较均匀，未超出控制值。位移最大位置基本在-5m左右，影响深度基本从0～17m位置深度，引起这样变形的原因主要是前期土方开挖和锚索张拉。

3.2.3 临近地铁结构沉降

通过对地铁隧道结构及出入口结构监测来看，地铁隧道结构沉降0.7mm，出口结构沉降-0.96mm，两位置沉降量均为超出控制值。

3.2.4 桩顶垂直位移及地表沉降

基坑的桩顶垂直位移变化量基本在2～-5mm范围，未超出控制值，变化正常；地表沉降量整平均沉降量-10mm左右，单个测点沉降量达到-20mm，这是由于地表浅层杂填土不密实引起的。

4 结语

该深基坑工程通过科学合理监测、设计、施工得以顺利完成。在项目施工过程中，深层支护位移基本靠近桩顶处变化相对较大，通过分析可能由于前期第1、2道锚索张拉值不足引起。总体来看该深基坑支护位移变形量较小，临近地铁结构监测未发生明显变化，也得力于该工程地质条件较好，桩锚支护体系能与地质很好结合起到被动土压作用。

参考文献

[1] 顾刚. 珠海某基坑施工监测结果分析及处理措施[J]. 施工技术，2016，(21)：103.

盾构始发基坑支护结构及周边环境变形监测及风险控制

张　斌[1,2]　李东海[1,2]

(1. 北京市市政工程研究院　2. 北京市建设工程质量第三检测所有限责任公司)

摘　要　文中结合南水北调团九二期工程盾构始发井施工,介绍了深基坑工程施工中的主要风险隐患。结合基坑开挖过程中地面沉降、地下连续墙沉降及支撑应力的变化趋势分析,对施工过程中的风险进行评估分析,最终确保了基坑施工过程中的安全,为类似的工程提供了有益的借鉴。

关键词　盾构始发基坑　变形监测　风险控制

1　引言

随着城市的不断发展,对地下空间的利用开发大大增加,出现了大量基坑施工工程。对于北京这样土地资源紧缺的城市,特别是中心城区,为了有效利用土地,建筑物不断向高空、向地下发展,由此各种深大基坑也不断涌现,这势必对邻近风险源的安全产生影响。深基坑开挖是一项复杂工程,在开挖的同时还要注意基坑支护结构和周围地表的变形,它关系到相邻建筑、管线的安全。因此,当基坑周围环境复杂时,基坑设计稳定性问题仅是必要条件,大多数情况下的主要控制条件是变形,从而使基坑工程的设计从强度控制转向变形控制。在基坑施工中第三方监测是不可或缺的重要内容,基坑工程施工时,很多情况下会遇到围岩稳定性问题。如何较好地控制基坑开挖过程中围岩变形情况,是基坑施工的一大问题。本文结合部分监测数据,总结了基坑开挖过程中围护墙体、支撑应力和基坑周围地表沉降的规律并试图分析其原因,以期为类似工程的设计和施工提供借鉴。

2　工程概况

团城湖至第九水厂输水工程(二期)(以下简称"团九二期工程")是北京市南水北调配套工程的重要组成部分,承担着向第九水厂、第八水厂、东水西调工程沿线水厂的供水任务。本工程是配套工程"一条环路"中的最后一段未建工程,该工程建成后,环路将会实现贯通,全线闭合。工程位于北京市海淀区颐和园与玉泉山之间,紧邻京密引水渠。

本工程共设置盾构井 3 座。1 号盾构井为始发井,桩号范围 0 + 000 ~ 0 + 050,长度为 50m,最大深度为 16.6m。2 号盾构井为始发兼接收井,桩号范围 2 + 152.829 ~ 2 + 202.829,长度为 50m,最大深度为 22.4m。3 号盾构井为接收井,桩号范围 3 + 943.323 ~ 3 + 974.327,长度为 32m,最大深度为 24.2m。

本工程盾构井列表如表 1 所示。

本工程盾构井列表　　表1

序号	桩　　号	名称	深度(m)	自身风险等级	环境风险等级	监测等级
1	0 +000 ~0 +050	1 号盾构井	16.6	二级	三级	二级
2	2 +152.829 ~2 +202.829	2 号盾构井	22.4	一级	二级	一级
3	3 +943.323 ~3 +974.327	3 号盾构井	24.2	一级	二级	一级

3　工程地质与水文地质概况

本工程位于北京市区西北部，以红山口桥为界，南属永定河冲洪积平原，北属北运河冲洪积平原。西侧香山，最高海拔571m。东部广大地区为冲洪积平原。

根据本次钻探和现场调查，工程沿线各段地层条件如下：

(1)第Ⅰ段(桩号0 +000 ~3 +300)

本段地貌单元上属永定河冲洪积平原，原始地层主要为上薄黏性土下卵石双层结构(Ⅰ1，经人为改造，桩号0 +000 ~0 +380、1 +160 ~1 +240 段为上深厚填土下卵石双层结构(Ⅰ2)。

隧洞穿越地层以卵石为主，局部为人工填土。工程起点段地下水高于设计隧洞洞底，其余段接近或略低于结构底板，其水位年变幅一般为1 ~3m，在高地下水情况下，洞室周边卵石层、砂层及杂填土层，尤其是在桩号0 +500 ~0 +800 附近洞顶存在较为集中的细砂、中砂透镜体，极易发生流砂、管涌、洞顶坍塌等现象，影响隧洞洞身、洞顶稳定，进而引发地面沉降或塌陷以及洞身涌水现象，施工应予以注意。

(2)第Ⅱ段(桩号3 +300 ~3 +650)

本段地貌单元上属山前斜坡带，同时受永定河冲洪积及北运河冲洪积的影响，场区地层条件较为复杂，第四系覆盖层分布不稳定，基岩起伏较大。根据土(岩)体的结构类型及隧洞底5m以上地层岩性的不同，本段为上覆盖层下基岩双层结构。隧洞所穿越地层软硬不均，需选择适宜的盾构机刀具。

场区35 ~40m 深度范围内地下水埋藏类型为第四系孔隙水及基岩裂隙水。其中场区第四系地下水位高于结构底板，其水位年变幅一般为1 ~3m。同时受京密引水渠渗水影响，洞室周边尤其洞顶卵石层、砂层、粉土层及节理裂隙发育的基岩易发生流砂、管涌、洞顶坍塌等现象，影响隧洞洞身、洞顶稳定，进而引发地面沉降或塌陷以及洞身涌水现象，施工应予以高度重视。

(3)第Ⅲ段(桩号3 +650 ~3 +974)

本段属北运河冲洪积平原，场区地层主要为黏砂砾多层结构，局部为上覆盖层下基岩双层结构。洞身穿越地层主要为卵石⑥层及细砂⑥1 层；其中桩号3 +780 附近穿越二迭系红庙岭组全风化 ~ 中等风化砂岩，需选择适宜的盾构机刀具。

场区在该段共揭露三层水，其中隧洞涉及主要为层间水，该层地下水高于隧洞结构底板约3m。地下水易使砂层及卵石层发生流砂、管涌等现象，同时会增加洞周支护结构上的压力，并使围岩土体强度降低造成围岩变形或失稳破坏，施工时需引起注意。

根据《中国地震动参数区划图》(GB 18306—2001)和《建筑抗震设计规范》(GB 50011—2010)，工程区地震动峰值加速度为0.20g，相当于原地震基本烈度值Ⅶ度，设计地震分组为第一组。

4　监测的重要性及目的

理论研究和施工实践表明,在地下工程的施工过程中,地层应力状态的改变将直接导致结构产生位移和变形,同时也会对地表及周边环境造成一定影响。当这种位移和影响超出一定范围,必然对结构产生破坏,并影响到上方地表和临近建构筑物的安全使用。通过对监测数据的分析处理,可以进行变形及结构内力量测,并对可能发生的安全隐患或事故提供必要的预报,让各有关方作出反应,避免事故的发生。因此对本工程施工实施第三方监测是十分重要和必要的。

5　监测内容

监测项目如表 2 所示,测点布置如图 1 所示。

盾构始发基坑监测项目　　表 2

序号	监测对象	墙顶水平/竖向位移（mm）	支撑轴力（kN）	基坑周边地面沉降（mm）	备　注
1	1 号盾构井	12	20	24	
2	2 号盾构井	14	25	30	
3	3 号盾构井	8	15	18	
合计		34	60	72	

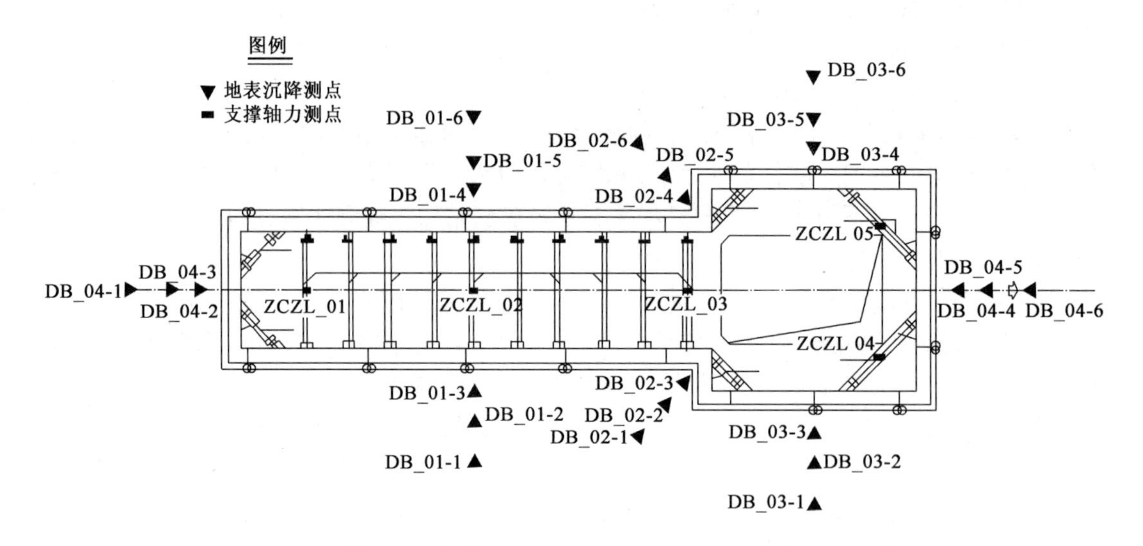

图 1　测点布置示意图

6　监测结果分析

6.1　地表沉降

地表沉降是反映基坑变形程度的一项重要内容,根据地表沉降的大小,可以推测出周围地面的变形情况,从而对基坑变形的环境影响进行评估。选取具有代表性的测点 DB_04-4、DB_04-5、DB_04-6、(测点布置如图 1 所示)进行分析,其地表沉降变化曲线如图 2 所示,对图 2 分析可得地表沉降的以下规律:

(1)地表沉降曲线表现出明显的阶梯趋势,由于支护结构的摩擦作用,沉降在距离基坑边缘一定距离到达某一最大值,之后随着距基坑距离的不断增大,地表沉降逐渐减小。

(2)地表沉降与基坑开挖之间存在对应关系,基坑开挖时地表沉降明显,特别是深层土体的开挖对地表沉降的影响尤为明显。在开挖至结构底后地表沉降最大值为9.5mm,直至结构底板施工完成后地表沉降最大值稳定在11mm左右,在开挖期间对围岩土体卸载时的沉降值占总沉降量的86%。

(3)地表沉降最大值发生的位置在距离基坑边缘附近,在距离基坑开挖深度影响之外,地表沉降逐步减小,所以在距离基坑一定距离处会影响围岩地表下沉。

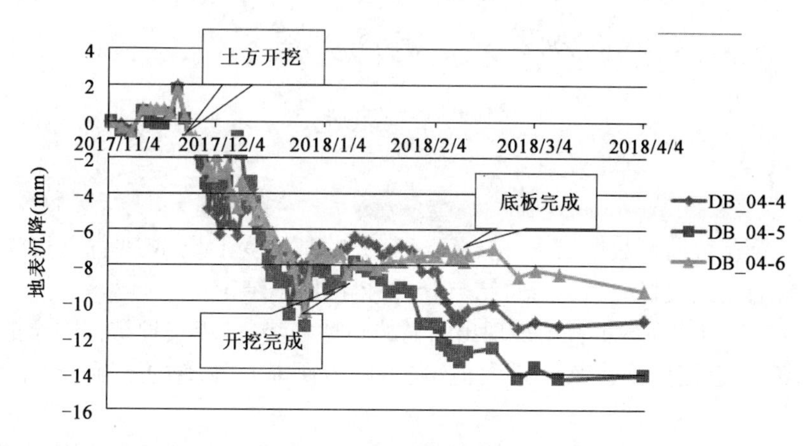

图2　地表沉降历时曲线图

6.2　墙顶竖向位移

墙顶竖向位移是反映基坑支护结构稳定性的一项重要内容,根据墙顶竖向位移的大小,可以推测出墙体的变形情况,从而对基坑支护结构稳定性进行评估。墙体竖向位移变化曲线如图3所示,对图3分析可得墙体位移的变化规律为:在基坑开挖至开挖完成墙顶竖向变化呈明显下沉趋势,在结构底板施工后墙顶竖向变化趋于稳定。

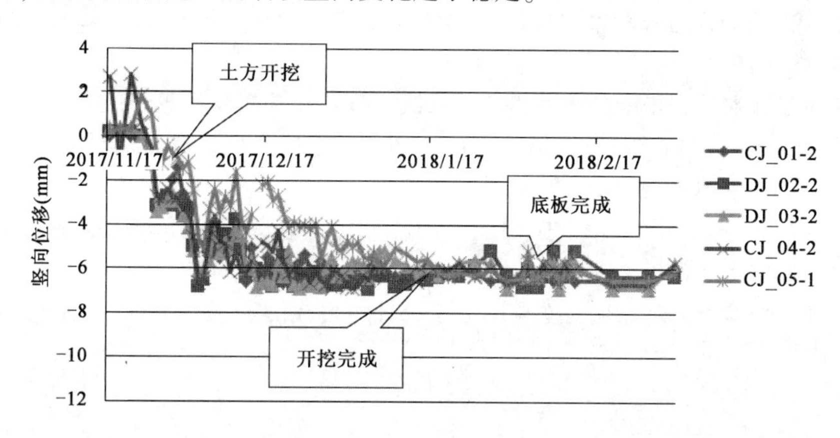

图3　墙顶竖向位移历时曲线图

6.3　支撑应力

支撑应力是反映基坑支护结构稳定性的重要内容,根据支撑应力的大小,可以推测出支护结构变形情况,从而对基坑支护结构稳定性进行评估。支撑应力变化曲线如图4所示,对图4分析可得本工程中支撑应力无明显异常变化,说明本工程采取的支护措施达到预期的效果。

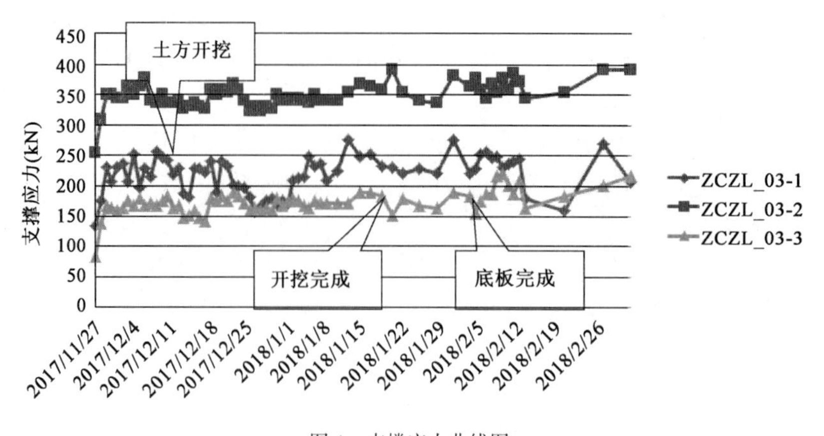

图4　支撑应力曲线图

7　结论

从实测的深基坑监测数据出发，结合已经完成的基坑变形规律，对深基坑支护结构、地表沉降、墙顶竖向位移、支撑应力进行总结与分析，得出以下结论：

（1）地表沉降曲线在本工程中表现出明显的阶梯趋势，由于支护结构的摩擦作用，沉降在距离基坑边缘一定距离到达某一最大值，之后随着距基坑距离的不断增大，地表沉降逐渐减小。

（2）本工程在基坑开挖过程中墙体竖向位移随施工进度出现下沉趋势，现场应合理安排施工顺序以控制变形。

（3）工程中支撑应力无明显异常变化，说明本工程采取的支护措施达到预期的效果，保证了工程的顺利开展。

参考文献

[1]　中华人民共和国行业标准. JTG 8—2016　建筑变形测量规范[S]. 北京：中国建筑工业出版社,2016.

[2]　北京市地方标准. DB11/490—2007　地铁工程监控量测技术规程[S].

[3]　中华人民共和国国家标准. GB 50497—2009　建筑基坑工程监测技术规范[S]. 北京：中国计划出版社,2009.

[4]　中华人民共和国行业标准. JTG 120—2012　建筑基坑支护技术规程[S]. 北京：中国建筑工业出版社,2012.

[5]　赵万庆 ,鲍其胜. 深基坑安全监测方案设计与实践[J]. 科技资讯 , 2009, (27).

岩石锚杆基础技术在海礁建(构)筑物中的应用

任晓亮　李耀华

(中交广州水运工程设计研究院有限公司)

摘　要　岩石锚杆基础是通过将水泥砂浆或细石混凝土与锚筋注入岩孔内,使得锚筋与岩石体胶结成整体,承受上部的荷载。岩石锚杆基础技术的应用可产生良好的经济及环保效益。本文以汕头南澳岛某项目中观海栈道工程为例,基于对岩石锚杆基础的设计原理的分析,并且结合现场大量真型试验数据的对比,对岩石锚杆基础在海礁建(构)筑物的应用提出相应的方案案例并对其推广应用提出一些建议。

关键词　岩石锚杆基础　海礁建(构)筑物　设计方案　承载力　钻孔设备　现场试验

1　引言

岩石锚杆基础是通过将水泥砂浆或细石混凝土与锚筋注入岩孔内,使得锚筋与岩石体胶结成整体,承受上部的荷载。岩石锚杆基础减少了基础的混凝土用量、土石方的开挖量,降低了水泥、砂石、基础的钢筋及弃土的运输量,能显著降低运输的工程量,特别适用于沿海礁石群上复杂、险峻地势的建(构)筑物建设需求。同时,也因显著减少了人工的开挖或者爆破的作业对周围海礁及周边林木的损害,具有良好的环保效益。所以本文认为,岩石锚杆基础技术在海礁建(构)筑物的建设中具有广阔的发展前景。

本文以汕头南澳岛某项目中观海栈道工程为例,基于对岩石锚杆基础的设计原理的分析,并且结合现场大量真型试验数据的对比,对岩石锚杆基础在海礁建(构)筑物的应用提出相应的方案案例并对其推广应用提出一些建议。

2　岩石锚杆基础应用特点

(1)岩石锚杆基础由于充分发挥了岩石的力学性能,具有较好的抗拔性,特别是上拔和下压地基的变形比其他类基础都要小。

(2)岩石锚杆基础采用机械钻孔,避免了人凿和爆破作业对基础周围基面及植被的损害。

(3)岩石锚杆基础由于充分发挥了岩石的力学性能,从而大量地降低了基础材料的耗用量,与岩石嵌固式基础相比混凝土用量可减少70%左右。特别是在运输困难的高山地区,更具有明显的经济效益。

(4)岩石锚杆基础的施工弃渣、基面开方量少,有利于环保。

(5)岩石锚杆基础施工机械化程度高,提高了施工速度和效率,可以缩短施工工期。

3　工程概况

在汕头市南澳岛某项目中,为了合理利用海岸线,开发旅游资源,观海栈道工程是项目重要组成部分。该地区为海蚀地貌,在海湾西侧发育有较为明显的海蚀崖、海蚀平台,海岸与山体相连，岸坡主要为岩质岸坡，出露岩层主要为花岗岩或混合花岗岩。栈道沿线基岩体完整，中、微风化为主，岩质较硬。岩石的饱和单轴抗压强度 $f_r = 94\text{MPa}$，属坚硬岩，岩体质量等级为Ⅳ级。

观海栈道沿着海边海礁岩石上建立，在栈道基础的选择上为了保证结构的安全性和施工的可行性，该栈道工程的基础采用岩石锚杆基础。观海栈桥建设现场见图1。

图1　观海栈桥建设现场图

4　岩石锚杆基础设计方案

基础持力层为礁岩石，要求礁岩石为较硬质岩，基础下进行岩石锚杆固定；基础混凝土强度等级为C40，钢筋保护厚度：底层为40mm；基础底板嵌入礁岩石深度不小于100mm，墩周边接缝采用沥青密封。锚杆的直径为100mm，锚杆孔内灌强度不低于C30微膨胀细石混凝土浆，锚筋规格为单根25mm钢筋，锚筋长度为800mm。锚杆的施工技术参数及布置如图2所示。

岩石锚杆的施工要求：

(1)锚孔定位偏差不大于20mm；

(2)锚孔倾斜度不应大于2%；

(3)钻孔深度超过锚杆设计长度不应小于0.5m；

(4)灌浆前应清孔，排放孔内积水。

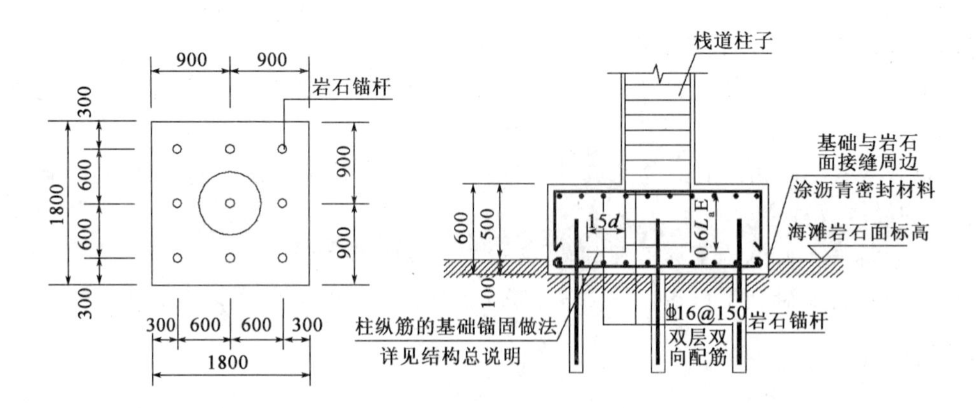

图2　岩石锚杆基础大样图(尺寸单位：mm)

5 锚杆基础的理论计算

5.1 读取基础设计内力

以最小轴力工况(如出现上拔力工况时)及最大弯矩工可作为控制组合(标准组合)。根据栈桥结构布置形式,取以下计算结果进行锚杆基础设计。

(1)最小轴力工况:$N = 123\text{kN}, M_x = 144\ \text{kN}\cdot\text{m}, M_y = 11\text{kN}\cdot\text{m}, V_x = 4\text{kN}, V_y = -36\text{kN}$;

(2)最大 M_x 工况:$N = 134\text{kN}, M_x = 163\ \text{kN}\cdot\text{m}, M_y = 31\text{kN}\cdot\text{m}, V_x = 10\ \text{kN}, V_y = -41\ \text{kN}$;

5.2 计算单根锚杆承受的最大拔力值

根据《建筑地基基础设计规范》中8.6.2条,单根锚杆承受的最大拔力值由以下公式计算得出:

$$N_{ti} = \frac{F_k + G_k}{n} - \frac{M_{xk} y_i}{\sum {y_i}^2} - \frac{M_{yk} x_i}{\sum {x_i}^2}$$

$$N_{t1} = \frac{123 + 48}{9} - \frac{(144 + 36 \times 0.6) \times 0.6}{0.6^2 \times 6} - \frac{(11 + 4 \times 0.6) \times 0.6}{0.6^2 \times 6} = -30.7\text{kN}$$

$$N_{t2} = \frac{134 + 48}{9} - \frac{(163 + 41 \times 0.6) \times 0.6}{0.6^2 \times 6} - \frac{(31 + 10 \times 0.6) \times 0.6}{0.6^2 \times 6} = -42.38\text{kN}$$

由上述计算结果可知,单根锚杆承受的最大拔力值取50kN。

5.3 计算单根锚杆抗拔承载力特征值

根据《建筑地基基础设计规范》中8.6.3条,单根锚杆抗拔承载力特征值计算如下:$R_t = 0.8\pi d_1 l f = 0.8 \times 3.14 \times 0.1 \times 0.8 \times 0.4 \times 1000 = 80.38\text{kN}$

根据《建筑边坡工程技术规范》中8.2.2条,单根锚杆抗拔承载力特征值计算如下:$N_{ak} = \frac{f_y \times A_s}{K_b} = \frac{491 \times 360}{2} = 88.38\text{kN}$

根据《建筑边坡工程技术规范》中8.2.4条,单根锚杆抗拔承载力特征值计算如下:$N_{ak} = \frac{l_a n \pi d f_b}{K} = \frac{0.8 \times 1 \times 3.14 \times 25 \times 2.4 \times 1000}{2} = 62.80\text{kN}$

由上述计算结果可知,单根锚杆抗拔承载力特征值取62.80kN。

5.4 计算结果

$N_{t2} < N_{ak}$,锚杆设计满足受力要求。

6 岩面成孔施工设备

岩面成孔采用专用的岩石锚杆钻机,不应采用一般的冲击水钻等设备。因为专业的岩石锚杆钻机可以在岩面干作业冲击钻动成孔,不需要灌水,避免孔内翻浆。而且专业的锚杆钻机可准确地控制锚杆孔的方位、深度。当机械自动化运转时,减少人员劳动力,降低安全事故风险。推荐使用成孔钻机的参数性能如表1所示,成孔设备及钻孔效果如图3所示。

锚杆钻机参数性能一览表 表1

钻机结构类型	单 体 式	钻机结构类型	单 体 式
钻机动力模式	电动式	钻机操作方式	支腿式顶锚杆钻机
钻机破岩方式	冲击回转式		

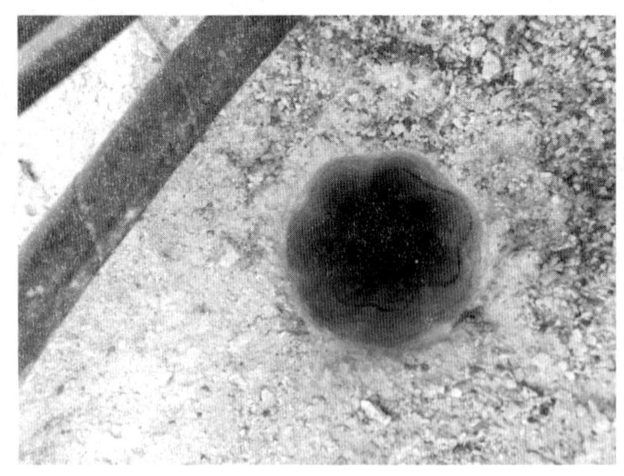

图3　成孔设备及钻孔效果

7　岩石锚杆抗拔现场试验

7.1　试验仪器设备

本次试验所采用的仪器:锚杆拉拔仪(HC-30),百分表(0～50mm)。

7.2　试验方法

本次锚杆抗拔力试验按照《建筑地基基础设计规范》(GB 50007—2011)相关规定执行。

锚杆抗拔力基本试验利用基础地面作为反力,由置于锚杆和钢板之上的穿心油压千斤顶进行加载,加载量由油泵上的压力表读出,试验点受载后产生的位移量,由锚杆杆体竖向安装的百分表观测获得。

加载等级与观测时间按表2执行。

加载等级与观测时间　　表2

	加载								卸载
荷载等级	1	2	3	4	5	6	7	8	9
荷载量(kN)	20	40	60	80	100	120	140	160	0
观测时间(min)	20	20	20	20	20	20	20	20	20

(1)根据设计和规范要求,试验的最大加载量为锚杆抗拔承载力特征值的2.0倍。

(2)每级荷载加完后,应立即读取位移量,以后每隔5min测读一次,连续4次测读出的锚杆拔升值均小于0.01mm,认为在改级荷载下的位移达到稳定状态,可继续施加下一级荷载。

(3)复核终止条件的前一级上拔荷载,即为该锚杆的极限抗拔力。

(4)终止锚杆的上拔试验条件:

①锚杆拔升值持续增长,且在1h内未出现稳定迹象;

②新增加的上拔力无法施加,或者施加后无法使上拔力保持稳定。

7.3　试验锚杆的施工概况

根据设计及施工资料,施工过程安全按照相关技术文件要求进行,各试验锚杆施工情况如表3所示。

试验锚杆施工情况表　　表3

序号	锚杆长度(m)	锚固长度(m)	自由段长度(m)	锚杆规格	锚固直径(mm)
1	1.71	0.8	0.91	C30	160
2	1.71	0.8	0.91	C30	160
3	1.71	0.8	0.91	C30	160

7.4 试验结果

锚杆抗拔检验成果如表4所示。

抗拔检验成果表　　表4

序号	最大试验荷载(kN)	累计最大位移(mm)	塑性位移(mm)	弹性位移(mm)	极限抗拔承载力(kN)	最大试验荷载作用下锚头状态
1	140	3.21	1.43	1.78	140	稳定
2	140	2.02	0.32	1.70	140	稳定
3	140	0.38	0.09	0.29	140	稳定

由试验结果可知,受检3根锚杆加载到最大试验荷载时变形均能够稳定。3根锚杆的极限抗拔承载力均不小于120kN,根据岩石锚杆抗拔试验要点,锚杆的抗拔承载力特征值为锚杆极限承载力除以安全系数2,可知锚杆的抗拔承载力特征值不小于70kN,满足设计要求。

8 结语

(1)由于本工程中采用灌浆强度不低于C30微膨胀细石混凝土,计算锚杆承载力特征值时,根据《建筑边坡工程技术规范》(GB 50330—2013)采用的M30锚固砂浆的黏结强度设计值,故锚杆承载力特征值设计数据取值小于试验数据。

(2)岩石锚杆基础墩宜嵌入礁岩石深度100mm内,墩周边接缝涂沥青密封,有利于锚杆基础墩抗滑移稳定及提供锚筋的耐久性。

(3)岩面成孔应采用专业的岩石锚杆钻机,专业的锚杆钻机可准确地控制锚杆孔的方位、深度。当机械自动化运转时,减少人员劳动力,降低安全事故风险。

(4)通过试验结果与设计计算结果比较,设计的条件能够满足现场实际要求,可以为类似海礁建(构)筑物工程基础设计提供参考。

(5)鉴于细石混凝土与砂浆跟钢筋黏结强度的区别,建议做不同等级细石混凝土与钢筋黏结强度设计值的相关研究,进一步为设计提供可靠依据。

参考文献

[1] 中华人民共和国国家标准. GB 50007—2011 建筑地基基础设计规范[S]. 北京:中国计划出版社,2012.

[2] 中华人民共和国国家标准. GB 50330—2013 建筑边坡工程技术规范[S]. 北京:中国建筑工业出版社,2014.

[3] 中华人民共和国国家标准. GB 50010—2010 混凝土结构设计规范[S]. 北京:中国建筑工业出版社,2011.

[4] 中华人民共和国国家标准. GB 50009—2012 建筑结构荷载规范[S]. 北京:中国建筑工业出版社,2012.
[5] 《工程地质手册》编委会. 工程地质手册[S]. 4 版. 北京:中国建筑工业出版社,2007.
[6] 陈俊岭,吴铭,黎晓斌. 风力发电塔岩石锚杆基础设计方法研究[J]. 建筑结构,2017(06).
[7] 孙长帅,杨海巍,徐光黎. 岩石锚杆基础抗拔承载力计算方法探究[J]. 岩土力学,2009(S1).
[8] 费香泽,程永锋,苏秀成,等. 华北地区输电线路岩石锚杆基础试验研究[J]. 电力建设,2007(01).

超浅埋膨胀土隧道洞顶防排水技术研究

肖海涛　陈朝江　张　敏

（中国水利水电第七工程局有限公司成水公司）

摘　要　本文通过对红土岭隧道出口超浅埋洞顶膨胀土特性、变形规律进行分析，针对超浅埋、膨胀土地层地表水对隧道开挖施工的影响，详细阐述洞顶防排水技术、措施及实施效果。

关键词　膨胀土　超浅埋　洞顶　防排水　措施

1　引言

红土岭隧道出口围岩等级为Ⅴ级，最小埋深仅为3.93m，为超浅埋隧道。隧道进洞位置位于膨胀土剧烈影响带和过渡带，垂直渗透系数$1.6 \times 10^{-5} \sim 1.3 \times 10^{-3}$cm/s；水平渗透系数$2.8 \times 10^{-8} \sim 2.9 \times 10^{-5}$cm/s。隧道出口膨胀土围岩受大气影响大，雨水极易垂直渗入土体，土体吸水膨胀，抗剪强度迅速下降，拱顶难以形成自然承载拱，容易出现地表沉陷、落拱塌方、洞口边坡坍塌滑坡。因此，针对膨胀土、超浅埋围岩地质条件下的隧道洞顶防排水技术措施进行分析、研究，对保证红土岭隧道出口安全进洞有重要意义。

2　膨胀土的特性

膨胀土为高塑性黏土，具体有超固结特性、吸水膨胀、失水收缩和反复胀缩变形、浸水承载力衰减、干缩裂隙发育等特性，性质极不稳定。膨胀土按黏土矿物分类，可以归纳为两大类：一类以蒙脱石为主，另一类以伊利石和高岭土为主。红土岭隧道出口膨胀土是以蒙脱石为主，红蒙脱石含量为18.07%～21.8%，蒙脱石含量超过20%～30%时，土的胀缩性和抗剪强度由蒙脱石控制；自由膨胀率52%～58%，阳离子交换量为293.13～329.22mmoL/kg，为中膨胀土。

膨胀土地层分带特征为：大气剧烈影响带地表以下深度2～3.5m，胀缩裂隙发育，土体通常被裂隙分割成散粒状，含水量与大气条件关系密切；过渡带位于剧烈影响带以下，埋深位于地表以下3～7m，土体饱和度大于90%，含水量年变幅相对较小，不仅发育有大裂隙和长大裂隙，还分布有上层滞水；非影响带具有超固结性和微透水性，一般呈非饱和状态，裂隙随土体深度增加而减少，为不透水层。

3　洞顶防排水技术

3.1　工程概况

红土岭隧道位于河南省南阳市内乡县湍东镇、师岗境内。隧道进口里程DK911＋785，出口里程DK914＋780，全长2995m，其中Ⅲ级围岩2310m、Ⅳ级围岩470m、Ⅴ级围岩215m（含70m明洞段和145m洞身段）。隧道采用单洞双线形式，内设人字坡，其中DK911＋785～DK914＋750坡度为5.1‰，DK914＋750～DK914＋780坡度为－3‰，隧道全段均处于直线上。隧道位于剥蚀丘陵区,隧道最大埋深204m,最小埋深3.93m,大部分基岩裸露,局部地段有残坡积土层分布。DK914+780~DK914+710为明洞,进洞里程为DK914+710。

红土岭隧道出口表层为粉质黏土,棕黄色~棕红色,含少量碎石,硬塑,厚1~10m,具有膨胀性;膨胀土中蒙脱石含量18.07%~21.8%,自由膨胀率为52%~58%。

3.2 防排水系统设计方案

3.2.1 防排水系统设计

隧道洞顶防排水按照"防、排、堵、截结合,因地制宜,综合治理"的原则制定技术措施。隧道洞顶防排水措施为:①在明洞临时边仰坡开口线以外5m设排水沟,排水沟底部增设防水涂料、防水卷材防止排水沟中流水下渗,明洞临时边仰坡开口线至排水沟之间的部位用M10水泥砂浆封闭防水;②排水沟将汇集的地表水引排至附近天然排水沟渠;③采用超前管棚注浆固结膨胀土土体中的裂隙,截堵地表水,以降低土体渗透系数,控制地表水下渗,确保隧道顶部土体稳定;④在隧道顶四周坡脚处设置截水沟将坡面水集中引排至排水沟,防止坡面水流入洞顶土体。防排水系统平面布置如图1所示。

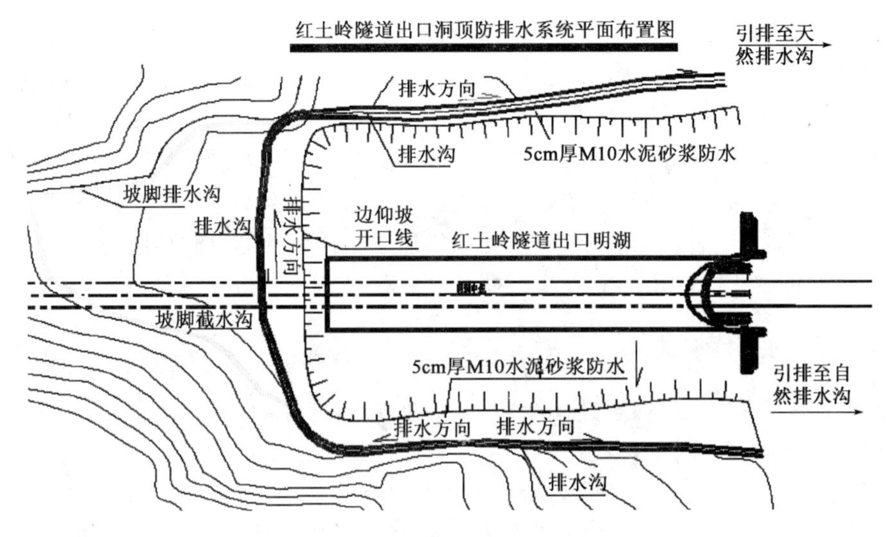

图1 红土岭隧道出口洞顶防排水系统平面布置图

3.2.2 防、排水设计

排水沟采用30cm厚C25钢筋混凝土,沟底设10cm厚M10水泥砂浆,沟底砂浆表面涂刷1.5mm厚聚氨酯防水涂料,再铺设氯化聚乙烯防水卷材,在防水卷材上设5cm厚M10水泥砂浆保护防水卷材。通过采取上述防水措施防止排水沟流水下渗下部膨胀土体裂隙中。

在明洞临时边仰坡开口线与排水沟之间的部位设M10水泥砂浆防水层,临时边仰坡坡面采用挂网、锚喷C25混凝土,防止雨水渗入土体,确保明洞施工期间边仰坡的稳定、安全。排水沟防水结构断面如图2所示。

3.2.3 堵、截水设计

在隧道顶低洼坡脚处设置临时截水沟将坡面流水截流至截水沟中,引排至明洞顶排水沟,排入附近天然水系,防止坡面流水直接流入洞顶膨胀土中。截水沟采用20cm厚M10浆砌石,沟底设5cm厚M10水泥砂浆,沟底砂浆表面涂刷1.5mm厚聚氨酯防水涂料,铺设氯化聚乙烯防水卷材。截水沟平面布置如图3所示,截水沟结构断面如图4所示。

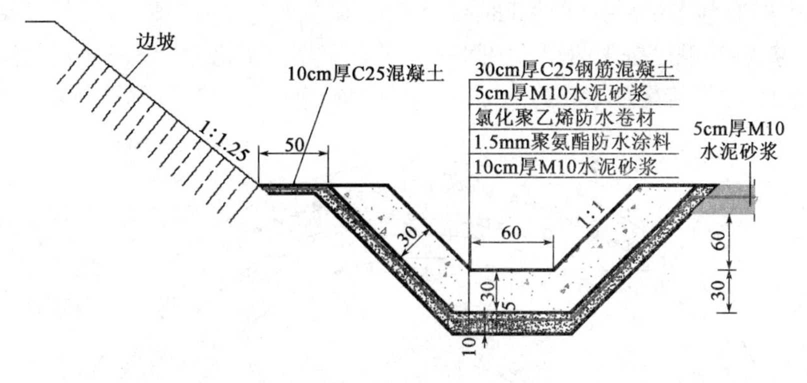

图2 排水沟防水结构断面图(尺寸单位:cm)

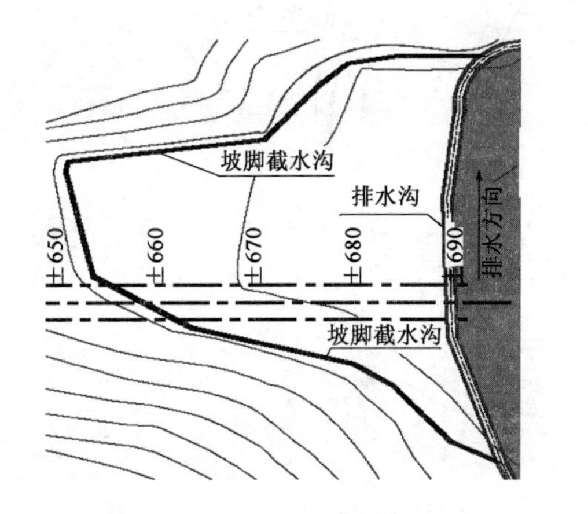

图3 截水沟平面布置图

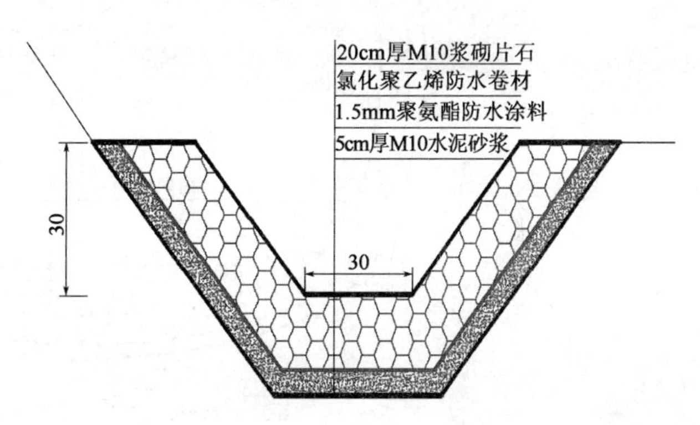

图4 截水沟结构断面图(尺寸单位:cm)

在DK914+710处设41根ϕ108mm长33m长大管棚,通过管棚注浆将隧道顶部膨胀土裂隙固结,形成拱顶截水拱圈,防止地表水下渗,确保隧道安全进洞。管棚采用直径ϕ108mm,壁厚6mm热轧无缝钢管,钢管上钻注浆孔,孔径10~16mm,孔间距15cm,呈梅花形布置,尾部留110cm不钻孔的止浆段。钢管轴线与衬砌外缘夹角1°~3°;注浆采用水灰比为1:1(重量比)水泥浆液,注浆压力1.5MPa。洞口长大管棚正面布置如图5所示,钢花管如图6所示。

3.3 施工工艺流程及方法

洞顶防排水系统施工程序:隧道顶四周坡脚截水沟施工→明洞临时边仰坡开口线外排水沟开挖→排水沟防水结构施工→排水沟钢筋混凝土施工→明洞开挖、边仰坡临时支护→明洞临时边仰坡开口线与排水沟之间的M10水泥砂浆防水层施工→导向墙施工→管棚及注浆施工。

截水沟施工工艺流程:开挖→5cm厚M10砂浆找平层施工→涂刷聚氨酯防水涂料(3遍)→氯化聚乙烯防水卷材铺设→20cm厚浆砌片石砌筑。

排水沟施工工艺流程:开挖→10cm厚M10砂浆找平层施工→涂刷聚氨酯防水涂料(3遍)→氯化聚乙烯防水卷材铺设→10cm厚M10砂浆保护层施工→钢筋制安→C25混凝土浇筑→明洞临时边仰坡开口线与排水沟之间的M10水泥砂浆防水层施工。

管棚注浆施工流程:钻孔→钢管顶进→注浆管、排气管安装→注浆→封孔。

由于管棚间距较小,为避免注浆时发生串孔,造成相邻钢花管孔堵塞,钻完一孔、立即顶进钢管,然后对奇数孔进行注浆,注浆时可以让浆液在松散的膨胀土层中裂隙进行扩散填充,将破碎的土层固结,有利于相邻孔在钻孔时减少掉块,避免发生卡钻、掉钻、坍孔现象。管棚安装完成后进行注浆,注浆顺序按先两侧后中间进行,浆液采用水灰比为1:1的水泥浆液。采用单液注浆,通过工艺性试验,确定注浆压力为1.5MPa,注浆结束后采用M10水泥砂浆充填钢管封孔。

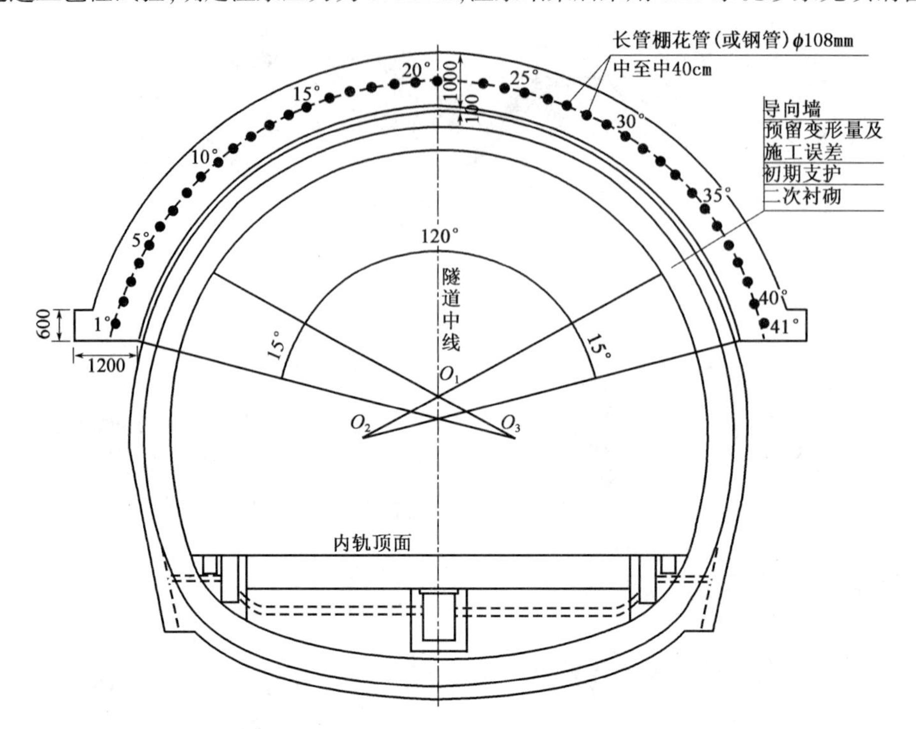

图5 洞口长大管棚正面布置图(尺寸单位:mm)

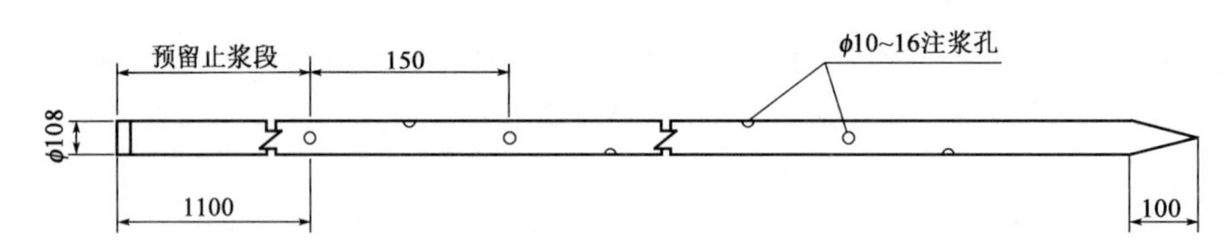

图6 钢花管示意图(尺寸单位:mm)

奇数孔管棚注浆结束后,灌注M10水泥砂浆封孔。然后偶数孔钻孔,根据钻孔返渣检查注浆情况,如果注浆效果满足要求,顶进钢管,灌注M10水泥砂浆封孔;如果不满足要求则顶进钢花管注浆后灌注M10水泥砂浆封孔。

注浆的质量直接影响管棚上部膨胀土层的固结效果,因此必须保证注浆的饱满、密实。以单孔设计注浆量和注浆压力作为注浆结束标准,其中应以单孔注浆量控制为主,注浆压力控制为辅。单孔结束条件:单孔灌浆量达到单孔设计注浆量的1.0~1.2倍或单孔注浆压力达到设计注浆压力并稳定10min时结束注浆。全段结束条件,所有注浆孔均符合单孔结束条件,无遗漏情况。

注浆完毕用铁锤敲击钢管,如响声清脆,则说明浆液未填充满钢管,需采取补注或重注;如响声低哑,则说明浆液已填充满钢管。

4 实施效果

红土岭隧道出口洞顶防排水系统、超前大管棚超前固结注浆已施工完成,DK914+780~

DK914 +710 明洞段、DK914 +710 ~ DK914 +680 大管棚暗洞段已施工完成。施工过程未发现地表水下渗,开挖过程中围岩稳定,未发生溜塌,施工期间监控量测数据稳定。隧道顶防排水技术措施达到预期设计效果,在红土岭隧道出口超浅埋膨胀土地层安全、有序进洞起了非常重要的作用。

5 结语

红土岭隧道出口超浅埋、膨胀土软弱进洞施工时,通过增加“防、排、堵、截”相结合措施,防排水系统达到预期效果。在红土岭隧道出口安全、有序进洞施工中起到关键作用,具有非常重要的意义;同时也为类似地质情况隧道施工积累宝贵经验。

冲击钻进式超前旋喷管棚工艺创新

张启军　刘　欢　马池艳

（青岛业高建设工程有限公司）

摘　要　超前管棚是浅埋暗挖施工保证安全的一项最重要的措施，对于含有大块石等障碍物的杂填土地层，管棚的施工难度极大。冲击钻进式超前旋喷管棚创新施工工艺，将管棚钢管加工成钻杆，与钻机动力头相连，通过干式冲击钻进，打穿过街道设计长度，然后安设一节带封闭堵头的钢管，继续逐节边向前输送钢管边旋喷注浆形成旋喷管棚，前端的钻具、短杆逐节卸除，直至带堵头的钢管接送至对面切口形成全长管棚为止，达到管棚施工完成且形成旋喷扩大注浆体、效果更好的超前支护构件。该工艺施工速度快，安全经济，为该条件下浅埋暗挖的安全使用提供了有力保障。

关键词　超前管棚　冲击钻进　旋喷扩大

1　引言

随着各地城市化进程的加快和汽车工业的发展，交通拥堵和安全问题越来越成为一项现实的社会问题，过街道的建设也成为一种缓解交通压力和保障行人安全的措施，为减少对现有交通的影响，过街道往往需要暗挖来完成，暗挖的安全隐患在于，塌方一方面会威胁洞内操作工人的生命安全，另一方面会威胁到路面行车、行人的生命和财产安全，暗挖的安全技术是其建设过程的关键技术。还有过路管道工程，遇到复地层时，顶管、拖管等技术无法实施，也需要暗挖巷洞解决。

对于埋深较浅、地层条件较差的暗挖过街道而言，施工超前管棚后再开挖通道是保证暗挖安全的一项最重要的技术措施。由于埋深较浅，暗挖过街道穿越地层往往较差，对于含有大块石等障碍物的杂填土地层，管棚的施工难度极大，效果难以保证后续的施工安全和街道使用安全。

目前遇到条件相对较好的回填土时，管棚成孔常规施工方法为水钻泥浆护壁钻进，采取边钻进边注入大量泥浆，将渣土循环冲出成孔，钻至设计深度后，拔出钻杆钻具，逐节放入加工好的钢管注浆形成管棚。水钻钻孔，一方面若遇到大块石钻进需要研磨钻进，速度很慢，若遇较小块石，由于块石会移位滚动，难以钻进；另一方面，水钻钻孔由于要注入大量水和泥搅制的泥浆，必然对周边回填土有浸水作用，回填土在浸水的作用下会造成地面下沉，严重影响上部道路及管线的安全。

在青岛市宁德路人防连接通道暗挖项目中，经多次试验，完成了冲击钻进式超前旋喷管棚施工工艺创新（已授权专利号：ZL201510493901.3），将管棚钢管加工成钻杆，与钻机动力头相连，通过干式冲击钻进，打穿过街道设计长度，然后安设一节带封闭堵头的钢管，继续逐节边向前输送钢管边旋喷注浆形成旋喷管棚，前端的钻具、短杆逐节卸除，直至带堵头的钢管接送至对面切口形成全长管棚为止，达到管棚施工完成且形成旋喷扩大注浆体、效果更好的超前支护构件。

2 工程概况及地层条件

2.1 工程概况

青岛大学宁德路人防连接通道位于青岛市市南区宁德路,青岛大学南北校区之间路段,通道总长约77.3m,宽5.8m,地下通道地面标高54.45~54.83m,顶板标高58.3m,暗挖段长23.554m,两侧台阶式出口采用明挖,总建筑面积485.8m^2。暗挖段分别利用两端的明挖基坑作为超前预支护及暗挖进洞施工工作井,同时作为洞室施工人员上下通道和进料出渣通道。

地下过街通道平面布置见图1。

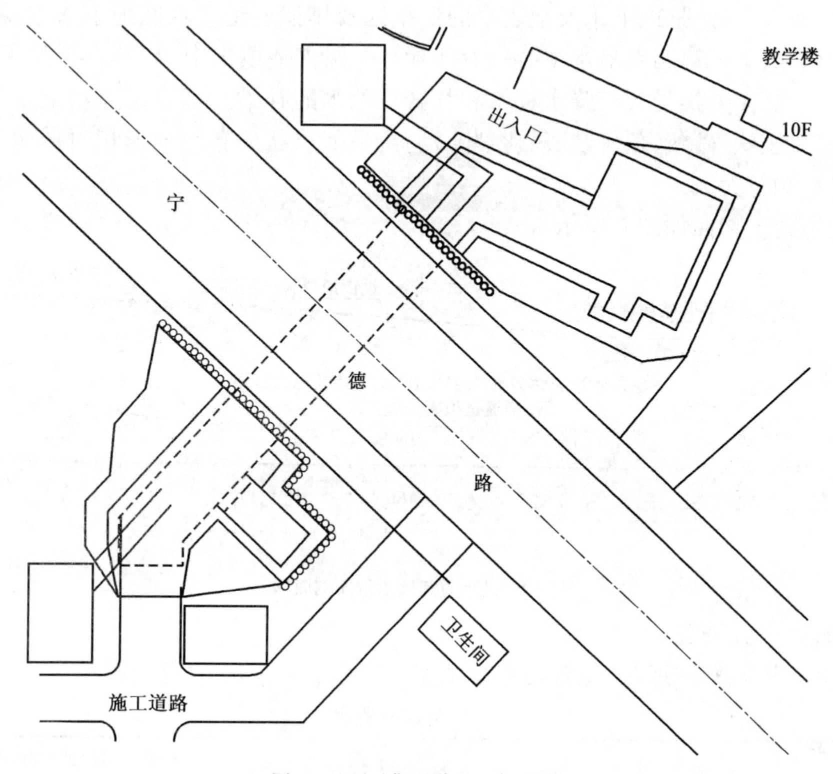

图1 地下过街通道平面布置图

2.2 工程地质条件

场区地形由东北向西南略缓倾,现孔口地面标高:61.38~65m。场区地貌形态主要为剥蚀斜坡地貌,表层受人为回填整平改造,原始地貌基本保存。各层岩土特征:

(1)第①层素填土

揭露层厚:2.10~3.00m,揭露层底标高:59.28~62.00m。褐—黄褐色,稍湿,松散—稍密。回填成分主要为粗砂、黏性土为主,混有少量碎石块,局部夹有红砖块等。

(2)第①$_1$层杂填土

揭露厚度:3.80~9.50m,揭露层底标高:54.62~58.2m。黄褐色—棕红色,干—稍湿,松散—稍密,以回填建筑垃圾为主,含砖、水泥块较多,局部揭露直径超过30m的水泥柱,夹有较多碎石、块石、抛石(管棚施工和开挖发现的),充填粗砾砂等。

(3)第⑯上层强风化上亚带

揭露厚度:3.00~7.40m,揭露层顶标高:54.62~59.28m。褐黄—肉红色,岩体破碎,节理裂隙发育,矿物蚀变强烈,长石多高岭土化,岩芯手搓呈粗砂状,部分呈碎屑状。该层岩体属极破碎的软岩,岩体基本质量等级Ⅴ级。

(4)第⑯下层强风化下亚带

揭露厚度:4.20~6.30m,揭露层顶标高:51.48~51.88m。褐黄—肉红色,岩体破碎,矿物蚀变强烈,长石多高岭土化,岩芯手搓呈粗砂—角砾状,部分岩样呈小碎块状,手搓易碎散。该层岩体属极破碎的软岩,岩体基本质量等级Ⅴ级。

2.3 水文地质条件

勘察期间未发现明显地表水系。地下水主要赋存在第四系及基岩的裂隙中。场区除南面外,三面地势较高,场区是地下水及地表水的汇集区及排泄通道。场区地下水主要类型:第四系潜水、基岩裂隙水。第四系潜水主要赋存于第①1层含杂填土中,与基岩裂隙水相连通,形成径流排泄关系,主要接受大气降水补给和基岩裂隙水的补给。基岩裂隙水主要赋存于强风化岩石中,呈砂土状、砂状、角砾状,风化裂隙发育,呈似层状分布与地形相对低洼地带。水量均受季节性影响较大。

过街通道地质剖面如图2所示。

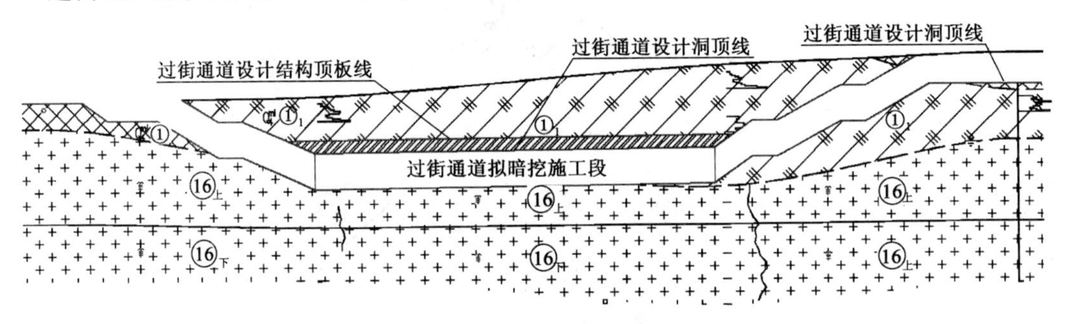

图2　地下过街通道地质剖面图

2.4 地下管线情况

临近地下管线类型、埋深、位置关系等见表1。

地下管线一览表　　表1

序号	管线类型	管线埋深	与主体结构外皮的相互关系
1	给水管线	1.76m	垂直主体上方3m
2	有线电视	0.66m	垂直主体上方3.8m
3	电力	0.26m	垂直主体上方4.4m
4	邮电	0.66m	垂直主体上方3.8m
5	污水管	3.76m	垂直主体上方1.2m
6	雨水管	3.76m	垂直主体上方1.2m
7	煤气管道	0.66m	垂直主体上方4.2m
8	热力管道	2.26m	垂直主体上方2.6m

3　前期施工情况及工艺调整

根据地勘资料,回填土主要以回填建筑垃圾混碎石为主,设计为自钻式超前旋喷管棚,采用锚杆机回转钻进旋喷注浆形成,但开孔即为乱石层,无法钻进,后改用潜孔锤跟管钻进,由于地层空隙率过大，渣土不容易出来，跟管容易偏斜，跟管钻具不容易退出，施工效率低，失败率高。

经现场技术人员多次讨论摸索，采用了冲击钻进式超前旋喷管棚施工工艺，该工艺是将直径108mm管棚钢管加工成钻杆，与钻机动力头相连，通过干式冲击钻进，打穿过街道设计长度，然后安设一节带封闭堵头的钢管，继续逐节边向前输送钢管边旋喷注浆形成旋喷体直径500mm，前端的钻具、短杆逐节卸除，直至带堵头的钢管接送至对面切口形成全长管棚为止，达到管棚施工完成，且形成旋喷扩大注浆体、效果更好的超前支护构件。

旋喷管棚断面图与剖面图见图3、图4。

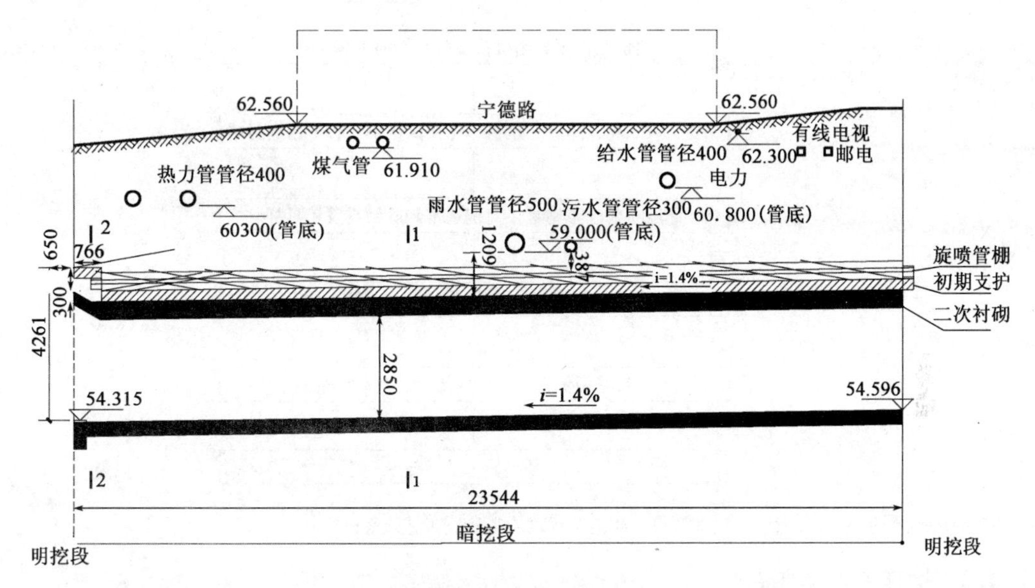

图3　旋喷管棚断面图（尺寸单位：mm）

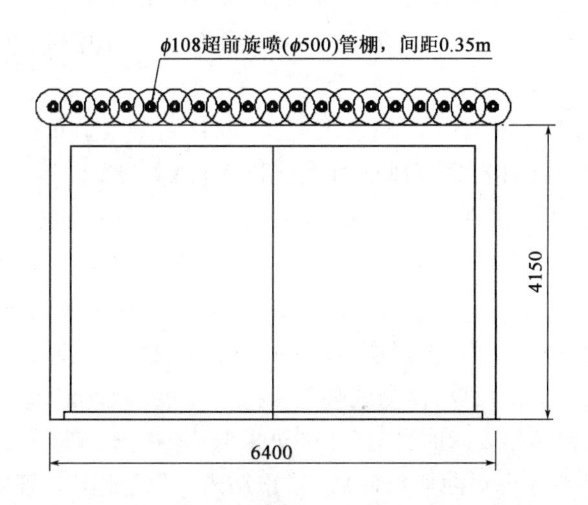

图4　旋喷管棚剖面图（尺寸单位：mm）

4　施工工艺流程

4.1　工艺流程

工艺流程如图5所示。

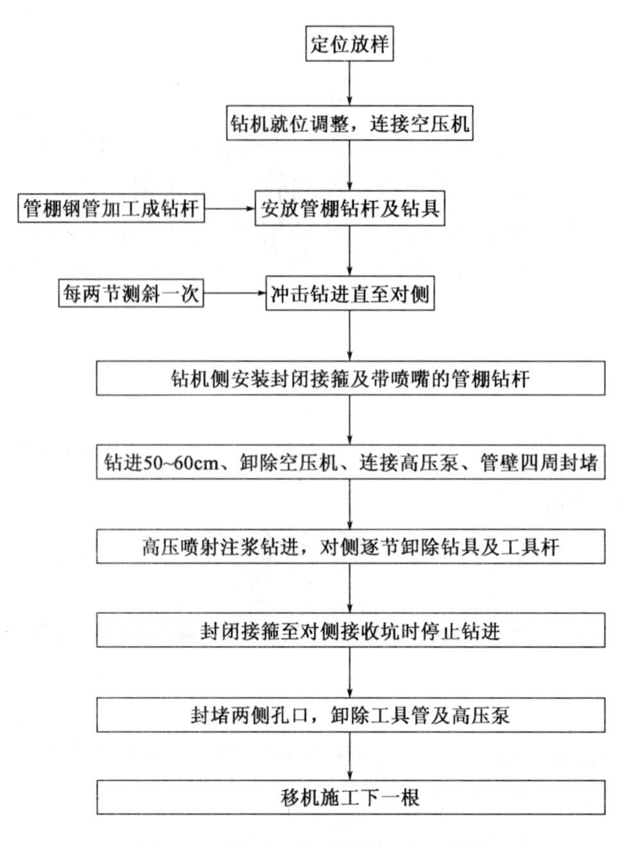

图5　冲击钻进式旋喷管棚工艺流程图

4.2　操作方法及要点

(1)事先加工好工具管、工作管及接箍,准备好风动冲击器及钻头、水平尺、测斜仪及读数仪等。钻机就位后,自钻机动力起以此安装工具管、接箍、风动冲击器和抗冲击钻头,连接空气压缩机。

(2)移动锚杆机对孔位,使用水平角度尺测量、调整施工入射角度,一般比设计管棚角度提高1°~2°。启动空气压缩机,高压风通过风管进入锚杆机动力头、工具管、冲击器,冲击器高频振动带动抗冲击钻头冲击钻进,锚杆机动力头提供推进力和旋转力,钻进杂填土。遇块石等障碍物时,抗冲击钻头冲击破碎,继续钻进,钻进至1节杆深度后,卸开管箍,安装下一节工具管继续钻进。

(3)工具管冲击钻进2节后,卸开管箍安装下一节工具管前,自工具管口向管内推送移动式测斜仪至管底,连接测斜读数仪,监测底端钢管倾斜角度,做好记录,以后每钻进1~2节钻杆测量1次,当出现偏差超出要求时,应停止钻进采取纠偏措施或移位重新钻进。

(4)当冲击器及钻头穿出对面切口面后,停止钻进,钻机侧工具管安装带丝堵的接箍,再安装第一节带喷嘴的工作管,启动锚杆机,将工作管前段旋转推进入土50~60cm,卸除空压机,连接高压注浆泵。

(5)对入射口工作管壁四周的空隙,利用细钎杆将布料等柔性封堵料推送填塞,长度约0.5m,组织高压注浆时水泥浆流出,工作管在锚杆机动力下仍可以前后滑动不影响钻进。配置水泥浆,水灰比0.8~1.0,浆液通过高压注浆泵压出,依次通过锚杆机动力头、工作管、喷嘴,高压喷射切割周围土体,推进速度10~20cm/min,注浆工作压力保持在15~25MPa,形成水平向旋喷桩体,旋喷直径400~500mm。

(6)锚杆机推进工作管高压旋喷,冲击器完全露出对面切口后,卸除冲击器和钻头,并同样对管壁四周进行柔性封堵,锚杆机侧继续接送工作管。

(7)向前接送工作管高压旋喷的同时,对面切口处相应卸除工具管。

(8)高压旋喷至对面切口时,停止旋喷,进一步封堵两侧孔口,避免流浆,卸除高压注浆泵,卸除锚杆机进口端的工具管,移机到下一位置施工旋喷管棚。

(9)全部旋喷管棚施工完毕,撤离钻机、空压机、高压注浆泵等设备,管棚两端外露的钢管出浇筑钢筋混凝土圈梁,拟开挖通道两侧浇筑钢筋混凝土支撑柱,从两侧工作坑可以同时开挖掘进。

工艺示意图如图6所示。

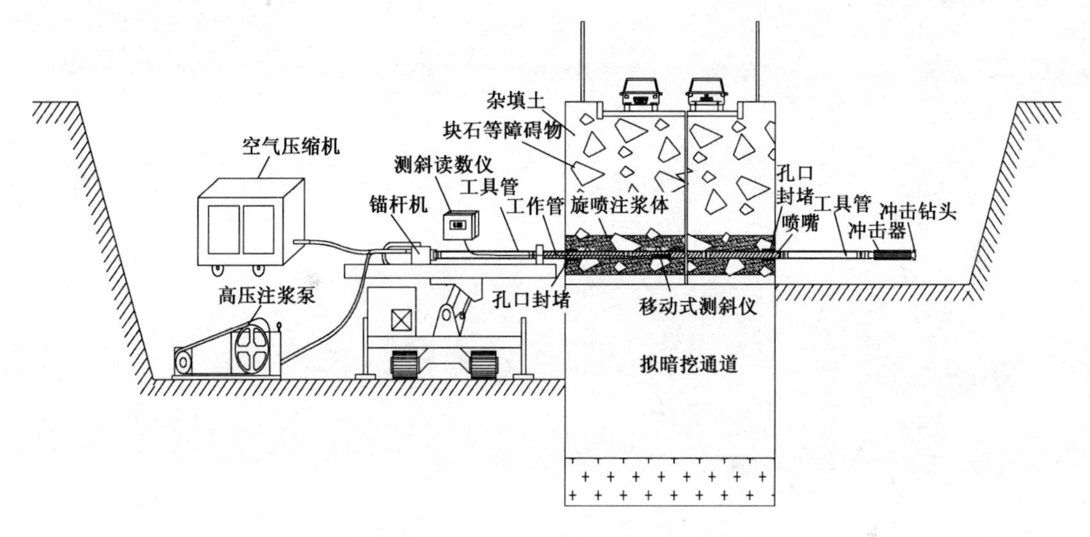

图6 冲击钻进式超前旋喷管棚工艺示意图

5 工程监测与结果评价

该段暗挖通道于2014年10月9日开工,2015年5月10号验收合格,施工期间支护结构稳定,安全运行。

施工监测结果表明,暗挖地表累计沉降最大16mm,效果良好,冲击钻进式旋喷管棚满足复杂地层超前支护要求,浅埋暗挖得以安全实现,该工法的成功,受到了各参与单位及行业内专家的一致好评。

6 结语

冲击钻进式超前旋喷管棚创新施工工艺,解决了暗挖过街道杂填土管棚的钻孔施工问题,增加了管棚超前支护的范围及安全度。

(1)该工艺管棚适用复杂地层能力强,对于含有块石、抛石、建筑垃圾的杂填土或碎石、卵石层、破碎带,均能够有效解决,提高了管棚对特殊地层的适用能力。

(2)该工法管棚穿越障碍物或入岩工效高,比常规回转工艺的入岩速度大幅提高,大大节省了成本和工期。

(3)该工法很好地解决了不良地层的塌孔、缩颈等问题,从工艺上保证了管棚的质量,易于控制。

(4)该工法同时实现了管棚锚固体直径扩大的功能,提高了管棚支撑能力及稳定性。

(5)该工法不需泥浆护壁,避免了传统工艺产生的泥浆污染,满足了城市施工的高环保要求。

基于微地震监测技术的岩溶隧道塌方预警技术研究

单中趁[1]　姚海波[1]　朱晓飞[2]　肖　剑[2]　尹留阳[1]　张海东[2]

(1. 北方工业大学土木工程学院　2. 中冶交通建设集团有限公司)

摘　要　合理的微地震预警指标是利用微地震监测技术进行灾害预测的关键,以岩溶隧道塌方段为研究对象,基于微地震监测技术,介绍了3种常见的微地震波形特性和识别方法,并采用定量地震学理论对微地震监测数据进行分析,探讨了岩溶隧道微地震活动与塌方的时空分布规律及预警指标,结果表明:塌方发生前,微地震活动性及能量释放明显提高,并且在塌方时刻能量指标量值最大;起初 b 值略有增加,呈M形趋势,之后随应力的增加基本保持不变或逐渐减小,临近破坏时 b 值急剧减小;d 值明显上升;应力降在塌方前出现突增后急剧下降的现象,之后经过2次破坏循环,在塌方时刻达到极值,地震矩与应力降迅速增大。

关键词　岩溶隧道　塌方　微地震监测　预警指标

1　引言

塌方[1]是指施工过程中在开挖扰动作用下洞顶与两侧的部分岩石和泥沙土大量塌落的现象,产生塌方的原因可从2个方面分析:外部因素是施工过程中改变了岩体周围的空间环境,导致应力重分布乃至应力集中;内部因素是围岩内部存在节理和层理等微破裂面。塌方机制复杂,影响因素很多,要定性判别塌方是否发生,并且定量估计塌方剧烈程度很困难,鉴于此,专家学者做了大量的工作,提出了一系列的理论和方法,基本上可分为地质法、钻探法、物探法几大类[2]。

微地震监测技术是塌方预警重要的新兴监测手段之一,是基于岩体三维整体信息化技术基础上的岩石工程安全监测技术[3]。工程中岩石在内外因素作用下伴随着微破裂的产生、扩展、能量积聚并以应力波的形式释放能量,从而产生弹性波信号[4]。微地震系统记录这些弹性波信号并进行处理分析,对岩石的稳定性进行评价,从而对可能形成的各种灾害进行预警。基于此,将微地震监测技术引入岩溶隧道的施工监测中,着眼于隧道塌方、冒顶等大型地质灾害识别与恶性事故的预警,从围岩微破裂的监测入手,借助于实时监测与远程数据传输技术,实现岩溶隧道的信息化施工与塌方预警。

本文项目隧道位于贵州省中北部黔北山地高原地带,隧道所在地区以溶蚀、侵溶蚀低中山地貌为主,最大埋深274m,围岩主要为灰岩,粉砂质泥岩,已揭露多处溶洞,以该隧道工程为研究对象,利用微地震监测技术对围岩微破裂情况进行监测分析,减少甚至避免包括塌方在内的灾害对人员和设备的破坏。

2　微地震信号类型及识别方法

2.1　微地震信号类型

微地震监测系统可以监测一定频率范围的弹性波信号,而隧道内震动环境较复杂,各种震源产生大量的弹性波信号混杂在一起主要包括以下几种:①岩石破裂时发出的弹性波,这种波是我们所要监测和分析的主要对象。②爆破震动波,在监测岩石破坏时它就是噪声,但是在记录爆破产生的震动以及评价爆破对工程产生的影响时,则是监测的对象。③施工干扰信号,现场机械设备运行、机械施工等噪声信号[5]。

2.2 识别方法

2.2.1 理论分析法

理论分析方法是根据岩石破裂性质、震源机制及震源波动特性,对微地震信号的波形进行时域或频域分析,确定震源参数和类型。①震相辨识,在波动理论中涉及许多性质的波如体波、面波等。体波由纵波及横波组成,纵波周期短、传播快、振幅小,首先到达接收传感器;横波周期长、传播慢、振幅大,晚于纵波到达接收传感器。②频谱分析,对于不同的震源,产生的震动波形的频率成分是不同的,通过傅里叶变换可分析不同震源产生的震动波形的频率组成与主频,对各种波形进行振幅、频率及相位谱分析,从而掌握各种震源波形的频率特点,达到帮助识别震源类型的目的。③能量分析,衡量微地震事件大小的重要指标就是微地震的能量值。通过能量分析,掌握不同震源的能量值的特性,有助于区分微地震类型[6]。

2.2.2 经验法

经验法是依靠监测人员积累的经验辨识微地震信号类型[7]。①根据微地震事件发生时间、空间位置、强度,结合作业类型和位置进行辨识。②根据波形特征,频谱、幅值、微地震间隔时间、信号起跳时间来识别。

2.2.3 综合分析法

在微地震监测中,只采用一种方法有时对微地震信号类型不易区分,这时要采用多种分析方法相结合的方式,采用经验法和理论分析法相结合的方法能够更好地分析信号类型,减小误差[8]。

3 微地震参数与岩体稳定性关系

目前,微地震监测领域普遍采用微地震参数的变化来对岩体失稳进行预警,单一的参数预警缺乏足够的可信度。因此,如何选取可靠的预警参数,对于提高预警成功率及监测效率具有重大意义。大量文献及工程实例证明,综合选取 b 值、能量分形维数 d 值、微地震活动性与能量释放、地震矩与应力降 4 个参数作为预警指标,通过捕捉 4 个参数随时间的变化规律,反演微地震活动性,从而总结岩体失稳的前兆特征,是科学可靠的[9]。

3.1 b 值的基本概念

1944 年 Gutenberg 与 Richter 在研究美国加州地震活动性时,提出著名的地震震级频度关系式,即古登堡—里克特公式[10]。

$$\lg N(\geqslant M) = a - bM \tag{1}$$

式中:M——震级;

$N(\geqslant M)$——震级 $\geqslant M$ 的地震次数;

a——表征地震活动水平;

b——表征大小地震数目的比例关系。

b 值作为一个特征参数,不仅反映了大小地震的比例关系,同时也有一定的物理意义,可以表征一定区域内岩体的应力状态及岩石内部微破裂的尺度变化情况。通过室内试验及现场验证发现:岩石在受压加载条件下,加载初期,b 值略有增加,之后随应力的增加基本保持不变或逐渐减小,临近破坏时 b 值急剧减小;国内外学者在矿山及实验室模拟中均观测到岩体失稳前会出现 b 值先上升后下降的现象。因此 b 值可以作为一个预测岩体失稳破坏的指标。

3.2 能量分形维数 *d* 值的概念

根据分形几何学,岩体微裂产生过程中微地震能量分布的相关积分可以表示为:

$$c(e) = \frac{2N(e)}{N(N-1)} \qquad (e \leqslant E) \tag{2}$$

式中:E——所有微地震事件微地震释放能的范围区间上限值;

e——E 范围内的微地震释放能量;

$N(e)$——e 能量范围内的微地震事件数对数值;

N——E 能量范围内的微地震事件总数。

如果微裂隙产生过程中的微地震事件在能量上是具有分形结构的,那么可以将微地震能量分布的相关积分表达为:

$$c(e) \propto e^{D} \tag{3}$$

即

$$D_e = \lim_{e \to E} \frac{\lg c(e)}{\lg e} \qquad (e \leqslant E) \tag{4}$$

运用这种方法,根据微地震监测系统记录的微地震事件在能量上的分布情况,能量分形维数 D_e 可以通过求线性的斜率方法进行计算。能量分形维度表示的是微地震事件在能量上的分布规律,分形维度值越大,说明能量大的微地震事件所占的比例越大[11]。

3.3 地震矩和应力降

利用震源参数预警岩体破裂及塌方,可选用地震矩和应力降 2 个参数。根据前人对震源参数的理解与研究,地震矩可表示为:

$$M_0 = GP \text{ 或 } M_0 = \frac{4\pi\rho v^3 R\Omega_0}{F_C R_C S_C} \tag{5}$$

地震矩 M_0为断裂驱动力,与震源非弹性变形成正比;P 为地震潜势;G 为岩体剪切模量;F_C为 P 波或 S 波的辐射类型经验系数;R_C为 P 波或 S 波振幅的自由表面放大系数;S_C为 P 波或 S 波的场地校正系数。

地震矩 M_0评估了震源驱动力变化程度(由轻微到极大),随着指标量值增加,震源向周围岩体作用更大的力,造成力驱动的岩体损伤变形,甚至将大量的应变能转移到周围岩体。

应力降 $\Delta\sigma$ 反映震源的应力调整与释放,与震源半径 r_0 相关,表达式如下:

$$\Delta\sigma = \frac{7M_0}{16r_0^3} \tag{6}$$

根据实际工程中塌方发育过程及特点,图 1 总结和描述了各指标的演化趋势及塌方的预警阶段,其中,实时演化曲线 $f(t)$ 可由视应力、应力降或能量指数 3 种指标代表,且三者互为正相关;累积演化曲线 $\sum f(t)$ 可由视体积或地震矩表示。塌方的预警阶段可判识为:应力降指标经过一段时期的稳定发展后,出现迅速的降低;地震矩指标出现大幅度的上升。结合这两种变化趋势,判断岩体破裂行为由稳定发展进入加速破裂,岩体非弹性变形和损伤程度迅速增大,因此,可对塌方灾害进行预警[12]。

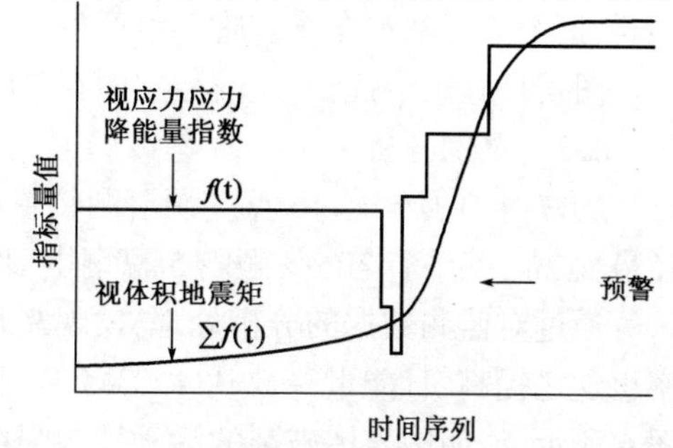

图 1 震源参数指标塌方预警

4 某岩溶隧道微地震监测案例

4.1 监测方案设计

监测设备为美国 ISEIS 微地震仪器,共配有 8 个 3 分量速度传感器,4 个单分量速度传感器,传感器灵敏度为 200V/(m/s),数据采集仪采样率最大为 48000Hz。隧道为Ⅲ、Ⅳ围岩,围岩强度较高,稳定性较好,施工设计中掌子面到二衬的距离为 150m,采取如下传感器布置方案。

隧道内采取 2 排传感器布置方式,左洞左侧仰拱布置一排,右洞右侧仰拱布置一排(为了到时有时差,提高定位效果)。每排布置 4 个三分量传感器,距离掌子面最远的传感器不超过 150m,每个传感器前后间距 25m 左右,钻孔安装,钻孔深度 1.5m,钻孔直径 80mm,尽量保持竖直,为了保证传感器与孔壁耦合良好,加入腻子粉,一方面维持位置固定,一方面保证信号良好采集,同时便于回收。地表 4 个传感器布置在掌子面正上方附近,近似呈边长为 100m × 100m 的矩形。随着掌子面的掘进,洞内及地表传感器要及时移动。

4.2 微地震信号类型识别

根据对某岩溶隧道现场施工情况了解以及现场测试,总结了如图 2 所示的微地震信号波形,图 3 是隧道岩体由于应力增加而导致变形破裂形成的微地震信号波形,其中横坐标为时间,单位为 ms,纵坐标为速度,单位为 m/s。

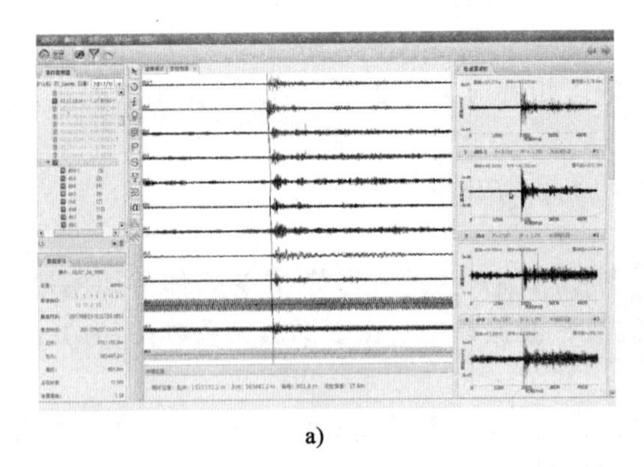

a)

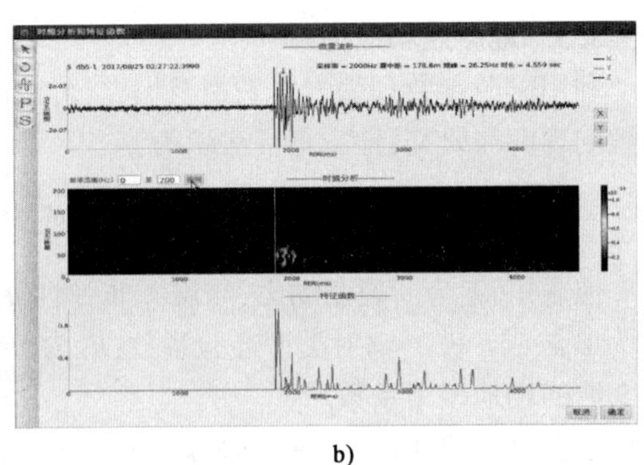

b)

图 2 地震信号波形图

微地震信号是微地震监测的重点对象,它可以表征围岩的损伤程度,根据图 3 可以得到,微地震信号的主频在 30 多赫兹,信号持续 4s,波形较为复杂。

图 3 是爆破信号,爆破能量大,主频在 50 多赫兹,波形呈倒三角形,爆破信号激发所有传感器,这类信号基本在爆破施工时产生。

图 4 是施工干扰信号,信号主频在 20 多赫兹,短时间内重复多次波形。

4.3 案例分析

2017 年 9 月 5 号 16 点左洞溶洞位置放炮,当天 17 点 19 分出渣时上方掉落石块,石块直径最大 2m,共约有 $30m^3$,砸断 5 榀钢拱架等初支,如图 5 所示。

通过对监测数据的分析处理,发现 9 月 3 号开始微地震活动性明显提高,微地震能量释放率也随之提高,日能量释放达 4.03kJ,9 月 5 号微地震能量释放率达到最大,达到 5.25kJ,如图 6 所示,说明围岩体破裂的活动性与强度均在急剧增加,根据图 7 一周 24 小时能量释放图可知,16 点累积能量发生骤升,能量释放达 4.9kJ,应力达到最大,进入预警时刻,17 点发生塌方,应力释放。9 月 6 号恢复到正常水平。

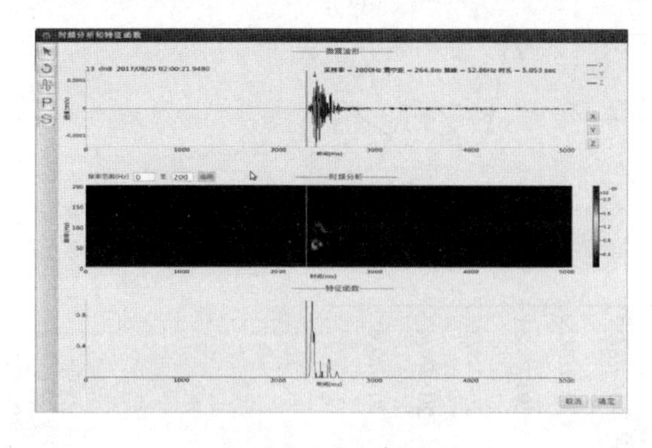

图 3　爆破信号波形图

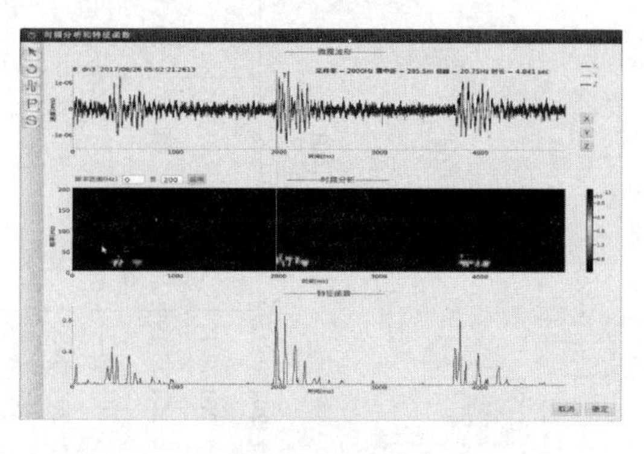

图 4　施工信号波形图

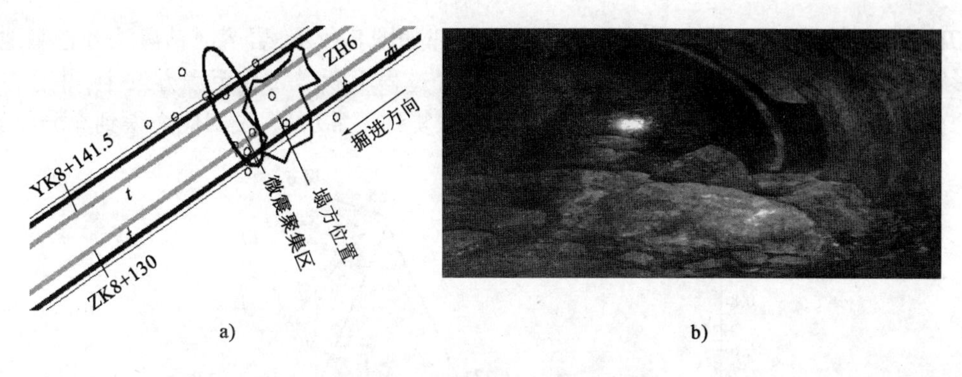

图 5　塌方位置及现场图片

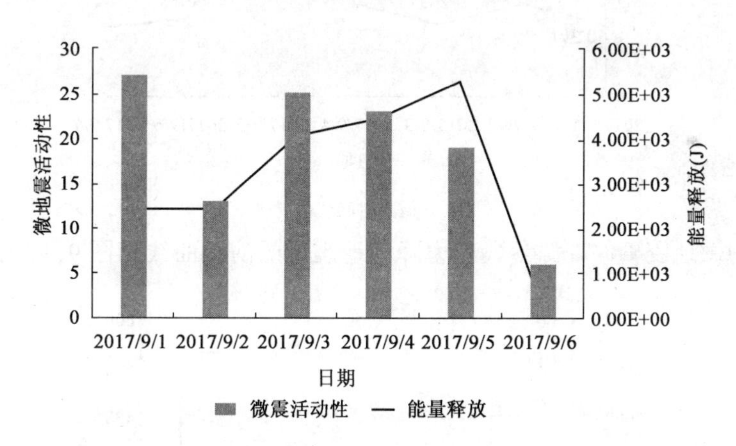

图 6　微地震活动性与能量释放关系

2017 年 8 月 15 号至 9 月 7 号 b 值随时间变化曲线如图 7 所示,由图可知,8 月 15 号至 21 号 b 值变化图呈 M 形,表示该段时间内岩体内大尺度微破裂事件开始逐渐增多,小微地震事件也随之增多,应力在进行自我调整和重分布过程,岩体内部状态不稳定,进入塌方孕育期。8 月 21 号至 31 号 b 值基本稳定,进入塌方前调整期,此时岩体内部大小微破裂事件同时增多,岩体内小尺度的裂纹经萌生、发展、相互合并贯通后形成大尺度的裂纹。8 月 31 号至 9 月 7 号 b 值出现下降趋势,进入塌方预警期,在 9 月 2 号降至最小值 0.121,并在此后几天内在 0.13 左右波动,最终于 9 月 5 号发生塌方。

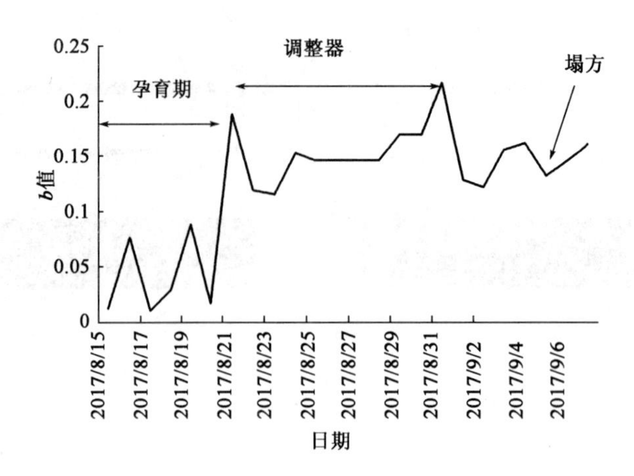

图7　b 值随时间变化规律

2017 年 9 月 1 号至 7 号能量分形维数变化规律如图 8 所示，岩溶区钻爆法开挖微地震能量分形维数主要分布在 0.35 左右，随着塌方的孕育过程不断增大直至塌方发生，并且在塌方发生之前分形维数值上升到 1.106，9 月 7 号 d 值恢复到正常水平，说明应力得到充分释放。

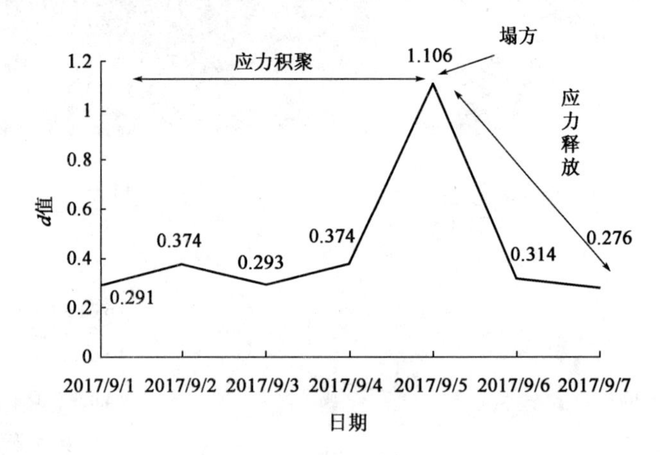

图8　d 值随时间变化规律

塌方过程中微地震事件震源参数应力降和地震矩的演化曲线见图 9，应力降曲线随开挖

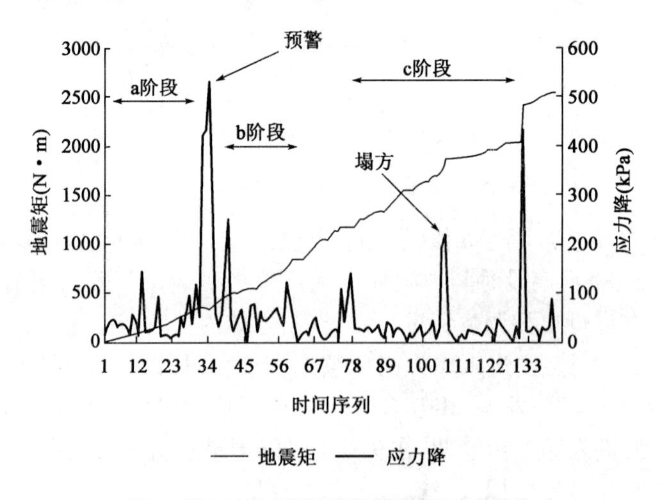

图9　塌方过程中微地震事件的震源参数演化

阶段不断波动:在开挖阶段 a,应力降在 40kPa 上下波动;在开挖阶段 b,应力降骤增至最大 527.7kPa,并逐渐下降,进入塌方预警期;在开挖阶段 c,应力降出现 2 次骤升后下降,在第 2 次骤升至 216.2kPa 时发生塌方。对于地震矩,曲线在整个过程持续上升,并在塌方发生时出现陡升。依据对塌方震源参数演化曲线的介绍,震源参数曲线体现了与震源参数空间相似的规律,即塌方在开挖阶段 c 发生,且开挖阶段 b 应作为塌方的预警阶段,能够对塌方灾害进行预警。

5 结论

(1)通过微地震监测的手段,对岩溶隧道开挖过程中塌方的发生进行预警研究是可能的,也是可行的,对指导今后岩溶隧道现场施工具有重要意义。

(2)根据现场施工情况总结了微地震监测系统监测的常见波形特性,在主频、能量、时长等方面对微地震信号进行了辨识,对类似的岩溶隧道工程微地震信号的识别具有参考价值。

(3)结合定量地震学理论,通过微地震事件相关参数的演化规律,包括微地震能量、微地震活动性、b 值、d 值、地震矩及应力降,总结出塌方发生前这些参数的变化规律能够反映岩体内部损伤规律,分析表明:塌方发生前微地震活动性及能量释放明显提高,并且在塌方时刻能量指标量值最大;起初 b 值略有增加,呈 M 形趋势,之后随应力的增加基本保持不变或逐渐减小,进入塌方前调整期,临近破坏时 b 值急剧减小;起初 d 值呈现逐渐上升的趋势,塌方发生时刻 d 值骤升至最大,塌方发生后 d 值恢复到正常水平;应力降在塌方前出现突增后急剧下降的现象,表示进入预警期,之后经过 2 次破坏循环,在塌方时刻达到极值,地震矩与应力降迅速增大。

参考文献

[1] 张忠维. 隧道塌方原因分析与处理方案[J]. 黑龙江交通科技,2012, 35(2): 86.

[2] 姜福兴,杨淑华,成云海,等. 煤矿冲击地压的微地震监测研究[J]. 地球物理学报, 2006,49(5): 1511-1516.

[3] 黄玉仁,毛建喜,林朝阳,等. 基于微地震监测的深埋隧道岩爆预警研究[C]. 隧道建设, 2014,34:15-19.

[4] 周建,陈超. 微地震监测技术及应用[J]. 现代矿业, 2015,31 (3): 155-156.

[5] 杨作林. 微地震信号识别与地压灾害微地震前兆规律研究[D]. 江西: 江西理工大学, 2015.

[6] 陆菜平,窦林名,吴兴荣,等. 岩体微地震监测的频谱分析与信号识别[J]. 岩土工程学报, 2005, 27(7): 772-775.

[7] 徐奴文,唐春安,周钟,等. 岩石边坡潜在失稳区域微地震识别方法[J]. 岩石力学与工程学报, 2011, 30(5): 893-900.

[8] 陈炳瑞,冯夏庭,曾雄辉,等. 深埋隧洞 TBM 掘进微地震实时监测与特征分析[J]. 岩石力学与工程学报, 2011, 30(2): 275-283.

[9] 李瑞,吴爱祥,王春来,等. 微地震监测参数主要特性及关系的研究[J]. 矿业研究与开发, 2010, 30(6): 9-11, 59.

[10] 梁正召,唐春安,朱万成,等. 岩石非均匀性对震级—频度关系的影响的数值模拟[J].

地震研究，2003，26(2)：151-155.
[11] 于洋，冯夏庭，陈炳瑞，等. 深埋隧洞不同开挖方式下即时型岩爆微地震信息特征及能量分形研究[J]. 岩土力学，2013，34(9)：2622－2628.
[12] 马春驰，李天斌，张航，等. 基于EMS微地震参数的岩爆预警方法及探讨[J]. 岩土力学，2018，39(2)：765-774.

大古水电站工程高寒高海拔锚索施工技术

翁　锐　杨大鸿

（中国水利水电第七工程局成都水电建设工程有限公司）

摘　要　大古(DG)水电站为二等大(2)型工程,开发任务以发电为主,工程采用导流隧洞导流方式进行施工。本文主要对窑洞式安装间锚索方案设计、高寒高海拔施工全过程进行了阐述,为类似条件下的锚索施工积累了经验。

关键词　锚索施工　高寒高海拔　锚索注浆　DG 水电站

1　工程概况

DG 水电站位于西藏自治区山南市桑日县境内,工程区距桑日县城公路里程约43km,距山南市泽当镇约78km,距拉萨市约263km。

DG 水电站为二等大(2)型工程,开发任务以发电为主,水库正常蓄水位3447.00m,相应库容0.5528亿m^3,电站装机容量为660MW,多年平均发电量32.045亿kW·h,保证出力($P=5\%$)173.43MW。

厂房机组安装间位于主厂房右侧窑洞内,机组安装间为半窑洞式,位于右岸岸坡内,最大开挖尺寸28m×30m(宽×高)。本工程预应力锚索施工范围主要在窑洞安装间施工区域周边边坡,主要作用是加强窑洞安装间施工区域周边岩体的稳定,预应力锚索由7根ϕ15.24mm钢绞线组成,钢绞线标准强度1860MPa,松弛级别:Ⅱ级。根据设计图纸,预应力锚索布设范围为:右岸边坡上下游桩号:坝下0+083.0m～坝下0+128.0m、高程3386～3420m。

1.1　工程地质地形条件

工程地质为弱风化下段黑云母花岗闪长岩,构造中度发育,节理中度发育,安装间上部部位边坡岩体较破碎,发育有一条断层破碎带,岩体强卸荷,风化强烈,属Ⅳ类围岩,围岩不稳定,成洞条件较差。

1.2　本工程施工环境特点

本工程位于青藏高原气候区,基本特性为气温低、空气稀薄、大气干燥、太阳辐射异常强烈。气候属高原温带季风半湿润气候,每年11月～次年4月为旱季,5月～10月为雨季。

加查气象站(坝址下游约35km,测站高程3260m)多年平均气温9.3℃,极端最高、最低气温分别为32.5℃和-16.6℃,多年平均降水量527.4mm,多年平均蒸发量为2084.1mm,多年平均相对湿度为51%,多年平均气压为685.5hPa,多年平均风速为1.6m/s,历年最大定时风速为19.0m/s,多年平均日照时数为2605.7h,历年最大冻土深度为19cm。

2　预应力锚索选型与设计参数

由于右岸厂房边坡岩体较破碎,上部开挖边坡岩体强卸荷,为加强窑洞安装间施工区域周边岩体的稳定,保证窑洞式安装间开挖施工安全,设计于安装间洞口周围新增 32 根,1000kN 无黏结型预应力锚索。单根锚索主要参数见表 1。

单根锚索主要参数表　　表 1

名称	规　　格	型号或材料	数量	单位	备　　注
钻孔深度	孔径 ϕ130		30	m	根据地质条件确定
钢绞线	ϕ15.24		7	股	
锚板	ϕ135,厚 60	HVM15 - 7 锚具	1	个	
夹片		HVM15 锚具	1	套	
导向帽		塑料,厚 2.5	1	个	
无锌钢丝	14 号			kg	
外对中支架		硬质塑料(聚乙烯)等专用塑料		个	
隔离架		硬质塑料(聚乙烯)等专用塑料		个	
进、回浆管	ϕ20	塑料管或钢管		m	
混凝土锚墩		C35$_7$ 混凝土	0.281	m^3	一级配
锚筋	ϕ25,L = 1570	Ⅲ级螺纹钢	2	根	
锚筋	ϕ25,L = 1300	Ⅲ级螺纹钢	2	根	
导向钢管	长 1500,壁厚 2.5	Q235C 钢	1	个	无缝钢管,与钢垫板焊接
波纹管	ϕ 内 100,ϕ 外 110	HDPE 聚乙烯管	30	m	
钢垫板	450 × 450 × 40	Q235C 钢	1	个	

锚索型式选用单锚头防腐无黏结型预应力锚索,其主要由导向帽、单锚头、锚垫板、隔离架、注浆管、高强低松弛无黏结钢绞线等组成。具有有效防腐、有效减小孔径、全孔一次注浆、可进行二次补偿张拉等特点。锚索结构详见图 1。

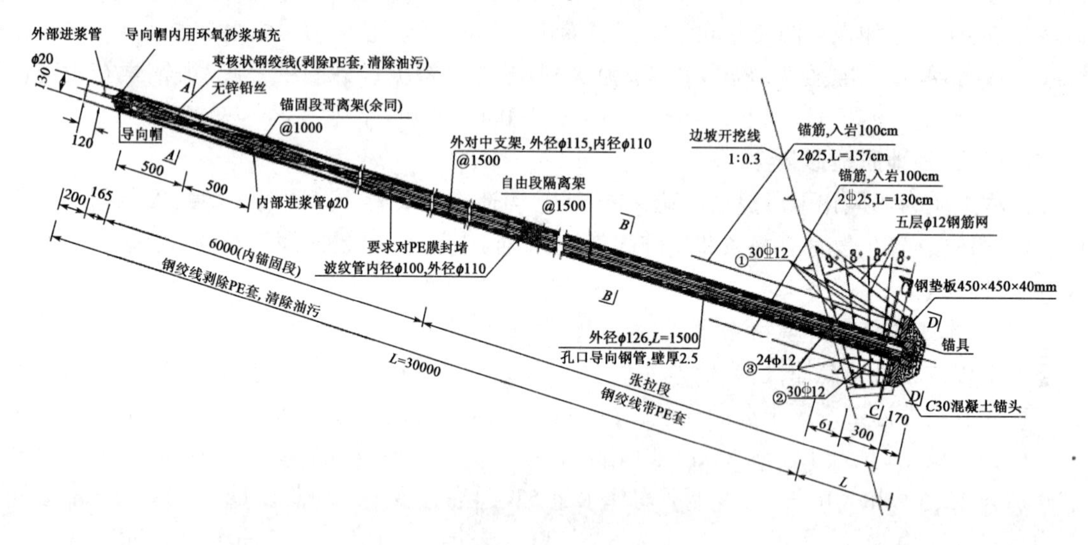

图 1　1000kN 预应力锚索结构示意图(尺寸单位:mm)

本工程预应力锚索所用钢绞线为按照《预应力混凝土用钢绞线》(GB/T 5224—2014)及《无粘结预应力钢绞线》(JG 161—2004)标准生产的高强度低松弛无黏结钢绞线。钢绞线裸线用 7 根 ϕ5 钢丝捻制,公称直径为 ϕ15.24mm,抗拉强度为 1860MPa。

3 预应力锚索施工

由于本工程位于高原高海拔地区,窑洞式安装间锚索施工原施工时段定于在右岸坝肩开挖至高程3395.0m,以及完成3395.0m以下预裂爆破后,并交面于我部后开始进行施工,施工时间刚好在有利于锚索施工的夏季,但根据实际情况,右岸坝肩开挖施工进度严重滞后,直至冬季才向本部移交工作面,而为了保证整个工程的施工进度,保障后续工程节点目标的顺利实现,导致本部不得不在冬季高寒的不利条件下进行锚索施工。

3.1 锚索施工程序

锚索型式为单锚头防腐无黏结型预应力锚索,使用无黏结钢绞线,采用全孔一次注浆,施工工艺流程如图2所示。

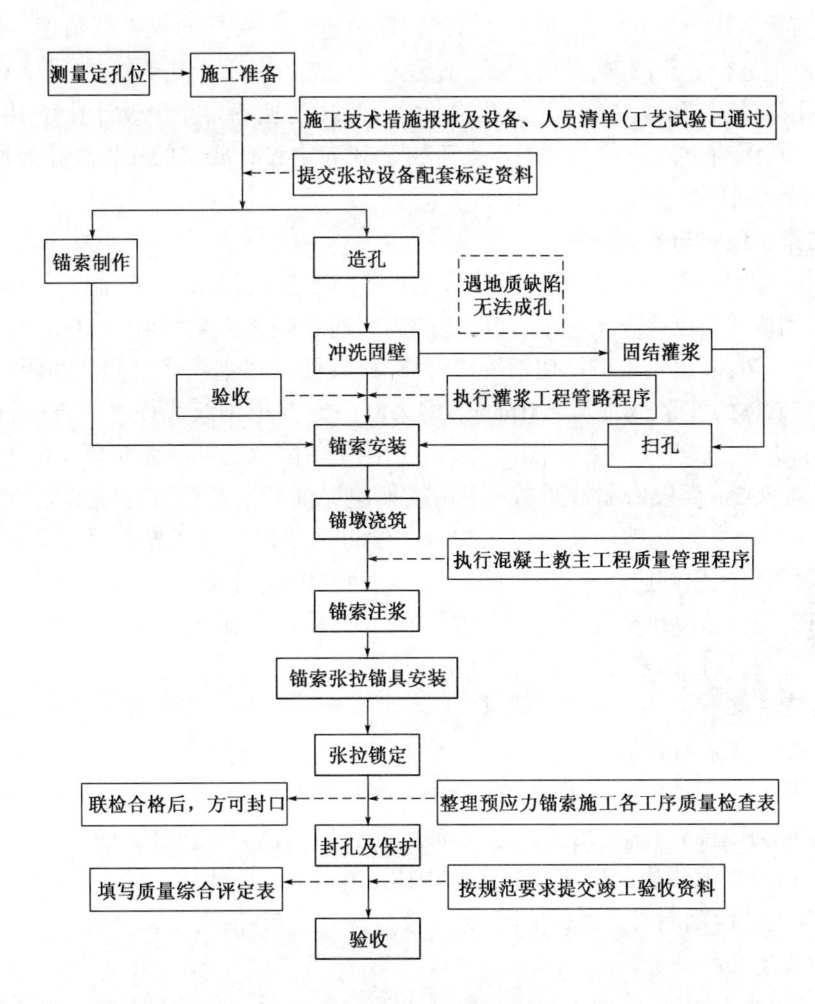

图2 锚索施工工艺流程图

3.2 锚索钻孔设备选型

根据西藏DG水电站右岸边坡地质结构特点并参照高寒高海拔地区施工,气候对施工有一定影响(空气比较稀薄、含氧量较少)。且由于风动钻机的低效率、高耗能、不环保的特点,本工程锚索钻孔设备选择宣化KQJ-100D型电动潜孔钻机。钻机技术参数见表2。

设备性能参数 表2

名　　称	性能简述	备　　注
宣化潜孔钻机 KQJ-100D	钻孔直径(mm):65~130 钻孔深度(m):20~30 钻孔倾角(°):0~90 转速(r/min):0~90 钻具推进力(N):6500 总耗气量(L/min):12 钻具一次推进长度(mm):1000 额定功率(kW):4	

3.3　锚索孔造孔

本工程锚索钻孔全为上倾孔,仰角为15°。在钻进时采用导向仪控制斜度,及时测斜、纠偏。钻孔过程中进行分段测斜,及时纠偏,钻孔完毕再进行一次全孔测斜。钻孔结束后同时应测方位角及孔深(终孔孔深应大于设计孔深40cm,终孔孔径不得小于设计孔径10mm,终孔孔轴偏差不大于孔深的2%,方位角偏差不大于3°),不符合设计要求的孔作废孔处理,并全孔灌注M25水泥砂浆回填后重钻。

3.4　锚索体组装与安装

组装方式:锚索的钢绞线应按设计图纸要求进行绑扎制作成束,内锚固段需组装成枣核状,量出内锚固段的长度并作出标记,在此范围内穿对中隔离支架,间距1.0m,两对中隔离支架之间扎铅丝一道;隔离支架应能使钢绞线可靠分离,使每根钢绞线之间的净距≥5mm,且使隔离支架处锚索体的注浆厚度大于10mm。编束时一定要把钢绞线理顺后再进行绑扎,最后在内锚固段端头装上锥形导向帽。隔离支架应选用塑料隔离支架。张拉段每隔1.5m设置一道对中支架,端头2m区段内加密到1m;对中支架应保证其所在位置处锚索体的注浆厚度大于10mm,对中支架之间扎铅丝一道。无黏结锚索将钢绞线和两根塑料灌浆管捆扎成一束。钢绞线和塑料管之间用硬质塑料支架分离,支架间距在内锚固段为1.0m,自由段内为1.5m。

安装方式:主要依靠机械配合人工下锚。下锚时,操作人员要协调一致,用力均匀,只能往里推,不能往外拉,保证锚索体在孔内顺直不扭曲。

3.5　锚索注浆

3.5.1　锚索注浆的作用

(1)将锚索锚固段固定在深部稳定岩层中,为张拉锚索产生预应力提供可靠的锚根。

(2)注浆能封闭锚索孔,挤出孔内空气和水,防止锚索锈蚀、增强锚索的耐久性。

(3)浆液通过裂隙渗透到岩体内部,固结围岩,增强围岩整体性和稳定性。

由本工程地处西藏高寒高海拔地区,天气较为恶劣,控制锚索注浆质量就更为重要。

3.5.2　浆液及材料

锚固浆液为水泥净浆,浆液水灰比一般为0.3∶1~0.4∶1,通过试验确定,水泥结石体强度要求:R7d≮30MPa;水泥采用新鲜普通硅酸盐水泥,强度等级不得低于P.O42.5R;水选用符合拌制水工混凝土用水;外加剂按设计要求,在水泥浆液中掺加的速凝剂和其他外加剂不得含有对锚索产生腐蚀作用的成分。

3.5.3　制浆

使用ZJ-400高速搅拌机,按配合比先将计量好的水加入搅拌机中,再将袋装水泥按量倒入搅拌机中,搅拌均匀,搅拌时间不少于3min。制浆时,按规定配比称量材料,控制称量误差小于5%。水泥采用袋装标准称量法,水采用体积换算重量称量法。本工程根据地形布置两级泵站,将制备好的浆液通过一级泵站送到二级泵站,再通过二级泵站送至灌浆工作面。

3.5.4 浆液灌注

由于本工程锚索施工实际施工时段在冬季,锚索的注浆施工应充分考虑高原地区昼夜温差大的影响。该地区冬季11:00~18:00时平均气温达17℃,夜晚21:00~6:00时平均气温在-8℃,早晚温差最大达到25℃,为保证锚索注浆质量,因此锚索注浆时间应控制在11:00~18:00时的时间范围内进行施工。

锚索注浆前,分序用压力风沿一次注浆管吹洗排除孔内渗水,检查制浆设备、灌浆泵是否正常;检查送浆及注浆管路是否畅通无阻,确保灌浆过程顺利,避免因中断情况影响锚固注浆质量。

为给锚索张拉提供依据,注浆时对预应力锚索的灌浆浆液应取样做抗压强度试验。

由于安装间上部部位边坡岩体较破碎,发育有一条断层破碎带,且锚索孔全为上倾孔,因此破碎带上的锚索注浆质量就更难控制,为保证破碎带上上仰锚索注浆饱满,能够满足设计质量要求,对破碎带上锚索注浆采取以下措施:

将原设计采用全孔一次注浆法(布置两根灌浆管)改为采用分两次注浆法(布置三根灌浆管),锚索灌浆管为ϕ20mm聚乙烯管(聚乙烯管壁厚3~3.5mm,耐压强度1.5MPa左右)进浆管与锚束体一起埋设至锚索孔内,第一根灌浆管伸入孔内60cm处作为第一次灌浆进浆管;第二根灌浆管伸入孔内6m处作为第一次灌浆回浆(排气)管兼做第二次灌浆的进浆管;第三根灌浆管伸入距孔口50cm处作为第二次灌浆回浆(排气)管。

锚索下束完成后,采用麻丝和锚固剂对孔口封堵密实,封堵长度为40cm。

一次灌浆为低压灌浆:采用第一次进浆管进行注浆,待第一次回浆(排气)管返浆后即可结束本次灌浆,并及时打开第一次回浆(排气)管将管内浆液排出干净,待管内浆液不再溢出时用有压风进行吹孔,保证管路通畅以作为第二次灌浆的进浆管。

二次灌浆为有压(0.3~0.6MPa)灌浆:待一次灌浆结束2~3h后(浆液凝固并有一定强度)进行二次有压灌浆,把第一次回浆(排气)管插入到距孔底20cm处,将其作为进浆管进行自下而上的连续性灌浆,待二次灌浆回浆(排气)管排出的浆液浓度与灌入的浆液浓度相同,且不含气泡时,回浆压力达到0.5MPa,再闭浆30min即可结束灌浆。

3.6 锚墩浇筑

3.6.1 钢筋制安

锚墩钢筋制安时,先用风钻在锚索孔周围坡面上对称打孔4个,插入ϕ20骨架钢筋并固定,然后按照图纸要求焊接钢筋网或层并固定于骨架钢筋上,焊接质量符合要求。焊接过程中,不得损伤钢绞线。具体尺寸详见图3。

3.6.2 钢垫板安装

钢垫板牢固焊接在钢筋骨架上,其预留孔的中心位置置于锚孔轴线上,钢垫板平面与锚孔轴线正交,偏斜不得超过0.5°。

3.6.3 锚墩立模及混凝土浇筑

在钢垫板与基岩面之间按照图示锚墩尺寸立模,验仓合格后,浇筑C35混凝土,采用非泵送常态混凝土入仓,边浇筑边用振捣棒振捣,充填密实。

锚墩混凝土浇筑时,须现场取混凝土样,确保锚墩浇筑质量,并给锚索张拉提供依据。具体锚墩尺寸详见图4。

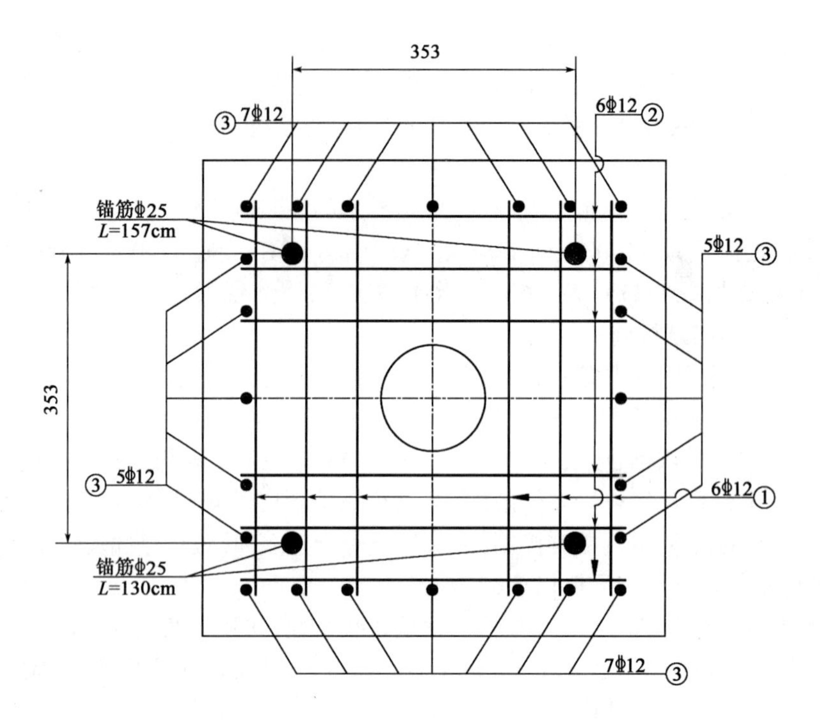

图3 锚墩钢筋制安图(尺寸单位:cm)

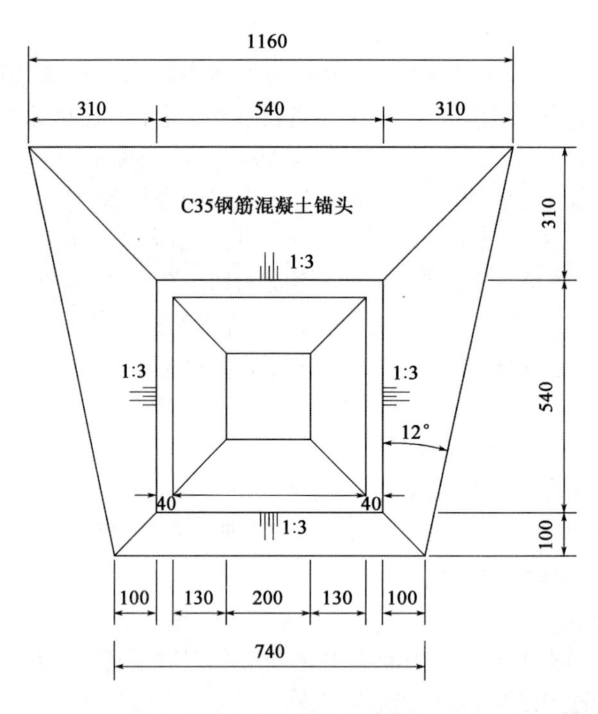

图4 锚墩尺寸示意图(尺寸单位:cm)

3.7 预应力锚索张拉

3.7.1 张拉设备仪器

张拉设备根据锚索吨位、锚索结构及本工程所在高寒高海拔施工环境进行选择使用,见表3。

张拉设备选择使用表 表3

设备		适用锚索			张拉方式	备注
名称及型号	规格	编号	吨位	型式		
电动油泵 ZB4-500S	50MPa	全部	1000kN	单孔多锚头型	单根张拉	
单根张拉千斤顶 YDC250QX型	270t	全部	1000kN	单孔多锚头型	单根张拉	

3.7.2 张拉程序

(1)锚索张拉按分级加载进行,按照先中间后周边对称分序张拉的原则用单根张拉千斤顶将钢绞线逐根拉直,并按要求记录钢绞线伸长值。钢绞线调直时的伸长值不计入钢绞线实际伸长值。由零逐级加载到超张拉力,经稳压后锁定,即 $0 \rightarrow m\sigma \rightarrow$ 稳压 5min 后锁定(m 为超载安装系数,最大值为 1.05~1.1,σ 为设计张拉力),相应的张拉工艺流程如下:

①第一循环张拉:初始荷载调直后,在 200kN 的基础上继续加载至 275kN 锁定。200kN→275kN(稳定 5min)。

②第二循环张拉:第一循环张拉结束后,在 275kN 的基础上继续加载至 550kN 锁定。275kN→550kN(稳定 5min)。

③第三循环张拉:第二循环张拉结束后,在 550kN 的基础上继续加载至 825kN 锁定。550kN→825kN(稳定 5min)。

④第四循环张拉:第三循环张拉结束后,在 825kN 的基础上继续加载至 1100kN 锁定。825kN→1100kN(稳定 5min)。

⑤以上张拉参数将根据实际情况做适当调整。

(2)超张拉。

保持 1100kN 的总荷载 30min,并测量 30min 内的锚索的徐变值不超过 1mm,则认为锚索合格;否则需要稳压 45min,若锚索的弹性变形在下述两个极限之内认为锚索合格,否则不合格。

①锚索的伸长值上限为自由段长度加 20% 锚固段长度的理论弹性伸长值。

②锚索的伸长值下限为 80% 的自由段长度的理论伸长值。

张拉完成后,及时整理张拉成果资料。

(3)补偿张拉。

锚索合格后,以 40kN/min 左右速率均匀卸载至设计预应力荷载 1000kN 锁定,张拉锁定 48h 内,发现预应力损失超过设计张拉力的 10% 时,应进行补偿张拉。补偿张拉应在锁定值上一次张拉至超张拉荷载,并重复⑤步④过程,补偿张拉次数不能超过 2 次。

(4)张拉锁定,回灌补浆结束,可将锚具外大于 10cm 的钢绞线用切割片割除,割除施压一定要轻,严禁产生高温,以免锚夹片处应力损失,最好加水或加油冷却。另将锚墩上的浆管凿凹割除,砂浆抹填,按图要求对锚头进行保护,封头底部需包住锚垫板。外锚具或钢绞束端头,用混凝土(一级配 C35)封闭保护,混凝土保护的厚度应不小于 15cm。

4 结语

DG 水电站窑洞式安装间预应力锚索经过我项目部精心筹划、合理组织、因地制宜地制定可行施工措施,保证了安装间锚索施工的顺利进行,保障了边坡稳定,为接下来安装间开挖施工创造了良好的施工条件,为整个施工打好了坚实的基础,并为以后在高寒高海拔地区锚索施工积累了丰厚的施工经验,哪怕天再冷也冻结不了我们为水电建设献出一份力的坚定决心,山再高也抵挡不了我们为水电建设迈出的矫健步伐,风再大也吹不散我们为水电建设全心投入的飒爽英姿。

参考文献

[1] 中华人民共和国国家标准. DL/T 5083—2010 水电水利工程预应力锚索施工规范[S]. 北京:中国电力出版社,2010.

地质雷达检测隧道二衬背后脱空缺陷的识别与分析

宋 伟

（北京市市政工程研究院）

摘 要 通过雷达图像与波形特征的识别，从理论与实际两方面相结合，提出一种二衬背后脱空缺陷识别的方法以提高脱空缺陷识别的准确性。

关键词 剖面图像特征 波形特征 脱空缺陷识别

地质雷达检测技术作为一种地球物理探测技术，具有连续、无损、快速、准确等优点，目前在隧道二衬质量检测中被广泛应用，二衬背后脱空缺陷雷达图像的准确识别是保证隧道二衬质量的关键，尽管许多人对这一问题进行了深入研究，但由于现场检测条件的复杂性，仍存在很多问题，导致雷达在探测二衬背后脱空的检出率不高或造成很多误判，本文通过脱空缺陷二维剖面图像与波形的识别分析及理论与实际的比对，以期得到二衬背后脱空缺陷图像识别比较准确的方法。

1 脱空缺陷的二维剖面图像特征

二衬空洞区域表现形态各异：有弧形、楔形、矩形等，此类缺陷通常发生在拱顶或拱腰处，缺陷产生的主要原因是二衬混凝土硬化后收缩、防水板绷紧或浇筑混凝土时不能有效排气所致，其雷达图像表现见图1。

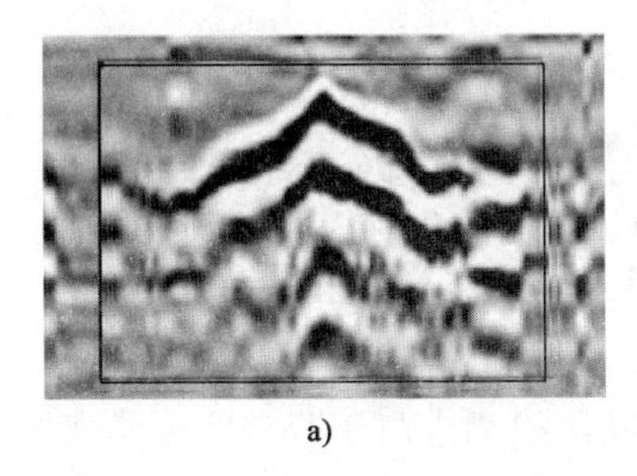

a)

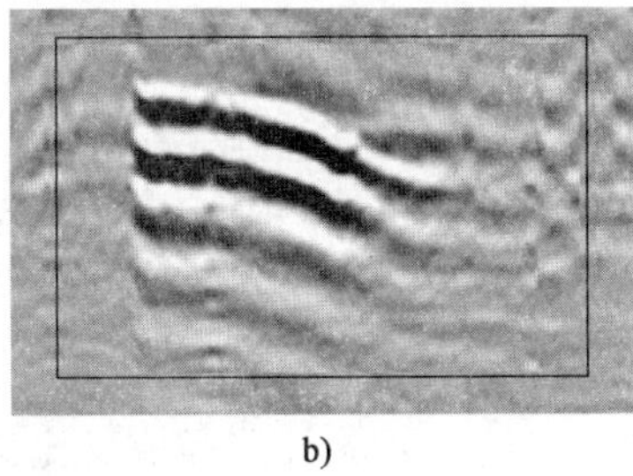

b)

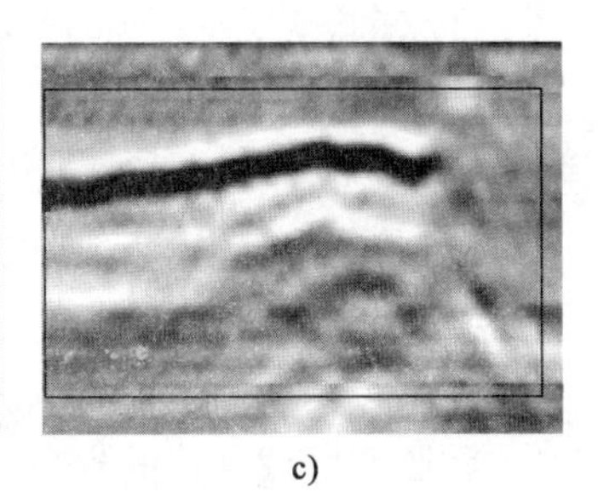

c)

图1 二衬空洞缺陷典型图谱

从图1中可以看出，弧形空洞地质雷达图像特征为：存在双曲线型强反射信号；楔形空洞地质雷达图像特征为：存在倾斜直线型强反射信号；矩形空洞地质雷达图像特征为：存在水平直线型强反射信号。

尽管不同形态的空洞表现形式各异，但其也存在共同特征：①脱空区波形颜色明显强于背景色；②脱空区上界面都是以白色（正波）开始；③多次波发育明显，雷达波在脱空区多次反射；④同相轴错断。

2 脱空缺陷的波形特征

隧道二衬背后脱空，即隧道二衬混凝土与初支喷射混凝土所夹区域为空气，见图2，通过理论分析，脱空区域夹层雷达波形存在如下几个方面特征：

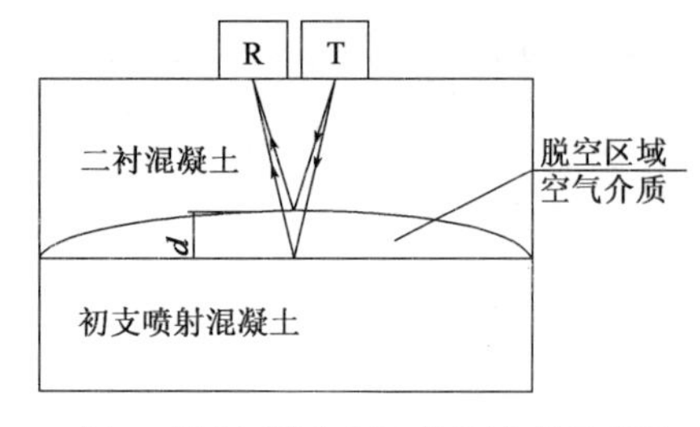

图2 脱空区域为空气时雷达扫描示意图

(1)界面反射波波形及能量变化特征：根据电磁波反射理论，当电磁波遇到不同界面时会发生反射，反射波返回衬砌表面，又被接收天线所接收。此时，电磁波被近似为均匀平面波。其传播速度在高阻媒介中取决于媒质的相对介电常数 ε_r，即电磁波在遇到不同媒质界面时的反射波系数 R 由相邻界面的相对介电常常数决定。

$$R = \frac{\sqrt{\varepsilon_1} - \sqrt{\varepsilon_2}}{\sqrt{\varepsilon_1} + \sqrt{\varepsilon_2}} \tag{1}$$

当电磁波通过二衬混凝土—空气的界面时，反射波为正波，而通过空气—初支喷射混凝土的界面时，反射波为负波(图3)。

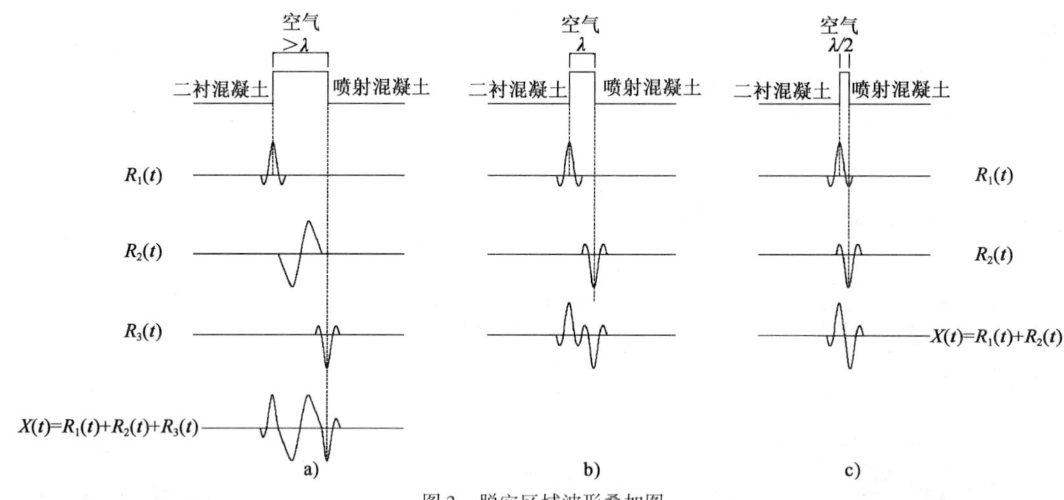

图3 脱空区域波形叠加图

反射波能量的大小取决于反射波系数，反射波系数由相邻界面的相对介电常数确定[1]，由于空气与衬砌介质之间的电性差异明显，反射波系数值较大，反射波较衬砌中有明显增强。

(2)脱空区域内振幅特征：

在脱空区域振幅的衰减和反射波实际旅行路径成反比，实际检测中由于脱空区域厚度 d 很小，可以忽略，所以脱空区域电磁波振幅至少与初始振幅(混凝土—空气界面处反射波振幅)相同，由于在脱空区域内还有多次波反射的情况，因此脱空区域内振幅还可能有明显增大。

(3)脱空区域内波形畸变特征：波形畸变的发生除了与脱空区域内结构复杂有关外，还与电磁波在脱空区域内的波长有关。

当采用900MHz天线进行检测时，混凝土相对介电常数约为8，则脱空区两侧界面波长约为 $\lambda_1 = 0.118\text{m}$，$\lambda_2 = 0.333\text{m}$，①当脱空区厚度 d 大于波长 λ_1 时，两侧界面与空气中传播的波形叠加图如图3a)所示，脱空区域内波形畸变；②当脱空区厚度 d 等于波长 λ_1 时，两侧界面与空气中传播的波形叠加图如图3b)所示;③当脱空区厚度 d 等于波长 $\frac{\lambda}{2}$ 时,两侧界面与空气中传播的波形叠加图如图3c)所示;当脱空区厚度 d 小于波长 $\frac{\lambda_1}{2}$ 时,则无法分辨其与 $d = \frac{\lambda_1}{2}$ 时的情况,由此也可以得出电磁波的垂向分辨率应为 $\frac{\lambda_1}{2}$[4]。

3 现场检测实例分析

由于现场实际检测图像比理论图像更加复杂,因此必须利用上述理论分两步对雷达检测图像进行解释分析,第一步:根据二维剖面图像特征进行初步筛选;第二步:通过选定区域的单道波特征识别对缺陷区域进行确认;这两个步骤缺一不可,一旦缺失就可能出现误判。下面是采用900MHz天线对某隧道进行二衬脱空检测的雷达图谱,对其进行分别归纳后大体分为两类。

(1)钢筋网距离脱空区域有一定距离或二衬为素混凝土结构,此类问题采用上述两步识别法进行解释可以很好地进行识别(图4~图11)。

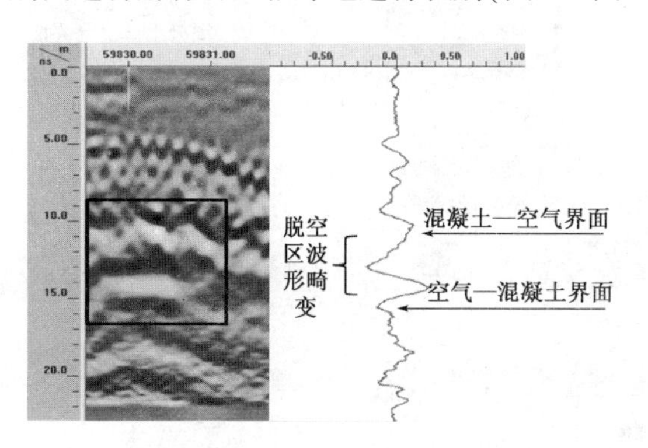

图4 二维剖面图(一)

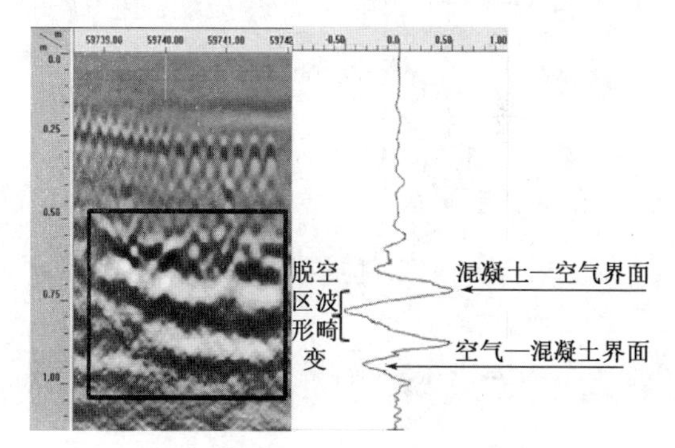

图5 二维剖面图像(二)

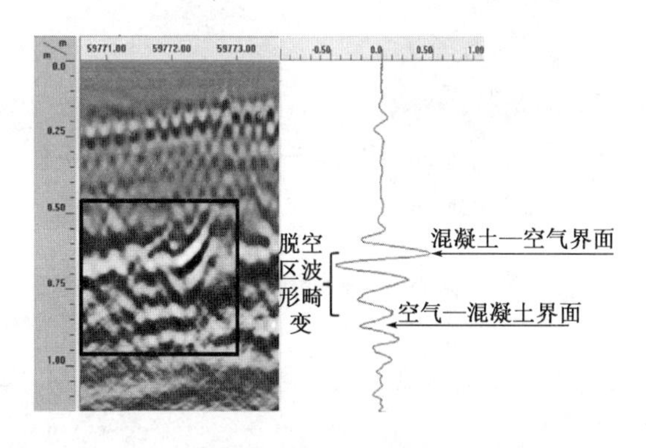

图6 二维剖面图像(三)

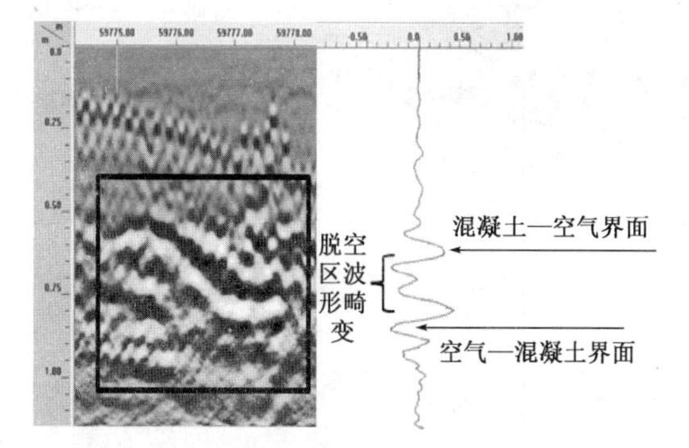

图7 二维剖面图像(四)

(2)钢筋网距离脱空区域较近,甚至在脱空区内部,此时由于钢筋绕射波的干扰,缺陷区界面不能清晰地判别出来,因此需要首先对图像进行偏移处理,将钢筋的绕射波消除,让图像变得清晰可判(即钢筋层与界面层脱离,图像中钢筋显示为一个个分离的月牙或黑点,而脱空区界面是连续的一条线),然后再采用上述方法进行识别可收到良好的效果(图12、图13)。

以上缺陷检测完成后均对其进行了钻孔验证,钻孔结果显示检测成功率为100%。

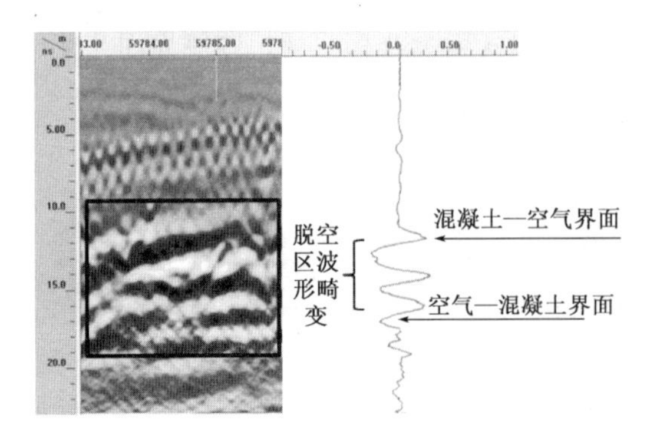

图 8　二维剖面图像(五)

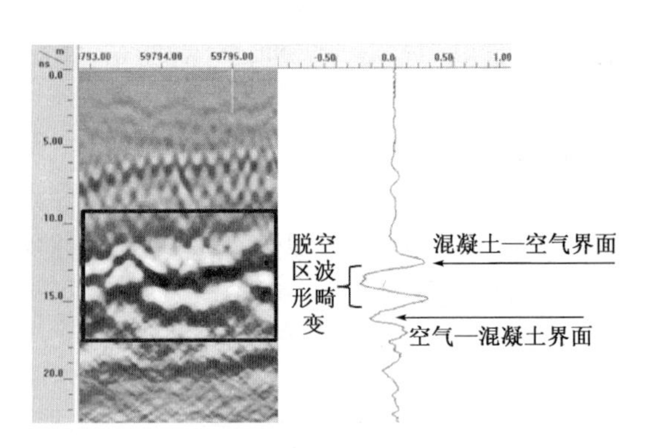

图 9　二维剖面图像(六)

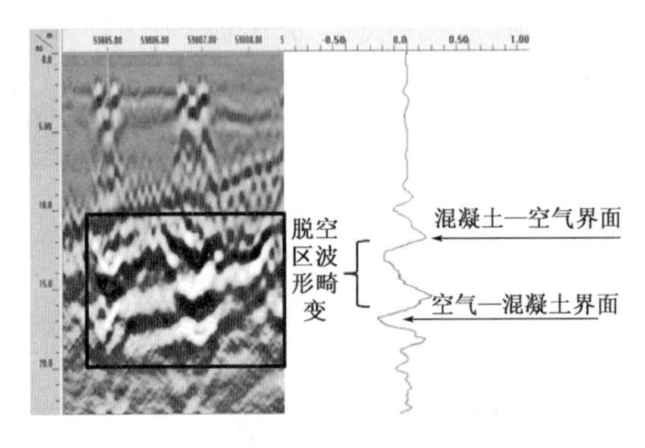

图 10　二维剖面图像(七)

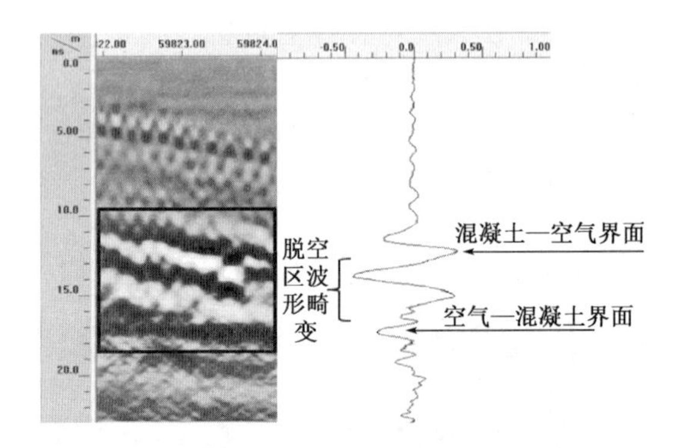

图 11　二维剖面图像(八)

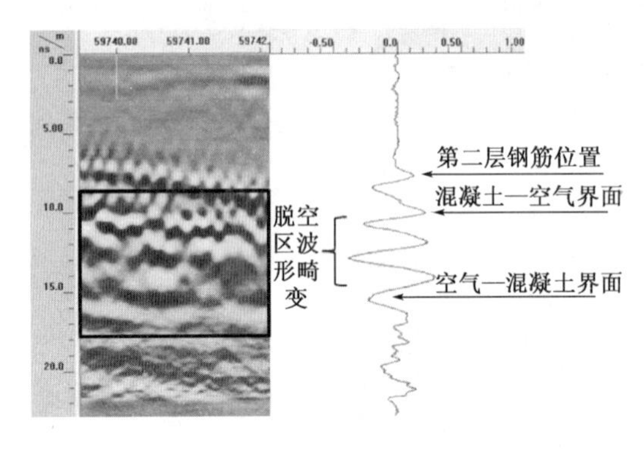

图 12　二维剖面图像(九)

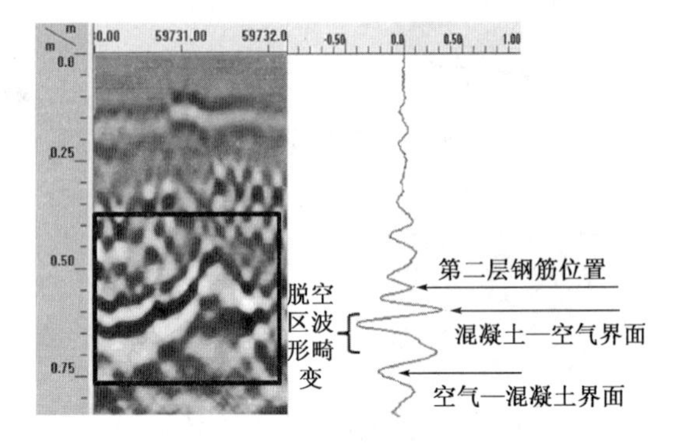

图 13　二维剖面图像(十)

4　结论

(1)通过采用图像识别与单道波分析相结合的方法分析隧道二衬背后脱空是有效的,且成功率很高。

(2)当钢筋网距离脱空区域较近或在脱空区内时,必须先通过偏移归位的方法将绕射波消除,然后再采用上述方法进行识别,可收到良好的效果。

(3)从现场实际检测情况看,雷达图像的识别与解释除要求检测人员有必要的理论知识外,必须对现场情况有充分了解,这样才能做到准确识别。

参考文献

[1] 任东亚.基于地质雷达图像数据的铁路隧道衬砌病害识别与安全性评估系统研究[D].北京:北京交通大学,2017.

[2] 李成方,王绪本,王山山.振幅处理技术在探地雷达资料处理中的应用[J].物探化探计算技术,2002(03):224-227.

[3] 王正成,吴晔.隧道质量无损检测的地质雷达技术[C].全国铁路工程试验、检测技术研讨会,2010:53-58.

[4] 袁明德.浅析探地雷达的分辨率[J].物探与化探,2003,27(1):28-32.

泥灰岩隧道浅埋段下穿居民房屋施工技术研究

刘二明

（中铁十二局集团国际工程有限公司）

摘　要　以阿尔及利亚贝佳亚高速公路连接线 SIDI-AICH 隧道北口施工为例，介绍了泥灰岩隧道在洞口为堆积体、洞顶有居民房屋和浅埋条件下的洞内外预加固技术和 CRD 法施工技术，对其施工工艺和适用条件进行了阐述和分析，并对隧道施工机械化、优化设计等提出了建议。

关键词　洞口防护　预加固　玻璃纤维锚杆　管棚室　CRD 法支护

1　引言

阿尔及利亚北部在大地构造上地处欧洲板块与非洲板块结合部阿斯特拉—阿尔卑斯褶皱带，工程地质中泥灰质页岩、泥岩普遍存在。泥灰岩具有吸水膨胀失水收缩的特点，对路基、隧道工程造成很大危害，而且由于板块作用引起的高地应力的联动作用[1]，导致路基滑坡和隧道掘进中初期支护严重变形，在东西高速公路和 55km 铁路施工中此类地质灾害相当普遍。贝佳亚高速公路 SIDI-AICH 隧道北洞口边坡采用抗滑桩预加固，洞顶采用小导管预注浆加固，下穿居民房屋的浅埋段（埋深小于 25m，长度约 110m）采用 V1 支护[2]：CRD 法结合大管棚区段预支护技术和玻璃纤维锚杆预加固掌子面技术控制了围岩变形沉降，实现了安全进洞、平稳施工的目标，是在复杂地质条件下隧道施工的成功案例。

2　工程概况

阿尔及利亚贝佳亚港口—阿尼夫高速公路连接线全长 100km，为双向六车道高速公路。SIDI-AICH 隧道位于贝佳亚省 SIDI-AICH 镇，是全线唯一的一座隧道，也是全线的关键性控制工程。原隧道 APS 设计穿越 SIDI-AICH 镇密集的住宅区，为确保洞顶地方城镇居民房屋住宅的安全，通过隧道设计优化采用了绕行方案，绕行后洞顶房屋还剩余 5 处。整个隧道穿越 SIDI-AICH 镇左侧峡谷地带，沟谷狭窄，地形起伏较大，进出口浅埋偏压，最大埋深 110m，隧道左线设计长 1691m，右线长 1628m。隧道北洞口施工如图 1 所示。

图 1　隧道北洞口施工图

3　洞口防护施工及技术措施

根据地质钻探资料和观察表层出露的土质，隧道北洞口段地表层为浅棕红色黏土，厚度

4 ~ 5m,下层为强(中、全)风化泥灰岩[3]。边仰坡附近表层土多为居民建房弃土,由于洞口处地势陡峻,洞口开挖后边仰坡极易造成堆积土滑溜形成牵引式滑坡,考虑到洞顶和周围住房的安全,隧道的沉降必须得到有效的控制。洞口段地质较差,地下水较为发育,左侧边坡在自然开挖条件下稳定性不满足工程设防要求,为保证该段高速公路施工期及后期房屋、道路安全,必须采用加强防护方案。

(1)H 型抗滑桩 + 挂网喷锚 + 综合排水设施,如图 2 所示。

左侧边坡分两台,一级边坡设置两排抗滑桩,桩长 17 ~ 24m,桩直径 1.2m,纵向桩间距 2.4m,纵横向用混凝土系梁连接。上台边坡挂网喷锚。抗滑桩采用旋挖钻机施工,在阿尔及利亚施工抗滑桩多为圆形,考虑到安全问题,人工施工的方形抗滑桩很少采用。

施工顺序:开挖第一台边坡→锚喷防护→施工上排抗滑桩→开挖施工平台→ 施工第二排抗滑桩→施工桩纵向系梁→施工桩横向系梁→坡面防护。

(2)考虑到洞顶有居民道路及下绕的进口临时道路,洞顶及边墙外侧 6m 范围内设置长度 12m,直径 42mm 小导管注水泥浆加固,以改善土体的力学性质。仰坡采用分台阶开挖,坡面挂网喷锚;锚杆为直径 32mm,长度 2m,网片筋直径 6mm,网格 10cm × 10cm。

小导管施工采用意大利 C6 – XP 多功能钻机施工,注浆压力为 0.5MPa。注浆数量采用流量计控制。洞顶注浆加固如图 3 所示。

(3)原设计套拱长度 2m。在隧道施工套拱和边仰坡防护完成准备进洞施工时,发现套拱有位移变形,经优化设计,将套拱加长 7m,基础增加 6 根抗滑桩,提高洞口处的稳定性。抗滑桩采用旋挖钻机施工。

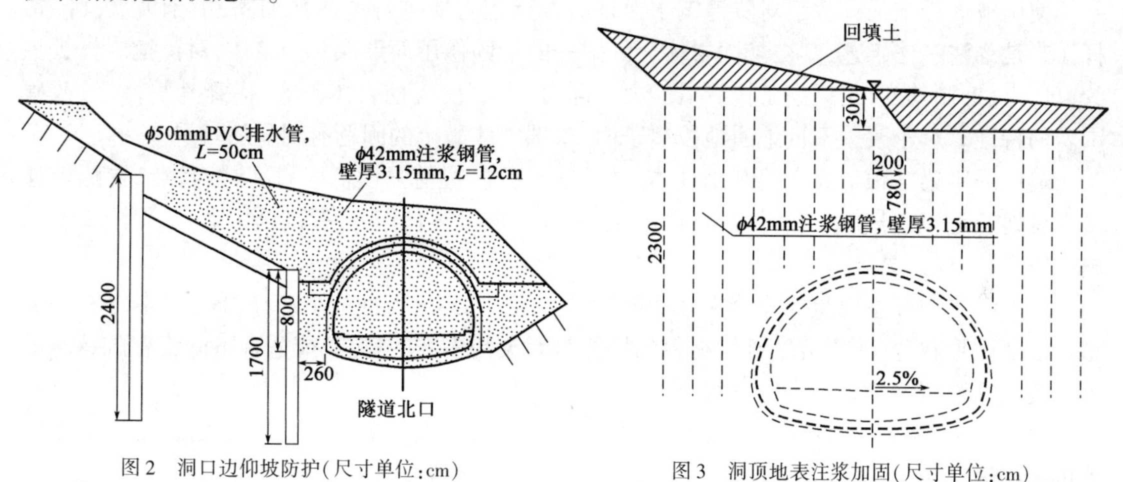

图 2　洞口边仰坡防护(尺寸单位:cm)

图 3　洞顶地表注浆加固(尺寸单位:cm)

4　洞内支护及施工技术措施

洞内超前预加固采用连续管棚(15m × 41 根),管棚长度每段长度 15m,搭接 7.5m。CRD 法进洞,洞身为锯齿形断面模型,玻璃纤维锚杆(后文简称 BFV)加固掌子面,φ42 × 4m 注浆钢管(间距 1m × 1.24m)加固下导及仰拱。

国内洞口长管棚一般为 10 ~ 45m,主要目的是洞口段加固。如果连续长管棚设计(>45m)就存在搭接问题,长管棚向上的角度为 3.5°,为了保证第二循环的长管棚施工作业面,就要设计管棚室,形成台阶式初期支护,通过二次衬砌的不同厚度进行调整,管棚室支护施工简图见图 4。管棚室的设计在欧洲希腊、土耳其等国家的隧道工程中使用过,在阿尔及利亚

55km 铁路的单洞双线隧道中也使用过,对特殊软弱围岩、高地应力和严格控制拱顶沉降而使用连续长管棚设计的隧道可以使用,效果较好。

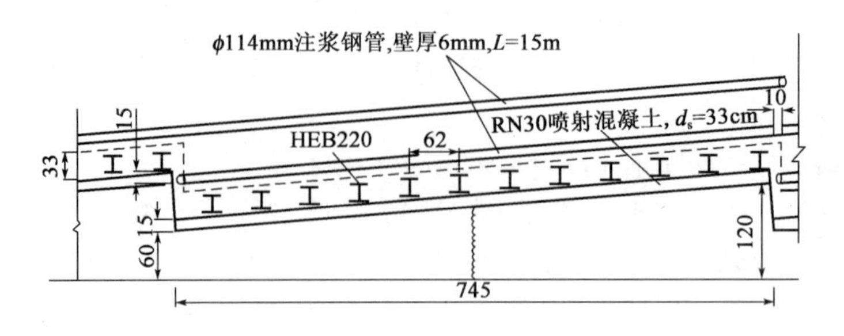

图4 管棚室及支护施工简图(尺寸单位:cm)

BFV、连续管棚、注浆钢管钻孔均采用意大利 C6-XP 多功能钻机施工。

管棚室的施工综合考虑衬砌的施工,一板衬砌长度为 7.45m,拱架间距 0.62m,13 榀拱架为一个段落,预留沉降量 15cm。锯齿形管棚室衬砌最薄处衬砌厚度 60cm,最厚处 120cm,在断面变化处采用锚喷过渡为平缓曲线。

4.1 掌子面预加固

掌子面预加固是"新意法"的核心内容[4],而使用的玻璃纤维锚杆是一种新材料,国内外均有材料供应。

隧道进口 V1 围岩掌子面设置 40 根 ϕ25 的玻璃纤维锚杆,长度 10m,搭接 2.5m。

使用玻璃纤维锚杆注浆对隧道掌子面正前方待挖岩体进行预注浆加固,由于玻璃纤维锚杆注浆是锚注一体工艺,则被加固岩体会因锚杆的锚固作用而形成一个整体,对待挖岩体提供约束反力,抑制其变形,提高了抗侧滑能力。同时,能够使待挖岩体密实,提高其整体性,改善围岩的特性。对于改善不良地质地段掌子面、拱部岩体稳定的问题有明显的效果。

玻璃纤维锚杆预加固主要利用杆体的抗拉强度高、抗剪强度低、易挖除的特点,在隧道通过不良地质地段,对掌子面岩体进行预加固,可以实现机械化作业、提高施工效率、保障掌子面施工安全。

玻璃纤维锚杆主要组成成分为玻璃纤维增强聚合物,材料性能取决于纤维和聚合物的类型及横断面形状等,所以玻璃纤维材料的性能具有灵活多变的特点,能适合不同工程的特殊要求。玻璃纤维注浆锚杆具有以下特点:

(1)抗拉强度高,抗剪和抗扭强度低,易于机械挖除,为实现隧道的机械化高效施工提供了可靠保证。

(2)杆体全段锚固,锚注结合。为杆体提供锚固力的同时也加固了锚杆周围岩体。

(3)强度高、重量轻。高性能的玻璃纤维锚杆的抗拉强度可达到钢质锚杆的 1.5 ~ 2 倍;重量为同种规格钢质锚杆的 1/4 ~ 1/5。

(4)安全性好。防静电、阻燃、高度抗腐蚀、耐酸性、耐低温;满足地下工程安全生产要求。

(5)玻璃纤维锚杆采用意大利多功能 C6X 钻机施工,玻璃纤维锚杆也可以使用潜孔钻机和简易钻机施工,但是 C6X 钻机钻孔效率相对较高。锚杆长度和其搭接长度可以根据需要设计。一般厂家有定尺产品(如 10m、12m)。

4.2 CRD 法开挖、支护及二衬施工

CRD 法施工断面如图 5 所示,CRD 法现场施工如图 6 所示。

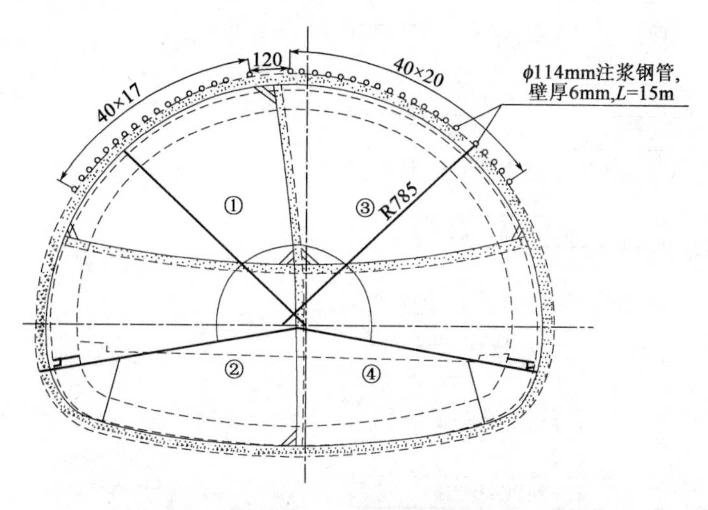

图5　CRD 法施工断面图(尺寸单位:cm)

图6　CRD 法现场施工图

隧道 CRD 法施工适用于围岩比较软弱,结构稳定性差,节理发育,有裂隙水等地质较差的隧道施工。根据现场掌子面的情况分区施工,一般施工顺序为左上→右上→左下→右下(①→③→②→④),设置有中间的临时仰拱和纵向支撑,围岩条件稍好时可以变为 CD 法,分左右两部分施工。优点是施工比较安全,缺点是分区施工,还要拆除临时支撑,工序复杂,施工进度慢[5,6]。

由于北洞口左右洞地质为黏土、碎石土堆积体和风化严重的泥灰岩,有水,开挖采用挖掘机直接开挖,自卸车运输弃土。初期支护采用大管棚、钢拱架、喷射混凝土联合支护;衬砌采用混凝土输送泵、液压二衬台车等设备进行混凝土衬砌施工;隧道通风采用大功率风机,大直径软管,压入式通风;隧道混凝土全部采用在混凝土拌合站工厂化生产,混凝土输送车运输,泵送混凝土入模施工。在施工中,进行超前地质、水文预报,采用先进的测量、探测技术,取得围岩状态参数,通过数据的分析和处理及时反馈,指导现场施工。不采用爆破[7]。

SIDI-AICH 隧道 CRD 法工序工艺流程见图 7。

4.2.1　临时支撑拆除

在 SIDI-AICH 隧道 CRD 法施工中,临时支撑(中间横撑和竖向支撑)的拆除是施工中控制的重点。

(1)在 CRD 的四个区开挖支护完成后,开始施工永久仰拱。

(2)永久仰拱钢筋同竖向支撑交叉需要拆除支撑时要尽量少量割除通过,不得全部拆除。

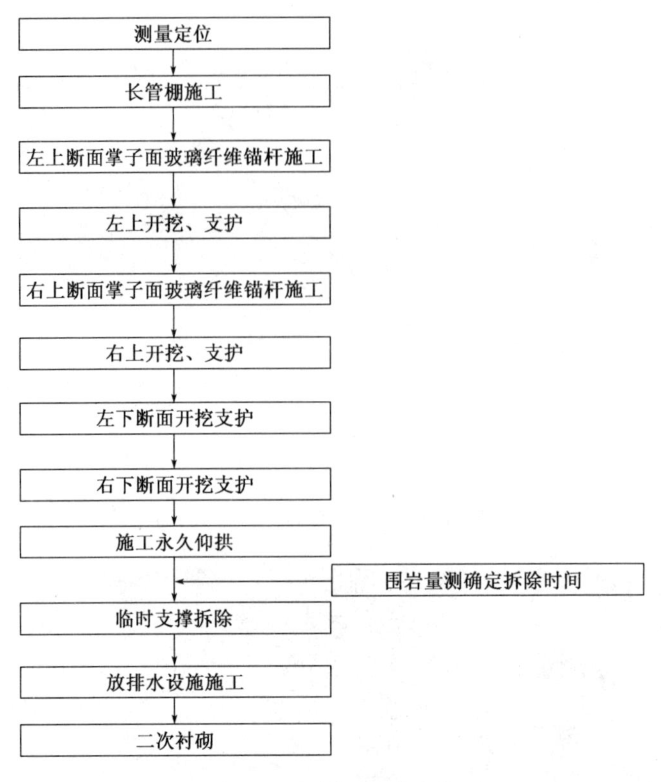

图7　CRD 法施工工艺流程

(3)仰拱完成一个循环(管棚室间隔段)后拆除临时支撑。

(4)拆除时先拆除横向支撑再拆除竖向支撑。

(5)拆除的方向从掌子面向洞口方向间隔拆除。

(6)间隔拆除部分后观测初期支护的变形情况,在1~2d后无明显变化再全部拆除。

施工的目的在于先施工永久仰拱形成闭合环,初期支护拱架可以整体受力,再拆除临时支撑,避免在体系转换时因为受力结构的变化而影响隧道安全。

4.2.2　工程进度

(1)北洞口Ⅴ级围岩初期支护设计采用 HEB220 钢拱架,间距0.62m,横向、竖向临时支撑为 HEB180 钢拱架。

(2)每个区段的日施工进度可以进行1~2个循环,考虑掌子面玻璃纤维锚杆和长管棚的施工时间和四个区段的交错施工,综合月进度约25m/月。

5　结语

(1)对于地质条件比较差和对隧道沉降有特殊要求的隧道口,洞口段的设计首先应考虑滑坡治理和边仰坡加固,要考虑在先,在出现病害或问题后再处理,就会造成损失并影响工程进度,SIDI-AICH 隧道采用抗滑桩和洞顶边仰坡的预注浆加固是比较成功的。在国内我们常用的“早进晚出”“零开挖”进洞施工方法,都是比较成熟的好方法,适用于洞口地质较好的情况,国外洞口设计的强支护情况比较多,洞口的投入要大一些。在实际应用中建议根据洞口地质条件对两种方法进行综合比较和评估,确定合理进洞方案。

(2)CRD 法开挖法适用于地质条件差、有水、对隧道沉降严格控制的情况。SIDI-AICH 隧道浅埋段洞内采用CRD法施工,隧道沉降量控制在2mm/月[8-12],对浅埋的洞口段顶房屋没有造成影响,没有出现变形开裂、地表下沉的现象。缺点是施工进度比较慢。

(3)随着劳动力成本的大幅增加,特别是海外项目,机械化生产是必然趋势,新意法采用的玻璃纤维锚杆加固掌子面施工方法对围岩较差的隧道能够较好地控制围岩变形,实现大断面施工,加快施工进度。隧道施工用的多臂钻孔台车、锚杆台车、喷射混凝土机械手、C6钻机等先进的施工机械如大力使用,可以降低劳动力成本,提高标准化管理水平,施工安全更有保证。

(4)海外项目大都采用设计、施工、采购一体化的EPC模式,在得到APS设计(初步设计)后,如能够加强施工和设计力量的整合,结合现场实际和合同进行优化,采用合理的隧道掘进施工设计和施工技术措施,就能保证隧道施工的顺利进行和得到较好的效益回报。

参考文献

[1] 张志强,关宝树. 软弱围岩隧道在高地应力条件下的变形规律研究[J]. 岩土工程学报,2000,22(6):696-670.

[2] 曹海林. 新建隧道下穿既有公路隧道施工技术[J]. 铁道建筑技术,2013(5):58-61.

[3] 杨全有. 软弱围岩隧道交叉口弧形导坑施工技术[J]. 铁道建筑技术,2013(3):56-60.

[4] 张运庭. 浅埋软弱地层隧道围岩稳定性分析及综合施工技术[J]. 铁道建筑技术,2014(5):86-88.

[5] 李新继. 成都地铁区间浅埋暗挖隧道CRD法施工技术[J]. 铁道建筑技术,2010(6):49-52.

[6] 龚晓南. 土力学[M]. 北京:中国建筑工业出版社,2002:73-74.

[7] 董淑练,黄明琦,丰传东. 软弱地质条件下隧道开挖新方法探究[J]. 隧道建设,2009(2):157-161.

[8] 张成良,侯克鹏,李克钢. 开采引起上覆公路地表沉降与形变的数值分析[J]. 岩土力学,2008,29(S1):635-639.

[9] 林存友,吴立,李鹏. 穿越楼房下方的隧道安全施工技术[J]. 安全与环境工程,2002(6):27-30.

[10] 李世辉. 隧道围岩稳定系统分析[M]. 北京:中国铁道出版社,1991.

[11] 施成华,彭丽敏,刘宝琛,等. 浅埋隧道施工引起的纵向地层移动与变形[J]. 中国铁道科学,2003,24(4):87-91.

[12] 张顶立,李鹏飞,侯艳娟,等. 浅埋大断面软岩隧道施工影响下建筑物安全性控制的试验研究[J]. 岩石力学与工程学报,2009,28(1):95-102.

树脂锚固剂在抽水蓄能电站硐室预应力锚杆锚固工程中的应用

耿会英　张燕军

（邢台市荟森支护用品有限公司）

摘　要　水电站地下厂房硐室开挖断面大,开挖段长,区域内地质条件复杂。设计单位根据不同硐室特点明确了围岩支护方案和支护参数。树脂锚固剂作为硐室围岩与预应力锚杆固结的介质经承建单位施工验证,在硐室围岩支护工程施工中取得了较好效果。确保了水电站地下厂房室的安全施工。

关键词　预应力锚杆　树脂锚固剂　围岩支护　地下厂房硐室

1　概况

随着国民经济的飞速发展,环境保护在我国已成重点,部分煤电机组被停运,电力资源供应已经成为我国经济健康、持续、高效发展的突出薄弱环节。发展绿色能源已成定局,但太阳能及风能发电是一种随机性、间歇性的能源,不能提供持续稳定的电力,发电稳定性和连续性较差,给电力系统实时平衡、保持电网安全稳定运行带来巨大挑战。抽水蓄能电站具有启动灵活、爬坡速度快等常规水电站所具有的优点和低谷储能的特点,可以很好地缓解太阳能和风电给电力系统带来的不利影响。建设抽水蓄能电站能够提高系统整体经济性,促进节能减排和大气污染防治。综合考虑替代煤电机组和多消纳清洁能源的效果。

某抽水蓄能电站总装机容量为1200MW。电站额定水头375m,年发电量20.1亿kW·h,年抽水电量26.8亿kW·h,在其省电网中担任调峰、调频、调相及事故备用的任务。

电站枢纽工程由上水库、下水库、输水系统、地下厂房系统组成。地下厂房位于下水库库尾山体内。由主副厂房、主变硐、交通硐、通风兼安全硐、地面开关站等组成。本文主要介绍树脂锚固剂在地下厂房硐室预应力锚杆支护中的应用。

2　厂区工程地质条件

厂区地层为张夏组和岗山组下段的灰岩岩层,其岩性为钙质石英粉砂岩,薄层灰岩,鲕状灰岩和柱状灰岩,呈互层状结构,层理发育。厂房围岩中的鲕状灰岩为厚层状,泥质柱状灰岩为块状。其余岩体为薄层状,构造发育部位层状碎裂结构或散体结构地下室的稳定与岩层产状关系密切。本工程围岩特点为近水平、薄层状层理发育。不同岩性互层状分布,层间的结合力较小,对顶拱稳定不利。厂房区最大水平主应力方向为NE50°左右,最大水平主应力量值为12MPa,最小水平主应力量值为6MPa。地下水较为贫乏,类型为基岩裂隙水。含水层与相对隔水层呈互层分布。

本工程地下厂房围岩分类见表1。

地下厂房围岩分类表　　表1

建筑物	部　　位	围岩类别	建筑物	部　　位	围岩类别
主厂房	厂房顶拱	Ⅲb	主变室	主变室顶拱	Ⅲb为主 Ⅳ不少于1%
	厂房边墙	Ⅲa		主变室边墙	Ⅲa为主Ⅳ不少于1%
	厂房地板Ⅱ			主变室地板	Ⅱ

3　地下厂房硐室支护方案

地下厂房硐室支护科研阶段计算结果表明:采用推荐柔性支护方案后,硐室围岩稳定是有保证的;厂房围岩塑性区,拉损区范围一般为2.0~5.0m,局部最大或沿管道周边延伸至25m,硐室间岩柱塑性区,拉损区不贯通,厂房锚索最大应力为999.8MPa,锚杆最大应力为235.4MPa,厂房顶拱最大位移1.79cm,上下游边墙硐室交叉口处最大位移分别是4.76cm、5.83cm,右端墙最大位移3.54cm,与类似工程比较,位移均属正常范围。

4　围岩支护施工技术

主厂房硐室支护采用预应力锚杆、锚索,喷混凝土支护方法,由于锚索和喷混凝土支护方案国内技术比较成熟,不再赘述,这里主要介绍预应力锚杆支护方案。

4.1　锚固剂选型

由于硐室围岩类型为Ⅲ类,岩层呈较薄、碎裂结构或散体结构,所以为保证施工安全和工程质量,工程设计要求,该硐室围岩锚杆长度为8m,且使用预应力锚杆,15min张拉,张拉强度不低于120kN。即硐室围岩的支护必须体现及时、高强、预应力的特点。在设计选型时考虑到水泥锚固剂受水泥材料本身的特性限制,显然达不到要求;树脂锚固剂因其具有固化时间快、强度增长快、强度高等特点,原理上满足硐室围岩及时、高强、预应力的要求。为此,设计部门要求使用树脂锚固剂。同时,根据硐室围岩特点,采用大直径锚固剂预应力锚杆,从而达到使被加固体稳定和限制其变形的目的。

经过对国内数家较著名的树脂锚固剂生产厂家产品的规格、效能进行对比,最终确定采用我公司(河北省邢台市荟森支护用品有限公司)生产的大直径慢速和快速两种规格的树脂锚固剂。

根据设计要求,钻孔直径50mm,杆体采用直径28mm、长度8000mm无纵筋螺纹钢金属杆体,全长锚固,一次性安装预应力锚杆,预紧力不小于120kN。经测算选用MSK4250型和MSM4250型树脂锚固剂,每孔安装3支MSK4250型和13支MSM4250型树脂锚固剂。锚固段长度1500mm,剩余长度为张拉段。要求安装锚杆时锚固段搅拌时间30s,等待15min开始预紧螺母。

4.2　树脂锚固剂性能检测

为进一步验证所选用的大直径快速和慢速两种规格的树脂锚固剂的各项性能指标是否能够达到设计要求。由中国水利水电第四工程局有限公司委托煤炭工业北京锚杆产品质量监督检验中心对我公司(河北省邢台市荟森支护用品有限公司)生产的上述两种规格树脂锚固剂进行了性能检验。

检验结果如表2和表3所示。

大直径慢速树脂锚固剂(MSM4250)性能参数　　表2

序号	检验项目	技术要求	检验结果				单项结论
1	外观	应装填饱满、质地柔软、颜色均匀、树脂胶泥不分层、不沉淀,固化剂分布均匀、封口严密、无渗漏	001-01	001-02	001-03	001-04	合格
			装填饱满、质地柔软、颜色均匀、树脂胶泥无分层、无沉淀,固化剂分布均匀、封口严密、无渗漏				
2	直径(mm)	42 ±0.5	001 - 01	001 - 02	001 - 03	001 - 04	合格
			41.9	41.9	41.8	41.9	
	长度(mm)	500 ±5	500	500	500	500	
3	树脂胶泥稠度(mm)	≥30	001 - 01	001 - 02	001 - 03	001 - 04	合格
			≥40	≥40	≥40	≥40	
4	固胶比(%)	≥4	001 - 01	001 - 02	001 - 03		合格
			4.0	4.0	4.1		
5	凝胶时间(s)	>180	001 - 01	001 - 02	001 - 03		合格
			610	610	607		
6	抗压强度(MPa)	≥60	001 - 05	001 - 06	001 - 07		合格
			66	64	64		
7	抗拔力(kN)	>100	001 - 08	001 - 09	001 - 10		合格
			142	140	142		
8	锚固力(kN)	>248	001 - 11、12	001 - 13、14	001 - 15、16		合格
			253	255	254		
9	热稳定性能胶泥稠度(mm)	≥16	001 - 17	001 - 18	001 - 19	001 - 20	合格
			40	40	40	40	

大直径快速树脂锚固剂(K4250)性能参数　　表3

序号	检验项目	技术要求	检验结果				单项结论
1	外观	应装填饱满、质地柔软、颜色均匀、树脂胶泥不分层、不沉淀,固化剂分布均匀、封口严密、无渗漏	002 - 01	002 - 02	002 - 03	002 - 04	合格
			装填饱满、质地柔软、颜色均匀、树脂胶泥无分层、无沉淀,固化剂分布均匀、封口严密、无渗漏				
2	直径(mm)	42 ±0.5	002 - 01	002 - 02	002 - 03	002 - 04	合格
			41.9	41.9	41.9	41.8	
	长度(mm)	500 ±5	500	500	500	500	
3	树脂胶泥稠度(mm)	≥30	002 - 01	002 - 02	002 - 03	002 - 04	合格
			≥40	≥40	≥40	≥40	
4	固胶比(%)	≥4	002 - 01	002 - 02	002 - 03		合格
			4	4.1	4		
5	凝胶时间(s)	41 ~90	002 - 01	002 - 02	002 - 03		合格
			83	82	83		
6	抗压强度(MPa)	≥60	002 - 05	002 - 06	002 - 07		合格
			69	68	67		

续上表

<table>
<tr><th>序号</th><th>检验项目</th><th>技术要求</th><th colspan="12">检验结果</th><th>单项结论</th></tr>
<tr><td rowspan="2">7</td><td rowspan="2">抗拔力(kN)</td><td rowspan="2">>100</td><td colspan="4">002 - 08</td><td colspan="4">002 - 09</td><td colspan="4">002 - 10</td><td rowspan="2">合格</td></tr>
<tr><td colspan="4">174</td><td colspan="4">172</td><td colspan="4">171</td></tr>
<tr><td rowspan="2">8</td><td rowspan="2">锚固力(kN)</td><td rowspan="2">>248</td><td colspan="4">002 - 11、12</td><td colspan="4">002 - 13、14</td><td colspan="4">002 - 15、16</td><td rowspan="2">合格</td></tr>
<tr><td colspan="4">259</td><td colspan="4">255</td><td colspan="4">257</td></tr>
<tr><td rowspan="2">9</td><td rowspan="2">热稳定性能胶泥稠度(mm)</td><td rowspan="2">≥16</td><td colspan="3">002 - 17</td><td colspan="3">002 - 18</td><td colspan="3">002 - 19</td><td colspan="3">002 - 20</td><td rowspan="2">合格</td></tr>
<tr><td colspan="3">40</td><td colspan="3">40</td><td colspan="3">40</td><td colspan="3">40</td></tr>
</table>

注:常规检验。

(1)检验环境温度为21.2~21.5℃。

(2)锚固力检验模拟孔采用内径50mm、长1000mm厚壁钢管,树脂锚固剂采用直径42mm、长度500mm两支,配套杆体采用直径28mm、屈服强度335MPa螺纹钢金属杆体,检验未见破坏。

注:破坏性检验。

(1)检验环境温度为21.2~21.5℃。

(2)锚固力检验采用模拟孔内径50mm、长1000mm厚壁钢管,树脂锚固剂采用规格为直径42mm、长度500mm两支,配套杆体为直径28mm、屈服强度335MPa螺纹钢金属杆体,检验破坏形式为杆体延伸。

经煤炭工业北京锚杆产品质量监督检验中心对两种规格树脂锚固剂分别进行的检验表明,各项性能指标均达到或超过了硐室围岩锚固所需的设计要求。

4.3 施工现场支护试验布置

由于近水平薄层围岩锚杆支护国内经验较少;需要进行围岩锚杆拉拔试验以确定锚固长度和拉拔力。同时验证地下厂房硐室支护方案的合理性及锚杆施工工艺等。

为测试岩壁吊车梁悬吊锚杆与边墙不同交角的拉拔力,拟在模型硐下游侧岩壁对吊车梁悬吊锚杆作4组不同倾角的拉拔试验,每组3根,锚杆直径、长度与厂房上部吊车梁悬吊锚杆相同,倾角分别为:20°、25°、30°、35°。

模型硐上、下游侧岩壁各做3组不同倾角的系统锚杆拉拔试验,钻孔直径50mm,锚杆直径ϕ28mm、锚固长度3000mm的无纵筋螺纹钢金属杆体。因厂房岩层倾向上游,上游倾角分别为-20°、-10°、0°,下游倾角分别为20°、10°、0°。顶拱作一组3根系统锚杆拉拔试验。

树脂锚固剂使用按一定比例匹配的快速、慢速两种锚固剂。按比例先装3支K4250型快速树脂锚固剂,接着装3支M4250型慢速树脂锚固剂,锚固长度1500mm,其余为张拉段。

4.4 拉拔试验

(1)锚杆拉拔试验进行设计锚固力和破坏性抗拔试验,在锚杆植入15min后进行锚杆拉拔试验和破坏性试验,以检验树脂锚固剂的锚固性能。

(2)首先在锚杆的外露段安装经标定合格的拉力器及其他设备,拉力器底座在硐壁作用点应置于可能破坏的岩体以外。

(3)试验均采用分级连续加载,加载要求缓慢、均匀。锚杆设计锚固力拉拔试验的加载过程为:0→50% P→100% P→110% P,P为锚杆设计锚固力(120kN),每级加载持荷稳定时间不少于15min;锚杆破坏性拉拔试验的加载过程为0→50% P→75% P→100% P→125% P→150%

P… 屈服破坏,P 为锚杆屈服强度(248kN)。每级加载持荷稳定时间不少于 15min。通过试验,取得了满意效果。

(4)与水泥锚杆相比树脂锚杆具有承载快、强度高等特点。水泥锚杆一般 4 个小时张拉,强度为终凝的 70% 左右,而树脂锚杆一般 15min 张拉且强度可达终凝的 80% 以上。水泥锚杆需插注浆管、二次注浆,施工工序繁琐;树脂锚杆安装简便,一次安装成功且达到预应力锚杆的要求。

4.5 锚杆支护施工

锚杆支护设计要求一般分为端锚和全锚两种,端锚是锚杆与围岩局限于锚杆端部较短长度范围的锚固;全锚是锚杆与围岩沿锚杆的全长锚固。不论哪种形式的锚固工序都是相同的:钻孔→探孔→装锚固剂→安装锚杆。具体操作如下:

(1)钻孔:根据设计利用台车钻出一定直径和深度的孔;

(2)探孔:用直径比钻杆略小的塑料管插入孔内,探测孔的深度;

(3)装锚固剂:根据设计把与孔径相匹配的快、慢速树脂锚固剂置入孔内;

(4)安装锚杆:把锚杆装在台车上,用台车把锚杆送入孔内,调整钻臂使锚杆与钻孔成一直线,在送入过程中当杆体接触到锚固剂后,边推进边搅拌直到孔底,搅拌时间根据凝胶时间确定,锚固段一般为 20 ~ 30s。

5 施工观测

为了了解硐室围岩内部变形和硐室运行期观测需要,水电站建立了完善的观测系统,在观测仪器中设置了锚杆应力计、多点位移计、应变计、测力计等。在施工过程中进行观测,根据观测数据资料综合分析得出结论:水电站地下硐室围岩应力、位移与设计和有限元计算相吻合;经支护工程施工,地下硐室围岩总体稳定。

6 施工质量控制和质量评定

根据国家有关规定和此水电站工程建设原则,各承包单位和监理单位建立了完整的质量控制体系和质量管理办法。

对锚杆拉拔力的检查:施工单位在监理现场认证的情况下,按施工技术要求抽查,抽查结果,拉拔力达到设计要求。

7 结语

此水电站地下硐室支护工程正在按计划顺利进行,根据其地下硐室观测系统的观测资料综合分析,地下硐室围岩总体稳定。树脂锚固剂在支护系统施工中有效地保证了施工安全,安装方便、加快了施工进度,达到了良好的效果。

参考文献

[1] 徐祯祥,闫莫明,苏自约. 岩土锚固技术与西部开发[M]. 北京:人民交通出版社,2002.

[2] 徐祯祥,闫莫明,苏自约. 岩土锚固工程技术[M]. 北京:人民交通出版社, 1996.

盾构隧道平行下穿桥梁的影响及应用分析

苏 鹏 戚洪伟

(中铁第五勘察设计院集团有限公司)

摘 要 以盾构隧道平行下穿桥梁为研究对象,通过数值模拟,分析盾构通过后,对新旧桥产生的影响。分析表明,在未考虑加固措施盾构通过旧桥时由盾构施工引起的桥体沉降及变形相对较大。两侧绑宽新桥变形主要以沉降为主,其中南幅新桥变形经计算核实较小,可忽略不计,北幅绑宽新桥不均匀沉降最大值也远小于限值的要求。对隧道下穿桥梁的监测结果进行分析表明,既有桥梁变形与盾构掘进的相对位置有关,盾构多次穿越同一既有桥梁时,不仅要加强对既有隧道的监测,同时也要对新建隧道进行变形监测,以便及时调整土舱土压力、注浆量等施工参数,防止既有隧道产生过大变形,同时通过监测数据与有限元模型的对比,新、旧桥的不均匀沉降均可满足要求。

关键词 隧道 拱桥 数值模拟 监测

1 引言

拱桥承重结构以受压为主,抗拉性能较差,对不均匀沉降差异敏感,一旦出现质量问题,后期加固保养质量多不可控。合肥地铁 3 号线区间近距离盾构下穿二十埠河桥,该桥分为新建板桥与旧拱桥两部分,二十埠河旧桥为 2003 年 5 月份竣工。主桥为 1 × 20m 双曲拱桥,台身为浆砌块石,基础为 C20 素混凝土,主拱厚 650mm,腹拱厚 350mm,主拱、肩拱均为钢筋混凝土结构,桥面横桥向全宽为 45m,跨度方向约 21m,桥面结构层为钢筋混凝土结构层、沥青路面。2010 年对二十埠河旧桥进行了加固改造,同时在旧桥两侧新建板桥,板桥上部结构采用预应力混凝土简支空心板,下部结构采用桩柱墩,桩式台,桩径分别为 1.3m 和 1.5m,桩长分别为 18m 和 27m,于桥墩处连续设置。

盾构隧道下穿二十埠河桥时,选择对其进行加固保护,避免了对拱桥的拆除及还建,有效地降低工程投资,缩短工程周期,取得了良好的经济效益。通过优化方案,避免因拆除拱桥产生交通拥堵,减少拆除桥梁及复建过程中造成的环境污染,有效降低地铁建设对当地居民的干扰。随着城市轨道交通的发展,地下空间日益紧张,未来会有更多的地铁盾构区间下穿老旧曲拱桥的工程。本研究成果为日后类似的工程提供了切实可行的参考。

2 工程实例

2.1 工程地质和水文地质条件

2.1.1 工程地质情况

区间隧道覆土范围内从上至下依次为人工填土层、第四系全新统冲积层、第四系上更新统冲积层,隧道下部从上至下依次为第四系中更新统残积层、白垩系上统张桥组。区间隧道所处地层为第四系上更新统冲积层中的②2 黏土层，土层渗透系数约为 0.004m/d，地层标贯系数为 16～22，呈硬塑性。旧桥基础坐落在②2 硬塑黏土层中。

2.1.2 水文地质情况

区间覆土范围内地下水主要为第四系孔隙水，第四系孔隙水主要赋存于人工填土中，以上层滞水为主，水量微弱。黏土层分布广泛，埋深浅，水量微弱。下部基岩裂隙水主要赋存于岩石强、中等风化带中。

2.2 区间隧道与桥梁关系

合肥地铁 3 号线区间隧道左、右线分别近距离下穿二十埠河桥。区间隧道距拱桥桥台基础底部竖向距离为 4.77～5.11m。左线隧道侧穿北侧板桥，距新建板桥最近距离约为3.56m。右线隧道距南侧板桥桩基较远，在沉降槽范围之外。左、右线区间净距 6.34～6.57m，盾构外径 6m[1-3]。隧道与桥梁关系见图 1。

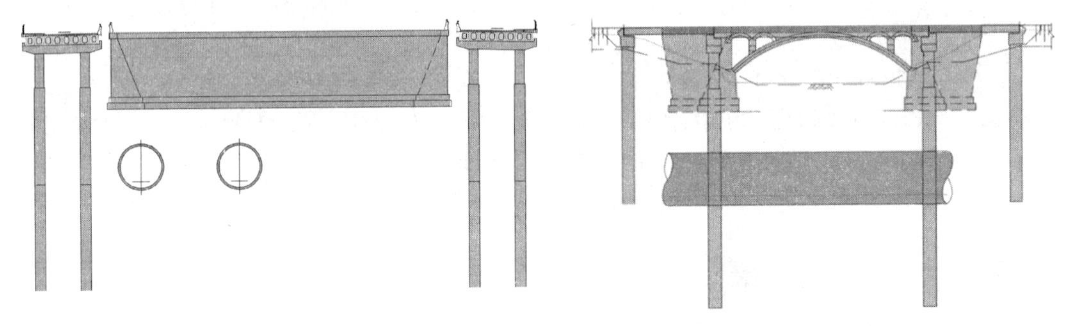

a)区间隧道二十埠河桥横断面关系图　　b)区间隧道二十埠河桥纵断面关系图

图 1 区间隧道二十埠河桥关系图

2.3 设定目标值

2.3.1 拱桥

国家建筑工程质量监督检验中心（简称第三方检测中心）以旧桥基础不出现拉裂且主拱圈裂缝未超出限值进行了试算（基础应力 1.41MPa < 1.54MPa），在满足旧桥承载能力情况下结合地表沉降同时进行了盾构施工土层损失率的反推，制定了较为严格的控制标准：

（1）桥台之间顺桥向差异沉降控制值为 5mm（即差异沉降率控制在 0.024%）。

（2）桥台横桥向差异沉降控制值为 20mm（即差异沉降率控制在 0.044%）。

2.3.2 板桥

板桥的 3 跨均为预应力简支板梁桥，其中跨度分别为 10m，25m，10m，结合规范及类似工程经验，本桥桥面沉降差不应大于 0.2% ×10（m）=2（cm）。

3 有限元计算

3.1 基本数值计算模型

根据本工程的实际情况和特点结合盾构施工筹划安排，采用 ANSYS 建立三维计算模型，对盾构隧道下穿二十埠河桥进行数值模拟计算[4,5]，计算模型见图 2。

计算模型大小宽度为 300m，长度为 200m，高度为 100m。衬砌管片为 C50 混凝土，管片环宽 1.5m，注浆层厚度约 0.15m。桥梁参数根据原设计资料及现场加固资料综合选取。所选地层参数见表 1。计算模拟步序见表 2。

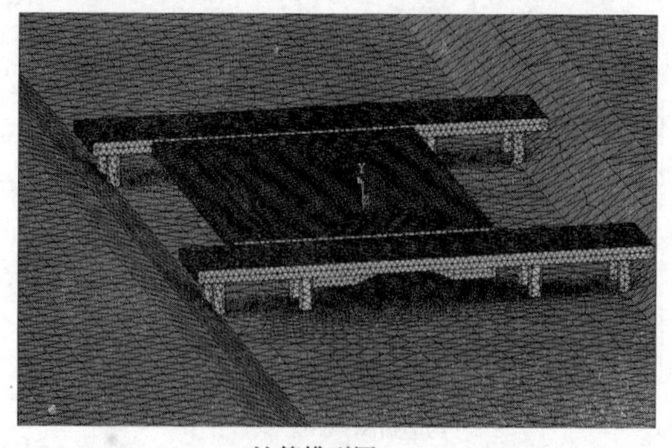

a)计算模型图

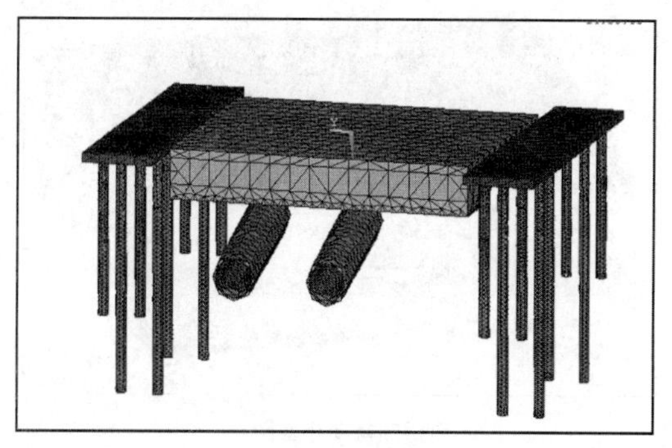

b)计算模型图

图2　计算模型

地 层 参 数　　表1

地 层 参 数	重度	压缩模量	泊松比	黏聚力	内摩擦角
	kN/m^3	MPa		kPa	°
⓪2 素填土	19.4	—	—	—	—
②1 黏土	19.5	7	0.32	40	13.9
②2 黏土	19.9	10	0.31	45	15.7
⑦1 全风化砂岩	20.3	10	0.3	40	16.4

主要模拟工序　　表2

开 挖 步 序	步序简要说明
步序一	(左线)盾构刀盘抵达1号桥台基础
步序二	(左线)盾构穿越1号桥台基础,即将抵达0号桥台基础
步序三	(左线)盾构穿越二十埠河旧桥(左线穿越段掘进完毕)
步序四	(右线)盾构刀盘抵达1号桥台基础
步序五	(右线)盾构穿越1号桥台基础,即将抵达0号桥台基础
步序六	(右线)盾构穿越二十埠河旧桥(右线穿越段掘进完毕)

3.2　盾构隧道穿越二十埠河桥影响分析

基于数值模拟计算结果,以盾构隧道由东向西,左、右线分别穿越二十埠河桥两个工况的变形情况进行分析。

具体计算结果见图3～图6。

通过工程模拟分析可知:在未考虑加固措施盾构通过旧桥时由盾构施工引起的桥体沉降及变形相对较大。两侧绑宽新桥变形主要以沉降为主,其中南幅新桥变形经计算核实较小,可忽略不计,北幅绑宽新桥不均匀沉降最大值发生于开挖步序六,沉降差达7.3mm,远小于限值2cm要求。中间拱桥形变位移分析见表3～表5,可见拱桥最大差异沉降达4.8mm,小于限制5mm要求。

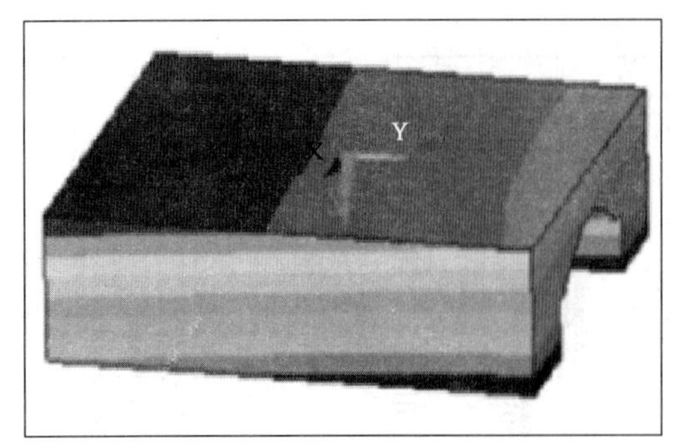

a)旧桥顺桥向形变图

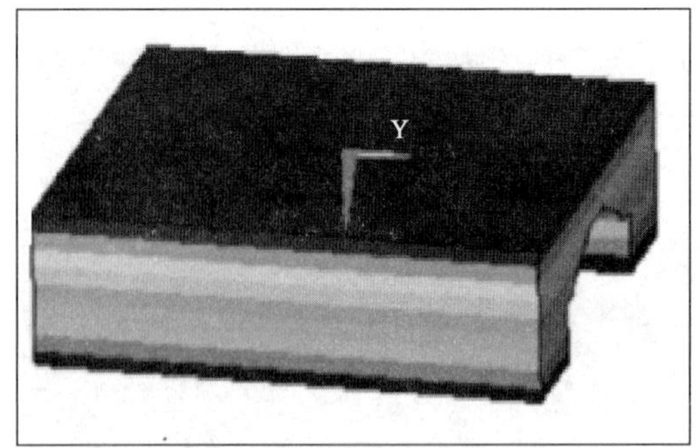

b)旧桥横桥向形变图

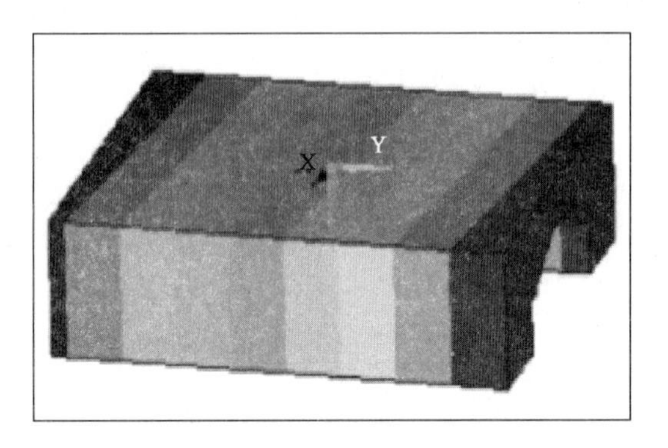

c)旧桥竖向形变图

图3　左线贯通拱桥形变图

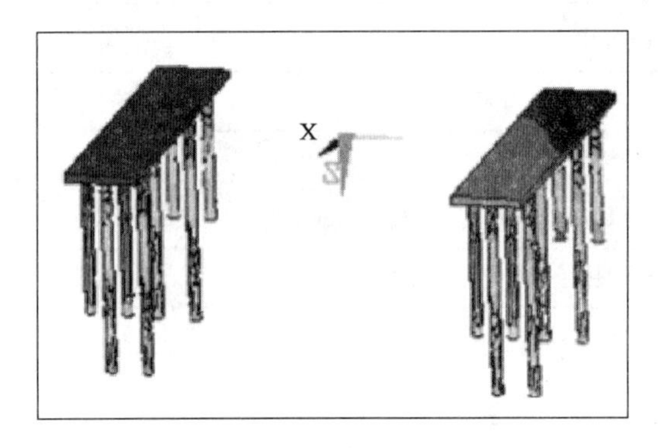

a)新桥顺桥向形变图

b)新桥横桥向形变图

c)新桥竖向形变图

图4　左线贯通板桥形变图

a)旧桥顺桥向形变图

b)旧桥横桥向形变图

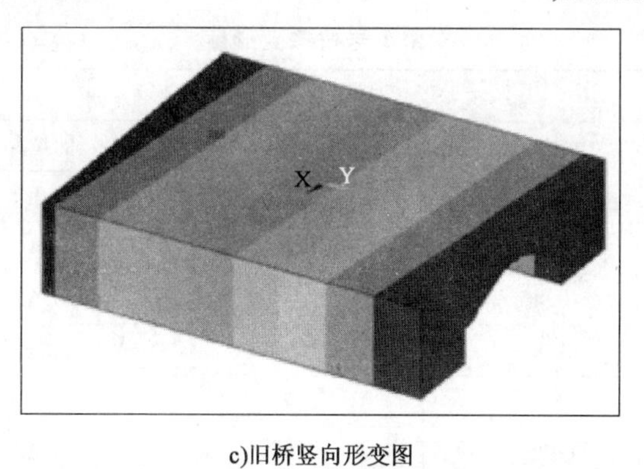

c)旧桥竖向形变图

图 5　双线贯通拱桥形变图

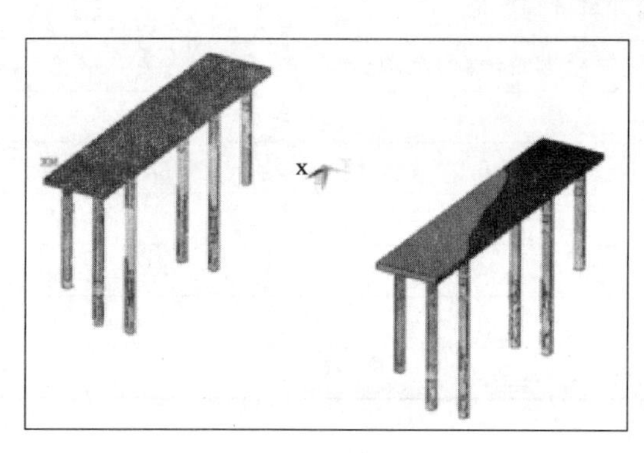

a)新桥顺桥向形变图

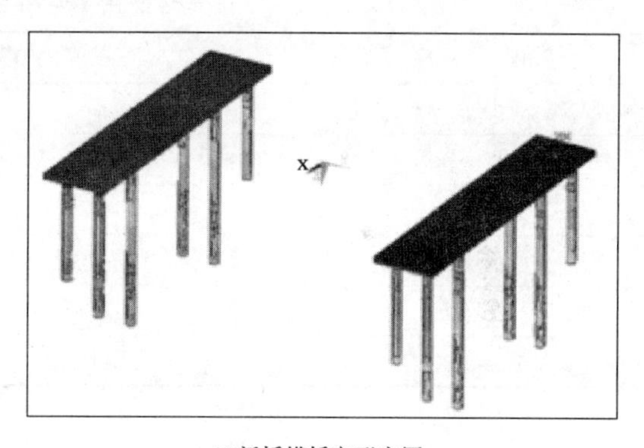

b)新桥横桥向形变图

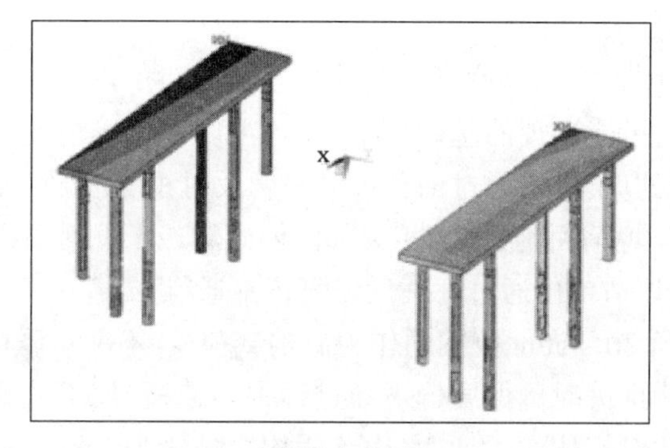

c)新桥竖向形变图

图 6　双线贯通板桥形变图

拱桥 **0** 号桥墩变形量 表3

开挖步序	0号桥墩变形量(mm)			
	顺桥向	横桥向	竖向位移	差异沉降
步序一	1.5	0.4	2.8	1.7
步序二	1.6	1.7	14.5	11.6
步序三	0.4	2.4	20.6	14.6
步序四	1.8	2.2	21.3	11.7
步序五	2.0	2.7	28.3	12
步序六	0.25	2.5	34.2	18.5

拱桥 **1** 号桥墩变形量 表4

开挖步序	1号桥墩变形量(mm)			
	顺桥向	横桥向	竖向位移	差异沉降
步序一	1.5	0.4	7.0	1.8
步序二	1.6	1.7	18.4	11.7
步序三	0.4	2.4	20.6	14.6
步序四	1.8	2.2	26	11.7
步序五	2.0	2.7	33.1	12
步序六	0.25	2.5	34.2	18.5

0 号桥台 **1** 号桥台差异沉降变形 表5

开挖步序	0号桥台1号桥台差异沉降变形(mm)
步序一	4.2
步序二	3.9
步序三	0
步序四	4.7
步序五	4.8
步序六	0

4 桥梁保护措施及施工期间沉降

4.1 桥梁保护措施

(1)在盾构穿越二十埠河前,应在桥台处设置沙袋进行围堰成岛,在围堰区对桥台基础及地基进行超前探测,针对可能出现的基础掏空、地基土质不良等情况,采用袖阀管斜向下对桥台处地基进行注浆加固处理,盾构通过前预埋注浆管及时跟踪注浆。

(2)在盾构穿越二十埠河桥前,应与相关部门协商对二十埠河旧桥(拱桥)进行封闭,至盾尾完全通过后并经检测评估单位通过评估后恢复正常通行。

(3)距离二十埠河桥30~50m范围内作为盾构试验段,不断对盾构掘进参数进行优化,将地表沉降降至最低;盾构推进时确保盾构下穿过程中匀速通过、不停机;严格控制切口平衡压力,以减少盾构推进变化对土体的扰动[6],由于盾构穿越段为线路下坡段,衬砌背后注浆浆液应采用早强、速凝型浆液。

(4)及时同步注浆、二次注浆,保证注浆效果;针对可能出现的较大沉降及时进行径向注浆。

(5)穿越范围内采用配筋加强型、增设注浆孔衬砌管片。

(6)施工过程中加强监控量测。

施工时现场照片见图7。

a)现场施工(一)

b)现场施工(二)

图7 现场施工图

4.2 施工期间沉降

合肥地铁3号线左线隧道2017年10月28日盾构始发,11月4日到达并穿越二十埠河旧桥0号桥台基础,11月8日到达并穿越1号桥台基础;右线隧道2017年12月8日盾构始发,12月14日穿越二十埠河旧桥0号桥台基础,12月18日穿越桥1号桥台基础。根据第三方监测报告成果报告,读取拱桥顺桥向最大差异沉降为4.34mm,横桥向最大差异沉降为11.77mm。二十埠河桥旧桥测点位置图见图8,沉降变形曲线见图9。

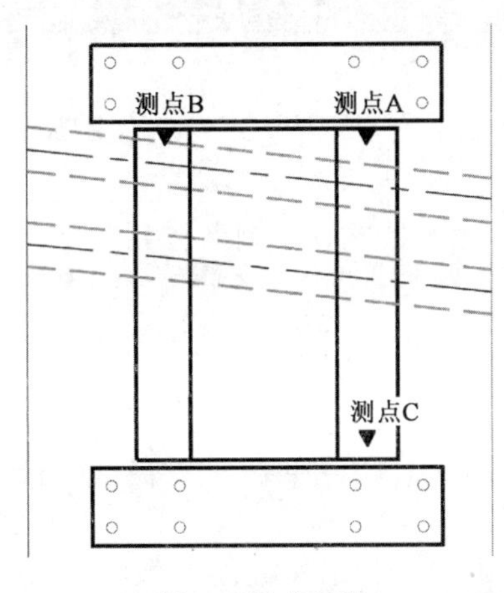

图8 测点位置图

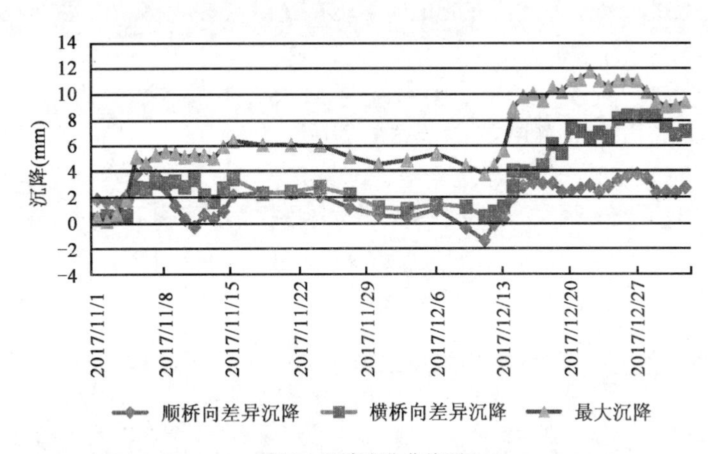

图9 沉降变化曲线图

二十埠河新桥在隧道左、右线穿越后最大差异沉降为7.7mm,远小于限值2cm要求。

2017年11月5日,区间隧道左线二十埠河旧桥监测点单次沉降、累积沉降值较大,经现场踏勘、收集整理原始掘进数据,分析出以下原因:

(1)桥台距离盾构拱顶距离仅4.5m,岩土层强度较低,应力释放对沉降变形敏感较大。

(2)盾构施工过程中盾尾有局部漏浆,造成同步注浆不饱满,二次注浆未及时跟进[7,8]。

现场施工过程中通过调整盾构姿态,保持盾构推进速度,保证注浆压力,及时地控制住了二十埠河桥旧桥沉降。

5 结论和建议

(1)通过数值计算和监测数据验证,双线隧道下穿拱桥和板桥时,桥台之间顺桥向差异沉降在5mm以内,桥台横桥向差异沉降在20mm以内。可以作为保护双曲拱桥的安全控制标准。

(2)从现场监测数据看,为了进一步减小桥梁墩台的差异沉降,可以在施工过程中,采取降低风险及被动补偿的措施,如交通管制、对桥台围堰成岛、预埋注浆管等。

(3)隧道穿越将会引起双曲拱桥桥台产生不均匀沉降,该不均匀沉降一方面引起了桥台自身应力的改变,同时由于拱桥结构的特殊性,还将引起拱圈结构受力的改变。

(4)由数值分析结果及监测结果可以看出:虽然二十埠河新、旧桥整体有一定的沉降,但其差异沉降较小,说明桥梁为整体沉降变形,降低了桥梁的应力集中影响,可以保证桥梁的安全性。

(5)盾构推进过程中应同步注浆饱满,保证注浆压力;保持好良好的盾构姿态,保证盾构持续匀速推进;保证盾构管片拼装质量,防止渗漏;密切关注监测数据变化情况,及时反馈监测数据。

参考文献

[1] 周印堂,王达麟. 地铁交叉隧道盾构施工的三维有限元分析[J]. 天津建设科技,2015,(6):44-47.

[2] 马云新. 北京地铁盾构近距离下穿地铁运营盾构隧道施工[J]. 建筑技术,2015,(3):P272-P275.

[3] 王元韩. 既有隧道受临近隧道爆破开挖影响及安全性评估研究[D]. 重庆:重庆交通大学,2016.

[4] 郭婷,李晓霖,惠丽萍. 小间距平行盾构隧道临近楼房的设计与施工研究[J]. 铁道标准设计,2008,(12):55-58.

[5] 何炬,王彦. 地铁隧道下穿京承铁路框架桥安全性分析[J]. 铁路技术创新,2013,(5):13-15.

[6] 崔天麟,赵运臣. 盾构隧道掘进过程中同步注浆技术的应用[J]. 探矿工程—岩土钻掘工程,2003,(4):59-61.

[7] 吕乾乾. 地铁盾构隧道同步注浆施工对地层沉降影响的预测分析[D]. 天津:天津大学,2012.

[8] 李庭平. 影响泥水平衡盾构施工中变形的因素分析及其对既有隧道影响的分析[D]. 上海:上海交通大学,2008.

“换底+锚注”复合整治措施在铁路隧道底鼓病害整治中的应用

邹文浩　马伟斌　付兵先　李　尧　安哲立

（中国铁道科学研究院铁道建筑研究所）

摘　要　准东铁路狮子岭隧道运营过程中衬砌混凝土出现了不同程度的环向及纵向裂缝，基底上鼓开裂现象严重。通过分析隧道基底上鼓特征、产生原因以及发展趋势，采用“换底+锚注”的措施对隧道基底鼓裂病害进行了彻底整治。现场实施和监测结果表明：隧道底鼓现象得到有效控制，线路已取消限速等临时措施并恢复正常运营，整治效果显著。

关键词　隧道加固　底鼓病害　锁脚锚杆　基底锚杆

隧道穿越软弱围岩及地质条件差的高地应力区时，时常发生隧道拱顶坍塌、围岩大变形及底部结构鼓裂等病害。底鼓是软弱围岩变形和破坏的主要形式之一，由于软弱围岩的物理力学性质较为复杂，且普遍具有强度低、裂隙发育、吸水膨胀等特性，这些因素导致软弱围岩抵抗施工、爆破等外部扰动的能力极差，在软弱岩体地层中进行隧道施工，隧道底鼓现象时有发生。底鼓变形会造成隧道断面缩小，使隧道衬砌发生开裂变形和破坏，威胁工程的安全施工。

目前对地下硐室底鼓病害的整治措施研究主要针对煤矿巷道展开。为了有效控制底鼓现象，国内外学者进行了大量研究，提出了许多底鼓控制技术，归纳起来主要包括支护加固法和卸压法两类。支护加固法包括底板锚杆、底板注浆、封闭式支架等[1,2]；卸压法包括切缝、打钻孔、松动爆破等[3,4]。对于铁路隧道底鼓病害问题，应在掌握病害原因的基础上，有针对性地采取整治措施。本文介绍狮子岭隧道底鼓病害整治过程，以供类似底鼓病害整治工程以借鉴。

1　工程概况

狮子岭隧道位于准东铁路虎石—准格尔召区间，全长3579m，为全线最长隧道。隧道穿越地段隶属鄂尔多斯低山丘陵沟壑区，具典型干旱地区高原剥蚀丘陵地貌。

运营部门在对隧道的例行检查过程中，发现在离进口400m左右的位置出现衬砌开裂及基底上鼓病害，影响行车安全，并且后续监测结果显示病害仍在发展过程中。

隧道洞身通过区主要沉积地层有第四系全新统（Q_4）人工弃土，第四系上更新统（Q_3）砂质黄土、第三系（N）砂岩夹泥岩、三叠系上统（T_3）砂岩、泥岩、煤层等。

不良地质及特殊岩土。病害段范围内主要穿越的地层为砂质黄土及泥岩：工点范围内分布有第四系上更新统砂质黄土，具Ⅱ级自重湿陷性，湿陷土层厚1.5~4.5m。隧道进口端分布的棕红色泥岩属膨胀岩，具弱膨胀性，其特征是遇水易膨胀、软化，失水收缩易开裂。

地下水的赋存条件及赋水特征。工程区范围内地下水主要为砂岩层中赋存的基岩裂隙水：隧道洞身通过区出露地层主要为三叠系砂岩、泥岩，由于该区受构造影响轻微，岩层产状呈平缓波状起伏,层理发育,为地下水的赋存提供了必要的条件。加之该处砂岩层节理裂隙发育使整个砂岩层形成了具有水力联系的统一体,进而形成基岩裂隙含水层。地下水主要赋存于砂岩原生层理及风化层中的节理裂隙中。

2 病害检测

隧道病害检测主要针对该隧道衬砌结构裂缝、混凝土强度、隧道净空断面尺寸以及隧底混凝土厚度、围岩岩性等项目进行检测。

2.1 检测内容

具体检测内容如下:

(1)衬砌及基底混凝土的厚度。

(2)基底破碎、不密实。

(3)隧道净空断面尺寸。

(4)衬砌裂缝及分布情况。

(5)衬砌及基底混凝土强度。

2.2 检测方法和设备

(1)采用地质雷达法检测衬砌及基底混凝土厚度。

(2)采用激光断面扫描法检测衬砌净空断面情况。

(3)采用现场调查方法对隧道衬砌裂缝及基底结构上鼓情况进行调查。

(4)采用回弹仪检测隧道衬砌及基底混凝土抗压强度。

2.3 检测结果

(1)地质雷达检测

地质雷达检测发现 K81 +600 ~ K81 +800 范围内隧道拱部存在约 27m 的不密实缺陷;基底存在 33 处累积长度 84.1m 的基底不密实及病害(图 1),基底混凝土厚度普遍较设计值小。

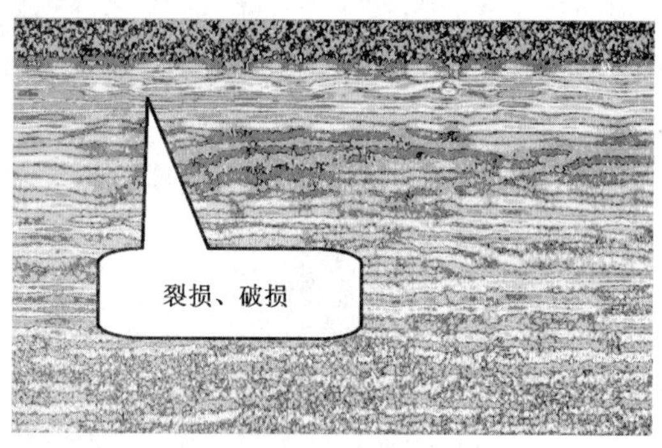

图 1 地质雷达监测

(2)激光断面扫描

图 2 为隧道断面激光扫描现场测试情况。断面扫描结果显示(图 3),测试断面与设计断面拱顶高差达到 15cm 左右,后期调查发现,产生拱顶高差的主要原因是基底上鼓,导致轨面抬高,测试断面处隧道断面积较设计值小,隧道底鼓非常严重。

(3)现场调查

现场调查结果如图 4、图 5 所示,隧道进口 400m 的位置共计 30m 的长度范围内道心基底隆起,底板混凝土破碎,2015 年期间内基底最大拱高量为 66mm。纵向裂缝长度较长且连续贯通,初步判定纵向裂缝是由于围岩存在膨胀性泥岩使得基底底鼓,两侧墙脚发生位移,导致边墙竖向拉应力超过极限抗拉强度,产生纵向开裂且处于发展状态。

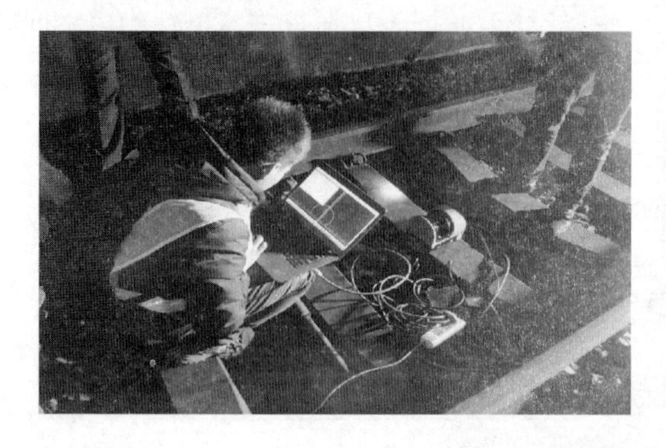

图2　隧道断面激光扫描现场测试

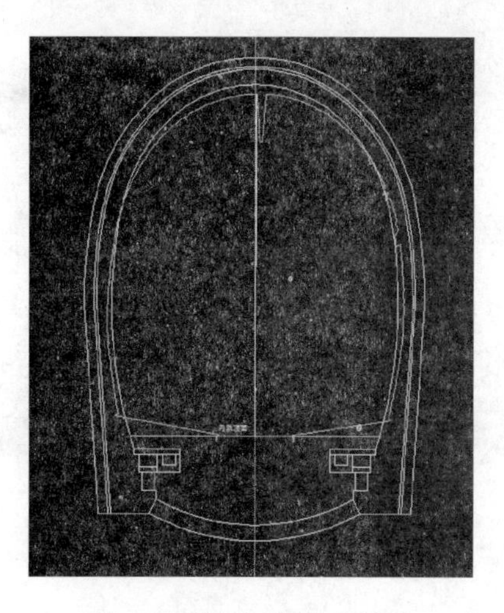

图3　隧道净空断面扫描结果

图4　隧道底鼓情况

(4)回弹仪检测

超声回弹检测如图6所示,结果显示基底混凝土强度在23.0～30.2MPa之间,基底混凝土强度除局部存在轻微强度弱化现象外,基本符合设计要求。

检测结果表明,关注区段底鼓病害严重,且仍处于发展阶段,虽然基底混凝土强度未有明显减弱,但是基底混凝土厚度普遍比设计值小,底鼓病害易引起基底混凝土开裂,威胁行车安全。通过方案比选初步拟定采用以下整治措施对底鼓区段进行处理:①对于基底结构采用直接换底并对基底围岩进行注浆锚固的措施;②对于线路采用D型便梁下沉架空进行加固;③在基底混凝土凿除过程中,在隧道拱脚施打索脚锚杆进行临时加固以保证隧道结构稳定性。

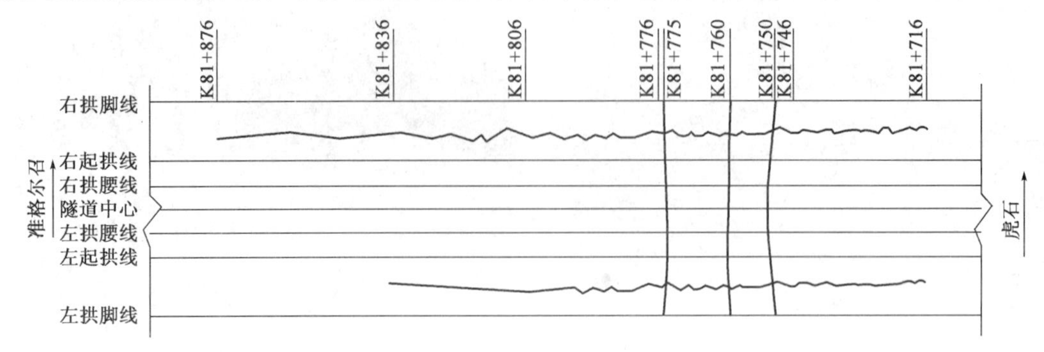

图5　隧道底鼓等病害的分布

图6　超声回弹现场检测

3　病害整治方案实施

3.1　现场勘查、测量放线、电缆移位(图7)

(1)进场勘察钢轨接缝位置,确定钢轨更换方案。

(2)依据设计,确定横梁摆设位置。

(3)将电缆槽内电缆进行移位。

3.2　更换钢轨

将换底地段3根25m钢轨更换为新的6根12.5m短轨(图8)。

图7　现场勘查与测量放线

图8　更换钢轨

3.3　打设锁脚锚杆,拆除水沟及电缆槽

打设锁脚锚杆如图9所示。

图9　打设锁脚锚杆

3.4　拆换钢轨

拆卸两根12.5m钢轨(图10),在钢轨下方穿入下横梁,保证横梁顶面与轨底标高一致,并按一定间距就位,恢复钢轨。

3.5　纵横梁布设

联接纵、横梁时,首先先联纵梁两端的两根横梁,测量对角线,调整主梁位置,保证精度,之后联接其余纵、横梁(图11)。

图10　拆换钢轨

图11　纵横梁布设

3.6　"换底+锚注"施工

(1)凿除基底混凝土,施作基底拱架,施打基底锚杆,并进行隧底锚喷施工,如图12所示。

(2)隧底混凝土施工时,应严格按实验室配合比进行拌和,灌注混凝土应捣固密实,如图13所示。

图12　基底锚注

图13　隧道基底混凝土灌注

3.7 恢复线路

经加固后目前线路取消了限速等临时措施,恢复正常运营,整治效果显著。

4 结语

对铁路隧道底鼓病害的处理方式主要是注浆、施打锚杆及辅助排水泄压措施等临时性措施,只能暂时延缓病害的发展,难以起到整治的目的。本文采用“换底 + 锚注”复合整治措施对铁路隧道底鼓严重且仍在发展的区段进行处治,从根本上控制了隧道基底上鼓的发展,并更新了病害段隧道基底结构,后续回访发现,基底结构基本没有出现新的底鼓变形,线路运营良好。

参考文献

[1] 王德双. 大保高速公路四角隧道衬砌变形及底鼓的防治技术[J]. 隧道标准设计,2003,10:66-68.

[2] 毕宣可,王培润,尤春安. 底鼓巷道的支护方法及参数确定[J]. 煤炭科学技术,2004,32(8):18-20.

[3] 安志海. 朱仙庄煤矿松软破碎围岩巷道底鼓机理及控制技术研究[D]. 北京:中国矿业大学,2008.

[4] 张向东,张彬,何庆志. 松动爆破与混凝土反拱治理底鼓的研究[J]. 矿山压力与顶板管理,1994,3:42-45.

暗挖隧道二衬质量无损检测技术探讨

刘江红[1,2]　郭　盛[1,2]

（1. 北京市市政工程研究院　2. 北京市建设工程质量第三检测所有限责任公司）

摘　要　本文在介绍地质雷达法进行地铁暗挖隧道二衬质量无损检测的基础上，结合北京地铁隧道二衬混凝土施工工艺分析二衬混凝土病害形成的原因。通过工程检测实例证明，综合采用地质雷达法和敲击法对隧道二衬内部缺陷进行检测会大大提高二衬质量的检测精度，具有一定的推广应用价值。

关键词　地质雷达法　敲击法　二衬质量　无损检测

1　引言

近些年随着城市轨道交通的快速发展，地铁隧道二衬施工质量也出现了许多问题，如二衬混凝土掉块、背后空洞、不密实等现象，进行隧道二衬混凝土无损检测后仍然存在以上问题，对后期运营存在安全隐患。为今后尽可能避免上述问题的发生，需从施工、过程控制、后期无损检测等各环节多方面入手，及早地发现缺陷、处理缺陷，争取把此类隐患消除在运营之前，减少可能给各方带来的财产损失。

2　地铁隧道二衬缺陷检测方法

2.1　地质雷达法

2.1.1　地质雷达检测原理

探地雷达是利用频率10～2000MHz的宽频脉冲电磁波来确定工程结构或构件介质分布的一种电磁方法。雷达天线由接收、发射两部分组成，发射天线向被测体发射电磁波，接收天线接收经介质内部界面的反射波。电磁波在介质中传播时，其路径、电磁场强度与波形将随通过介质的电性质和几何形态而变化。根据接收到的波的传播时间（双程走时）、幅度、频率与波形等信息，推测地下介质的结构、构造与埋设物体深度的一种电磁波技术。

地质雷达扫描原理如图1所示。

2.1.2　雷达天线介绍

地质雷达探测深度随着天线频率的变化而改变，频率越低，探测深度越大，反之，频率越高，探测深度越浅。对隧道二衬混凝土背后空洞及回填密实情况进行探测，通常选用频率范围为400～ 1600MHz的天线（表1）。

不同频率天线对应最大测深及盲区　　表1

中心频率(MHz)	盲区“Hzay”Zone(cm)	测深(m)	测程(ns)
1600	2.5	0.5	10～15
900	10	1	10～20
400	15.25	4	20～100

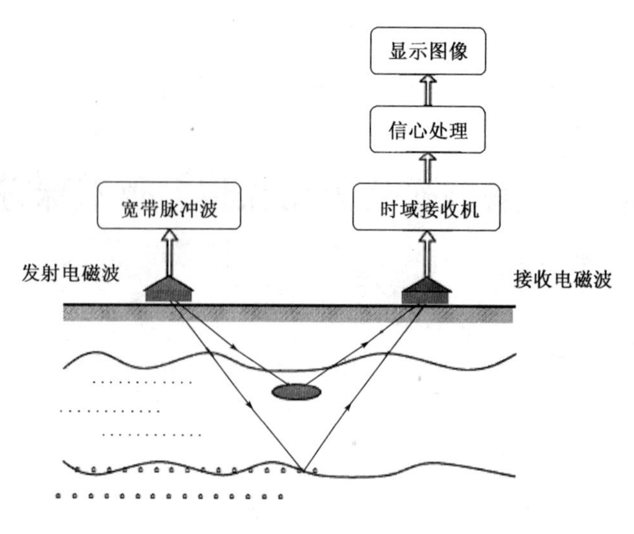

图1　地质雷达扫描原理图

地质雷达法无损检测因天线存在测试盲区以及外界和随机干扰、测线布置盲区等因素,空洞分布较浅的一些缺陷容易造成漏判和误判,因此检测宜采用地质雷达法和敲击法相结合的方法进行检测。

2.1.3　雷达测线常规布设方式

一般情况下多数二衬缺陷产生在隧道拱部,一般在隧道拱顶、拱腰、边墙各布置1条测线,测线布置示意图如图2所示。

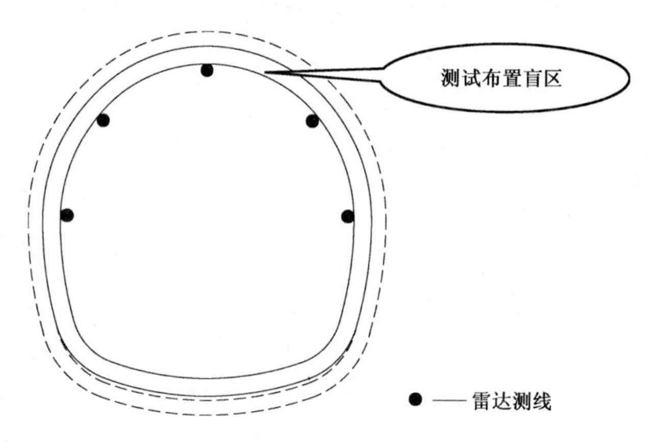

图2　地质雷达测线布置图

2.2　敲击法介绍

敲击法是通过回声判断二衬是否存在浅表面空洞,是衬砌空洞检测的一种辅助手段,用于衬砌近表面空洞类缺陷的排查(深度不大于10cm)和雷达检测异常信号的验证手段之一。

隧道二衬密实度及背后空洞检测,目前一般采用地质雷达法进行检测,由于各种原因(分辨率、天线盲区、测线布置覆盖盲区等)雷达检测主要用于二衬背后(较深)空洞检测,近表面缺陷信号特征弱,不易识别,单独采用雷达法容易造成漏测或误判。因此采用地质雷达和敲击法相结合的方法检测隧道二衬缺陷。敲击工具可直接采用电力系统用的高压绝缘拉杆(令克棒),如图3所示。

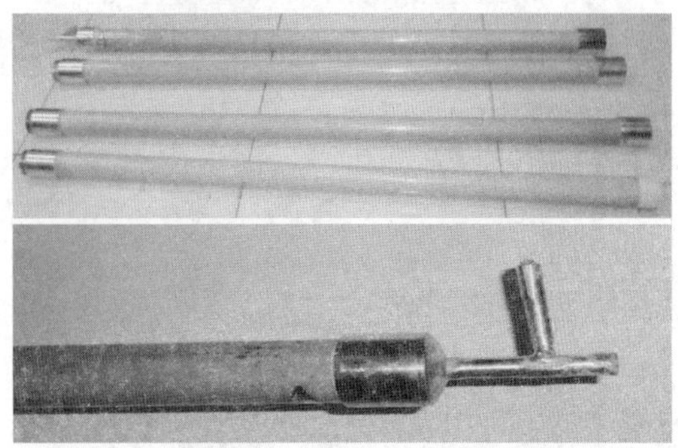

图3　敲击法采用工具

3　隧道二衬病害产生的原因分析

隧道二衬的病害分为浅部缺陷(二衬本身空洞)以及深部缺陷(二衬背后空洞)。

3.1　隧道二衬浅部缺陷(二衬本身空洞)

导致隧道二衬浅部缺陷(二衬本身空洞)产生的原因可能有以下几种:

(1)缺陷产生的主要原因是施工过程中压力不够,振捣不到位,板与板接缝处有少量的空气没有能够有效地排出。

(2)在隧道二衬施工过程中,振捣不到位,在重力作用下,混凝土发生离析。

(3)堵头模板及台车加固不到位,导致混凝土泵送压力较小,易造成混凝土未填满而产生空洞等问题。

3.2　隧道二衬深部缺陷(二衬背后空洞)

导致隧道二衬深部缺陷(二衬背后空洞)产生的原因可能有以下几种:

(1)在浇捣完二衬混凝土后,未进行拱顶背后压注水泥浆,未及时充填二衬与防水层之间的空隙。

(2)二衬混凝土硬化后收缩形成的收缩缝或者由于浇筑混凝土时模板的变形、过早拆除台架下沉而形成。

(3)初次喷射混凝土的表面凸凹不平,防水板绷紧所致。

4　工程检测实例

4.1　隧道二衬浅部缺陷

某暗挖隧道二衬设计厚度30cm,所用混凝土强度为C40,用敲击法检测时在其一处部位二衬混凝土有空鼓声音,面积约0.8m×0.6m,此位置雷达扫描结果见图4。雷达图谱显示二衬混凝土未见明显缺陷。

经现场验证缺陷为二衬浅部空洞,面积约1m^2,空洞范围4~15cm,且可见钢筋。验证结果见图5。验证结果显示此类缺陷单独采用雷达法检测易造成漏判。因此浅部缺陷采用敲击法进行检测效果更好。

4.2　隧道二衬深部缺陷

某暗挖隧道二衬设计厚度30cm,所用混凝土强度为C40,用雷达法检测时在其一处部位二衬混凝土背后存在明显空洞信号,纵向长度约4.0m,深度0.3m,雷达扫描结果见图6。但经敲击未发现明显空鼓声音。经现场打孔验证此处缺陷为二衬背后空洞,经过背后空洞注浆后雷达复测,结果显示处理效果良好,雷达复测图像见图7。

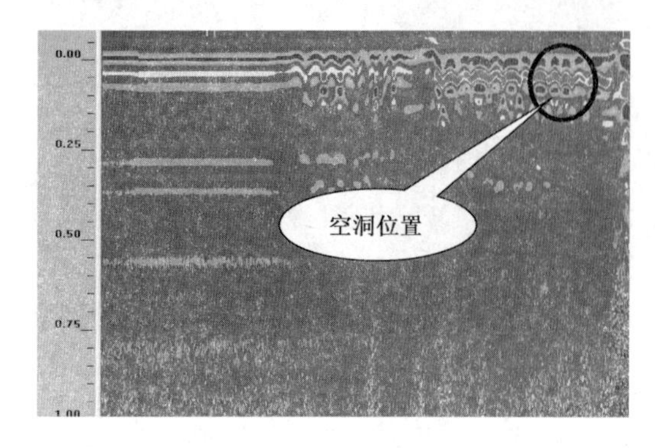

图4　雷达测试图像

图5　验证结果照片

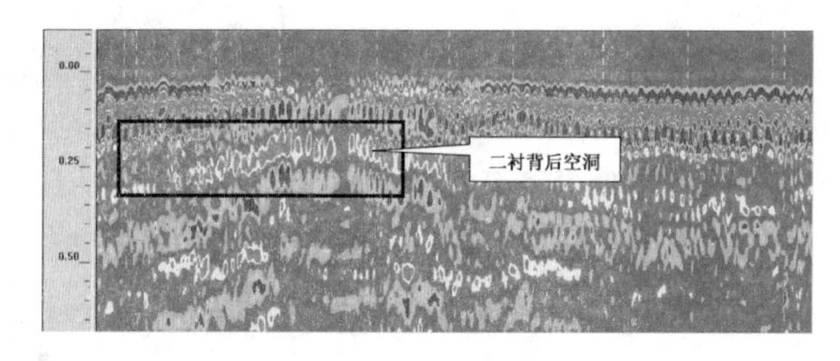

图6　雷达测试图像

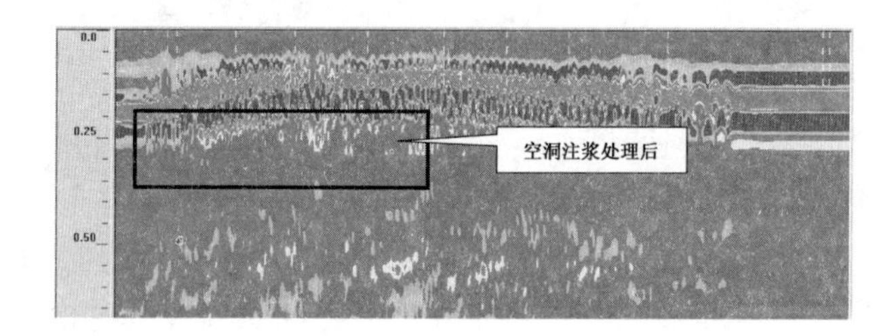

图7　空洞注浆处理后雷达测试图像

5　结语

通过上述实例以及目前地铁暗挖隧道二衬混凝土施工工艺、检测状态,隧道二衬缺陷检测采用地质雷达和敲击相结合的方法会大大提高二衬混凝土质量的检测精度,采用地质雷达法检测时选取合适的频率天线检测隧道二衬背后缺陷具有良好的效果,特别是二衬背后存在空洞时能够清晰地反映在雷达图谱中。敲击法着重辅助地质雷达检测浅层混凝土缺陷(厚度在10cm范围内),实践表明隧道二衬缺陷采用多种方法进行检测,互相验证,会减少漏判或误判现象。

参考文献

[1]　李大心.探地雷达方法与应用[M].北京:地质出版社,1994.

[2]　林维正,等.土木工程质量无损检测技术[M].北京:中国电力出版社,2008.

[3] 中华人民共和国行业标准. TB 10223—2004 铁路隧道衬砌质量无损检测规程[S]. 北京:中国铁道出版社,2011.
[4] 刘江红,郭盛. 地质雷达在地铁暗挖隧道二衬背后注浆密实度检测中的应用[J]. 岩土锚固工程,2015(1):32-34.

玻璃纤维锚杆预加固技术在隧道中的应用研究

李明华

（中铁十二局集团国际工程有限公司）

摘　要　以阿尔及利亚55km铁路甘塔斯长大隧道出口泥灰岩挤压褶皱带施工为背景，针对掌子面易挤出变形坍塌的特殊地质灾害的防治，结合现场施工方法，通过玻璃纤维锚杆加固掌子面后采用全断面液压破碎锤开挖作业，有效避免开挖后掌子面失稳造成的坍塌等灾害发生，施工安全性大大提高；同时全断面开挖能够采用大型机械作业，有效提高施工工效；论证玻璃纤维锚杆对于高地应力、强膨胀泥灰岩层间挤压褶皱带中的隧道施工具有较好的适应性。

关键词　玻璃纤维锚杆　挤压褶皱带　隧道施工　预加固

1　引言

近年来，随着改革开放的深入发展，我国国际工程事业蓬勃发展，取得了令人瞩目的成就，业务遍布世界各地。在国家实施“走出去”发展战略的大背景下，中国企业积极响应国家发展策略，努力开拓国际市场。因此，国外隧道项目也逐步增多，隧道遭遇不良地质也越来越复杂。甘塔斯隧道遭遇高地应力、强膨胀泥灰岩层间挤压褶皱带，掌子面极易失稳，按照以往传统处理方式通过预留核心土来平衡掌子面土压力；或者施作超前支护(超前锚杆、小导管、大管棚)进行注浆加固后分部开挖，或几种方法综合，用以减少和控制掌子面的岩体压力及变形。此施工方法干扰大、进度慢、工效低、成本大、安全风险大，难以采用机械化施工。传统施工方法见图1。

对此，国内外专家不断探索新材料、新工艺和新方法，其中采用玻璃纤维锚杆注浆加固隧道掌子面的方法有着工效快、成本低、安全可靠、适合大型机械作业等优点，在软弱不良地质中有着很好的应用前景。

甘塔斯隧道出口在遭遇高地应力、强膨胀泥灰岩层间挤压褶皱带时，采用超前小导管注浆、预留核心土分部开挖的方式时发生了多次掌子面核心土失稳坍塌等灾害，而后采用玻璃纤维锚杆对掌子面前方围岩进行注浆预加固后全断面开挖，施工难度降低、安全可靠、效率提高、施工效果极好。

2　工程概况

甘塔斯隧道是阿尔及利亚首都阿尔及尔至奥兰铁路项目阿福隆—黑密斯车站间(55km)线路改造及复线项目中的重难点工程，亦是全线的控制性工程[1]。甘塔斯隧道由两座单线铁路隧道组成，左线全长7342m、右线全长7331m；隧道最大埋深390m；进口端线间距35m，出口端线间距过渡为24m；采用圆拱曲墙式衬砌。

甘塔斯隧道所在地区属于CHELIFF中晚第三纪盆地，其地貌状况为不整合的片状地层，属远白垩纪[2]。逆断层F1两侧发育有强烈挤压揉皱带，局部有滑坡发育，断层走向NE-SW，顺沟谷展布，地貌特征明显。传统施工方法如图1所示。

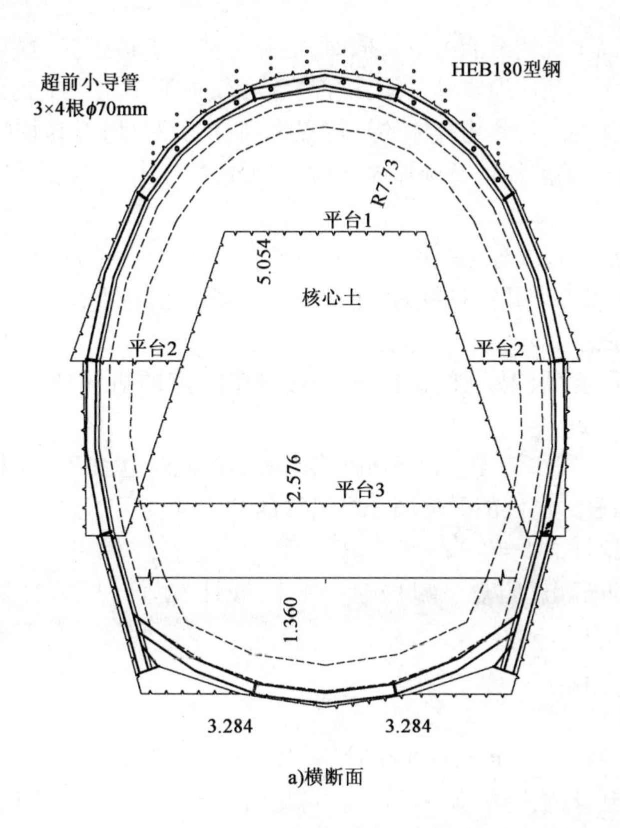

a)横断面

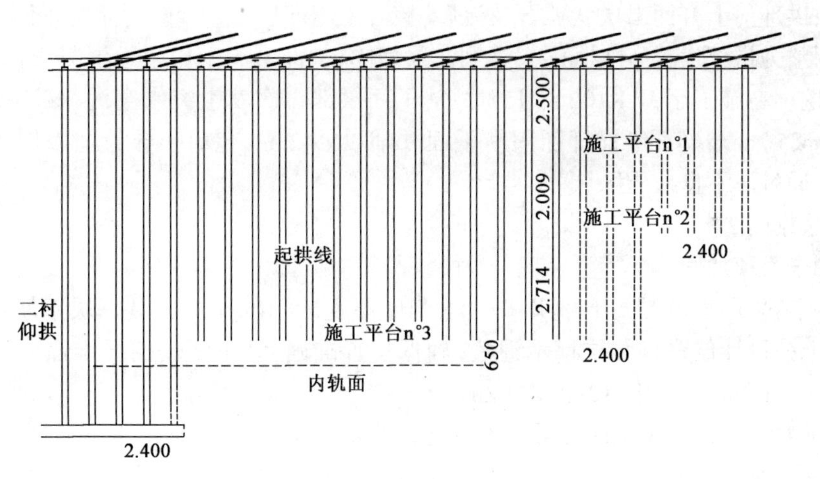

b)纵断面

图1 传统施工方法(尺寸单位:m)

隧道地层岩性主要为黏土、泥灰质黏土、第三系中新统海尔微阶砂岩夹泥灰岩,第三系中新统海尔微阶泥灰岩,以具超强膨胀性的泥灰岩、页岩等软岩为主,地应力较高,且主压应力方向与隧道走向近乎垂直,围岩塑性变形大,稳定性差,掌子面易失稳。

3 玻璃纤维锚杆注浆预加固原理

使用玻璃纤维锚杆注浆对隧道掌子面正前方待挖岩体进行预注浆加固,玻璃纤维锚杆注浆是锚注一体化工艺,通过锚杆的锚固作用将前方岩体形成一个整体,并对待挖岩体提供约束反力,抑制其变形,提高了抗侧滑能力[3]。同时,能够使待挖岩体密实,提高其整体性,改善围岩的特性。对于改善不良地质地段掌子面、拱部岩体稳定的问题有明显的效果。

玻璃纤维锚杆预加固主要利用杆体的抗拉强度高、抗剪强度低、易挖除的特点,在隧道通过不良地质地段,对掌子面岩体进行预加固,可以实现机械化作业、提高施工效率、保障掌子面施工安全。

玻璃纤维锚杆主要组成成分为玻璃纤维增强聚合物,材料性能取决于纤维和聚合物的类型及横断面形状等,所以玻璃纤维材料的性能具有灵活多变的特点,能适合不同工程的特殊要求[4,5]。玻璃纤维注浆锚杆具有以下特点:

(1)抗剪和抗扭强度低,易于机械挖除。为实现隧道的机械化高效施工提供了可靠保证[6]。

(2) 杆体全段锚固,锚注结合。为杆体提供锚固力的同时也加固了锚杆周围岩体[6,7]。

(3) 强度高、重量轻。高性能的玻璃纤维锚杆的抗拉强度可达到钢质锚杆的 1.5 ~2 倍;重量为同种规格钢质锚杆的 1/4 ~1/5[6-8]。

(4)安全性好。防静电、阻燃、高度抗腐蚀、耐酸性、耐低温;满足地下工程安全生产要求[6-8]。

4 施工方法

甘塔斯隧道出口开挖至 V2K106 +359 时,采用 RMR 分级确定掌子面为Ⅴ级围岩,泥灰岩为主,呈扁豆状,灰色到棕色,受构造挤压严重,可见明显褶皱。上台阶采用预留核心土环向开挖后,掌子面拱部前上方涌出块状孤石及流砂,核心土随即坍塌。及时封闭掌子面后增强超前支护措施,调整为拱部设置 ϕ114mm 大管棚注浆加固,拱部空洞采用泵送混凝土回填,施工采用短台阶开挖。在施工至 V1K106 +315 时,掌子面拱部再次发生突水突泥、核心土坍塌。最后通过采用 ϕ25mm 玻璃纤维锚杆加固掌子面并辅以 ϕ42mm 超前小导管加固周边围岩的工程措施,安全通过该不良地质区域。

施工方法见图 2。

4.1 掌子面预加固

钻孔作业前采用喷射混凝土封闭掌子面,封闭厚度 7 ~10cm,并安装一层钢筋网片。钻孔前在掌子面上按设计位置将孔位标示清楚,确保位置准确,掌子面玻璃纤维锚杆呈梅花形布置,间距 1.0m ×1.0m,单根长 12m、搭接 6m。

采用由意大利 KASAGRAND 公司生产的全液压多功能 C6 钻机从上至下分层钻孔,孔径≥100mm,锚杆采用定位器固定,人工安装锚杆,预留注浆管注浆,钻进过程必须保证钻杆与隧道纵轴向一致。

拱部自开挖轮廓线向外施作 ϕ42mm 超前注浆小导管,外插角 45°,小导管每根长 4m,环向间距 40cm。采用 YT28 风动凿岩机钻孔,孔径≥50mm,人工安装导管。

注浆加固材料采用普通 Portland 水泥,单液浆比例为 $W:C=1:1$,注浆压力 3 ~4MPa。注浆作业采用双液注浆泵进行。

4.2 支护措施及开挖方法

初期支护采用 HEB220 型钢钢架,间距 0.6m/榀,预留变形量 17cm,钢架间采用 ϕ25mm 纵向连接筋加固,环向间距 1m。每榀钢架设置锁脚锚杆 12 根,4m/根。每 2 榀设置 ϕ42 注浆超前小导管 12 根,4m/根。

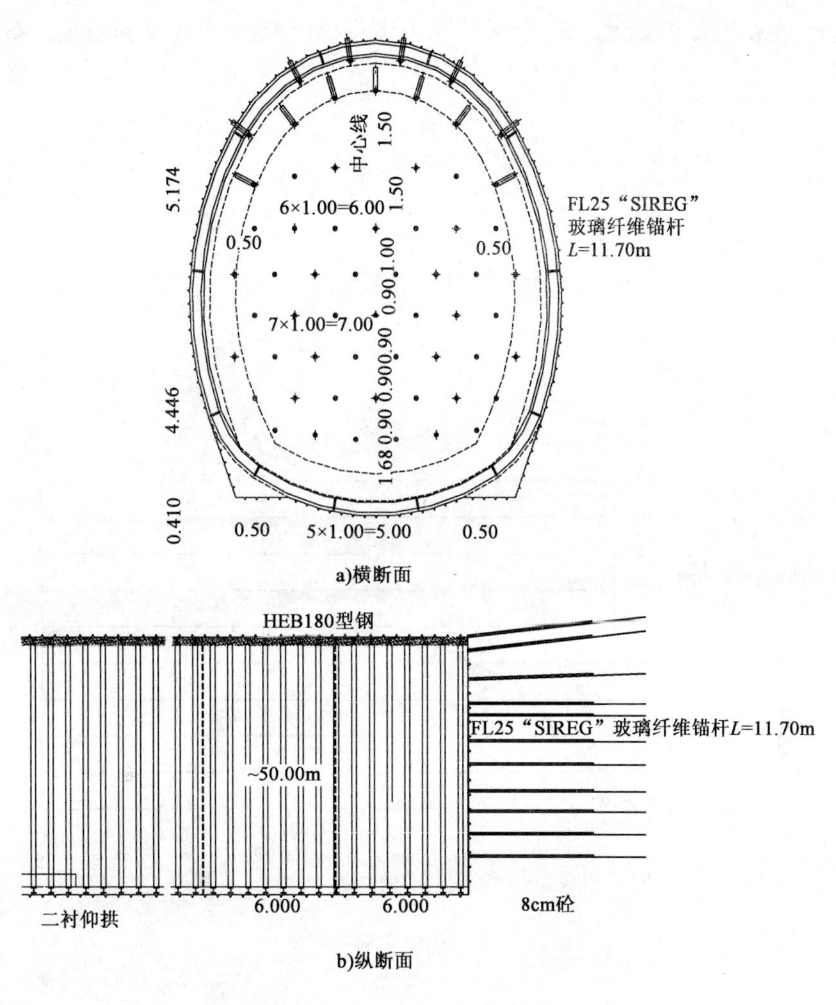

图2　玻璃纤维锚杆预加固施工方法(尺寸单位:m)

开挖采用全断面一次性开挖,设备选用CAT320挖掘机配隧道专用液压破碎锤,每循环开挖长度以一榀钢架为限。

隧道作业过程中应始终保持掌子面前方保留不小于6m锚杆搭接层,即开挖完成6m后,继续施作下一循环玻璃纤维锚杆。

5　监控量测

根据设计文件,在施工过程中,按照有关规范、规程、规定的要求对围岩和支护系统的稳定状态进行监控量测,以量测资料为基础及时调整、修正支护参数,使支护参数与地层相适应并充分发挥围岩的自承能力,实现信息化动态管理,把量测数据经整理和分析得到的信息及时反馈到施工中,进一步优化设计及施工方案,以满足安全、成本、工期的要求[8-10]。因此,在开挖后及时对围岩及支护体系进行监控量测及数据统计分析。

量测项目包括:净空变化(收敛)、拱顶下沉(沉降)。采用全站仪进行无接触测量,每5m布置一个量测断面,每断面设5个观测点,并位于同一断面上,当变更支护设计或局部发生突变时,加密观测点。量测点布置及数据结果如图3所示。

由监控量测数据可见,隧道开挖后由于形成临空面,围岩应力重新分布,围岩下沉及收敛速度较大,在初期支护强度形成后,数值缩小逐步稳定,最终再次达到稳定状态。

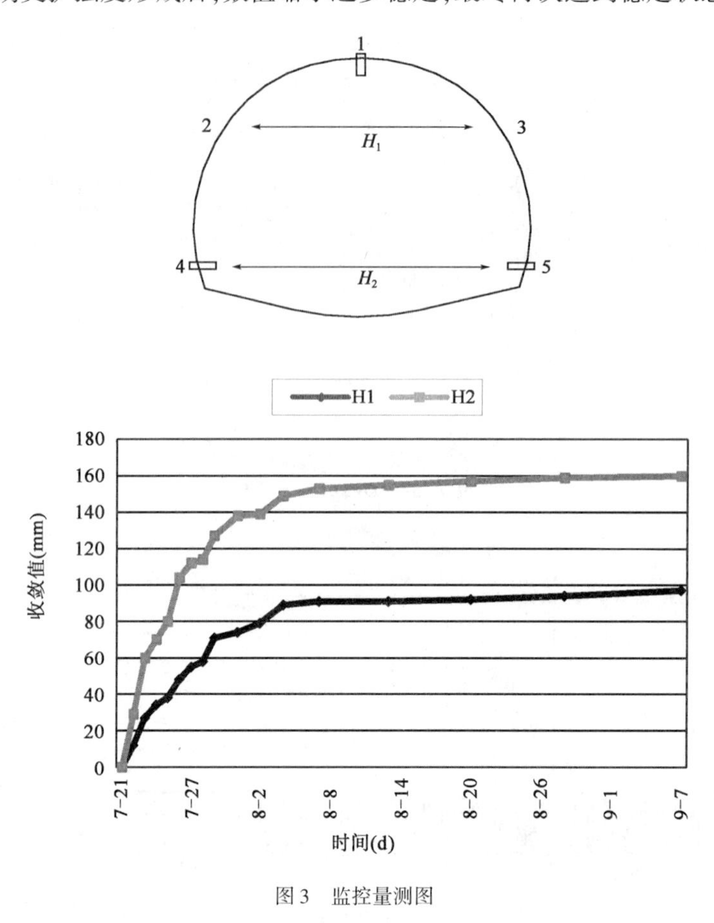

图3　监控量测图

6　施工注意事项

(1)施工中应坚持地质超前预报,采取TSP203、红外探水及超前水平钻孔等多种方式探明前方地质状况,当地质发生变化时,及时调整加固及支护参数。

(2)按照设计位置进行精确定位钻孔,允许误差控制在±10cm以内,不可以随意减少锚杆设计数量。

(3)注浆材料要求必须满足质量要求,注浆必须饱满密实,保证注浆质量和效果,并按照要求做好注浆记录。注浆过程中,为避免水泥浆中有杂物堵塞管路,应在储浆桶上安设滤筛对拌制的浆液进行过滤。注浆加固后,对加固范围进行取芯验证注浆效果,当浆液渗透性良好并且已达到设计扩散范围时方可进行开挖。

(4)施工过程应坚持与监控量测相结合,开挖后及时设置监控量测点且埋入基岩深度不小于20cm,施工开挖后24h内完成首次数据采集,其后每日定期采集数据进行分析。

7　结语

(1)充分理解设计理念及意图,与国内成熟的隧道施工经验相融合是做好海外工程施工的关键[1,2]。

(2)通过加强超前地质预报、超前水平钻等超前地质预报手段,探明隧道前方的地质情况,严格按工艺标准要求施工,保证材料满足设计要求,根据量测结果及时调整支护参数及优化设计,确保了隧道支护结构的安全可靠,顺利实现工程平稳推进。

(3)针对甘塔斯隧道出口地质构造复杂多变、岩溶发育、地质不良、地应力高、膨胀性强等特点,在隧道开挖前,采用玻璃纤维锚杆超前预加固措施加固掌子面,有效提高围岩自稳能力,对控制隧道坍塌起到良好的效果,确保了施工安全,同时采取相应的初期支护措施快速达到围岩二次稳定状态。采用全断面机械开挖方式降低了施工难度,提高了作业效率。保证隧道正常掘进,取得了良好效果,提升了企业的美誉。

综上所述,通过玻璃纤维锚杆预加固掌子面的方式对于高地应力、强膨胀性泥灰岩层间挤压褶皱带围岩隧道施工具有较好的适应性。

参考文献

[1] 严林.甘塔斯隧道防排水施工技术研究[J].科技创新导报,2013(32):3-4.

[2] 唐晓东.带微桩支撑的长大管棚在隧道进洞中的应用[J].铁道建筑技术,2013(3):11-12.

[3] 黄鹤.浏阳河隧道掌子面超前预加固施工技术研究[D].四川:西南交通大学,2010.

[4] 刘卫.预加固对软弱围岩隧道掌子面稳定性的影响研究[D].北京:北京交通大学,2013:47-48.

[5] 杨道玉,刘军伟.隧道下穿天石线高压线塔施工方案[J].企业技术开发,2014,33(7):44-46.

[6] 田伟.水下隧道帷幕注浆与无工作室大管棚施工技术研究[D].湖南:中南大学,2011.

[7] 司景钊,陈立保,刘军伟,等.城际铁路暗挖隧道下穿高压输电钢管杆施工技术研究[J].铁道建筑,2014(9):62.

[8] 揭海荣.隧道初期支护中的玻璃纤维锚杆力学分析[J].山西建筑,2010,36(10):315-316.

[9] 侯希承.渝怀铁路黄草隧道变形测试及分析[J].铁道建筑技术,2005(4):54-55.

[10] 赵学新.公路隧道施工监测浅析[J].山西建筑,2010,36(25):331-332.

[11] 怀平生,赵香萍.以色列卡迈尔(Carmel)隧道大跨度双侧壁导坑法施工技术[J].铁道建筑技术,2010(1):103-107.

[12] 怀平生.以色列卡迈尔隧道凝灰岩段设计施工技术[J].铁道建筑,2009(11):31-33.

三层 HEB220 型钢拱架支护在隧道中的应用

刘大伟

（中铁十二局集团国际工程有限公司）

摘　要　本文通过以阿尔及利亚 55km 铁路项目的甘塔斯特长隧道为例，针对该隧道围岩稳定性差等特点，基于地质报告情况，采用三层 HEB220 型钢拱架加强支护，试图给出一个安全、能够长期稳定的、可行的初支和二衬设计。

关键词　隧道施工　软弱地层　初期支护　钢拱架

1　项目概况

阿尔及利亚 55km 铁路项目地处欧洲板块与非洲板块结合部阿斯特拉—阿尔卑斯褶皱带，甘塔斯特长隧道是阿尔及利亚 55km 铁路项目的重难点工程，是全线的控制性工程。隧道分进口、斜井、出口三个工区进行施工。两座单线铁路隧道：左线 7346m，右线 7335m；隧道进口为直线；出口为曲线（$R=988$m）；隧道纵断坡度采取人字坡，进口坡度为 3‰，出口坡度为 6‰；隧道浅埋（埋深小于 40m）段长度进口 1100m，出口 400m；最大埋深 390m；线间距：进口为 35m，出口为 24m；隧道开挖断面面积 61 ~ 115m^2。

2　工程地质特点

根据 Gantas 隧道地质勘探报告表明此段地层中含有高岭石、伊利石、云母等矿物质，且开挖后发现土体湿润，膨胀性明显，根据实验室结果，自由膨胀力最高达到 5.18Bar，属于较少遇到的软弱地层。

施工期间在初期行之有效的支护形式，在这个地段基本不能使用。虽然施工过程中针对这些支护形式做了相当程度的加强，但仍然不能抵抗巨大的岩体压力，导致初支边墙开裂、仰拱底部及拱腰处钢拱架推出折断，岩土材料流入隧道底部等。这些破坏的发生一般都在初支封闭之后相当长的时间才出现，说明这样的岩体压力有很高的流变特征，压力随时间的流逝而逐渐增大的现象在这一时期内表现得十分明显。

本地质段初支结构失效的基本规律是，开裂一般都在起拱线以下，边墙及墙角部位混凝土表现为压缩破坏，拱顶及拱腰偶尔出现的破坏，从外部观察来看，也属于混凝土压缩破坏。这些破坏的性质提示我们，在不提高混凝土强度等级的情况下，喷混凝土的厚度（35cm）需要加厚。同时，在某些地方出现的钢拱架被挤入洞内的现象，钢拱架发生扭曲、断面屈服等现象，说明有必要采用比 HEB180 更高强度的型钢。

施工过程中，在采用短台阶施工时，掌子面土体被岩体压力挤入隧道之内，掌子面基本上没有自承能力，需要进行某种形式的加固。近期小导洞施工过程中，发现前方地质尚存在较大的地下水,这将加剧岩体的膨胀性。对这种流变性质的地层,必须要找到一种可行的支护形式,不仅要能够抵御施工过程中产生的膨胀力,而且需要抵御更长的膨胀力释放时间。因此需要一种适当高强度的支护,能够长时间抵抗恶劣的地质环境,使结构在等待膨胀压力完全释放期间一直保持稳定,同时也要避免因这种在时间上的滞后可能会给将来铁路运营所造成的麻烦。

钢拱架支护形式如图1所示。

图1 钢拱架支护

3 支护结构方案的提出

根据各种地质报告所提供的参数,基于以上观察和现实,试图给出一个安全、能够长期稳定的、可行的初支设计。

3.1 地层膨胀力

地层膨胀力随着施工开挖,逐步进行缓慢释放。根据工程实践经验,膨胀力的完全释放($P_g = 0.00\text{Bar}$)需要较长的时间,短至两三年,长至五六年。这个缓慢的进程往往意味着隧道的破坏会被推迟到服务期内,这样必须要停止铁路运营才能进行必要的加固和维修,因此必须要避免这种情况的发生。

另一方面,施工必须要在膨胀力未被完全释放的情况下进行支护,支护结构的受力将随膨胀力的释放逐步增大。在这种情况下,必须要找到一个最不利的膨胀力,按照这个最不利的膨胀力来进行结构设计,以保持初支和二衬的长期稳定。通过实验计算,这个最不利的膨胀力是$P_g = 5.18\text{Bar}$。

3.2 地层物理参数

本段地层属于泥灰质岩,根据实验,其单轴抗压强度为4MPa,从前期变形情况看,属软土类。基本的物理参数根据实验报告,取偏于安全的值,$\gamma = 2204\text{kg/m}^3$,$E = 0.6\text{GPa}$,$c = 0.048\text{MPa}$。钢拱架采用HEB220,间距设置为60cm,$\gamma = 7850\text{kg/m}^3$,$E = 210\text{GPa}$。$A = 91.0\text{cm}^2$,屈服强度为205MPa。喷混凝土强度等级RN25,厚度$2 \times 40\text{cm} + 35\text{cm}$,$\gamma = 2500\text{kg/m}^3$,$E = 28\text{GPa}$,$\upsilon = 0.2$,$f_{cy} = 28.1\text{MPa}$,$f_{ty} = 2.2\text{MPa}$,抗剪强度$= 1.0\text{MPa}$。$\phi 25$砂浆锚杆,长4m,环向布置27根,纵向间距0.60m,环向间距1.34m,采取梅花形布置,$\gamma = 7850\text{kg/m}^3$,$E = 210\text{GPa}$,$f_y = 205\text{MPa}$,抗拔力150kN。

3.3 锚杆随着膨胀力的释放,锚杆从受拉逐渐转为受压,压力数值随着膨胀力释放的进行,逐步增加

初期支护受弯矩控制,在膨胀力2.0Bar以下时,墙角以上到起拱线为内侧受压(靠铁路线路一侧);仰拱底部同样受弯矩控制,受压部位为靠岩体一侧。这就是说,如果发生破坏的话,边墙部位会是压缩破坏,仰拱底部是拉伸破坏。从第1层初支仰拱内表面向上1m开始接着往上大约1.8m高的范围,是边墙部位最不利的区域;在隧道竖直中心线两侧各2.13m范围内,是仰拱部位受力最不利的区域。随着膨胀力的逐步释放,仰拱底部承受越来越大的拉力。初期支护采用三层HEB220型钢拱架纵向间距60cm,喷混凝土厚度分别为2层40cm及1层

35cm,能够承担上述拉力,安全系数为1.49,可以满足强度要求。

4 施工方案实施

4.1 掌子面超前预加固

掌子面安装一层钢筋网片并喷射5~10cm厚混凝土封闭掌子面,测量放样定位钻孔具体位置并标示清楚。多功能C6钻机按照孔位,钻杆与隧道纵轴向一致,成孔后使用高压风清孔。安装玻璃纤维锚杆及注浆管,并进行封孔注浆,注浆压力不小于0.5MPa。

4.2 掌子面开挖及初喷

按照支护第1层最大开挖轮廓线进行全断面开挖,为满足开挖设备工作空间要求,开挖深度为1.5m,开挖完成后及时进行喷射混凝土封闭掌子面加固。

4.3 第一层支护安装

安装第1层上中导拱架2榀,施工锚杆及钢筋网片,喷射混凝土;开挖下导及仰拱,安装下导及仰拱拱架,施工钢筋网片,喷射混凝土;开挖完成6m后,继续施作下一循环玻璃纤维锚杆,掌子面前方保留不小于6m锚杆搭接层,保持掌子面安全稳定。之后重复上述步骤。

4.4 初支收敛、沉降及应变计安装

初支拱架安装过程中焊接安装观测点及钢筋应力计。观测点每10m布置一环,在断面上布置位置为:两个水平收敛测点布置在内轨顶上1m内轨顶上4m的标高处的边墙上,拱顶下沉量测点布置在正拱顶。应力计隔30m共布置两道,位置分别安装在断面上拱顶、上中导连接位置、中下导连接位置和仰拱底。量测频率为每天2次。

根据现场施工试验段的情况,右洞施工时会对左洞对应位置产生非常大的扰动影响,变形开裂急剧增加,左洞初期支护面临失稳的危险。一旦失稳,后期处理将需要非常长的时间,甚至导致整个项目失去意义。因此我们在左洞堆土反压,保证安全。施工机械及各工序统计见表1~表3。

机械配置

序号	名　　称	规　　格	单位	数量	备　　注
1	挖机配破碎锤	CAT 328D BM1500	台	1	
2	挖掘机	CAT 320D	台	2	
3	C6钻机		台	1	
4	侧铲装载机	CLG856	台	2	
5	正铲装载机	CLG856	台	2	
6	推土机	SD32	台	1	
7	自卸车		辆	16	
8	凿岩机	YT28凿岩机	台	6	
9	混凝土湿喷机	TK500	台	5	
10	初支台架		台	2	
11	仰拱栈桥	1×12m	幅	3	
合计			41		

第一层支护各工序作业时间表　　表2

序号	项目	施工工序	持续时间	备注
1	上中导(2榀、1.2m)	掌子面锚杆	30h/6×1.2=6h	
2		机械开挖(112m^3)	2h	
3		出渣	2h	
4		施工准备、测量放样、安装拱架、铺设钢筋网片、施工锚杆	8h	
5		喷射混凝土	4h	
小计			22h	
1	下导及仰拱(4榀、2.4m)	掌子面锚杆	10h/6×2.4=4h	
2		机械开挖	1.5h	
3		出渣(47m^3)	1h	
4		施工准备、测量放样、安装拱架、铺设钢筋网片	4.5h	
5		喷射混凝土	3h	
小计			14h	

第二、三层支护各工序作业时间表　　表3

序号	项目	施工工序	持续时间	备注
1	第二层下导及仰拱(4榀、2.4m)	扒渣	0.5h	
2		施工准备、测量放样、安装拱架、铺设钢筋网片、	5h	
3		喷射混凝土	3h	
小计			8.5h	
1	第二层上中导(2榀、1.2m)	施工准备、测量放样、安装拱架、铺设钢筋网片	5h	
2		喷射混凝土	3h	
小计			8h	
1	第三层下导及仰拱(4榀、2.4m)	施工准备、测量放样、安装拱架、铺设钢筋网片、	4h	
2		喷射混凝土	3h	
小计			7h	
1	第三层上中导(2榀、1.2m)	施工准备、测量放样、安装拱架、铺设钢筋网片	4h	
2		喷射混凝土	3h	
小计			7h	

5　应用效果

5.1　初支收敛、沉降及应变监测

通过3个月的数据监测，根据应力—时间曲线及变形—时间曲线关系，应力值在第10天时达到设计抵抗应力值的80%，支护变形总量最大80mm（即80mm/150mm =53%设计预留沉降量）时，安装第二层及第三层拱架。第三层支护施工完成后2个月变形达到稳定，支护变形最大值为120mm，满足设计要求。

5.2 施工进度

通过表2、表3计算得各工序所用作业时间：

平均完成每米所用时间：第1层支护完成2.4m所用时间(22h ×2 +14h) /2.4m =24.17h/m，月进度 =24/24.17 ×30d =29.79m/月。第2层支护完成2.4m所用时间：8.5h +8h ×2 =24.5h。第3层支护完成2.4m所用时间：7h +7h ×2 =21h。合计第2、3层支护完成2.4m所用时间：24.5h +21 =45.5h，月进度：30 ×24/(45.5/2.4) =38m/月。

通过全断面预加固技术的实施，使得隧道施工安全可控；采取全断面开挖方式，提高了机械化程度，减少了工序衔接，加快了施工进度。采用三层拱架平行施工，在增加支护强度的同时又不影响掌子面掘进速度，施工安全可控。

6 结语

本文通过结合甘塔斯隧道地质勘探报告表明，地质条件异常复杂多变，不良地质围岩主要为全、强风化的第三系泥灰岩、软质岩，岩体破碎呈土状、稳定性差，地应力主方向与隧道走向近乎垂直，易造成围岩的塑性变形，施工难度大。施工期间在初期行之有效的支护形式，在这个地段基本不能使用，基于此，采取三层HEB220型钢拱架支护施工方案，并得到验证满足设计要求，为同类工程提供参考实例。

参考文献

[1] 张毅. 软岩隧洞施工中的钢拱架支护技术[J]. 水利水电工程设计,2002,(2):227-229.

[2] 颜治国,戴俊. 隧道钢拱架支护的失稳破坏分析与对策[J]. 西安科技大学学报,2012,(5):52-56.

[3] 朱春阳,徐友樟. 隧道钢拱架支护的施工要点[J]. 西部探矿工程,2011,(7):35-41.

[4] 曲海锋,朱合华,黄成. 隧道初期支护的钢拱架与钢格栅选择研究[J]. 地下空间与工程学报,2007,(4):78-82.

高地应力强膨胀性泥灰岩隧道多层拱架支护施工应用研究

薛兴伟

（中铁十二局集团国际工程有限公司）

摘　要　以阿尔及利亚甘塔斯隧道膨胀性泥灰岩挤压破碎带为背景，为了克服高地应力泥灰岩隧道初期支护变形大、易失稳的施工难题，提高隧道施工机械化程度，加快施工进度，甘塔斯隧道采取了玻璃纤维锚杆加固掌子面，多层拱架支护的施工方式，挖掘机配液压破碎锤全断面开挖，有效避免开挖后掌子面失稳造成的坍塌等灾害发生，提高了隧道施工机械化程度，有效提高施工工效。

关键词　多层拱架支护　高地应力　强膨胀性　泥灰岩　隧道施工

1　工程概况

甘塔斯隧道位于阿尔及利亚北部艾因德夫拉省，地处甘塔斯山脉，隧道围岩以泥灰岩、页岩等软岩为主。该地区区域构造上属于地中海褶皱带、喜马拉雅—地中海地震带，处在欧亚地震带边缘，属于全球第二大地震带。2013 年 7 月，隧道出口遭遇不良围岩地质段，开挖揭示围岩类型主要为全、强风化第三系泥灰岩，岩质软，岩体破碎多呈土状，具膨胀性。围岩受地质构造影响强烈，节理发育，岩体破碎，岩层在水平地应力挤压作用下弯曲变形，形成褶皱，岩体整体稳定性差，通过 RMR 分级确定为Ⅴ级围岩。

通过对隧道泥灰岩围岩进行取样，进行土壤矿物成分、围岩自由膨胀力及土壤压缩性实验。通过实验结果及数据评述，该段出露地层岩性为泥灰岩（质软、土状），主要矿分为 SiO_2（25%），含有大量的亲水矿物伊利石（18%），高岭土（19%），这些矿物成分具有较强的与水结合能力。极劈理化泥灰岩样品的膨胀力为 100～150kPa，为中等强度膨胀岩。

不良围岩地质段，原支护形式采用 HEB180 间距 1.0m 支护形式，逐步加强了支护类型，缩小支护间距（HEB180、间距 1.0m→HEB180、间距 0.8m→HEB220、间距 0.8m→HEB220、间距 0.6m），但仍未能有效地控制初支变形，导致已施工的初期支护侵入二次衬砌限界。围岩监控量测资料显示，累计收敛最大值 41cm，最大沉降值 30cm，侵限最大值 33cm。拱架变形情况如图 1～图 4 所示。

2　施工方案及原理

2.1　全断面预加固

对掌子面前方“待挖核心体”采取易切削的玻璃纤维锚杆及预注浆进行加固，确保掌子面整体稳定，实现全断面掘进。

对于高地应力膨胀性软岩，变形速度快，采用传统开挖方式，闭合成环时间长，且易造成中、下导拱架安装与设计断面结构出现偏差。在开挖前，施工一定数量的玻璃纤维锚杆，借助锚杆及注浆加固岩体,改善围岩的力学特性,提高待挖岩体完整性,确保了施工安全,提高了施工工效。玻璃纤维锚杆布置如图5所示。

图1 拱架侵限,换拱

图2 边墙拱架变形

图3 边墙拱架变形

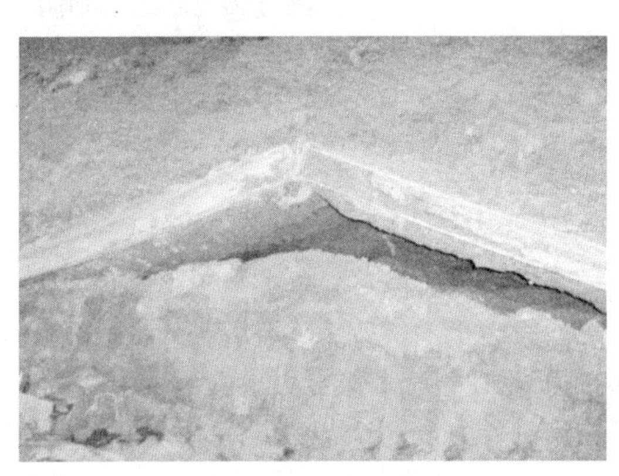

图4 仰拱拱架隆起

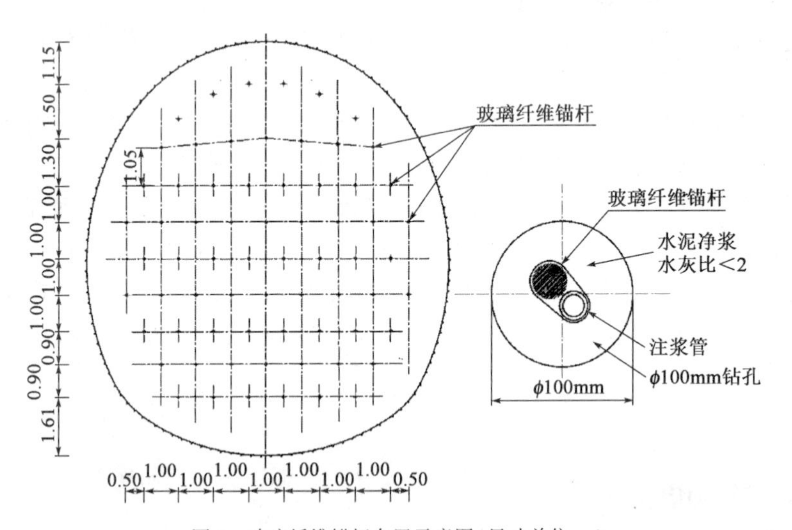

图5 玻璃纤维锚杆布置示意图(尺寸单位:m)

2.2 先放后抗,抗放结合

对高地应力围岩地段,采取多层拱架分次施工,先放后抗、抗放结合,通过主动释放地应力,确保围岩变形受控,如图6所示。

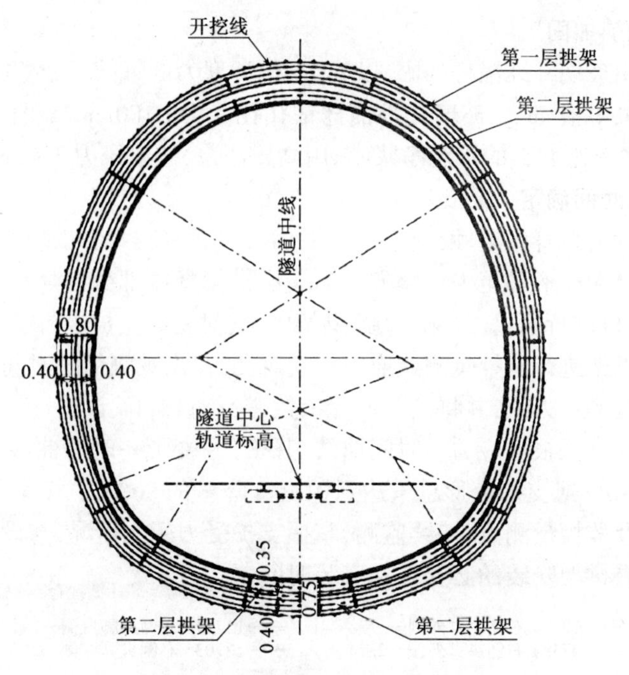

图6　双层拱架设计图(尺寸单位:m)

隧道围岩承载力是时间的函数且岩体损伤是不可逆的,隧道围岩和支护结构共同受力以保持稳定,拱架和喷锚等支护可以适应围岩在开挖后自稳过程中沉降变形,最终二者形成一个受力整体,因而在隧道施工过程中需要控制好围岩变形并让其保持稳定。高地应力、软弱破碎围岩段落隧道初期支护施工,既要有足够的强度,又要能够协调围岩趋于稳定中的变形。单层拱架的强度、刚度不足以保证施工安全及隧道结构安全时,采用多层拱架、分次施工。

3　施工工艺

3.1　施工工艺流程

施工流程如图7所示。

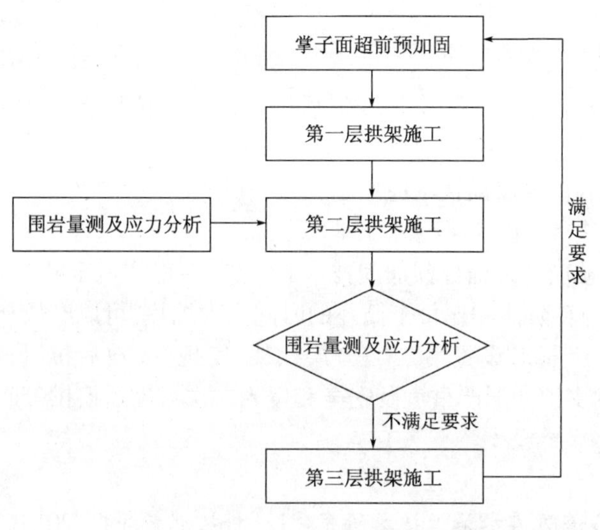

图7　施工工艺流程

3.2 掌子面超前加固

掌子面加固采用玻璃纤维锚杆加固,以 F2 支护类型为例每循环开挖施工 69 根,开挖面积为 93.69m²,平均 0.74 根/m²。玻璃纤维锚杆钻孔孔径为 ϕ100mm,锚杆长度 12m,搭接长度 6m,钻孔注浆采用水灰比 1:2 的水泥净浆,采用高压注浆,注浆压力 3 ~ 5bar。

3.3 拱架施工时间确定

为了充分发挥围岩自身稳定性,施工第一层拱架时,快速封闭初期支护成环,保证隧道不因应力过大而造成过大变形乃至失稳塌方。第一层拱架释放部分围岩应力后,根据监控量测及应力分析结果,择机进行第二层(第三层)拱架施工,对初期支护进行补强。

通过对第一层拱架进行监控量测或应力应变观测,得出观测值随时间变化的规律,以及围岩体内不同施工阶段的应力值,并将其与设计参数进行对比,确定下一层拱架施工的时间,并调整支护参数及设计。以根据应力—时间曲线(图 8)及变形—时间曲线关系,当应力值达到设计抵抗应力值的 80% 或支护变形总量达到预留沉降量的 80% 时,安装第二层拱架,并同步安设第二圈应力计及监控量测点,持续监测,掌握支护受力变化情况,与设计参数比对,验证支护的有效性及第三层拱架安装的必要性和安装时间。

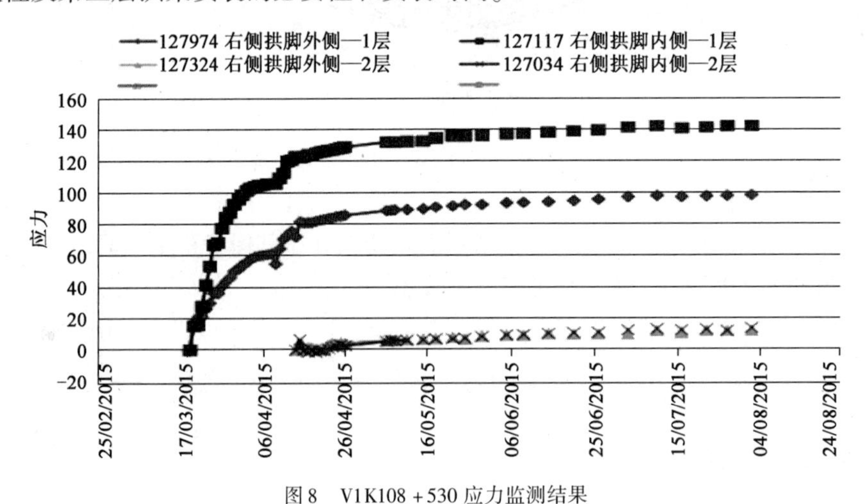

图 8　V1K108 + 530 应力监测结果

4　结语

(1)双层拱架支护较单层拱架支护变形后换一次拱的情形在材料上相差不大,但前者比后者能节省拆除支护费用,且能避免因换拱造成工期延误。

(2)将数据处理和信息反馈技术应用于施工,利用监控量测及围岩应力数据指导施工,动态修正施工方法和支护参数,确保经济合理。

(3)通过全断面玻璃纤维锚杆预加固技术的实施,使得隧道全断面开挖安全可控,特别是机械化程度的提高,与台阶法相比每个循环的时间大大缩短,可以有效加快施工进度。

(4)通过分次施工、适时设置第二(三)层拱架,实现“先放后抗,抗放结合”的支护理念,可以有效地避免初期支护变形严重危及安全和侵入二次衬砌需换拱等问题。

参考文献

[1]　严林. 甘塔斯隧道防排水施工技术研究 [J]. 科技创新导报,2013(32).

[2]　史克臣. 特大断面隧道高地应力条件下变形控制技术研究[J]. 现代隧道技术,2013(10).

[3] 黄鹤.浏阳河隧道掌子面超前预加固施工技术研究[D].四川:西南交通大学,2010.
[4] 揭海荣.隧道初期支护中的玻璃纤维锚杆力学分析[J].山西建筑,2010,36(10).
[5] 侯希承.渝怀铁路黄草隧道变形测试及分析[J].铁道建筑技术,2005(4).
[6] 王志杰,许瑞宁,袁晔,等.高地应力条件下隧道施工方法研究[J].铁道建筑技术,2015(9).
[7] 张仲利.特殊地质隧道双层拱架支护施工技术[J].铁道建筑技术,2015(Z1).

近邻桩基托换施工对既有运营隧道影响实测分析

刘士海[1,2]

(1. 北京市市政工程研究院　2. 北京市建设工程质量第三检测所有限责任公司)

摘　要　桩基托换施工会造成周围土体的位移和应力变化,从而对邻近既有运营隧道产生影响。本文依托近邻某既有运营隧道的桩基托换施工工程,对施工过程中区间隧道结构竖向位移、水平位移进行了现场监测。监测结果表明:①既有区间结构实测位移较小,最大竖向位移为下沉0.48mm,最大水平位移0.33mm,但均小于控制值;②竖向位移最大测点发生在离桩基施工一定距离范围内,紧邻桩基托换工程施工的既有线结构竖向位移沉降相对较小;③最大横向位移测点发生在离桩基施工最近测点,说明既有区间结构横向位移与桩既有区间结构的水平净距有一定关系,且方向以偏向桩基施工一侧为主;④既有区间结构最大竖向位移及水平位移均发生在桩基托换施工过程中,而非施工结束时,桩基托换施工过程中应加强既有区间结构的监控量测。

关键词　桩基托换　邻近　运营隧道　现场监测　变形分析

1　引言

近年来,随着地铁工程建设规模越来越大,地铁线路所覆盖的地区也越来越大。轨道交通与立交桥建设时序有时难以同步,其中不乏桥梁桩基邻近既有地铁区间隧道的工程实例,桩基托换工程必不可少[1-3]。桩基托换的施工必然会引起周围土体产生附加应力和附加位移,对邻近的地铁隧道造成不利影响[4-6]。

基于此,本文依托某既有盾构隧道的桩基托换施工工程,对施工过程中邻近的既有盾构隧道结构竖向位移、水平位移进行了现场监测分析,以了解桩基托换工程施工中引起的地铁区间结构的位移变化规律,为今后类似工程施工提供借鉴。

2　工程概况

2.1　新建工程概况

新建地铁盾构区间与既有高架桥部分既有桥桩位置冲突,如图1、图2所示。在新建地铁盾构区间施工过程中,采取承台桩基托换方案,在盾构施工前,对4号~6号墩承台桩基进行托换施工,主要施工工序为桩基施工→倒挂井壁施工→承台施工→桩基托换→基坑回填。4号、5号、6号墩托换施工的新建基坑及桥桩邻近既有地铁盾构区间隧道。

既有地铁区间采用盾构法施工,管片内径5.4m,外径6.0m,管片厚度为0.3m,左右线间距约为14.5m,既有盾构隧道覆土约为13.5m,盾构区间所在地层为⑥2粉土地层。

4号轴为分联墩,下部结构为双柱预应力盖梁,下接四桩承台,桩基为直径1.2m钻孔灌注桩,摩擦桩设计,桩底高程为20.783m。托换承台长14.1m,宽7.5m,厚度3.75m,承台两端分别设置2根直径1.5m钻孔灌注桩,摩擦桩设计,托换桩基与隧道结左线构最小净距为1.094m。

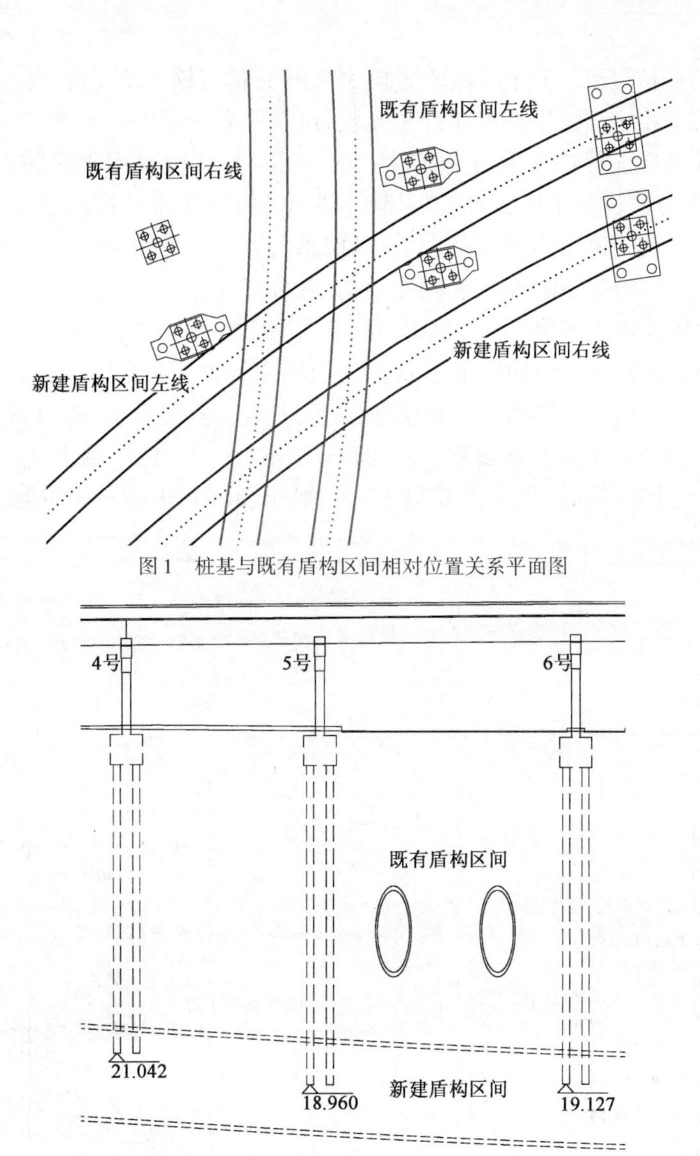

图1　桩基与既有盾构区间相对位置关系平面图

图2　桩基与既有盾构区间相对位置关系剖面图

5 号轴上部结构为预应力混凝土钢混凝土组合梁，下部结构为双柱预应力盖梁，下接四桩承台，桩基为直径 1.2m 钻孔灌注桩，摩擦桩设计，桩底高程为 19.127m。托换承台长 12.3m，宽 6m，厚度 3.75m，承台为普通钢筋混凝土结构，承台两端分别设置 1 根直径 1.5m 钻孔灌注桩，摩擦桩设计，补强桩基与隧道左线结构最小净距为 1.24m。

6 号轴下部结构为双柱预应力盖梁，下接四桩承台，桩基为直径 1.2m 钻孔灌注桩，摩擦桩设计，桩底高程为 18.940m。补强承台长 12.3m，宽 6m，厚度 3.75m，承台为普通钢筋混凝土结构，承台两端分别设置 1 根直径 1.5m 钻孔灌注桩，摩擦桩设计，补强桩基与隧道左线结构最小净距为 1.39m。

2.2　桩基托换施工工序

（1）施工新建桩基。

（2）施作支护桩、斜撑等基坑支护结构；开挖基坑至托换承台底面标高。

（3）新建托换桩基桩顶设置千斤顶和压力传感器，对既有承台进行凿毛、植筋、涂刷界面胶，浇筑新建托换承台，承台混凝土采用补偿收缩自流平混凝土，承台强度达到 80% 以后截断新建托换桩基桩顶主筋,顶升千斤顶,分十级循环加载,达到设计值后锁死千斤顶,楔入钢支垫持荷。

(4)待新桩沉降稳定后二次顶升千斤顶至设计值,锁死千斤顶。

(5)机械套筒挤压连接桩顶主筋,浇筑桩顶后浇段,后浇段采用微膨胀自流平混凝土,浇筑前应对相应施工方法进行验证,若桩顶混凝土浇筑不密实还需对桩顶进行注浆压浆。

(6)截断与地铁隧道断面有冲突的旧桩,新旧承台完成受力转换。

(7)基坑回填,拆除施工围挡;恢复路面结构,开放交通。

2.3 工程地质及水文概况

根据勘察、钻探资料显示地面以下 52m 深度范围内的地层按其沉积年代及工程性质可分为人工堆积层、新近沉积层及第四纪沉积层地层,从上至下依次为:①粉质黏土素填土、①$_1$ 杂填土、②粉土、②$_1$ 粉质黏土、②$_3$ 粉细砂、②$_5$ 卵石、③粉土、③$_1$ 粉质黏土、③$_2$ 黏土、⑥粉质黏土、⑥$_2$ 粉土、⑥$_3$ 细中砂、⑦卵石、⑧粉质黏土、⑧$_1$ 黏土、⑧$_3$ 粉细砂。地质剖面如图 3 所示。

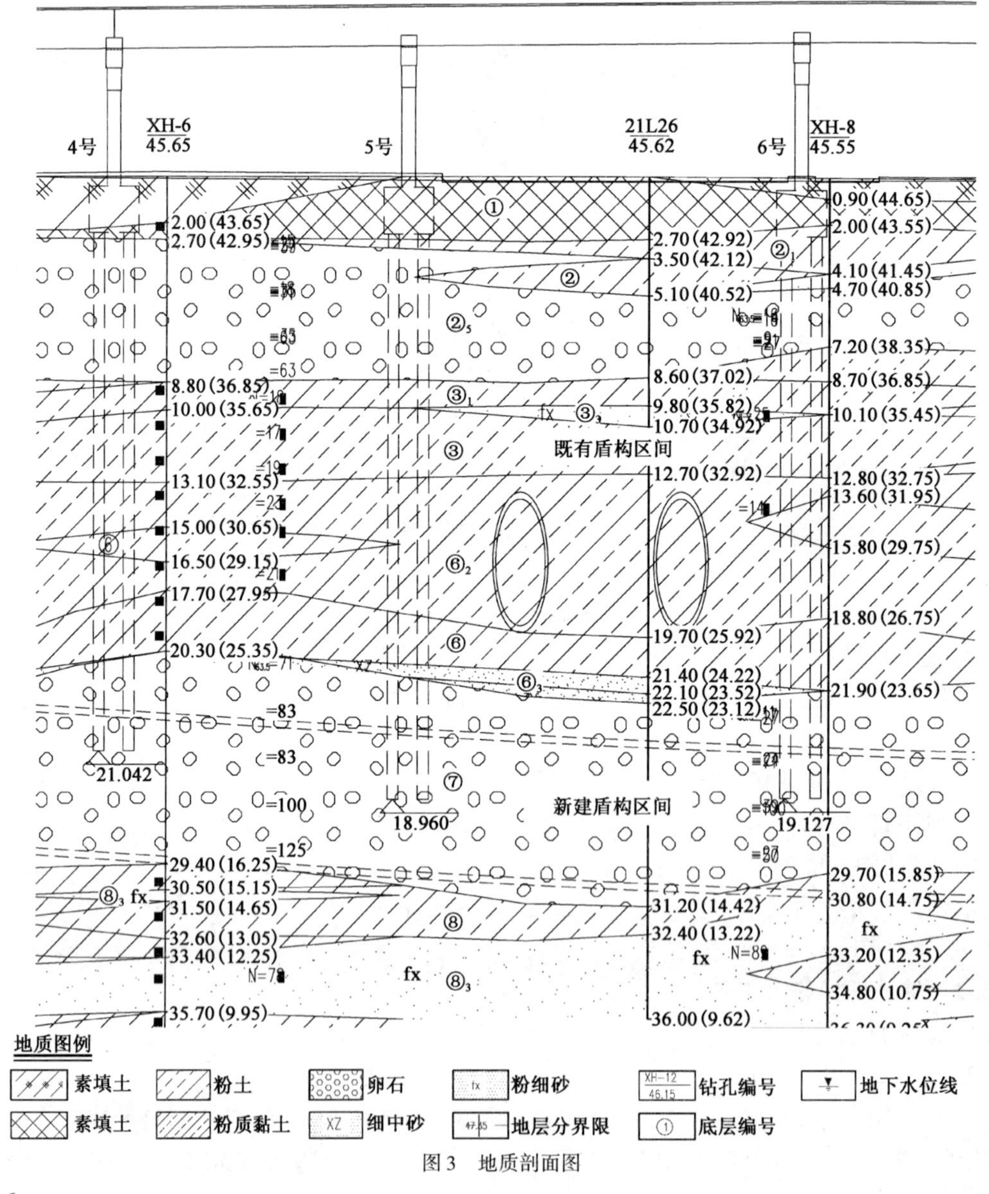

图 3　地质剖面图

本工程拟建场地位于古清河河道内，地下水的类型分别为上层滞水(一)、潜水(二)和层间水～承压水(三)，工程施工中无需降水。

3 既有区间结构实测结果分析

以了解桩基托换工程施工中引起的地铁区间结构的位移变化规律，依据专项设计方案及相关规范要求，通过现场实测分析，对邻近桩基托换施工期间既有盾构隧道结构竖向位移、水平位移进行了现场监测分析。

3.1 现场监测方案

既有地铁区间结构竖向位移采用精密水准仪进行监测。测点布设在邻近桩基托换基坑一侧。既有地铁区间结构横向位移使用全站仪进行监测，在地铁结构侧墙上布设水平变形测点，测点采用反射棱镜固定在结构侧墙上。结构水平位移测点间距与结构沉降测点相同。现场监测布点如图4所示。

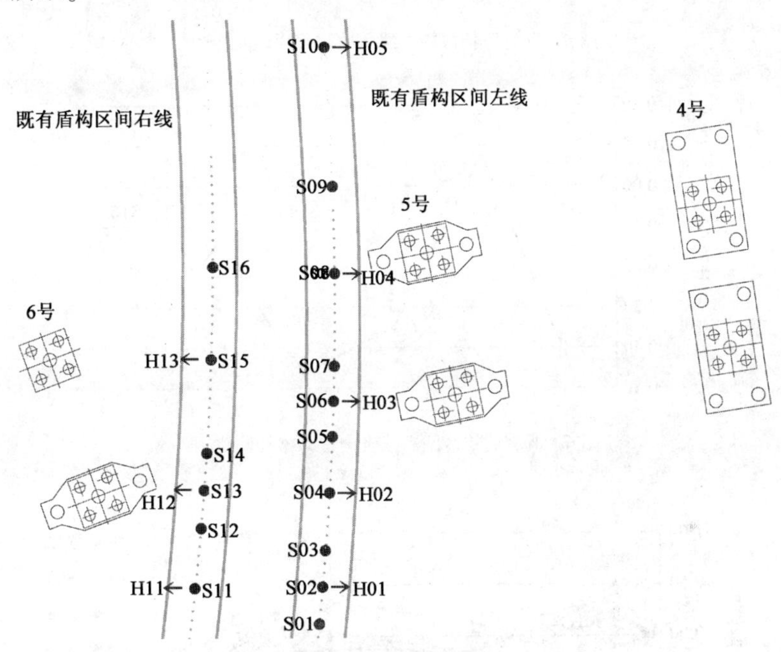

图4 现场监测布点图

监测自邻近既有地铁区间一侧桩基托换施工开始，至桩基托换完成为止。监测频率结合运营特点每周不少于4次。

3.2 区间结构实测结果汇总

现场测试成果汇总如表1所示。从表1可以看出：既有区间结构实测位移较小，最大竖向位移为下沉0.48mm，最大水平位移0.33mm，但均小于控制值。

区间结构变形累计值汇总(单位：mm) 表1

	监测项目	变形值	控制值
左线	竖向位移	-0.48	1.0
	横向位移	0.33	1.0
右线	竖向位移	-0.46	1.0
	横向位移	0.21	1.0

注：表中数据竖向位移"+"为上浮，"-"为下沉；横向位移偏向桩基一侧为"+"。

3.3 既有区间结构变形分析

3.3.1 区间结构竖向位移实测结果分析

既有区间结构竖向位移实测结果如图 5 ~ 图 8 所示。图 5、图 6 分别为既有盾构区间左线、右线竖向位移累计曲线图。图 7、图 8 为既有盾构区间左线、右线竖向位移历时曲线图。

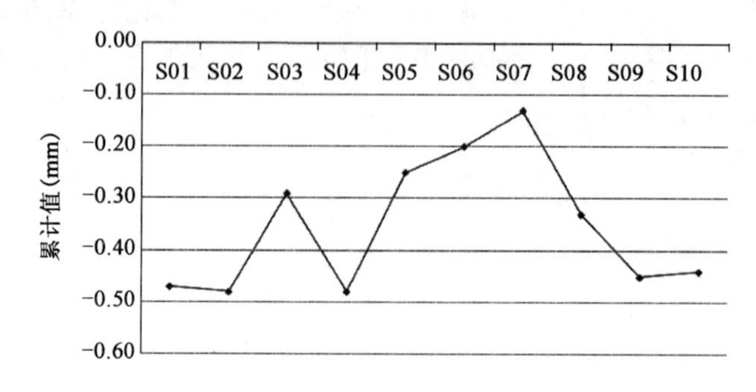

图 5　既有盾构区间左线竖向位移累计曲线图

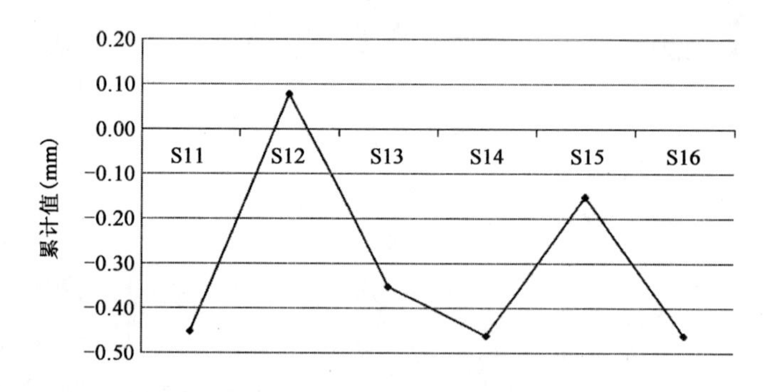

图 6　既有盾构区间右线竖向位移累计曲线图

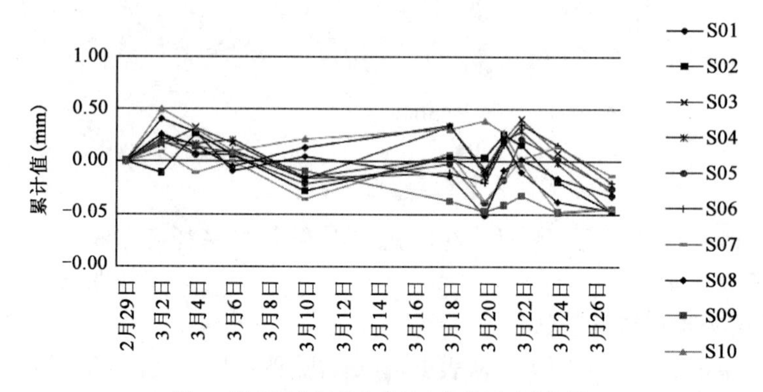

图 7　既有盾构区间左线竖向位移历时曲线图

由图 5、图 6 可知，既有区间结构竖向位移较小，施工期间均未超出变形控制值，最大竖向位移测点为 S04，最大位移量为下沉 -0.48mm，发生在离桩基施工一定距离范围内；同时紧邻桩基托换工程施工的既有线结构竖向位移测点（S05、S06、S07、S08、S12、S13）沉降相对较小，S12 测点出现上浮趋势。

由图 7、图 8 可以看出既有区间结构竖向位移最大发生在桩基托换施工过程中，而非施工结束时，桩基托换施工过程中应加强既有区间结构的监控量测。

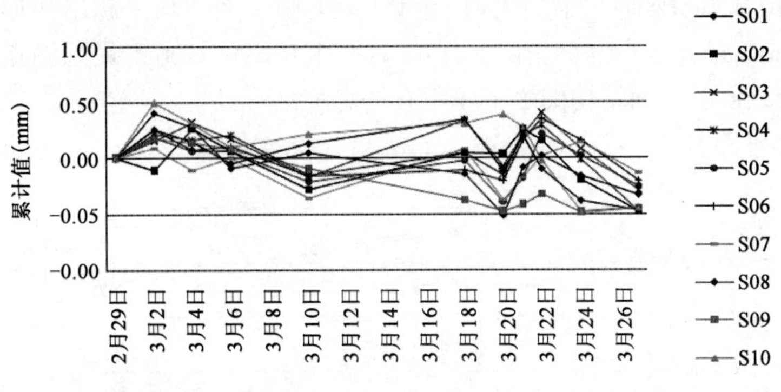

图8　既有盾构区间右线竖向位移历时曲线图

3.3.2　区间结构横向位移实测结果分析

既有区间结构横向位移实测结果如图9～图12所示。图9、图10分别为既有盾构区间左线、右线横向位移累计曲线图。图11、图12为既有盾构区间左线、右线竖向位移历时曲线图。

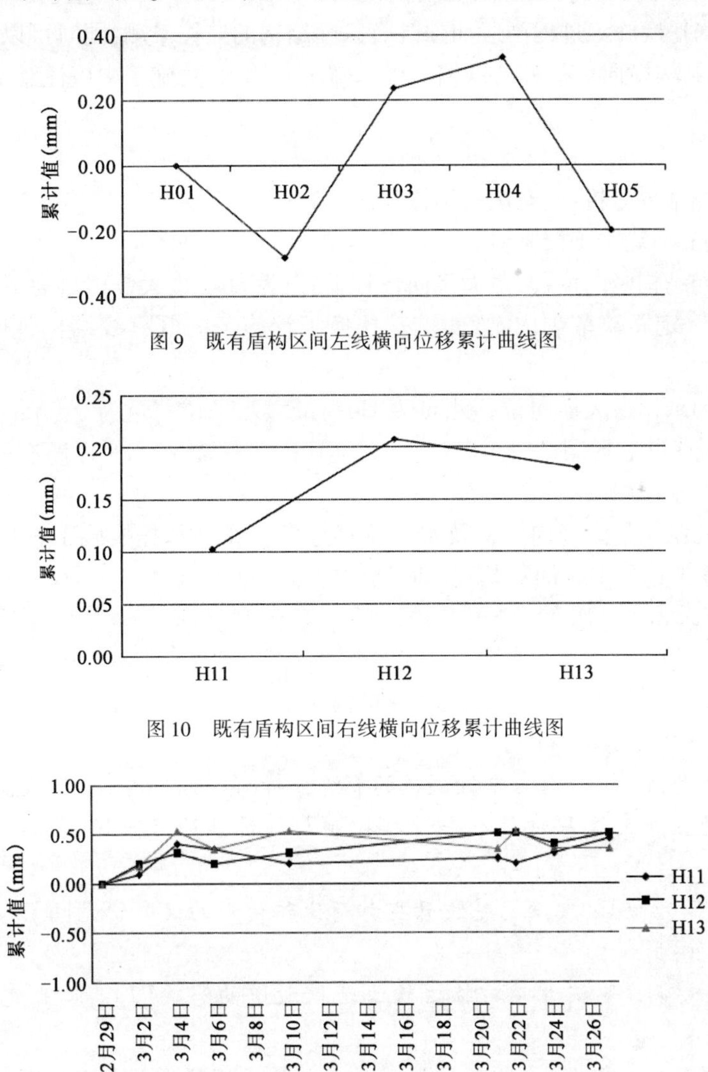

图9　既有盾构区间左线横向位移累计曲线图

图10　既有盾构区间右线横向位移累计曲线图

图11　既有盾构区间右线横向位移历时曲线图

由图9、图10可知,既有区间结构横向位移较小,施工期间均未超出变形控制值,最大横向位移测点为H04,最大水平位移量为0.33mm,发生在离桩基施工最近测点,说明既有区间结构横向位移与桩既有区间结构的水平净距有一定关系。

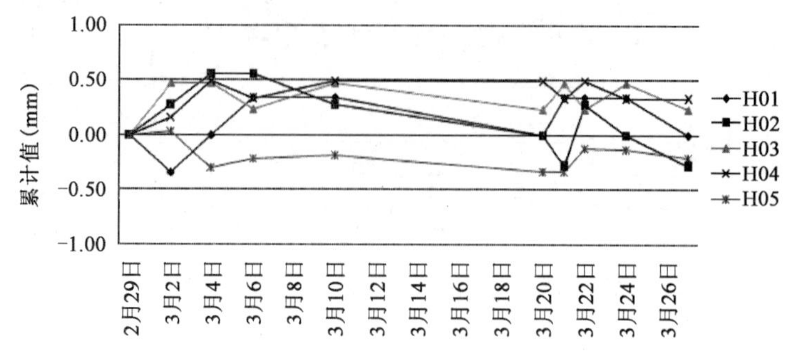

图12 既有盾构区间左线横向位移历时曲线图

由图11、图12可以看出,既有区间结构横向位移最大发生在桩基托换施工过程中,而非施工结束时,桩基托换施工过程中应加强既有区间结构的监控量测;同时可以看出桩基托换施工邻近既有区间结构横向位移方向以偏向桩基施工一侧为主,施工中应注意采取保护措施。

4 结论

(1)根据实测结果分析:既有区间结构实测位移较小,最大竖向位移为下沉0.48mm,最大水平位移0.33mm,但均小于控制值。

(2)既有区间结构竖向位移、最大竖向位移:测点为S04,最大位移量为下沉-0.48mm,发生在离桩基施工一定距离范围内;紧邻桩基托换工程施工的既有线结构竖向位移沉降相对较小。

(3)既有区间结构最大横向位移测点为H04,最大水平位移量为0.33mm,发生在离桩基施工最近测点,说明既有区间结构横向位移与桩既有区间结构的水平净距有一定关系,且方向以偏向桩基施工一侧为主。

(4)既有区间结构最大竖向位移及水平位移均发生在桩基托换施工过程中,而非施工结束时,桩基托换施工过程中应加强既有区间结构的监控量测。

参考文献

[1] 戚科骏,王旭东,蒋刚,等. 临近地铁隧道的深基坑开挖分析[J]. 岩石力学与工程学报,2005,24.(增2):5485-5489.

[2] 邓指军. 钢套筒压入对邻近地铁隧道的影响分析[J]. 施工技术, 2011,40(7):77-79.

[3] 刘纯洁. 地铁车站深基坑位移全过程控制与基坑邻近隧道保护[D]. 上海:同济大学, 2000.

[4] 何世秀,韩高升,庄心善,等. 基坑开挖卸荷土体变形的试验研究[J]. 岩土力学,2003,24(1):17-20.

[5] 蒋洪胜,侯学渊. 基坑开挖对临近软土地铁隧道的影响[J]. 工业建筑,2002,(5):53-56.

[6] 安建永,项彦勇,贾永州. 既有桩基荷载对邻近浅埋隧道开挖效应及支护内力影响的研究[J]. 岩土力学, 2014, 35(4):927-932.

大断面隧道长距离管棚锯齿形 CRD 法施工技术

张为民　薛重阳

（中铁十二局集团国际工程有限公司）

摘　要　以阿尔及利亚贝佳亚连接线西迪艾石隧道进口为依托，针对强风化软弱围岩条件下穿越浅埋长距离堆积体、居民区，提出了采用长管棚、CRD 法、新意法相结合的的隧道综合施工方案。使用该种方案可节约成本投入，提高机械化施工水平，加快施工进度，提高施工效率。

关键词　大断面　长距离管棚　锯齿形　CRD 法　导向架

1　引言

中铁十二局集团国际工程公司承建的阿尔及利亚东西高速公路贝佳亚至阿尼夫连接线高速公路西迪艾石隧道，进口洞口常年有溪水淌过，进口的地质为堆积体和全风化泥灰岩组成[1]，开挖后掌子面呈流塑状，地下水丰富（见图 1 隧道开挖后地质情况）。并且隧道穿过区域紧靠居民区，施工风险极大。泥灰岩隧道开挖过程中，隧道除了容易发生沉降和横向收敛外，纵向变形也极易发生。因此选用锯齿形断面结合大管棚超前支护的 CRD 法施工[2]（见图 2CRD 法施工断面图），不但可使隧道的沉降、横向收敛、洞身的纵向位移受到有效控制，而且取得了良好的经济效益和社会效益。

图 1　隧道开挖后地质情况

图 2　CRD 法施工断面图

2　设计原理

锯齿形初期支护是把隧道根据 CRD 法，分为四个区（图 3），每个区由数段等距离的放射状支护组成。从开始到结束，每一段的初期支护均由 12 榀 HEB220 型钢拱架、40 根直径为 $\phi114\times6$ 无缝钢管超前管棚、掌子面玻璃纤维锚杆加固、钢筋网片和喷射混凝土组成。每段的型钢支撑半径等差扩大。一段支撑的结束就是下一段支撑的开始，数段组成[3]，隧道初支完后，纵断面形状类似锯齿（图 4）。

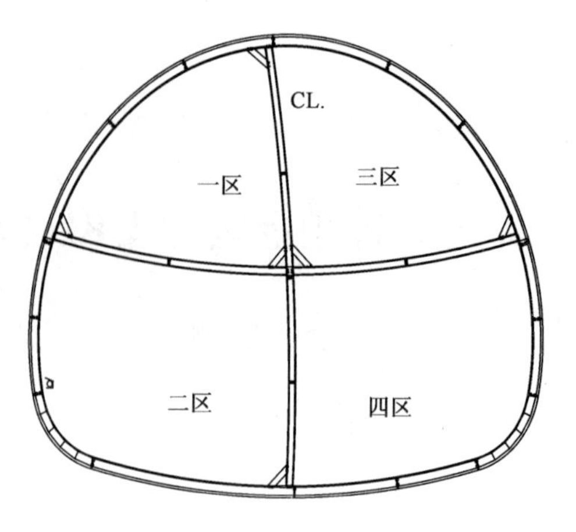

图3　CRD 法施工分区图

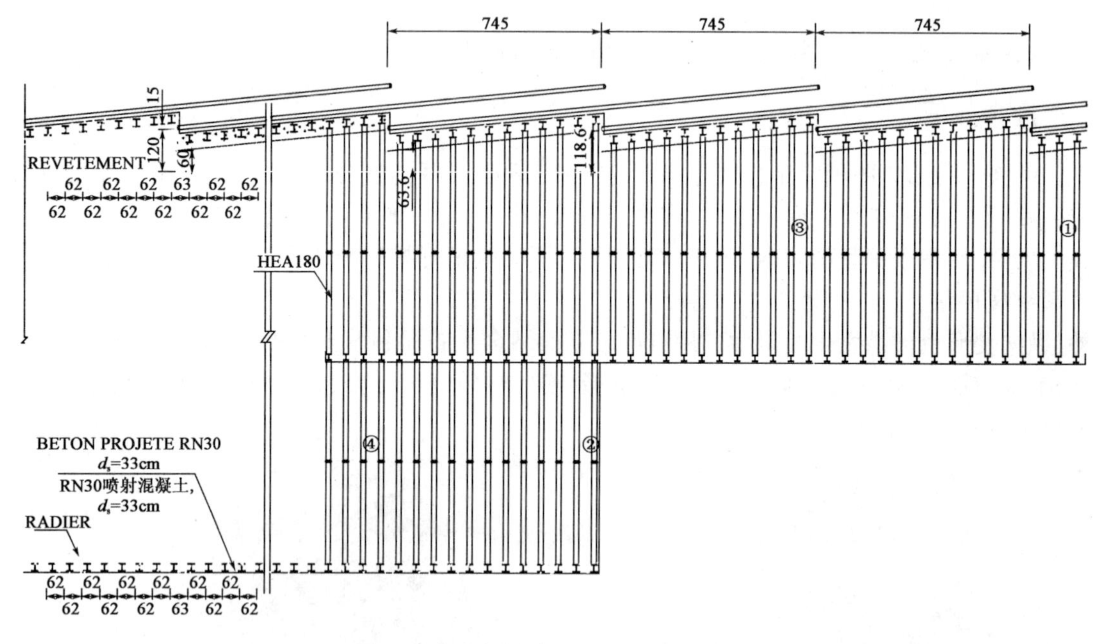

图4　锯齿形支护纵断面图(尺寸单位:mm)

3　施工的技术要点

3.1　管棚的经验做法

管棚的一般施工方法是在洞口施作一个套拱,套拱上安装与管棚数量一致的套管,套管的方向与管棚的方向一致,浇筑混凝土后形成一体,作为管棚钻孔的导向墙。遇到洞内的管棚,则是在洞内另外开辟工作间[4]。

3.2　管棚的锯齿形做法

锯齿形管棚是把管棚在纵断面方向按一定长度分施工节段,亦即将管棚支护结构纵向断面设计为锯齿形,相邻两段管棚之间有一定的工作搭接长度从而保证管棚的整体性。

3.3　锯齿形管棚的节段选择

锯齿形管棚每循环的节段长度的选取十分重要,因为管棚长度过短达不到支护效果;长度过长,随着孔深越来越深,施工技术难度会加大,成本费用也会增高。因此必须在既有效又经济的范围内选取，第二循环及以后需要继续施作管棚，就可以开辟一个新的工作面，以保证钻孔、管棚安装等工序平行流水作业。

3.4 锯齿形管棚钻孔的快速定位

连续的长距离大管棚，在洞内重叠搭接，如果总是采用洞口段管棚的做法，需要重复施工管棚导向墙，花费时间长，成本费用高，为解决上述问题，把 C6 钻机进行改装，设计了导向架，可远距离钻孔，成功解决了 C6 钻机定位难钻孔时间长的问题，提高了工作效率。

4 施工技术特点

(1)长距离超前管棚支护有效限制了隧道的纵向位移[5]。

(2)CRD 法有效地控制了隧道的沉降和横向位移。

(3)超前管棚支护取消导向墙，能快速、连续施工长距离管棚段。

(4)玻璃纤维锚杆加固掌子面，承担部分垂直荷载和来自掌子面的侧压力，减少围岩变形[6]。

(5)锯齿形初期支护有利于为超前支护创造工作空间，不必另外单独开辟钻孔操作空间，节省时间和费用。

5 工艺流程

(1)隧道各区施工顺序流程图见图5。

(2)一、三区工艺流程图见图6。

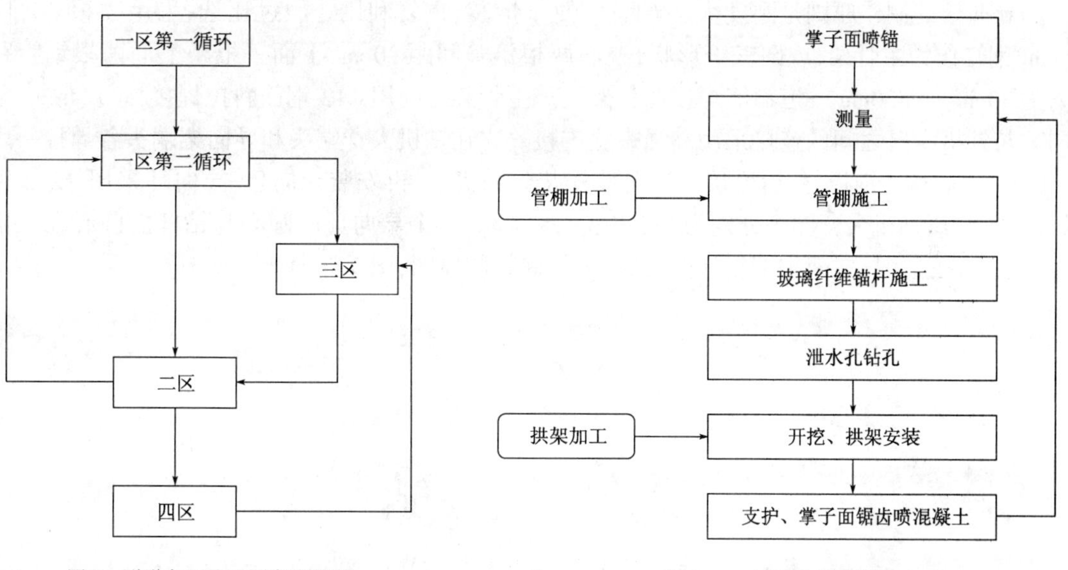

图5 隧道各区施工顺序流程图

图6 一、三区工艺流程图

6 施工步骤及操作要点

6.1 控制各区的安全步距

安全步距的控制原则是，上台阶的一、三区步距不超过两个锯齿循环，不小于一个循环，即介于7.45~14.9m 之间；下台阶的二四区与一三区的安全步距不得小于两个循环，以便于机械作业；二四区之间的安全步距控制在一个循环即可。安全步距拉得过大则使得二衬作业区远离开挖区,一旦有异常状况难以补救,各区的安全步距拉得过小,则在开挖过程中会相互扰动围岩,不利于洞身支护安全。这样,基本上保证二衬作业区与开挖区距离保持在 40 ~ 60m 范围内。

6.2 掌子面加固

每循环施工初始,先挂钢筋网片并对掌子面喷射混凝土 7 ~ 10cm 厚,以限制掌子面围岩松弛,另外可防止渗水对掌子面的冲刷,影响钻孔;同时,及时对上一循环的锯齿进行挂网喷锚处理。

6.3 测量放样

在上一循环的端头和掌子面分别放样,标出管棚位置。保证管棚方向不会扭曲,避免"穿袖子"情况发生。

6.4 利用锯齿形初期支护面快速定位超前管棚钻孔方向

6.4.1 导向架的作用

管棚施工在有导向墙时,可以利用导向墙快速就位钻孔。没有导向墙时,传统方法是钻机就位,然后是测量定方向,不断反复,较为繁杂。根据锯齿形初支面与钻孔方向平行的原理,在定位时充分利用这个特点,在 C6 钻机上安装一个导向架,只要导向架与初支面平行且与钻孔的点对位准确,用一把直尺量测一下就可以快速定位。之所以用导向架,而不是直接用钻杆的原因是,钻杆质量过大,定位过程中,钻杆悬空后产生较大的挠度,影响准确度,而且对机械有损害。

6.4.2 钻机导向架的制作(只加工一次可循环利用)

导向架的制作原则是刚度大、质地轻,便于拆装、重复利用。经过比选,采用 3 根 $\phi42 \times 6$mm 钢管作为主骨架,成倒三角形状,上面两根钢管间距 20cm,下面一根距上面两根钢管距离为 30cm。每 30cm 一道箍筋焊接在骨架上。主骨架之间用 $\phi12$ 钢筋斜拉焊接,总长 6m。导向架与钻机大臂之间的连接采用高强螺栓连接。先在钻机大臂端头和导向架端头各焊接一块 $500 \times 400 \times 20$ 的钢板,然后栓接。导向架安装到钻机上,再安装导向环,导向环采用 $\phi212$ 钢管制作,距离钻机大臂端头分别为 0.3m,3m,5.7m。三个导向环的圆心与钻杆的圆心在一条直线上。图 7 为导向架细部设计图,图 8 为导向架整体图,图 9 导向架实物图。

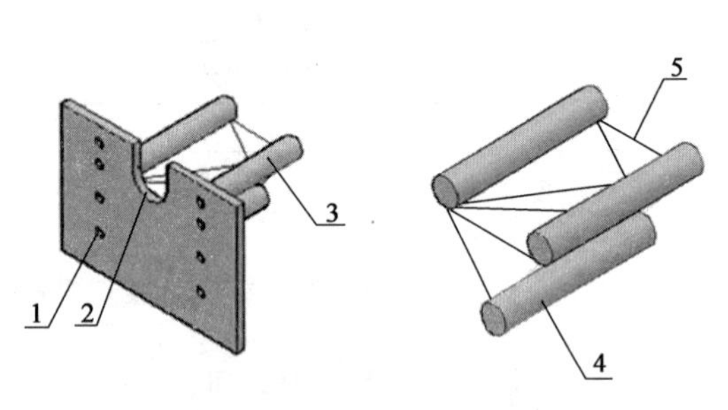

图7 导向架细部设计图

1-连接螺栓孔;2-U 形槽放钻杆;3-主骨架;4-导向管;5-连接钢筋

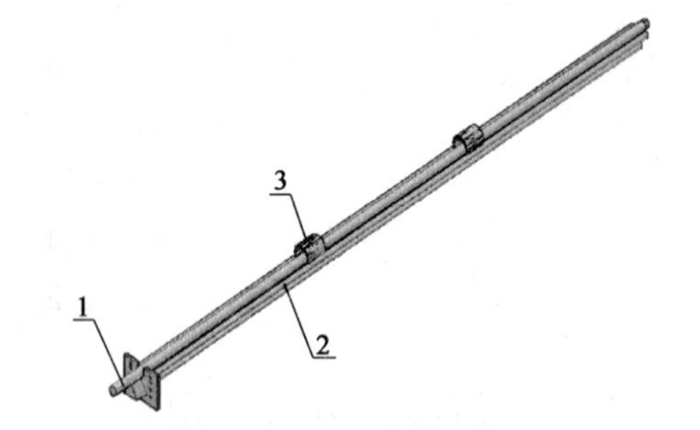

图8 导向架设计图

1-钻杆;2-U 形槽放钻杆;3-定位钢管

6.4.3 钻机就位与钻孔

利用 C6 钻机大臂灵活移动的优点移动大臂和导向架,移动过程中随时用直尺检测导向架前后端到初期支护面的距离知道符合设计要求。导向架距离掌子面为 20 ~ 30cm,避免触碰损坏。

钻机就位前用风镐在掌子面每个管棚就位处凿出一个小坑,避免钻杆在开始钻孔时滑移。钻杆缓缓滑至钻孔点然后开始钻孔。直到设计深度。钻孔作业见图10。

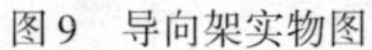

图9　导向架实物图

图10　超前管棚钻孔施工

6.5　管棚施工

6.5.1　管棚制作与安装

管棚在洞外提前制作。在管壁上梅花形钻孔,端头呈圆锥状。如果需要接长,则在管壁上切割成半圆状,进行搭接焊接。

隧道内空间狭小,长管棚吊装作业难度大。利用挖掘机上安装的ATLAS320液压锤,焊接一个吊环,然后用钢丝绳把管棚在中间位置捆绑起来吊在锤头的吊环上,缓缓吊起,人工配合吊装入孔。再用液压锤钎的圆锥形锤尖顶着管棚尾端,插入孔内。挖掘机在往前行驶过程中,每三米松弛一下大臂,调整锤尖的前进方向,直到管棚完全入孔。

6.5.2　管棚的封孔和注浆

用水泥砂浆人工进行封孔密实[7]。为确保孔口岩土不被注浆压力破坏,可在孔口喷射混凝土进行补强。

6.5.3　管棚端头处理

管棚注浆后,不必再切割端头,直接挂钢筋网片喷射混凝土。喷混凝土有两个作用,一是为将来的二次衬砌防水层施工创造条件,二是加强锯齿处的支护强度。

6.6　玻璃纤维锚杆施工

玻璃纤维锚杆具有抗拉强度高特点,被加固岩体会因锚固作用形成整体,约束变形,提高了掌子面岩体抗侧滑能力。同时,通过加压注浆,使待加固岩体密实,提高其抗压能力。西迪艾石隧道玻璃纤维锚杆设计长度10m,搭接2.25m[8]。

6.6.1　掌子面预加固

为防止围岩松弛,及渗水对围岩冲刷,施工前先安装一层钢筋网片,并喷一层7～10cm厚的混凝土。

6.6.2　按设计布孔

为了达到设计效果,玻璃纤维钻孔前进行测量定位(图11)。

6.6.3　钻孔及锚杆安装

锚杆按照孔位钻到设计深度,再用高压风清孔并插入玻璃纤维锚杆。为保证水泥浆液能包裹锚杆,锚杆上面安装定位器,将锚杆架起来。

6.6.4　玻璃纤维锚杆注浆

玻璃纤维锚杆注浆与管棚注浆方法相同,孔内各插一根PEHD管用于排放空气。实践过程中发现,对玻璃纤维锚杆注浆加压后,水泥浆液可以通过加压压缩锚杆之间的土体,使得土体更加密实,提高了自稳能力及承载力[9]。

图 11　玻璃纤维锚杆钻孔前定位图

6.7　排水孔钻孔

隧道内地下水丰富,利用管棚和玻璃纤维锚杆注浆后水泥凝固的间歇期,在玻璃纤维锚杆之间钻孔,深度达到 20m。泄水孔注意角度,便于排水,以减少洞内渗水对施工的影响。

6.8　开挖支护

6.8.1　开挖

泄水孔钻孔完成后,即开始开挖。开挖可以选用铣刨机,或者液压锤。西迪艾石隧道采用液压锤开挖,选用操作技术好的操作手,不需要液压震动,稍稍用力即可开挖。使用液压锤还可以用来安装管棚及吊装拱架。

6.8.2　掌子面喷锚

开挖完成后必须对掌子面喷锚封闭,防止围岩松弛突然垮塌,伤及人员,一般喷锚厚度 7 ~ 10cm。

6.8.3　型钢拱架安装

西迪艾石隧道采用 H 型钢,每延米 73kg,每一节超过 200kg,完全靠人力很难安装。施工时将拱架分为上下两个部分,分别在地上拼装后,再用带液压锤的挖机吊装,省时省力,快速便捷。

6.8.4　喷锚支护

隧道采用的 HEB220 型钢翼板宽 220mm,且与围岩之间的缝隙较小,少的有 3 ~ 5cm,多则不超过 10cm,垂直于岩面喷浆时,翼板背后往往成为死角,造成拱架背后空洞或不密实[10]。喷浆操作时要对拱架背后特别留意,应该先对上一次施工的拱架背后喷密实,再垂直于岩面喷射拱架之间的部分。

7　施工注意事项

(1)掌子面喷射混凝土止浆墙的厚度要有保证,否则,注浆时水泥浆液的压力,可能压坏掌子面。

(2)管棚施工过程之中一定保证管棚的角度正确,若管棚倾角过大,在开挖过程中,管棚下部岩体会全部垮落,造成严重的超挖问题;若管棚倾角过小,会造成管棚侵入隧道净空,安装拱架时需要切割管棚,浪费大量时间的同时还会造成边墙坍塌问题。

(3)管棚注浆时需要严格设置排气管,按照标准压力间隔注浆,保证注浆饱满。

(4)注浆时控制注浆压力,为了保证注浆效果,第一次注浆达到压力后,暂停两分钟再次加压注浆,使得注浆密实。

(5)钢支撑起到管棚钻孔导向作用,必须安装准确。误差≤2cm。

(6)管棚钻孔后及时清空并安装钢管,避免坍孔。

(7)施工过程中按要求进行监控量测,做到利用量测结果指导施工。

8 结语

运用长距离管棚锯齿形 CRD 综合室技术在西迪艾石隧道为双线特大断面,左右洞两段合计 410m,取消导向墙后共节省投资 564 万元,并缩短工期 160 天,取得了良好的社会和经济效益。

参考文献

[1] 唐晓冬. 带微桩支撑的长大管棚在隧道进洞中的应用[J]. 铁道建筑技术,2013(3):11-13.

[2] 刘二明. 泥灰岩隧道浅埋段下穿居民房屋施工技术研究[J]. 铁道建筑技术,2016(3):31-33.

[3] 中交一院. 西迪艾石隧道设计图[R].

[4] 李卫民. 京珠高速公路粤境北段洋碰隧道施工[C]. 世界道路协会. 国际隧道研讨会暨公路建设技术交流大会,442-447,2002 年 11 月 6 日.

[5] 张素敏,朱永全,高炎. 软岩隧道施工流变效应研究[J]. 铁道建筑,2016(3):62-65.

[6] 孙会想,沈才华. 玻璃纤维锚杆注浆加固掌子面效果研究[J]. 水利与建筑工程学报,2012,12(4),131-135.

[7] 王飞飞. 西迪艾石 隧道管棚施工技术[J]. 山西建筑,2015(30):171-172.

[8] 崔柔柔,杨其新,蒋雅. 软岩隧道掌子面玻璃纤维锚杆加固参数研究[J],铁道标准设计,2015(11),79-82.

[9] 张莎莎,戴志仁. 白云盾构隧道同步注浆浆液压力消散规律研究[J]. 中国铁道科学,2012(3):40-47.

[10] 葛生深. 隧道初期支护背后空洞现象成因分析[J]. 交通标准化,2012(13):110-112.

山区某隧道监控量测及围岩稳定性分析

郭建明

（北京市建设工程质量第三检测所有限责任公司）

摘　要　监控量测作为新奥法隧道施工必不可少的一项内容，对保证隧道施工安全，及时发现不良地质，反馈并指导施工具有重要的作用。本文以四川省某隧道为例，研究了山区隧道监控量测的项目和方法，并采用对数曲线对监控量测数据进行回归分析，进而分析围岩的稳定性。

关键词　监控量测　拱顶下沉　周边收敛　地表沉降　回归分析

1　引言

隧道监控量测是动态掌握隧道围岩稳定状态的重要手段，也是进行工程设计和施工的重要依据。根据现场监测的数据，不断地对隧道施工围岩的稳定性及支护结构的安全性作出分析评估，并随时对支护设计作适当调整，以确保隧道施工安全[1,2]。本文以四川省某隧道为例，探讨了隧道监控量测与稳定性之间的关系。

2　项目概况及隧区工程地质条件

该隧道长2950m，起止桩号为K24+195～K27+145，两端洞口设计高程分别为4387.2m和4370.02m，分为A、B两个合同段施工。合同段里程分界桩号位于隧道中部K25+670处。

隧址区属高山峡谷地带，区内地形切割急剧，沟谷纵横，谷深坡陡，相对高差一般在2000m以上，属构造侵蚀切割的高山峡谷地貌类型。隧址区属青藏高原气候，区内气候总体状况是：气温低，冬季长，四季不分明，无霜期短，降水较少，干雨季分明，日照丰富，区内年平均气温5～10℃。

隧址区内旱、雨季分明，气候的水平和垂直分带明显。区内地下水按其赋存形式有松散堆积孔隙水和基岩裂隙水两大类型，主要受河水大气降水和高山雪融水所补给。

隧道特殊工程地质问题主要有：地下水、断裂及褶皱段破碎围岩、季节性冻土、洞口浅埋偏压。根据岩体物理力学指标及水文地质情况，隧道围岩级别划分为Ⅴ级、Ⅳ级、Ⅲ级。

3　监控量测内容

根据《公路隧道施工技术细则》（JTG/T F60—2009）并结合隧道围岩地质情况，确定隧道监控量测项目如下[3]。

（1）拱顶下沉：根据量测数据确认围岩的稳定性，判断支护效果，指导施工工序预防坍塌，保证隧道施工安全。

（2）周边收敛：根据变形的速率及量值判断围岩的稳定程度，选择适当的二次衬砌支护时机，指导现场施工。

(3)地表下沉:对隧道埋深较浅段进行地表沉降监测,判定隧道开挖对地表的影响,与拱顶下沉数据相互应证。

4 监控量测测点布设

4.1 收敛测点与拱顶下沉测点布置

隧道开挖后,在拱顶部位埋设3个测点(1号、2号、3号),同时在两侧边墙拱线上1.0~1.5m高度处,埋设一条收敛测线(4号、5号),见图1。

4.2 拱顶下沉

拱顶下沉量测采用精密水准仪、挂尺,量测精度±0.1mm。拱顶下沉量测测点埋设:一般在隧道拱顶轴线处设1个带钩的测桩(为了保证量测精度,在左右各增加一个测点,即埋设三个测点),吊挂钢卷尺,用精密水准仪量测隧道拱顶绝对下沉量。可用$\phi 6$钢筋弯成三角形钩,用锚固剂固定在围岩或混凝土表层。测点的大小要适中,过小,测量时不易找到;过大爆破易被打坏。测点埋设好后,用红色喷漆在该处边墙上做好标记,标明断面编号,以及时发现测试目标。支护结构施工时要注意保护测点,一旦发现测点被埋掉,要尽快在破坏测点附近重新设置测点,以保证数据不中断。

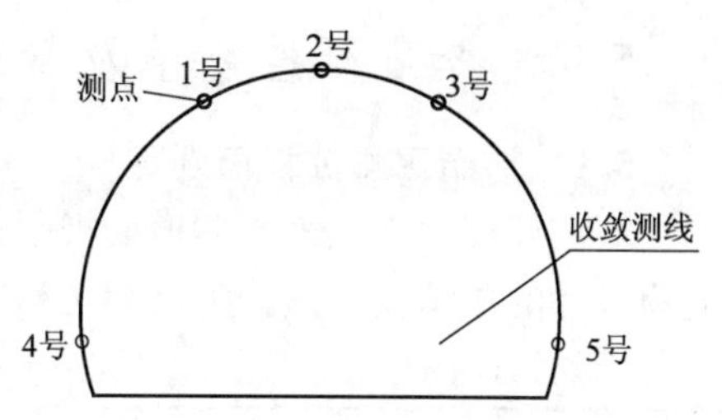

图1 拱顶测点和收敛测点布设示意图

4.3 周边收敛

隧道净空收敛是指隧道周边相对方向两个固定点连线上的相对位移值,它是隧道开挖所引起围岩变形最直观的表现[3],采用收敛计进行量测,量测精度±0.1mm。隧道开挖爆破后应尽早埋设测点,埋设深度20~30mm,钻孔直径根据测点大小决定。用锚固剂固定,用红色喷漆在该处边墙上做好标记,标明断面编号,以便发现测试目标。

4.4 收敛测试与拱顶下沉测试断面布置

依据规范和现场实际情况对不同级别的围岩区域制定监测断面间距;洞口附近断面位置与地表沉降测量断面对应。监测断面(距掌子面最近的断面)必须尽量靠近开挖工作面,但太近会造成开挖爆破下的碎石砸坏测点,太远又会漏掉该量测断面开挖后的收敛值。工作面开挖以后及时布置测点,开挖后12h内和下一次开挖之前测取初读数。监控量测断面间距见表1。

监控量测断面间距 表1

围岩级别	断面间距(m)	围岩级别	断面间距(m)
V级	15	其他	20~30

注:对洞口段200m范围内的测试断面进行加密,V类围岩对应的断面加密后的间距为10m。

4.5 地表沉降测点及断面布置

地表下沉量测采用精密水准仪、测微仪和铟钢尺,量测精度±0.5mm。在洞口浅埋地段($h_0 \leqslant 2b$)设置3个断面,一般20~30m一个断面,各断面测点间距2~5m,一般每个断面至少设置7个测点,靠近隧道中线测点较密,远离隧道中线测点较疏,具体的断面间距和测点距离根据现场实际情况进行调整,且与洞内测试断面位置对应。第一个断面尽量靠近洞口。远离隧道一定距离处,找一个稳定点,作为后视点;要求后视点和前视点通视性好,方便测读。地表沉降测点布置示意图见图2。

测点制作:一般采用1m长的螺纹钢($\phi22$)配合浇注混凝土打入土体中,其中后视点的制作标准高于一般测点,螺纹钢长度为1.5m。

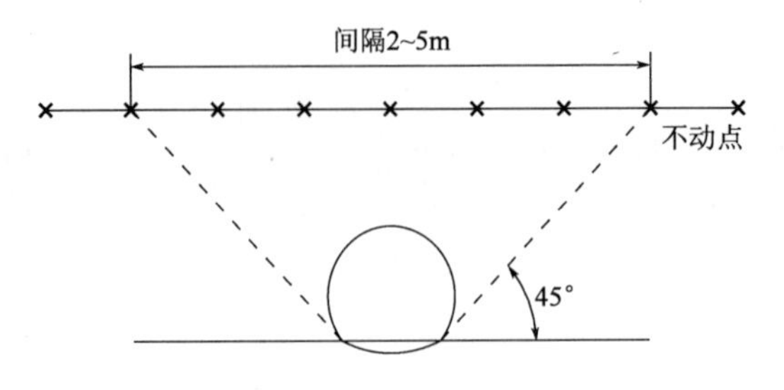

图2　地表沉降测点布置示意图

5　监控量测控制值及管理等级

5.1　根据实测位移值判定

实测位移值不应大于隧道的极限位移,并按表2中位移管理等级施工。一般情况下,宜将隧道设计的预留变形量作为极限位移,详见表2和表3。

位移管理等级及对策　表2

管理等级	管理位移(mm)	施工状态
Ⅲ	$U<(U_0/3)$	可正常施工
Ⅱ	$(U_0/3)\leqslant U\leqslant(2U_0/3)$	应加强支护
Ⅰ	$U>(2U_0/3)$	应采取特殊措施

注:U-实测位移值;U_0-设计极限位移值。

设计预留变形量　表3

围岩级别	Ⅳ软岩(深埋)	Ⅳ(浅埋)	Ⅴ(深埋)	Ⅴ(浅埋)	Ⅴ(加强)
预留变形量	7cm	8cm	11cm	11cm	12cm

5.2　根据位移速率判定

根据位移速率按表4进行判定。

速率管理及对策　表4

位移速率	围岩状态	应对措施
>1.0mm/d	变形急剧增长阶段	加强初期支护
0.2~1.0mm/d	变形缓慢增长阶段	加强观测,做好加固准备
<0.2mm/d	基本稳定阶段	可正常施工

6　监控量测数据分析及稳定性评价

根据该隧道的地质状况与施工进度状况,本文选取K24+305断面和K24+430断面为例对拱顶下沉和周边收敛进行分析,并采用对数曲线进行回归拟合[4,5]。详细结果见图3~图6。

从上述结果可以看出,该隧道拱顶位移和周边沉降在前6天增长速度较快,随后增长速度较慢并逐渐趋于稳定，最大位移值在36mm左右，最终位移速度小于0.2mm/d，可判断围岩处于基本稳定状态，可以继续施工。从两个断面位移—时间曲线的回归分析可以看出，该隧道拱顶位移和周边沉降与时间的关系符合对数函数，因此可以知道数据变化的统计规律，预测特定时间量测值和最终量测，保证隧道施工安全。

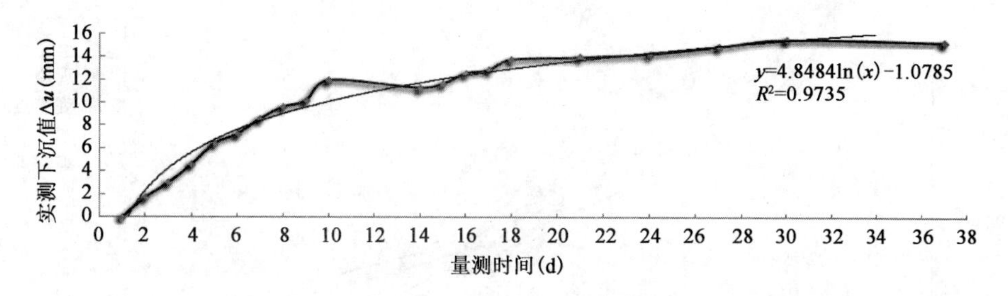

图3　K24+305断面拱顶下沉值时程曲线

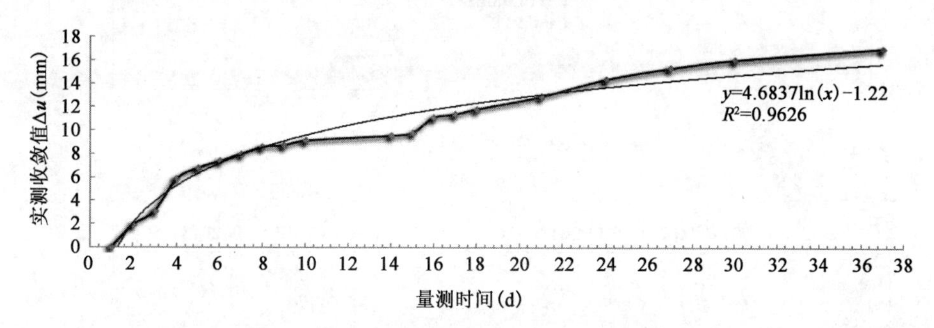

图4　K24+305断面周边收敛时程曲线

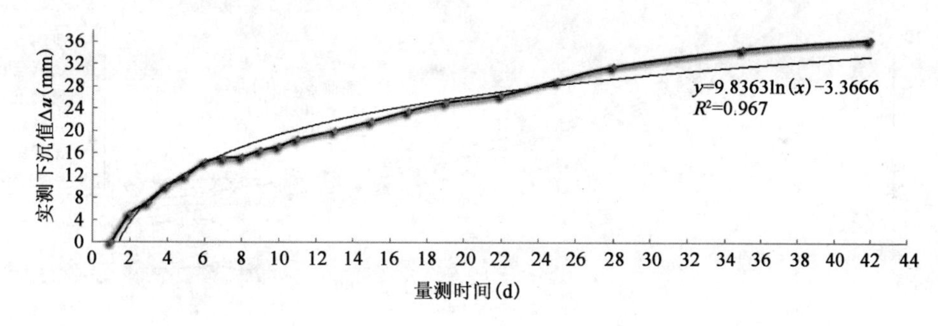

图5　K24+430断面拱顶下沉值时程曲线

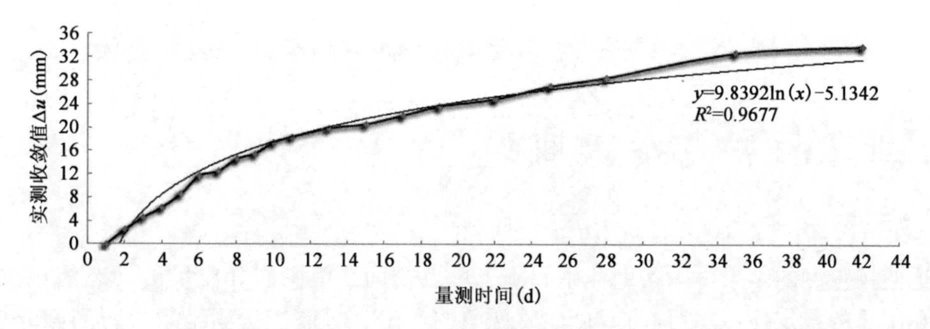

图6　K24+430断面周边收敛时程曲线

地表沉降测试结果见图7、图8。

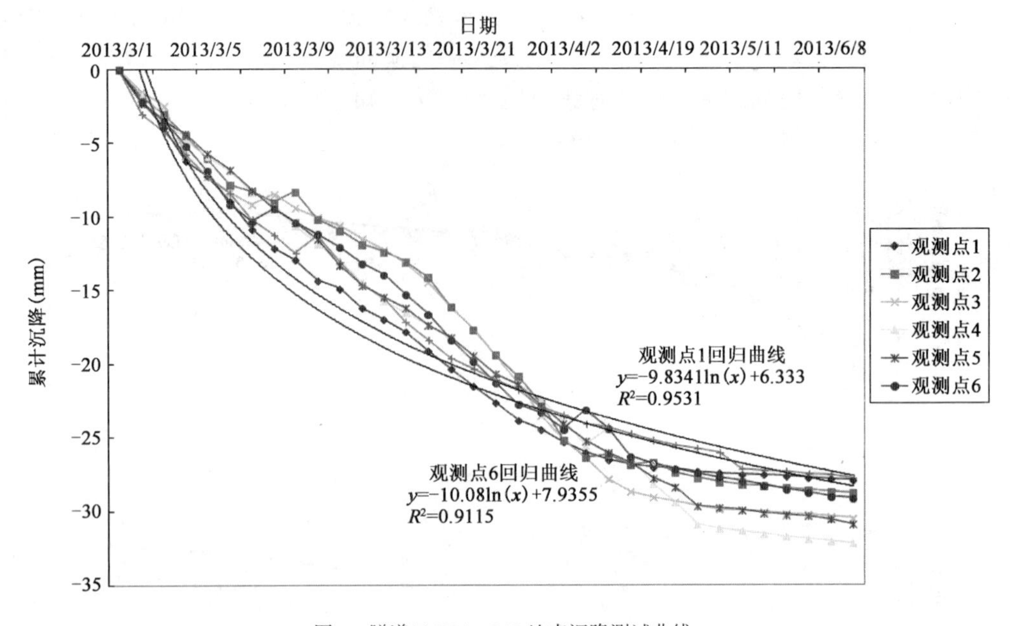

图7　隧道口 K24 + 215 地表沉降测试曲线

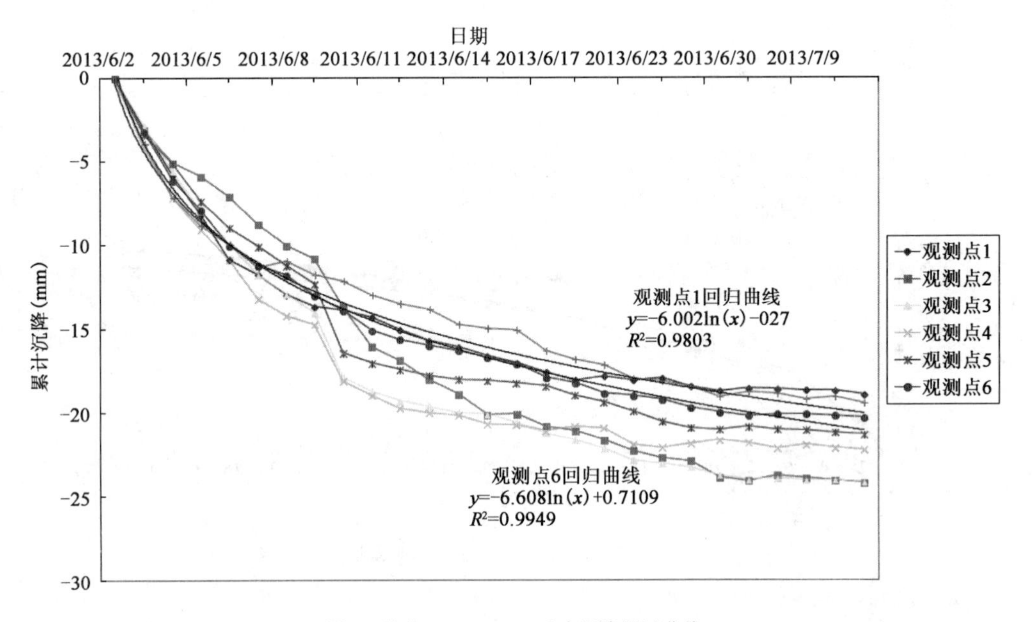

图8　隧道口 K24 + 255 地表沉降测试曲线

从上述结果可以看出,隧道口地表沉降最大值在 32mm 左右,与时间的关系曲线也符合对数函数,与拱顶位移和周边收敛的规律相同。

7　结语

隧道监控量测的结果可以帮助业主和施工单位全面了解围岩和支护的动态信息,判断支护结构和围岩的稳定性,及时预防不良地质现象的产生。对监控量测结果进行回归分析则可以预测隧道后续时间的发展情况,反馈到设计和施工中,检验设计理论、物理力学模型和分析方法,优化隧道的设计施工方法,确认施工的安全性,同时为隧道施工管理提供科学依据,为后续同类型的工程提供借鉴。

参考文献

[1] 中华人民共和国交通运输部. JTG/T F60—2009 公路隧道施工技术细则[S]. 北京:人民交通出版社,2009.

[2] 王拥军. 监控量测在高速公路隧道施工中的应用[J]. 湖南交通科技,2008(3):7.

[3] 孙爱林,陈聪,赵辉. 某隧道监控量测数据回归分析研究[J]. 城市建设理论研究,2012(32).

[4] 王胜涛,梁小勇,周亦涛. 隧道监控量测的数据回归分析探讨[J]. 隧道建设,2009(12).

[5] 轩俊杰,胡健. 刘家坪黄土隧道监控量测成果回归分析与应用[J]. 公路隧道,2008(1).

管廊工程临近既有轨道交通施工安全性影响评估研究

徐耀德[1]　王伟锋[2]　蒲文海[1]

（1. 北京安捷工程咨询有限公司　2. 北京市轨道交通设计研究院有限公司）

摘　要　通过采用数值模拟分析和工程类比等方法，在划分外部作业等级及影响区段单元的基础上，对某管廊工程建设对临近既有地铁线（含隧道区间和车站）进行了结构安全性影响评估，给出了不同影响区段单位的模拟计算结果，预判了相应的安全风险状况与等级，进一步提出了管廊工程地基加固与基坑施工、地铁安全防护与预警建议值、安全风险监控等方面的有效措施与合理化建议，为下一步设计方案与施工措施优化、加强地铁安全保护提供了可靠依据，为类似工程安全评估与风险监控管理提供了很好的参考案例。

关键词　综合管廊工程　地铁　地铁保护区　三维数值模拟　安全评估　预警值

1　引言

作为有效解决城市基础设施建设矛盾的新模式，近年来，城市地下综合管廊工程在我国（大陆地区）备受重视，并兴起一轮投资建设热潮。由于城市综合管廊线性工程的特点，临近或穿越城市主干道路及沿线既有周边建构筑物及地下管线，难免对既有周边环境设施造成一定的不良影响，尤其是当临近或穿越既有城市轨道交通时，可能影响其隧道结构安全和正常运营安全，根据相关法规政策和标准规范，需要开展安全保护专项设计、安全影响评估、地铁结构安全防护、第三方监测、现场风险巡查监控等工作。

昆明市春雨路综合管廊工程项目位于春雨路主干道路下方，与刚通车运营的地铁 3 号线部分区段相互交织（存在顺行侧穿、斜穿和上跨地铁结构等多种形式），根据《城市轨道交通运营管理规定》（交通运输部令 2018 年第 8 号）、《城市轨道交通工程项目建设标准》（建标〔2008〕57 号）、《昆明市城市轨道交通管理条例》、《城市轨道交通地下工程建设风险管理规范》（GB 50652—2011）、《城市轨道交通结构安全保护技术规范》（CJJ/T 202—2013）等法规标准[1-7]，该管廊工程侵入地铁保护区范围，局部区域侵入地铁特别保护区范围，以及由于管廊沿线岩土地质条件欠佳、基坑工程局部区段开挖深度较深及局部先期开挖施工的管廊区段已引起临近地铁隧道结构较大变形[6]等因素，应尽快开展针对该管廊工程建设的外部作业对既有轨道交通线路的安全性影响评估研究工作，为地铁结构保护设计、安全专项施工方案和防护方案编制、安全监测方案、设计与施工措施优化、安全风险巡查与风险动态监控等提供可靠依据和合理化建议。

2　工程概况

2.1　管廊工程

春雨路管廊工程之主管廊（副管廊及配套工程基坑浅且距既有轨道交通线较远，不在本次评估范围内）线长 7.4km，断面尺寸为宽 9.1m × 深 3.8m，全线断面采用三舱形式，入廊管线主要包括给水管、热力管、电力管线及通信管道(图1)。管廊工程采用明挖法施工,基坑开挖深度3.6~8.9m(大部分坑深超过5m),宽度8.6~9.1m。根据征地、地质条件、周围建构筑物等情况,围护结构设计分别采用放坡、钢板桩加钢内支撑、混凝土灌注桩加钢内支撑方案、混凝土灌注桩网喷加钢内支撑和钢筋混凝土桩与土钉墙支护方案等多种形式,支护桩长10~17m不等。

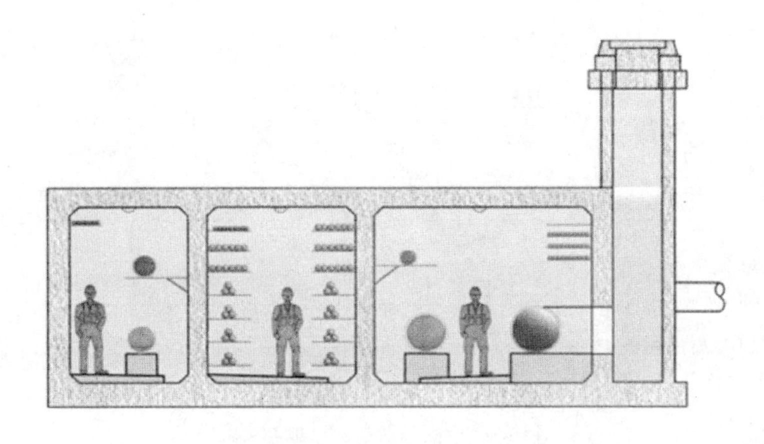

图1 管廊工程线路纵断示意图

截至评估任务开展前,该管廊工程所涉临近地铁3号线区段已竣工完成约2.7km(包括地基加固、基坑支护或结构完成),其中地铁一般保护区内累计完成1.05km左右,三处开挖段的地铁隧道结构专项监测数据表明:管廊工程经地基加固后,在基坑开挖施工及回填后地铁隧道结构的变形总体较稳定,但局部区段变形较大[8]。其余管廊段尚未进行地基加固和基坑施工。参见图2。

a)待基坑施工段(已地基加固)

b)正施工段(已完成基坑开挖,正施工结构)

图2 管廊工程典型施工现场

2.2 既有轨道交通线路

管廊工程临近的昆明市地铁3号线是贯穿昆明主城区东西方向的骨干线路,全长23.35km,全线共设车站20座,其中换乘站5座,全为地下车站。该线路已于2017年8月29日上午10时开通试运营,但部分车站附属结构尚未按图完成施工。

春雨路管廊工程线路与昆明地铁3号线顺行或交叉穿行(图3),主要影响地铁6个车站、6个区间及其相应附属结构,其中临近段区间隧道埋深8.8~15.28m,主要采用盾构法施工,车站均为二层标准车站,全部采用明挖法施工。

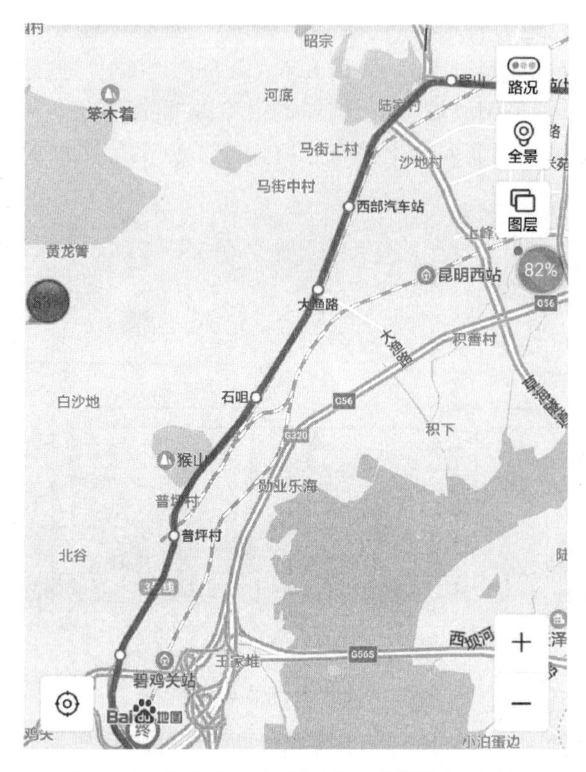

图3　春雨路管廊工程所涉地铁3号线线路区段图

2.3　二者相互位置关系及外部作业等级划分

春雨路管廊工程顺延地铁3号线方向敷设，与地铁3号线车家壁站—岷山站区段互相交织，整个角质段侵入地铁保护区范围，局部区域侵入地铁特别保护区范围。春雨路管廊工程与既有地铁3号线的相对位置关系主要有：顺行上穿地铁区间或车站结构、斜上穿地铁区间、上跨地铁区间、上跨车站附属结构等情形。春雨路管廊工程的工程特点及与临近既有地铁3号线的相对位置关系情况见图3和表1。

管廊工程与临近地铁3号线相对位置关系表　　表1

序号	区段里程	管廊基坑设计概况		影响地铁对象及名称	管廊与既有地铁空间关系	管廊施工进度	既有地铁施工加固情况
		开挖支护方式	开挖深度（m）				
1	GLK0 +270 ~ GLK0 +612	土钉、放坡、高压旋喷桩等	5.4 ~ 5.6	马街站—眠山站区间	斜上跨、侧平行上穿区间	已围挡，未开挖施工	未加固
2	GLK0 +612 ~ GLK0 +720	土钉支护、钢筋混凝土桩	5.4 ~ 5.7	马街站—眠山站区间	近平行侧上穿左线	未开挖施工	未加固
3	GLK0 +720 ~ GLK1 +000	土钉支护、沉井、钢筋混凝土桩、高压旋喷桩支护	3.8 ~ 6.1	马街站—眠山站区间	近平行侧上跨左线	已围挡，未开挖施工	未加固
4	GLK1 +000 ~ GLK1 +300	土钉支护、高压旋喷桩插工字钢	5.6 ~ 6.2	马街站—眠山站区间	近平行侧上跨和斜上跨左线	完成部分段管廊施工	部分区段进行袖阀管预加固（二类）

续上表

序号	区段里程	管廊基坑设计概况		影响地铁对象及名称	管廊与既有地铁空间关系	管廊施工进度	既有地铁施工加固情况
		开挖支护方式	开挖深度（m）				
5	GLK1 +300 ~ GLK1 +440	土钉支护、钢筋混凝土桩 + 钢管内支撑 + 桩间止水	6.7 ~ 9	马街站—眠山站区间	近平行侧上穿左线及右线(两线之间,左线相对近)	局部区段已施工完成管廊主体,局部段完成基坑底部垫层完成,剩下区段正土方开挖	大部分区段区间底部及两侧进行了袖阀管预加固(二类)
6	GLK1 +440 ~ GLK1 +780	土钉支护、钢筋混凝土桩、沉井	4.2 ~ 6.3	马街站—眠山站区间	近平行侧上穿及斜交左线	未开挖施工	盾构左线全部进行了袖阀管或旋喷桩地基加固
7	GLK1 +780 ~ GLK1 +962	放坡开挖、高压旋喷桩支护插工字钢等	4.0 ~ 4.2	马街站及其附属结构	近平行近侧穿车站主体及上跨车站附属	已完成管廊主体施工	附属结构底部进行了软土加固
8	GLK1 +962 ~ GLK2 +345	土钉支护、高压旋喷桩支护插工字钢等	3.6 ~ 4.4	小渔村站—马街站区间	近平行近上跨左线	局部段已施工完成管廊主体	盾构左线全部进行了袖阀管或旋喷桩地基加固
9	GLK2 +345 ~ GLK2 +700	土钉支护、钢筋混凝土桩、沉井等	3.6 ~ 6.1	小渔村站—马街站区间	近平行近上跨左线	一部分未开挖,一部分已完成管廊主体	盾构左线部分区段进行了旋喷桩地基加固
10	GLK2 +700 ~ GLK2 +890	放坡开挖、高压旋喷桩支护插工字钢	3.6 ~ 3.9	小渔村站及其附属结构	近平行近侧穿车站主体及上跨车站附属	已完成管廊主体施工	—
11	GLK2 +890 ~ GLK3 +570	土钉支护、钢筋混凝土桩、沉井等	3.8 ~ 6.2	石咀站—小渔村站区间	近平行近上跨或侧穿左线	局部段已施工完成管廊主体	盾构左线部分区段进行了旋喷桩地基加固
12	GLK3 +570 ~ GLK3 +840	土钉支护、钢筋混凝土桩等	3.6 ~ 4.4	石咀站—小渔村站区间	近平行近侧穿左线	刚围挡,未开挖施工	盾构左线基本采用旋喷桩进行了地基加固(三类,区间两侧及拱部地层)
13	GLK3 +840 ~ GLK4 +280	放坡开挖、高压旋喷桩支护插工字钢等	3.6 ~ 4.4	石咀站车站及附属结构	近平行近侧穿车站主体及上跨车站附属	已基本完成管廊主体施工	无
14	GLK4 +280 ~ GLK4 +540	土钉支护、钢筋混凝土桩、沉井等	4.6 ~ 6.4	普坪村站—石咀站区间、出入线	近平行近侧穿左线、出入线(相对远)	未开挖施工	左线局部采用旋喷桩地基加固(三类,区间两侧及拱部地层)
15	GLK4 +540 ~ GLK5 +620	土土钉支护、钢筋混凝土桩、钢板桩	6.3 ~ 6.8	普坪村站—石咀站区间	近平行侧穿左线(远近不等)	未开挖施工	—
16	GLK5 +620 ~ GLK5 +800	钢板桩、放坡开挖	4 ~ 5.1	普坪村站及出入口	近平行近侧穿车站主体及上跨车站附属	已完成管廊主体施工	无

续上表

序号	区段里程	管廊基坑设计概况		影响地铁对象及名称	管廊与既有地铁空间关系	管廊施工进度	既有地铁施工加固情况
		开挖支护方式	开挖深度(m)				
17	GLK5 +800 ~ GLK6 +200	土钉支护、钢筋混凝土桩 + 内支撑等	5.2 ~ 8.9	车家壁站—普坪村站区间	近平行侧穿左线	未开挖施工	左线局部进行三类加固
18	GLK6 +200 ~ GLK6 +600	土钉支护,横跨3号线盾构区间段采用沉井	6.3 ~ 7.6	车家壁站—普坪村站区间	近平行侧穿左线、横穿左线及右线、近平行近侧穿右线	未开挖施工	区间左线、右线局部(横跨3号线段)进行了一类、二类加固
19	GLK6 +600 ~ GLK6 +960	土钉支护等	6.3 ~ 6.8	车家壁站—普坪村站区间	近平行侧穿右线	部分区段已完成管廊施工,剩余区段尚未基坑开挖	无
20	GLK6 +960 ~ GLK7 +180	放坡开挖	4 ~ 5.4	车家壁站及出入口	近平行近侧穿车站主体及上跨车站附属(右线)	已完成管廊主体施工	无
21	GLK7 +180 ~ GLK7 +385	土钉支护、钢板桩、沉井等	5.1 ~ 8.4	西山公园站—车家壁站区间	近平行侧穿右线	—	无

根据《城市轨道交通结构安全保护技术规范》(CJJ/T 202—2013)等规定,地铁保护区范围内进行外部作业,应结合城市轨道交通结构的安全保护要求及围岩等级等,确定外部作业影响等级(标准参见表2)。

外部作业影响等级的划分 表2

外部作业的工程影响分区	接近程度			
	非常接近	接近	较接近	不接近
强烈影响分区(A)	特级	特级	一级	二级
显著影响分区(B)	特级	一级	二级	三级
一般影响分区(C)	一级	二级	三级	四级

昆明春雨路综合管廊工程为明挖法施工,基坑深度多在5 ~ 7m之间,工程影响分区基本处于地铁3号线结构的强烈影响分区,而与地铁3号线结构的接近程度一般为非常接近或接近。因此,本临近工程的作业影响等级总体为特级或一级,少部分区段存在二级、三级等情况。根据本标准规定,当外部作业影响等级为特级、一级时,应对城市轨道交通结构进行安全评估分析工作,并制定安全可靠的作业方案和保护措施,确保外部作业不得影响城市轨道交通结构的正常使用功能、承载力、耐久性等功能。

2.4 场地地质条件与周边环境状况

管廊工程位于昆明市西山区春雨路,场地原始地形平缓,地表多为混凝土地面覆盖。其原始地貌属于古滇池湖积盆地北部边缘与山麓斜坡堆积相交接地貌,细分为三个地貌单元,见表3。

管廊工程沿线地貌地质单元分区 表3

序号	地貌地质单元	揭露地层情况	管廊里程范围	涉及模拟计算区段
1	山麓坡脚	①、②、④、⑤、⑤1	GL0 +000 ~ GL0 +400	区段一
		①、②、④、⑤	GL4 +750 ~ GL5 +400	区段十二
2	滇地湖积盆地	①、③1、③1-1、③2、③3、③4、③5、③6	GL0 +400 ~ GL4 +750	区段二、三、四、五、六、七、八、九、十、十一
		①、②、③1、③1-1、③2、③3、③4、③5、③6、④	GL5 +400 ~ GL7 +500	区段十三、十四、十五、十六
3	山麓斜坡	①、④、⑥1	GL7 +500 ~ GL8 +360	—

场地地基土主要为第四系人工堆积(Q_4^{ml})层的人工填土①层;第四系冲洪积(Q_4^{al+pl})层的黏土②层、第四系冲湖积(Q_4^{al+l})层的粉质黏土③1③2层、黏土③3层、粉土③4层、含粉土角砾③4层、泥炭质土③6层;第四系坡洪积(Q_4^{dl+pl})层的粉质黏土④层、含黏性土块石④1层;下伏基岩为泥盆系上统宰格组(D3z)白云质灰岩⑤~⑤1层及寒武系下统沧浪铺组(∊1c)泥质粉砂岩⑥~⑥1层。

场地属于同一个水文地质单元,场地内地下水位埋藏由于受地形条件影响,深度不一,勘察期间(场地附近正进行地铁隧道施工),实测水位埋深在0.3~9.8m之间,可能比常态地下水位有所下降,但具有基本统一的地下水位,存在由西北向东南的较缓径流和水力坡度。

管廊工程项目沿线涉及较多建筑物、既有公路、既有米轨、市政公路桥梁、各类管线,但距离基坑较近的建筑物和管线多数已拆迁。目前,项目距离建筑物多数为厂区、临街低层商铺和住宅、老旧市政管线等。建筑物结构以混凝土结构为主,地下管线主要有自来水管线、雨污水管线、电力管线、天然气管线等。其中,基坑施工影响较大的以各类涵洞、雨污水管线及天然气管线为主。

3 评估方案策划

3.1 评估内容

根据本管廊工程及临近既有地铁3号线的现状、结构特点及业主方的需求等,本项目的主要评估工作内容有:

(1)临近地铁的受影响管廊工程区段梳理及特征分析与模拟计算区段选择。

(2)各区段施工对既有地铁3号线安全性影响的模拟计算及安全性分析(包括结构变形分析、内力分析和运营安全分析等)。

(3)管廊工程施工影响所涉既有地铁3号线的安全风险评估与工程措施建议,包括提出地铁安全保护方案或优化方向、安全风险监测、变形控制预警值及现场施工监控管理等。

3.2 评估对象及范围

本项目的评估对象为受春雨路管廊工程施工影响的临近昆明地铁3号线车站结构、隧道区间结构及其附属工程结构;评估范围为春雨路管廊工程施工侵入昆明地铁3号线结构的特别保护区范围,即春雨路沿线管廊工程主管廊长约7.4km中的未施工区段和部分在施但对地铁3号线结构构成一定影响的区段或里程范围,所评估的管廊工程里程范围参见表1。

3.3 评估技术路线及方法

本次评估项目的总体技术路线如图4所示。

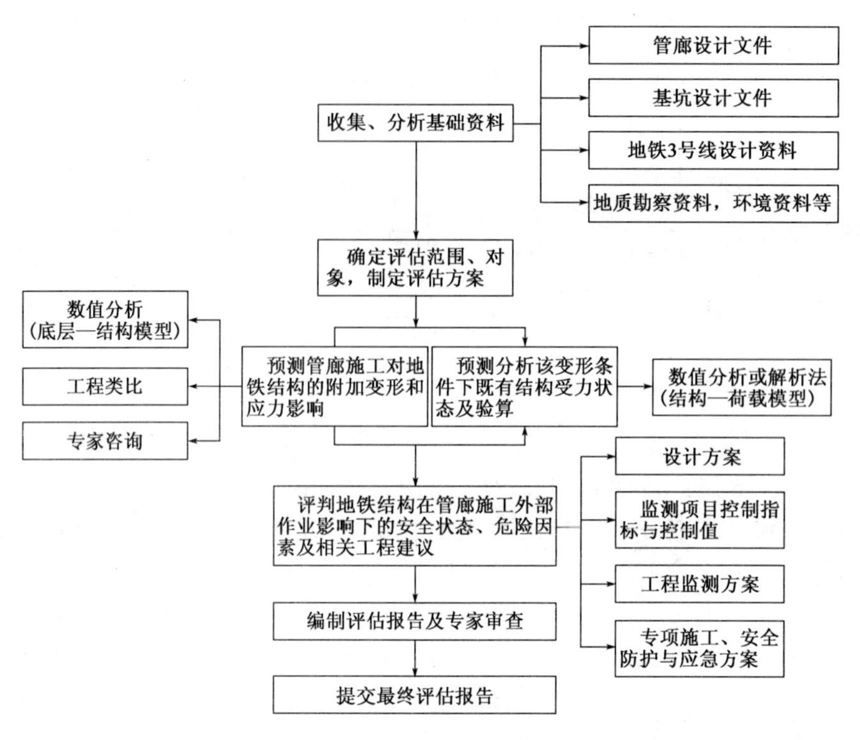

图4　安全评估总体技术路线图

本评估项目主要采用数值分析法(主要采用 Midas GTS、$FLAC^{3D}$ 等进行建模分析),并辅之专家评议、工程经验类比等定性分析方法。

4　数值模拟分析

4.1　影响区段划分及模拟评估单位选取

为合理和针对性开展管廊工程对地铁影响的安全评估工作,需对管廊工程沿线所涉地铁影响区段进行分类、分单元。为此制定如下影响区段划分及模拟单元选取原则:

(1)全面性:要求覆盖管廊工程沿线各代表性区段,但施工完毕且变形不大的区段不予考虑。

(2)临近关系区分度:根据管廊工程与地铁结构的各种邻近关系进行划分,如上跨、侧穿、斜穿等(包括是主体还是附属结构)。

(3)管廊工程本身特点:如管廊的基坑埋深、支护形式、断面变化处等。

(4)评估对象及现状差异性:如穿越地铁的结构究竟是区间、车站还是附属结构(如出入口、风亭、人防、联络通道等)、不同结构形式及施工方法结合部位,以及施工现状及其监测变形情况等。

(5)所处不同地质地貌:应重点关注不同地貌地质单元、环境条件(如涵沟)及变化较大处,进行影响区段界定和模拟评估单元划分。

根据上述原则,将本次管廊工程影响地铁 3 号线范围划分为 26 个区段,并选取其中具有代表性的 16 处区段或其相应的评估单元进行模拟分析,其中 6 处进行三维模拟分析、10 处进行二维模拟分析,详见表 4。

模拟评估单元划分及其模拟计算结果　　表 4

模拟评估单元划分		管廊基坑设计		管廊与既有地铁空间关系	地铁围岩加固情况	计算模型	模拟计算结果（单位：mm）
		基坑支护方式	挖深（m）				
一	GLK0 +310 ~ GLK0 +400	土钉放坡开挖	5.4	侧上跨马街站—眠山站盾构区间右线及左线	无	三维	开挖引起区间上浮1.09，平移0.41；建成引起区间上浮0.78，平移0.26
二	GLK0 +860	土钉放坡开挖	5.3	侧上跨马街站—眠山站区间盾构左线	无	二维	开挖引起区间上浮2.28，平移2.82；建成引起区间上浮1.53，平移1.93
三	GLK1 +350	钢筋混凝土桩+钢支撑+桩间止水	9	侧平行上跨马街站—眠山站盾构左线	区间两侧及底部软土加固	二维	开挖引起右线区间上浮4.81，平移4.27
四	GLK1 +780 ~ GLK1 +820	明挖放坡	4.1	上跨马街站1号风道、C出入口，侧穿车站主体及邻近区间	附属结构底部进行了软土加固	三维	开挖引起风道上浮13.2，平移1.95；主体上浮3.05，平移0.83；区间上浮8.9，平移1.95；主体和风道变形缝处差异变形10.5
五	GLK2 +130	右侧高压旋喷桩插I56a工字钢，左侧土钉	3.6	侧上跨小渔村—马街站盾构区间左线	部分区段进行了地基加固	二维	开挖引起区间上浮9.01，平移4.89；建成引起区间上浮2.25，平移1.22
六	GLK2 +420	沉井	6.1	近上跨小渔村—马街站盾构左线	区间两侧及底部软土加固	二维	开挖引起区间结构上浮10.3，平移2.8。另外管廊基坑开挖引起管片弯矩出现显著性变化，虽未超出管片结构允许应力，但拉压应力出现反转，区间管片结构存在一定风险
七	GLK2 +780	右侧钢筋混凝土桩，左侧明挖	3.9	侧穿小渔村站车站主体	无	二维	开挖引起车站上浮3.33，平移1.49；建成引起车站上浮1.91，平移0.86
八	GLK3 +260	高压旋喷桩插I56a工字钢+一道内支撑	6	侧平行上跨石咀站—小渔村站盾构区间左线	无	二维	开挖引起区间上浮6.37，平移1.63；建成后引起区间上浮2.98，平移1.00
九	GLK3 +700	土钉放坡开挖	4.4	侧上跨石咀站—小渔村站盾构区间左线	区间两侧及拱部软土加固	二维	开挖引起区间上浮14.88，平移8.5；建成后引起区间上浮12.94，平移6.87。另外，管廊基坑开挖前后管片内力较小，但弯矩变化幅度较大，区间管片结构存在一定风险
十	GLK3 +977 ~ GLK4 +140	明挖放坡	3.7	上跨密贴石咀站车站出入口，侧穿车站主体	无	三维	开挖引起出入口上浮8.74，平移0.73

续上表

模拟评估单元划分		管廊基坑设计		管廊与既有地铁空间关系	地铁围岩加固情况	计算模型	模拟计算结果（单位：mm）
		基坑支护方式	挖深（m）				
十一	GLK4 +380	沉井	6.8	上跨普坪村站—石咀站盾构区间左线	无	二维	开挖引起区间上浮11.32，平移4.8；建成后引起区间上浮7.68，平移2.3。另外，管廊基坑开挖前后隧道弯矩变幅较大（尤其顶部），虽然管片内力满足管片强度要求，但区间管片结构存在一定风险
十二	GLK5 +160	右侧钢筋混凝土桩，近地铁一侧左侧土钉	6.4	侧平行上跨普坪村站—石咀站盾构区间左线	无	二维	开挖引起区间上浮10.64，平移5.31；建成后引起区间上浮7.81，平移4.06
十三	GLK5 +568 ~ GLK5 +680	钢板桩、明挖放坡	5.5 ~ 5.8	上跨密贴普坪村站车站风道及B出入口，侧上穿车站主体	无	三维	基坑引起出入口上浮16.06，平移2.78；风道与车站主体间变形缝12.8mm；车站上浮3.29，平移0.71；区间上浮2.85，平移1.51
十四	GLK6 +340 ~ GLK6 +380	沉井	7.2	侧上跨车家壁站—普坪村站盾构区间左线、右线	无	三维	开挖中引起区间最大上浮11.28，平移2.21；建成后引起区间上浮3.67，平移1.36
十五	GLK6 +750	土钉放坡开挖	6.7	侧平行上穿车家壁站—普坪村站盾构区间右线	无	二维	开挖引起区间上浮2.85，平移4.34；建成后引起区间上浮2.64，平移4.37
十六	GLK7 +122 ~ GLK7 +172	明挖放坡	5.1	平行上跨车家壁站A出入口及侧穿车站主体	无	三维	基坑引起出入口上浮10.02，平移2.01；主体上浮3.44，平移1.00；区间上浮7.3，平移2.2；主体和出入口变形缝处差异变形6.5

4.2 数值模拟分析原则

本次数值分析选取了地层—结构模型（变形、内力预测分析）和荷载—结构模型（结构内力核算）两种方式，其中地层-结构模型根据管廊与轨道交通工程的相对关系分为二维模型和三维模型，荷载—结构模型采用断面二维模型。

模型建立中的岩土物理力学参数根据管廊工程和地铁工程的岩土工程勘察报告的分析综合选取，结构力学参数按照混凝土结构设计规范等相关设计规范选取。

模拟计算工况根据管廊工程的一般施工步序，重点选取管廊基坑开挖及支护、管廊结构浇筑及覆土回填两个主要步骤作为计算工况进行分析。

另外，轨道交通结构内力依据原设计标准进行验算计算分析，新建项目施工期间轨道交通结构仅考虑正常使用工况，不考虑地震、人防工况等偶然作用。

同时，本次模拟计算考虑如下假定：①考虑到管廊施工时，地铁结构完成建设时间较短，计算中不对地铁结构的刚度进行折减；②地铁结构为线弹性材料、土体为弹塑性材料；③地铁结构、管廊结构及临时支护结构分别等效为同刚度材料；④管廊、地铁结构及土体之间符合变形协调原理;⑤施工处于正常控制条件下;⑥地铁结构在管廊基坑施工前为均匀沉降,而且变形已经稳定,结构内力未发生变化。

4.3 数值模拟结果及典型模拟单元安全性影响分析

经过三维或二维计算,各模拟单元的模拟结果见前表4。其中模拟单元四、模拟单元八的模拟计算结果及安全性影响分析参见表5。

典型模拟评估单元模拟计算结果及安全性影响分析　　表5

<table>
<tr><th>典型模拟单元</th><th>位置关系、特点及模型</th><th colspan="2">模拟计算结果</th><th>安全性影响分析</th></tr>
<tr><td rowspan="4">模拟单元四
(GLK1 +780 ~ GLK1 +820)</td><td rowspan="4">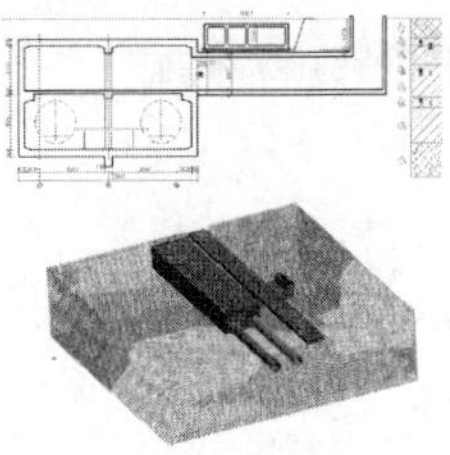</td><td colspan="2">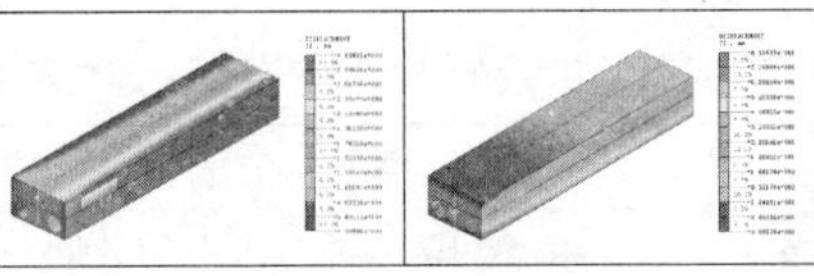
临近车站主体结构变形</td><td>最大竖向上浮量约3.05mm,最大水平位移0.83mm(发生在结构底板部位),对临近车站主体影响小</td></tr>
<tr><td colspan="2">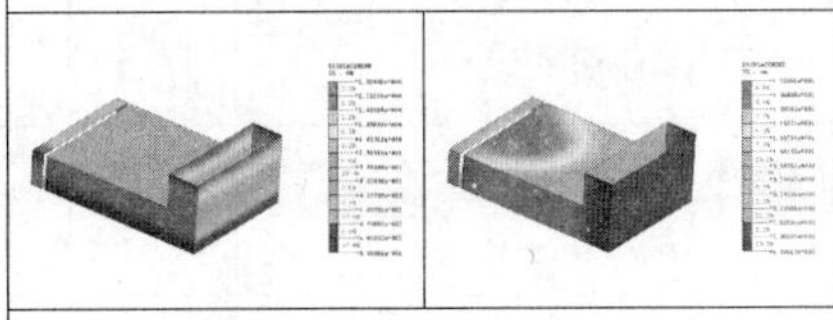
风道结构变形</td><td>本处管廊工程上跨风道处,预测引起风道结构最大竖向上浮量约13.2mm,对地铁风道结构安全影响较大。同理,对本站出入口尤其是对出入口扶梯的影响更为突出</td></tr>
<tr><td colspan="2">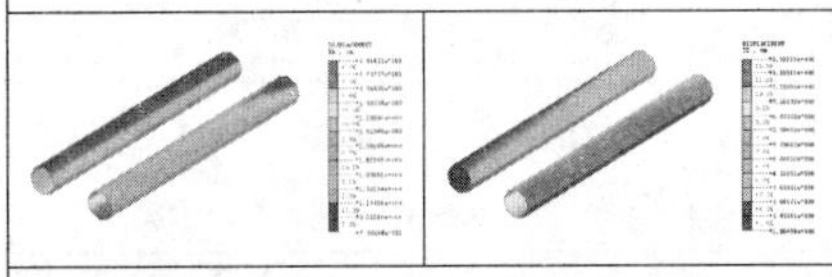
临近盾构区间结构变形</td><td>临近区间隧道最大竖向位移为8.9mm,表现为上浮,对其管片结构存在一定影响</td></tr>
<tr><td colspan="2">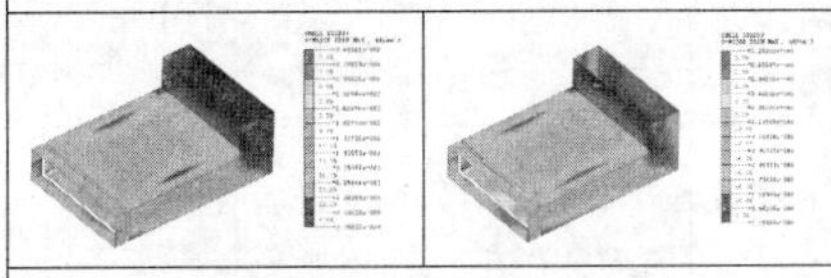
基坑开挖前后风道最大主应力</td><td>内力分布变化幅度很小,但风道结构与车站主体之间变形缝位置差异位移较大,达到10.5mm,对变形缝处防水影响较大</td></tr>
<tr><td rowspan="2">模拟单元八
(GLK3 +260 一带)</td><td rowspan="2">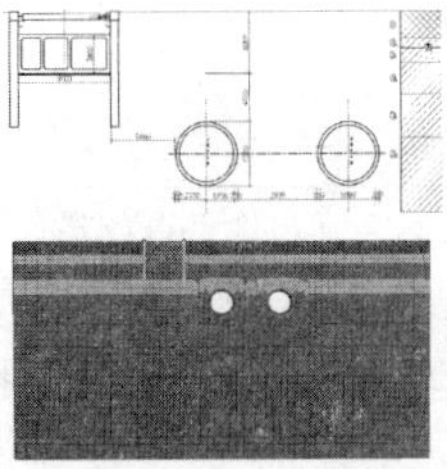</td><td>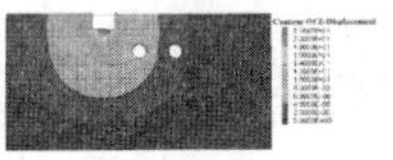
管廊基坑开挖引起竖向位移</td><td>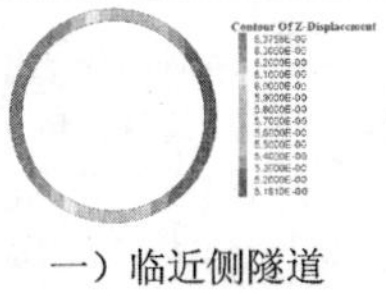

一)临近侧隧道
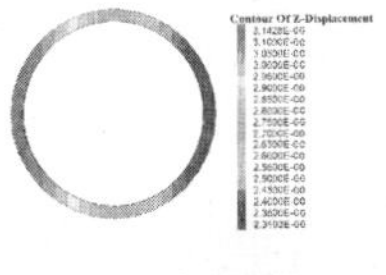

二)远离侧隧道</td><td rowspan="2">本管廊工程区段基坑施工引起的地铁区间隧道结构最大竖向上浮量约6.37mm,最大水平位移为1.63mm。正常安全施工条件下,对地铁区间隧道结构安全和地铁行车运营安全影响不大</td></tr>
<tr><td>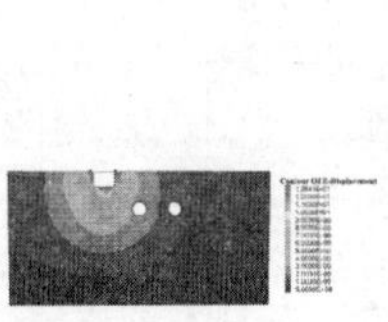
管廊施工及回填后引起竖向位移</td><td>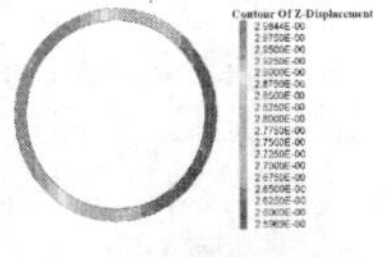

一)临近侧隧道
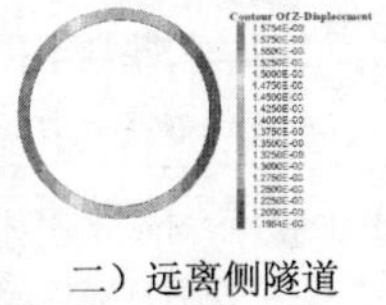

二)远离侧隧道</td></tr>
</table>

5 管廊工程建设对既有轨道交通影响风险评估

5.1 安全风险分析与评级

根据上述模拟评估结果，结合相关城市的类似工程安全评估及实测预警值案例，根据《城市轨道交通地下工程建设风险管理规范》（GB 50652—2011）的风险分级标准，判定本管廊工程建设对沿线地铁3号线各区段影响的安全风险等级及相应的安全风险影响情况，见表6。其中Ⅱ级4处、Ⅲ级8处、Ⅳ级14处。

不同影响区段的安全风险等级及工程措施建议　　表6

序号	区段里程	管廊与既有地铁空间关系	风险评估结论		措施建议	备注
			安全风险分析	风险分级		
1	GLK0 +270 ~ GLK0 +612	斜上跨、侧平行上穿区间	对结构安全和运营影响均小	Ⅳ	无需特别保护措施	模拟单元一或参考模拟单元三
2	GLK0 +612 ~ GLK0 +720	近平行侧上穿左线	对结构安全和运营影响均小	Ⅳ	无需特别保护措施	参考模拟单元二或模拟单元三
3	GLK0 +720 ~ GLK1 +000	近平行侧上跨左线	对结构安全和运营影响均小	Ⅳ	无需特别保护措施	参考模拟单元二或模拟单元三
4	GLK1 +000 ~ GLK1 +300	近平行侧上跨和斜上跨左线	对结构安全和运营影响均小	Ⅳ	无需特别保护措施	模拟单元三或模拟单元一
5	GLK1 +300 ~ GLK1 +440	近平行侧上穿左线及右线（两线之间，左线相对近）	对结构安全和运营影响均小	Ⅳ	无需特别保护措施	模拟单元三
6	GLK1 +440 ~ GLK1 +780	近平行侧上穿及斜交左线	对区间结构、近期运营安全存在一定影响	Ⅲ	可对管廊与地铁区间盾构结构之间土层采取预加固措施	参考模拟单元二或模拟单元三
7	GLK1 +780 ~ GLK1 +962	近平行近侧穿车站主体及上跨车站附属	对风道、出入口结构及其与主体结构间变形缝安全影响较大；风道、出入口抗浮设防存在影响	Ⅱ	核实附属结构上方管廊的抗浮设计措施是否满足要求，上跨扶梯段施工务必分段施工、控制扶梯段变形，必要时对扶梯段进行支挡或出入口临时封闭	模拟单元四
8	GLK1 +962 ~ GLK2 +345	近平行近上跨左线	对区间结构、近期运营安全存在一定影响	Ⅲ	可对管廊与地铁区间盾构结构之间土层采取预加固措施	模拟单元五或参考模拟单元五
9	GLK2 +345 ~ GLK2 +490	近平行近上跨左线	对区间结构、近期运营安全存在一定影响	Ⅲ	可对管廊与地铁区间盾构结构之间土层采取预加固措施	模拟单元六或参考模拟单元五或单元七
10	GLK2 +490 ~ GLK2 +700	近平行近上跨左线	对结构安全和运营影响均小	Ⅳ	无需特别保护措施	
11	GLK2 +700 ~ GLK2 +890	近平行近侧穿车站主体及上跨车站附属	对车站主体结构安全和运营安全影响均小	Ⅳ	无需特别保护措施	模拟单元七
12	GLK2 +890 ~ GLK3 +570	近平行近上跨或侧穿左线	对车站主体结构安全和运营安全影响均小	Ⅳ	—	参考模拟单元八

续上表

序号	区段里程	管廊与既有地铁空间关系	风险评估结论		措施建议	备注
			安全风险分析	风险分级		
13	GLK3 +570 ~ GLK3 +840	近平行近侧穿左线	对区间结构和运营安全影响均较大	Ⅱ	应对管廊与地铁区间盾构结构之间土层采取预加固措施，并加强必要运营管理措施	模拟单元九
14	GLK3 +840 ~ GLK4 +280	近平行近侧穿车站主体及上跨车站附属	对风道、出入口结构及其与主体结构间变形缝有一定安全影响；风道、出入口抗浮设防存在影响；对车站主体结构及运营安全影响小	Ⅱ	核实附属结构上方管廊的抗浮设计措施是否满足要求，上跨扶梯段施工务必分段施工、控制扶梯段变形，必要时对扶梯段进行支挡或出入口临时封	模拟单元十
15	GLK4 +280 ~ GLK4 +540	近平行近侧穿左线、出入线（相对远）	近期对盾构区间结构及运营安全均有一定影响	Ⅲ	可对管廊与地铁区间盾构结构之间土层采取预加固措施，必要时加强运营管理措施	模拟单元十一
16	GLK4 +540 ~ GLK5 +80	近平行侧穿左线（相对较远）	在特别保护区之外，对地铁安全影响小	Ⅳ	无需特别保护措施	参考模拟单元八
17	GLK5 +80 ~ GLK5 +410	近平行近侧穿左线	近期对区间结构和运营安全均有一定影响	Ⅲ	可对管廊与地铁区间盾构结构之间土层采取预加固措施（包括两侧作用等级较高区段），必要时加强运营管理措施	模拟单元十二
18	GLK5 +410 ~ GLK5 +620	近平行侧穿左线（曲线段，相对较远）	特别保护区之外，对地铁安全影响小	Ⅳ	无需特别保护措施	模拟单元八
19	GLK5 +620 ~ GLK5 +800	近平行近侧穿车站主体及上跨车站附属	对风道、出入口结构及其与主体结构间变形缝安全影响较大；对风道、出入口抗浮设防存在影响；对车站主体结构及运营安全影响小	Ⅱ	核实附属结构上方管廊的抗浮设计措施是否满足要求，上跨扶梯段施工务必分段施工、控制扶梯段变形，必要时对扶梯段进行支挡或出入口临时封闭	模拟单元十三
20	GLK5 +800 ~ GLK6 +200	近平行侧穿左线	在特别保护区之外，对地铁安全影响小	Ⅳ	除可对外部作用等级较高、管廊与地铁右线结构相邻较近区段的土层采取预加固措施外，其他区段基本不用考虑采取加固措施	参考模拟单元八
21	GLK6 +200 ~ GLK6 +310	近平行侧穿左线	在特别保护区之外，对地铁安全影响小	Ⅳ	无需特别保护措施	参考模拟单元八
22	GLK6 +310 ~ GLK6 +400	横穿左线及右线	对区间结构、近期运营安全存在一定影响	Ⅲ	可对管廊与地铁区间盾构结构之间土层采取预加固措施（包括两侧外部作用等级较高区段），必要时加强运营管理措施	模拟单元十四

续上表

序号	区段里程	管廊与既有地铁空间关系	风险评估结论		措施建议	备注
			安全风险分析	风险分级		
23	GLK6 +400 ~ GLK6 +600	近平行近侧穿右线	对区间结构、近期运营安全存在一定影响	Ⅲ	可对管廊与地铁右线结构相邻较近区段的土层采取预加固措施	参考模拟单元十二
24	GLK6 +600 ~ GLK6 +960	近平行侧穿右线	对区间结构安全和运营安全影响小	Ⅳ	无需特别保护措施	模拟单元十五
25	GLK6 +960 ~ GLK7 +180	近平行近侧穿车站主体及上跨车站附属(右线)	对风道、出入口结构及其与主体结构间变形缝安全有一定影响;对风道、出入口抗浮设防存在影响;对车站主体结构及运营安全影响小	Ⅲ	核实附属结构上方管廊的抗浮设计措施是否满足要求,上跨扶梯段施工务必分段施工、控制扶梯段变形,必要时对扶梯段进行支挡或出入口临时封闭	模拟单元十六
26	GLK7 +180 ~ GLK7 +385	近平行侧穿右线	在特别保护区之外,对地铁安全影响小	Ⅳ	无需特别保护措施	参考模拟单元十五

5.2 下阶段安全风险管控措施建议

对预测安全风险等级为Ⅳ级的管廊工程区段,因为总体对地铁结构安全和运营安全影响很小,建议不用采取专门的土层加固等地铁保护措施,但施工期间仍需开展日常安全巡视和必要的地铁保护安全监测。

对预测安全风险等级为Ⅲ级的管廊工程区段,因为对地铁结构安全和运营安全存在一定影响,宜在管廊基坑开挖之前对管廊与既有地铁区间盾构结构之间土层采取预加固措施,并在施工期间开展日常安全巡视和地铁保护安全监测。

对预测安全风险等级为Ⅲ级的管廊工程区段,因为对地铁结构安全和运营安全影响较大,建议应该在管廊基坑开挖之前,对该段管廊与地铁区间盾构结构之间土层采取预加固措施,横向及竖向保护加固范围须具体验算确定。施工期间全面开展地铁保护安全监测和安全巡视,并加强必要的运营管理措施。

另外,对管廊工程上跨地铁车站附属结构区段,由于管廊基坑挖深较大、放坡形式较多、基底紧贴既有车站附属结构等因素,管廊工程施工对临近既有车站结构安全和抗浮有不同程度的影响,尤其对出入口扶梯的安全影响更为明显,如 GLK1 +780 ~ GLK1 +962、GLK3 +840 ~ GLK4 +280、GLK5 +620 ~ GLK5 +800、GLK6 +960 ~ GLK7 +170 等上跨相应地铁车站附属结构区段,应核实附属结构上方管廊完工后的压重是否满足既有附属结构的抗浮设计,在上跨扶梯段区域施工应务必做到分段施工、控制扶梯段变形,必要时对扶梯段进行支挡或出入口临时封闭;同时,附属结构与车站主体之间变形缝位置差异位移较大,对变形缝处防水产生较大影响,因此这些管廊段应严格分段开挖及施工,控制附属结构上浮过大,并采取必要的配重等结构抗浮措施。

6 评估结论与建议

(1)本管廊工程与既有地铁 3 号线有较长范围的区段互相交织,并存在顺行侧穿、斜穿和上跨地铁结构等多种情况,且绝大部分区段位于地铁特别保护区范围内,应全面、充分掌握二者工程特点及其之间空间关系、支护形式、地基加固情况及所处地质条件等因素,进行影响区段划分,以此为基础进行模拟分析和安全风险评估十分必要。

(2)本临近工程总体风险较大,但各区段风险大小不一、区段规律不明显。应进行详细和针对性分析,提出合理可行的保护方案措施及其风险监控建议。

(3)鉴于本评估结果,管廊工程与临近地铁工程建设应同期规划和协同设计施工,规避后期工程对先期建成运营地铁设施的各种潜在风险和不良影响。

(4)对Ⅲ级以上风险的管廊工程区段,应委托第三方进行地铁保护专项监测和日常安全巡视,按照本评估结果和相关规范,制定合理的监测预警值,重点对地铁车站出入口、变形缝及联络通道等隧道结构部位进行重点监测,并严格按照设计和施工规范进行信息化施工。

(5)春雨路沿线各种地下管线(道)较多,管廊开挖施工前应核查管廊沿线与地铁保护区范围内管线分布情况(尤其是有压管道),并及时做好迁改或保护措施,严防因管廊施工引起临近管线拉裂、渗漏等造成地铁隧道结构的次生或二次灾害发生。

参考文献

[1] 中华人民共和国交通运输部. 城市轨道交通运营管理规定[R]. 2018.

[2] 城市轨道交通工程项目建设标准(建标[2008]57号)[S].

[3] 昆明市城市轨道交通管理条例(2011年9月30日云南省人民代表大会常务委员会第26次会议批准).

[4] 中华人民共和国国家标准. GB 50652—2011 城市轨道交通地下工程建设风险管理规范. 北京:中国建筑工业出版社,2012.

[5] 中华人民共和国国家标准. GB 50911—2013 城市轨道交通工程监测技术规范. 北京:中国建筑工业出版社,2014.

[6] 中华人民共和国国家标准. GB 50838—2015 城市综合管廊工程技术规范. 北京:中国计划出版社,2015.

[7] 中华人民共和国行业标准. CJJ/T 202—2013 城市轨道交通结构安全保护技术规范[S]. 北京:中国建筑工业出版社,2014.

[8] 昆明市春雨路综合管廊工程地质勘察成果、设计图纸(含基坑支护)、施工方案及工程监测等基础资料[R]. 2017年12月.

[9] 城市轨道交通工程建设安全风险评估与控制[M]. 北京:中国建筑工业出版社. 2017.

[10] 徐耀德,金淮,吴锋波. 城市轨道交通工程监测预警研究[J]. 北京:城市轨道交通研究院,2012.

[11] 北京安捷工程咨询公司等. 昆明市春雨路道路恢复提升及综合管廊工程临近既有地铁3号线安全性影响评估报告(2018年1月)[R].